ALLE · ZEIT · WACH · 1842

Dokumentation
zum Forschungs- und Entwicklungsprogramm
des Bundesministeriums für Forschung und Technologie
(BMFT)

# TRIBOLOGIE

## Reibung · Verschleiß · Schmierung

## Band 11

Elastohydrodynamik, Meß- und Prüfverfahren,
Bearbeitungsverfahren, Konstruktive Gestaltung

Herausgeber:
Projektleitung Material- und Rohstofforschung des BMFT
bei der KFA, Jülich
Wissenschaftliche Leitung und Redaktion:
R. Günther, H. Haag

Springer-Verlag

Berlin Heidelberg New York London Paris Tokyo 1986

Dr. rer. nat. Reinhard Günther

Projektbevollmächtigter in der Projektleitung Material- und Rohstofforschung der Kernforschungsanlage Jülich GmbH

Dipl.-Ing. Hermann Haag

Wissenschaftlicher Mitarbeiter der Projektleitung Material und Rohstofforschung der Kernforschungsanlage Jülich GmbH

Mit 340 Abbildungen und 30 Tabellen

CIP-Kurztitelaufnahme der Deutschen Bibliothek

*Tribologie:* Reibung, Verschleiß, Schmierung; Dokumentation zu dem Forschungs- und Entwicklungsprogramm des Bundesministeriums für Forschung und Technologie (BMFT) Hrsg.: Projektleitung Material- und Rohstofforschung des BMFT bei der KFA, Jülich. Wissenschaftliche Leitung und Redaktion: R. Günther.. - Berlin; Heidelberg; New York; London; Paris; Tokyo: Springer

NE: Günther, Reinhard (Red.); Kernforschungsanlage Jülich GmbH, Projektleitung Material- und Rohstofforschung

Band 11: Elastohydrodynamik, Meß- und Prüfverfahren, Bearbeitungsverfahren, Konstruktive Gestaltung. – 1986

ISBN-13:978-3-540-17103-4 e-ISBN-13:978-3-642-82924-6
DOI: 10.1007/978-3-642-82924-6

# VORWORT ZUM 11. BAND

Überall dort, wo sich Oberflächen aufeinander bewegen, tritt Reibung auf. Unter ungünstigen Bedingungen bewirkt die Reibung erhebliche Verschleiß- und Energieverluste. Bei Maschinen und technischen Anlagen führen Reibung und Verschleiß zur Minderung der Lebensdauer, des Wirkungsgrades und der Sicherheit. Reibungsbedingter Energieaufwand, Instandhaltung, Ersatzteilbedarf und Ausfallzeiten verursachen beträchtliche Verluste an wertvollen Rohstoffen und Energie sowie eine Belastung der Umwelt. Für die Bundesrepublik Deutschland werden die jährlich durch Reibung und Verschleiß direkt anfallenden Kosten auf 39 Milliarden DM beziffert.

Die internationale Konkurrenzsituation der deutschen Industrie erfordert Maschinenanlagen mit größeren Leistungsdichten, erhöhten Bauteilauslastungen und verbesserten Wirkungsgraden. Mit dieser Entwicklung wachsen aber auch die durch Reibung und Verschleiß bedingten Schwierigkeiten erheblich an. Aus diesen Erkenntnissen erwächst die Forderung nach großen Anstrengungen, um mit den Problemen der Reibung und des Verschleißes fertig zu werden. Das systematische Zusammenwirken mehrer Wissensgebiete in dem interdisziplinären Fach "Tribologie" liefert hierzu einen beachtlichen Beitrag.

Nach einer entsprechenden Analyse der Situation beschloß der Bundesminister für Forschung und Technologie (BMFT) 1977 eine schwerpunktmäßige Förderung der Tribologie. Die Förderung begann 1978 und konnte 181 Einzelvorhaben mit einem BMFT-Anteil von 49 Mio. DM bei einem Gesamtaufwand von 102 Mio. DM unterstützen. Diese Tribologie-Förderung von Einzelvorhaben endete im Mai 1985 mit der 3. öffentlichen Präsentation der Forschungsergebnisse. Aufbauend auf den positiven Erfahrungen entschloß sich der BMFT zur Fortführung der Förderung, jedoch in Form von Verbundvorhaben und mit deutlicher Schwerpunktbildung. Eine Übersicht über die bisherige Förderung und ihre Fortführung gibt die "1. Fortschreibung der Studie Tribologie."

Nach Meinung von Fachleuten können rund 50 % der durch Reibung und Verschleiß verursachten Verluste durch die intensive Nutzung bekannter tribologischer Erkenntnisse eingespart werden. Im Kampf gegen Reibungs- und Verschleißverluste müssen deshalb der Forschung und Entwicklung die Verbereitung und Umsetzung der Ergebnisse konsequent folgen, um eine möglichst gute Breitenwirkung dieser Förderung zu erreichen.

Diesem Ziel dienen drei Aktivitäten

- die Dokumentation der Schlußberichte der geförderten Vorhaben in dieser Buchreihe
- die Durchführung von öffentlichen Präsentationen, (bisher 1981, 1983 und 1985)
- die Einrichtung und Unterstützung einer Tribologie-Beratungs-Stelle im Technologie-Zentrum Dortmund.

Im November 1985 ist die Projektträgerschaft für den Förderbereich "Tribologie" von der Deutschen Forschungs- und Versuchsanstalt für Luft- und Raumfahrt (DFVLR) an die Projektleitung Material- und Rohstofforschung der Kernforschungsanlage Jülich GmbH übergegangen.

Jülich, im Oktober 1986 R. Günther, H. Haag

# INHALTSVERZEICHNIS

H. Bodschwinna, F. Hock, E.-G. Paland, U. Schmidt, U. Schneider — 11
Ermittlung des Einflusses der Mikrogeometrie in Wälzkontakten mit elastohydrodynamischer Schmierung bei voller Filmtrennung und im Mischreibungsgebiet (Mikro EHD)
(FE-Vorhaben 01 ZT 128, Universität Hannover)

R. Heinz — 97
EHD-Schmierfilmbildung am System Nocken-Rollenstößel unter Berücksichtigung von Kraftstoff als Schmierstoff
(FE-Vorhaben 01 ZT 170, Robert Bosch GmbH, Stuttgart)

E. Kuss — 133
Das Viskositäts-Druckverhalten im EHD-Kontakt
(FE-Vorhaben 01 ZT 201, Universtität Hannover)

G. Lechner, M. Plank — 189
Betriebsverhalten von Wälzlagern im Drehzahlbereich bis 100.000/min bei EHD-Mangelschmierung
(FE-Vorhaben 01 ZT 280, Universität Stuttgart)

K. Bauer, P. Hermann, K. Koltzenburg, K.-H. Korten — 231
Wechselwirkung von schwerentflammbaren Hydraulikflüssigkeiten in Wälzlagern
(FE-Vorhaben 01 ZT 099, Rheinisch-Westfälischer Technischer Überwachungsverein e. V., Essen)

E. Broszeit, K.H. Kloos — 279
E. Kleinlein
H. Peeken, H.-G. Stüber
Übertragbarkeit von Laborergebnissen von Schmierstoffen auf Anwendungen in der Praxis
(FE-Vorhaben 01 ZT 300 A, TH Darmstadt)
(FE-Vorhaben 01 ZT 440 A, FAG Kugelfischer Georg Schäfer KGaA, Schweinfurt)
(FVA-Vorhaben Nr. 31, RWTH Aachen)

M. Schlar | 347
Tribologische Untersuchungen an wartungspflichtigen Gelenklagern der Gleitpaarung Stahl/Stahl
(FE-Vorhaben 01 ZT 198, Helmut Elges GmbH, Bielefeld)

A. Engl, K. Perger, M. Stöckl | 403
Verschleißverhalten von Laufringen und Gummitüchern
(FE-Vorhaben 01 ZT 191, M.A.N. - Neue Technologie, M.A.N. - Roland)

W. König, R. Vits | 455
Einfluß der Kühlschmierung auf Prozessverlauf und Arbeitsergebnis beim Schleifen
(FE-Vorhaben 01 ZT 091A, RWTH Aachen)

W. König, R. Vits | 559
Einfluß der Kühlschmierung auf den Verschleiß stehender Abrichtwerzeuge
(FE-Vorhaben 91 ZT 143A, RWTH Aachen)

Autorenverzeichnis | 601

Deskriptorenliste zu Band 1 - 11 | 602

Deskriptorenliste zu Band 1 - 11 (alphabetisch) | 614

Liste der Vorhaben (Faltblatt) | 622

# Ermittlung des Einflusses der Mikrogeometrie in Wälzkontakten mit elastohydrodynamischer Schmierung bei voller Filmtrennung und im Mischreibungsgebiet

(Mikro EHD)

Institut für Maschinenelemente A
und Konstruktionstechnik
Universität Hannover
Prof.Dr.-Ing.Ernst-Günter Paland

Institut
für Meßtechnik im Maschinenbau
Universität Hannover
Prof.Dr.-Ing.Fromund HOCK

Sachbearbeiter:

Dipl.-Ing. U. SCHMIDT

Dr.-Ing. H. BODSCHWINNA
Dipl.-Ing. U. SCHNEIDER

Förderkennzeichen: 01 ZT 128
Laufzeit: 1.10.1978 bis 31.10.1984

Vorspann:

Die Schmierfilmausbildung in realen elastohydrodynamisch beanspruchten Wälzkontakten wird neben vorgegebenen Betriebsparametern entscheidend von der Oberflächenfeinstruktur der Funktionsflächen bestimmt.

An einem Zweischeibenprüfstand mit rechnergestützter Meßwertverarbeitung wurde der Einfluß der Oberflächenrauheit auf die Schmierfilmbildung an zylindrischen Versuchspaarungen rauh/glatt ermittelt. Das Rauheitsspektrum der Umfangsriefen umfaßte gemittelte Rauhtiefen von $R_z$ = 0,77 µm bis zu $R_z$ = 6,37 µm. Im Rahmen der Untersuchungen wurde ein kapazitiv wirkendes Meßsystem mit gesputterten implantierten Dünnschichtmeßwertaufnehmern zur Schmierfilmhöhenmessung in Wälzkontakten entwickelt. Mit den Meßwertaufnehmern, die bis zum Mischreibungsgebiet eine hinreichende mechanische Festigkeit besaßen, konnten Schmierfilmhöhenverläufe an glatten und rauhen Wälzelementen aufgenommen werden.

An glatten Versuchsscheiben wurde nachgewiesen, daß aufgrund der Einlaufbedingungen im Wälzspalt eine von DOWSON und HIGGINSON vorgeschlagene Schmierfilmhöhenberechnung nach isothermer Theorie nicht ausreicht und eine thermische Korrektur erforderlich ist. Diese physikalische Erscheinung ließ sich auch durch Temperaturmessungen im Einlaufbereich mit Ti-Dünnschichtmeßwertaufnehmern nachweisen.

Zur Auslegung eines EHD-Wälzkontaktes mit einer rauhen Oberfläche konnte ausgehend von Schmierfilmhöhenmessungen und funktionsbezogenen Rauheitskennwerten der ABBOTT'schen Materialanteilkurve, die aufgrund der guten integralen Beschreibung der Profilfom zur Auswertung genutzt wird, ein Schmierfilmrauheitskorrekturfaktor entwickelt werden, der eine sichere konstruktive Auslegung des Betriebszustandes der ersten Oberflächentrennung erlaubt. Damit wurde eine quantitative Beziehung zwischen einem tribologisch wirksamen charakteristischen Oberflächenkennwert und der sich im EHD-Wälzkontakt ausbildenden Schmierfilmhöhe gefunden.

(Prof. Dr.-Ing. Paland) (Dr.-Ing. U. Schmidt)
Institut für Maschinenelemente, Konstruktionstechnik und Sicherheitstechnik, Universität Hannover

(Prof. Dr.-Ing. Höck) (Dr.-Ing. H. Bodschwinna)
Institut für Meßtechnik im Maschinenbau, Universität Hannover

TEIL 1 Funktionsgerechte Oberflächenmeßtechnik
(Institut für Meßtechnik)


| | | Seite |
|---|---|---|
| 1. | Vorbemerkung | 16 |
| 2. | Messen und Beurteilen technischer Oberflächen | 16 |
| 3. | Meßtechnisches Erfassen der Makro- und Mikrogeometrie | 18 |
| 4. | Funktionsrelevante Eigenschaften des Oberflächenprofils | 22 |
| 5. | Derzeitige Filterverfahren für die Rauheitsmessung | 31 |
| 6. | Nichtlineares Filter mit Riefenunterdrückung zum Messen der Abbott-Kurve | 35 |
| 7. | Entwicklung von Rauheitskennwerten aus der Abbott-Kurve zur Kennzeichnung der Profilform | 38 |
| 8. | Beispiele für die Aussagefähigkeit der Kennwerte | 42 |
| 9. | Untersuchung des Einlaufverschleißes durch Wiederauffinden desselben Profilschnittes (Relocation-Technik) | 45 |
| 10. | Zusammenfassung | 48 |
| 11. | Schrifttum | 49 |

TEIL 2 Einfluß der Oberflächenrauheiten auf die Schmierfilmausbildung in realen EHD-Wälzkontakten
(Institut für Maschinenelemente A und Konstruktionstechnik)

Seite

1. Einführung 53

2. Berechnung der Schmierfilmhöhe in Wälzkontakten mit ideal glatten Oberflächen 55

3. Experimentelle Untersuchungen 59

3.1 Zweischeibenprüfstand 59

3.2 Meßstellen 64

4. Schmierspaltmessungen im EHD-Wälzkontakt 66

4.1 In Nuten eingebrachte Drahtaufnehmer 67

4.2 Gesputterte Dünnschichtmeßwertaufnehmer 69

4.3 Meßwertverarbeitung und Kalibrierkurven zur Schmierfilmhöhenmessung 75

4.4 Meßsignalverläufe zur Schmierfilmhöhenmessung 77

5. Meßergebnisse der Schmierfilmhöhenmessung mit glatten und rauhen Prüfscheiben 78

5.1 Die Schmierfilmhöhenmessung mit glatten Prüfscheiben 78

5.2 Die Definition der Schmierfilmhöhe mit rauhen Kontaktflächen 81

5.3 Die Schmierfilmhöhenmessung mit rauhen Prüfscheiben mit Rauheiten parallel zur Bewegungsrichtung 82

5.4 Die Schmierfilmhöhenmessung mit rauhen Prüfscheiben mit Rauheiten quer zur Bewegungsrichtung 85

6. Die Entwicklung einer Rauheitskennzahl aus der ABBOTT-Kurve und Auswertung der an rauhen Prüfscheiben gemessenen Schmierfilmhöhen 86

7. Rechnerische Auslegung eines EHD-Wälzkontaktes 91

8. Zusammenfassung 94

9. Literatur 96

## TEIL 1: FUNKTIONSGERECHTE OBERFLÄCHENMESSTECHNIK

### 1. Vorbemerkung

Die Untersuchungen zur Ermittlung des Einflusses der Oberflächenrauheit auf die Schmierfilmausbildung in EHD-Wälzkontakten wurden in Zusammenarbeit mit dem Institut für Maschinenelemente A und Konstruktionstechnik der Universität Hannover durchgeführt. Dabei wurde die Aussagefähigkeit des entwickelten oberflächenmeßtechnischen Auswerteverfahrens und der daraus resultierenden Kennwerte durch Funktionsuntersuchungen an einem Zweischeiben-Prüfstand am Institut für Maschinenelemente nachgewiesen, Teil 2 dieses Berichtes.

Die meßtechnische Erfassung der Oberflächenfeingestalt der Wälzflächen wurde mit Meßeinrichtungen vorgenommen, die nach dem elektrischen Tastschnittverfahren /1, 2, 3/ arbeiten und die eine digitale Speicherung und damit frei programmierbare Auswertung der Profilverläufe ermöglichen. Ziel der Forschungsarbeiten war es u. a., die funktionsbezogene Profilauswertung und die Kennwerte so zu gestalten, daß sie der industriellen Praxis durch entsprechende Programmierung kommerzieller digitaler Oberflächenmeßgeräte möglichst umgehend zugänglich gemacht werden können.

Da die entwickelten Kennwerte auch zur Beurteilung weiterer hochbeanspruchter Funktionsflächen wie z. B. Schmiergleitflächen, Dichtflächen usw. /4, 5, 6, 7, 8, 9/ von hohem Interesse sind, werden sie in Kürze mit den zugehörigen Meßbedingungen in einem DIN-Normentwurf /10/ veröffentlicht. Einige Tastschnittgeräte, die nach diesem Verfahren auswerten, werden z. Z. in der Industrie erprobt.

### 2. Messen und Beurteilen technischer Oberflächen

Das Funktionsverhalten technischer Oberflächen wird durch die

Gesamtheit aller Gestaltabweichungen bestimmt, durch

- die Makrogeometrie
- und die Mikrogeometrie

der Funktionsflächen, wobei den einzelnen Komponenten je nach Funktionsfall unterschiedliche Bedeutung beizumessen ist.

Das Profil technischer Oberflächen stellt im allgemeinen eine Oberlagerung von Gestaltabweichungen unterschiedlicher Ordnung dar, die nach DIN 4760 begrifflich in Rauheit, Welligkeit und Formabweichungen eingeteilt werden. Wie in Bild 1 an einem idealisierten Beispiel deutlich wird, unterscheiden sich Rauheit, Welligkeit und Formabweichungen durch die Wellenlänge der Profilunregelmäßigkeiten; das heißt, es sind ihnen unterschiedliche Wellenlängenbereiche zuzuordnen.

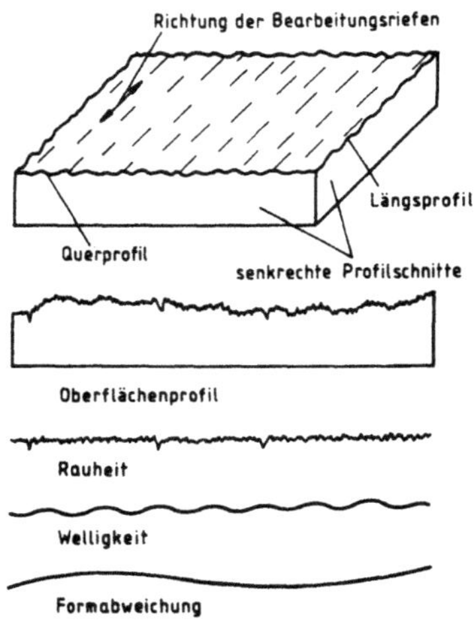


Bild 1: Erfassen der Oberflächenfeingestalt durch senkrechte Profilschnitte

Bei realen Werkstücken, insbesondere bei Oberflächen mit aperiodischem Profilcharakter, ist eine klare Trennung der unterschiedlichen Wellenlängenbereiche nicht immer gegeben; das heißt, es besteht zum Beispiel zwischen der Rauheit und Welligkeit keine deutliche Wellenlängenlücke. Für sinnvolle und vergleichbare Meßergebnisse sind daher zur Trennung der unterschiedlichen

Gestaltabweichungen eindeutige Meßbedingungen wie das Filterverfahren, die Grenzwellenlänge des Filters und die Länge der Meßstrecke festzulegen, die der Beschreibung der Oberflächengestalt zur Beurteilung ihrer Funktionstauglichkeit gerecht werden müssen /2, 3/.

Eine getrennte Messung von Rauheit und Welligkeit ist im allgemeinen zweckmäßig, weil diese Profilanteile unterschiedliche Entstehungsursachen haben und oft auch unterschiedlichen Einfluß auf die Funktionstauglichkeit des Werkstücks ausüben.

Bei Oberflächen mit hohen Funktionsanforderungen muß vor allem darauf geachtet werden, daß die Formabweichungen und die Welligkeit in engen Grenzen gehalten werden. Erst dann kann eine funktionsangepaßte Rauheit zur Geltung kommen und das Funktionsverhalten der Werkstückoberfläche in hohem Maße mitbestimmen.

## 3. Meßtechnisches Erfassen der Makro- und Mikro-Geometrie der Wälzflächen

Der Wälzkontakt zwischen der rauhen Prüfscheibe und der als technisch glatt zu bezeichnenden Scheibe, die den aufgesputterten Meßwertaufnehmer zur Schmierfilmdickenmessung trägt, ist in Bild 2 schematisch dargestellt.

Die Prüfscheibe weist hier Umfangsriefen vom Schleifen auf, die oberflächenmeßtechnisch in Form des Querrauheitsprofiles erfaßt werden. Die Längsrauheit, das heißt die Rauheit in Schleifriefenrichtung wird aufgrund meßtechnischer Schwierigkeiten nicht direkt gemessen, sondern indirekt über die Veränderung der Paralleltastschnitte der Querrauheit untersucht.

Bild 2 gibt zudem eine Übersicht über die Oberflächenkennfunktionen und -kennwerte, die auf der Grundlage einer umfangreichen Schrifttumsrecherche

- zur funktionsbezogenen Beschreibung der Oberflächenfeingestalt
- und zur Beurteilung des Einlaufverhaltens

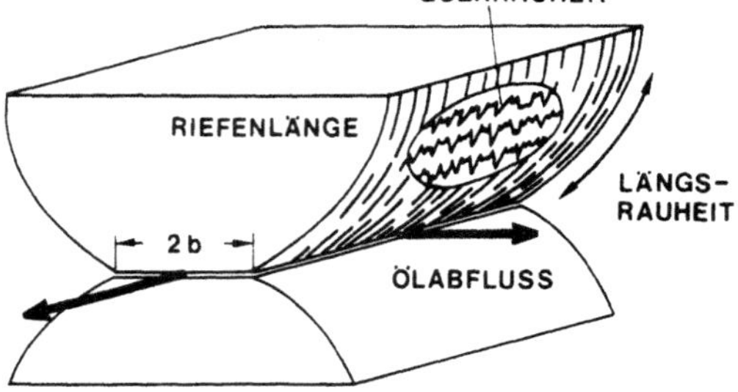


**Funktionsbezogene Kennzeichnung der Wälzflächen**

Querrauheit

| | |
|---|---|
| Senkrechtmaße | : Rauheitskennwerte $R_a$, $R_z$, $R_q$, $R_p$ |
| Form der Rauheit | : Abbott-Kurve mit Kennwerten |
| Waagerechtmaße aus: | Autokorrelationsfunktion<br>Wellenlängenspektrum |

Längsrauheit

Kreuzkorrelation benachbarter Paralleltastschnitte

**Beurteilung des Einlaufverhaltens**

Relocation-technique durch Kreuzkorrelation

Wellenlängenspektrum: Beurteilung der Mikrogestalt

Profilform : Kennwerte der Abott-Kurve

Bild 2: Oberflächenmeßtechnik zur Kennzeichnung von Funktionsflächen im EHD-Wälzkontakt

ausgewählt und im Rahmen der Untersuchungen zum Teil erheblich weiterentwickelt wurden. Die Aussagefähigkeit dieser Kennfunktionen und Kennwerte wird in Abschnitt 4.2 erörtert.

Wenn im Hinblick auf die Untersuchungen auch unmittelbar von Rauheit gesprochen wird, so weisen die Prüfscheiben auch geringe Anteile von langwelligeren Gestaltabweichungen auf. Um den Einfluß makrogeometrischer Formabweichungen auf die Untersuchungsergebnisse praktisch auszuschließen, wurden alle Meß- und Prüfscheiben auf einer Zylinderkoordinaten-Meßmaschine MFU 7, Fa. Feinprüf, geprüft und nur für die Untersuchungen verwendet, wenn

- die Rundheitsabweichungen
- und die Form- und Lageabweichungen gegenüberliegender Mantellinien

der Scheiben (Ø 120 mm, Laufspurbreite 8 mm) einen Betrag von 1 µm nicht überschritten.

Auch die Welligkeit der Prüfscheibenoberflächen wurde in den für das Außenrundschleifen praktisch zu verwirklichenden Grenzen von etwa 10 bis 20 % der gemittelten Rauhtiefe $R_Z$ gehalten. Die Vorgehensweise zum Messen der Mikrogeometrie der Prüfscheibenoberflächen geht aus Bild 3 hervor.

Im Fertigungsneuzustand der Prüfscheiben werden an drei um 120° zueinander versetzten Meßstellen Paralleltastschnittfelder von je 50 Tastschnitten im Abstand von 30 bis 50 µm je nach Feinstruktur der Oberfläche aufgenommen. Sie dienen

- als Bezug für das Messen von Einlaufverschleiß nach entsprechenden Prüfläufen
- und außer zur Bestimmung der Querrauheit zur Analyse der Längsrauheit über die Korrelation benachbarter Paralleltastschnitte,um ein Maß zur statistischen Beurteilung der Schleifriefenlänge zu erhalten.

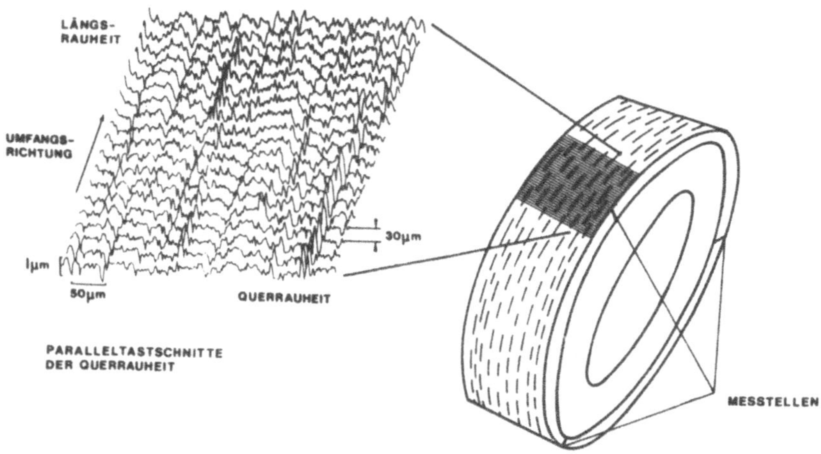


Bild 3: Erfassen der Mikrogeometrie an den Prüfscheiben

Zur Profilaufnahme wird ein gleitkufenfreies Bezugsflächentastsystem verwendet, mit dem das Profil, bestehend aus Rauheit und langwelligeren Gestaltabweichungen, bis auf den Tastspitzeneinfluß unverfälscht übertragen wird.

Die einzelnen Meßfelder sind zu den Seiten der Lauffläche durch präzise Ritzmarkierungen gekennzeichnet. Durch eine optische Zieleinrichtung können so die Meßstellen einjustiert werden. Auf diese Weise genügen nach den Prüfstandsläufen wenige Tastschnitte, um das Einlaufverhalten genau erfassen zu können. Das genaue Auffinden des zugehörigen Ausgangstastschnittes aus dem Paralleltastschnittfeld wird dann mit Hilfe eines Kreuzkorrelationsverfahrens erzielt, auf das in Abschnitt 9 näher eingegangen wird.

Da die Länge der Schleifriefen bei dem den Untersuchungen zugrunde liegenden Spektrum der Fertigungsvarianten keinen signifikanten Einfluß auf das Funktionsverhalten erkennen ließ, soll die Kreuzkorrelation benachbarter Paralleltastschnitte im Rahmen dieses Berichtes nicht näher erörtert werden.

Für den Schmierfilmaufbau und das Einlaufverhalten bestimmend sind Profileigenschaften des quer zu den Bearbeitungsriefen zu messenden Rauheitsprofiles.

## 4. Funktionsrelevante Eigenschaften des Oberflächenprofils

### 4.1 Beurteilung des meßtechnisch erfaßten Istprofils

Der Profilaufzeichnung ist in der Oberflächenmessung zur Beurteilung des häufig sehr unterschiedlichen Charakters der Oberflächengestalt besondere Bedeutung beizumessen. Die ungefilterte Profilaufzeichnung gibt vergrößert das abgetastete Oberflächenprofil wieder und enthält die gesamte zur Beurteilung der Oberfläche zur Verfügung stehende Information. Daher sollte beim Prüfen von Oberflächen mit noch unbekanntem Oberflächencharakter auf jeden Fall ein ungefiltertes Profildiagramm als Beurteilunsgrundlage aufgenommen werden.

Im allgemeinen wird man das Oberflächenprofil mit hoher Vertikalvergrößerung über eine längere Meßstrecke und daher stark überhöht aufzeichnen, weil auf diese Weise über einen statistisch repräsentativen Profilausschnitt die Struktur und die Homogenität der Gestaltabweichungen gut beurteilt werden können. Eine solche Profilaufzeichnung wie in Bild 4 oben verleitet aber zu einer Vorstellung über einen zu steilen

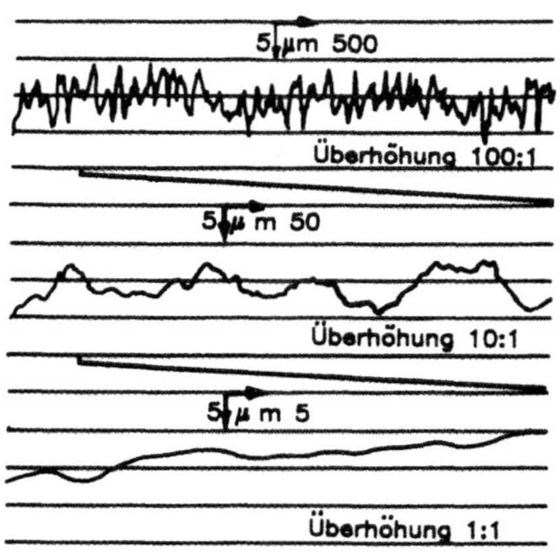


Bild 4: Aufzeichnung des ungefilterten Ist-Profils mit unterschiedlicher Oberhöhung /3/

Profilverlauf, wie er im Profil ohne Oberhöhung (Bild 4 unten) nicht gegeben ist.

Zur Beurteilung der Form von Oberflächen, wie z. B. der Profilerhebungen für Fragen des Kontaktverhaltens bei Wälzflächen sollten auch Aufzeichnungen kurzer Profilausschnitte mit geringer Oberhöhung wie in der Mitte von Bild 4 mit etwa 10 : 1 oder ohne Oberhöhung aufgenommen werden.

An der Profilaufzeichnung ohne Oberhöhung wird deutlich, wie flach das erfaßte Oberflächenprofil im allgemeinen verläuft. Dabei ist aber zu beachten, daß das erfaßte Oberflächenprofil nur ein Hüllprofil mit dem Tastspitzenradius zum wirklichen Oberflächenprofil ist. Im wirklichen Profil können wesentlich steilere Feinstrukturen auftreten, die von der Tastnadel unvollkommen erfaßt werden. Dies ist leicht vorstellbar anhand der beispielhaft in Bild 5 durch rasterelektronenmikroskopische

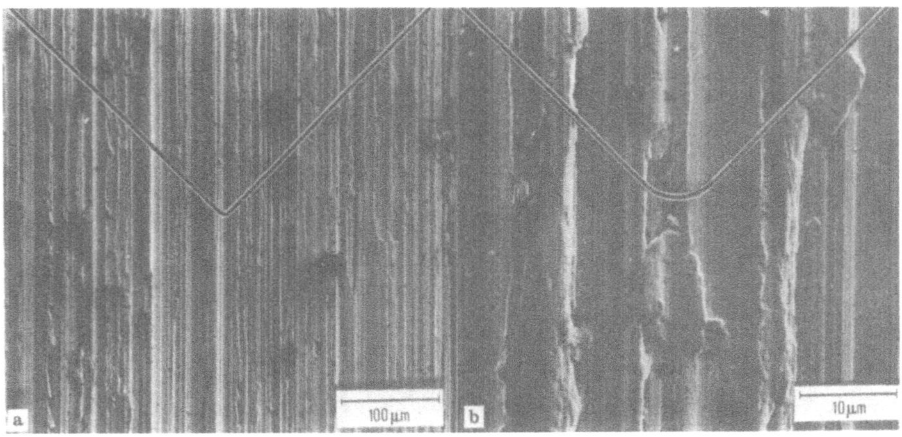


Bild 5: Geschliffene Stahloberfläche mit eingezeichneter Kontur einer Tastspitze: $\gamma = 90°$, $r_t = 5$ µm
$R_Z = 8{,}0$ µm
Objektausschnitt: a) 450 x 400 µm; b) 45 x 40 µm
/11/

Aufnahmen wiedergegebenen geschliffenen Stahloberfläche; zum Vergleich ist in die beiden unterschiedlich großen Objektausschnitte jeweils die entsprechend vergrößerte Kontur einer Tastspitze mit einem Kegelwinkel $\gamma = 90°$ und einem Verrundungsradius $r_t = 5$ µm eingezeichnet.

Bei feinstbearbeiteten Oberflächen kann das von der Tastspitze erfaßte Profil unter Umständen nur noch ein Restprofil des wirklichen Profils sein. Daher sollten Messungen mit elektrischen Tastschnittgeräten an Oberflächen mit Rauheiten von $R_Z < 1$ µm sehr kritisch beurteilt werden /11/.

Wie aus den Untersuchungsergebnissen dieser Forschungsarbeiten hervorgeht, lassen sich aber die funktionsrelevanten mikrogeometrischen Eigenschaften zur Beurteilung der Schmierfilmausbildung in realen Wälzkontakten mit dem Tastschnittverfahren hinreichend genau erfassen; der Verrundungsradius der an den Messungen verwendeten Tastspitzen betrug etwa $r_t = 2{,}5$ µm.

## 4.2 Kennfunktionen und Kennwerte zur Beschreibung funktionsrelevanter mikrogeometrischer Eigenschaften

Aufgabe der Oberflächenmeßtechnik ist entweder

- die funktionsgerechte Kennzeichnung der Mikrogeometrie
- oder die Analyse des Fertigungsprozesses,

indem die Oberfläche als "Fingerabdruck" des Fertigungsverfahrens untersucht wird, um z. B. störende Schwingungskomponenten im System Werkzeugmaschine-Werkzeug-Werkstück im Sinne der Qualitätsverbesserung aufzuspüren.

Beide Aufgaben erfordern eine differenzierte Beschreibung der Oberflächenfeingestalt, die mit den genormten und gebräuchlichen Rauheitskennwerten, deren Definitionen in Bild 6 grafisch dargestellt sind, allein nicht leistbar ist.
Die in der industriellen Praxis zur Qualitätssicherung vorwiegend verwendeten Rauheitskennwerte $R_a$, $R_Z$, $R_{Max}$ nach DIN 4768 oder der in USA gebräuchliche quadratische Mittenrauh-

wert $R_q$ vermögen eine Oberfläche nur dann hinreichend zu kennzeichnen, wenn der für die Funktion wichtige Profilcharakter durch das angewendete Fertigungsverfahren mit den jeweiligen Fertigungsparametern bereits festgelegt ist.

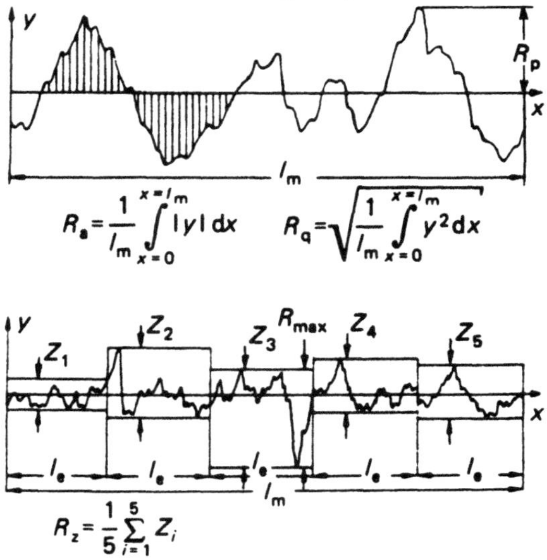


Bild 6: Definitionen gebräuchlicher "senkrechter" Rauheitsmaße

Als aussagefähige Kennfunktionen für das Oberflächenprofil werden vor allem im englischsprachigen Schrifttum das Fourierspektrum und die Autokorrelationsfunktion (AKF) vorgeschlagen.

Die Fourieranalyse eignet sich durch die spektrale Darstellung der Pofilanteile in der Form des Amplituden- oder auch Leistungsspektrums besonders zur Untersuchung des Fertigungsprozesses auf spezifische mikrogeometrische Eigenschaften /12, 13, 14, 15/. Besonders aussagefähig ist das Verfahren zum Auffinden einzelner periodischer Profilkomponenten, die dem stochastischen Profil von Feinbearbeitungsverfahren wie z. B. Schleifen durch Schwingungsvorgänge im Fertigungsprozeß überlagert sind.

Das Fourierspektrum des Oberflächenprofils y(x) wird durch die Fouriertransformation

$$F(j\omega) = \int_{-\infty}^{+\infty} y(x) \cdot e^{-j\omega x} \, dx \qquad (1)$$

erhalten. Mit der Wellenlänge $\lambda$ gilt für die Kreisfrequenz

$$\omega = \frac{2\pi}{\lambda} \qquad (2)$$

so daß sich die Fouriertransformierte als Funktion der Wellenlänge $\lambda$ zu

$$F(\lambda) = F(j\frac{2\pi}{\lambda}) = \int_{-\infty}^{+\infty} y(x).e^{j\frac{2\pi}{\lambda}x}\,dx \qquad (3)$$

ausdrücken läßt. Für die bei der numerischen Berechnung der Fouriertransformation von Oberflächenprofilen auftretenden Schwierigkeiten sei auf das Schrifttum /16, 17, 18/ hingewiesen.

Die Autokorrelationsfunktion beschreibt in der Oberflächenprofilanalyse die mittlere Ähnlichkeit des Profils, wenn der Profilausschnitt gegenüber der Ausgangslage in Abtastrichtung verschoben wird. Mathematisch wird die AKF $r_{yy}(\beta)$ durch folgendes Faltungsintegral dargestellt:

$$r_{yy}(\beta) = \lim_{L \to \infty} \frac{1}{L} \int_0^L y(x) \cdot y(x+\beta)\,dx \qquad (4)$$

das bei diskreten, digitalisierten Profilverläufen in der Form

$$r_{yy}(\beta) = \frac{1}{N} \sum_{i=1}^{N} y(i) \cdot y(i+\beta/\Delta L) \qquad (5)$$

$y(i)$ = digitalisierte Profilordinaten

$N$ = Anzahl der digitalisierten Profilordinaten innerhalb der Meßstrecke

$\Delta L$ = Digitalisierungsabstand

$\beta$ = Verschiebung in x-Richtung des Profils

berechnet wird.

Häufig wird die AKF in normierter Form verwendet mit dem Normierungsfaktor

$$r_{yy}(0) = R_q^2 = \sigma^2 \qquad (6)$$

Darin ist $R_q$ der quadratische Mittenrauhwert und ist identisch mit der Streuung $\sigma$ der Dichteverteilung der Profilordinaten.

Die normierte AKF ist dann definiert zu

$$\Phi_{yy}(\beta) = \frac{r_{yy}(\beta)}{r_{yy}(o)} \qquad (7)$$

mit

$$\Phi_{yy}(o) = 1 \quad .$$

Auch die Autokorrelationsfunktion wird vorwiegend zur Beurteilung von Fertigungsprozessen bei spanenden Bearbeitungsverfahren / 19, 20, 21, 22/ eingesetzt und ist ebenfalls wie die Fourieranalyse besonders zur Trennung stochastischer und periodischer Profilanteile geeignet /33, 43 - 46/.

Bild 7 gibt an einer im Einstich geschliffenen Oberfläche beispielhaft die Aussagefähigkeit des Fourierspektrums und der Autokorrelationsfunktion wieder, wobei aber auch die Schwierigkeiten für eine geometrische Interpretation von Profileigenschaften aus diesen Kennfunktionen deutlich werden.

Das Profildiagramm läßt eine dominierende periodische Komponente erkennen, die auf die Abrichtspirale der mit einem Einkorn-Diamanten abgerichteten Schleifscheibe zurückzuführen ist.

Dieser periodische Profilanteil kommt im Amplitudenspektrum durch die herausragende Nadel im Spektrum sehr deutlich zum Ausdruck. Neben einzelnen in der Amplitude wesentlich kleineren spektralen Anteilen deutet das übrige Spektrum auf den stochastischen Profilcharakter hin. Die kleinsten mit einer Tastspitze von $r_t$ = 2,5 µm gemessenen Profilanteile sind einer Wellenlänge von etwa $\lambda$ = 5 µm zuzuordnen.

Eine hinreichende geometrische Interpretation des Spektrums zur Beurteilung des Funktionsverhaltens von hochbeanspruchten Kontaktflächen scheint jedoch nicht möglich zu sein. Der Grund liegt darin, daß das Spektrum nur aus dem Superpositionsprinzip der spektralen Profilanteile zu verstehen ist; das bedeutet, daß nur dominierende spektrale Anteile als Wellenlänge auf der Oberfläche tatsächlich vorhanden sind und die übrigen Anteile nur schwer und in begrenztem Maße geometrisch interpretierbar sind.

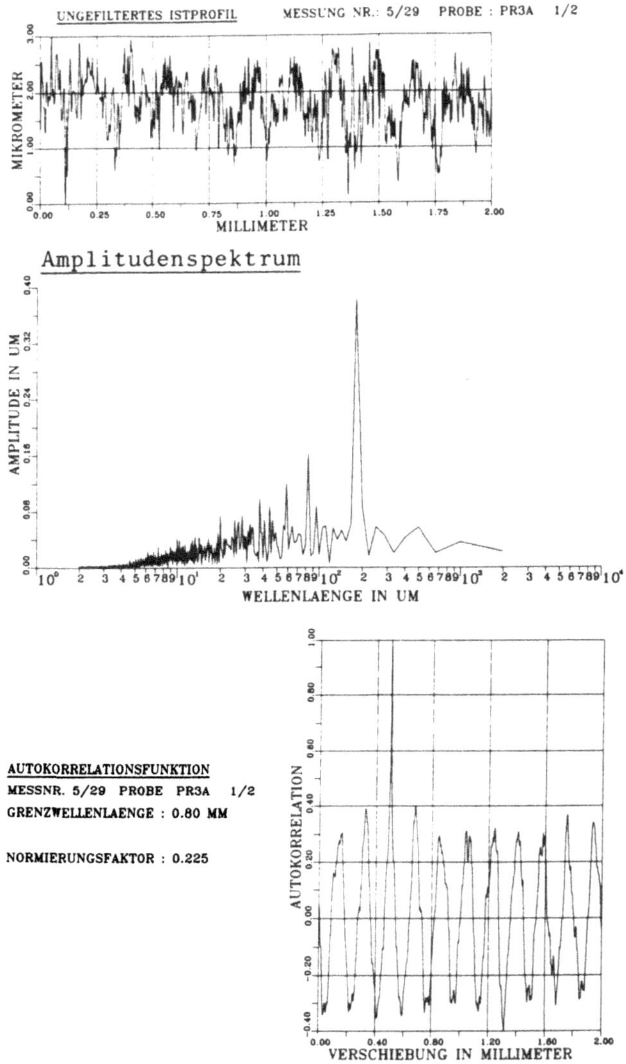


Bild 7: Aussagefähigkeit von Amplitudenspektrum und Autokorrelationsfunktion am Beispiel einer geschliffenen Fläche

Auch in der normierten Autokorrelationsfunktion (Bild 7) unten ist die große periodische Profilkomponente durch das Oszillieren der Funktion nach dem steilen Abfall vom Maximum zu erkennen und deren Wellenlänge mit etwa 20 µm abzulesen. Der sehr steile Abfall vom Maximum deutet auf den sehr kurzwelligen stocha-

stischen Profilanteil hin.
Aber auch aus der AKF erscheint es nicht möglich, Kennwerte für eine einfache geometrische Kennzeichnung der Oberflächeneigenschaften abzuleiten, um eine Beziehung zu den Funktionseigenschaften herzustellen.

Der extrem steile Abfall der AKF wurde bei den Forschungsarbeiten zur Untersuchung des Einlaufverhaltens der Wälzflächen benutzt, um denselben Profilschnitt wie im Fertigungsneuzustand aufzufinden, siehe Abschnitt 9.

Entscheidend für die Schmierfilmausbildung und das Einlaufverhalten ist neben der Rauhtiefe die Profilform der Rauheit. Oberflächen mit etwa gleich großen gemittelten Rauhtiefen $R_Z$ haben deutlich bessere Funktionseigenschaften, wenn sie ein materialerfülltes, weitgehend "geschlossenes" Profil anstelle eines im oberen Profilbereich wenig materialerfüllten "offenen" Profils aufweisen.

Diese unterschiedlichen Profilformen werden an den für verschiedene Fertigungsverfahren in Bild 8 dargestellten charakteristischen Profilverläufen deutlich. Für diese Betrachtung sollte die unterschiedliche Vertikalvergrößerung der einzelnen Profile zunächst nicht beachtet werden.

Im oberen Teil des Bildes 8 sind zwei Profile mit "offenem" Profilcharakter wiedergegeben, während im unteren Teil funktionsgünstigere "geschlossenere" Profile dargestellt sind. Anzustreben im Hinblick auf optimale Funktionseigenschaften sind asymmetrische Profile mit "plateauartigen" Profilanteilen, wie sie unten in Bild 8 am Beispiel der gehonten Oberfläche zum Ausdruck kommen.
Diese funktionsrelevanten Profileigenschaften führen zu charakteristischen unterschiedlichen Formen der Abbott-Kurven, die jeweils rechts neben den Profilen dargestellt sind und die den Materialanteil im Profil über der Tiefe des Profils beschreiben. Kennwerte für die Form der Abbott-Kurve konnten daher zur Kennzeichnung funktionswichtiger Profileigenschaften führen

(vergl. Abschnitt 7).

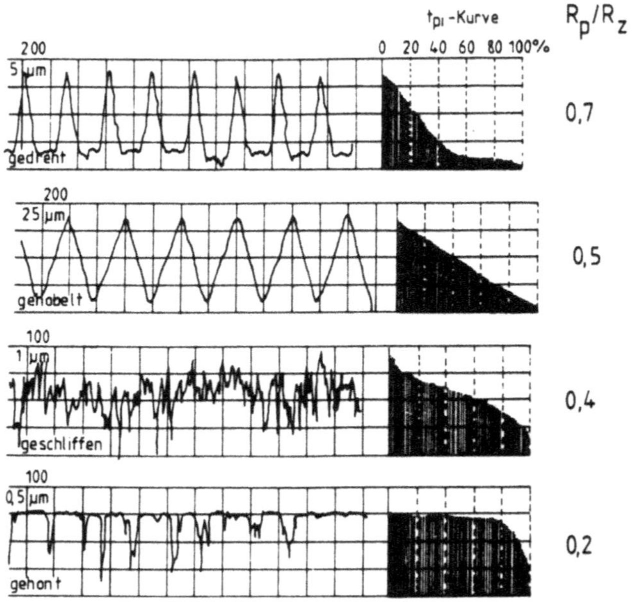


Bild 8: Abbott-Kurven ($t_{pi}$-Kurven) und Quotienten $R_p/R_Z$ verschiedener Profilformen

Die unterschiedliche Profilform, häufig im Schrifttum auch als "spitzkämmig" und "rundkämmig" bezeichnet, läßt sich bei derselben gemittelten Rauhtiefe $R_Z$ durch die Lage der Mittellinie im Rauheitsprofil und damit durch die Glättungstiefe $R_p$ kennzeichnen, Bild 9.

Ist das Verhältnis von $R_p/R_Z > 0{,}5$ liegt ein "spitzkämmiges" Profil vor, ist $R_p/R_Z < 0{,}5$, so ist das Profil "rundkämmig". Nachteilig ist nur, daß $R_p$ durch die größte Profilspitze und damit durch "Ausreißer" festgelegt wird und daher die meßtechnische Aussage meist unsicher ist.

Um die Wirkung einzelner herausragender Spitzen auf den Meßwert von $R_p$ abzuschwächen, wird in neueren Tastschnittgeräten eine mittlere Glättungstiefe $R_{pm}$ als arithmetischer Mittelwert aus den $R_p$-Werten fünf aneinandergrenzender Einzelmeßstrecken (analog $R_Z$) ermittelt.

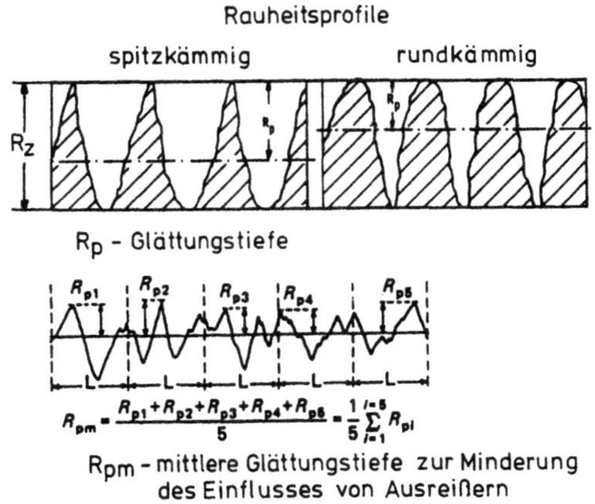


Bild 9: Kennzeichnung der Profilform durch das Verhältnis $R_p/R_Z$

Demgegenüber bietet die Abbott-Kurve aber eine sichere und differenziertere Aussage über die Profileigenschaften; die Bestimmung des Verhältnisses $R_p/R_Z$ kann allenfalls eine Behelfslösung sein.

## 5. Derzeitige Filterverfahren für die Rauheitsmessung

Voraussetzung für die Ermittlung aussagefähiger Rauheitskennwerte ist eine an die Funktion angepaßte Trennung der Rauheit von langwelligeren Profilanteilen durch ein Filterverfahren, das die geometrische Form der Rauheit ohne Profilverzeichnungen im gefilterten Profil wiedergibt.

Die Entstehung des Rauheitsprofils durch Hochpaßfilterung ist in Bild 10 anschaulich dargestellt. Aufgabe des Hochpaßfilters ist es, eine Referenzlinie für die Berechnung der Rauheitskennwerte zu bilden. Diese Referenzlinie verläuft bei einem linearen Filter als Mittellinie im ungefilterten Ist-Profil und folgt bei geeigneter Wahl der Grenzwellenlänge $\lambda c$ den langwelligen Profilanteilen im ungefilteren Ist-Profil, vergleiche Bild 10 oben. Die Hochpaßfilterung wird mathematisch vollzogen, indem das Differenzprofil zwischen dem ungefilterten Ist-Profil und der langwelligen Mittellinie gebildet wird. Dieses Differenzprofil, das unten im Bild 10 wiedergegeben ist, stellt das Rauheitsprofil dar, das keine langwelligen Profilanteile mehr enthält.

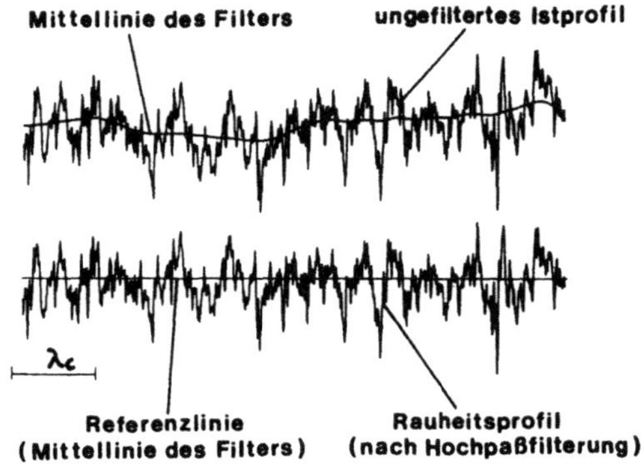


Bild 10: Mittellinie des Hochpaßfilters als Referenzlinie für die Rauheitsmessung, Quelle: Perthen-Feinprüf

In der Darstellung des Rauheitsprofils ist die Referenzlinie (Mittellinie des Filters) eine Gerade. Unter Bezug auf diese Gerade werden die Rauheitskennwerte berechnet.
Im ungefilterten Ist-Profil entspricht dieser Geraden aber stets der langwellige Verlauf der Mittellinie, der i. a. auf Welligkeit, Formabweichungen oder auch auf nicht präzise Ausrichtung des Meßgerätes zur zu messenden Oberfläche zurückzuführen ist.

Derzeit werden in den Tastschnittgeräten vorwiegend elektrische RC-Hochpaßfilter verwendet, deren Übertragungscharakteristik in DIN 4768 und ISO 3274 genormt ist.

Bei den anzustrebenden funktionsgünstigen Oberflächen mit asymmetrischem Profilcharakter, deren Oberflächenfeingestalt durch tiefe und verhältnismäßig breite Riefen durchsetzt ist, führt die RC-Hochpaßfilterung zu erheblichen Profilverzerrungen. Ursache für die Profilverzeichnungen an tiefen und breiten Riefen ist die Phasenverschiebung der Mittellinie des RC-Filters zum ungefilterten Ist-Profil, wie es am Beispiel einer geschliffenen Oberfläche in Bild 11 dargestellt ist.
An den beiden tiefen Riefen wird die Mittellinie des RC-Filters im ungefilterten Profil (oben im Bild) tief ausgelenkt und zwar mit einer erheblichen örtlichen Verschiebung zum ungefilterten Profil, weil stets nur die zurückliegenden Profilordinaten in

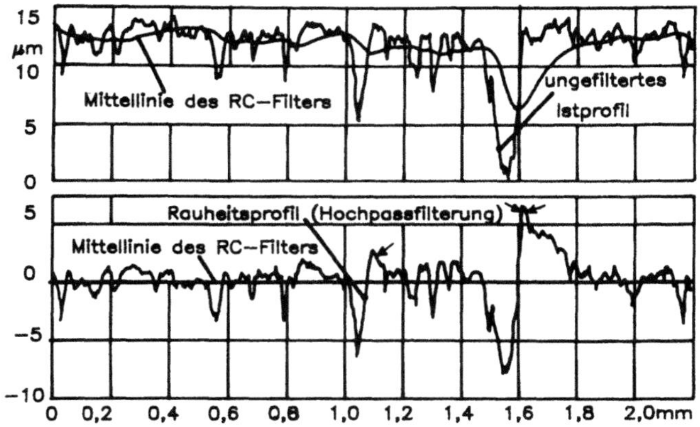


Bild 11: Auswirkungen der Phasenverschiebung der Mittellinie des RC-Filters bei tiefen Riefen auf das Rauheitsprofil

die Mittelung einbezogen werden. Salopp gesprochen, ahnt das RC-Filter bei Beginn der tiefen Riefe noch nichts von der Riefe. Das gefilterte Rauheitsprofil (unten im Bild) wird nun erhalten, indem die Profilabweichungen des ungefilterten Ist-Profils auf die Mittellinie des RC-Filters bezogen werden (Differenzbildung). An den tiefen Riefen entstehen jetzt aufgrund der tief ausgelenkten und örtlich verschobenen Mittellinie die hohen Profilaufwürfe im Rauheitsprofil.

Besonders bei der Messung der Glättungstiefe $R_p$ und des "Mikro-Profiltraganteils" $t_{pi}$[1)] führt diese Filterwirkung zu einer erheblichen Verfälschung der Meßwerte, Bild 12. Die RC-Filterung ist zum Messen derartiger Oberflächen und Meßgrößen unbrauchbar. Auffallend ist, daß die ungefilterten Ist-Profile der Oberflächen in den Bildern 11 und 12 praktisch keine langwelligen Profilanteile im Sinne von Welligkeit enthalten und demnach eine Filterung zunächst nicht notwendig erscheint. Es wird aber eine Referenzlinie für die Profilauswertung benötigt, auf die die Rauheitsabweichungen bezogen werden können. Diese könnte auch am ungefilterten Profil z. B. in Form einer Ausgleichsgeraden ge-

[1)] Derzeitige Bezeichnung des Materialanteils im Rauheitsprofil für eine vorgegebene Schnittlinientiefe c.

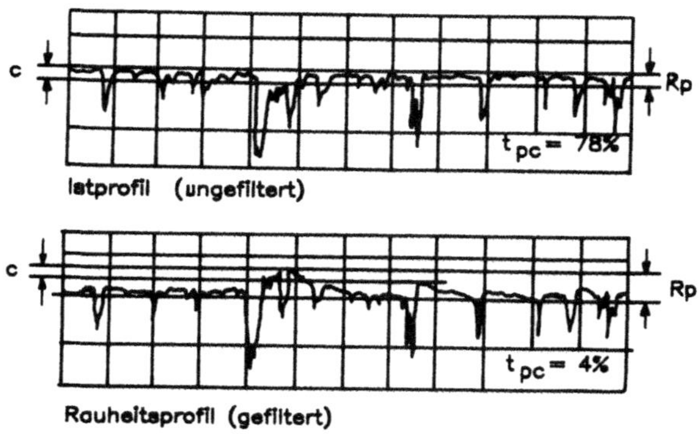


Bild 12: Verfälschung von $R_p$ und $t_{pi}$ durch das genormte RC-Filter, Henzold /3/

bildet werden. Es zeigt sich aber in vielen Fällen, daß hiermit ebenfalls erhebliche Schwierigkeiten verbunden sind, z. B. wenn langwellige Profilanteile durch Formabweichungen oder ungenaue Ausrichtung beim Messen an Wellen und Bohrungen auftreten oder die Verteilung der Riefen in der Meßstrecke nicht gleichmäßig ist. Eine Lösung dieses Problems ist nur durch ein geeignetes Filterverfahren, z. B. durch ein mathematisches Verfahren möglich.

In modernen Tastschnittgeräten mit digitaler Meßwertverarbeitung (z. B. Perthometer S6P, Hommeltester T20, Talysurf 5) werden sog. phasenkorrekte Hochpaßfilter angeboten, die im Gerät durch Software verwirklicht sind. Diese Filter vermeiden die örtlichen Verschiebungen zwischen der Mittellinie und dem ungefilterten Ist-Profil, wobei die Mittellinie des phasenkorrekten Filters bei etwa gleicher Amplitudenübertragungscharakteristik wie beim RC-Filter einen wesentlich geglätteteren Verlauf erhält.

Bild 13 zeigt an demselben Profilausschnitt wie im Fall des RC-Filters in Bild 11, daß die Mittellinie des phasenkorrekten Filters bereits wesentlich günstigere Eigenschaften als die des RC-Filters aufweist.
Die Auslenkung der Mittellinie erfolgt weitgehend symmetrisch zu der tiefen Riefe und ist zudem deutlich kleiner als beim RC-Filter, wodurch die Profilverzeichnung (Materialaufwurf zu beiden Seiten der Riefe) im gefilterten Rauheitsprofil schon

deutlich kleiner wird.

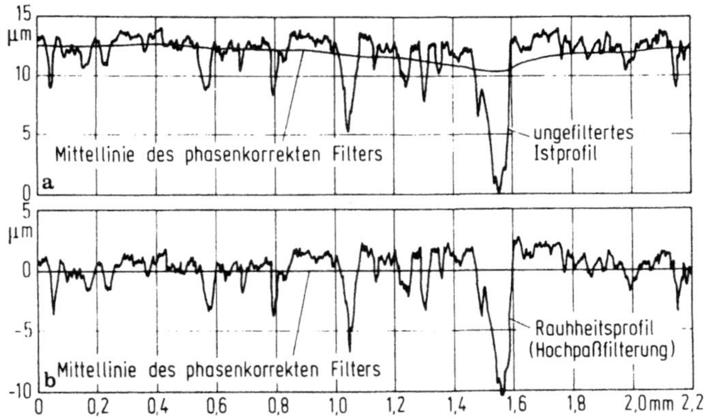


Bild 13: Phasenkorrekte Hochpaßfilterung an einem Profil mit tiefen Riefen

Es muß aber darauf hingewiesen werden, daß dieses Filter an Oberflächen mit stark asymmetrischem Profilcharakter wie z. B. gehonten Oberflächen auch keine befriedigende Lösung darstellt. Bild 14 verdeutlicht dieses an einem Profilausschnitt einer plateaugehonten Oberfläche, der nach der phasenkorrekten Filterung nicht zu vernachlässigende Materialaufwürfe zu beiden Seiten der Riefen aufweist.

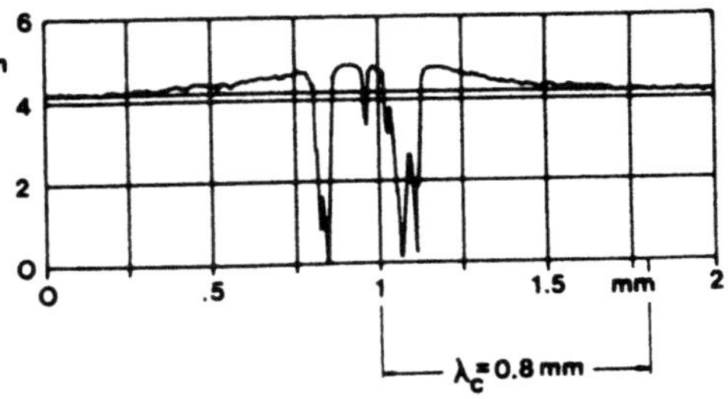


Bild 14: Profilverzeichnungen an tiefen Riefen bei phasenkorrekter Filterung im Rauheitsprofil

## 6. Nichtlineares Filter mit Riefenunterdrückung zum Messen der Abbott-Kurve

Der Grund für das Versagen des phasenkorrekten Filters bei den vorgenannten Problemflächen ist die Gleichbewertung von Profil-

riefen und Profilerhebungen bei diesem Mittellinienverfahren. Für viele Oberflächen des Maschinenbaus ist die Berührung zweier Oberflächen, wie z. B. in Gleit- und Wälzkontakten von funktionsentscheidender Bedeutung. Für aussagefähige Profilauswertungen sollte daher eine Referenzlinie für die Filterung verwendet werden, die das Berührverhalten zweier Oberflächen berücksichtigt. Für das in Bild 12 gezeigte ungefilterte Profil müßte die Referenzlinie nahezu eine Gerade sein, die dem Plateauverlauf des Profils weitgehend folgt.
Da für das Kontaktverhalten von Oberflächen Profilerhebungen eine wesentlich größere Bedeutung als Profilriefen haben, sollte diese Wichtung durch die Funktion bei der Ermittlung der Referenzlinie berücksichtigt werden. Dieses wird durch ein im Rahmen dieser Forschungsarbeiten entwickeltes Filterverfahren mit Riefenunterdrückung erreicht. Die Wirkungsweise ist in Bild 15 in den einzelnen Schritten am Beispiel einer feinbearbeiteten Oberfläche mit tiefen vereinzelten Riefen grafisch dargestellt.

Zunächst wird mit einem phasenkorrekten Filter entsprechender Grenzwellenlänge eine "Vorfilterung" vorgenommen, Bild 15 a. Danach werden alle tiefen Riefenanteile im ungefilterten Profil abgeschnitten, die sich unterhalb der Mittellinie des phasenkorrekten Filters befinden (hier schraffiert dargestellt).

Das ungefilterte Ist-Profil nach der Riefenunterdrückung, Bild 15 b, wird dann erneut mit demselben phasenkorrekten Filter bewertet und so eine neue Referenzlinie als Bezugsprofil für die Rauheitsmessung gefunden, die in ihrem Verlauf kaum noch den ehemaligen Riefen folgt.

Anhand dieses Bezugsprofils wird die Filterung des ursprünglichen ungefilterten Ist-Profils mit den tiefen Riefen (Bild 15 c) vollzogen, indem das Differenzprofil zwischen dem vollständigen ungefilterten Ist-Profil und diesem Bezugsprofil gebildet wird.

Das Rauheitsprofil nach diesem Filterverfahren, Bild 15 d, kann praktisch als verzeichnungsfrei gelten. Die Verbesserung gegenüber dem einfachen phasenkorrekten Filter wird durch Vergleich der Lage der Referenzlinie im ungefilterten Ist-Profil von Bild 15 c

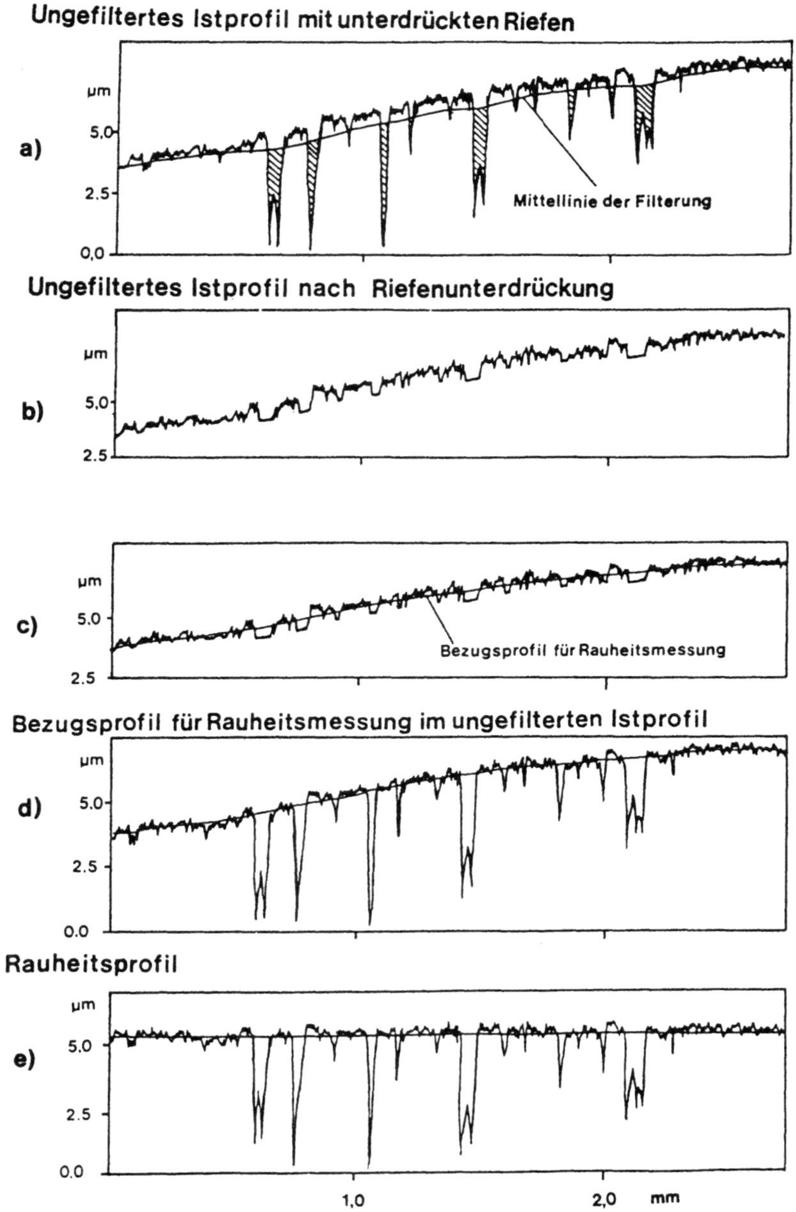


Bild 15: Nichtlineares Filterverfahren mit Riefenunterdrückung

gegenüber der in Bild 15 a deutlich.

Beispielhaft sind in Bild 16 zwei Oberflächenprofile mit annähernd gleichen $R_a$- und $R_z$-Werten aber sehr unterschiedlicher Profilform und damit Funktionsverhalten dargestellt. Die hier in die ungefilterten Profile eingezeichneten Referenzlinien wurden durch dieses besondere Filterverfahren bestimmt.

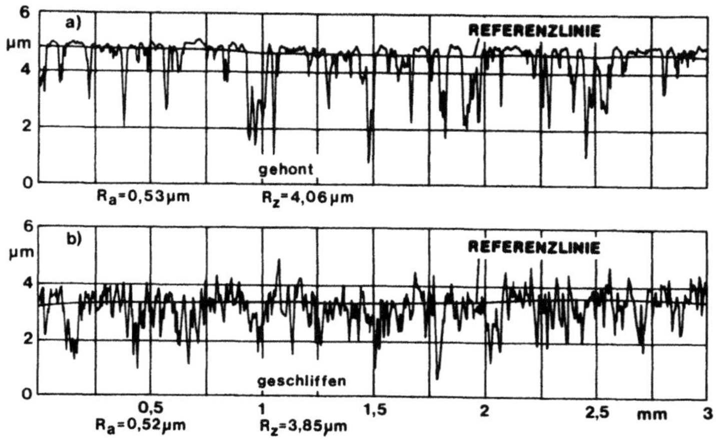


Bild 16: Oberflächenprofile mit unterschiedlicher Profilform und demnach unterschiedlichem Funktionsverhalten bei nahezu gleichen $R_a$- und $R_z$-Werten

Die Referenzlinie verläuft im gehonten Profil praktisch parallel zum "plateauartigen" Profilanteil und unbeeinflußt von tiefen Riefen. Diese Referenzlinie entspricht damit der Vorstellung einer Profilauswertung zur Beurteilung des Kontaktverhaltens dieser Oberfläche mit einem Gegenkörper.
Am geschliffenen Profil unten im Bild 16 wird deutlich, daß die Referenzlinie dieses Filterverfahrens keine Mittellinie mehr im Profil darstellt, sondern aufgrund der Riefenunterdrückung höher im ungefilterten Profil liegt, was aber keinen Einfluß auf die im nächsten Abschnitt beschriebenen Kennwerte hat.

## 7. Entwicklung von Rauheitskennwerten aus der Abbott-Kurve zur Kennzeichnung der Profilform

Bei der meßtechnischen Bestimmung der Abbott-Kurve in den derzeitigen Tastschnittgeräten bestehen erhebliche Schwierigkeiten, die mit

- Profilverfälschungen durch die Hochpaßfilterung gerader asymmetrischer Profile (s. Abschnitt 5)
- und der Festlegung der Null-Linie für die Schnittlinientiefe c (vergleiche Bild 12)

zusammenhängen.

Am Institut für Meßtechnik im Maschinenbau der Universität Hannover sind nun Kennwerte aus der Abbott-Kurve entwickelt und in einen Normentwurf eingebracht worden, die eine funktionsbezogene Zeichnungseintragung erlauben. Gekennzeichnet werden damit sowohl die Tiefe als auch die Form bzw. der Charakter des Rauheitsprofils.
Anstelle des irreführenden Begriffes "Traganteil" wird in der neuen Norm der Begriff "Materialanteil" verwendet; vom "Tragen" könnte man nur sprechen, wenn die Kontaktgeometrie des Gegenkörpers berücksichtigt würde und wenn die Abbott-Kurve über die Gesamtlänge eines Formelementes bestimmt würde, wobei Rauheit, Welligkeit und Formabweichungen in ihrer Gesamtwirkung erfaßt werden müßten. Hier ist die Abbott-Kurve aber nur eine Kennfunktion für die Rauheit mit statistischer Aussage aus einem Oberflächenprofilausschnitt.
Bild 17 veranschaulicht im Vergleich zum Rauheitsprofil die Bedeutung der neu entwickelten Kennwerte der Abbott-Kurve.
Im oberen Teilbild ist die Beziehung zwischen Rauheitsprofil und Abbott-Kurve, d. h. der Materialanteil im Rauheitsprofil als Funktion der Schnittlinienlage dargestellt.

Das untere Teilbild verdeutlicht, wie durch die Approximation der Abbott-Kurve durch 3 Geraden eine Untergliederung der Tiefe des Rauheitsprofils in

- den Profilspitzenbereich
- den Kernbereich des Profils
- und den Profilriefenbereich

vorgenommen wird; diese Bereiche haben in bezug auf das Funktionsverhalten unterschiedliche Bedeutung und sollten demnach durch einzelne Kennwerte getrennt beschrieben werden.

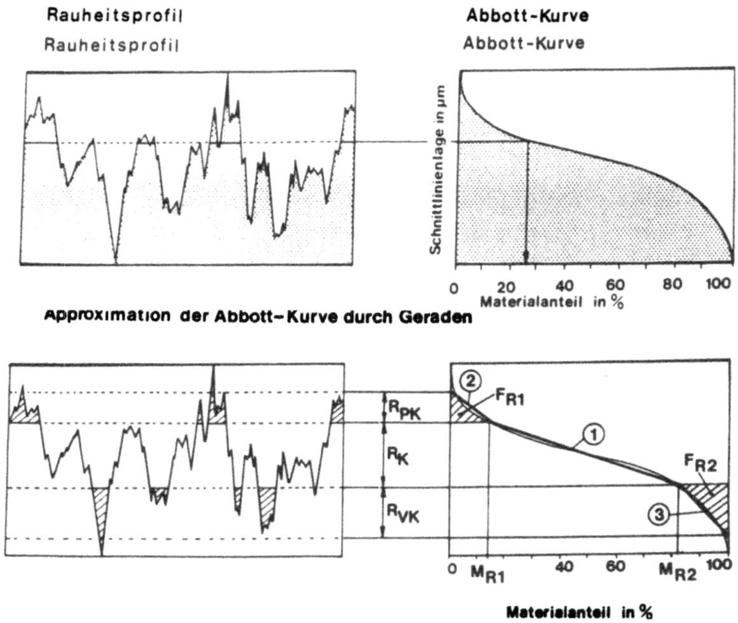


Bild 17: Kennwerte der Abbott-Kurve nach DIN 4776 (Entwurf)

Die entsprechenden Kennwerte der Abbott-Kurve sind vor allem:

- die Kernrauhtiefe $R_K$
- die Profilspitzenfläche $F_{R1}$ bzw. die reduzierte Spitzenhöhe $R_{PK}$
- und die Profilriefenfläche $F_{R2}$ bzw. die reduzierte Riefentiefe $R_{VK}$

Die Kernrauhtiefe $R_K$ ist die Tiefe des Rauheitsprofils unter Ausschluß herausragender Spitzen und tiefer Riefen. Sie wird durch eine Ausgleichsrechnung über den mittleren Teil der Abbott-Kurve oder grafisch durch Einzeichnen einer entsprechenden Geraden bestimmt. Bild 18 läßt das Verfahren zur Festlegung des Bereiches der Abbott-Kurve erkennen, in dem die Ausgleichsrechnung zur Bestimmung von $R_K$ vorgenommen wird. Dieser Bereich umfaßt 40 % Materialanteil und liegt dort, wo die entsprechende Sekante die minimale Neigung aufweist.

Voraussetzung für diese Art der Profilauswertung ist der

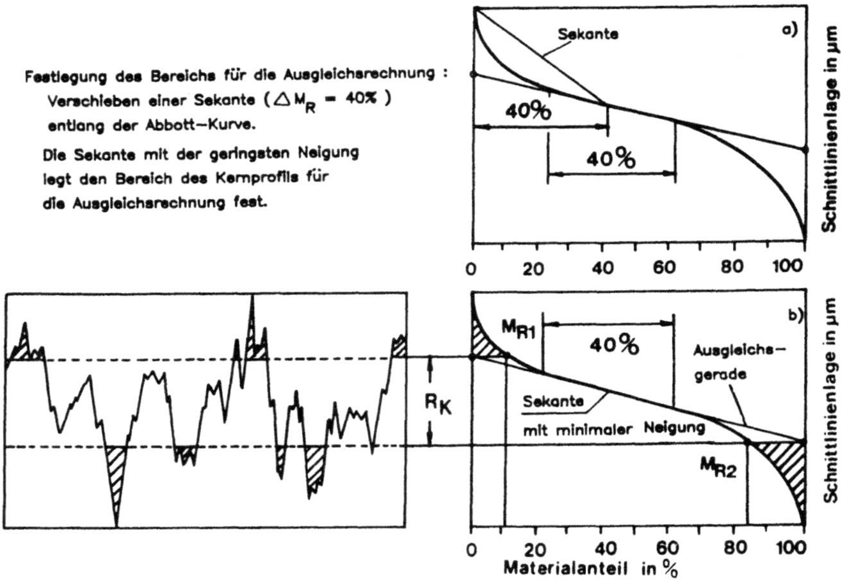


Bild 18: Berechnung der Kennwerte der Abbott-Kurve

nahezu s-förmige Verlauf der Abbott-Kurve; dieses ist bei ge- läppten, geschliffenen und gehonten Oberflächen erfahrungsgemäß immer der Fall.

Ein kleines Maßzahlverhältnis $R_K/R_Z$ bedeutet, daß der Hauptanstieg des Materialanteils nur auf einen kleinen Anteil der gesamten Rauhtiefe konzentriert ist und zusätzlich herausragende tiefe Riefen oder hohe Profilspitzen vorhanden sind. Da industriell hergestellte Oberflächen meist asymmetrischen Profilcharakter zugunsten des Riefenanteils aufweisen, deutet meist ein kleines Maßzahlverhältnis $R_K/R_Z$ auf einen "plateauartigen" Charakter wie z. B. bei gehonten Oberflächen hin.

Die Profilspitzenfläche $F_{R1}$ ist die Querschnittsfläche der aus dem Kernprofil herausragenden Profilspitzen je Längeneinheit der Meßstrecke $l_m$. Dieser Kennwert kennzeichnet das "Einlaufverhalten" von geschmierten Gleit- und Wälzflächen. Angestrebt wird ein kleiner Wert $F_{R1}$ z. B. bei geschliffenen Oberflächen im Sinne einer "Vorwegnahme" des Einlaufverschleißes" durch das Fertigungsverfahren.

Die Profilriefenfläche $F_{R2}$ kennzeichnet entsprechend den Anteil der aus dem Kernprofil herausragenden Riefen. Bei geschmierten Funktionsflächen wird z. B. für Zylinderlaufflächen ein großes $F_{R2}$ für eine Aufnahme von Schmierstoff bei sonst "plateauartiger" Ausbildung der Oberfläche angestrebt /4, 5/.

Die Kennwerte $M_{R2}$ sind die Materialanteile, die den Begrenzungslinien für $R_K$ im Rauheitsprofil zuzuordnen sind.
$M_{P1}$ und $M_{P2}$ können vor allem bei grafischer Auswertung der Abbott-Kurve vereinfachend anstelle der durch Integration zu bestimmenden Flächenkennwerte $F_{R1}$ und $F_{R2}$ verwendet werden.

Für die Handhabung der Kennwerte in der Praxis erscheint es sinnvoll, anstelle des Flächenkennwertes $F_{R1}$ eine mittlere, d. h. eine reduzierte Spitzenhöhe $R_{PK}$ und für $F_{R2}$ eine reduzierte Riefentiefe $R_{VK}$ anzugeben, vergleiche Bild 19. Diese Kennwerte entstehen, wenn aus den Flächen $F_{R1}$ und $F_{R2}$ flächengleiche Dreiecke gebildet werden.
Die reduzierte Spitzenhöhe $R_{PK}$ bzw. die reduzierte Riefentiefe $R_{VK}$ erleichtern es gegenüber den Flächenkennwerten, entsprechende Maßzahlen im Verhältnis zur Kernrauhtiefe $R_K$ im Hinblick auf das Funktionsverhalten der Oberfläche zu wichten.

## 8. Beispiele für die Aussagefähigkeit der Kennwerte

Bild 20 veranschaulicht die Aussagefähigkeit der Kennwerte in bezug auf den unterschiedlichen Profilcharakter bei annähernd gleicher mittlerer Rauhtiefe zweier Oberflächen.

Gegenübergestellt sind die Abbott-Kurven und die zugehörigen Kennwerte für die in Bild 16 dargestellten Profile einer gehonten und einer geschliffenen Oberfläche; kurze Profilausschnitte sind rechts im Bild 20 zum direkten Vergleich eingezeichnet.

Die gehonte Oberfläche weist gegenüber der geschliffenen bei

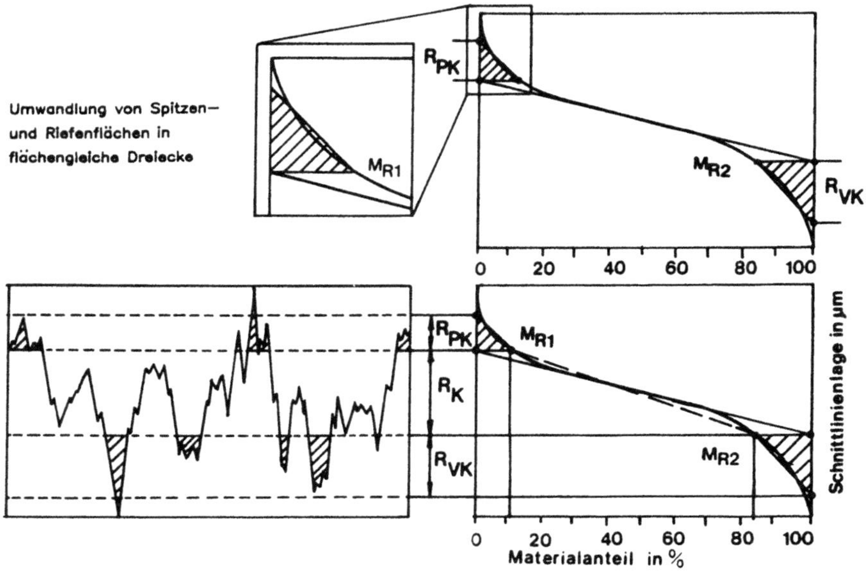


Bild 19: Berechnung der reduzierten Spitzenhöhe $R_{PK}$ und der reduzierten Riefentiefe $R_{VK}$ aus der Spitzen- bzw. Riefenfläche

sogar etwas größerem $R_Z$-Wert eine sehr kleine Kernrauhtiefe $R_K$ = 0,62 µm auf und deutet damit auf den plateauartigen Charakter des Profils hin. Auch zeigt sich in der um mehr als eine Zehnerpotenz kleineren Spitzenfläche $F_{R1}$ der gehonten Fläche die gezielte Abnahme der Profilspitzen durch das Honverfahren im Sinne der Vorwegnahme eines Einlaufprozesses. Kennzeichnend für das gehonte Profil ist auch die große Riefenfläche von $F_{R2}$ = 33,6%µm gegenüber dem deutlich kleineren Wert für das geschliffene Profil. Wesentlich anschaulicher als die Flächenkennwerte sind die reduzierten Spitzenhöhen $R_{PK}$ und die reduzierten Riefentiefen $R_{VK}$, die man direkt mit der Kernrauhtiefe $R_K$ des Profils in Beziehung bringen kann.

Kennwerte:

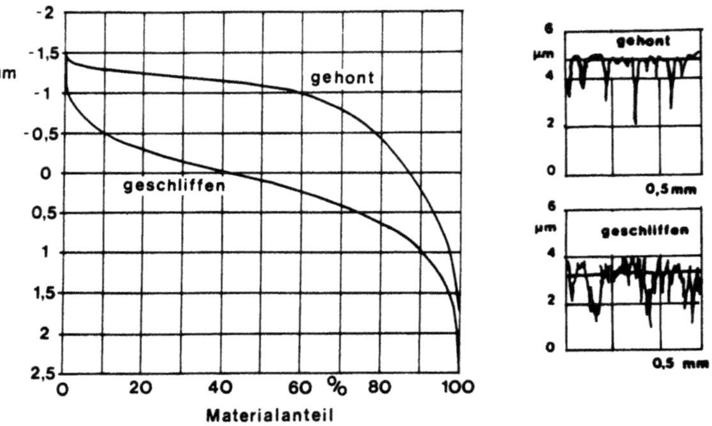


| | $R_Z$ µm | $R_K$ µm | $F_{R1}$ %µm | $F_{R2}$ %µm | $R_{PK}$ µm | $R_{VK}$ µm | $M_{R1}$ % | $M_{R2}$ % |
|---|---|---|---|---|---|---|---|---|
| gehont: | 4,08 | 0,62 | 0,06 | 33,6 | 0,13 | 1,97 | 0,9 | 65,9 |
| geschliffen: | 3,52 | 1,34 | 2,08 | 8,12 | 0,44 | 0,94 | 9,4 | 82,8 |

Bild 20: Kennwerte der Abbott-Kurven bei unterschiedlichem Profilcharakter und etwa gleicher Rauhtiefe

Die Kennzeichnung der Rauhtiefe und der Profilform durch Kennwerte der Abbott-Kurve läßt vor allem eine eindeutige Zuordnung bei der Veränderung der Meßwerte auf die verschiedenen Profilbereiche - Profilspitzen, Kernbereich, Profilriefen - zu, deren geometrische Eigenschaften je nach der Funktion der Oberfläche anders zu bewerten sind.

Die Veränderung der Oberflächeneigenschaften durch einen Finish-Prozeß sind aus den Abbott-Kurven und den Kennwerten in Bild 21 deutlich zu erkennen. Rechts im Bild sind zusätzliche kurze Profilausschnitte der vorgeschliffenen Oberfläche und derjenigen nach dem Finish-Prozeß wiedergegeben. Aus dem Verlauf der Abbott-Kurven geht hervor, daß der Finish-Prozeß nicht nur die Profilerhebungen erfaßt, sondern tief in den Kernbereich des geschliffenen Profils eingreift. Die gefinishte Oberfläche weist für das Funktionsverhalten in Wälzkontakt erheblich günstigere mikrogeometrische Eigenschaften auf; neben der geringeren gemittelten Rauhtiefe $R_Z$ kommt dies vor allem in der bedeutend kleineren Kernrauhtiefe $R_K$ und der um eine Zehnerpotenz

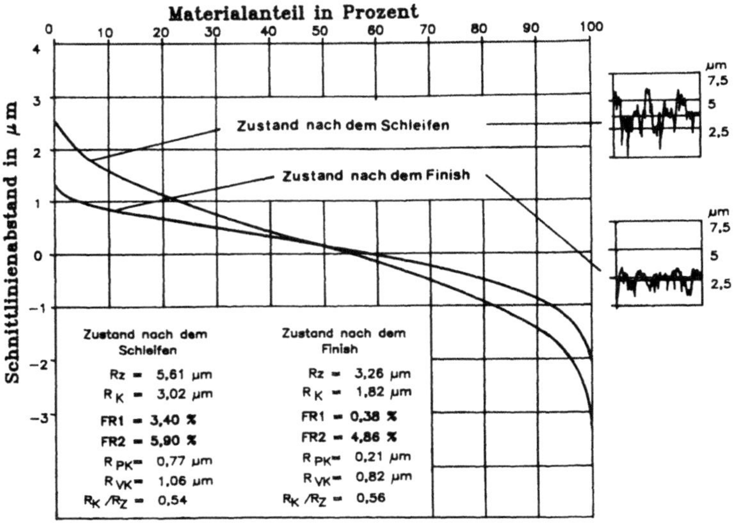


Bild 21: Änderung der Oberflächeneigenschaften einer geschliffenen Fläche durch einen anschließenden Finish-Prozeß

kleineren Spitzenfläche $F_{R1}$ zum Ausdruck.

Die kleinere Kernrauhtiefe $R_K$ = 1,8 µm der gefinishten Oberfläche kennzeichnet gegenüber der Kernrauhtiefe $R_K$ = 3,0 µm der vorgeschliffenen Fläche die bessere Ausbildung eines anzustrebenden "Oberflächenplateaus". An diesem Beispiel wird an den nahezu gleichen Werten für $R_K/R_Z$ auch deutlich, daß ein kleines Maßzahlverhältnis $R_K/R_Z$ zwar auf einen ausgeprägten "Plateauanteil" im Profil neben Profilspitzen und -riefen hinweist, nicht aber als Gütekennzahl für eine entsprechende Ausbildung des "Oberflächenplateaus" im Sinne des Funktionsverhaltens verwendet werden darf. Hier sind allein die Kennwerte $R_K$ und $F_{R1}$ bzw. $R_{PK}$ maßgebend.

## 9. Untersuchung des Einlaufverschleißes durch Wiederauffinden desselben Profilschnittes (Relocation-Technique)

Zur Untersuchung des Einlaufverschleißes ist es von erheblichem Vorteil, wenn ein- und derselbe Profilausschnitt im Fertigungsneuzustand der Oberfläche und nach dem Einlaufvorgang verglichen werden können.

Wie in Abschnitt 3 bereits dargestellt, werden im fertigungstechnischen Neuzustand der Prüfscheibenoberflächen drei Felder benachbarter Paralleltastschnitte um 120° auf der Prüfscheibe versetzt aufgenommen. Die Lage dieser drei Felder ist neben der Lauffläche markiert und kann mit einer optischen Zieleinrichtung zu Wiederholmessungen nach den jeweiligen Prüfstandsläufen wiedergefunden werden. Ein im fertigungstechnischen Neuzustand aus einem Feld ausgewählter Profilverlauf kann nun mit Hilfe der Kreuzkorrelationsfunktion mit einer der Messungen nach dem Prüfstandslauf exakt zur Deckung gebracht werden, vergleiche Bild 22. Zu diesem Zweck werden nach den Prüfstandsläufen in der Mitte der Felder einige um wenige Mikrometer versetzte Paralleltastschnitte aufgenommen.

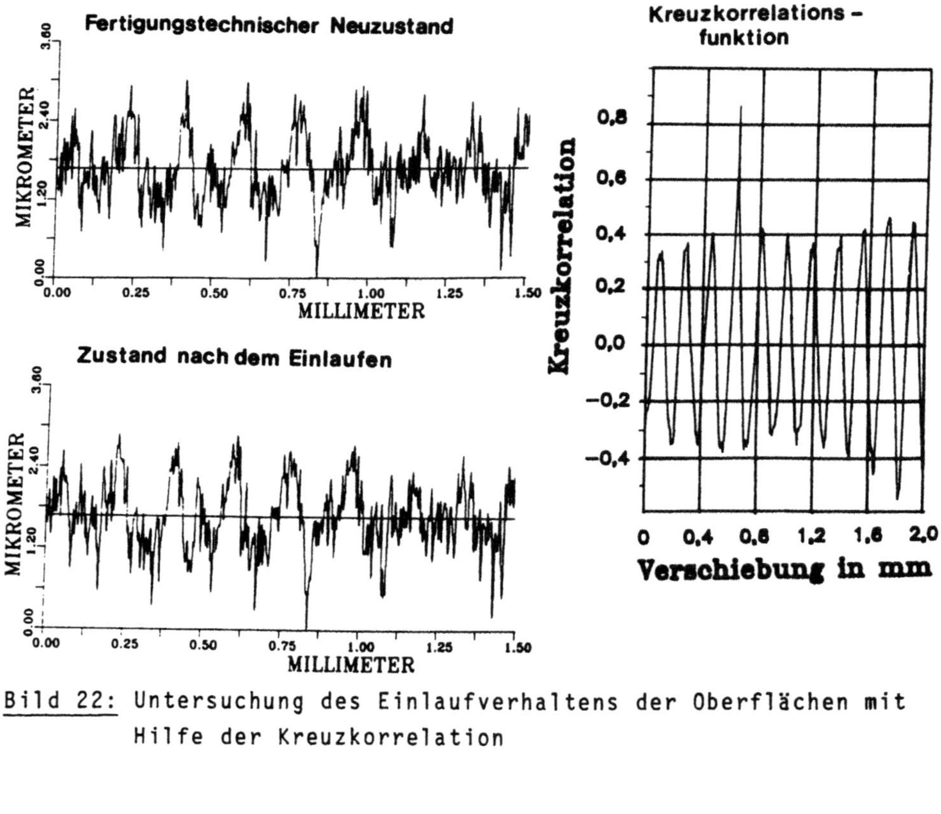


Bild 22: Untersuchung des Einlaufverhaltens der Oberflächen mit Hilfe der Kreuzkorrelation

Das Merkmal, das sehr empfindlich die identische Lage der zu vergleichenden Profilschnitte anzeigt, ist das Auffinden des scharf ausgeprägten Maximums der Kreuzkorrelationsfunktion.

In Bild 22 sind zwei auf diese Weise zur Deckung gebrachte Profilausschnitte wiedergegeben. Man erkennt nahezu identische Profilzüge; nur im Bereich der Profilspitzen sind Profileinheiten durch einen beginnenden Einlaufverschleiß verändert worden.

Dies wird quantitativ an der in Bild 23 wiedergegebenen Profilauswertung in Form der Abbott-Kurven deutlich. Nur im Spitzenbereich der Abbott-Kurven sind Veränderungen

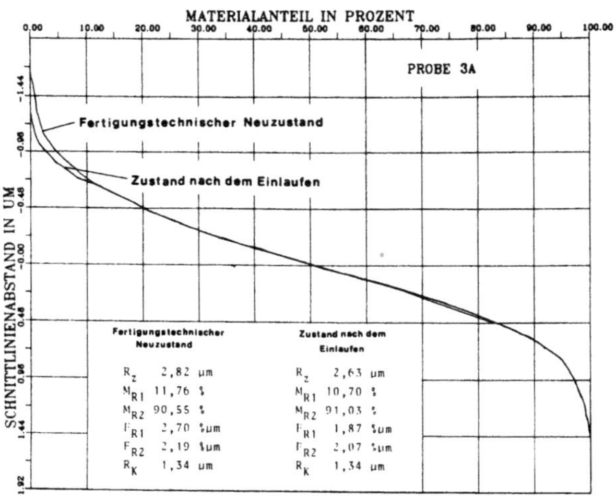


Bild 23: Bestimmung des Einlaufverschleißes mit Hilfe der Abbott-Kurve

durch den Einlaufvorgang zu erkennen, während Kern- und Riefenbereich des Profils praktisch unverändert sind. Dies drückt sich auch in den Kennwerten aus; die Spitzenfläche $F_{R1}$ nimmt ab, während die Kernrauhtiefe $R_K$ unverändert bleibt. Dieses Beispiel unterstreicht, wie empfindlich Profiländerungen durch geeignete oberflächenmeßtechnische Verfahren nachgewiesen werden können.

## 10. Zusammenfassung

Zur funktionsgerechten Oberflächenbeschreibung werden neu entwickelte Kennwerte vorgestellt, deren Aussagefähigkeit im Rahmen von Untersuchungen zur Schmierfilmausbildung in Wälzkontakten nachgewiesen ist. Diese Kennwerte kennzeichnen Verlauf der Abbott-Kurve und damit die Tiefe und den Charakter des Rauheitsprofils.

Voraussetzung für die Anwendung dieses Auswerteverfahrens ist eine weitgehend verzerrungsfreie Filterung des Oberflächenprofils, die mit einem ebenfalls neu entwickelten Verfahren erreicht wird, das den Einfluß tiefer Riefen auf Profilverzeichnungen unterdrückt.

An Beispielen wird die Aussagefähigkeit der Kennwerte zur Beurteilung des Fertigungsverfahrens der Oberflächen im Hinblick auf ihre Funktionseigenschaften erörtert.

Auch kann das Einlaufverhalten von Oberflächen mit den Kennwerten gut beschrieben werden. Um einen direkten Vergleich zwischen Profilverläufen im Fertigungsneuzustand von Oberflächen und nach den Prüfstandsläufen zu ermöglichen, wird ein Kreuzkorrelationsverfahren verwendet.

## 11. Schrifttum


/1/ VDI/VDE 2602: Rauheitsmessung mit elektrischen Tastschnittgeräten.

/2/ Bodschwinna, H.: Oberflächenprüfgeräte. Kapitel 7.4 In: Fertigungsmeßtechnik, Handbuch für Industrie und Wissenschaft. 1. Auflage, Springer Verlag 1984, S. 429 ff.

/3/ Henzold, G.: Oberflächenmaß. Kapitel 4.2.5 . In: Fertigungsmeßtechnik, Handbuch für Industrie und Wissenschaft. 1. Auflage, Springer Verlag 1984, S. 123 ff.

/4/ Trautwein, R.: Bewertung der Oberfläche von Zylinderlaufbahnen. MTZ, 35 (1974) 10.

/5/ Trautwein, R.: Kennwerte zur Erfassung und Bewertung der Oberfläche von Zylinderlaufbahnen. Mahle, Technische Informationen, Folge 21 (1978).

/6/ Vasilca, G.: Mindest-Einlaufzeit von Reibpaarungen. Z. Antriebstechnik 13 (1974) H. 1, S. 33/40.

/7/ Williamson, JB.P., J. Pullen u. R.T. Hunt: The shape of solid surfaces. Surface Mechanics. ASME, New York, 1969.

/8/ Roy Chowdhury, S.K., H. Kaliszer u. G.W. Rowe: An Analysis of Changes in Surface Topography during Running-In of Plain Bearings. Z. Wear, 57 (1979) S. 331/343.

/9/ Nenahlo, C.: Der Traganteil - eine ergänzende Bestimmungsgröße der Rauheit. Z. Feingerätetechnik 25 (1976) 2, S. 82/84.

/10/ DIN 4776 (Entwurfsvorlage) März 1984: Ermittlung des Materialanteils (Traganteils) am Rauheitsprofil mit elektrischen Tastschnittgeräten.

/11/ Hillmann, W.: Forschung und Entwicklung auf dem Gebiet der Rauheitsmessung, Teil 1 bis Teil 3, Technisches Messen 1980, H. 5, S. 169 - 174; H. 6, S. 209 - 218; H. 7, S. 273 - 283.

/12/ Whitehouse, D.J.: Surfaces - A Link Between Manufacture and Function.
Proc. Instn.Mech.Engrs. Vol. 192 (1978) S. 179/188.

/13/ Thomas, T.R.: Recent Advances in the Measurement and Analysis of Surface Microgeometry.
Wear, 33 (1975) S. 205/233.

/14/ Brock, M.: Fourier analysis of surface roughness, B. u. K. Technical Review No 3, (1983).

/15/ De Chiffre, L.: Frequency analysis of surfaces machined using different lubricounts, ASLE Transactions 27/3 (1982), S. 345/350.

/16/ Staufert, G. u. E. Matthias: Kennwerte der Oberflächenrauhigkeit und ihre Aussagekraft hinsichtlich der Charakterisierung bestimmter Oberflächentypen.
Annals of the CIRP, Vol. 25 (1977) 1, S. 345/350.

/17/ Staufert, G.: Description of Roughness Profiles by Separatin the Random and Periodic Components.
Wear 57 (1979) S. 185/194-

/18/ Brigham, E. O.: The Fast Fourier Transform Prentice-Hall, Inc.
Englewood Cliffs, New Jersey.

/19/ Peters, J., P. Vanherck u. M. Sastrodinoto: Assessment of Surface Typoogy Analysis Techniques, CIRP-AACIS-Projekt, Final Report, Seöt. 1979.

/20/ Whitehouse, D.J., P. Vanherck, W. de Bruin u. C.A. van Lultervelt: Assessment of Surface Typology Analysis Techniques in Turning.
Annals of the CIRP, Vol 23/2 (1974), pp. 265/282.

/21/ Selvam, M. S. u. K. Balakrishnan: The Study of Machined Surface Roughness by Random Analysis. Wear 41 (1977) 2, S. 287 - 293.

/22/ Witenberg, J.: Untersuchung des Einflusses technologischer Faktoren auf die Oberflächenrauheit mit Hilfe von Korrelationsfunktionen. Z. Feingerätetechnik 20 (1971) 10, S. 453/459.

## TEIL 2 : EINFLUSS DER OBERFLÄCHENRAUHEITEN AUF DIE SCHMIERFILMAUSBILDUNG IN REALEN EHD-WÄLZKONTAKTEN

### 1. Einführung

Elastohydrodynamisch beanspruchte Wälzkontakte sind in zahlreichen praktischen Anwendungen im Maschinenbau zu finden. Häufig genannte Maschinenelemente, in denen solche geschmierten HERTZ'schen Kontakte vorkommen, sind z.B. Wälzlager, Zahnräder, Reibgetriebe oder Nocken-Stößel-Antriebe. Sie grenzen sich zu den hydrodynamisch beanspruchten Kontakten aufgrund der zu übertragenden hohen spezifischen Belastungen, die eine nennenswerte elastische Verformung der Oberflächen bewirken, ab.

Die Funktions- oder Lebensdauer der Maschinenelemente wird entscheidend von dem 'physikalisch-chemischen Geschehen' in den sich relativ zueinander bewegenden punkt-, linien- oder ellipsenförmigen Kontaktzonen beeinflußt. Die Funktionsgüte der konform, kontraform oder flach ausgebildeten Kontaktkörper, die Gleit-, Roll- oder Wälzbewegungen ausführen, hängt wesentlich von dem Verschleiß in der Berührungszone ab. Die Ursache des Verschleißes soll näher betrachtet werden. Um Verschleiß und Folgeschäden zu verhindern, muß sich in einer Vielzahl der Anwendungsfälle in der Berührungszone ein Schmierfilm mit geringerer Scherfestigkeit als der Grund- und Gegenkörper ausbilden. Ein mit Öl- oder Fettschmierung erzeugter hydrodynamischer Schmierfilm soll die Kontaktpartner trennen und metallischen Kontakt verhindern. Die Schmierfilmhöhe hängt neben vorgegebenen Betriebsbedingungen wie Geschwindigkeits-, Werkstoff- und Belastungsparametern auch von der Struktur des Wälzkontaktes selbst ab. Reale technische Oberflächen können Rauheiten aufweisen, deren Amplitudenhöhe mit der minimalen Schmierfilmhöhe vergleichbar ist oder ein Mehrfaches beträgt. Schon dieser Größenvergleich läßt einen erheblichen Einfluß der Oberflächenfeinstruktur auf die Schmierfilmbildung vermuten. Besonderes Interesse an dem Geschehen im Mikrobereich eines Wälzkontaktes entsteht also durch den scheinbaren Widerspruch, daß die unter Annahme ideal glatter Oberflächen theoretische Schmierfilmhöhe kleiner sein kann als die maximale Rauhtiefe und z.B. bei Stromdurchgangsmessungen kein metallischer Kontakt festgestellt wird.

Die Tatsache, daß selbst die Wälzermüdung und damit die Lebensdauer von der Schmierfilmhöhe abhängig ist, wie z.B. an Wälzlagern nachgewiesen wurde, unterstreicht die Bedeutung, genaue Kenntnisse der elastohydrodynamischen Schmiervorgänge zu erhalten. Damit verbunden sind wirtschaftliche Gesichtspunkte, die in Zukunft zu geringeren Fertigungskosten der Oberflächenbearbeitung bei gleicher oder besserer Funktionsgüte zwingen. Erhöht man z.B. in Bild 1.1 den arithmetischen Mittenrauhwert $R_a$ von 0,05 µm auf 0,2 µm, so wird der Fertigungskostenfaktor halbiert.

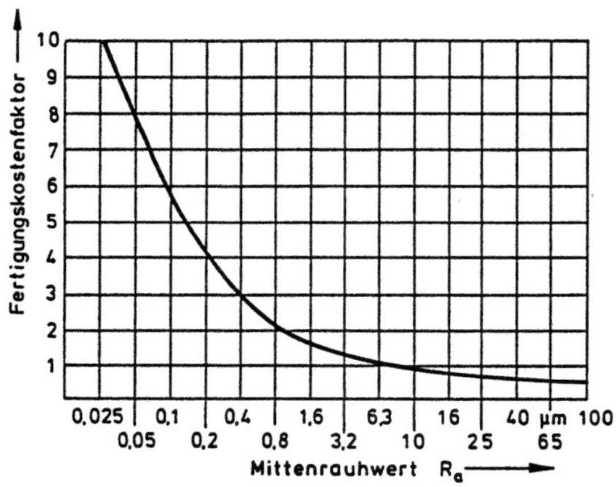


Bild 1.1: Gegenüberstellung der Fertigungskosten zur Oberflächengüte /1/

Die Entscheidung, Oberflächen mit bestimmten Rauheiten zu fertigen, erfordert die Möglichkeit einer quantitativen Bestimmung der sich einstellenden Schmierfilmhöhe. Es reichen also bei Schmierfilmhöhen, die in der Größenordnung der Oberflächenrauheiten liegen, die zur Zeit bekannten Berechnungsverfahren der EHD-Schmierung nicht aus, um hinreichende Aussagen über einen eventuellen Mischreibungsbetrieb und damit über das Verschleißverhalten der Kontaktflächen zu geben. Durch systematische meßtechnische Erfassung und Beschreibung der Oberflächen wurden funktionsangepaßte charakteristische Oberflächenkennwerte ermittelt, die eine quantitative Beziehung zwischen der Oberflächenfeinstruktur und der Schmierfilmhöhe eines EHD-Wälzkontaktes ermöglichen.

Die experimentellen Arbeiten wurden an einem Zweischeibenprüfstand durchgeführt, wobei die Messungen der Schmierfilmhöhe mit kapazitiv wirkenden gesputterten Dünnschichtmeßwertaufnehmern erfolgte.

## 2. Berechnung der Schmierfilmhöhe in Wälzkontakten mit ideal glatten Oberflächen

Nachdem MARTIN /2/ im Jahre 1916 und GRUBIN und VINOGRADOVA /3/ 1949 eine mathematische Beziehung für die Schmierfilmhöhenberechnung entwickelten, konnten DOWSON und HIGGINSON /4,5/ 1961 diese Beschreibung durch numerische Mathoden verfeinern und eine Beziehung für den geometrischen Verlauf des Wälzspaltes ermitteln. Sie fanden heraus, daß in der Auslaufzone des Kontaktes ein zweites Druckmaximum auftritt. Es ist die Folge des unter Druck ausfließenden Schmierstoffes und des rückfedernden elastischen Werkstoffes. Dieser Effekt bewirkt eine Einschnürung des bei höheren Belastungen nahezu parallel verlaufenden Schmierspaltes. Unter der Annahme isothermer Bedingungen und ideal glatter Oberflächen, also der Vernachlässigung der Oberflächenfeinstruktur, läßt sich die theoretische minimale Schmierfilmhöhe $h_{min,isoth}$ bei Linienkontakt nach der von DOWSON aufgrund einer Parameterstudie 1967 modifizierten Gleichung berechnen:

$$H_{min,isoth} = 2{,}65 \frac{G^{0,54} \cdot U^{0,7}}{W^{0,13}} \qquad (2,1)$$

In der Gleichung bedeuten:

-Filmparameter $H_{min,isoth} = \frac{h_{min,isoth}}{R}$

-Werkstoffparameter $G = \alpha_{p2000} \cdot E'$

-Geschwindigkeitsparameter $U = \frac{\eta_{oM} \cdot u}{E' \cdot R}$

-Belastungsparameter $W = \frac{Q}{l_s \cdot E' \cdot R}$

mit:

$h_{min,isoth}$ = theoretische minimale Spalthöhe

$R$ = reduzierter Krümmradius $\frac{r_1 \cdot r_2}{r_1 + r_2}$

$\eta_{oM}$ = dynamische Viskosität beim Druck von 1 bar und Massentemperatur in der Einlaufzone

$u$ = hydrodynamisch wirksame Geschwindigkeit

$E'$ = reduzierter Elastizitätsmodul

$= 2 \Big/ \left( \frac{1-\nu_1^2}{E_1} + \frac{1-\nu_2^2}{E_2} \right)$

$\nu_1, \nu_2$ = Querzahl (Kehrwert der POISSON'schen Konstanten)

$\alpha_{p2000}$ = Druck-Viskositätskoeffizient (Sekante bei p = 2000 bar)

$Q$ = auf die Zylinderrolle wirkende Kraft

$l_s$ = Spaltlänge

Fügt man die Parameter ein, so erhält man die in Bild 2.1 angegebene einfach zu handhabende Beziehung:

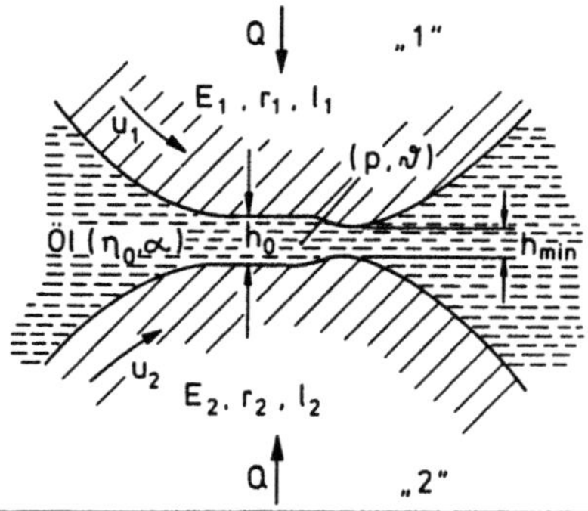


$$h_{min,isoth} = 2{,}65 \cdot E'^{-0{,}03} \cdot R^{0{,}43} \cdot l_s^{0{,}13} \cdot Q^{-0{,}13} \cdot u^{0{,}7} \cdot \eta_{OM}^{0{,}7} \cdot \alpha_{p2000}^{0{,}54}$$

Bild 2.1: Einflußgrößen auf die Schmierfilmbildung im EHD-Linienkontakt

Die Größe der Exponenten ist ein Maß für den Einfluß der zugeordneten physikalischen Kennwerte. Wesentliche Bedeutung für die Schmierfilmausbildung nehmen daher die hydrodynamisch wirksame Geschwindigkeit u, die dynamische Viskosität $\eta$ des Schmierstoffes und der Druckviskositätskoeffizient $\alpha$ ein. Die dynamische Viskosität bezieht sich auf einen Druck von 1 bar und auf die Massentemperatur vor der Einlaufzone. Da die Schmierstoffausbildung wesentlich vom physikalischen Geschehen in der Einlaufzone abhängt und eine Beschreibung des Druck-Viskositätsverhaltens im EHD-Wälzkontakt zum heutigen Zeitpunkt wegen fehlender Kenntnis des tatsächlichen Geschehens in der Kontaktzone und wegen der Abhängigkeit der Arbeitsviskosität von der Kompressionsgeschwindigkeit nicht möglich ist, wird als mittlerer Wert des Druckviskositätskoeffizienten der Sekantenmodul $\alpha_{p2000}$ gewählt.

Der Vollständigkeit halber sei die für elliptische Kontaktflächen unter isothermen Bedingungen erstellte mathematische Beziehung zur minimalen Schmierfilmhöhenbestimmung von HAMROCK und DOWSON /6/ erwähnt.

$$H_{min} = 3{,}63 \cdot \frac{G'^{0,49} \cdot U'^{0,68}}{W'^{0,073}} (1 - e^{-0,68k}) \tag{2.2}$$

mit k, einem Quotient aus der Hauptachse quer zur Bewegungsrichtung und der Hauptachse parallel zur Bewegungsrichtung, als Kennzeichnung der elliptischen Kontaktfläche

$$(k = 1{,}03 \cdot (\frac{R_y}{R_x})^{0,64}) \; .$$

Weniger bekannt und häufig unberücksichtigt ist die Einwirkung der durch die Annahme isothermer Bedingungen vernachlässigten Zurückströmung und Scherung des Schmierstoffes im Einlaufbereich. Die damit verbundene Erwärmung, die auf die Schmierfilmhöhe einen wesentlichen Einfluß haben kann, führt zu einer Verringerung der Viskosität und damit zu einer geringeren Schmierfilmhöhe. Um die isotherme Theorie mit der nichtisothermen Theorie zu verknüpfen, leiten MURCH und WILSON /7/ einen 'Thermischen Korrekturfaktor $C_{th}$' ab, der wiederum aus einem 'Thermischen Belastungsfaktor $L_{th}$' ermittelt wird, der die Viskosität, den Temperaturkoeffizienten und den Wärmeleitkoeffizienten des Schmiermediums sowie die hydrodynamische Geschwindigkeit berücksichtigt. Der mathematische Zusammenhang ist in den Gleichungen 2.3 - 2.5 dargestellt.

Thermischer Korrekturfaktor:

$$C_{th} = \frac{h_{min,th}}{h_{min,isoth}} \tag{2.3}$$

$$C_{th} = \frac{3,94}{3,94 + L_{th}^{0,62}} \tag{2.4}$$

Thermischer Belastungsfaktor:

$$L_{th} = \eta_{o_M} \frac{\alpha^* \cdot u^2}{k} \tag{2.5}$$

mit:

$h_{min,th}$ = theoretische minimale Spalthöhe (Thermische Theorie nach MURCH/WILSON)

$h_{min,isoth}$ = theoretische minimale Spalthöhe (Isotherme Theorie nach DOWSON)

$\eta_{o_M}$ = dynamische Viskosität beim Druck von 1 bar und Massenoberflächentemperatur

$\alpha^*$ = Viskositätstemperaturkoeffizient des Schmiermittels

$$\eta_o = \eta_{o_M} \cdot e^{-\alpha^*(T_o - T_M)}$$

$u$ = hydrodynamisch wirksame Geschwindigkeit

$k$ = Wärmeleitkoeffizient (für Mineralöle: $k \approx 0,133 \frac{W}{mK}$)

Bei Anwendung der isothermen Theorie nimmt die Schmierfilmhöhe fast proportional mit steigender hydrodynamisch wirksamer Geschwindigkeit zu. Wird aber die viskose Aufheizung aufgrund der Scherung im Einlaufbereich in der nichtisothermen Theorie berücksichtigt, so nähert sich die Schmierfilmhöhe asymptotisch einem Grenzwert oder kann sich sogar bei entsprechender Viskosität bei höheren Geschwindigkeiten wieder verringern. Bild 2.2 zeigt diesen Zusammenhang für ein berechnetes Beispiel mit den Betriebsbedingungen an einem Zweischeibenprüfstand, wobei als Schmiermittel das FVA-Referenzöl 3/4 (Mischungsverhältnis 50/50 Gew.%) und verschiedene Scheibentemperaturen an der Oberfläche angenommen werden.

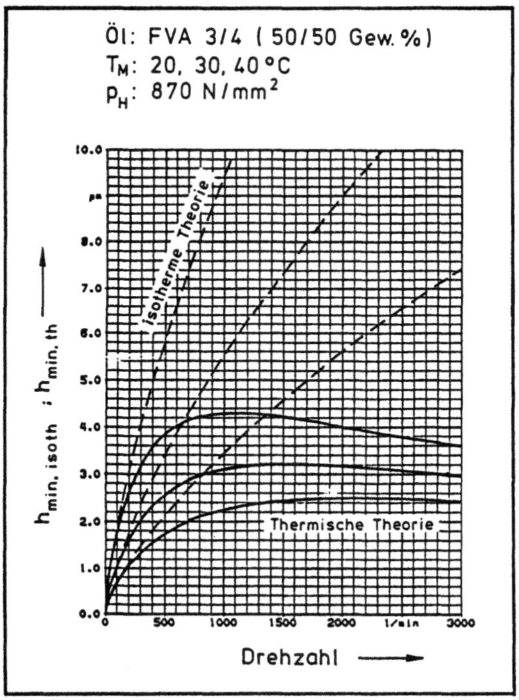


Bild 2.2: $h_{min}$ = f(n) nach isothermer und nichtisothermer Theorie

## 3. Experimentelle Untersuchungen

### 3.1 Zweischeibenprüfstand

Zur Durchführung der experimentellen Untersuchungen wurde ein Zweischeibenprüfstand mit folgenden technischen Eigenschaften entwickelt:

1. In einem kontraformen 8 mm breiten Wälzkontakt (zwei zylindrische Scheiben (D=120 mm) werden an der Mantelfläche aneinandergepreßt) können nach berührungslosem Anlauf HERTZ'sche Pressungen bis maximal 2000 $N/mm^2$ aufgebracht werden.

2. Die Umfangsgeschwindigkeit der Scheiben kann stufenlos auch mit definiertem Schlupf bis zu $\pm$ 15 m/s eingestellt werden.

3. Das Reibmoment des Wälzkontaktes ist meßtechnisch erfaßbar.

4. Durch Austausch der Prüfscheiben können die Versuche mit Oberflächen unterschiedlicher Oberflächentopografie durchgeführt werden.

5. Die Schmiermittelversorgung des Wälzkontaktes ist definiert einstellbar.

Die Bilder 3.1, 3.2 und 3.3 zeigen eine Übersichtszeichnung und den Aufbau des Prüfstandes.

Auf zwei parallel gelagerten Wellen befinden sich, symmetrisch angeordnet, die Prüf- und Meßscheiben. Durch die symmetrische Anordnung wird der Linienkontakt in der Wälzfuge bei Wellendurchbiegung nicht beeinflußt. Die Meßwelle ist zum Schutz gegen Verkanten und Anlaufen über Pendelrollenlager, die während der normalen Versuchsbedingungen stillstehen, in aerostatischen Lagern gelagert. Die Lagerung der Prüfwelle erfolgt über Zylinderrollenlager der Bauform NJ. Die Anordnung dieser Lagerung ermöglicht eine einfache Montage der Prüfscheibe. Zur Krafteinleitung kann die Prüfwelle mit Hilfe einer wälzgelagerten Längsführung parallel verschoben werden. Die Belastung wird über einen Hydraulikzylinder aufgebracht, wobei der Druck durch eine Schneckenpumpe erzeugt wird und über ein Druckbegrenzungsventil feinfühlig eingestellt werden kann. Zentrische Krafteinleitung und Vermeiden von Querkräften (Kraftmeßdose) wird mit Hilfe einer in den Kraftfluß eingebauten Zentrierkugel und einem axial wirkenden Vielkugellager erreicht.

Für den Antrieb des Prüfstandes wurden zwei fremdbelüftete Gleichstrommaschinen mit einer Nennleistung von 30 kW gewählt.

Die Maschinen sind durch entsprechende Stromrichtergeräte und Reglereinheiten für den Vierquadrantenbetrieb geeignet und ermöglichen dadurch, geforderte Bewegungsabläufe in der Wälzfuge zu erzielen. Die Einstellung erfolgt so, daß entweder die Drehzahlen als Sollwert vor dem Versuch fest vorgegeben werden und die Scheiben mit entsprechendem Schlupfanteil aneinander abwälzen, oder daß während des Versuchs die als Generator arbeitende Maschine ein einstellbares Belastungsmoment erzeugt. Durch die aerostatische Lagerung eines Wellenstranges (Meßwelle, pendelnd gelagerte Arbeitsmaschine) ist eine sehr genaue Reibmomentmessung möglich. Die Momentenmessung erfolgt über Dehnungsmeßstreifen, die an einem Biegebalken angebracht sind.

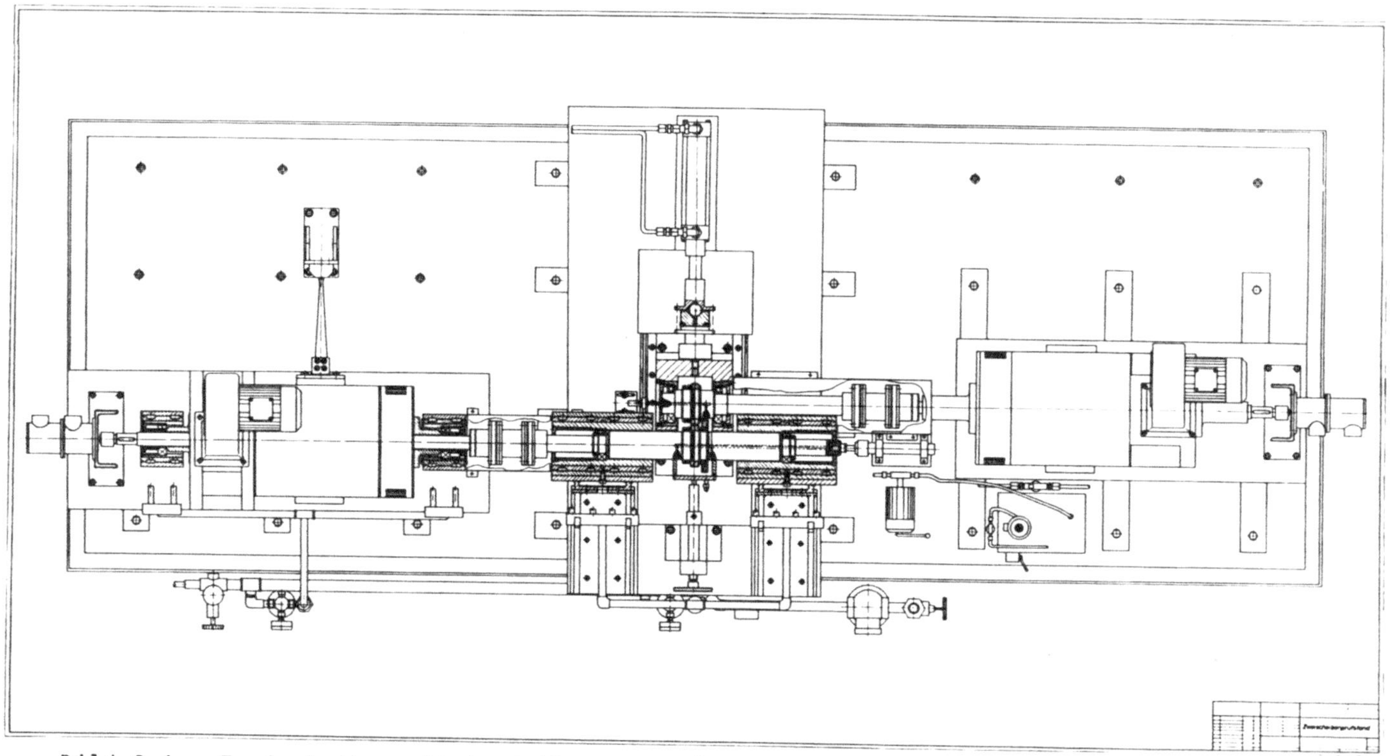

Bild 3.1: Zweischeibenprüfstand (Draufsicht)

Bild 3.2: Zweischeibenprüfstand (Seitenansicht)

Bild 3.3: Zweischeibenprüfstand (mit Schaltschrank)

Zur Drehmomentenübertragung Arbeitsmaschine/Welle werden Membrankupplungen eingesetzt. Sie zeichnen sich durch hohe Drehsteifigkeit und geringe diametrale Rückstellmomente bei Winkelversatz aus.

Bei der Konstruktion des Prüfstandes kam der Auslegung der aerostatischen Lager der Meßwelle besondere Bedeutung zu. In der gewählten Bauform tritt die Luft durch Ringnuten und je 12 am Umfang eingeschraubte Düsen in den Lagerspalt ein. Wegen der geforderten maximalen HERTZ'schen Pressung von 2000 $N/mm^2$ im Wälzkontakt der Meßscheibe treten für aerostatische Lager ungewöhnlich hohe Lagerkräfte (ca. 13.000 N) auf. Das Tragvermögen konnte durch eine zusätzliche in der Mitte des 290 mm breiten Lagers angeordnete Ringnut gewährleistet werden.

### 3.2 Meßstellen

Zur Auswertung der Versuchsergebnisse werden folgende Größen meßtechnisch erfaßt:

1. Drehzahl (Motor I analog und digital)
2. Drehzahl (Motor II analog und digital)
3. Belastungskraft (Kraftmeßdose)
4. Reibmoment des Wälzkontaktes (aerostatisch gelagerte Pendelmaschine, Biegebalken, DMS)
5. Ölspalteinlauftemperatur (Thermoelement)
6. Temperatur an der Scheibenlauffläche (Thermoelement unterhalb der Lauffläche)
7. Stromdurchgang (qualitative Filmdickenbestimmung)
8. Filmdicke (kapazitive Abstandsmessung mit 'gesputterten Aufnehmern oder Drahtaufnehmern')

Die Meßsignale (6,7) werden von der rotierenden Welle mit einem Quecksilberdrehübertrager abgenommen.

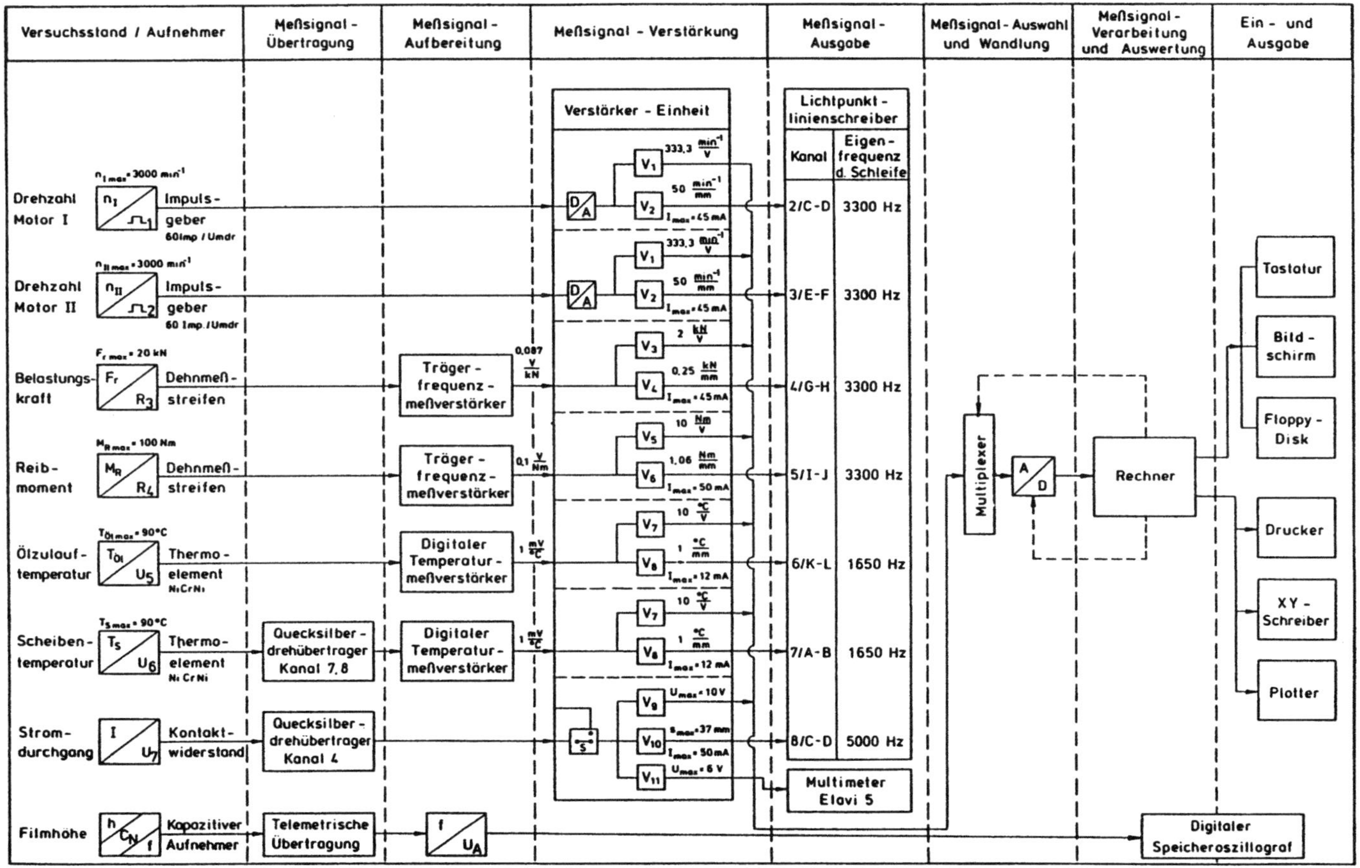


Bild 3.4: Anschlußschema der Meßsignalverarbeitung

Bild 3.4 zeigt das Anschlußschema zur Meßsignalverarbeitung. Es werden alle Signale (1-7) zwischenverstärkt, angepaßt und parallel zur Aufzeichnung auf einen Lichtpunktlinienschreiber und Bildschirm zur direkten Weiterverarbeitung und Speicherung auf einer Diskette in einen Rechner (PSI 80, Fa. Kontron) ausgegeben. Die parallele Ausgabe hat den Vorteil, daß die Meßdaten nicht nur "anonym" im Rechner verarbeitet werden, sondern auch mit Hilfe der Aufzeichnung des Lichtpunktlinienschreibers ausgewertet und verglichen werden können. Das Signal der Filmdickenmessung wird wegen der kurzen Signaldauer zunächst in einem digitalen Speicheroszillografen dargestellt und in einem Arbeitsspeicher gespeichert.

## 4. Schmierspaltmessungen im EHD-Wälzkontakt

Die vorliegende Meßaufgabe sollte mit Hilfe der kapazitiven Abstandsmessung gelöst werden.

Betrachtet man die Größenordnung eines EHD-Kontaktes, der in der Höhe einige "µm", in Bewegungsrichtung vielleicht "100 µm" bis zu einem "mm" einnimmt, so erkennt man schnell, daß man mit konventionellen Meßwertaufnehmern in vielen Anwendungsfällen nicht mehr auskommt. Es werden also von ihrer Geometrie her sehr kleine Aufnehmer gefordert. Bild 4.1 vermittelt eine ungefähre Vorstellung von der Größenordnung eines gewünschten Aufnehmers in einem Wälzkontakt. Hier bilden zwei schon recht rauhe ($R_z$ beträgt 2,68 µm) reale Oberflächen (im Maßstab 1:1 unverzerrt dargestellt) einen Wälzkontakt von 0,2 mm Länge. Die Aufnehmerhöhe wurde überhöht dargestellt.

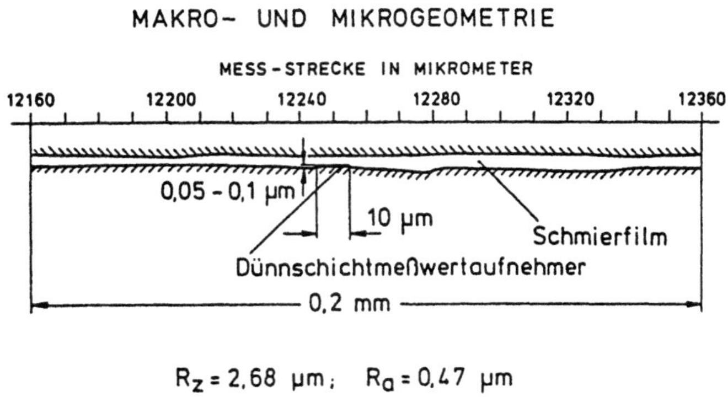


Bild 4.1: Dünnschichtmeßwertaufnehmer auf realer Oberfläche

Um die Forderung nach Aufnehmern, die die Geometrie des Wälzspaltes nicht wesentlich beeinflussen, zu erfüllen, wurden zwei verschiedene Aufnehmertypen entwickelt:

1. Aufnehmer wird durch einen in eine Nut eingebrachten Draht gebildet.
2. Aufnehmer wird durch ein Beschichtungsverfahren aus der Dampf- oder Gasphase erzeugt.

## 4.1 In Nuten eingebrachte Drahtmeßwertaufnehmer

Ziel der Aufnehmerentwicklung war es, einen mechanisch festen, fest mit der Oberfläche verbundenen Meßwertaufnehmer herzustellen, der für den Wälzkontakt eine möglichst geringe Störstelle darstellt. Bei der Fertigung der Drahtaufnehmer werden dünne Drähte (Ø 13 µm) mit Hilfe einer Vorrichtung mit Araldit, einem Zweikomponentenkleber auf Epoxydharzbasis mit beigemengtem $Al_2O_3$-Pulver (Körnung 0,5 bis 1 µm) in eine Nut eingeklebt (Bild 4.2).

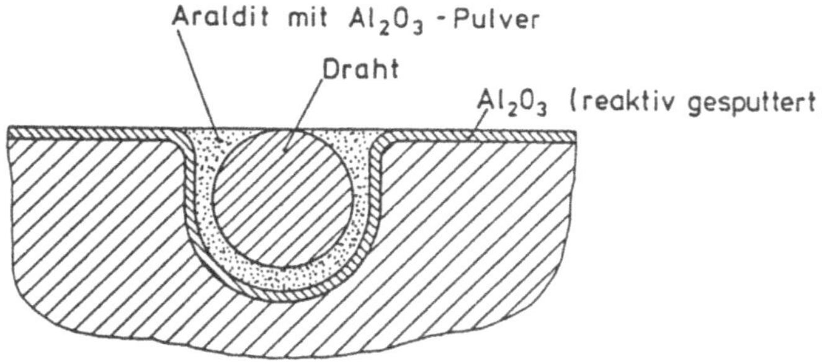


Bild 4.2: Drahtaufnehmer

Die Fertigung der Nut erfolgt mit einem Diamantwerkzeug an einem LEITZ-Tastschnittgerät nach FORSTER. Dieses Verfahren wurde soweit verfeinert, bis sehr glattwandige, gratfreie Nuten entstanden (Bild 4.3).

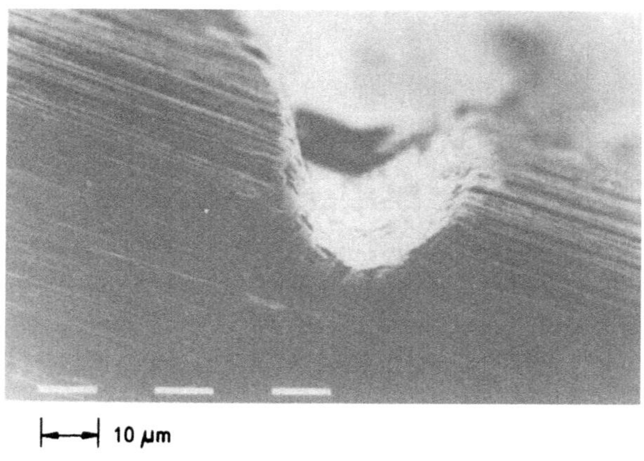


Bild 4.3: Nut mit Diamantwerkzeug gefertigt (Seitenansicht)

Um einen Kontakt des Drahtes mit dem Prüfling auszuschließen, wird eine Isolationsschicht ($Al_2O_3$) in die Nut hineingesputtert. Um Störstellen durch während des Ritzvorganges aufgeworfenes Material, durch Klebstoffreste oder durch den Draht selbst auszuschließen, wird die Oberfläche nach dem Einkleben des Drahtes übergeschliffen. Es kamen mechanisch feste mit einer vertretbaren Lebensdauer haltende Aufnehmer zum Einsatz.

Leider zeigte sich während der Kalibrierversuche bei höheren Belastungen und Anliegen der Scheiben eine erhebliche Signalverfälschung, die wahrscheinlich auf ein Wandern des Drahtes in der Nut zurückzuführen ist. Die Drahtaufnehmer werden zur Zeit erfolgreich bei geringen Belastungen, die mehr der hydrodynamischen Beanspruchung entsprechen, eingesetzt.

## 4.2 Gesputterte Dünnschichtmeßwertaufnehmer

Aus der Vielzahl möglicher Beschichtungsverfahren (Bild 4.4) wurden zur Herstellung der Dünnschichtmeßwertaufnehmer PVD-Verfahren gewählt. Mit einer mit eigenen Mitteln weiterentwickelten Aufdampfanlage wurden die verschiedensten Beschichtungstechniken erprobt, wobei sich das Sputtern neben der Widerstandsverdampfung, dem Elektronenstrahlverdampfen und dem Ionenplattieren als das leistungsfähigste Verfahren erwies.

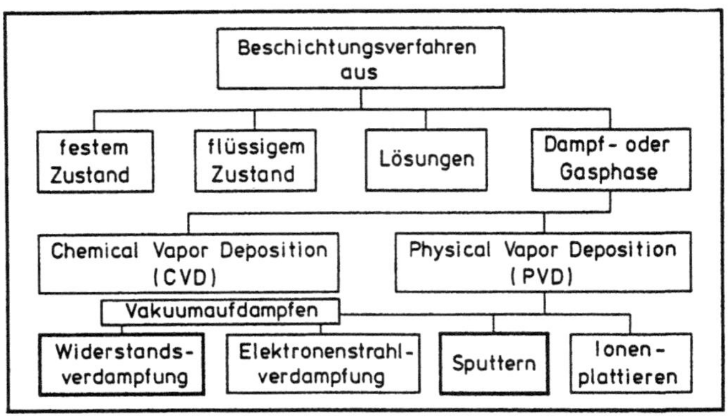


Bild 4.4: Beschichtungsverfahren

Unter Sputtern oder Kathodenzerstäuben versteht man einen Vorgang, bei dem in einer Glimmentladung das an der Kathode liegende zu zerstäubende Beschichtungsmaterial (auch als Target bezeichnet) mit Ionen der Glimmentladung so intensiv beschossen wird, daß Atome aus der Oberfläche herausgeschlagen werden, die Glimmentladung passieren und schließlich am Substrat (Prüfling) kondensieren. Vakuumaufdampfanlagen bestehen im wesentlichen, von Nebenaggregaten abgesehen, aus einer Rotationspumpe zum Vorevakuieren, aus einer Öldiffusionspumpe oder Turbomolekularpumpe zur Erzeugung des Hochvakuums und dem Rezipienten, in dem der eigentliche Beschichtungsvorgang erfolgt und einem Vakuum bis zu ca. $10^{-7}$ Torr erzeugt werden kann (Bild 4.5).

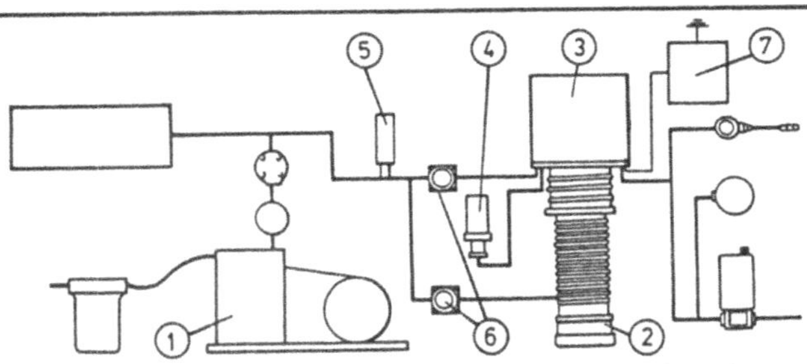


Bild 4.5: Gesamtübersicht einer Aufdampfanlage

Während bei der selbstentwickelten Sputtereinrichtung, die nur zum Gleichspannungszerstäuben (DC-Sputtern) geeignet war, Isolierschichten nur durch reaktives Sputtern erzeugt werden konnten, ermöglicht eine neue Anlage (Z 400, LEYBOLD-HERAEUS) durch ein Hochfrequenzverfahren auch ein direktes Zerstäuben von Isolationswerkstoffen. Bild 4.6 zeigt die HF-Hochleistungssputteranlage in einem staubarmen Raum im Institut für Maschinenelemente A und Konstruktionstechnik der Universität Hannover. Wie schon erwähnt, basiert das physikalische Prinzip der Schmierspalthöhenmessung auf der kapazitiven Abstandsmessung. Dazu wird mit der beschriebenen Sputtertechnik auf die mit einer Isolationsschicht versehenen zylindrischen Mantelfläche einer Meßscheibe ein ca. 30 µm breiter und ca. 0,1 µm bis 0,2 µm hoher Wolframstreifen mit einer maximalen Prallelabweichung von ca. 10 µm zur Lauffläche gesputtert. Zur Herstellung der geforderten geometrisch exakten Aufnehmer muß der Prüfring bis auf die gewünschte Aufnehmerfläche mit einer Maske abgedeckt werden. Da der Sputterprozeß eine diffuse Strahlung erzeugt, muß die Maske auf dem Prüfring aufliegen. Es wurden Maskenhalterungen (Bild 4.7) entwickelt, die es erlauben, geläppte Schneiden definiert unter dem Mikroskop einzustellen.

Zu dem mit dieser Technik aufgebrachten Metallstreifen bildet der glatte oder auch mit definierten Rauheiten gefertigte zylindrische Prüfring die gegenüberliegende "Kondensatorplatte", das durch den Wälzspalt hindurchströmende Öl das Dielektrikum.

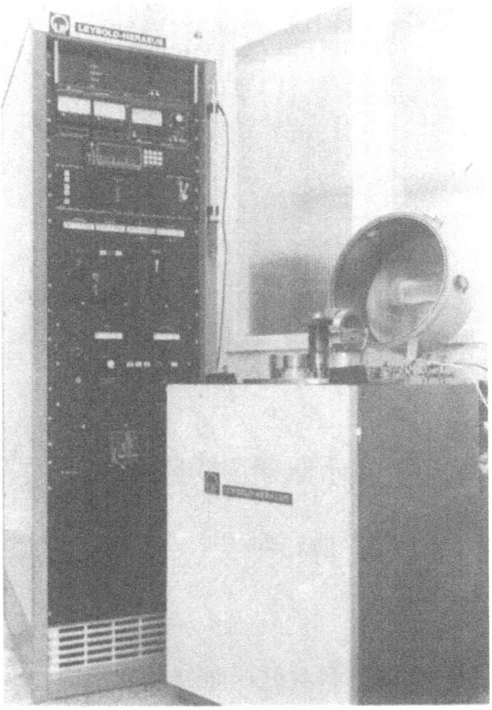

Bild 4.6: HF-Hochleistungssputteranlage

Bild 4.7: Maskenvorrichtung

Ziel der Meßwertaufnehmerentwicklung zur Schmierspalthöhenmessung war, Aufnehmer herzustellen, die selbst die Schmierfilmbildung im Wälzkontakt nicht beeinflussen. Durch Umbau einer Ätzstation der Sputteranlage gelang es, den Sputterprozeß zu invertieren und Ionenätzprozesse durchzuführen. Mit diesem Verfahren können entsprechend den geforderten Aufnehmergeometrien Nuten in die Isolationsschicht geätzt werden, in die anschließend das Aufnehmermaterial hineingesputtert wird. Eine zusätzliche Schutzschicht deckt den Aufnehmer ab und ermöglicht während des Kalibrierens die "Nullstellung". Bild 4.8 zeigt den Aufbau des beschriebenen implantierten Meßwertaufnehmers.

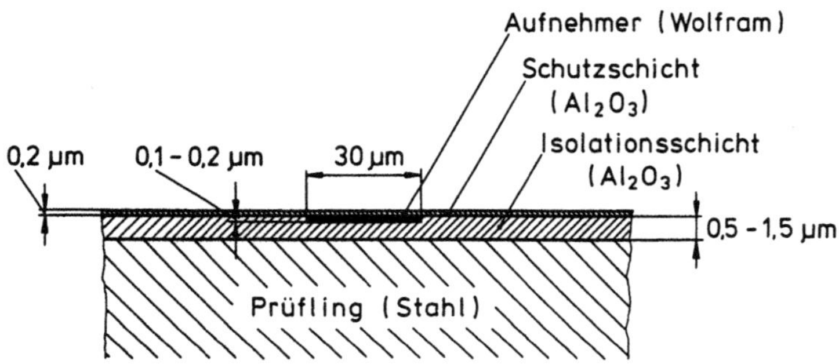


Bild 4.8: Implantierter Meßwertaufnehmer

Den experimentellen Nachweis des in dieser Skizze dargestellten und so ideal aussehenden Meßwertaufnehmers sollen die Tastschnitte in Bild 4.9 führen.

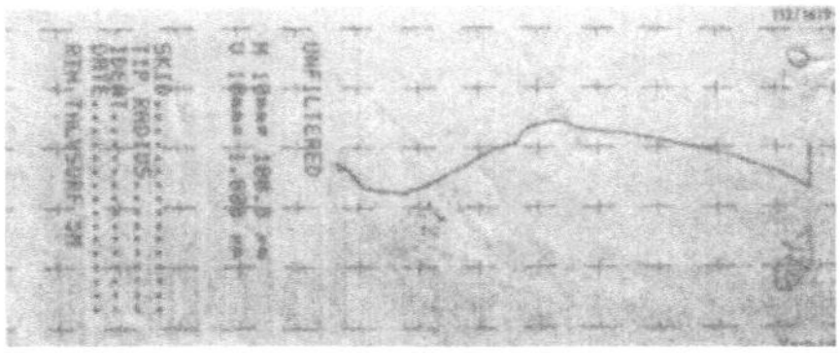

**Meßwertaufnehmer auf Oberfläche**

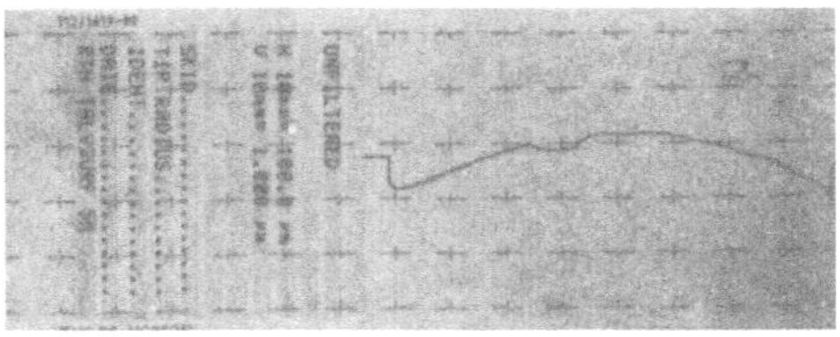

**Ionengeätzte Nut**

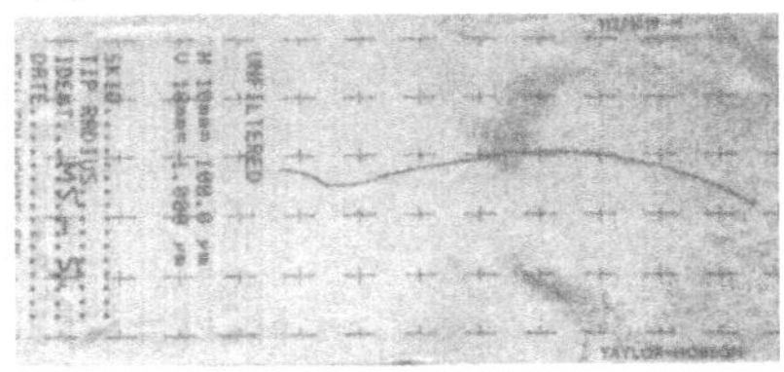

**Tastschnitt über „implantierten Aufnehmer"**

Bild 4.9: Tastschnitte an Meßringoberflächen

In der obersten Aufzeichnung wurde ein Aufnehmer, der auf die Isolationsschicht aufgesputtert wurde, abgetastet. Man erkennt deutlich den ca. 0,2 µm hohen und zur besseren Darstellung ca. 100 µm breiten Aufnehmer. Beim mittleren Meßschrieb wurde in die Isolationsschicht eine entsprechende Nut eingeätzt. Füllt man anschließend diese Nut mit dem Aufnehmerwerkstoff und sputtert eine entsprechende Schutzschicht über, so erhält man nach Abtasten den unteren Tastschnitt, der im Vergleich zur oberen Aufzeichnung zeigt, daß der Aufnehmer die Laufbahnoberfläche nicht beeinflußt und damit für den Wälzkontakt keine Störstelle darstellt. Bild 4.10 zeigt die REM-Aufnehme einer geätzten Nut, Bild 4.11 einen gesputterten Meßwertaufnehmer auf einer Meßscheibe. Die mechanische Festigkeit der Aufnehmer konnte so weit gesteigert werden, daß man die Schmierfilmhöhe bis zum Mischreibungsgebiet (Nachweis auch durch Stromdurchgangsmessungen) verringern konnte.

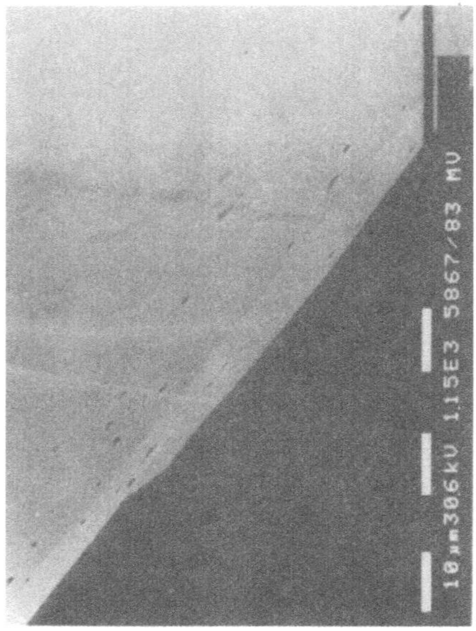


Bild 4.10: REM-Aufnahme einer geätzten Nut

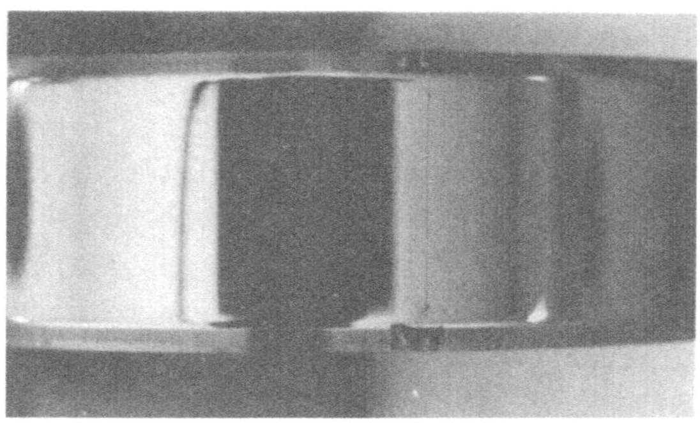

Bild 4.11: Gesputterter Meßwertaufnehmer mit Kontaktierpunkten und Lötstützpunkten

## 4.3 Meßwertverarbeitung und Kalibrierkurven zur Schmierfilmhöhenmessung

Für die kapazitive Abstandsmessung wurde am Institut ein Meßaufbau (Bild 4.12) entwickelt, der die kapazitive Änderung am Aufnehmer in ein analoges Spannungssignal wandelt. Dazu wird ein Schwingkreis mit einer Grundfrequenz von ca. 10 MHz parallel zum kapazitiv wirkenden Meßwertaufnehmer geschaltet. Da die Meßwertaufnehmer herstellungsbedingt nicht alle dieselben elektrischen Eigenschaften aufweisen, besteht die Möglichkeit, den Frequenzbereich durch eine Kapazitätsdiode anzupassen. Bei Veränderung der Aufnehmerkapazität wird der Schwingkreis verstimmt und erzeugt ein Signal, das mit der Kapazitätsänderung frequenzmoduliert ist. Diese Frequenz wird in ein Spannungssignal gewandelt. Die Signalübertragung erfolgt telemetrisch. Um Drifterscheinungen von vornherein auszuschließen, wurde für den Meßaufbau eine entsprechende Regelung entwickelt. Zur guten Handhabung wurde das Gerät in einer Moduleinschubtechnik aufgebaut.

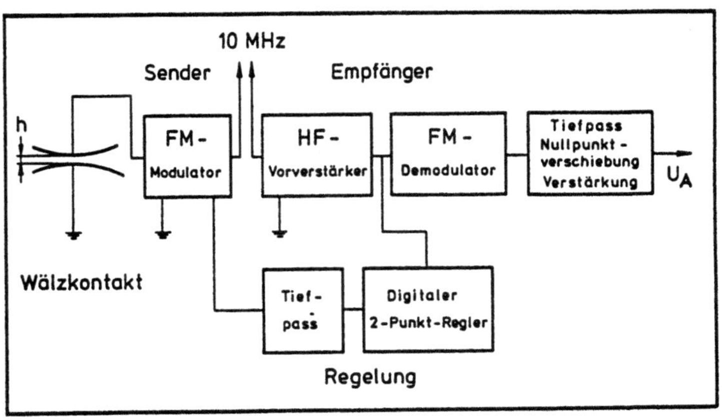


Bild 4.12: Meßaufbau kapazitive Schmierfilmhöhenmessung

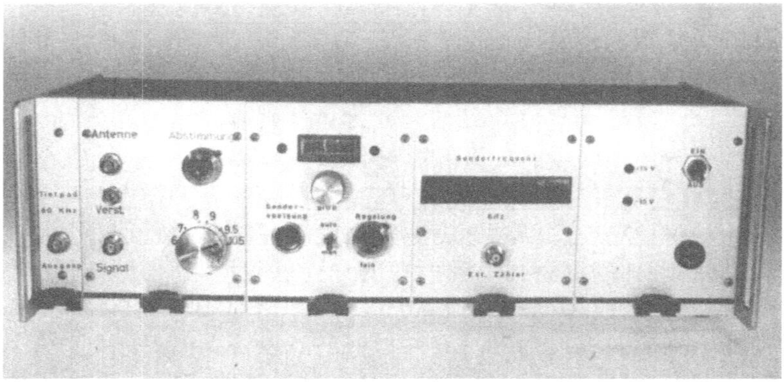


Bild 4.13: Meßgerät zur kapazitiven Schmierfilmhöhenmessung

Das hohe Auflösevermögen der beschriebenen Aufnehmer wird in der Kalibrierkurve (Bild 4.14), in der die Ausgangsspannung $U_A$ als Funktion des Abstandes h (Meßwertaufnehmer-Prüfscheibe) aufgezeichnet ist, deutlich. Um auch im oberen Bereich - zwischen 1-7 µm - eine bessere Ablesegenauigkeit zu erzielen, wird dieser Abschnitt in Kurve 2 in einem größeren Maßstab aufgezeichnet. Die Kalibrierkurven werden zu Beginn der Versuchsreihen vor und nach den Versuchen aufgenommen, um Fehler durch Veränderung des Meßwertaufnehmers auszuschließen. Da die Rauheit der Prüfscheiben am Umfang nicht gleichmäßig ist, muß in den verschiedensten Winkellagen kalibriert werden. So schwankt z.B. die gemittelte Rauheit $R_z$ des Prüfringes PR4A zwischen 3,06 µm und 3,35 µm. Diese Unterschiede werden, wie in Bild 4.15 recht deutlich zu erkennen ist, auch beim Kalibrieren erfaßt und müssen bei der Auswertung durch Ermitteln einer für die Oberfläche repräsentativen Kalibrierkurve berücksichtigt werden. Eine rechnerische Überprüfung der Kalibrierkurve aus der Traganteilkurve führt zu einer guten Übereinstimmung. Im übrigen weisen die Kalibrierkurven in Bild 4.15 auch die hohe Empfindlichkeit des Meßsystems aus.

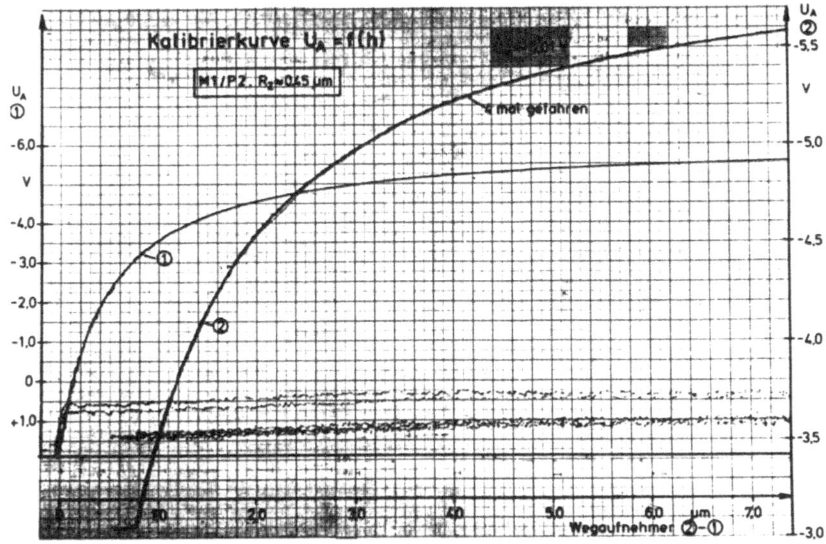


Bild 4.14: Kalibrierkurve einer glatten Prüfscheibe $U_A$=f(h)

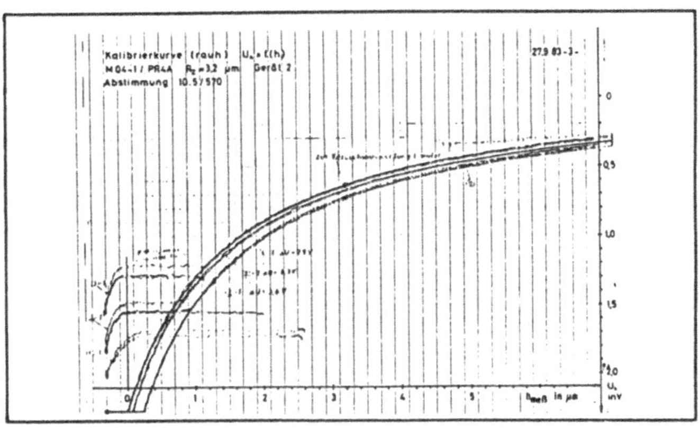


Bild 4.15: Kalibrierkurve (rauh) M 04-1/PR4A $U_A$ = f(h)

## 4.4 Meßsignalverläufe zur Schmierfilmhöhenmessung

In Bild 4.16 sind die Meßsignalverläufe für verschiedene Betriebszustände aufgenommen. Der Spannungshub ist, entsprechend der Kalibrierkurve, ein Maß für die Schmierspalthöhe. Die Abplattungsbreite zeigt eine gute Übereinstimmung mit der gerechneten statischen Abplattung (HERTZ'sche Theorie). Bei näherer

Betrachtung erkennt man die weniger steile Einlaufphase und den größeren Gradienten im Auslauf. Auch zeigt sich bei den Signalen eine Einschnürung im Auslaufbereich, die, wie weitere Messungen zeigten, auch im Vergleich zur Theorie /4,5/ mit steigender Umfangsgeschwindigkeit oder mit geringeren Belastungen weniger ausgeprägt ist. Die Meßsignalverläufe wurden bei gleicher Umfangsgeschwindigkeit, aber unterschiedlichen Belastungen aufgenommen. Die Abnahme der Abplattungsbreite und der Signalhöhe sowie die Zunahme der Einschnürung ist im direkten Vergleich zu erkennen.

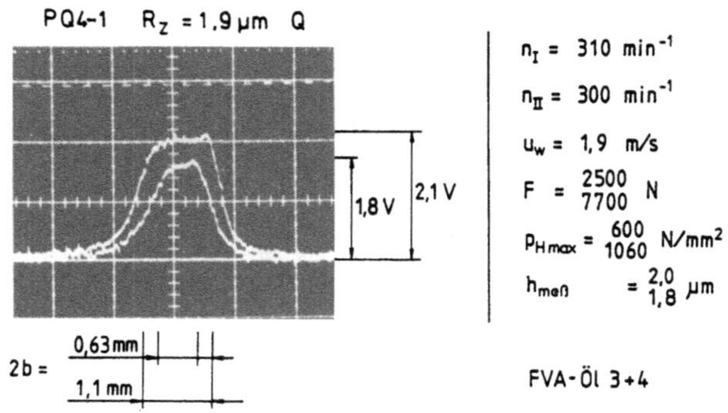


Bild 4.16: Meßsignalverlauf zur Schmierfilmhöhenmessung bei verschiedenen Belastungen

# 5. Meßergebnisse der Schmierfilmhöhenmessung mit glatten und rauhen Prüfscheiben

## 5.1 Die Schmierfilmhöhenmessung mit glatten Prüfscheiben

Um einen Vergleich zwischen gemessenen und theoretisch gerechneten Schmierfilmhöhen herzustellen und einen Bezug für die Auswertung weiterer Messungen zu erhalten, wurden die ersten Versuchsreihen mit glatten Prüfringen gefahren. Wertet man diese Messungen aus und trägt die gemessene Filmhöhe h über $h_{min,isoth}$ nach der von DOWSON und HIGGINSON /4,5/ entwickelten "Isothermen Theorie" (Bild 5.1a) auf, so müßten die Meßwerte im Idealfall auf einer unter $45^o$ verlaufenden Geraden liegen. Neben den eingezeichneten Meßpunkten wurden in 6 Meßreihen mit verschiedenen Meßwertaufnehmern, unterschiedlichen Ölen (FVA-Öl 3,4,3/4 mit

50/50 Gew.%), Umfangsgeschwindigkeiten bis zu 5 m/s und HERTZ'schen Pressungen bis zu 1200 $N/mm^2$ ermittelt. Wertet man die Meßpunkte aus, so ist eine Neigung bzw. geringerer Anstieg auch in Abhängigkeit der verschiedenen Öle zur theoretisch möglichen Geraden, insbesondere im oberen Bereich, zu erkennen. Da die Zunahme der Schmierfilmhöhe in diesen Versuchsreihen in erster Linie durch Änderung der Umfangsgeschwindigkeiten erreicht wurde, wurden nichtisotherme Einflüsse vermutet. Berücksichtigt man in der theoretischen Berechnung die unter Punkt 2 ausgeführte 'viskose Aufheizung' des Öles aufgrund der Scherung in der Einlaufzone des Wälzkontaktes und trägt die gemessene Schmierfilmhöhe als Funktion der nach der thermischen Theorie ermittelten Schmierfilmhöhe auf, so läßt sich eine gute Übereinstimmung erzielen (Bild 5.1b). Wenn auch die Korrektur im höheren Geschwindigkeitsbereich überproportional ist, wie eigene Messungen und z.B. Messungen von DYSON, NAYLOR und WILSON /8/ zeigen, so muß aufgrund der guten Übereinstimmung im interessierenden Bereich (Filmhöhe zwischen 0 bis 4 µm) eine Korrektur unbedingt vorgenommen werden.

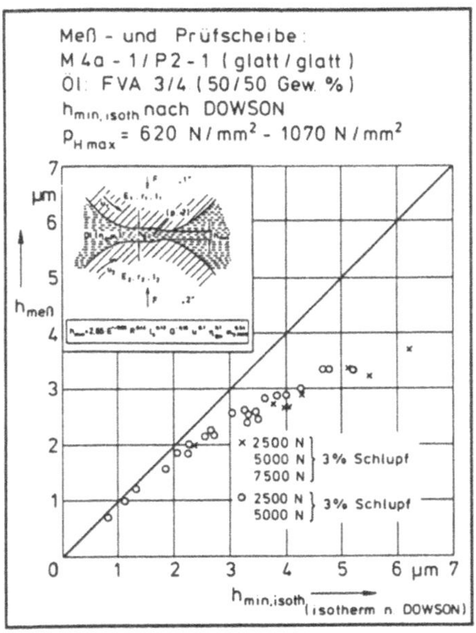


Bild 5.1a: $h_{meß}=f(h_{min,isoth})$ (isotherm nach DOWSON)

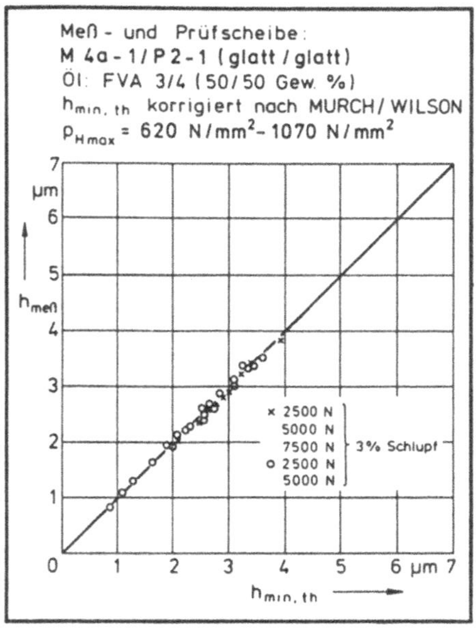


Bild 5.1b: $h_{meß}=f(h_{min,th})$ (nach thermischer Theorie)

Um auch den physikalischen Nachweis der Temperaturerhöhung zu erbringen, wurden mit ähnlichen gesputterten Meßwertaufnehmern, wie sie zur Schmierfilmhöhenmessung eingesetzt waren, auch erste Temperaturmessungen im EHD-Wälzkontakt, insbesondere in der Einlaufzone durchgeführt. Dabei wurde als physikalische Größe die Widerstandsänderung des in eine Wheatston'sche Brücke geschalteten Ti-Meßwertaufnehmers ausgewertet. Die der Temperatur proportionale Spannung wurde auch bei diesen Messungen über der Abplattungsbreite aufgetragen (Bild 5.2). Es ist deutlich im Einlaufbereich der Temperaturanstieg zu erkennen. In der Mitte der Kontaktzone wird dieses Signal durch die überlagerte Druckbeanspruchung aufgrund des umgekehrten Gradienten invertiert.

a)

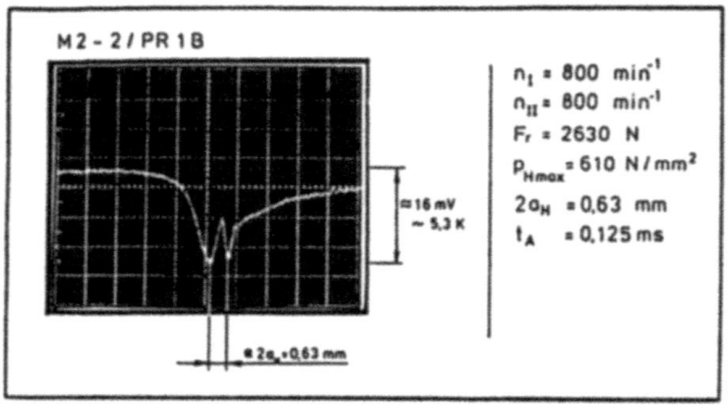


b)

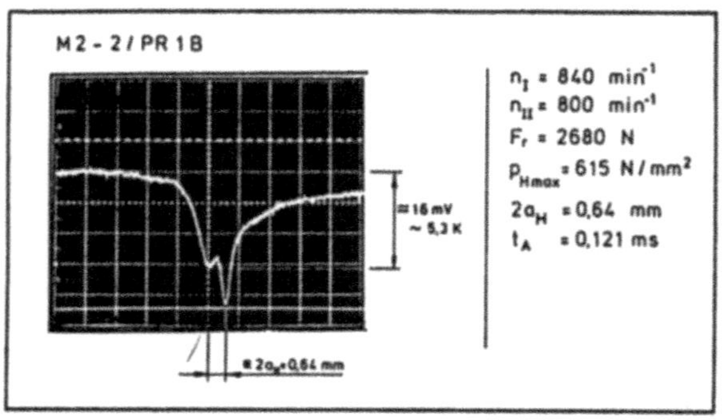


Bild 5.2: Mit Ti-Dünnschichtmeßwertaufnehmern aufgenommene Meßsignalverläufe zur Temperaturmessung im EHD-Wälzkontakt

## 5.2 Die Definition der Schmierfilmhöhe mit rauhen Kontaktflächen

Ein Vergleich der Rauheiten realer geschliffener Oberflächen mit gerechneten Schmierfilmhöhen zeigt, daß die Rauhtiefen ähnliche Höhen einnehmen, wie die Schmierfilme und man schon aus diesem Zusammenhang auf eine Beeinflussung schließen kann. Zum besseren Verständnis der Definition der Schmierfilmhöhe sind in Bild 5.3

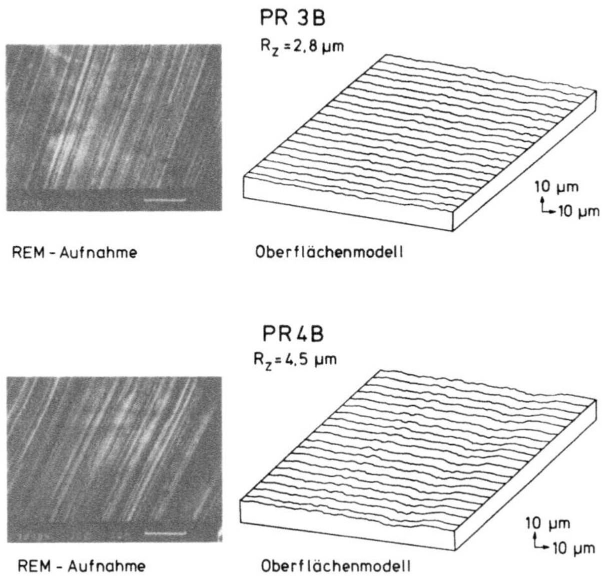


Bild 5.3: REM-Aufnahmen und Oberflächenmodelle geschliffener Oberflächen

von denselben Oberflächen rasterelektronenmikroskopische Aufnahmen und Oberflächenmodelle im Ausschnitt von ca. 150 µm Breite gegenübergestellt. Die Oberflächenmodelle wurden aus Tastschnitten, die im Maßstab 1:1 aufgezeichnet wurden, entwikkelt und geben damit, abgesehen von der mechanischen Filterung der Tastnadel, ein annähernd reales Bild wieder.

In einem EHD-Wälzkontakt stehen sich also <u>nicht</u> zwei Oberflächen gegenüber, wie sie aufgrund des Informationsgehaltes in maßstabsverzerrten Profilaufzeichnungen mit Oberflächentastschnittgeräten zu finden sind (s. Bildfolge 5.5). Sind z.B. die dargestellten rauhen Oberflächen in einem Wälzkontakt einander gegenübergestellt, so ist es schwierig, zwischen den räumlich regellos verteilten Amplituden eine Schmierfilmhöhe anzugeben. Auch würde ein arithmetischer Mittelwert der absoluten Beträge der Abstände der Rauheitsprofile in einem betrachteten Flächenbereich (z.B. im Gebiet der Einschnürung) sicherlich nicht eine funktionsbezogene Schmierfilmhöhe ausreichend beschreiben. Diese Definition würde selbst bei Berührung erster Oberflächenkuppen noch eine Schmierfilmhöhe ausweisen. Um auch eine praxisbezogene Filmhöhe zu beschreiben, soll als Definition 'der geringste sich einstellende stationäre Abstand (Kuppe-Kuppe) zwischen den Rauheitsprofilen zweier Kontaktflächen' vorgeschlagen werden. Bild 5.4 zeigt, daß mit dieser Definition eine von der Gestalt der Mikrostruktur der Oberflächen unabhängige Beschreibung gewählt wurde. Beim Erstellen der Kalibrierkurven am Zweischeibenprüfstand und der Auswertung der Meßergebnisse ist diese Definition berücksichtigt.

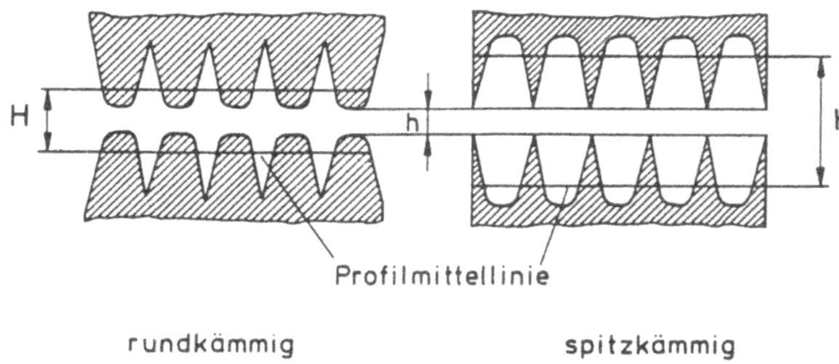


Bild 5.4: Zur Definition der Schmierfilmhöhe

### 5.3 Die Schmierfilmhöhenmessung mit rauhen Prüfscheiben mit Rauheiten parallel zur Bewegungsrichtung

Zur Untersuchung des Einflusses der Oberflächenrauheiten auf die Schmierfilmbildung wurden insgesamt 12 verschiedene Prüfscheiben mit einem Rauheitsspektrum mit gemittelten Rauhtiefen von $R_z$ = 0,77 µm bis $R_z$ = 6,37 µm hergestellt. Nach Überprüfung auf makrogeometrische Abweichungen (Rundheit, Neigung der Lauffläche) wurde die Oberflächenfeinstruktur in einem Winkelabstand von $120^0$ mit Oberflächentastschnittgeräten genauestens erfaßt und ausgewertet (siehe Bericht Teil 1: 'Funktionsgerechte Oberflächenmeßtechnik'). Es soll hier auf die Ergebnisse von fünf repräsentativen Prüfringen (A-Serie) näher eingegangen werden.

Die Oberflächencharakteristik weist bei allen Prüfringen eine schwach asymmetrische Gaußverteilung auf. Es handelt sich also um vom Typ her ähnliche Oberflächen, die sich in erster Linie in der Größe des Senkrechtmaßes unterscheiden, wobei aber der Ring PR4A nach dem Schleifen gefinisht wurde. Als Referenzscheibe wurde vor und nach den Versuchen ein Prüfring mit glatter Oberfläche gefahren. Um die Betriebsparameter und damit die Schmierfilmhöhe in einem breiten Bereich variieren zu können, wurde zur Schmierung das FVA-Referenzöl 3/4 (50/50 Gew.%) gewählt. Damit auch ein Vergleich innerhalb einer Meßreihe möglich ist, wurden in einem ersten Versuchsdurchlauf alle Prüfringe mit derselben Meßscheibe und demselben Meßwertaufnehmer untersucht. Die ermittelten Ergebnisse, die eine eventuelle Verformung der Rauheitsstruktur nicht erfassen, sind in der Bildfolge in Bild 5.5 zusammengefaßt dargestellt. In allen Diagrammen wurde die gemessene minimale Schmierfilmhöhe als Funktion der nach der 'Thermischen Theorie' gerechneten Filmhöhe aufgetragen, wobei die eingezeichneten Geraden über eine lineare Regressionsrechnung ermittelt sind. Zur Auswertung wurden die Meßwerte zur Abszisse extrapoliert, wobei der Schnittpunkt den Betriebspunkt ausweist, an dem sich erste Rauheitskuppen berühren. Als Ergebnis können folgende Merkmale formuliert werden:

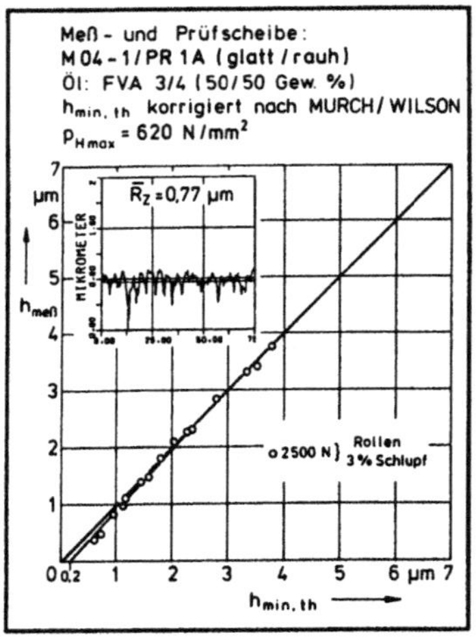


PR 1A

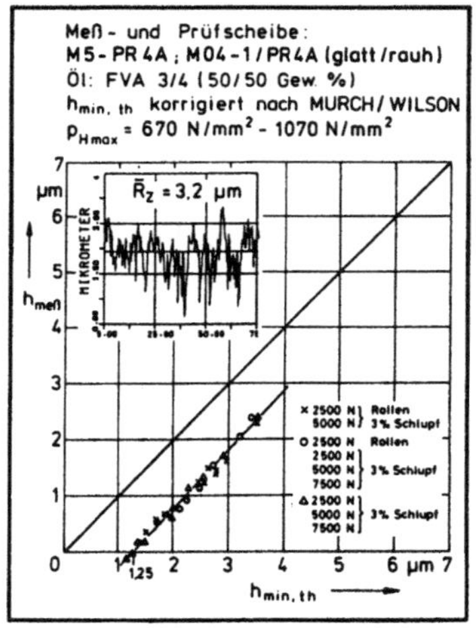


PR 4A

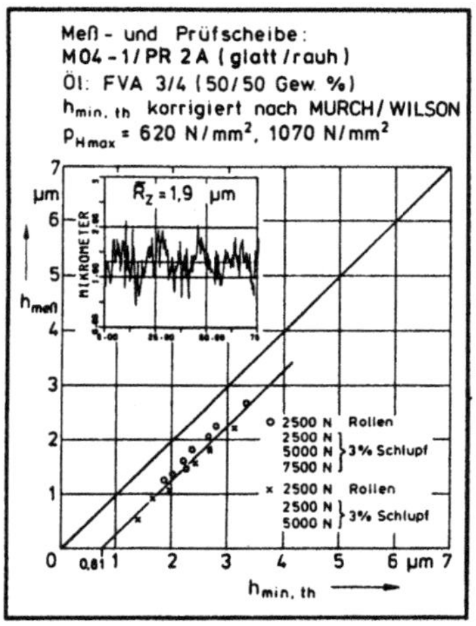


PR 2A

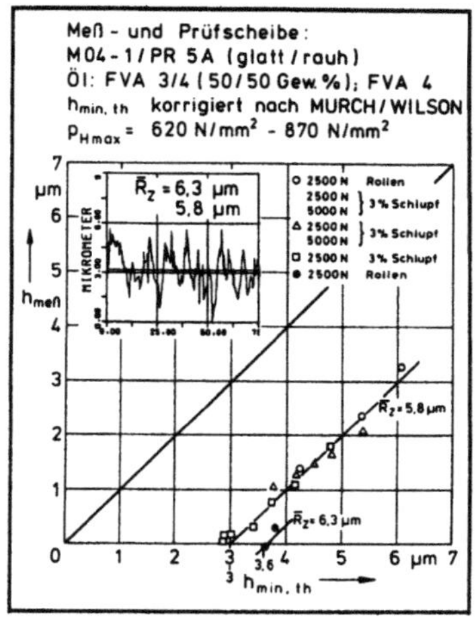


PR 5A

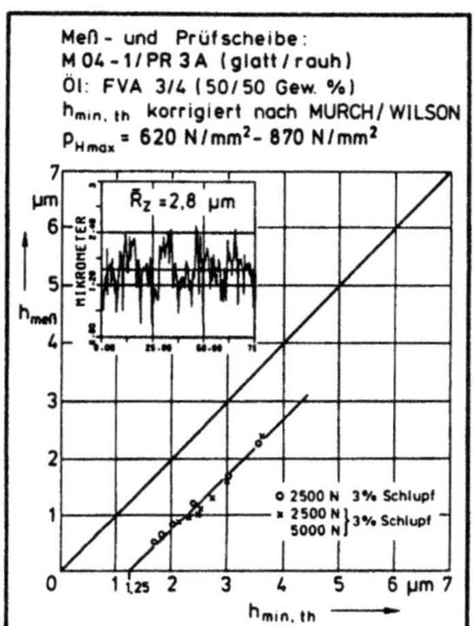


PR 3A

Bildfolge 5.5:

Einfluß der Oberflächenrauheit (Rauheit parallel zur Bewegungsrichtung) auf die Schmierfilmhöhe

$h_{meß} = f(h_{min,th})$

- in einem EHD-Wälzkontakt mit geschliffenen, annähernd gauß-verteilten rauhen Oberflächen nimmt die tatsächliche Schmierfilmhöhe (Abstand Kuppe-Kuppe) bei gleicher theoretischer Filmhöhe mit größer werdender Rauheit ab. Die Schmierfilmhöhe kann auch bei diesem Oberflächentyp kleiner sein als die maximale Rauhtiefe.

- Bei Betriebszuständen im EHD-Bereich ändert sich die Oberflächenfeinstruktur nicht. Nach einem Einlaufprogramm (7h) konnten erste Veränderungen (z.B. Verringerung des $R_z$-Wertes) festgestellt werden. Diese Veränderung machte sich im Betrieb durch einen geringfügig besseren Schmierfilmaufbau bemerkbar.

- Die Beschreibung des Betriebszustandes (Trennung-Berührung) mit einem Filmöhenparameter $\lambda = \frac{h_{min}}{\sigma_h}$ reicht z.B. für asymmetrische Profile nicht aus.

## 5.4 Die Schmierfilmhöhenmessung mit rauhen Prüfscheiben mit Rauheiten quer zur Bewegungsrichtung

Um die Ermittlung des Einflusses der Mikrogeometrie in Wälzkontakten nicht nur auf 'Längsrauheiten' zu beschränken, wurden erste Versuche auch mit Prüfscheiben mit 'Querrauheiten' durchgeführt. Zur Herstellung der Querrauheit mußte eine Werkzeugmaschine entsprechend umgerüstet werden. Ein profilierter Schleifkörper bewegt sich axial am Außenumfang auf und ab, während sich der Prüfring selbst dreht. Auf diese Weise konnten Prüfringe entsprechend den hohen Qualitätsanforderungen gefertigt werden.

In Bild 5.6 sind die Meßergebnisse einer Prüfscheibe mit einer Gauß'schen Amplitudendichteverteilung und einer gemittelten Rauhtiefe von $R_z$ = 1,9 μm aufgetragen. Ähnlich wie bei Ringen mit Längsrauheit ist für den angegebenen Bereich der negative Einfluß der Querrauheit zu erkennen. Ob diese Rauheiten bei Schmierfilmhöhen kleiner als 0,8 μm ein anderes Verhalten aufweisen, müssen weitere Untersuchungen zeigen.

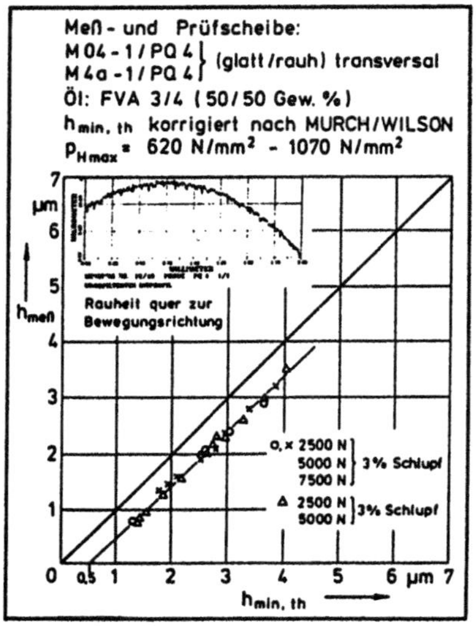


Bild 5.6: Einfluß der Oberflächenrauheit (Rauheit quer zur Bewegungsrichtung) auf die Schmierfilmhöhe $h_{meß} = f(h_{min,th})$

## 6. Die Entwicklung einer Rauheitskennzahl aus der ABBOTT-Kurve und Auswertung der an rauhen Prüfscheiben gemessenen Schmierfilmhöhen

Für die Beurteilung von Rauheitsprofilen hinsichtlich des Funktionsverhaltens bieten sich eine Fülle von Rauheitskenngrößen an. Zur besseren Übersicht und Handhabung sind in Tabelle 6.1 die gebräuchlichsten Kennwerte zusammengefaßt. Aufgrund der guten integralen Beschreibung der Profilform (Integration der Amplitudendichteverteilung) wird die Materialanteilkurve zur Auswertung gewählt. Die ABBOTT-Kurve beschreibt als Funktion der Schnittlinientiefe die Materialverteilung im Oberflächenprofil (Bild 6.1). Ermittelte Kennwerte aus dem Verlauf der Materialanteilkurve haben eine höhere statistische Sicherheit als bisherige Oberflächenrauheitsgrößen, erlauben eine differenziertere Aussage und sind deshalb zur Beurteilung des Funktionsverhaltens und zur Beschreibung charakteristischer geometrischer Eigenschaften besonders geeignet. Die geometrischen Aussagen der Kennwerte sind im TEIL 1 beschrieben. Hier soll die

# Oberflächen-Rauheitskenngrößen

| rm | Definition | Ge |
|---|---|---|
| (1979) | - Messen der Oberflächenrauheit nach dem Tastschnittverfahren | |
| 2 (1960) | - Profil der Istoberfläche<br>- Profil, auf das die Gestaltabweichung bezogen wird<br>- ist das innerhalb der Bezugsstrecke senkrecht zum geometrisch idealen Profil so verschobene Bezugsprofil, daß die Summe der über ihm vom Istprofil eingeschlossenen werkstofferfüllten Flächenstücke gleich der Summe der ihm vom Istprofil eingeschlossenen werkstoffreien Flächenstücke ist.<br>- ist das innerhalb der Rauheitsbezugsstrecke senkrecht zum geometrisch idealen Profil soweit verschobene Bezugsprofil, daß es den vom Bezugsprofil entferntesten Punkt des Istprofils berührt. | |

| | Definition | mathematische Definition | Aussage |
|---|---|---|---|
| 2 (1960) | Abstand des Grundprofils vom Bezugsprofil | — | - durch Ausreißer bestimmt<br>- erfaßt nicht die Profilform |
| 2<br>78) | max. Höhe des Profils innerhalb der Bezugsstrecke | — | |
| (1974) | Größte der auf der Gesamtmeßstrecke $l_m$ vorkommenen Einzelrauhtiefen $z_i$ | — | |
| 3 (1974) | Arithmetisches Mittel aus den Einzelrauhtiefen $z_i$ fünf aneinandergrenzender Einzelmeßstrecken | $R_z = \frac{\sum_{i=1}^{5} z_i}{5}$ | - weniger von Ausreißern bestimmt als $R_t$, $R_h$, $R_{max}$<br>- erfaßt nicht die Profilform |
| 2 (1978) | Summe der Mittelwerte der Höhen der fünf größten Profilerhebungen und der Tiefen der fünf größten Profilvertiefungen innerhalb der Bezugsstrecke | $R_z = \frac{\sum_{i=1}^{5} y_{p_i} + \sum_{i=1}^{5} y_{v_i}}{5}$ | |
| 1 (1977) | Die Profiltiefe $P_t$ ist der Abstand zwischen zwei parallelen bzw. äquidistanten Begrenzungslinien (Form des geometrisch idealen Profils), die das meßtechnisch erfaßte Oberflächenprofil innerhalb der Bezugsstrecke l kleinstmöglich einschließen. | — | -durch Ausreißer bestimmt |
| 2 (1960) | Abstand des mittleren Profils vom Bezugsprofil | $\left(R_p = \frac{1}{l} \cdot \int_0^l y_i \, dx\right)$ | - durch Ausreißer bestimmt<br>- keine eindeutige Aussage über Profilform |
| 2 (1960)<br>8 (1974)<br>2(E 1978) | Arithmetischer Mittelwert der absoluten Beträge der Abstände des Istprofils (bzw. Rauheitsprofils) von der mittleren Linie | $R_a = \frac{1}{l} \cdot \int_0^l \lvert y(x) \rvert \, dx$ | - es lassen sich Oberflächen gleichen Charakters vergleichen<br>- reagiert "gutmütig"<br>- keine Aussage über Profilform |
| 2 (E 1978) | Quadratischer Mittelwert der Profilabweichungen innerhalb der Bezugsstrecke | $R_q = \sqrt{\frac{1}{l} \cdot \int_0^l y^2(x) \, dx}$<br>$\left(R_q \sim 1{,}25 R_a \quad R_q \mathrel{\hat{=}} \sigma\right)$ | -Kennwert mit größerer statistischer Sicherheit als $R_a$<br>-keine Aussage über Profilform |
| 2 (1960) | Verhältnis der Summe der Schnittlängen bei festgelegter Schnittlinientiefe c zur Bezugsstrecke | $t_p(c) = \frac{s_1(c) + s_2(c) + \ldots + s_n(c)}{l} \cdot 100\,\%$ | - der Kennwert "Profilanteil" wird durch "Profilmaterialanteil" besser beschrieben<br>- da integraler Wert, gute Beschreibung der Profilform möglich |
| 2 | Die Materialverteilung des Rauheitsprofils mit zunehmender Schnittlinientiefe | $t_p(c) = f(c)$ | |
| 2 | Ein Maß der Asymmetrie der Amplitudenverteilung | $S_k = \frac{1}{R_q^3} \cdot \frac{1}{n} \sum_{i=1}^{i=n} (y_i - \bar{y})^3$ | - gute Beschreibung der Profilform<br>- negativer $S_k$-Wert kennzeichnet plateauartige Oberfläche |
| | Der arithmetische Mittelwert der Produkte aus den Ordinatenwerten y(x) und y(x+λ) als Funktion der Abszissenverschiebung λ | $R_{yy}(\lambda) = \frac{1}{l} \cdot \int_0^l y(x) \cdot y(x+\lambda) \, dx$<br>normiert : $r_{yy}(\lambda) = \frac{R_{yy}(\lambda)}{\sigma^2}$ | - Beschreibung des Profils in Richtung des Profilverlaufes<br>- ermittelt periodische bzw. deterministische Profilanteile |

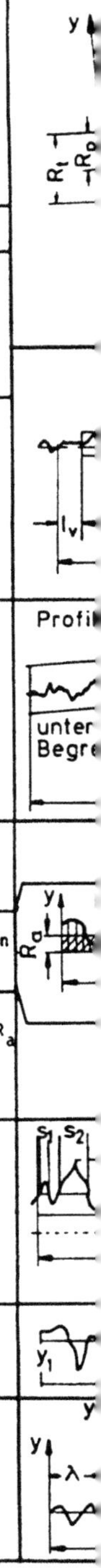


henrauheitskenngrößen

inhaltliche Aussage der Kennwert
schen Verhaltens im EHD-Wälzkont

Da vorangegangene und die beschr
suchungen gezeigt haben, daß pla
Profile gute tribologische Eigen
tete Profile, die einen hohen Fü
der Materialanteilkurve) ermögli
Schmierfilmhöhe auswirken, soll
fileigenschaften zur Auswertung

Das Verhältnis $R_K/R_Z$ beschreibt,
schaft eines Oberflächenprofils
ist, und ist daher ein wesentlic
Oberfläche tribologisch günstig
(großes $R_K$) verhält. Eine ähnlic
sicherer als die Glättungstiefe
spitzenhöhe $2F_{r1}/M_{r1}$, die die au
hebungen beschreibt und damit di
ren Profilbereich charakterisier
$2F_{r2}/(100-M_{r2})$ ist ein Maß dafür
Riefen verdrängt werden kann, od
ständen (Mischreibungsgebiet), w
volumen ist, und damit der Einfl
ten angesprochen wird. Die besch
Materialanteilkurven der Prüfrin
getragen. Ein Vergleich der Kenn
Prüfringes PR4A, der eine ähnlic
ring PR5A hatte, zeigt wie empfi
auf die unterschiedliche Profilf
Meßergebnisse, die entsprechend
Prüfringe von der theoretischen
Ring PR4A erste Oberflächenberüh
einer theoretischen Schmierfilmh
Ring PR5A bei 3 µm ausweisen, si
die Richtigkeit der Wahl der bes
schon optisch eine qualitative Ü

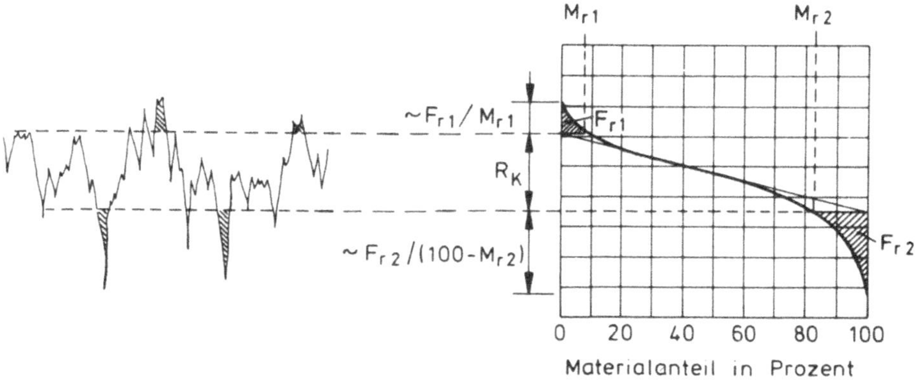


Bild 6.1: Kennwerte der Materialanteilkurve

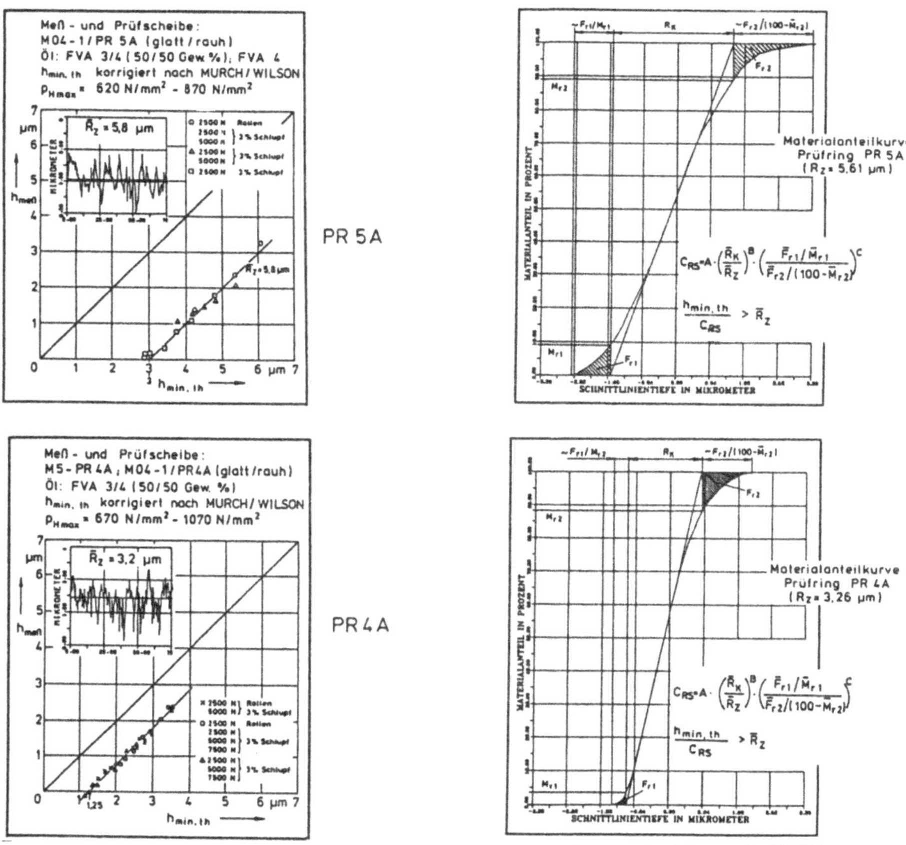


Bild 6.2: Materialanteilkurve der Prüfringe PR4A und PR5A und zugeordnete Meßergebnisse

Aus den Kennwerten konnte ein Korrekturfaktor

$$C_{RS} = 0{,}8 \left(\frac{\bar{R}_K}{\bar{R}_Z}\right)^{0{,}61} \left(\frac{\bar{F}_{r1}/\bar{M}_{r1}}{\bar{F}_{r2}/(100-\bar{M}_{r2})}\right)^{0{,}25}$$

zur theoretischen Schmierfilmhöhe an glatten Oberflächen nach 'Thermischer Theorie' $h_{min,th}$ entwickelt werden, der eine Auslegung eines EHD-Wälzkontaktes mit einer rauhen Oberfläche ermöglicht. Die Bedingung für Oberflächentrennung lautet:

$$\frac{h_{min,th}}{C_{RS}} > \bar{R}_Z$$

wobei $\bar{R}_Z$ aus 3 am Umfang verteilten Messungen arithmetisch gemittelt wird.

Mit den aus Schmierfilmhöhenmessungen gewonnenen Meßwerten der ersten Oberflächenberührungen konnten die Koeffizienten in einer mehrparametrigen Regressionsrechnung bestimmt werden.

Der Vergleich dieser theoretisch ermittelten Schmierfilmhöhen mit den gemessenen Werten ist in Bild 6.3 grafisch aufgetragen. Selbst die geringe maximale Abweichung von 0,25 µm, die im Spektrum aller Meßwerte als 'Ausreißer' angesehen werden muß, bestätigt die vorgeschlagene Dimensionierung von EHD-Wälzkontakten der Oberflächenpaarung rauh/glatt. Daß das Berechnungsverfahren auch für Oberflächen, die durch Fertigungsprozesse wie Finishen oder durch Einlaufvorgänge eine ausgeprägte asymmetrische Amplitudenverteilung erhalten haben, Gültigkeit hat, weisen die Messungen an den nach dem Schleifen gefinishten Prüfringen PR4A/PR4B und an den eingelaufenen Prüfringen PR3Agel/PR5Agel nach. Auch wird z.B. an dem Prüfring PR3A die hohe Empfindlichkeit des Korrekturfaktors und das Auflösevermögen der Schmierfilmhöhenmessung erkennbar. Nach Prüfstandsversuchen mit simulierten Einlaufprogrammen hat sich bei fast gleicher Kernrauhtiefe und Profilriefentiefe die Profilspitzenhöhe von 0,39 µm auf 0,27 µm verringert. Diese Veränderung ermöglicht im Betrieb eine um 0,2 µm geringere theoretische Schmierfilmhöhe, bis erste Oberflächenberührungen eintreten.

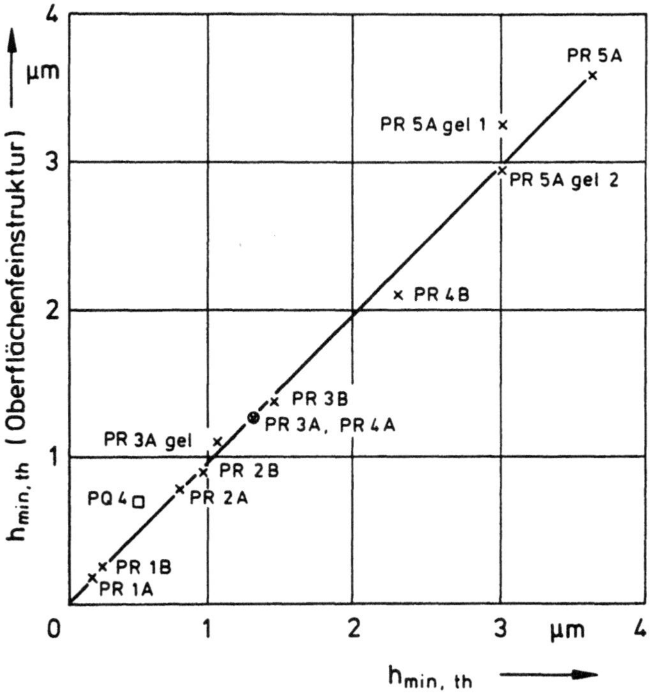


Bild 6.3: Vergleich der aus der Oberflächenfeinstruktur theoretisch ermittelten Schmierfilmhöhen mit gemessenen Werten /10/

## 7. Rechnerische Auslegung eines EHD-Wälzkontaktes

Bei der konstruktiven Auslegung eines EHD-Wälzkontaktes stellen sich dem in der industriellen Praxis tätigen Ingenieur eine Vielzahl Fragen sowohl von der Seite der Betriebsparameter, der zu verwendenden Schmierstoffe als auch der Vielfalt möglicher Oberflächenrauheiten der Wälzpartner. Häufig zwingen betriebsinterne Gründe wie z.B. Schleifmaschinen, die den Rauheitsanforderungen vorgegebener Katalogwerte nicht gerecht werden, zu Kompromißlösungen. Auch müssen Produkte mit zu hohem Qualitätsniveau aus wirtschaftlichen Gründen bis an die Grenze der Funktionsfähigkeit abgeändert werden. Das bedeutet z.B. für den EHD-Wälzkontakt eine Entfeinerung der Oberflächenfeinstruktur (siehe Bild 1.1).

Die Auswirkungen der aufgezählten Maßnahmen hinsichtlich des Verschleißes und der Lebensdauer sind aber bis heute aufgrund unvollständiger oder fehlender Berechnungsgrundlagen mit großen Unsicherheiten verbunden. Das vorgeschlagene Berechnungsverfahren bietet eine sichere Grundlage zur konstruktiven Auslegung eines EHD-Wälzkontaktes mit ähnlichen geometrischen Randbedingungen. Um dem ungeübten Konstrukteur bei der Vielzahl der den Schmierfilmaufbau beeinflussenden Parameter einen schnellen Überblick zu ermöglichen, sind in der folgenden Aufstellung alle wichtigen Berechnungsschritte als Ablaufplan zusammengefaßt. Auf die Erläuterung der Formelzeichen wurde aus Übersichtsgründen verzichtet. Die Bestimmung der Schmierstoffkennwerte erfolgt in Anlehnung an die Datensammlung der FVA-Referenzöle in /11/ und ist auf unlegierte und schwachlegierte Öle übertragbar.

ABLAUFPLAN

AUSLEGUNG EINES EHD-WÄLZKONTAKTES

1. Viskositätsdaten ($\eta = f(T)$) des Schmieröles bei p = 1bar (Umgebungsdruck) ermitteln.

Temperaturverhalten:

$$\eta_{OM} = \eta_{50} \cdot e^{\left(\frac{B'(50 - T_M)}{C' + T_M}\right)}$$

2. Bestimmung des Druck-Viskositäts-Sekantenkoeffizienten:

$$\alpha_{p\,2000} = \ln \frac{\eta_{p\,2000}}{\eta_{OM}} \cdot \frac{1}{2000\ \text{bar}}$$

Temperaturabhängigkeit:

$$\alpha_{p\,2000} = A'_0 - A'_1 T + A'_2 T^2$$

3. Berechnung der Schmierfilmhöhe nach isothermer Theorie (DOWSON):

$$h_{min,\,isoth.} = 2{,}65 \cdot E'^{-0{,}03} \cdot R^{0{,}43} \cdot l_s^{0{,}13} \cdot Q^{-0{,}13} \cdot u^{0{,}7} \cdot \eta_{OM}^{0{,}7} \cdot \alpha_{p\,2000}^{0{,}54}$$

4. Thermische Korrektur der nach isothermer Theorie berechneten Schmierfilmhöhe:

$$h_{min,th} = h_{min,\,isoth} \cdot C_{th}$$

$$C_{th} = \frac{3{,}94}{3{,}94 + L_{th}^{0{,}62}} \qquad L_{th} = \eta_{OM} \frac{\alpha^{*} \cdot u^2}{k}$$

5. Bestimmung des Schmierfilmrauheitskorrekturfaktors aus der Materialanteilkurve:

$$C_{RS} = 0{,}8 \left(\frac{\bar{R}_K}{\bar{R}_Z}\right)^{0{,}61} \left(\frac{\bar{F}_{r1} / \bar{M}_{r1}}{\bar{F}_{r2}/(100\,\% - \bar{M}_{r2})}\right)^{0{,}25}$$

6. Vergleich der Bedingung für Oberflächentrennung:

$$\frac{h_{min,\,th}}{C_{RS}} = \bar{R}_Z$$

$<$ → 1. oder 3.

$=$ → prüfen, ob Einlaufverschleiß zur Funktionsfähigkeit führt

$>$ → prüfen, ob die Schmierfilmhöhe für vorgegebene Funktionssicherheit ausreicht

## 8. Zusammenfassung

Im Maschinenbau gibt es eine Reihe von Anwendungsfällen, bei denen die Funktions- oder Lebensdauer von Maschinenelementen, wie z.B. von Wälzlagern, Zahnrädern, Reibgetrieben oder Nocken-Stößel-Antrieben entscheidend durch das physikalisch-chemische Geschehen in den kraftübertragenden HERTZ'schen elastohydrodynamisch beanspruchten Wälzkontakten beeinflußt wird. Zur Verhinderung von Verschleiß soll ein Schmierfilm die Kontaktoberflächen trennen. Der Schmierfilmaufbau wird neben weiteren Betriebsparametern wesentlich von der Oberflächenfeinstruktur der Funktionsflächen bestimmt.

In einer Vielzahl theoretischer und auch experimenteller Arbeiten wurde versucht, Rauheitskennwerte oder Kombinationen von Rauheitskennwerten im Zusammenhang mit der sich in realen Wälzkontakten einstellenden Schmierfilmhöhe zu finden. Dabei konnte noch kein eindeutiger funktionsangepaßter Kennwert nachgewiesen werden, der eine konstruktive Auslegung eines EHD-Wälzkontaktes mit rauhen Oberflächen ermöglicht. In dieser Arbeit wurde an einem eigens für diese Untersuchungen entwickelten Zweischeibenprüfstand und rechnergestützter Meßwertverarbeitung der Einfluß der Oberflächenrauheit auf die Schmierfilmbildung an Versuchsscheibenpaarungen rauh/glatt ermittelt. Das Rauheitsspektrum der Umfangsriefen umfaßte gemittelte Rauhtiefen von $R_z$=0,77 µm bis $R_z$=6,37 µm.

Das Ziel der Untersuchungen war es, eine quantitative Beziehung zwischen einem tribologisch wirksamen charakteristischen Oberflächenkennwert und der sich im EHD-Wälzkontakt ausbildenden Schmierfilmhöhe zu finden. Darüberhinaus waren Hinweise zur Fertigung von funktionsgünstigen Rauheitsstrukturen aufzustellen. Im Rahmen der vorgestellten Untersuchungen wurde ein kapazitiv wirkendes Meßsystem mit gesputterten implantierten Dünnschichtmeßwertaufnehmern zur Schmierfilmhöhenmessung im EHD-Wälzkontakten entwickelt.

Mit den Meßwertaufnehmern, die bis zum Mischreibungsgebiet eine hinreichende mechanische Festigkeit besaßen, konnten Schmierfilmhöhenverläufe an glatten und rauhen Wälzelementen aufgenommen werden.

Es zeigte sich, daß aufgrund der Einlaufbedingungen im Wälzspalt eine von DOWSON und HIGGINSON /4,5/ vorgeschlagene Schmierfilmhöhenberechnung für glatte Oberflächen nach isothermer Theorie nicht ausreicht und eine thermische Korrektur erforderlich ist. Diese physikalische Erscheinung ließ sich auch durch Temperaturmessungen im Einlaufbereich mit Ti-Dünnschichtmeßwertaufnehmern nachweisen. Ausgehend von Schmierfilmhöhenmessungen und funktionsbezogenen Rauheitskennwerten der ABBOTT'schen Materialanteilkurve, die aufgrund der guten integralen Beschreibung der Profilform zur Auswertung genutzt wird, konnte zur Auslegung eines EHD-Wälzkontaktes mit einer rauhen Oberfläche ein Schmierfilmrauheitskorrekturfaktor $C_{RS}$ entwickelt werden, der eine sichere Bestimmung des Betriebszustandes der ersten Oberflächentrennung erlaubt. $C_{RS}$ wird aus geometrischen Abmessungen der Materialanteilkurve (Meßvorschrift in der Norm beachten !) ermittelt:

$$C_{RS} = 0{,}8 \cdot \left(\frac{\bar{R}_K}{\bar{R}_Z}\right)^{0{,}61} \cdot \left(\frac{\bar{F}_{r1} / \bar{M}_{r1}}{\bar{F}_{r2}/(100\,\% - \bar{M}_{r2})}\right)^{0{,}25}$$

Die Bedingung für Oberflächentrennung lautet:

$$\frac{h_{min,th}}{C_{RS}} > \bar{R}_Z$$

In einem Vorversuch mit einer Prüfscheibe mit Rauheiten, die quer zur Bewegungsrichtung geschliffen waren, konnte ebenfalls der negative Einfluß der Rauheit auf die Schmierfilmbildung nachgewiesen werden. Für eine umfassende quantitative Beurteilung sind aber weitere Versuche erforderlich.

Die Untersuchungsergebnisse haben gezeigt, daß plateauartige, werkstofferfüllte Oberflächenprofile einen geringen Füllungsgrad des Schmierstoffes ermöglichen und die besten tribologischen Eigenschaften besitzen. Daher muß es Ziel der Fertigung sein, diese Oberflächenfeinstrukturen herzustellen. Es kann empfohlen werden, die Werkstücke grob vorzuschleifen, um anschließend durch Finish- oder Honverfahren die gewünschte Profilform zu erzielen. Dabei müssen, auch aus wirtschaftlicher und technologischer Hinsicht neue Verfahren und Materialien wie z.B. Schleifen mit kubischem Bornitrid mit einbezogen werden.

## 9. Literatur


/1/ Endlich, W.: Die Alternative, klebende Dichtstoffe als Flachdichtung.
ASR, Magazin Antreiben, Steuern, Regel, Heft 6 (1982) S. 34-37.

/2/ Martin,H.M.: The lubrication of gear-teeth.
Engineering Bd. 102 (1916), S. 119-121.

/3/ Grubin, Alexandr Nikolaevich, E. Vinogradova:
Investigation of the contact of machine components.
Hrsg.Kh.F.Ketova, Moskau 1949, Central Scientific Research Institute for Technology and Mechanical Engineering (Department of Scientific and Industrial Research)
Book Nr. 30.

/4/ Dowson, Duncan D., G.R. Higginson:
New roller-bearing lubrication formula.
Engineering Bd. 192 (1961) Nr. 4972 S. 158-160.

/5/ Dowson, Duncan D., G.R. Higginson:
Elastohydrodynamic lubrication.
Bd. 1; 1. Aufl. London: Pergamon Press Ltd. 1966.

/6/ Hamrock, B.J., D. Dowson: Isothermal Elastohydrodynamic lubrication of Point Contacts-Part III-Fully flooded Results. Trans.ASME Journal of Lubrication Technology
Bd. 99, Series F No 2 (1977) S. 264-275.

/7/ Murch, L.E., W.R.D. Wilson: A Thermal Elastohydrodynamic Inlet Zone Analysis.
Trans.ASME, Journal of Lubrication Technology
Bd. 97 (1975), S. 212-216.

/8/ Dyson, A., H. Naylor, A.R. Wilson:
The Measurement of Oil Film Thickness in Elastohydrodynamic Contacts. Proceedings of Institutions of Mechanical Engineers Bd. 180, Pt. 3B (1966), S. 119-134.

/9/ DIN 004776 (Entwurfsvorlage März 1984) Ermittlung des Materialanteils (Traganteils) am Rauheitsprofil (ABBOTT-KURVE) mit elektrischen Tastscnittgeräten.

/10/ Schmidt, U.: Die Schmierfilmbildung in elastohydrodynamisch beanspruchten Wälzkontakten unter Berücksichtigung der Oberflächenrauheit.
Dissertation Universität Hannover (1985).

/11/ Bartz, W., J. Ege, M. Schilling: Referenzöle für Wälz- und Gleitlager-, Zahnrad- und Kupplungsversuche.
FVA-Forschungsheft Nr. 41.
Frankfurt/M.: Forschungsvereinigung für Antriebstechnik 1976.

# EHD-Schmierfilmbildung am System Nocken-Rollenstößel unter Berücksichtigung von Kraftstoff als Schmierstoff

von

Dr.-Ing. R. Heinz

Robert Bosch GmbH

Stuttgart

Förderkennzeichen: 01 ZT 170 A

Laufzeit: 1.9.1981 bis 31.12.1984

## Gliederung

Zusammenfassung

1. Einleitung 100

2. Meßaufbau und Gebertechnologie 101

   2.1 Rauhigkeitsmessung 101
   2.2 Nockengeometrie 102
   2.3 Rollendrehzahl 103
   2.4 Übergangswiderstand Rolle-Nockenwelle 104
   2.5 Schmierfilmdickenmessung 105

3. Theorie der Schmierfilmbildung 108

   3.1 Ölkenndaten 108
   3.2 Berechnung der stationären und instationären EHD-Schmierfilmbildung 110
   3.3 EHD bei Leerlauf und unter Last 112
   3.4 Mischreibungsbeginn 115

4. Meßergebnisse 117

   4.1 Versuchsvarianten 117
   4.2 Rauhigkeitsmessungen 118
   4.3 Nockengeometrie 122
   4.4 Rollendrehzahl 125
   4.5 Schmierfilmbildung 126

5. Schmierfilmdicke und Lebensdauer 130

Schrifttum 132

## Zusammenfassung

Es wurde die Schmierfilmbildung am Rollen-Nockensystem direkt in Original-Einspritzpumpen untersucht. Hierzu mußte eine auf das Meßproblem in der Pumpe abgestimmte Meßtechnik entwickelt werden.

Mittels Übergangswiderstands-Messung wurde die Schmierfilmbildung bei Verwendung von FVA-Ölen, Motoröl (SAE 10W) und Dieselkraftstoff beobachtet. Nach dem kapazitiven Meßverfahren wurde für FVA-Öl die Schmierfilmdicke direkt bestimmt. Die Schmierfilmdicken wurden mit der Rauhigkeit von Nocken und Rolle verglichen.

Die Versuchsergebnisse haben gezeigt, daß man bei Kenntnis der Viskositätsdaten der Öle bis zu Drücken von ca. 4000 bar die Schmierfilmdicke von Rollenstößel-Nockentriebwerken für Einspritzpumpen sehr genau berechnen und den Punkt des Mischreibungsbeginns gut abschätzen kann. Aus dem Verhältnis der tatsächlichen Schmierfilmdicke zur Rauhigkeit bekommt man Hinweise auf Einlaufeffekte, kritische Rauhtiefen und Optimierungsmöglichkeiten.

Bezüglich der Lebensdauer ist die Schmierfilmdicke nicht direkt entscheidend, sondern es sind letztlich die Spannungen, welche in die Oberflächenbereiche eingeleitet werden. Hier können nur Dauerversuche unter kontrollierten Bedingungen quantitative Ergebnisse liefern, wobei die berechnete Schmierfilmdicke einen wichtigen begleitenden Parameter darstellt.

# 1. Einleitung

Der Antrieb von Einspritzpumpen besteht aus einem motoröl- bzw. kraftstoffgeschmierten Rollen-Nockensystem. Bild 1 zeigt in vereinfachter Form den Querschnitt durch eine Reiheneinspritzpumpe, deren Nockentrieb ölumlaufgeschmiert ist.

Mit Hilfe der speziell für diese Pumpen zu entwickelnden Meßtechnik, unter anderem durch Anwendung der bereits vorhandenen Manganindraht-Druckgeber zur Messung der Flächenpressung im Wälzkontakt, ist der EHD-Schmierzustand über den Nockenumfang zu ermitteln.

Bei der Pkw-Dieseleinspritzung werden Einspritzpumpen verwendet, bei denen die Nocken-Rollenstößel-Triebwerke mit dem zu fördernden Kraftstoff selbst geschmiert werden (sog. Verteiler-Einspritzpumpen). Daher ist auch die EHD-Schmierfilmbildung unter Dieselkraftstoff in das Projekt aufgenommen worden.

Die Untersuchungen dienen als Grundlage zur Optimierung des Nockentrieb-Systems.

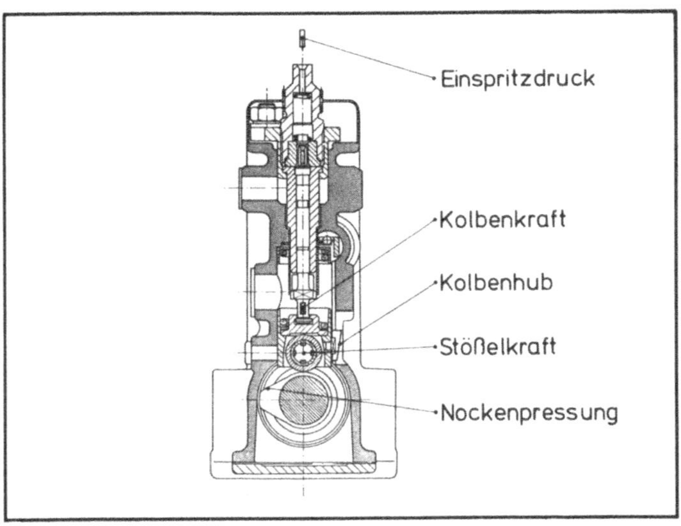


Bild 1: Querschnitt durch eine Reiheneinspritzpumpe

## 2. Meßaufbau und Gebertechnologie

### 2.1 Rauhigkeitsmessung

Die Rauhigkeiten der Nockenwelle und der Rolle des Stößels wurden mit einem elektrischen Tastschnittgerät der Firma Hommel (Typ T20 S) mit zugehörigem Vorschubgerät (LV-50) und Bezugsflächentastsystem (TKL 100) aufgenommen. Der Radius der Tastnadel betrug 5 µm.

Die Vorschubeinheit wurde auf einer schwingungsisolierten Kunststeinplatte gelagert. Die Steinplatte ist mit Druckluft niveaureguliert (Typ T-260 der Firma Physik Instrumente (PI)). Nur durch diese Maßnahme konnten auch bei $R_z$-Werten unter 1 µm Daten gewonnen werden, die nicht durch Vibrationen verfälscht waren.

Zur Bestimmung und Auswertung der Abbott-Kurve (Materialanteilkurve) wurde ein Rechner (HP 9845 B) angeschlossen. Das Tastschnittgerät ist mit dem Rechner zur Steuerung mit einer V24-Schnittstelle verbunden. Die Profildaten werden über eine IEC-Schnittstelle erfaßt. Der Ausdruck der Bildschirmgraphik erfolgte wahlweise über Drucker (EPSON FX-80+) oder Plotter (HP 9872 C). Bild 2 zeigt einen Überblick über die Anlage.

Bild 2: Anlage zur Erfassung der Rauhigkeiten

## 2.2 Nockengeometrie

Bei einigen Nockenwellentypen beginnt nach der Tangente sprungartig die Krümmung mit einem kleinen Radius von ca. 4 mm, die dann abnehmend auf 2 mm an den Kopfkreis anschließt. Dieser Geometriesprung bedeutet für den Schmierfilm einen instationären Übergang, sofern die Nockengeometrie tatsächlich in dieser Form vorliegt.

Es wurde zur Prüfung der genauen Nockengeometrie eine Vorrichtung entwickelt, mit deren Hilfe der Radienverlauf bestimmt werden konnte. Der Aufbau besteht aus einem Rahmen mit Prismenlager für die Nockenwelle und einer Linearführung für den Rollenstößel. Angeschlossen sind an der Welle ein Heidenhain-Drehwinkelgeber ROD 220 mit 0,01° Auflösung. Am Rollenstößel sind wahlweise ein Heidenhain Hubtaster MT 30 (Auflösung 1 µm) mit Zählgerät oder ein Geschwindigkeitstaster TRANS-TEK 111-000 (Empfindlichkeit 22 mV für 1 mm/s) mit DC-Verstärker PRESTON 8300 XWB (100 kHz Grenzfrequenz) anschließbar.
Die Vorrichtung ist in Bild 3 dargestellt.

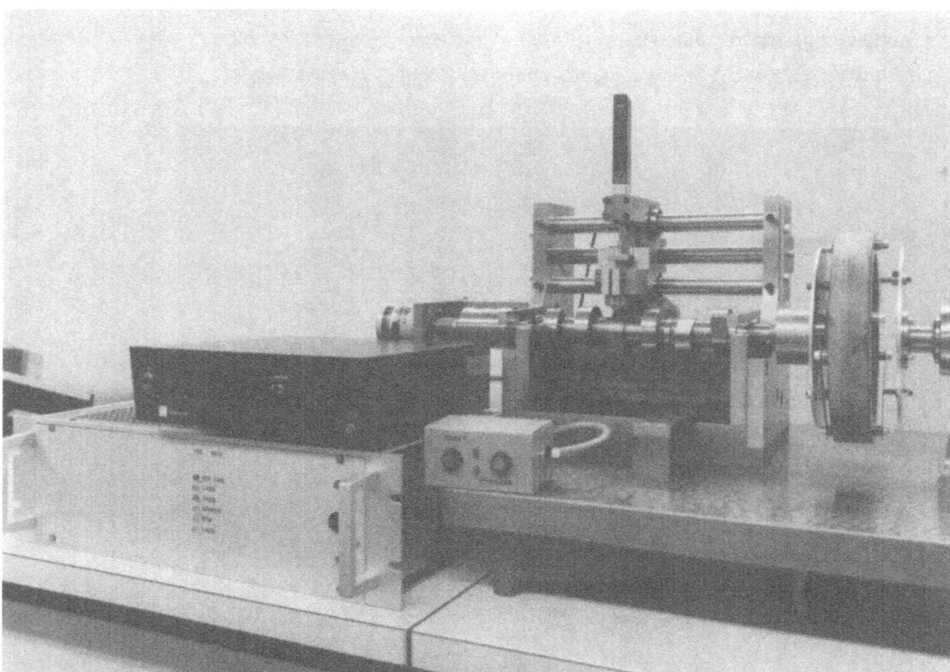

Bild 3: Hub- und Hubgeschwindigkeits-Meßvorrichtung zur Erfassung der Nockengeometrie

Bei Hubmessungen werden die Hubdaten winkelzugeordnet in den Rechner (HP 9845 B) über IEC-Bus weitergegeben.

Bei Hubgeschwindigkeitsmessung werden die Geschwindigkeitswerte winkelzugeordnet in einem A/D-Wandler (12 bit) digitalisiert und im Transientenrekorder zwischengespeichert. Synchron dazu wird mit einer Quarzuhr die Zeit zwischen den einzelnen Winkelschritten gemessen und im Direct Memory Access (DMA) dem Rechner zugeführt. Damit ist es möglich, die bei jedem Winkelschritt vorhandene Drehgeschwindigkeit zu ermitteln und die gemessene Hubgeschwindigkeit bei ungleichförmigem Antrieb zu korrigieren. Dieses Verfahren hat sich so bewährt, daß auf einen motorischen Antrieb verzichtet werden konnte und die Messungen mit Handantrieb durchgeführt wurden. Damit wurden die mechanischen Störschwingungen auf ein Minimum reduziert.

Die Meßdaten (Hub bzw. Hubgeschwindigkeit) wurden zur Bestimmung der jeweils fehlenden Größen Hub, Hubgeschwindigkeit und Hubbeschleunigung differenziert bzw. integriert und zum Ausgleich von Digitalisierungssprüngen geglättet.

## 2.3 Rollendrehzahl

Zur Berechnung der Schmierfilmdicke benötigt man die hydrodynamisch wirksame Geschwindigkeit $V_H$, d. h. die Summe der Geschwindigkeiten von Rolle und Nocken relativ zum Schmierspalt. Da die Rolle nur über die Reibkräfte im Schmierspalt angetrieben wird, ist es notwendig, die Rollendrehzahl zu messen.

In Bild 4 erkennt man rechts die Spule (Ø 0,5 mm) zur Erfassung der Rollendrehzahl. Als Sensorprinzip wurde ein kombiniertes Induktiv- und Wirbelstrom-Meßverfahren benutzt, welches in unserem Hause entwickelt wurde. Durch Verwendung einer Strichscheibe auf der Stirnseite der Rolle (Stegbreiten 0,5 mm bzw. Rollenwinkel 3°) abwechselnd aus Stegen mit ferromagnetischem und nicht-ferromagnetischem Material ist es möglich, Drehzahlen zu erfassen, ohne daß Abstandsschwankungen zwischen Hochfrequenzspule und Rollenstirnseite störend wirken.

Die berührungsfreie Abstandsmessung nach dem Induktiv- bzw. dem Wirbelstrommeßverfahren führt zu jeweils gegenläufigen Meßsignalen, was bei dem beschriebenen Drehzahlgeber genutzt wird, um die Drehzahlsignale unabhängig von Abstandsschwankungen zu erfassen.

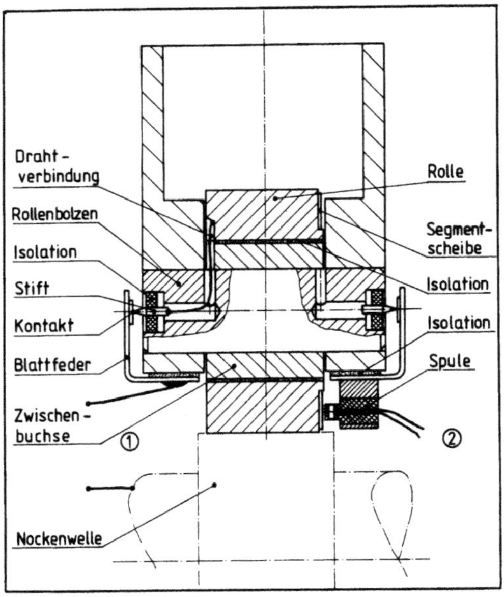


Bild 4: Geber zur Erfassung der Rollendrehzahl
und des Übergangswiderstandes

## 2.4 Übergangswiderstand

Zur Erfassung der Schmierfilmbildung wurde zunächst das Verfahren der Übergangswiderstandsmessung angewendet, um den Bereich Mischreibung - Vollschmierung zu erfassen. Wie aus Bild 4 ersichtlich, wurde die Rolle fest mit dem Rollenbolzen verbunden. Dieser Verband rotiert als eine Einheit. Die Rolle ist von der Zwischenbuchse durch eine Klebschicht elektrisch isoliert. Der Strom wird nun vom Kabelanschluß 1 ausgehend über die Blattfeder, einen Stiftkontakt (harter Stift gegen harte Platte) in der Bolzenmitte und eine Drahtverbindung auf die Rolle geleitet. Von dort aus gelangt der Strom bei Mischreibung auf die Nockenwelle und über Quecksilberübertrager zur Spannungsquelle. Bei ausgebildetem Schmierfilm liegt am Schmierspalt eine Spannung von 60 mV an.

Versuche mit Schleifbürsten an der Rollenstirnseite hatten keinen Erfolg, da sich nach kurzer Laufzeit dort Schmierfilme ausbildeten, die bei geringen Andruckkräften einen Schmierfilm zwischen Rolle und Nocken vortäuschten.

## 2.5 Schmierfilmdickenmessung

Die Schmierfilmdicke wurde nach dem kapazitiven Meßprinzip erfaßt. Hierzu wurden die Rolle und der Rollenbolzen aus einem Stück hergestellt. Der Geber auf der Rollenlaufbahn wurde in zwei Versionen entwickelt (Bild 5), Version 1 als gesputtertes Wolframband (30 µm Breite) auf der $Al_2O_3$-isolierten Rolle und Version 2 als in eine Nut eingeklebter Manganindraht (20 µm Durchmesser). Die Version 1 wurde in dankenswerter Weise von Herrn Dr. Schmidt, UNI Hannover am Institut von Herrn Professor Pahland, zur Verfügung gestellt. Die durchgeführten Versuche am Ende der Projektlaufzeit ergaben allerdings eine Abschälung der Isolationsschicht, vermutlich durch unzureichende Sauberkeit im Rezipienten der Sputteranlage, so daß mit dieser Meßgeberversion keine Schmierfilmdicken mehr gemessen werden konnten.

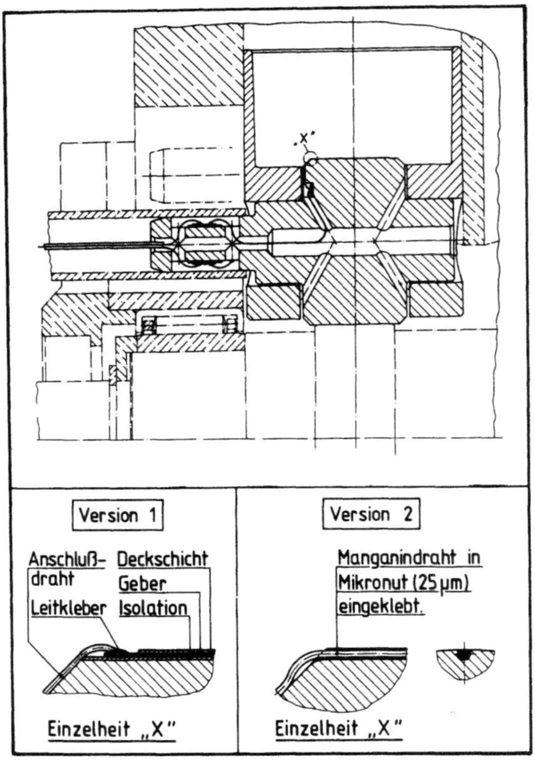


Bild 5: Geber für die kapazitive Messung der Schmierfilmdicke zwischen Rolle und Nocken welle. Version 1: Gesputterter Dünnschichtgeber, Version 2: Eingeklebter Manganindraht

Der Meßwertgeber wird an einen Sendermodul mit variabler Frequenz von 6 bis 11 MHz angeschlossen. Der Geber ändert beim Durchlaufen der Belastungszone infolge Annäherung an die Nockenflanke die Schwingkreiskapazität und damit die Resonanzfrequenz. Die Frequenzabweichung ist ein Maß für den Abstand des

Gebers von der Nocken-Lauffläche.

Da Rollendrehzahl und Nockenwellendrehzahl einander nicht phasenstarr zugeordnet sind, gelangt der Geber zu beliebigen Zeiten in Kontakt mit der Nockenwelle. Um eine winkelzugeordnete Messung zu erreichen, wurden innerhalb eines vorgegebenen Meßfensters (z. B. 100° bis 200° Nockenwinkel) der laufende Nockenwinkel im 1/10°-Bereich erfaßt und bei gleichzeitig erscheinendem Meßpuls die Nockenwinkellage und der Meßpuls über einen Transientenrekorder in den Rechner gelesen (Bild 6), um anschließend ein neues Ereignis (Meßpuls im Meßfenster) zu erfassen.

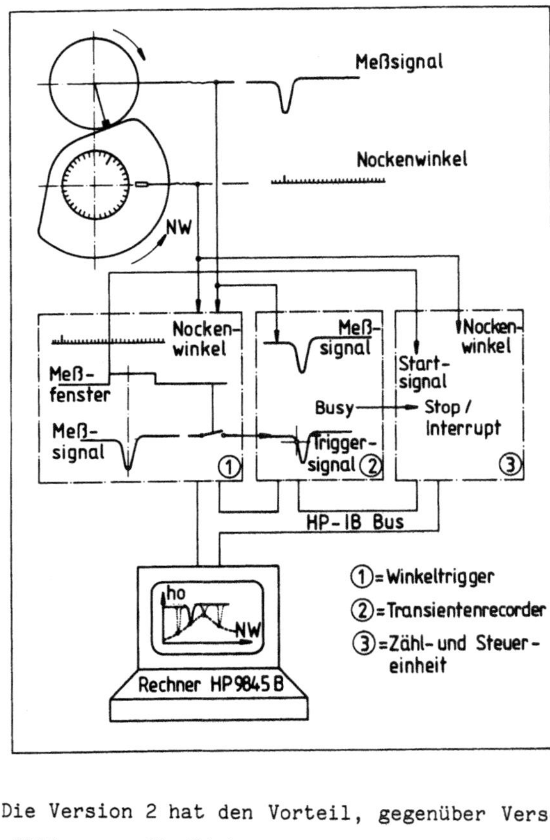


Bild 6: Meßdatenerfassung von Schmierfilmdicke und zugeordnetem Nockenwinkel

Die Version 2 hat den Vorteil, gegenüber Verschleiß im Mischreibungsbereich völlig unempfindlich zu sein. Ein Nachteil ist die größere Kompressibilität des Klebstoffes in der Nut und die damit verbundene mögliche Änderung des Gebersignals in Abhängigkeit vom hydrodynamischen Druck im Schmierspalt. Die erzielten Meßergebnisse erwiesen sich aber für die gestellte Aufgabe als gut. Der Einbau des Rollenstößels in der Pumpe und die Weiterführung der Meßsignale über Quecksilberübertrager ist in Bild 7 dargestellt. Die Nockenwelle ist über eine Zwischenwelle mit einem hier nicht mehr gezeigten Drehwinkelgeber verbunden. Die Verbindung zwischen Rollenbolzen und der Lagerung vor den Quecksilberübertragern besteht aus einem Schlauchstück, welches die Torsionsschwingungen und Biegeschwingungen der sich ungleichförmig bewegenden Rolle zu den Quecksilberübertragern hin abkoppelt.

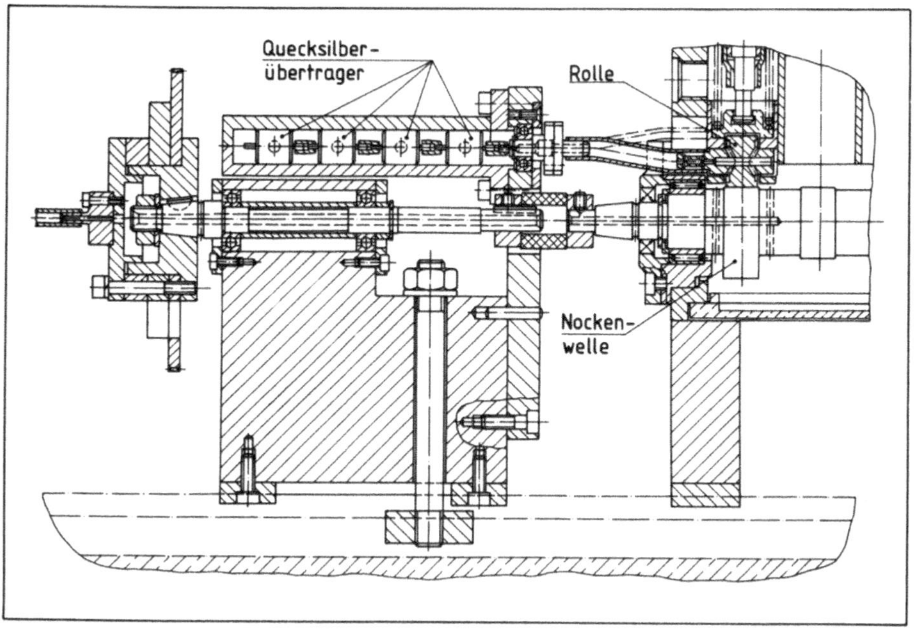


Bild 7: Einbau des Rollenstößels in die Pumpe als Sonderbauform für die kapazitive Messung des Schmierfilms zwischen Rolle und Nockenwelle

Der kapazitive Schmierfilmdicken-Geber wurde geeicht, indem in der Vorrichtung für die Nockengeometriemessung (Bild 3) der Geber auf dem Kopfkreis der Nockenwelle in 1/10°-Schritten durch die Kontaktzone bei 10 N Vorlast und unter Öl abgerollt wurde und der Meßsignalverlauf dem Spalt bei vorausgesetzter idealer Kreisgeometrie zugeordnet wurde. Eine zusätzliche Korrektur der Dielektrizitätskonstante des Öles in Abhängigkeit vom Hertz'schen Druck im Schmierspalt wurde nach BONDI (1) durchgeführt:

Dielektrizitätskonstante des Öles unter hohem Druck:

$$\varepsilon_r' = \frac{\varepsilon_r + 2 + 2 \cdot (\varepsilon_r - 1) \cdot \rho'/\rho_o}{\varepsilon_r + 2 - (\varepsilon_r - 1) \cdot \rho'/\rho_o}$$

mit dem Dichteverhältnis in Abhängigkeit vom Druck

$$\frac{\rho'}{\rho_o} = \frac{1 + 9{,}73 \cdot 10^{-3} \cdot \frac{p_{HZ}}{9{,}81}^{0{,}75}}{\nu^{0{,}0385}}$$

$\nu$ = kinematische Viskosität in $mm^2/s$

$p_{Hz}$ = Hertz'sche Pressung in $N/mm^2$

# 3. Theorie der Schmierfilmbildung

## 3.1 Schmierstoffdaten

Neben den FVA-Ölen, für welche sowohl die Zähigkeitsdaten in Abhängigkeit von der Temperatur als auch die Konstanten zur Berechnung der Viskosität bei hohen Drücken vorliegen, wurden noch das Motoröl SAE 10 W von Shell, Typ Rotella Z, sowie Dieselkraftstoff verwendet.

Für diese beiden letztgenannten Schmierstoffe wurden die Druckviskositätsdaten bis 4000 bar von Herrn Professor Noack, Techn. Universität Clausthal, bestimmt.

Bild 8 zeigt den gemessenen Verlauf der dynamischen Viskosität von FVA 2/3 (Mix 1:1), Shell Rotella Z und Dieselkraftstoff bei Atmosphärendruck in Abhängigkeit von der Temperatur.

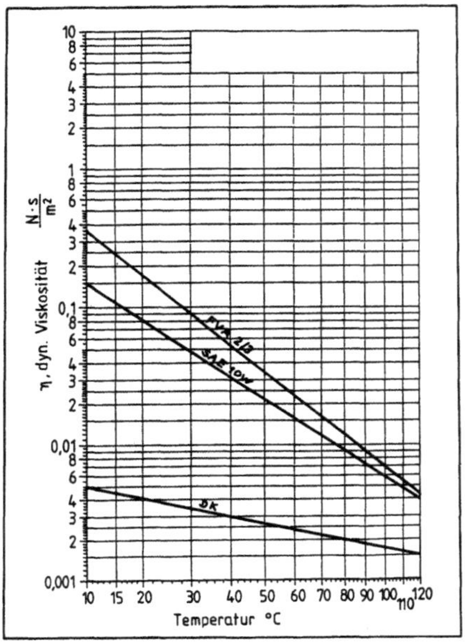


Bild 8: Dynamische Viskosität von FVA-Öl 2/3 (Mix 1:1), Motoröl SAE 10 W, Typ Shell Rotella Z, und Dieselkraftstoff bei Atmosphärendruck

Der aus den Isothermen der gemessenen Viskosität bis 4000 bar ermittelte Viskositäts-Druckkoeffizient ist in Bild 9 in Abhängigkeit von der Temperatur dargestellt. Die mittlere Steigung der Isothermen wurde aus der Sekante zwischen $\eta_0$(1 bar) und $\eta$(2000 bar) ermittelt.

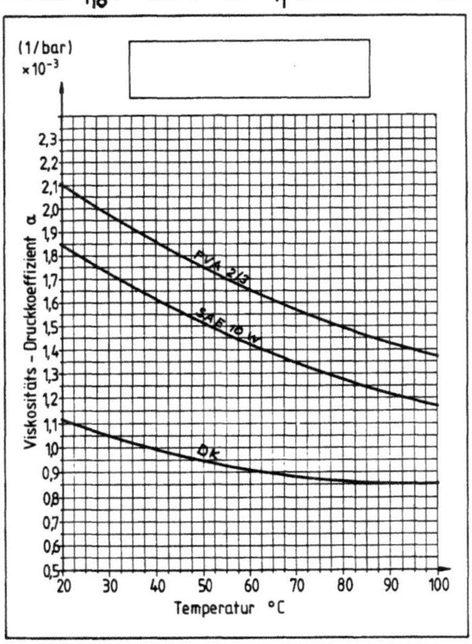


Bild 9: Viskositäts-Druckkoeffizient von FVA-Öl 2/3 (Mix 1:1), Motoröl SAE10W, Typ Shell Rotella Z und Dieselkraftstoff

Die Berechnung der Zähigkeit bei Umgebungsdruck in Abhängigkeit von der Temperatur erfolgt nach der Gleichung

$$\eta_T = \eta_{50} \cdot EXP\,(B \cdot (50-T_{öl})/(C + T_{öl}))$$

mit $\eta_{50}$ = Zähigkeit bei 50° C

$T_{öl}$ = Temperatur des Öles auf der Nockenwelle (Massentemperatur)

| | SAE 10 W | Dieselkraftstoff | FVA 2/3 (Mix 1:1) |
|---|---|---|---|
| B | 5,517 | 1,610 | 6,30 |
| C | 105,48 | 91,35 | 94,69 |

Die Abhängigkeit des Viskositäts-Druckkoeffizienten $\alpha$ von der Temperatur lautet

$$\alpha = A_o - A_1 \cdot T_{öl} + A_2 \cdot T_{öl}^2$$

| | SAE 10 W | Dieselkraftstoff | FVA 2/3 (Mix 1:1) |
|---|---|---|---|
| $A_0$ | 0,02137 | 0,012928 | 0,02406 |
| $A_1$ | $0,14785.10^{-3}$ | $0,091353.10^{-3}$ | $0,1546.10^{-3}$ |
| $A_2$ | $0,51900.10^{-6}$ | $0,48103\ .10^{-6}$ | $0,5224.10^{-6}$ |

## 3.2 Berechnung der stationären und instationären EHD-Schmierfilmbildung

Die stationäre EHD-Schmierfilmdicke im kleinsten Spalt wurde nach DOWSON (2) berechnet

$$h_{min} = 2,65 \cdot R_x \cdot \left(\frac{v_H \cdot \eta_T}{E' \cdot R_x}\right)^{0,7} \cdot (E' \cdot \alpha)^{0,54} \cdot \left(\frac{E' \cdot 1^* \cdot R_x}{F}\right)^{0,13}$$

mit :

resultierender Krümmungsradius $R_x = \dfrac{R_R \cdot R_N}{R_R + R_N}$

$R_N$ = Nockenradius, $R_R$ = Rollenradius

hydrodynamisch wirksame Geschwindigkeit $v_H = \frac{v_{Rolle} + v_{Nocken}}{2}$

$$= \frac{h_{ges}}{\cos ß} \cdot \left(\frac{R_N}{R_N + R_R}\right)$$

$h_{ges} = R_{Grundkreis} + R_{Rolle} + h_{Hub}$

Eingriffswinkel ß zwischen Stößelachse und Rolle-Nockenkontakt

$ß = \arctan \frac{v_{Hub} / \omega_N}{h_{ges}}$

$\omega_N$ = Nockenwinkelgeschwindigkeit

$v_{Hub}$ = Hubgeschwindigkeit

reduzierter E-Modul $E' = \frac{E}{1-\nu^2} = \frac{E}{1-0{,}3^2}$

wirksame tragende Breite bei balliger Rolle $l^* = \frac{4}{3} \; a_{HZ} = (1 + \frac{0{,}5968}{R_{ballig}/R_x})$

nach HAMROCK; DOWSON (3)

$a_{HZ}$ = Hertz'sche Pressungslänge

$R_{ballig}$ = Balligkeitsradius der Rolle

Im Übergangsbereich Tangente - kleiner Radius des Nockens, beim Nockenwinkel von 153° liegt unter idealen Fertigungsbedingungen für die verwendete Nockenwelle ein Radiensprung vor. Um zu prüfen, wie der EHD-Schmierfilm sich an dieser Stelle verhält, wurde der instationäre Schmierfilmdickenverlauf nach HOLLAND (4)berechnet. In Bild 10 sind die Rechenergebnisse eingezeichnet.

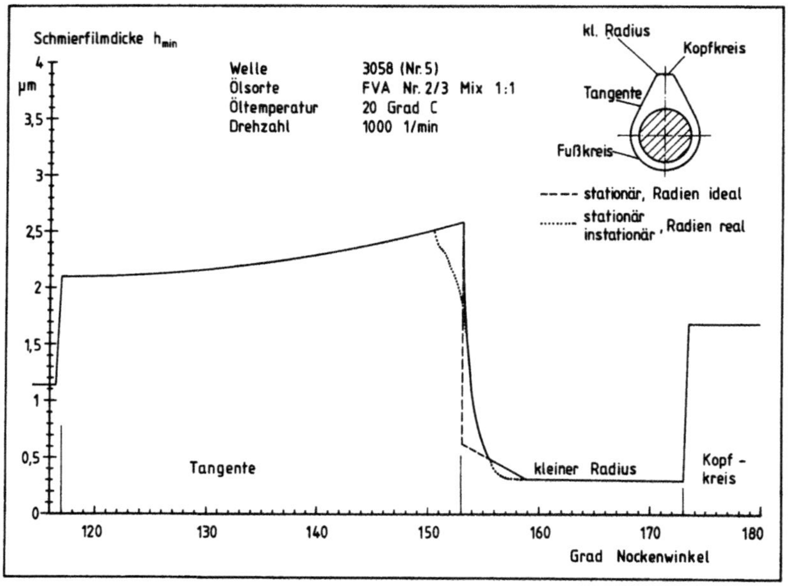


Bild 10: Berechnete Schmierfilmdicke, stationär und instationär für realen und idealen Radienverlauf im Bereich Tangente - kleiner Radius

Nach der stationären Rechnung (gestrichelte Linie) und idealem Radienverlauf tritt ein Schmierfilmdickensprung auf. Nach der instationären Rechnung (ausgezogene Linie von 153° bis 155,5°) tritt eine deutlich verzögerte Abnahme der Schmierfilmdicke ein. Rechnet man aber stationär bzw. instationär unter Zugrundelegung der realen Nockengeometrie, so ist kein Unterschied im Schmierfilmdickenverlauf zu erkennen (gepunktete Linie).

Dieses Ergebnis wurde auch durch die Messungen bestätigt (Kap. 4.5).

## 3.3 EHD bei Leerlauf und unter Last

Die folgenden Bilder zeigen berechnete Schmierfilmdickenverläufe für die drei Schmierstoffe FVA 2/3 (Mix 1:1), SAE 10 W und Dieselkraftstoff im Nockenwellenbereich von 115° NW (Grundkreis) bis 180° NW (Kopfkreis). Die größten Schmierfilmdicken entstehen im Tangentenbereich der Nockenwelle (118° bis 153° NW).

Bild 11 zeigt die berechneten Schmierfilmdicken fu die FVA-Öl-Mischung 2/3 (Mischungsverhältnis 1:1) bei 20 °C in Abhängigkeit von der Drehzahl n = 50 $min^{-1}$ bis 1400 $min^{-1}$. Hierbei ist das System lediglich durch eine Feder vorgespannt (600 N im Kopfkreis), die EHD-Bedingungen gelten aber bereits.

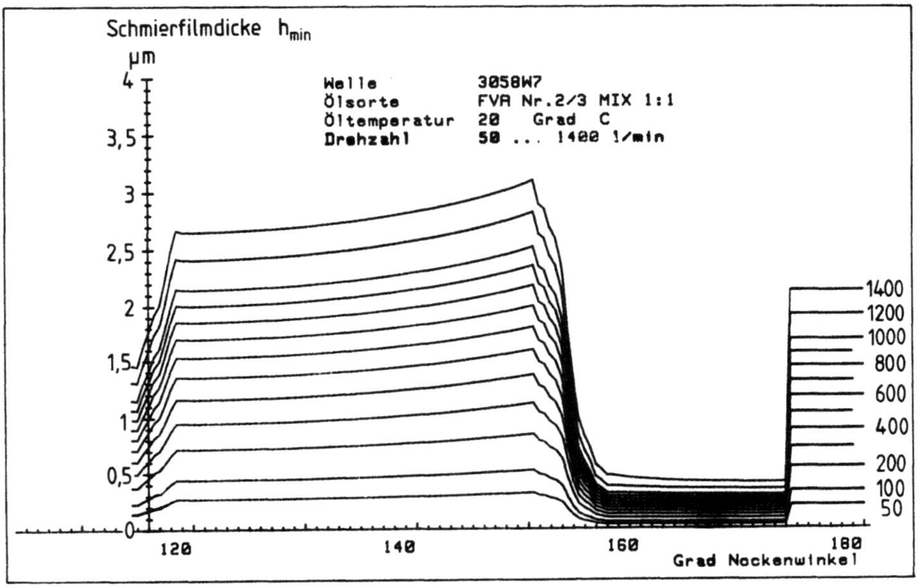


Bild 11: Schmierfilmdickenverlauf für FVA-Öl 2/3 (Mix 1:1), 20 °C, bei verschiedenen Drehzahlen. Tangentenbereich der Nockenwelle von 118° bis 153° NW, anschließend der kleine Radius, ab 173° NW Beginn des Kopfkreises

In Bild 12 ist der Einfluß der Belastung infolge des Einspritzstoßes auf die Schmierfilmbildung dargestellt. Wie bekannt, ändert sich die Schmierfilmdicke unter EHD-Bedingungen nur sehr wenig. Im Tangentenbereich ist die Filmdicke bei Belastung nahezu konstant, so daß es für Überblicksrechnungen genügt, an einer Stelle im Lastbereich, z. B. bei 150° NW, die Schmierfilmdicke zu berechnen und in Abhängigkeit von der Temperatur aufzutragen wie sie für die 3 Schmierstoffe FVA Öl 2/3 (Mix 1:1), SAE 10 W und Dieselkraftstoff dargestellt ist (Bild 13).

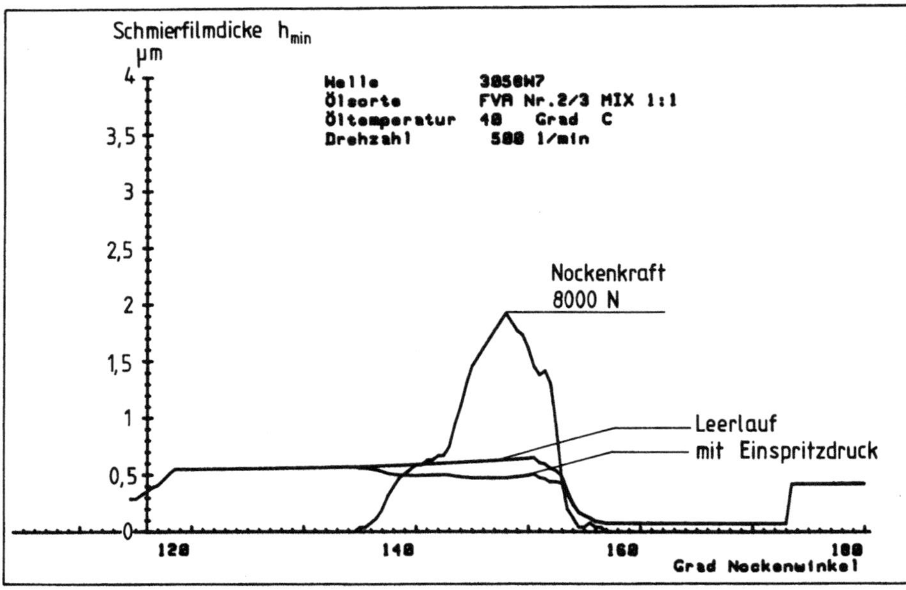


Bild 12: Einfluß der Belastung auf die Schmierfilmdicke

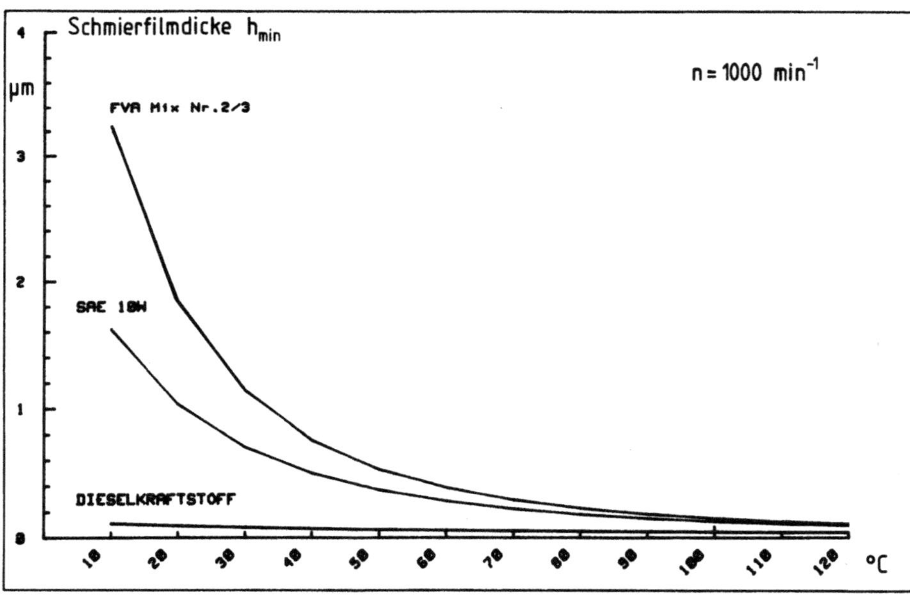


Bild 13: Schmierfilmdicken in Abhängigkeit von der Temperatur auf der Tangente bei 150° NW, einer Last von 8000 N und $n = 1000\ min^{-1}$ für 3 Schmierstoffe

## 3.4 Mischreibungsbeginn

Allgemein wird in der Literatur, z. B. TALLIAN (5), ROWE (6), der Mischreibungsbeginn bei geschmierten, rauhen Oberflächen aus dem Verhältnis minimaler Schmierfilmdicke $h_{min}$ zur Wurzel aus der Summe der Quadrate RMS gebildet, dem sogenannten $\Lambda$-Wert.

$$\Lambda = \frac{h_{min}}{\sqrt{\Sigma RMS^2}} \qquad \text{oder teilweise} \qquad \frac{h_{min}}{\sqrt{\Sigma Ra^2}}$$

Hiernach beginnt Mischreibung bei einem Wert von $\Lambda \leq 3$.

Im Rahmen des Arbeitskreises EHD der BMFT geförderten Projekte wurde von Herrn Schmidt, UNI Hannover, an einem Scheibe-Scheibe Prüfstand bei unterschiedlich rauhen Scheibenoberflächen und direkter, kapazitiver Messung der Schmierfilmdicke eine Gleichung für den Beginn der Mischreibung aufgestellt, deren Parameter sich überwiegend auf die Materialanteilkurve nach Abbott beziehen und ein besseres Maß für die funktionsrelevanten Rauhigkeitsgrößen darstellt als z. B. $R_a$ oder $R_z$ allein.

Mischreibungsbeginn nach Schmidt:

$$h_{min} = \bar{R}_z \cdot 0{,}81 \cdot \left( \frac{\bar{R}_k}{\bar{R}_z} \right)^{0,61} \cdot \left( \frac{\bar{F}_s \,/\, \bar{M}_{ps}}{\bar{F}_R \,/\, \bar{M}_{PR}} \right)^{0,25}$$

$\bar{R}_z$ = Gemittelte Rauhtiefe

$\bar{R}_k$ = Kernrauhtiefe in µm

$\bar{F}_s$ = Profilspitzenfläche in % . µm

$\bar{F}_R$ = Profilriefenfläche in % . µm

$\bar{M}_{ps}$ = Materialanteil der Spitzen in %

$\bar{M}_{PR}$ = Materialanteil der Riefen in %

Die Bedeutung der oben benutzten und jeweils gemittelten Rauhigkeitsgrößen ist in Bild 16 dargestellt. Die Querstriche über den Kenngrößen bedeuten

Die beiden folgenden Bilder, Bild 14 und Bild 15, zeigen die berechneten Schmierfilmdickenverläufe über dem Nockenwinkel unter den gleichen Bedingungen wie in Bild 10 für das Öl Shell Rotella Z (SAE 10 W) und Dieselkraftstoff.

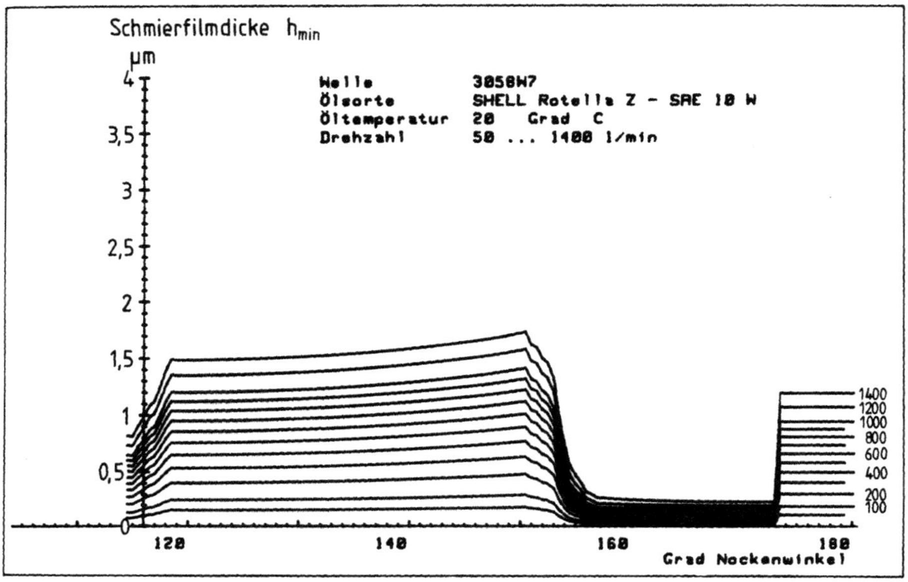


Bild 14: Schmierfilmdickenverlauf für SAE 10 W

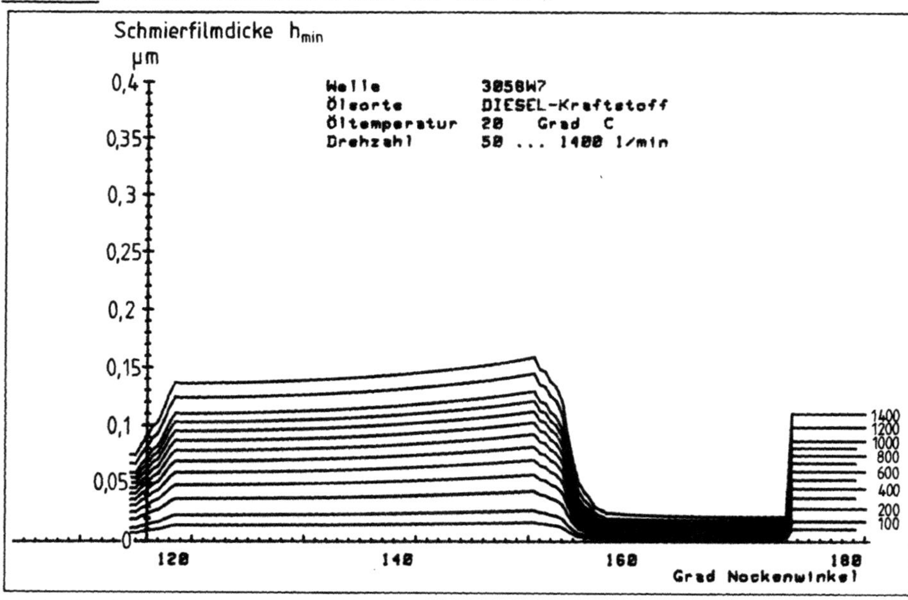


Bild 15: Schmierfilmdickenverlauf für Dieselkraftstoff. Zu beachten ist der geänderte Schmierfilmdicken-Maßstab

den Mittelwert über mehrere Rauhigkeitsmessungen.

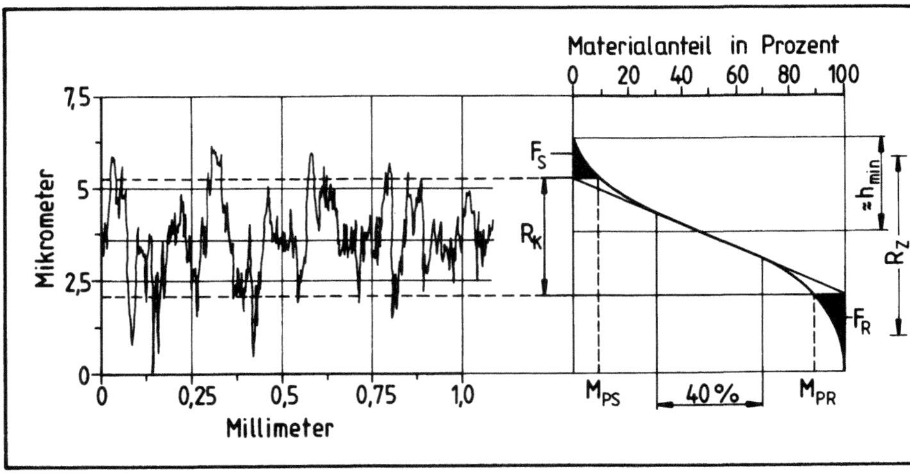


Bild 16: Abbottsche Materialanteilkurve

In Bild 16 ist ergänzend noch die für diese rauhe Oberfläche ermittelte minimale Schmierfilmdicke nach Schmidt eingezeichnet, bei deren Unterschreitung die Mischreibung beginnt. Diese Schmierfilmdicke entspricht in der Abbott-Kurve einer Rauhigkeitshöhe bis etwa 50 % Materialanteil und ist typisch auch für andere Rauhigkeiten, zumindest bei geschliffenen Oberflächen. Dies deckt sich auch mit unseren Messungen.

# 4. Meßergebnisse

## 4.1 Versuchsvarianten

Die Ermittlung der Schmierfilmbildung wurde mit den folgenden Varianten durchgeführt, wobei die Drehzahlen von 50 bis 1000 $min^{-1}$ variiert und alle Versuche mit und ohne Last gefahren wurden:

1. FVA-Öl 2/3 (Mix 1:1) bei 20 °C und 40 °C, Nockenwelle Nr. 5 ($\overline{R}_a$ = 0,2 µm)
   Nockenwelle Nr. 6 ($\overline{R}_a$ = 0,9 µm)

2. SAE 10 W-Motoröl bei 20 °C und 40 °C, Nockenwelle Nr. 5

3. Dieselkraftstoff bei 20 °C — Nockenwelle Nr. 5

4. FVA-Öl Nr. 3 bei 20 °C — Nockenwelle Nr. 6

## 4.2 Rauhigkeitsmessungen

Die meisten Versuche wurden mit der Nockenwelle Nr. 5 am 6. Nocken durchgeführt. Die Rauhigkeiten am Umfang der Nocken sind unterschiedlich, insbesondere am kleinen Radius ist die Rauhigkeit etwas geringer.

Bild 17 zeigt die Abbott-Kurve für die Welle Nr. 5, Nocken Nr. 6, auf der Tangente gemessen. Die Rauhigkeit wurde quer zur Schleifrichtung über 4,8 mm gemessen. Gefiltert wurde mit einer Grenzwellenlänge um 0,8 mm.

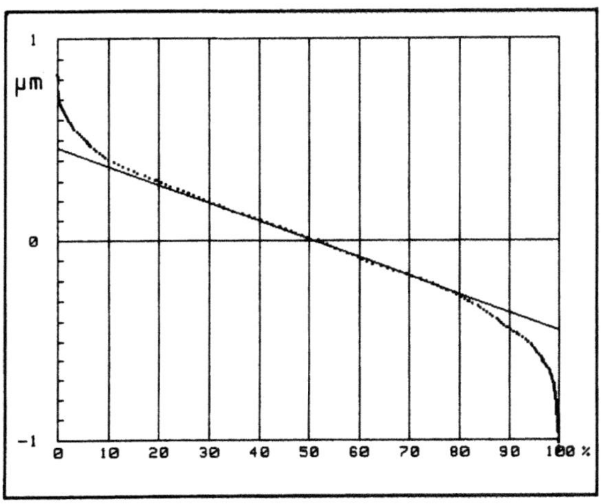


Bild 17: Materialanteilkurve auf der Tangente der Welle Nr. 5 Nocken Nr. 6, nahezu Neuzustand

Die weiteren Rauhigkeits-Kennwerte sind in Tabelle 2 zusammengestellt.

| | | | | | |
|---|---|---|---|---|---|
| $R_k$ | = | 0,91 µm | RT | = | 1,85 µm |
| $F_S$ | = | 0,65 %µm | Rz-D | = | 1,44 µm |
| $F_R$ | = | 1,37 %µm | $R_a$(RMS) | = | 0,27 µm |
| $M_{ps}$ | = | 6,6 % | Ra | = | 0,21 µm |
| $M_{pr}$ | = | 10,48 % | R3z | = | 1,09 µm |

Tabelle 2: Rauhigkeits-Kennwerte auf der Tangente der Welle Nr.5 Nocken Nr.6

In Bild 18 ist die Abbott-Kurve für die bei den Versuchen verwendeten Stößelrollen dargestellt. Die weiteren Kenndaten sind der Tabelle 3 zu entnehmen.

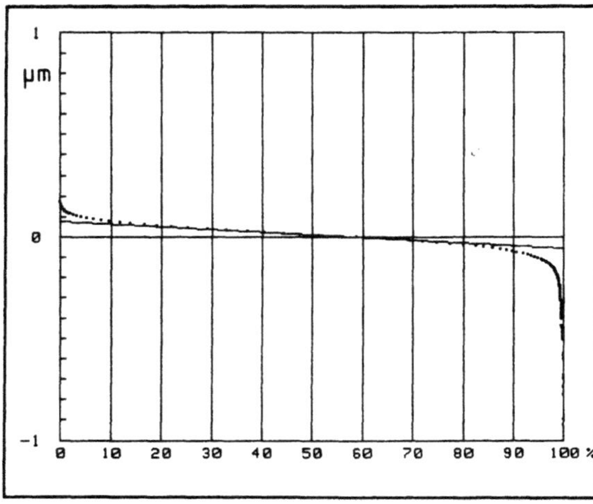


Bild 18: Materialanteilkurve der Stößelrolle, nahezu Neuzustand

| | | | | | |
|---|---|---|---|---|---|
| $R_k$ | = | 0,136 μm | RT | = | 1,08 μm |
| $F_s$ | = | 0,15 %μm | Rz-D | = | 0,69 μm |
| $F_R$ | = | 0,76 %μm | $R_q$ (RMS) | = | 0,08 μm |
| $M_{ps}$ | = | 8,04 % | Ra | = | 0,055 μm |
| $M_{pr}$ | = | 13,23 % | R3z | = | 0,340 μm |

Tabelle 3: Rauhigkeitskennwerte der Rolle

Mit den FVA-Ölen und dem Motoröl wurden während der Versuche keine Einlaufglättungen beobachtet, ganz im Gegensatz zu den Versuchen mit Dieselkraftstoff als Schmierstoff. Nocken und Rolle hatten vergleichbare Rauhigkeiten, wie in Bild 16 und 17 dargestellt. Nach den Versuchsläufen in der Reihenpumpe, welche normalerweise nicht für Dieselschmierung verwendet wird, haben sich Nocken und Rolle deutlich in der Rauhigkeit verändert.

Bild 19 und Tabelle 4 zeigen die Rauhigkeit des Nockens und
Bild 20 mit Tabelle 5 zeigen die Rauhigkeit der Rolle, jeweils nach dem Lauf mit Dieselkraftstoff.

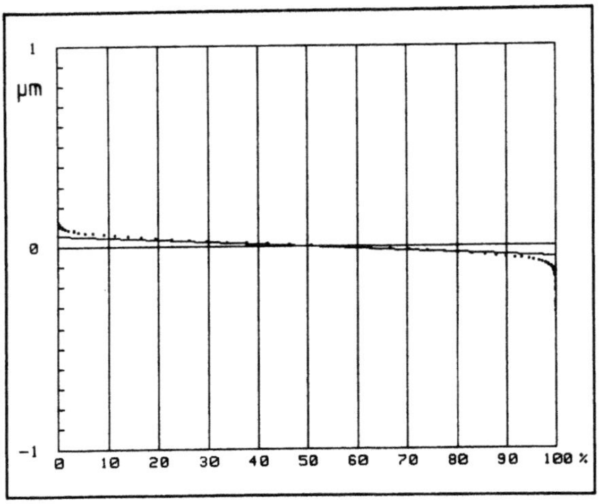


Bild 19: Materialanteilkurve des Nockens (Welle 5) nach dem Lauf mit Dieselkraftstoff

| | | | | | |
|---|---|---|---|---|---|
| $R_k$ | = | 0,11 µm | RT = | = | 0,45 µm |
| $F_S$ | = | 0,18 %µm | Rz-D | = | 0,28 µm |
| $F_R$ | = | 0,33 %µm | Rq (RMS) | = | 0,035 µm |
| $M_{ps}$ | = | 11,38 % | Ra | = | 0,025 µm |
| $M_{pr}$ | = | 14,28 % | R3z | = | 0,185 µm |

Tabelle 4: Rauhigkeitskenndaten des Nockens (Welle 5) nach dem Lauf mit Dieselkraftstoff

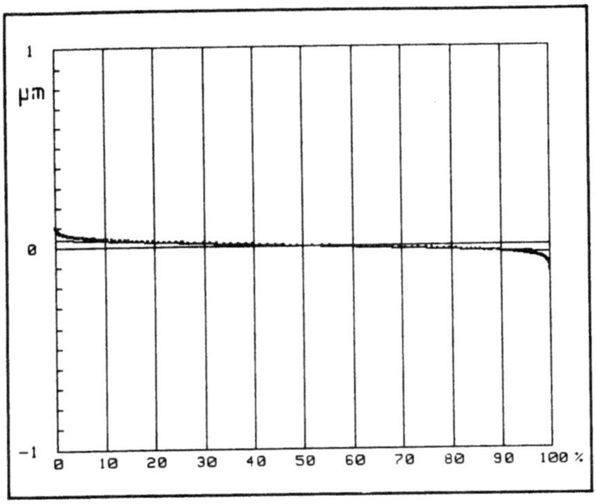


Bild 20: Materialanteilkurve der Rolle nach dem Lauf mit Dieselkraftstoff

| | | | | | |
|---|---|---|---|---|---|
| $R_k$ | = | 0,077 µm | RT | = | 0,23 µm |
| $F_S$ | = | 0,09 %µm | $R_z$-D | = | 0,17 µm |
| $F_R$ | = | 0,14 %µm | $R_q$ (RMS) | = | 0,025 µm |
| $M_{ps}$ | = | 7,03 % | Ra | = | 0,020 µm |
| $M_{pr}$ | = | 8,59 % | $R_{3z}$ | = | 0,145 µm |

Tabelle 5: Rauhigkeitskenndaten der Rolle nach dem Lauf mit Dieselkraftstoff

4.3 Nockengeometrie

Mit der weiter oben beschriebenen Nockengeometrie-Meßvorrichtung (Bild 3) wurden die verwendeten Nockenwellen geprüft, um Abweichungen vom idealen Radienverlauf der Nocken zu ermitteln. Hierzu benötigt man den Verlauf der Hubbeschleunigung.

Bild 21 zeigt zunächst den idealen Verlauf von Hub, Hubgeschwindigkeit und Hubbeschleunigung.

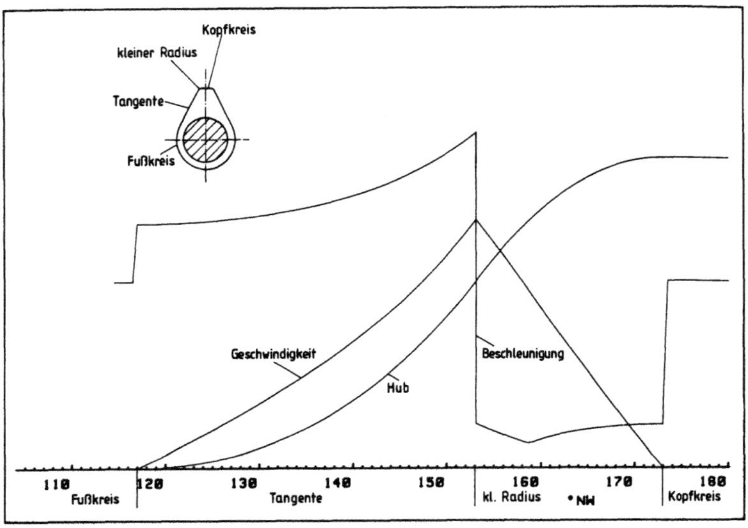


Bild 21: Theoretische Verläufe von Hub, Geschwindigkeit und Beschleunigung einer Nockenwelle mit sprunghaftem Übergang von der Tangente auf den kleinen Radius

Der gemessene Verlauf des gleichen Nockens zeigt Bild 22. Hier wurde die Hubkurve bis auf 1 µm genau gemessen, Geschwindigkeit und Beschleunigung durch Differenzieren ermittelt, wobei die Geschwindigkeitskurve vor der weiteren Differenzierung leicht geglättet wurde.

Erfaßt man die Hubgeschwindigkeit direkt, so braucht man zwar nur einmal zu integrieren, um die Hubkurve zu erhalten, und nur einmal zu differenzieren für die Ermittlung der Beschleunigung, aber die direkte Messung der Hubgeschwindigkeit reagiert auf kleinste Welligkeiten und Rauhigkeiten des Nockens sehr empfindlich, so daß auch bei dieser Meßmethode eine Filterung vorgenommen werden muß, in diesem Falle der Beschleunigungskurve.

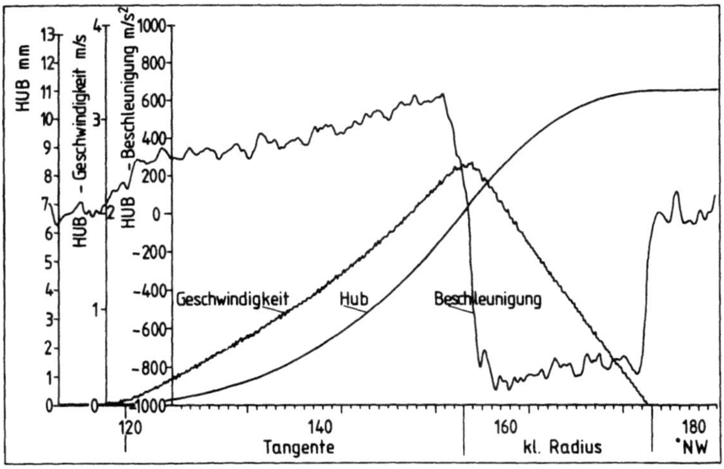


Bild 22: Realer Verlauf von Hub (gemessen), Geschwindigkeit und Beschleunigung der Welle wie in Bild 21

Bild 22 zeigt ein Ergebnis der Nockengeometriemessung bei direkter Erfassung der Hubgeschwindigkeit.

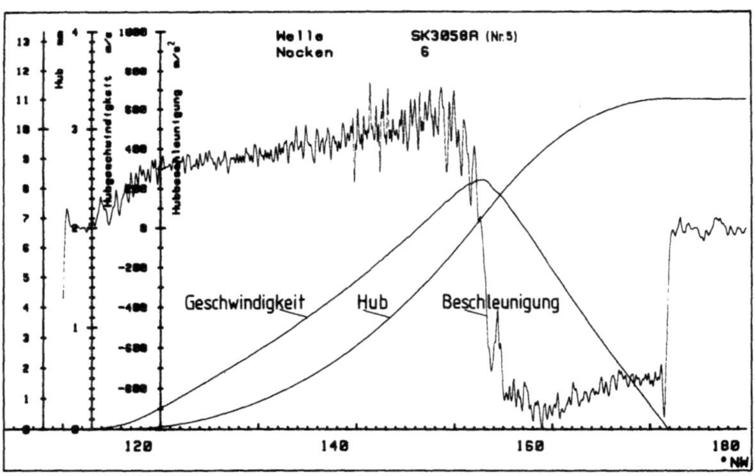


Bild 23: Realer Verlauf von Hub, Geschwindigkeit (gemessen) und Beschleunigung der Welle wie Bild 20 und 21

Die Meßergebnisse zeigen gegenüber dem idealen Verlauf (Bild 20) deutlich einen abgerundeten Verlauf der Geschwindigkeit und Beschleunigung im Bereich 150 bis 159° Nockenwinkel, was einem stetigen Übergang des Krümmungsradius des Nockens entspricht.

Bei Kenntnis von Hub h, Geschwindigkeit $v_H$ und Beschleunigung b in Abhängigkeit vom Nockenwinkel läßt sich für den Rollenstößel nach der folgenden Gleichung der Krümmungsradius $R_N$ des Nockens für jede Stelle bestimmen:

$$\left(\frac{1}{R_N + R_R}\right) = \left(\frac{b}{\omega^2}\right) - h_{ges} + \frac{h_{ges}}{\cos^2 ß} + \frac{v_H}{\cos ß . \sin ß \cdot \omega}\Big) \cdot \frac{\omega . \cos^2 \;\; . \sin ß}{v_H \cdot h_{ges}}$$

mit $R_R$ = Rollenradius

$\omega$ = Nockenwinkelgeschwindigkeit

$h_{ges}$ = Gesamthöhe $h + R_G + R_R$ mit $R_G$=Grundkreisradius

ß = Eingriffswinkel zwischen Rolle und Nocken

$$ß = \arc \tan \left(\frac{v_H}{\omega \cdot h_{ges}}\right)$$

In Bild 24 ist der reale Verlauf der Nockenkrümmung im Übergangsbereich Tangente-kleiner Radius dargestellt.

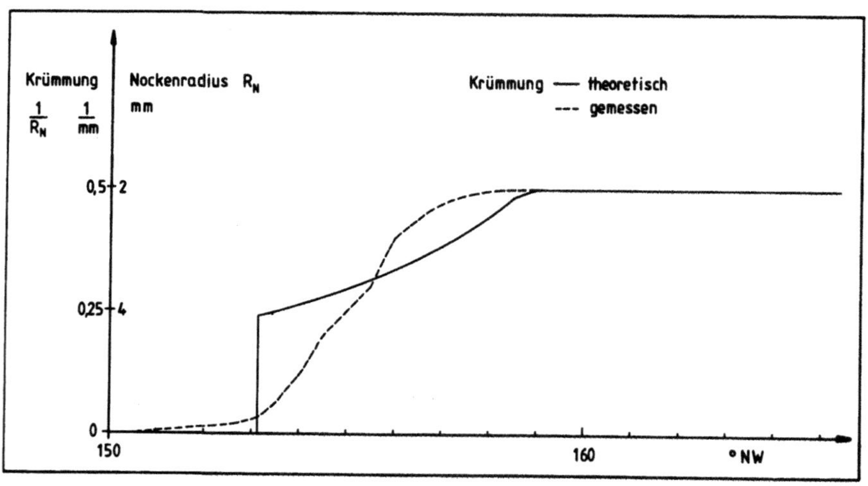


Bild 24: Aus der gemessenen Nockengeometrie ermittelter realer Verlauf der Nockenkrümmung im Nockenwinkelbereich 150° bis 160°

## 4.4 Rollendrehzahl

Ohne Schlupf zwischen Rolle und Nocken hat die Rolle den Drehzahlverlauf

$$n_{Rolle} = \frac{\omega_N \cdot h_{ges}}{\cos\beta} \cdot \left(1 - \frac{R_{Rolle} \cdot \cos\beta}{h_{ges}}\right) \cdot \frac{1}{2\pi \cdot R_{Rolle}}$$

mit $h_{ges} = R_G + R_{Rolle} + h$

$h = h(\varphi)$ Hubverlauf

Weitere Größen s. Kap. 4.3

Die in Bild 25 dargestellten Ergebnisse von theoretischem und realem Verlauf der Rollendrehzahl zeigen, daß die Rolle keinen merklichen Schlupf besitzt, der für die Berechnung der Schmierfilmdicke zu berücksichtigen wäre.

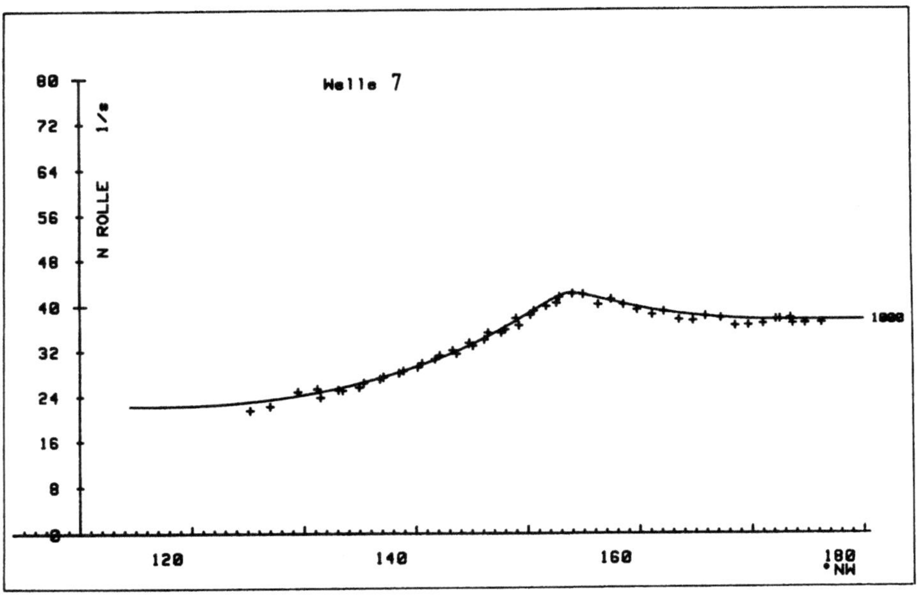


Bild 25: Verlauf der Rollendrehzahl nach Theorie und Messung bei einer Nockenwellen-Nenndrehzahl von 1000 $min^{-1}$

## 4.5 Schmierfilmbildung und Mischreibungsbeginn

Da die Übergangswiderstands-Meßmethode zuerst entwickelt und zur Verfügung stand, wurden die meisten Messungen der Schmierfilmbildung mit diesem Verfahren durchgeführt. Es ist zwar nur eine indirekte Ermittlung der Schmierfilmdicke möglich, aber bei Variation der Öltemperatur und/oder der Ölzähigkeit über die Ölsorte bekommt man einen Vergleich zwischen Mischreibungsbeginn und den berechneten Schmierfilmdicken bei gegebener Rauhigkeit.

Aus der Vielzahl von Messungen wird exemplarisch an zwei Beispielen die Aussagekraft der Übergangswiderstands-Meßmethode gezeigt. In Bild 26 ist der Verlauf des Übergangswiderstands zwischen Rolle und Nocken für die Welle Nr. 5 mit FVA-Öl Nr. 2/3 (Mix 1:1) bei 20 °C und Leerlauf für die Drehzahlen $n = 50\ min^{-1}$, 100 und 200 gezeigt. Man erkennt, daß die Schmierfilmbildung am Ende der Tangente im Bereich 150 °NW beginnt, wie es auch die Rechnung zeigt (siehe Bild 11). Vollschmierung auf der Tangente ist bei einer Drehzahl von $200\ min^{-1}$ erreicht. Im kleinen Radius ist immer noch Mischreibung vorhanden.

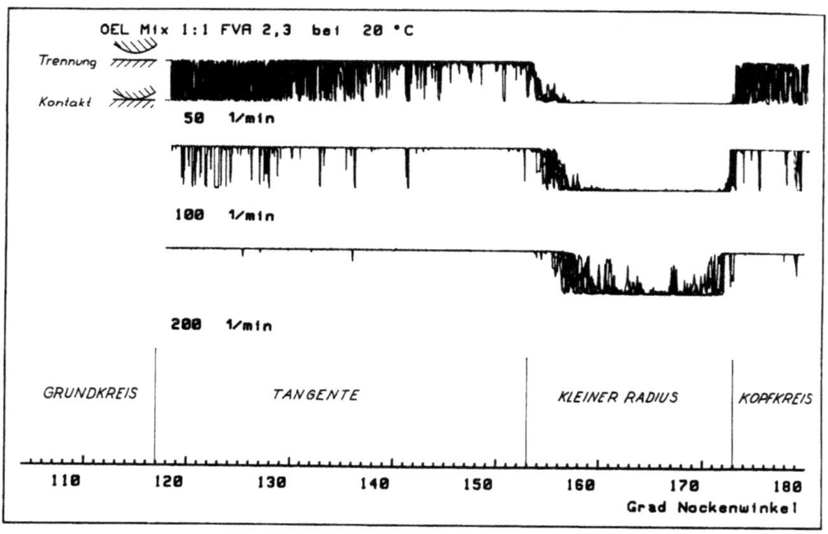


Bild 26: Beobachtung der Schmierfilmbildung mittels Übergangswiderstand an der Welle Nr. 5 bei Leerlauf für 3 Drehzahlen. Vollschmierung auf der Tangente bei $n = 200\ min^{-1}$ erreicht

Nach der Schmierfilmdickenrechnung (Bild 11) ist bei einer Drehzahl von $n = 200\ \text{min}^{-1}$ die Schmierfilmdicke im Bereich der Tangente 0,7 bis 0,8 µm. Dies bedeutet, daß bei der vorliegenden Rauhigkeit des Nockens und der Rolle eine Schmierfilmdicke von mindestens 0,7 µm erreicht werden muß, um Vollschmierung zu erreichen.

Vergleicht man dieses Ergebnis zunächst mit der in der Literatur oft genannten Aussage: Vollschmierung bei $\Lambda \geq 3$ mit $\Lambda = h_{min} / \sqrt{\sum RMS^2}$ oder $h\ min / \sqrt{\sum Ra^2}$, so erhält man aus den in Kapitel 4.2 genannten Rauhigkeitsdaten den Schmierfilmdickenwert

$$h_{min} \geq 3 \cdot \sqrt{RMS^2_{Welle} + RMS^2_{Rolle}}$$

$$h_{min} \geq 3 \cdot \sqrt{0{,}27^2 + 0{,}08^2} = 3 \cdot 0{,}285 = \underline{\underline{0{,}84\ \mu m}}$$

bzw.

$$h_{min} \geq 3 \cdot 0{,}217 = \underline{\underline{0{,}65\ \mu m}} \quad \text{mit den Ra-Werten.}$$

Hiernach ist die Vollschmierung zwischen 0,65 und 0,85 µm zu erwarten.

Berechnet man nun den Mischreibungsbeginn nach SCHMIDT (siehe Kap. 3.4) unter Zugrundelegung der Rauhigkeitsdaten aus der Materialanteilkurve (Abbott), so erhält man folgenden Wert:

$$h_{min} = \overline{R}_z \cdot 0{,}81 \cdot \left( \frac{\overline{R}_k}{\overline{R}_z} \right)^{0{,}61} \cdot \left( \frac{\overline{F}_s \,/\, \overline{M}_{ps}}{\overline{F}_R \,/\, \overline{M}_{pR}} \right)^{0{,}25} \quad \text{mit } R_z = R_{3z}$$

$$h_{min} = 1{,}14 \cdot 0{,}81 \cdot \left( \frac{0{,}92}{1{,}14} \right)^{0{,}61} \cdot \left( \frac{0{,}66 \,/\, 10{,}3}{1{,}56 \,/\, 16{,}87} \right)^{0{,}25}$$

$$\underline{\underline{h_{min} = 0{,}74\ \mu m}}$$

Hierbei wurde aus den jeweiligen Rauhigkeitsgrößen von Rolle und Nocken die Wurzel der Summe aus den Quadraten gebildet, wie beim obigen $\Lambda$-Wert.

Für die vorliegenden Rauhigkeiten ist also eine Schmierfilmdicke auf der Tangente von rund 0,7 µm erforderlich, um Vollschmierung zu erhalten, was sich aus dem Vergleich von Bild 26 und Bild 11 auch nachweisen läßt.

Der Vorteil der Bestimmung des Mischreibungsbeginns mit Hilfe der Kenndaten aus der Abbott-Kurve ergibt sich erst, wenn das Rauhigkeitsprofil keine rein zufällige Höhen- und Tiefenverteilung aufweist, sondern stark rundkämmig ist oder einen starken Welligkeitsanteil hat.

Ganz am Ende der Laufzeit dieses Projektes konnten noch Messungen der Schmierfilmdicke mit dem kapazitiven Meßverfahren durchgeführt werden. Bild 27 zeigt das Ergebnis einer Messung mit einem in die Rollenlaufbahn eingeklebten 20 µm dicken Manganindraht. Die Versuchsbedingungen entsprechen denen von Bild 25 bei einer Drehzahl von 200 $min^{-1}$.

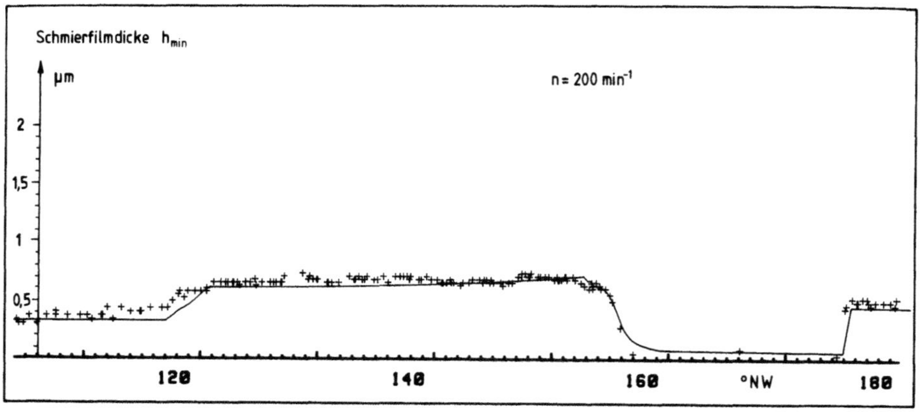


Bild 27: Gerechnete und nach dem kapazitiven Verfahren gemessene Schmierfilmdicke für FVA Öl 2/3 (Mix 1:1) bei 20 °C

Dieses Ergebnis zeigt eine gute Übereinstimmung zwischen berechneter Schmierfilmdicke und Messung.

Ein weiteres Versuchsergebnis nach der Übergangswiderstands-Methode zeigt Bild 28 bei FVA-Öl 2/3 (Mix 1:1), 40 °C und unter Belastung. Die Vollschmierung auf der Tangente des Nockens beginnt bei einer Drehzahl von $n = 700\ min^{-1}$. Nach der Schmierfilmdickenrechnung liegt hier ein Schmierfilm von 0,7 µm vor, was den obigen Ergebnissen entspricht.

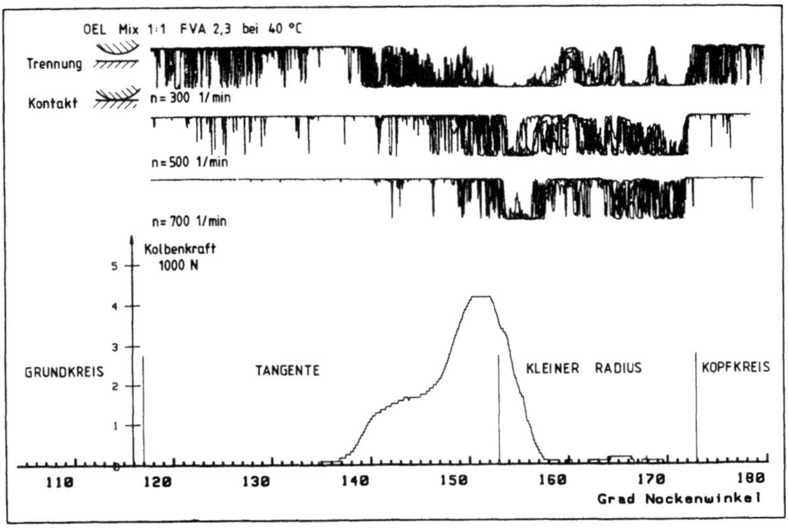


Bild 28: Verlauf des Übergangswiderstandes an der Welle 5 für 3 Drehzahlen bei 40 °C-Nockentemperatur und Belastung. Vollschmierung bei $n = 700\ min^{-1}$ erreicht

Die Versuche mit Motoröl SAE 10 W zeigten nach der Übergangswiderstandsmethode systematisch kleinere Übergangsdrehzahlen, als nach den Rauhigkeitsdaten der Oberflächen zu erwarten wären. Die für die Rechnung zugrunde gelegten Öldaten wurden durch Versuche am Scheibenprüfstand bei Herrn Professor Pahland, UNI Hannover, geprüft, so daß von dieser Seite die Berechnung der Schmierfilmdicken abgesichert ist. Die Ursache für kleinere Übergangsdrehzahlen zu Mischreibungsbeginn liegen vermutlich im Aufbau von Reaktionsschutzfilmen auf den Laufflächen von Rolle und Stößel und ergeben damit einen Isolationseffekt an den Rauhigkeitskuppen, der erst bei hohen Belastungen durchbrochen wird.

Die Versuche mit Dieselkraftstoff zeigten bei keiner gefahrenen Drehzahl Vollschmierung. Dies ist nach den berechneten Schmierfilmdicken (Bild 15) und den Rauhigkeitsdaten der Welle 5 auch nicht zu erwarten. Zu beobachten war allerdings ein starker Einlaufeffekt von Welle und Nocken. Die nach Versuchsende gemessenen Rauhigkeiten sind weiter oben (Bild 19; Bild 20) dargestellt, der Neuzustand entspricht Bild 17 und Bild 18. Eine weitere Glättung ist möglich, so daß auch mit Dieselkraftstoff insbesondere bei niedrigen Temperaturen (um 20 °C) und Schmierfilmdicken um 0,1 µm im Mischreibungsbereich mit hohem hydrodynamischem Traganteil gefahren werden kann.

Die Versuchsergebnisse haben gezeigt, daß man bei Kenntnis der Viskositätsdaten der Öle bis zu Drücken von ca. 4000 bar die Schmierfilmdicke von Rollenstößeln und Nockentriebwerken für Einspritzpumpen sehr genau berechnen und den Punkt des Mischreibungsbeginns gut bestimmen kann. Aus der Lage der tatsächlichen Schmierfilmdicke zur Rauhtiefe erhält man wichtige Hinweise auf Einlaufeffekte, kritische Rauhtiefen und Optimierungsmöglichkeiten.

## 5. Schmierfilmdicke und Lebensdauer

Entscheidend für die Lebensdauer eines Wälzkontaktes ist nicht die Schmierfilmdicke direkt, sondern es sind die Spannungen, welche in die Werkstoffoberflächenbereiche eingebracht werden und dort zu adhäsivem, abrasivem oder ermüdendem Verschleiß führen. Hier können nur Dauerversuche unter kontrollierten Bedingungen quantitative Erkenntnisse bringen. Symbolisch sind in Bild 29 die zwei wesentlichsten Wege zur Lebensdaueroptimierung dargestellt, einmal die Verbesserung des Verhältnisses Schmierfilmdicke zu Rauhigkeit, wobei Ergebnisse aus der Wälzlagerindustrie zeigen, daß bei $\Lambda$-Verhältnissen um 1 die Öladditivierung und die Rauhigkeits-Profilform der Einzelhügel eine große Rolle spielen. Bei $\Lambda$-Verhältnissen unter ca. 0,5 gibt es große Streuungen in den Versuchsergebnissen, es kommt nicht mehr so sehr auf die Schmierfilmdicke an, sondern es sind die lokalen Spannungverhältnisse (Druck- und Schubspannungen) entscheidend, welche natürlich auch durch die Grenzflächenwirkungen der Schmierstoffe beeinflußt werden. Daher ist die zweite Möglichkeit zur Lebensdaueroptimierung, die Analyse der Spannungen in der Oberflächenzone und die Optimierung der Vergleichsspannung, von besonderer Bedeutung.

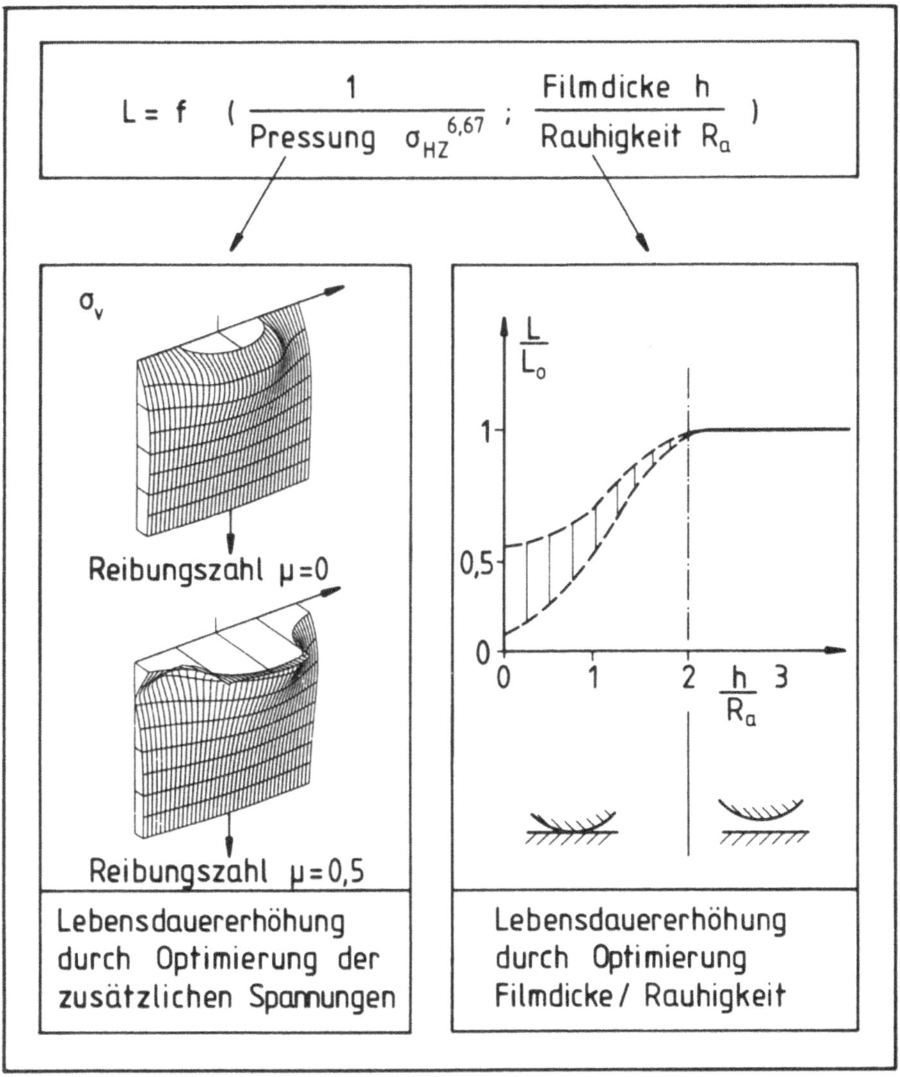


Bild 29: Zwei Einflußmöglichkeiten auf die Optimierung der Lebensdauer von geschmierten Wälzkontakten

Schrifttum

( 1 ) Bondi, A.: Physical chemistry of lubricants, Reinhold Publishing Corp. (1951).

( 2 ) Dowson, D.: Elastohydrodynamics, Proc. Instn. Mechn. Engrs. 182 Part 3A (1968).

( 3 ) Hamrock, B. J.; Dowson, D.: Ball Bearing Lubrication, John Wiley + Sons, New York (1981).

( 4 ) Holland, J.: Die instationäre Elastohydrodynamik, Konstruktion 30 (1978).

( 5 ) Tallian, T. E.: Elastohydrodynamic effects in rolling contact fatigue. In: Elastohydrodynamics and Related Topics, Proceedings of the 5th Leeds-Lyon Symposium on Tribology MEP, London (1979).

( 6 ) Rowe, C. N.: Specific Film Thickness, ASLE Transactions Vol. 24, 4 (1981).

# DAS VISKOSITÄTS-DRUCKVERHALTEN IM EHD-KONTAKT

von

Prof. Dr.rer.nat. E. Kuss

Universität Hannover
Institut für Verfahrenstechnik
(Dir. Prof.Dr.-Ing. D. Mewes)

Förderkennzeichen: 01 ZT 201
Laufzeit: 1.1.1982 - 31.12.1984

## Z u s a m m e n f a s s u n g

Um die physikalischen Vorgänge im Schmierspalt von EHD-Kontakten besser beurteilen zu können, werden relevante Oeleigenschaften in einer statischen Höchstdruck-Apparatur gemessen. An den FVA-Referenzoelen 1 bis 4 wurden mit einem neuen Höchstdruckviskosimeter bis 7 kbar scharfe Knickpunkte im lg $\eta$-p Diagramm nachgewiesen, die sich mit wachsender Temperatur zu hohen Drücken verlagern. Die Kontrolle in einer optischen HD-Apparatur mit Saphirfenstern wies an den Knickpunkten Phasenänderungen (Verfestigungen bzw. glasige Erstarrungen) nach. Die Substanz verhält sich danach nicht mehr als Newtonsche Flüssigkeit.

Berechnungen der Kompressionswärme aus gemessenen pVT-Daten ergaben bei einer adiabatischen reversiblen Kompression von 1 bar auf 10 kbar nicht mehr vernachlässigbare Erwärmungen - wie manchmal angenommen- sondern solche von ca 60° C. Im Spaltquerschnitt treten deshalb starke Temperaturunterschiede und äußerst starke Viskositätsgradienten auf. Das legt das Bild nahe, daß bei hohen Belastungen der Schmierspalt von den Randzonen "zufriert". Das Schmiermittel ist nicht mehr homogen sondern zweiphasig. Der Oeltransport und der Geschwindigkeitsgradient ziehen sich auf eine immer enger werdende Mittelschicht zusammen.

Zur besseren Erfassung wird eine neue Viskositäts-Druck-Beziehung mit nur zwei Konstanten, die anstelle von $\eta_0$ und $\alpha$ treten könnten, aufgestellt.

Bei der Eichung von Druck- und Temperatur-Gebern unter statischem Druck wird z.T. eine erhebliche Trägheit festgestellt und gezeigt, daß bei nahezu gleicher Herstellung die T- und p-Charakteristik erheblich variieren kann.

Schließlich werden Einflüsse auf die Pittingbildung erörtert und Rückschlüsse aus einem VKA-Test unter allseitigem Druck gezogen.

Inhalts-Verzeichnis

Zusammenfassung

1. Einleitung und Zielsetzung 136

1.1 Die Probleme der Maschinenschmierung 136
1.2 Die Grundlagen der EHD-Theorie der Schmierung 137
1.3 Weitere gegenseitige Beeinflussungen 140
1.4 Problemstellung und Zielsetzung 147

2. Die Apparaturen 149

2.1 Die statische 10 kbar-Apparatur 149
2.2 Das Faltenbalg-Kapillarviskosimeter für Messungen im Höchstdruckbereich 154
2.3 Die Eichung von Druck- und Temperatur-Gebern 157
2.4 Die optische Hochdruckapparatur

3. Die Meßergebnisse 160

3.1 Viskositäts-Messungen im Höchstdruck-Bereich 160
3.2 Ein optischer Nachweis der Phasenänderung 168
3.3 Die Ermittlung der Kompressionswärme 168
3.4 Erprobung und Eichung von Temperatur- und Druck-Gebern 172

4. Auswertung und Schlußbetrachtung 177

Schrifttum 186

# 1. Einleitung und Zielsetzung

## 1.1 Die Probleme der Maschinenschmierung

Die vielseitige Verwendung von Maschinen in der modernen Technik wurde erst möglich, als die Bedeutung und die Wirkungsweise der Schmierung wenigstens in großen Zügen erkannt war. Um erhebliche Reibungsverluste und einen untragbar großen Verschleiß der Maschinenteile zu vermeiden, wird ein Schmieröl verwendet, das durch Ausbildung eines Ölfilmes eine metallische Berührung der aufeinander laufenden Maschinenteile bei den vorliegenden Betriebsbedingungen verhindert. Aus den Navier-Stokesschen Differentialgleichungen leitete dann Osborne Reynolds [1] bereits 1886 die bekannte klassische Formel für die Schmierfilmdicke bei voll-hydrodynamischer Schmierung ab. Im Bereich sehr kleiner Lasten steht dabei die geforderte Abhängigkeit der Filmdicke von dem Wellenradius, der Oberflächengeschwindigkeit, der Belastung und der Viskosität des Öles in Übereinstimmung mit experimentellen Werten [2]

Bei sehr hohen Belastungen, die im Laufe der technischen Entwicklung bald im Vordergrund standen, und besonders bei Partnern schlechter Schmiegung - d.h. bei kontraformen Kontakten - traten jedoch erhebliche Diskrepanzen zwischen der klassischen Theorie und den experimentellen Befunden bei Maschinentests auf. Für Bedingungen, wie sie in Zweischeiben-Prüfständen auftreten, liefert die klassische Theorie für die Filmdicke Werte, die bis zu zwei Zehnerpotenzen zu klein sind (weit unterhalb der Oberflächenrauhigkeit der Maschinenteile liegen) und für die Drücke im Schmierspalt ein bis zwei Zehnerpotenzen zu hohe Werte.

Als Ursachen für die Abweichungen kommen die in die Theorie eingeführten Vernachlässigungen in Betracht, d.h.:

a) der Ansatz eines inkompressiblen Schmiermittels,

b) die Annahme einer konstanten Viskosität in und außerhalb des Schmierspaltes,

c) die Vernachlässigung der elastischen Deformation der Maschinenteile bzw. Stahlscheibe.

Die Voraussetzungen (a) und (b) beseitigte D. Dowson [3], indem er eine verallgemeinerte Reynoldsche Gleichung aufstellte. Im Zahlenbeispiel führt sie zu einer um den Faktor 4 größeren Belastbarkeit des Getriebes, d.h. die Diskrepanz zwischen klassischer Theorie und Experiment ist zwar vermindert, jedoch noch nicht beseitigt worden.

Mit dem Einfluß der Vernachlässigung (c) - der elastischen Verformung der Maschinenteile beschäftigte sich W. Peppler [4]. Im Zahlenbeispiel läßt sich zeigen, daß allein die Beseitigung der Voraussetzung (c) zu einer Erhöhung der Belastbarkeit auf das Siebenfache führt. Jedoch auch dieser Effekt reicht noch nicht aus, um die Diskrepanz zwischen der hydrodynamischen Theorie der Schmierung und dem Experiment aufzuheben.

## 1.2 Die Grundlagen der EHD-Theorie der Schmierung

Bei den sehr hohen Belastungen wie sie in Zahnradgetrieben, Wälzlagern, Nocken-Stössel-Anordnungen, Zweischeiben-Prüfständen und anderen auftreten, können Druck und Temperatur innerhalb des Schmierspaltes sowie die Dichte, die Kompressibilität, die Viskosität und ihr Druckkoeffizient nicht mehr als konstant angesehen werden. Schließlich muß die elastische Verformung (Abplattung) der aufeinander-laufenden Maschinenteile erfaßt und berücksichtigt werden. Das führt dann zu den Gleichungen der elasto-hydrodynamischen Theorie (EHD-Theorie), von denen die Grundlagen und die mathematischen Schwierigkeiten in den ausgezeichneten Büchern von D. Dowson und G.R. Higginson [5] sowie A. Cameron [6] dargelegt sind.

Da sich die Druck-, Temperatur-, Viskositäts- und Geschwindigkeits-Verteilung am Eingang zu dem Schmierspalt gegenseitig bedingen, liegt ein sehr kompliziertes Gleichungssystem vor, das allgemein analytisch nicht mehr lösbar ist. Im Gegensatz zur klassischen Theorie werden die Gleichungen nicht mehr direkt abgeleitet sondern durch Dimensionsanalyse gewonnen.

Hierzu werden die physikalischen Größen, die einen Einfluß auf die Schmierfilmdicke haben, gruppenweise in drei dimensionslosen Kennzahlen zusammengefaßt. Es sind dies:

a) Die Material-Kennzahl: $$G = \alpha \cdot E^* \quad (1)$$

b) Die Geschwindigkeits-Kennzahl:

$$U = \frac{\eta_0 \cdot u}{E^* \cdot r_E} \quad (2)$$

Hierin ist

$\eta_0$ die Einlaufviskosität bei 1 bar,
u die Oberflächen-Geschwindigkeit der Maschinenteile,
$E^*$ der reduzierte Elastizitätsmodul des Metalls und
$r_E$ der Ersatz-Krümmungsradius der Maschinenteile.

c) Die Last-Kennzahl:

Sie ist bei Linienkontakt

$$W^* = \frac{P}{E^* r_E \cdot b} \quad (3)$$

und bei Punktkontakt

$$W = \frac{P}{E^* \cdot r_E^2} \quad (4)$$

Hierin ist P die Anpreßkraft und b die Länge des Lagers. Durch eine geeignete Kombination dieser dimensionslosen Kennzahlen wird dann versucht, die in Zweischeiben-Prüfständen gemessenen Filmdicken möglichst gut wiederzugeben. Nach

D. Dowson [7] ergibt sich bei der Annahme einer konstanten Viskosität im Schmierspalt bei Linien-Kontakt:

$$\frac{h_{Min}}{r_E} = 2{,}65 \; \frac{G^{0{,}54} \; U^{0{,}70}}{w^{*\,0{,}13}} = 2{,}65 \; \frac{\alpha^{0{,}54} \, (\eta_o \cdot u)^{0{,}70}}{r_E^{\;0{,}57} \, E^{*\,0{,}03} \, (P/b)^{0{,}13}} \qquad (5)$$

Diese Beziehung stimmt mit einer auf anderer Grundlage bereits im Jahr 1949 abgeleitete Gleichung von Grubin 8 :

$$\boxed{\frac{h_{Min}}{r_E} = 1{,}95 \; \frac{(\alpha \, \eta_o u)^{8/11} \, E^{*\,1/11}}{r_E^{\;7/11} \, (P/b)^{1/11}}} \qquad (6)$$

annähernd überein. Ein Vergleich der Exponenten der in die beiden letzten Gleichungen eingehenden Parameter ergibt:

| Exponent von | im Zähler: Dowson | im Zähler: Grubin | im Nenner: Dowson | im Nenner: Grubin |
|---|---|---|---|---|
| $r_E$ | 0,43 | 4/11 = 0,364 | E* 0,03 | 6/11 = 0,545 |
| u; $\eta_o$ | 0,70 | 8/11 = 0,727 | $(\frac{P}{b})$ 0,13 | 1/11 = 0,09 |
| & | 0,54 | 8/11 = 0,727 | | |

In den Formeln bedeutet $h_o$ die sich fast über den ganzen Schmierspalt erstreckende Filmdicke und $h_{Min}$ die minimale Filmdicke an der verengten Stelle am Ende des Schmierspaltes, an der das scharfe (zweite) Druckmaximum auftritt.

Die Zusammenstellung der Exponenten zeigt, daß abgesehen vom Elastizitätsmodul E* größere Unterschiede besonders bei dem Viskositäts-Druckkoeffizienten & und bei der Belastung P/b auftreten. Beide Exponenten sind erstaunlich klein, d.h. die Schmierfilmdicke hängt nur sehr wenig von der Belastung P/b, von der Druckabhängigkeit der Viskosität und vom Elastizitätsmodul des Maschinenwerkstoffes ab. Eine Veränderung dieser Größen verändert die Filmdicke kaum, es wird lediglich die Länge des Schmierspaltes vergrößert bzw. verkleinert.

Eine entsprechende Gleichung wurde auch für den Punktkontakt aufgestellt, obwohl die Verhältnisse hier noch komplizierter sind. Im Gegensatz zum Linienkontakt kann bei der punktförmigen Auflage der Seitenfluß natürlich nicht mehr vernachlässigt werden. Für den Punkt-Kontakt gilt nach J.F. Archard und M.T. Kirk [9] :

$$h_0 = 0{,}84 \, \frac{(\alpha \eta_0 u)^{0{,}741} \, r_E^{\,0{,}407} \, E^{*\,0{,}074}}{(P/b)^{0{,}074}} \tag{7}$$

Gegenüber der klassichen Theorie stellten diese Gleichungen der EHD-Theorie einen sehr großen Fortschritt dar. Bei den hochbelasteten Maschinen (Wälzlagern, Zahnradgetrieben, Nocken-Stössel-Anordnungen usw.) erhält man aus der EHD-Theorie Filmdicken, die über zwei Zehnerpotenzen größer sind als nach der klassischen Theorie, und Drücke, die um ein bis zwei Zehnerpotenzen kleiner sind als die nach der klassischen Theorie für dieselben Betriebsbedingungen berechneter Werte. Sie liegen also in der richtigen Größenordnung.

Wie sich oben zeigte, hängt jedoch die - meist in Zweischeiben-Prüfständen gemessene - Filmdicke nur in sehr geringem Maße von der Belastung des Getriebes, dem Elastizitätsmodul des Getriebe-Werkstoffes und dem Druckkoeffizienten der Viskosität ab.

Deshalb, und weil die Beziehungen durch Dimensionsanalyse gewonnen wurden, sind die Exponenten einiger Paramter relativ unsicher.

## 1.3 Weitere gegenseitige Beeinflussungen

### A. Die Hertzsche Pressung

Im Gegensatz zu den klassischen Gleichungen von Reynolds berücksichtigt die EHD-Theorie die elastische Verformung der

Maschinenteile. Als Grundlage dient die Hertz-sche Pressung. Sie beschreibt die Druckverteilung p = f(x) bei Anpressen einer Walze gegen eine plane, elastisch-verformte Unterlage. Die Übertragung erfolgt trocken, d.h. es befindet sich keine Flüssigkeits- oder Schmier-Schicht zwischen den Maschinenteilen.

Betrachtet man als nächsten Fall einen mit inkompressiblem Schmiermittel gefüllten Kontakt unter der weiteren Voraussetzung, daß bei Nichtvorhandensein eines Schlupfes der Vorgang im Schmierspalt isotherm verläuft, so erhält man annähernd wieder die Hertzsche Druckverteilung. Lediglich im Einlaufbereich des Öles ist die Verteilung etwas verbreitert.

Die Druckabhängigkeit der Viskosität wird dabei durch die Einführung des Viskositäts-Druckkoeffizienten $\alpha$ der Barus-Beziehung

$$\eta_p = \eta_o \exp.(\alpha p) \qquad (8)$$

berücksichtigt. Es ergibt sich dann - überlagert über den Verlauf der Hertzschen Pressung - noch eine scharfe Druckspitze am Ausgang des langen, nahezu parallelen Schmierspaltes. Diese Druckspitze, die bis zum doppelten Wert der Hertzschen Pressung ansteigen kann, hängt in der x-Koordinate und in ihrer Höhe von der Umlaufgeschwindigkeit u und der Kompressibilität $\varkappa$, d.h. der

B. Druckabhängigkeit der Dichte

ab. Für letztere schlugen D. Dowson, G.R. Higginson und A.V. Whitacker [10] bereits 1962

die Druck-Dichte Beziehung:

$$\frac{\rho_p}{\rho_o} = 1 + \frac{0{,}009\ p}{1 + 0{,}026\ p} \qquad (9)$$

vor.

An dieser Beziehung fällt auf, daß die Dichte bei dem Druck p im Verhältnis zur Dichte bei Atmosphärendruck nur eine Funktion des Druckes nicht aber der Temperatur sein soll.

Da wir pVT-Messungen an einer größeren Zahl von Ölen durchgeführt hatten [11], erprobten wir die Gleichung (9) an unseren Meßergebnissen. Es zeigte sich, daß

a) der Quotient $\rho_p/\rho_o$ bei konstant-gehaltenem Druck stets mit wachsender Temperatur steigt. Diese Temperaturabhängigkeit wird zu höheren Drücken immer größer. Lediglich im drucklosen Zustand ist $(\rho_p/\rho_o)_T$ für alle Temperaturen gleich 1. Im Gegensatz zur Formel von Dowson, Higginson und Whitacker [10] ist also eine systematische Abhängigkeit des Quotienten $(\rho_p/\rho_o)_T$ vom Druck und von der Temperatur vorhanden, wie aus Bild 1 zu ersehen ist.

b) Die Abweichungen der gemessenen Dichten von den nach obiger Formel erwarteten Werten steigen nicht nur mit wachsender Temperatur, sie hängen auch sehr stark von der Zusammensetzung des Öles (Paraffin, Naphten-, Aromaten-Gehalt) ab, wie

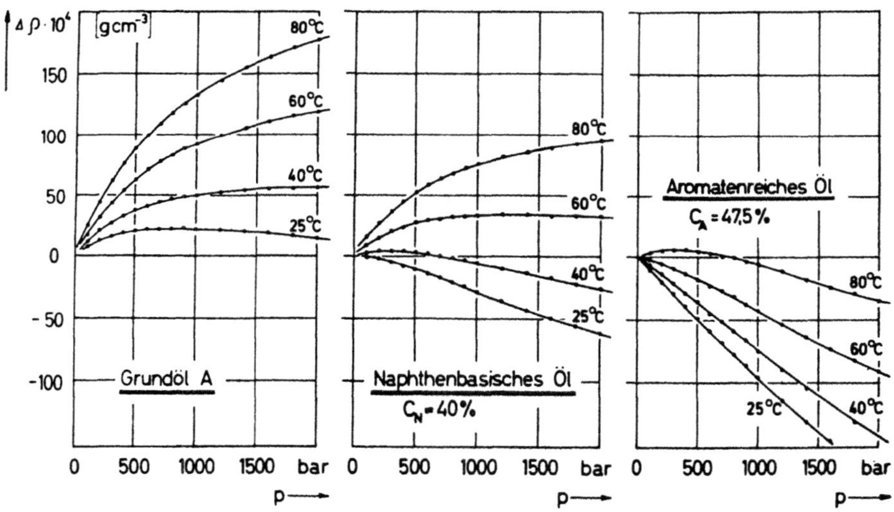


Bild 1: Die Abweichungen der gemessenen Dichten von den nach Formel (9) erwarteten Werten bei 3 Mineralölen.

aus Bild 1 zu ersehen ist. Das pVT-Verhalten der Öle kann also auch durch eine Korrektur an obiger Formel nicht erfaßt werden.

c) Die Dichte der Öle kann im gesamten p, T-Bereich auf ca. $3.10^{-4}$ g/ml genau gemessen werden. Nach Bild 1 treten dagegen bei Verwendung der obigen Formel schon im Bereich bis 2 kbar Abweichungen bis $150.10^{-4}$ g/ml auf, die zu höheren Drücken dann noch weiter ansteigen werden. In Hinblick auf die in Betracht kommenden sehr hohen Drücke wird deshalb u.E. eine genauere Erfassung des pVT-Verhaltens der Öle wünschenswert sein, wie später noch näher ausgeführt werden soll.

C. Die Druckabhängigkeit der Viskosität

spielt - wie bereits erwähnt - in der EHD-Theorie eine beträchtliche Rolle. Sie wird durch Einführung des Viskositäts-Druckkoeffizienten & der Barus-Beziehung $\eta_p = \eta_o \exp. (\alpha . p)$ berücksichtigt.

$$\alpha = \frac{1}{\eta_p} \left( \frac{\partial \eta_p}{\partial p} \right)_T$$

Daß in erster Näherung die Viskosität in Abhängigkeit vom Druck einem Exponentialgesetz folgt, ist besonders an einheitlichen Substanzen mit bekannter Molekülstruktur leicht nachzuweisen.

In Bild 2a sind die Viskositäten von zwei Substanzen A und B für jeweils 4 Temperaturen in Abhängigkeit vom Druck dargestellt. Ein Vergleich der Isothermen der beiden Substanzen ist praktisch nicht möglich. - In Bild 2 b sind dieselben Messungen in Form von $\log \eta = f(p)$ dargestellt. Hier erhält man einen klaren Überblick und erkennt die Zahl der Zehnerpotenzen, um die sich die Viskosität unter Druck erhöht. Kontrolle und Interpolationen sind möglich, und aus der Steigung der Isotherme erhält man den Viskositäts-Druckkoeffizienten &.

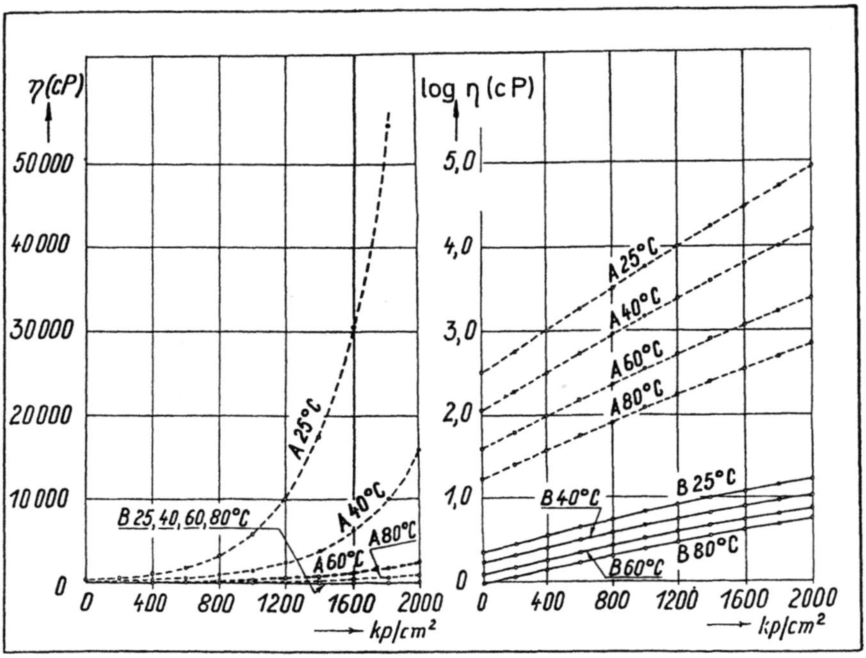


Bild 2: Die lineare und die logarithmische Darstellung des Viskositäts-Druck-Verhaltens (E. Kuss [12] )

Umfangreiche Messungen an Reinsubstanzen und Mineralölen [12, 13 ] ergaben nun je nach Molekülstruktur:

$$\eta_{2000}/\eta_o = 3{,}0.10^0 \text{ bis } 3{,}0.10^6$$

d.h. Faktoren zwischen 3 und 3 Millionen. Setzt man für ein Schmieröl nach experimentellen Erfahrungen den Bereich:

$$\eta_{2000}/\eta_o = 100 \text{ bis } 500 \text{ ein,}$$

so wäre nach dem Exponentialgesetz für 10000 bar bereits

$$\eta_{10000}/\eta_o = 10^{10} \text{ bis } 1{,}4 \cdot 10^{12}$$

zu erwarten. Für eine Schmierflüssigkeit sind diese Werte nicht realistisch, sie entsprechen einem Feststoff.

Allerdings findet man geradlinige Isothermen im log $\eta$- p Diagramm meist nur bei einfachen, starren Molekülen mit relativ niedrigem Molekulargewicht. Bei Mineralölen mit einem höheren Molekulargewicht sind die Isothermen dagegen häufig konkav zur p-Achse gekrümmt, d.h. $\alpha$ ist nicht konstant sondern nimmt mit wachsendem p ab (degressives Verhalten). Allein durch diesen Effekt können die auf 10 kbar extrapolierten Werte um 2 bis 3 Zehnerpotenzen zu hoch angesetzt sein.

In anderen Fällen - besonders, wenn mehrere (möglichst kondensierte)Ringgruppen im Molekül vorhanden sind, findet man ein progressives $\eta$-p Verhalten. Der Übergang vom degressiven zum progressiven Viskositäts-Druckverhalten ist in Abb. 3 an ein- und derselben Substanzgruppe - nämlich den Methylphenyl-polysiloxanen mit unterschiedlichem Phenylierungsgrad gezeigt.

In Bild 3 a weisen die vier Isothermen von Methylpolysiloxan (durchgezogene Kurven) ein degressives Verhalten auf, jedoch eine 10-prozentige Phenylierung (gestrichelte Kurven) gibt bereits einen Übergang zum progressiven Verhalten. In Bild 3 b sind die Isothermen des Methylpolysiloxans (durchgezogen) und die von Methylphenyl-polysiloxan mit 50 % Phenylierungsgrad dargestellt. Im letzteren spreizen die Isothermen stark auf, die T-Abhängigkeit von $\eta$ wird bedeutend größer und die Isothermen verlaufen konvex zur p-Achse. Bei einer Extrapolation mit der Barusgleichung von 2 auf 10 kbar würde eine um den Faktor 100 zu kleine Viskosität erwartet werden.

Die verschiedenen Beispiele zeigen somit, daß eine Extrapolation der Viskosität zu höheren Drücken mit der Barus-Beziehung nicht möglich ist. Die Daten sind um mehrere Zehnerpotenzen unsicher, und man bekommt keine klare Vorstellung von den Vorgängen im Schmierspalt.

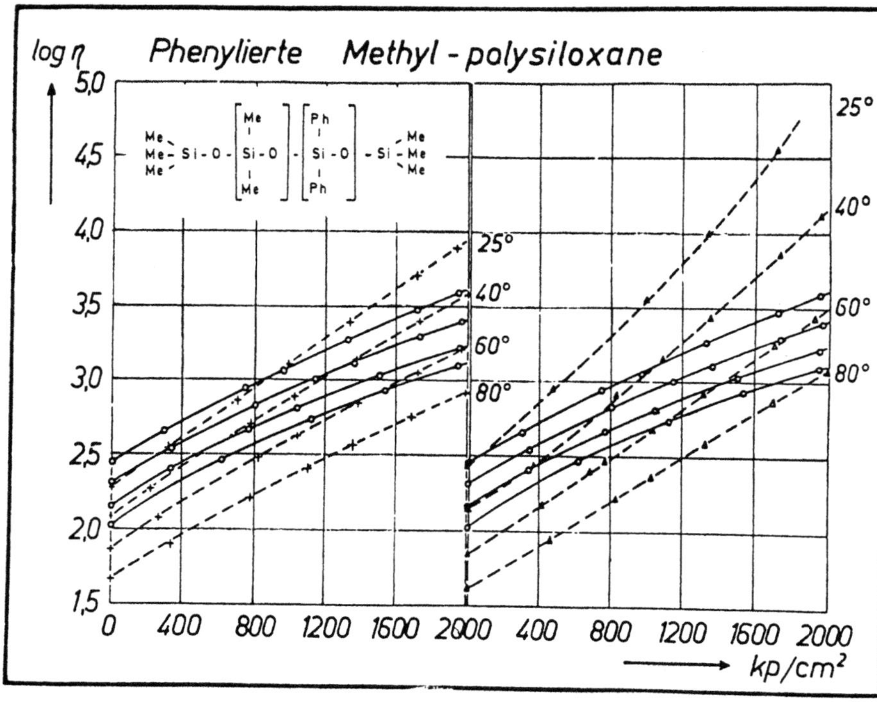


Bild 3: Der Übergang vom degressiven zum progressiven η-p Verhalten mit wachsendem Phenylierungsgrad in Methyphenylpolisiloxanen [12]

D. Die nichtisotherme EHD-Theorie

Schon 1965 stellte H.S. Cheng fest, daß besonders bei hohen Oberflächen-Geschwindigkeiten u die isotherm-berechneten Filmdicken zu hoch waren. Cheng führte dies auf die Rückströmung des Öles und die dabei auftretende Erwärmung in der Einlaufzone zum EHD-Kontakt zurück.

Kurz vor dem Eintritt in den Schmierspalt der stark abgeplatteten Scheibe wird das dem Öl zur Verfügung stehende Volumen stark verkleinert. Dies führt zu einer Stauung und einem teilweisen Rückfluß des Öles in Form von Wirbeln. Die dabei auftretende Erwärmung verringert natürlich $\eta_0$ und &.

H.S. Cheng [14] , L.E. Murch und W.R.D. Wilson [15] W.R.D. Wilson und S. Sheu [16] u.a. berechneten dann in verschiedener Weise Korrekturfaktoren, um die isotherm berechnete Schmierfilmdicke in die neue - den thermischen Effekt berücksichtigende Filmdicke umzurechnen. Hierbei werden die Temperaturabhängigkeiten von $\eta_0$ und & sowie der Wärmeleitkoeffizient des Öles berücksichtigt. Die Ergebnisse wurden experimentell durch R. Cameron und R.W. Gregory [17] , M.J.W. Schouten [18] , J.A. Greenwood und J.J. Kauzlarich [19] u.a. bestätigt.

## 1.4 Problemstellung und Zielsetzung

Die Problematik der Druckmessung im Schmierspalt ist in der Literatur an drei Stellen ausführlich erörtert worden [20, 5, 18 ]. Das umfangreiche von Dowson und Higginson gesammelte Material deckt fast alle Fragen ab, jedoch beträgt der Maximaldruck im Schmierspalt als Höchstwert nur 1 kbar.

In späteren Versuchen wurden dann sehr viel höhere Drücke angegeben. Ausgehend von 3,5 kbar, die bei entsprechender Auswertung analoge Ergebnisse für Linien- und Punktberührung lieferten [21 ] dann "Werte bis 10 kbar und mehr" [22 ] , bis zu 40 kbar [23] und schließlich bis 60 kbar. In dem von P.W. Bridgman [24 ] begründeten Hochdruckgebiet liegen nun seit langem umfangreiche Erfahrungen mit elektrischen Manometern vor, die m.E. bei der Anwendung der Manometer in Zweischeiben-Prüfständen berücksichtigt werden sollten.

Natürlich hat jedes Metall und jede Legierung sowohl einen Druck- als auch einen Temperatur-Koeffizienten des elektrischen Widerstandes. Um die erforderlichen Korrekturen möglichst klein zu halten, verwendet man für Manometer Materialien mit möglichst kleinem Temperaturkoeffizienten, etwa Manganin bei Zimmertemperatur. Trotzdem ist die Messung wegen der Kleinheit des Effektes und der erheblichen Störmöglichkeiten nicht einfach. Die Widerstandsänderung des Manganins als Beispiel beträgt bei 10 kbar nur 2,3 Prozent. Denselben Effekt - d.h. eine Vortäuschung von 10 kbar - erhält man durch eine Temperaturänderung von lediglich $6^{o}$ C.

Ähnliche Schwieriqkeiten treten auch bei der elektrischen Temperaturmessung auf. Folgende Störeffekte sollten auf jeden Fall vermieden werden :

Druck- und Temperaturgradienten im Meßraum,

ungenügende Isolierung der elektrischen Durchführungen,

keine trägheitslose Übertragung von Druck und Temperatur auf den Meßdraht,

und bei schnell veränderlichen Vorgängen auf kapazitive Einflüsse auf das Meßresultat.

Eine weitere Unsicherheit kommt durch die Viskosität und ihre Druckabhängigkeit hinein. In allen Ableitungen und Berechnungen nach der EHD-Theorie wird die Viskositäts-Druckabhängigkeit nur durch den Koeffizienten $\alpha$ der Barus-Beziehung berücksichtigt. Wie anhand von Bild 3 gezeigt wurde, können die meist bis 2 kbar gemessenen Viskositäten bei Extrapolation mit dem Koeffizienten $\alpha$ auf 10 kbar um 2 Zehnerpotenzen zu große bzw. zu kleinne Viskositätswerte liefern.

Desgleichen wird die Temperaturerhöhung allein durch Kompressionswärme (ohne Schlupf) in der Literatur viel zu niedrig angesetzt. Die vorliegende Arbeit soll sich deshalb speziell nur mit dem Schmierstoff Öl beschäftigen. Unabhängig von den komplizierten physikalischen Bedingungen eines Zweischeiben-Prüfstandes sollen die infrage kommenden Eigenschaften des Öles in einer statischen Hochdruckapparatur gemessen und auf ihre Reproduzierbarkeit überprüft werden.

Hierzu gehören:

a) Viskositätsmessungen im Höchstdruckbereich bis 8 kbar bei mehreren Temperaturen mit einem neuen Meßverfahren,

b) Abweichungen vom Newtonschen Verhalten, Kontrolle in einer optischen Höchstdruck-Apparatur,

c) Erfassung der Viskositäts-Druckabhängigkeit mit einer neuen Gleichung,

d) Ermittlung der Kompressionswärme bei adiabatischer Kompression bis 10 kbar aus pVT-Daten und Zustandsgleichungen,

e) Reproduzierbarkeits-Prüfung und Eichung von Druck- und Temperatur Widerstandsgebern in der statischen HD-Apparatur.

## 2. Die Apparaturen

### 2.1 Die statische 10 kbar-Apparatur

Die Höchstdruck-Apparatur ist nach dem Prinzip eines hydraulischen Druckübersetzers (Bild 4) aufgebaut. Mit der rechts dargestellten Handpumpe wird im untersten Druckbereich mit dem - über Bajonettverschluß einkuppelbaren - Füllkolben N und im etwas höheren Druckbereich mit dem Arbeitskolben O ein Druck bis zu 700 bar im Niederdruckteil A des Druckübersetzers erzeugt.

Mit diesem Druck $p_1$ wird der Niederdruckkolben F mit einer Kraft $p_1q_1$ und damit auch der Höchstdruckkolben D mit dem Querschnitt $q_2$ soweit nach oben bewegt, bis durch die Kompression der Substanz im Sekundärteil C eine gleichgroße Gegenkraft erzeugt ist. Bei Kräfte-Gleichgewicht ist:

$$p_1q_1 = p_2q_2 \qquad (10)$$

Bei einem Querschnitts-Verhältnis $q_2/q_1 = 20$ herrscht im Sekundärteil C ein um den Faktor 20 größerer Druck als in A. Allerdings muß hierbei noch die Reibung in den Kolbendichtungen im Hoch- und Niederdruckteil berücksichtigt werden, was in $p_2$ bis zu 7 % ausmachen kann.

Das Innenvolumen des Höchstdruckteiles liegt in der Größenordnung von 10 ml, und es dürfte sehr schwer möglich sein, einen Viskositäts-Meßeinsatz für den kleinen Durchmesser und die geringe Höhe zu konstruieren. Teil C wurde deshalb durch den links gezeichneten Höchstdruckteil mit 600 mm Gesamtlänge ersetzt. In dem mit einem Sägengewinde S 70 x 10 verschlossenen Teil stehen 340 mm lichte Länge bei 24 mm Innendurchmesser für das neu zu entwickelnde Viskosimeter zur Verfügung. Das neue Hochdruckteil C kann nur als Hochdruck-Schrumpfrohr ausgeführt werden, denn oberhalb eines gewissen Radienverhältnisses $r_a/r_1$ läßt sich die Druckbelastbarkeit eines dickwandigen Rohres durch eine Vergrößerung des Außendurchmessers praktisch nicht mehr erhöhen.

Der Grund liegt in folgendem: Betrachtet man ein Volumenelement innerhalb der Wandung eines starkwandigen Autoklaven, so tritt in radialer Richtung die durch den Innendruck hervorgerufene Radialspannung P und die durch elastische Verformung der Außenschichten entstehende Gegenspannung,
in tangentialer Richtung die durch elastische Dehnung der Ringschicht entstehende Tangentialspannung T und

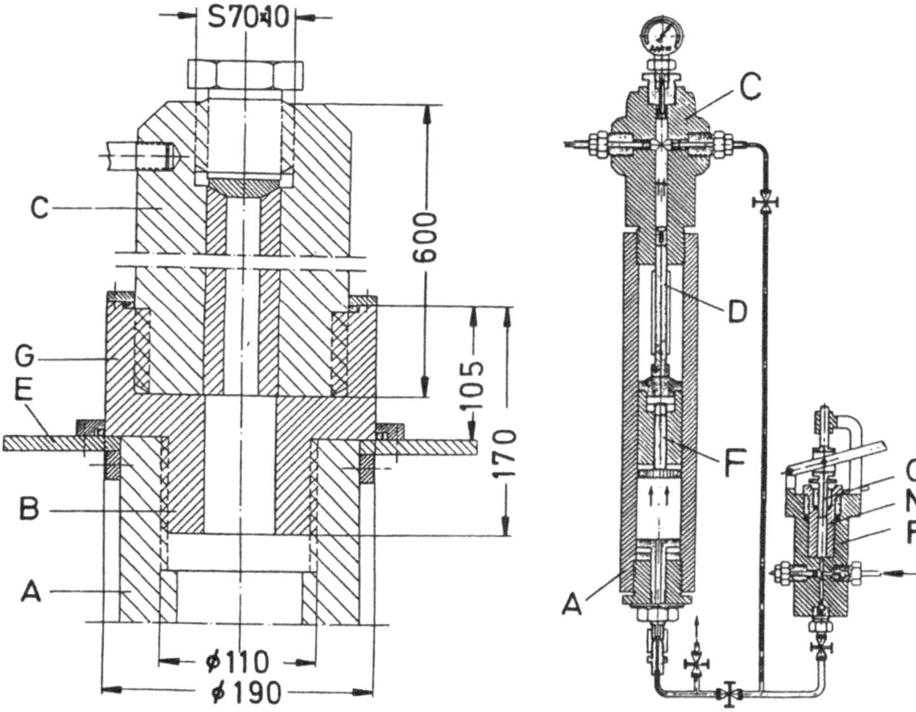


Bild 4: Die statische 10 kbar-Apparatur

in achsialer Richtung des Autoklaven die Achsialspannung Q auf, da die Kräfte auf die Endverschlüsse ebenfalls von der Autoklavenwand aufgenommen werden müssen. Es tritt am Volumenelement also ein dreiachsiger Spannungszustand auf. Hierzu müssen noch die Kräfte berücksichtigt werden, die durch die Querkontraktionen zustandekommen.

Ein Draht, der in der Längsrichtung um den Betrag $\varepsilon$ gedehnt wird, verringert seinen Durchmesser um den Betrag $\delta$ , d.h. es ist

$$\varepsilon_q = \frac{\delta}{d} = \frac{1}{m}\,\varepsilon \qquad (11)$$

wobei m die Poisson-Konstante je nach Stahl zwischen 10/3 und 12/3 liegt.

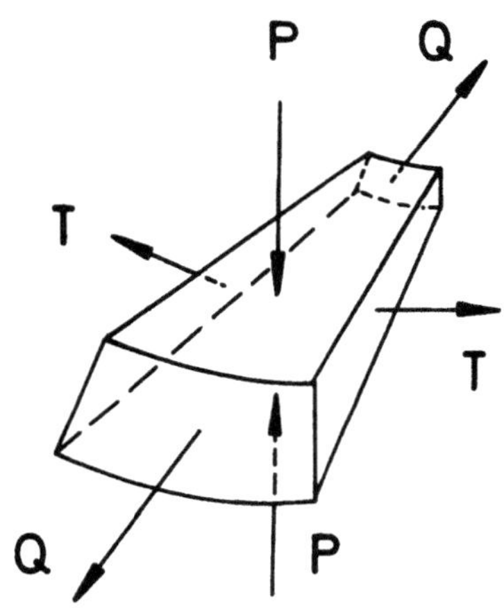


Bild 5: Element der Wand

So ruft also z.B. die Radialspannung P noch in Tangential- und Achsialrichtung Konstruktionsspannungen der Größe (1/m)P hervor. Unter Berücksichtigung der Vorzeichen (Dehnungen positiv; Kompressionen negativ) und der Bedingungen für das Kräfte-

Gleichgewicht:

$$-r\,\frac{dP}{dr} = T + P \qquad (12)\;;$$

$$P - T = C \qquad (13)$$

ergeben sich

Tabelle I: Die Laméschen Gleichungen

| Beanspruchungen | $p_2 = 0;\; r = r_1$ |
|---|---|
| $P = \frac{1}{r^2}\,\frac{r_1^2 r_2^2 (p_1 - p_2)}{r_2^2 - r_1^2} + \frac{p_2 r_2^2 - p_1 r_1^2}{r_2^2 - r_1^2}$ | $P = p_1$ |
| $T = \frac{1}{r^2}\,\frac{r_1^2 r_2^2 (p_1 - p_2)}{r_2^2 - r_1^2} - \frac{p_2 r_2^2 - p_1 r_1^2}{r_2^2 - r_1^2}$ | $T = \frac{r_1^2 + r_2^2}{r_2^2 - r_1^2}\cdot p_1$ |
| $Q = \frac{p_1 r_1^2 - p_2 r_2^2}{r_2^2 - r_1^2}$ | $Q = \frac{r_1^2}{r_2^2 - r_1^2}\cdot p_1$ |
| $S_r = -\frac{1}{r^2}\,\frac{r_1^2 r_2^2 (p_1 - p_2)}{r_2^2 - r_1^2}\left(1 + \frac{1}{m}\right) - \frac{p_2 r_2^2 - p_1 r_1^2}{r_2^2 - r_1^2}\left(1 - \frac{2}{m}\right)$ | $S_r = -\frac{1}{r^2}\,\frac{r_1^2 r_2^2 p_1}{r_2^2 - r_1^2}\left(1 + \frac{1}{m}\right) + \frac{p_1 r_1^2}{r_2^2 - r_1^2}\left(1 - \frac{2}{m}\right)$ |
| $S_t = \frac{1}{r^2}\,\frac{r_1^2 r_2^2 (p_1 - p_2)}{r_2^2 - r_1^2}\left(1 + \frac{1}{m}\right) - \frac{p_2 r_2^2 - p_1 r_1^2}{r_2^2 - r_1^2}\left(1 - \frac{2}{m}\right)$ | $S_t = \frac{1}{r^2}\,\frac{r_1^2 r_2^2 p_1}{r_2^2 - r_1^2}\left(1 + \frac{1}{m}\right) + \frac{p_1 r_1^2}{r_2^2 - r_1^2}\left(1 - \frac{2}{m}\right)$ |
| $S_Q = \frac{p_1 r_1^2 - p_2 r_2^2}{r_2^2 - r_1^2}\left(1 - \frac{2}{m}\right)$ | $S_Q = \frac{p_1 r_1^2}{r_2^2 - r_1^2}\left(1 - \frac{2}{m}\right)$ |

Die Größen $S_r$, $S_t$ und $S_Q$ werden als Radial-, Tangential- und Achsial- "Beanspruchung" - oder gelegentlich auch als "Anstrengung" bezeichnet.

Aus den Beziehungen ist zu entnehmen, daß die Achsial-Beanspruchung $S_Q$ über den gesamten Querschnitt des Rohres einen konstanten Wert hat, der nur von Innen- und Außenradius des Rohres $r_1$ und $r_2$, dem Innen- und Außendruck $p_1$ und $p_2$ und der

Poisson-Konstante m abhängt.

Dagegen hängen die Radial-Beanspruchungen $S_r$ und die Tangential-Beanspruchung $S_t$ von dem Radius r des gerade betrachteten Punktes in der Wand des HD-Rohres ab. $S_t$ hat numerisch den größten Wert, und zwsr an der Innenwand $r = r_1$. Von dort aus fällt die Beanspruchung nach außen hin mit $1/r^2$ ab.

Bei einem Innendurchmesser von24 mm und einem Außendurchmesser von 150 mm würde bei 15 kbar Innendruck die Tangential-Beanspruchung eines Monoblockrohres an der Innenwand

$$S_t = 27.200,\text{-} \ kp/cm^2$$

betragen. Diese Zugspannung kann von den zur Verfügung stehenden Stählen nicht aufgenommen werden, d.h. das Rohr würde von innen her explosionsartig aufreißen.

Das Rohr wurde deshalb als Zweilagen-Schrumpfrohr aufgebaut. Nach der Theorie, die aus den Laméschen Gleichungen folgt, wurde als Schrumpflagen-Durchmesser 52 mm und als Schrumpfdruck 4000 $kp/cm^2$ festgelegt. Das Schrumpfmaß, d.h. der Betrag, um den der Innendurchmesser des Außenrohres bei der Herstellung kleiner als der Außendurchmesser des Innenrohres ist, beträgt 0,044 mm, aufgeschrumpft wird bei 300° C. Der Verlauf der Tangentialbeanspruchung in der Wand des Autoklaven ist aus Bild 6 zu ersehen. Die Spannungsspitze an der Druckrohr-Innenwand ist durch das Schrumpfprinzip von 27200,-- auf 15870,-- $kp/cm^2$ herabgesetzt worden. Das Rohr konnte mit einem sehr guten Ni-Cr-Mo-Stahl der Festigkeit 180 $kp/mm^2$ ausge-

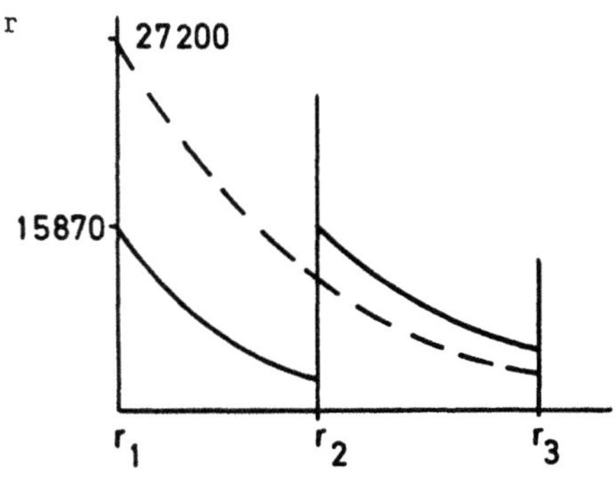


Bild 6: Verlauf von $S_t$ in der Wand des Zweilagen-Schrumpfrohres

führt werden.

## 2.2 Das Faltenbalg-Kapillarviskosimeter für Messungen im Höchstdruckbereich

Die Hauptprobleme für Viskositätsmessungen unter hohem Druck liegen:

a) In den nur sehr geringen Abmessungen des Höchstdruckraumes, in denen das Viskosimeter eingebaut werden muß.
b) In der erforderlichen Vermeidung von Gas/Öl-Trennflächen, wegen der hohen Löslichkeit von Gasen in Öl bei Hochdruck.
c) In der Betätigung des eingebauten Viskosimeters, da die Substanz zur Wiederholung der Messung weder mit kleiner Druckdifferenz in dem geschlossenen Autoklaven hochgesaugt noch hochgedrückt werden kann.
d) In der Registrierung des Meßvorganges, da bei dem Höchstdruck eine optische Beobachtung vermieden werden muß, eine Trennfläche Gas/Flüssigkeit nicht zur Verfügung steht und in ihrer Bewegung auch schlecht nachweisbar ist.

Für die Messungen im Höchstdruckbereich verwendeten wir ein neues Meßprinzip, das wir als "Faltenbalg-Kapillar-Viskosimeter" bezeichnen möchten. Insgesamt haben wir zwei Versionen davon hergestellt, die in Bild 7 schematisch dargestellt sind. Bei dem links dargestellten Einsatz wird durch Einschalten des kleinen eingebauten Hubmagneten A der Kopf C des dünnwandigen Faltenbalges D nach unten gedrückt, der Faltenbalg also komprimiert und die überschüssige Substanz über das Rückschlagventil im Kopf C ausgestoßen.

Nach Abschalten von A und Rückkehr des Magnetkern in die Nulllage dehnt sich der Faltenbalg wieder aus, wobei die Meßsubstanz von außen durch die auswechselbare Kapillare E in den Balg gesaugt wird. Durch die Position des Balges ist die treibende Kraft und durch die Ausdehnungsgeschwindigkeit des Balges die pro Zeiteinheit einströmende Flüssigkeitsmenge festgelegt. Es braucht also nur über den induktiven Wegaufnehmer B die Bewegung des Balges in Abhängigkeit von der Zeit aufgezeichnet und die Zeit zwischen zwei festgelegten Marken mit einer elektronischen Uhr gemessen zu werden, um Auskunft über die Viskosität des Mediums bei den vorliegenden Bedingungen von Druck und Temperatur zu bekommen [25].

Nun zeigte sich bei den Messungen sehr bald, daß für die obere erreichbare Grenze eigentlich nicht direkt der Druck selbst, sondern die durch den Druck hervorgerufene Viskosität entscheidend ist. Das bedeutet mit anderen Worten, daß man bei höheren Temperaturen leichter Viskositätsmessungen bei hohem Druck durchführen kann als bei niedriger Temperatur.- Dasselbe ersieht man auch am ASME-Projekt 53 [13] , bei dem sehr hohe Drucke auch nur bei hohen Temperaturen erreicht werden und dabei noch mit sehr geringen Durchlaufzeiten (Größenordnung 0,1 bis 1 Sekunde) gearbeitet wird, so daß mit Turbulenz gerechnet werden muß. Das enorm starke Anwachsen der Viskosität zu höheren Drucken führt dann schließlich dazu, daß die Kraft des kleinen Elektromagneten zur Betätigung des Viskosimeters nicht mehr ausreicht. Wir entwickelten deshalb noch die zweite - in Bild 7 rechts dargestellte - Version des Faltenbalg-Viskosimeters.

Die Kapillare E ist hier nicht mehr im Kopf des Balges, sondern in einem Kolben D eingesetzt, der sich im Tauchrohr F wie in einem Zylinder hin und her bewegen kann. Von dem Hubmagneten A wird nicht mehr der Balg selbst sondern lediglich der Kolben bewegt. Der Kopf des Balges ist hierbei fest im Einsatzrohr M verschraubt.

Bei Betätigung des Magneten A wird der Faltenbalg G gedehnt und es tritt bei H aus der durchbohrten Kolbenstange etwas Substanz aus. Mit der Dehnung des Balges wird gleichzeitig die Druckdifferenz an der Kapillare festgelegt, von der die Strömungsgeschwindigkeit der Substanz in der Kapillare bestimmt wird. Aus der Bewegung des Balgbodens wird mit dem darunter angeordneten induktiven Wegaufnehmer J die pro Zeiteinheit ausströmende Flüssigkeitsmenge bestimmt.

Der Vorteil der Anordnung liegt darin, daß entsprechend dem Querschnittsverhältnis vom Kolben D zum Balg D die zur Betätigung erforderliche Kraft herabgesetzt und der auftretende Kolbenweg entsprechend vergrößert wurde. Weitere Vorteile liegen darin, daß in beiden Richtungen (Auf- und Abwärtsgang des Kolbens) gemessen werden kann, kein Rückschlagventil mehr benötigt und kein Quecksilber verwendet wird.

Der Nachteil besteht darin, daß der Magnet während der gesamten Meßzeit stromdurchflossen ist, um den Kolben in der unteren Stellung zu halten.

A : Magnet
B : Induktiver Wegaufnehmer
C : Kopf mit Rückschlagventil
D : Balg
E : Kapillare

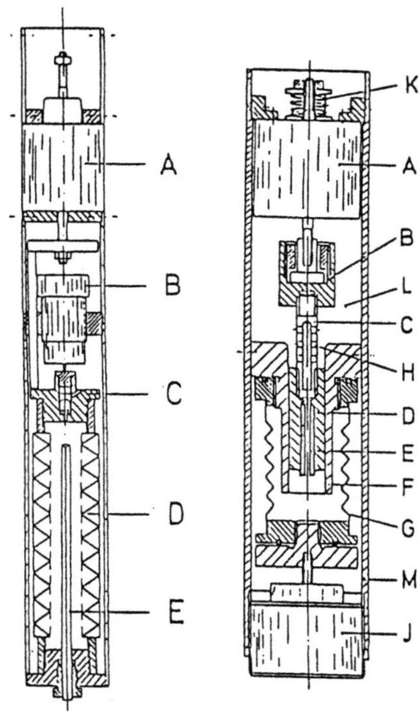


A : Magnet
B : Kupplung
C : Kolbenstange
D : Kolben
E : Kapillare
F : Zylinder
G : Balg
J : Wegaufnehmer
K : Feder
M : Halterung

<u>Bild 7:</u> Die zwei Ausführungsformen des Faltenbalg-Kapillar-Viskosimeters

Beobachtet wird über den induktiven Wegaufnehmer der zeitliche Verlauf der Balgdehnung:

$$s = \left(s_o + \frac{mg}{C}\right) e^{KCt} \qquad (15)$$

wobei durch den Ausdruck m.g/c die Anfangsdehnung des Balges durch das Eigengewicht und durch C die Federkonstante berücksichtigt wird.

Für die Viskosität folgt

$$\eta = \frac{C \pi r^4}{8 L A^2} \, t \, \ln\left(\frac{s_o mg/C}{s}\right) \qquad (16)$$

worin r der Radius der Kapillare, L die Länge der Kapillare, A der wirksame Querschnitt des Balges und t die Zeit ist.

## 2.3 Die Eichung von Druck- und Temperatur-Gebern

Für die Erprobung und Eichung unter hohem statischen Druck werden die Geber in die 10 kbar-Apparatur (Bild 4) eingebaut. Das besondere Problem liegt hier in den elektrischen HD-Durchführungen, von denen 6 Stück und eine Höchstdruck-Leitung in den engen Durchmesser von 24 mm eingebaut werden sollen.

Die endgültige Form des für die diese Zwecke hergestellten Verschlußkopfes ist maßstabsgetreu in Bild 8 dargestellt. (1) stellt die Verschlußschraube der in Bild 4 dargestellten statischen 10 kbar-Höchstdruck-Apparatur mit dem Sägengewinde S 70 x 10 dar, (2) die 6 von außen kommenden elektrischen Zuleitungen, die in den Anschlußstiften (3) enden. Diese Stifte sind unter Zwischenlage eines Isoliermantels in die sehr hoch belastete Druckhülse (5) eingesetzt, die zur Erreichung höchstmöglicher Festigkeit aus Ultrafort 220 mit anschließender Härtung gefertigt wurde. Die elektrischen Leitungen (2) sind deshalb auch nach innen geführt, um trotz der verkleiner-

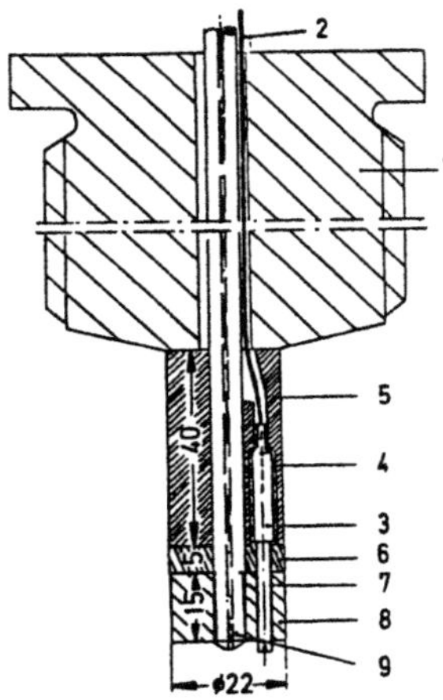


(1) Endverschraubung
(2) 6 elektrische Zuleitungen
(3) Anschlußstifte
(4) Isoliermantel
(5) Druckhülse
(6) Dichtung
(7) Isoliermantel
(8) Schraubring
(9) Höchstdruckleitung (Zuführung)

Bild 8: Der Höchstdruck-Verschlußkopf mit 6 elektrischen und einer Druck-Zuführung

ten Auflagefläche ein Fließen des Materials von (5) zu verhindern.

Die 6 elektrischen Durchführungen (3) werden dann aus geometrischen Gründen in einer gemeinsamen Dichtung (6) abgedichtet. Die weiterführenden Leitungsstifte sind dann mit einem Teflon-Isoliermantel (7) durch den hochfesten Schraubring (8) durchgeführt, der seinerseits mit Linksgewinde an der Höchstdruckleitung (9) befestigt ist.

Nach dem Einbau in das Zweilagen-Schrumpfrohr dichtet sich der Verschlußkopf mit der Hochdruckzuleitung und den 6 elektrischen Durchführungen automatisch im Druckrohr ab. Die Anordnung hat sich während der gesamten Meßreihe gut bewährt.

Mit den 6 elektrischen Durchführungen und einer Zuführung über Masse ist es z.B. möglich, Druck- und Temperatur-Geber in Vierleiterschaltung durchzumessen oder aber das Höchstdruck-

Viskosimeter mit einem Umkehr-Hubmagneten und der Registrierung mit induktivem Wegaufnehmer zu betreiben.

## 2.4 Die optische Apparatur

Zum Nachweis von Phasenänderungen unter Druck wird dann die in Bild 9 dargestellte optische Apparatur (21) eingesetzt. Als Vorkompressor bis 250 bar dient eine Radial-Kolbenpumpe mit 5 sternförmig angeordneten Zylindern (1). Über die Ventile $V_1$ bzw. $V_2$ wird der Druck auf die Primär- bzw. Sekundärseite des Druckübersetzers (2) 250 : 7000 bar gegeben. - Der Verteilerblock (5) trägt ein Heise-Manometer für 5 kbar, die mit optisch-plan geschliffenen Saphirfenstern ausgestattete Beobachtungszelle (7) und das Entlastungsventil (4) .

Zur Vermeidung von Verunreinigungen und für einen schnellen Substanzwechsel befindet sich in dem nur 7 mm hohen Innenraum der Hochdruckzelle (7) noch eine kleine druckübertragende Einsatz-Zelle mit der Meßsubstanz und darunter ein Stück Diafilm mit einer Zeichnung.

Die Einsatzzelle wird über das untere Saphirfenster von einer 100 W Halogenlampe (8) mit Kondensor angestrahlt. Die Zeichnung auf dem Diafilm wird dann über das obere Saphirfenster mit einem Photoobjektiv (Vivitar 55 mm, 1:2,8) und einem Umlenkspiegel auf einem vertikal stehenden Schirm (25 x 25 cm) abgebildet. Phasenänderungen im Innern der Einsatzzelle sind so schon von weitem zu erkennen.

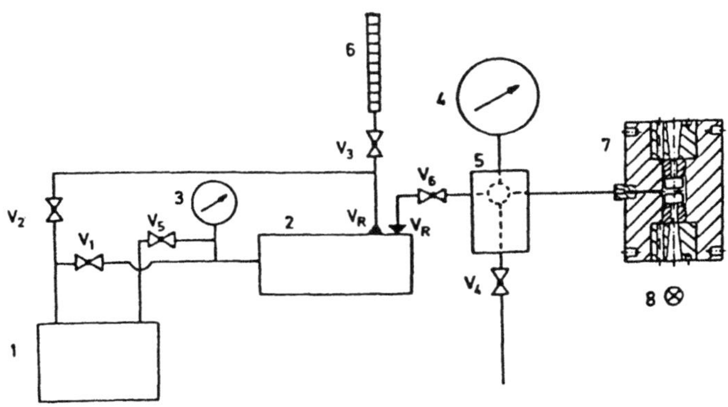


Bild 9 : Die optische Hochdruck-Apparatur (27)

## 3. Die Meßergebnisse

### 3.1 Viskositäts-Messungen im Höchstdruck-Bereich

In früheren Untersuchungen [11] wurden pVT-Daten und Viskositäten von ausgesuchten Ölen bis 2 kbar bei Temperaturen zwischen 25° und 80° - und in einer besonderen Apparatur auch bis 220° C - gemessen [30].

Schon damals zeigte es sich, daß - im Gegensatz zu einfachen niedermolekularen Verbindungen - die meisten Öle nicht der Barus-Beziehung $\eta_p = \eta_o \exp(\alpha . p)$ folgen. Die Isothermen von lg als f(p) sind vielmehr in der Regel konkav - in seltenen Fällen jedoch auch konvex - zur p-Koordinatenachse gekrümmt. Dies ist in Bild 3 an den phenylierten Methyl-Polysiloxanen gezeigt worden. Mit wachsendem Aromatengehalt geht der konkave Verlauf der Viskositäts-Druckisothermen in einen konvexen Verlauf über. Gleichzeitig wird sowohl die Temperaturabhängigkeit der Viskosität $\eta_o$ selbst als auch die Temperaturabhängigkeit des Viskositäts-Druckkoeffizienten - d.h. der Anstieg der Isothermen im l g $\eta$-p Diagramm sehr viel größer.

Dasselbe Verhalten findet man nun auch an Mineralölen, wie aus Bild 10 ersichtlich ist. Mit wachsendem Aromatengehalt $C_A$, der infrarotspektroskopisch gemessen wurde, spreizen die Isopthermen auf, wobei die Druck- und Temperatur-Abhängigkeit der Viskosität stark erhöht wird.

Um zu zeigen, wieweit diese Zusammenhänge zwischen Molekülstruktur und Viskositäts-Druckverhalten gehen, haben wir schließlich Verbindungen mit ein, zwei und drei angular angeordneten Phenylgruppen im Molekül eines Phenyl-methylethers synthetisiert. Die Strukturformel der Verbindungen sind in der Kopfspalte von Bild 11 dargestellt. Aus den darunter dargestellten Druckdiagrammen der drei Verbindungen ist der ungeheure Einfluß der Zahl und der Stellung der Phenylgruppen im Molekül zu ersehen. Eine weitere starke Erhöhung der Viskositäts-Druckabhängigkeit ist schließlich noch durch Etherspaltung und durch Hydrierung der Phenyl- zu Cyclohexyl-Gruppen zu erreichen. Man kommt so zu Verbindungen, die die weitaus größte, bisher gemessene Viskositäts-Druckabhängigkeit besitzen. Bei 2 kbar steigt die Viskosität auf das über millionenfache der Viskosität $\eta_0$ bei 1 bar.

Dieselben Strukturmerkmale wie die hier aufgezeigten besitzen übrigens auch die "Traction Fluids", die in neuerer Zeit in Diskussion stehen [28 ].

| | | Öl I: $C_A \sim 9{,}1\%$ | Öl II: $C_A \sim 25{,}4\%$ | Öl III: $C_A \sim 56\%$ |
|---|---|---|---|---|
| $\eta_{2000}/\eta_1 =$ | 25°C | : 150 | : 610 | > 4000 |
| | 80°C | : 40 | : 51 | : 128 |
| $n_D^{20} =$ | | 1,4954 | 1,5205 | 1,5845 |

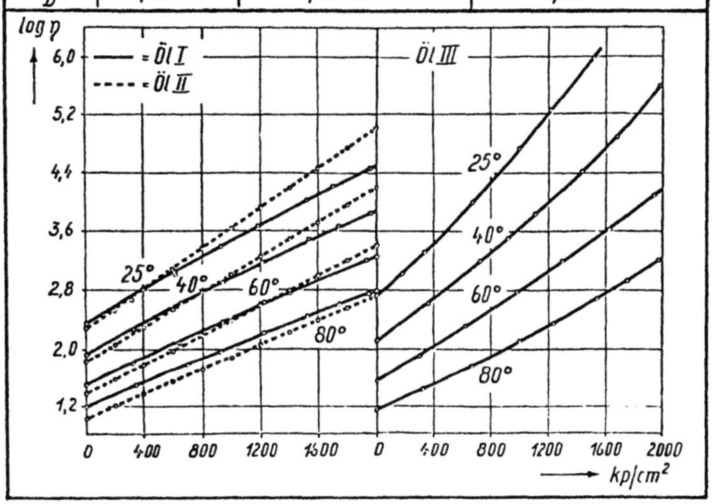


Bild 10: Das Viskositäts-Druckverhalten von Mineralölen mit unterschiedlichem Aromatengehalt [ 12]

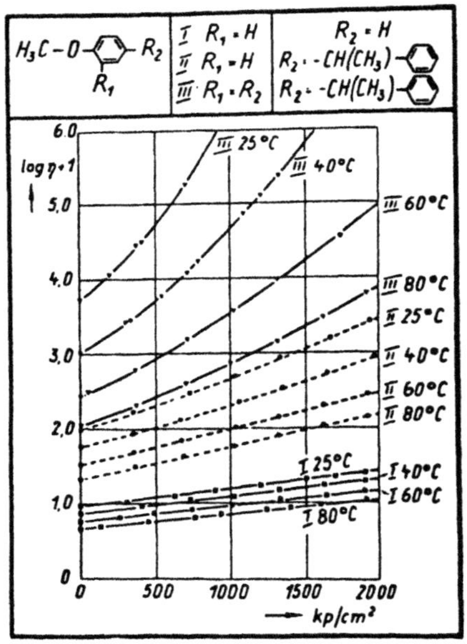

Bild 11: Das Viskositäts-Druckverhalten von Phenyl-methylethern mit unterschiedlichem Aromatengehalt [13 ]

Die Bilder 10 und 11 bestätigen außer dem klaren Einfluß der Molekülstruktur auch nochmals unsere obige Behauptung, daß besonders bei Raumtemperatur (25$^{o}$ C) eine Extrapolation der Viskosität von 2 kbar auf 10 kbar anhand der Barus Beziehung Fehler in der Größenordnung von 2 bis 3 Zehnerpotenzen verursacht. Mit der oben beschriebenen Apparatur wurden deshalb Viskositätsmessungen im erweiterten Druckbereich oberhalb von 2000 bar durchgeführt. Hierbei ergab sich wiederum ein neuer Aspekt. Um die neue Meßmethode des Faltenbalg-Kapillar-Viskosimeters zu testen, untersuchten wir zunächst Öle, die wir vorher bis 2 kbar mit unseren Kugelfall-Viskosimeters [4 ] vermessen hatten. Es zeigte sich, daß die Isothermen im Bereich bis 2 kbar gut mit den früheren Messungen übereinstimmten und die Kurven darüber hinaus ohne nennenswerte Änderung der Steigung weiter verliefen. Bild 12 zeigt dies an dem - von uns viel verwendeten Voltol II (heute Voltol Gleitöl 46).

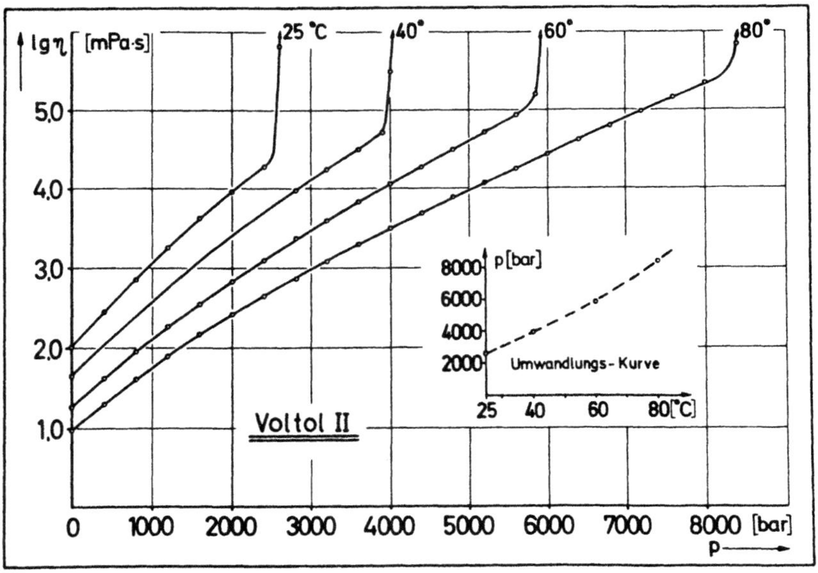


Bild 12: Das Log η-p Diagramm von Voltol Gleitöl II

Als neuartige Erscheinung tritt hierbei zutage, daß bei allen vier Isothermen (25, 40, 60 und 80$^{0}$ C) im l g η-p Diagramm Knickpunkte auftreten, hinter denen die Viskosität außerordentlich stark ansteigt.

Mit wachsender Temperatur verschieben sich die "Knickpunkte" der Isothermen systematisch zu höheren Drucken und man kann - wie in Bild 11 angedeutet - aus den Knickpunkten eine Umwandlungskurve ableiten. Bei Überschreiten dieser Kurve müssen schlagartig zumindest Teile des Öles talgartig oder auch glasig erstarren, so daß bei weiterer - selbst geringfügiger - Druckerhöhung keine Messung mehr möglich ist. Es ist anzunehmen, daß sich danach das Öl nicht mehr als Newtonsche Flüssigkeit verhält.

Ein ähnliches Verhalten fanden wir dann auch an Teresso 43, einem paraffinbasischem Weißöl und schließlich den FVA Referenzölen 1-4, die im Koordinationskreis IV (EHD) bei den Untersuchungen in Zweischeiben-Prüfständen als Testöle verwendet werden. Im FVA Ref. Öl Nr. 1, das sehr dünnflüssig ist, sind die Knickpunkte nur sehr schwach angedeutet, wie aus Bild 13 zu ersehen ist.

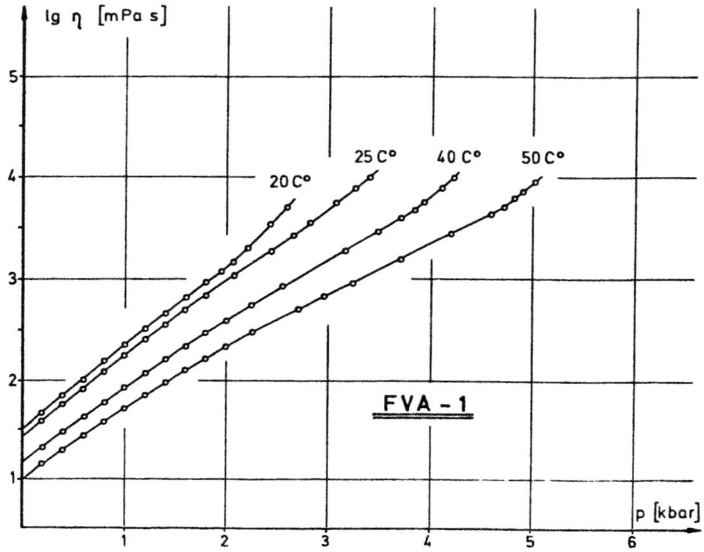


Bild 13: Das Viskositäts-Druck-Diagramm von FVA Ref.Öl Nr. 1

In Bild 14 ist das FVA Ref.Öl Nr. 2 mit 4 % Anglamol 99 dargestellt, wobei auch der Einfluß des Additivs Anglamol 99 auf das Viskositäts-Druckverhalten geklärt werden sollte. Es zeigte sich, daß das Diagramm des FVA Öles Nr. 2 ohne Anglamol mit dem Bild 14 voll zur Deckung gebracht werden kann. Das Anglamol 99 beeinflußt weder den Viskositäts-Druckverlauf noch die Lage und Art der Knickpunkte.

Das FVA-Referenzoel Nr. 2 ist ebenso wie die Oele 1 und 3 ein Solventraffinat. Die Normalviskosität $n_0$ und der Viskositäts-Druckkoeffizient & steigen gleichmässig in der Reihenfolge der drei Referenzoele 1 , 2 und 3 an.

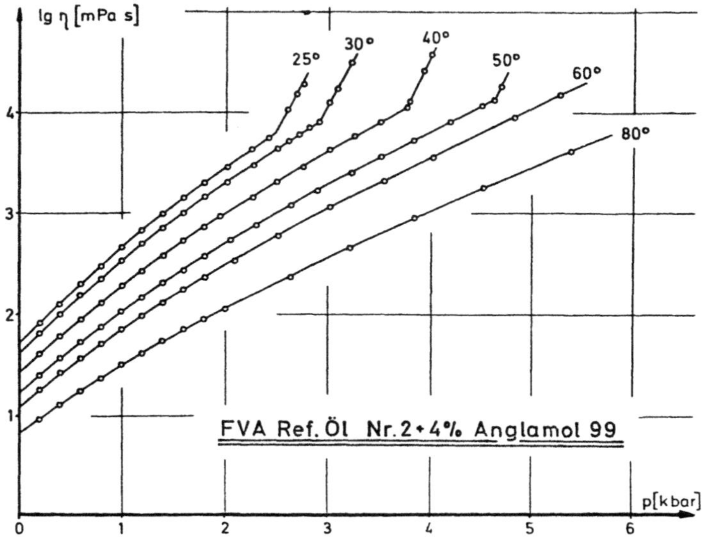


Bild 14: Das Viskositäts-Druckdiagramm von FVA Ref.Öl Nr. 2 + 3 % Anglamol 99

Das FVA Referenzöl Nr. 3 wurde mit zwei unterschiedlichen Kapillardurchmessern (0,8 und 1,9 mm) vermessen, um das Öl auf Newtonsches Verhalten zu überprüfen. Da in die Theorie des Viskosimeter $r^4$ eingeht, unterschieden sich die Meßzeiten bei sonst gleichen Bedingungen immerhin etwa um den Faktor 32. Wie aus Bild 15 ersichtlich, stimmen die Werte mit unterschiedlichen Kapillardurchmessern befriedigend überein, nur oberhalb des Knickpunktes waren die Ergebnisse nicht mehr eindeutig. Hier wäre die Feststellung von Interesse, ob und inwieweit ein sehr hohes Schergefälle den Verlauf der Isothermen hinter dem Knickpunkt und die Abweichungen vom Newtonschen Verhalten beeinflussen kann.

In Bild 15 unten rechts ist noch die Umwandlungskurve eingetragen, die sich aus der Lage der Knickpunkte ergibt. Man sieht, daß in erster Näherung der Umwandlungsdruck etwa linear mit wachsender Temperatur ansteigt.

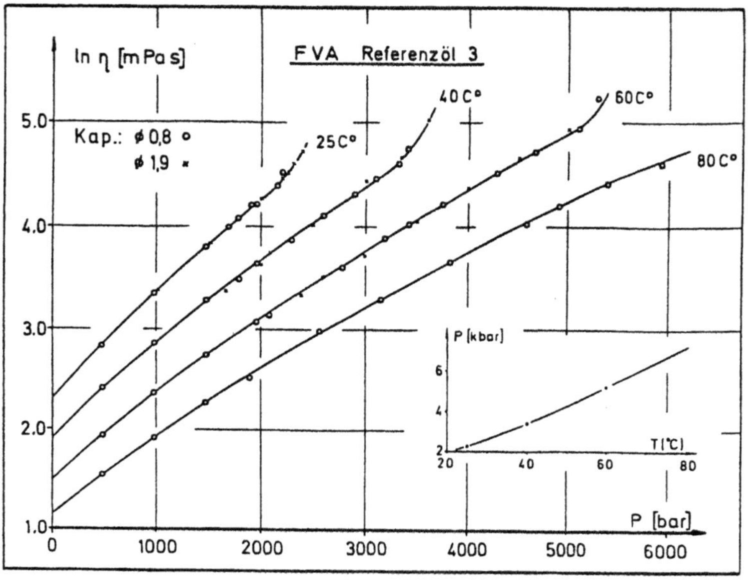


Bild 15 : Das Viskositäts-Druck-Diagramm von FVA Ref.Öl 3

Ein entsprechendes Verhalten findet man schließlich auch bei FVA Referenzoel Nr. 4 , dessen Diagramm in Bild 16 wiedergegeben ist. Im Gegensatz zu den Oelen 1 - 3 ist Oel 4 ein Brightstock- Oel, das von den vier Referenzoelen die größte Normalviskosität und den größten Viskositäts-Druck-koeffizienten aufweist. Auf das Diagramm werden wir im Abschnitt Auswertung noch einmal zurückkommen.

Von besonderem Interesse ist auch in diesem Diagramm wieder das Auftreten von Knickpunkten oder Verfestigungen, die z.B. bei 50 °C bei 3,8 kbar beobachtet wurde. Zur Sicherstellung dieser Befunde wurden - wie geplant - weitere Versuche in der optischen Hochdruck-Apparatur durchgeführt. Hierbei wurden z.B. an Butandiol-1,4 gut sichtbare Kristalle erhalten, die dann bei konstant gehaltenem hohen Druck schon bei einer geringen Temperaturerhöhung sichtbar schmolzen. Die Daten des Umwandlungspunktes stehen mit Literaturdaten in Übereinstimmung.

Bei Oelen ist die Beobachtung natürlich schwieriger, jedoch fanden wir an den Stellen der Knickpunkte im log η-p Diagramm stets auch optisch dann Phasenübergänge.

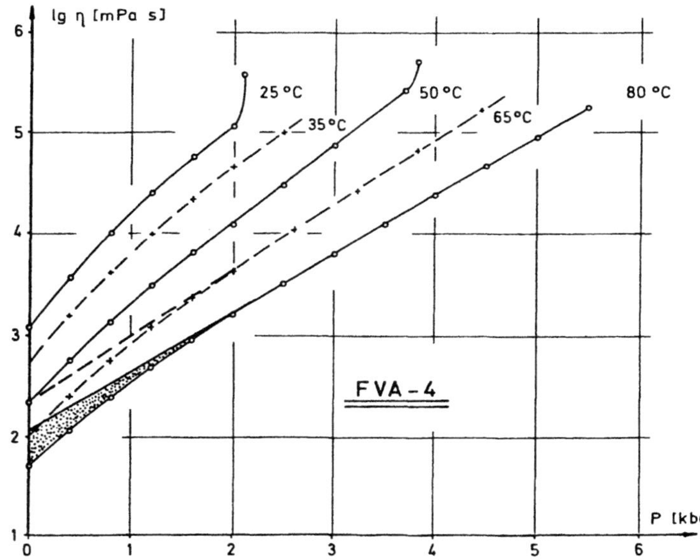


Bild 16: Das Viskositäts-Druckdiagramm von FVA Ref.Öl Nr. 4

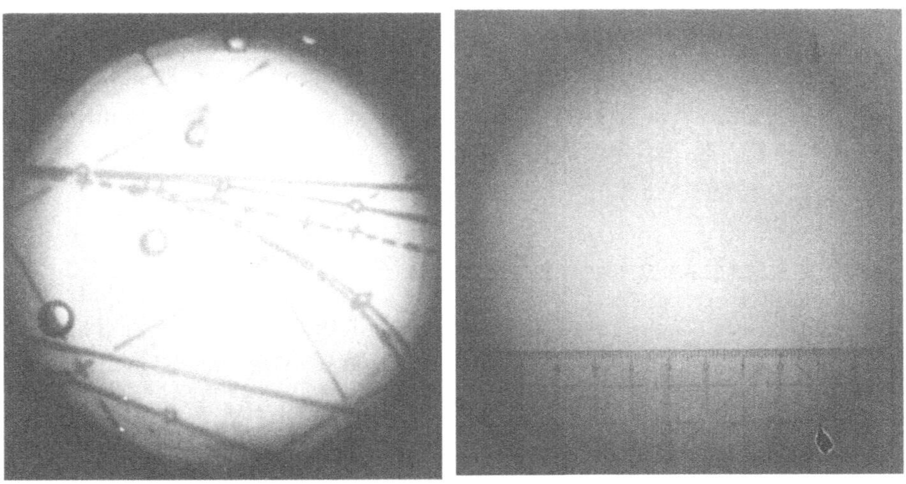

(a) (b)

Bild 17: Optischer Nachweis des Phasenübergangs im Öl

## 3.2 Ein optischer Nachweis der Phasenänderung

In Bild 17 a sieht man die klare Projektion eines im Autoklaven liegenden Diafilms und 3 kleine Luftblasen, die bei geringer Druckerhöhung verschwinden. Bei Erreichen des im lg $\eta$-p Diagramm ersichtlichen Verfestigungsdruckes verschwimmt das Bild bei - in diesem Fall gleichmäßiger Grundhelligkeit, als wenn eine Mattscheibe eingeschoben wird. Es ist also viel Streulicht vorhanden. Bei geringer Temperaturerhöhung tritt dann ohne Verstellen der Optik das Bild nach einiger Zeit wieder klar hervor. - In anderen Fällen ist das Gesichtsfeld nach der Umwandlung völlig dunkel. Es wird also das gesamte Licht absorbiert, d.h. man sollte wohl zwischen glasigen Erstarrungen und Ausfällungen unterscheiden.

Nach den Viskositätsmessungen und diesen optischen Versuchen mit Ausfällungen und glasigen Erstarrungen ist u.E. die Phasenumwandlung des Öles in Abhängigkeit von p und T nachgewiesen. Hinter dem Knickpunkt im lg $\eta$-p Diagramm findet man dann Abweichungen vom Newtonschen Verhalten, die im einzelnen noch näher untersucht werden sollten.

Um die physikalischen Vorgänge im Schmierspalt zu klären, müßte die Viskosität von Punkt zu Punkt im Schmierfilm und somit auch die Druck- und Temperatur-Verteilung im Raum bekannt sein. Zur Bestimmung der Temperatur-Verteilung wird benötigt:

## 3.3 Die Ermittlung der Kompressionswärme

Bei den Meßbedingungen in Zweischeiben-Prüfständen ist damit zu rechnen, daß ein Volumenelement Öl in etwa $10^{-4}$ Sekunden den Schmierspalt durchläuft und dabei adiabatisch von 1 bar auf maximal 10 kbar komprimiert und anschließend wieder dilatiert wird. Bei der Schnelligkeit des Vorganges liegen nahezu ideale adiabatische Bedingungen vor.

In der Literatur wird allerdings die Meinung vertreten, daß - vermutlich wegen der geringen Kompressibilität einer Flüssigkeit - die Kompressionswärme "vernachlässigbar ist", oder daß bei der Kompression entsprechend einer Hertzschen Pressung von 9 kbar eine Temperaturerhöhung zwischen 2° und 4° C auftritt [31, 32].

Dagegen fanden wir stets bei unseren pVT-, Viskositäts-, Ultraschall- und Doppelbrechungs-Messungen bis 4 kbar bei einer stufenweisen Erhöhung von nur 100 bar innerhalb dieses Gebietes bei jeder der genannten Zustandsgrößen den zu erwartenden Einfluß der Kompressionswärme. Somit muß nach jeder Druckerhöhung ca. eine halbe Stunde zwecks Abführung der Kompressionswärme gewartet werden, um fehlerhafte Messungen zu vermeiden.

Die Kompressionswärme und damit auch die Temperaturerhöhung des Öles läßt sich bei reversibler adiabatischer Kompression aus der allgemeingültigen thermodynamischen Beziehung:

$$dW = T\left(\frac{\partial v}{\partial T}\right)dp = C_p\,dT \tag{17}$$

berechnen. Die hierfür benötigten pVT-Daten von Ölen können wir aus der bereits früher zitierten eigenen Arbeit 10 entnehmen, in der die Dichten bis 2 bzw. 4 kbar mit 0,3 Promille Genauigkeit angegeben sind. Daraus stehen auch die Konstanten der Tait-Gleichung zur Verfügung.

Da die Kompressibilität schon bei 2 kbar auf etwa ein Viertel des Anfangswertes abgesunken ist und die Anteile zu höheren Drücken immer geringer werden, lassen sich die Rechnungen für $\Delta W$ (Spalte 3 der Tabelle 2) bis 10 kbar mit brauchbarer Genauigkeit durchführen.

Etwas ungenauer wird die Angabe der - durch die Kompression von 1 auf $p_{end}$ bar erzeugten - Temperaturerhöhung des Öles, da noch $C_p$ mit der nicht so genau bekannten Druckabhängigkeit eingeht, jedoch beträgt die Unsicherheit in T nur wenige Prozent.

T A B E L L E 2

Die Kompressionswärme und die Temperatur-Erhöhung bei rev. adiabatischer Kompression von V O L T O L 46.

$$dW = T\left(\frac{\partial V}{\partial T}\right)_p dp = C_p\, dT \qquad T = 298.2\ K$$

| $p_{end}$ [bar] | $I = \int_0^{p_{end}} \left(\frac{\partial V}{\partial T}\right)_p dp$ | $\Delta W$ | | $\Delta T$ |
|---|---|---|---|---|
| [bar] | [J/kg K] | [J/g] | [cal/g] | [grad] |
| 200 | 15.3 | 4.57 | 1.09 | 2.33 |
| 400 | 29.5 | 8.79 | 2.10 | 4.48 |
| 500 | 36.2 | 10.81 | 2.58 | 5.51 |
| 1000 | 67.2 | 20.05 | 4.79 | 10.22 |
| 2000 | 120.1 | 35.81 | 8.55 | 18.26 |
| 4000 | 206.3 | 61.51 | 14.69 | 31.4 |
| 6000 | 278.6 | 83.06 | 19.84 | 42.3 |
| 8000 | 342.6 | 102.1 | 24.40 | 52.1 |
| 10000 | 400.9 | 119.5 | 28.55 | 61.0 |

$\Delta W$ und $\Delta T$ sind als Funktion des Druckes (bezogen auf die Anfangsbedingungen 1 bar, 25° C) in Bild 18 dargestellt. Die Daten stimmen befriedigend mit experimentellen Werten überein, die die eingebauten Thermofühler PT 100 in unseren Druckapparaturen gaben. Da sich die verschiedenen Öle nur relativ wenig in den pVT-Daten unterscheiden, können die Werte der Tabelle 2 auch für andere Öle als Richtwerte gelten.

Entgegen einigen Literaturangaben beträgt die Temperaturerhöhung des Öles bei Kompression auf 10 kbar also nicht 2 oder 4° sondern rund 60° C.

Das führt unseres Erachtens zu folgenden wichtigen Konsequenzen:

1) Die Vorgänge im Schmierspalt können eigentlich nicht als isotherm angesehen werden, denn mit wachsender Temperatur werden sowohl $\eta_0$ als auch & sehr erheblich erniedrigt. Nun ist die in den Schmierspalt eingebrachte Ölmenge sehr klein

und die Randschichten zur Metallscheibe werden schnell die Massentemperatur der Scheiben annehmen. Bei der geringen Filmdicke wird sich also ein sehr großer Temperaturgradient in y-Richtung aufbauen.

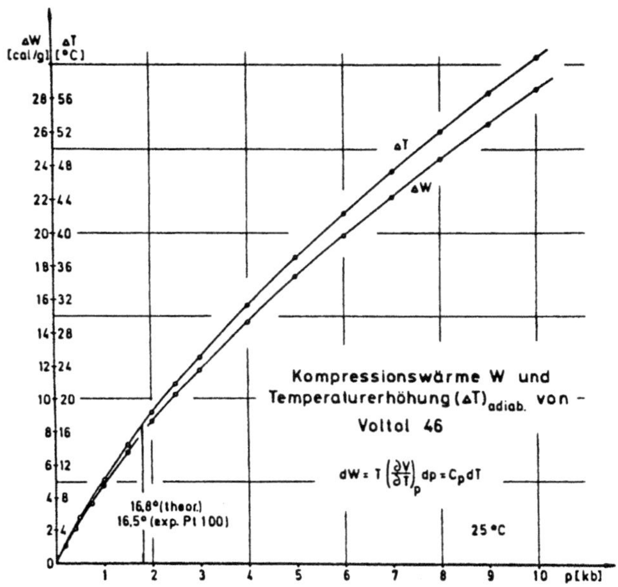


Bild 18: Die Kompressionswärme und die Temperaturerhöhung eines Öles bei Kompression von 1 bar auf 10 kbar

2) In der Strömung des Öles im Schmierspalt wird also die innerste Schicht die höchste Temperatur z.B. 70 oder $80^{\circ}$ C aufweisen und zu den Außenschichten wird die Temperatur stark abfallen, z.B. bis herab auf $20^{\circ}$ C. Senkrecht zur Strömungsrichtung -, d.h. in y-Richtung - kommt so eine Wärmeströmung zustande, die die Druck-, Temperatur- und Viskositäts-Verteilung beeinflußt.

Die Geschwindigkeits-Verteilung ist sicher weder linear noch entspricht sie dem Hagen-Poiseulleschen Gesetz. Aufgrund der in Bild 15 miteingezeichneten Verfestigungskurve des Öles liegt die Vorstellung nahe, daß sich der Öltransport immer mehr auf die enger werdende Mittelschicht konzentriert und immer mehr von den Außenschichten durch überhohe Viskosität und glasiges Erstarren ausfallen. Die Geschwindigkeits-Verteilung könnte so einer Delta-Funktion ähneln.

3) Die in Tabelle 2 für eine Hertzsche Pressung von 10 kbar angegebene Temperaturerhöhung von 61° C erklärt zwanglos die Beobachtung, daß sich die Scheiben des Prüfstandes bei längerem Betrieb auf 60° C aufheizen können.

Die in der Literatur angegebene Temperaturerhöhung von 2 oder 4° C bei Kompression auf 10 kbar erklärt die Beobachtung dagegen nicht. Die Vorstellung, daß der Ölfilm auf der Scheibe hängen bleibt, und bei jedem Umlauf um 2° C weiter aufgeheizt wird, - daß also "die stetig wirkenden Temperatur-Impulse kontinuierlich für einen Wärmefluß in die Lagerringe sorgen" [31] - ist nicht akzeptabel.

Wenn ein Öltropfen bei dem Eintritt in den EHD-Kontakt durch die Kompression um beispielsweise 2° C erwärmt wird, so <u>erniedrigt</u> sich natürlich kurz danach bei dem Austritt aus dem Druckraum die Temperatur wieder um denselben Betrag (negative Kompressionswärme). Die Temperatur pendelt bei einem Umlauf also nur einmal hin und her.

Im Zusammenhang mit den unterschiedlichen Meinungen über die Temperaturverteilung kann der Wunsch auf, die in Zweischeibenprüfständen verwendeten Temperatur- und Druck-Geber, die ja den Vorgang in $10^{-4}$ Sekunden auflösen sollen, einmal in einer statischen Höchstdruck-Apparatur zu testen und zu eichen.

## 3.4 Erprobung und Eichung von Temperatur- und Druck-Gebern

In der Hochdruck-Technik werden im Bereich von 10 kbar stets

Widerstands-Manometer verwendet, an deren Entwicklung schon Anfang des Jahrhunderts gearbeitet wurde. Als Materialien werden hauptsächlich Manganin (wegen des kleinen Temperatur-Koeffizienten), aber auch Gold, Silber, Kupfer, Eisen, Titan, Quecksilber und diverse Legierungen verwendet.

Die Manometer stehen in der Hochdruckapparatur vollständig unter allseitigem Druck und sind bifilar ohne mechanische Spannungen auf einem Porzellankreuz gewickelt. Vergossene Spulen zeigen dagegen keinen reprozierbaren Widerstand. Die Temperatur muß auf besser als ein zehntel Grad konstant gehalten werden.

Bei unseren Erprobungen von Gebern aus Zweischeiben-Prüfständen arbeiteten wir mit dem Institut für Maschinenelemente A und Konstruktionstechnik (Prof. Dr.-Ing. E. G. Paland, Sachbearbeiter Dr. Uwe Schmidt) zusammen. Um möglichst betriebsnah zu sein, wurden u.a. im Zweischeiben-Prüfstand gebrauchte Geber ausgeschnitten, so daß sie in unsere Hochdruckapparatur (Bild 4) paßten. In anderen Fällen wurden Geber unter verschiedenen Bedingungen in der Sputteranlage des Instituts für Maschinenelemente hergestellt.

Die Messungen wurden z.T. mit der Gleichspannungsbrücke vom Zweischeiben-Prüfstand und zum anderen Teil mit dem Hewlett-Packard LCR Meter 4262 A (Institut für Verfahrenstechnik) durchgeführt.

Als erstes wurde ein - aus einer Scheibe ausgesägter - aufgesputterter Ti-Temperaturgeber eingebaut und der Druck schnell von 1 auf 750 bar erhöht. Aufgrund der Kompressionswärme wird dann schlagartig und gleichmäßig im gesamten Ölvolumen die Temperatur um rd. $8^{0}$ C (Bild 18) erhöht und anschließend wird die Temperatur aufgrund der Wärmeabgabe nach außen exponentiell mit zunehmender Zeit abfallen.

Die gemessene Brückenspannung, die ein Maß für die Temperaturerhöhung ist, ist nun in Bild 19 in ihrem zeitlichen Verlauf dargestellt. Anstelle der schlagartigen Temperaturerhöhung findet man ein Maximum, das erst nach 6 Minuten erreicht wird, mit einem darauf folgenden exponentiellen Abfall. Die Anzeige ist also sehr träge, wenn man bedenkt, daß der Vorgang im

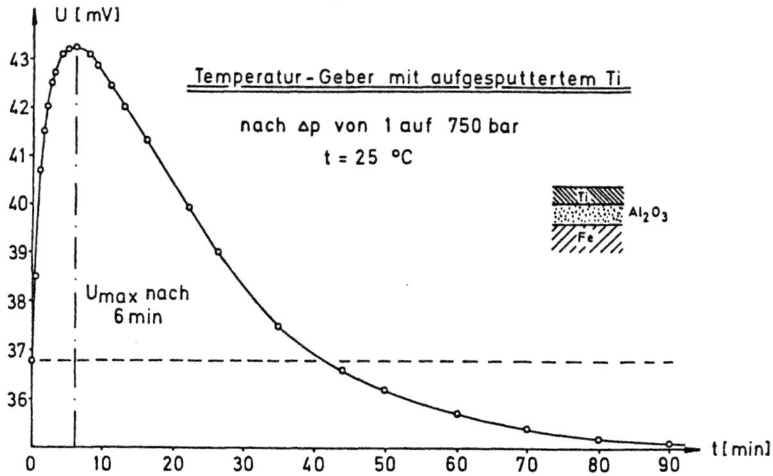


Bild 19: Der zeitliche Verlauf der Brückenspannung bei einem $Ti/Al_2O_3/Fe$-Geber

Zweischeiben-Prüfstand in ca. $10^{-3}$ Sekunden beendet ist.

Da wir eine erhebliche Wärmeableitung über die $Al_2O_3$-Schicht an das darunter liegende Stahlmaterial der Scheibe vermuten, wurde für die nächsten Versuche Titan direkt auf Glas aufgesputtert. Immerhin hat $SiO_2$ nur ein siebentel der Wärmeleitfähigkeit von $Al_2O_3$ und es befindet sich darunter keine Scheibe, die eine große Wärmemenge aufnehmen könnte.

In Bild 20 ist in Kurve II der zeitliche Verlauf der Brückenspannung im Vergleich zu dem vorher getesteten $Ti/Al_2O_3$ / Fe-Geber (Kurve I) dargestellt. Man erkennt, daß bei dem Geber II die Anzeige (Maximum) fast trägheitslos erfolgt.

Um einen größeren Zeitbereich überblicken zu können, ist ab 6 Minuten der Maßstab vervierfacht. Dadurch kommen die Kurvenverläufe anscheinend einen Knick, der bei gleichbleibendem Maßstab natürlich nicht vorhanden ist. Der Verlauf zwischen 6 und 34 Minuten zeigt deutlich, daß die Wärmeableitung bei Verwendung des Glasträgers erheblich geringer ist als bei Kurve 1.

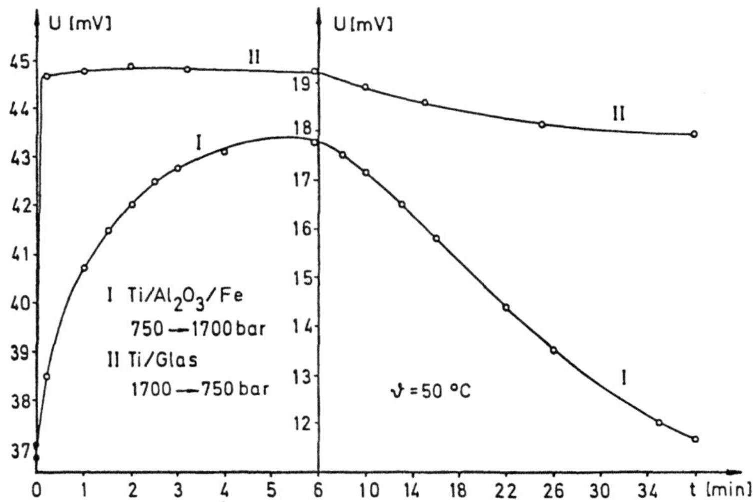


Bild 20: Der Vergleich eines Ti/Glas mit dem Ti/$Al_2O_3$/Fe-Geber

Sowohl aus Bild 19 als auch aus Bild 20 ist zu ersehen, daß bei genügend langem Warten der Endwert der Kurve nicht mit dem Anfangswert übereinstimmt. Die Differenz der beiden Werte entspricht dem echten Druckeffekt, jedoch muß - wie Bild 19 zeigt - bis zum Endausgleich mindestens 2 Stunden gewartet werden.

Aus den Bildern ist ferner zu ersehen, daß Ti/Glas eine starke Druck- und eine relativ geringe Temperatur-Abhängigkeit hat, während umgekehrt Ti/$Al_2O_3$/Fe eine relativ kleine Druck- und eine größere Temperatur-Empfindlichkeit besitzt. Obwohl beides aufgesputterte Titan-Geber sind, weisen sie ein sehr unterschiedliches Verhalten auf.

Um die Frage zu klären, ob dies auf die unterschiedliche Unterlage (Glas bzw. $Al_2O_3$) zurückzuführen ist, wurden weitere Geber aus Ti/W und Ni-Spezial (Isabellenhütte, Heusler KG, Dillenburg) untersucht.

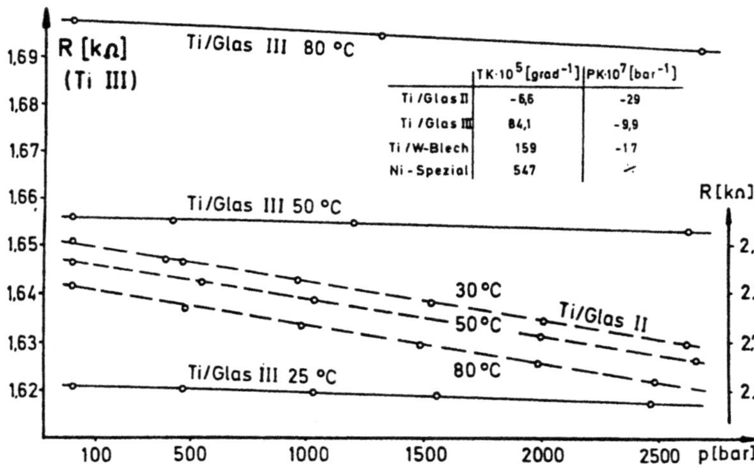


Bild 21: Das Verhalten weiterer Ti- und Ni-Geber

In Bild 21 ist der Widerstand der Geber Ti/Glas II und Ti/ Glas III bei verschiedenen Temperaturen in Abhängigkeit vom Druck dargestellt. Bei Ti/Glas II liegen die Isothermen dicht zusammen, die $30^{o}$-Isotherme oben und die $80^{o}$-Isotherme unten, und mit wachsendem Druck nehmen die Werte praktisch linear ab.

Völlig anders ist der Verhalten von Ti/Glas III. Die Isothermen liegen weit auseinander, wobei der Widerstand bei $25^{o}$ C erheblich kleiner ist als bei $80^{o}$ C. Die Widerstandsänderung mit dem Druck ist fast vernachlässigbar, so daß dieser Geber als reiner Temperaturgeber verwendet werden könnte.

Im Bild 21 sind rechts oben auch die Temperatur- und Druckkoeffizienten von insgesamt 4 Gebern aufgeführt. Wie wir schon sahen, unterscheiden sich die Temperaturkoeffizienten der beiden Titan/Glas-Geber sogar im Vorzeichen!

Die Zahlenwerte der Koeffizienten, die sich über zwei Zehnerpotenzen erstrecken, legen ebenfalls die Vermutung nahe, daß hier nicht die Materialeigenschaft von Titan gemessen wird. Vielmehr könnten- einem Kohlekörner-Mikrophon ähnlich - Übergangswiderstände gemessen werden, die dann sehr empfindlich auf Spuren von Verunreinigung reagieren.

Bei dem Ti/Glas-Geber III tritt wiederum eine Trägheit auf. Diese ist also nicht allein auf die $Al_2O_3$-Schicht zurückzuführen. Da die Ursachen der Trägheit z.Zt. noch nicht bekannt sind, sollte eigentlich jeder Geber bei statischen Drücken auf Trägheit getestet und individuell in seiner Druck- und Temperatur-Abhängigkeit geeicht werden.

## 4. Auswertung und Schlußbetrachtung

Wir gingen von der Meinung aus, daß das Öl bei der Maschinen-Schmierung eine entscheidende Rolle spielt und daß bei den angegebenen hohen Drücken von 10 kbar die Viskositäts-Druckabhängigkeit durch Einführung des Druckkoeffizienten & der Barus Beziehung nicht ausreichend charakterisiert ist. Bei Extrapolationen der bis 2 kbar gemessenen Werte auf 10 kbar liefert die Barus Beziehung bis zu 2 Zehnerpotenzen zu hohe Werte.

Für eine Weiterentwicklung gibt es nun zwei Wege:

a) Gemessene Viskositäts-Druckisothermen bis 2 kbar mit einer geeigneteren Beziehung als die von Barus zu erfassen,
b) die infrage kommenden Meßmethoden weiter in den Höchstdruckbereich hinein vorzutreiben.

Bei Punkt a) ist zu bedenken, daß für die hier interessierende Anwendung eine $\eta$ - p-Beziehung mit zu vielen Materialkonstanten (z.B. Blok, Roelands, Rodermund, Witt) für die EHD-Theorie wegen des unterschiedlichen Eingehens der einzelnen Konstanten nicht in Betracht kommen kann.

Schon eine einfache Erweiterung der Barus-Gleichung zu:

$$\eta_p = \eta_o \quad \exp. (\alpha . p + \beta p^2) \qquad (18)$$

gibt die bis 2 kbar gemessenen Viskositäts-Druck-Isothermen

sehr viel genauer wieder als die Barus-Beziehung. Die Gleichung ist für Interpolationen und besonders für die Untersuchung der t-Abhängigkeit von $\alpha$ und $\beta$ gut geeignet. Sie ist aber für Extrapolationen - wie wir schon in der ersten Veröffentlichung [33] ausführten - ungeeignet, weil das in p quadratische Glied bei negativem $\beta$ (degressives Verhalten) bei sehr hohen Drücken schließlich einmal überwiegen muß und $\eta$ dann entgegen der Realität mit wachsendem Druck ein Maximum durchlaufen würde.

Ein für weitgehende Extrapolationen der Viskosität auf andere Drücke und Temperaturen brauchbares Verfahren haben wir an anderer Stelle veröffentlicht [11] . Es geht von der Grundkonzeption aus, daß die primäre Einflußgröße auf die Viskosität nicht der Druck sondern die Dichte oder das Molvolumen sind, weil diese Zustandsgrößen ein direktes Maß für den durchschnittlichen Abstand der Moleküle und damit indirekt auch für die zwischenmolekularen Kräfte sind.

Als Parameter werden für die log $\eta$-Darstellung nicht p und T sondern 1/T und die Dichte $\rho$ genommen, wobei nunmehr statt Isothermen Isochoren dargestellt werden, wie es aus Bild 22 hervorgeht.

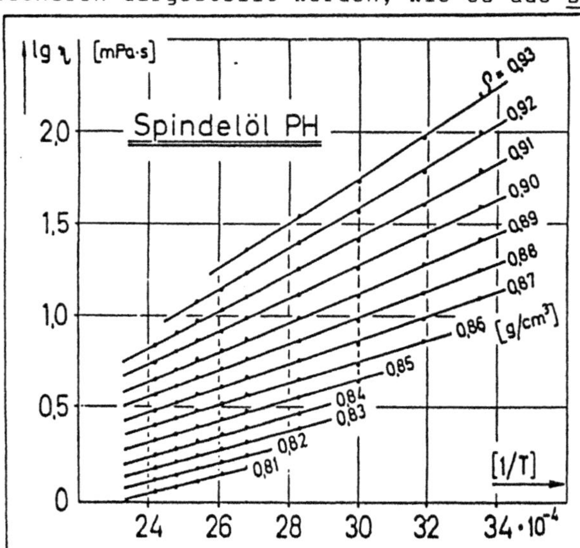


Bild 22: Die "Isochoren-Darstellung" der Viskositäts-Druckabhängigkeit von Spindelöl PH.

Durch Einführung der Dichte erhält man ein sehr anschauliches Diagramm mit sehr guten Extrapolationsmöglichkeiten.

b) Viskositäts-Messungen im Höchstdruckbereich bis 7 kbar ergaben auch an den Referenzoelen FVA 1 bis 4 Knickpunkte, die sich mit wachsender Temperatur zu höheren Drücken verschieben. An den Knickstellen konnten dann auch optisch Phasenübergänge nachgewiesen werden. Für die Vorgänge im Schmierspalt ist u.E. deshalb entscheidend, daß :

1) bei der Kompression von 1 auf 10 kbar die Temperaturerhöhung nicht vernachlässigbar ist sondern ca 60 Grad beträgt. Dabei kann der Schmierspalt nicht etwa als quasi-isotherm nur mit entsprechend höherer Temperatur angesetzt werden.

2) aufgrund der Wärmeabfuhr zu den Scheiben ein starker Temperaturgradient in y-Richtung auftreten wird. Die Innenschicht hat die höchste Temperatur und die weitaus kleinste Viskosität. Bei Verfestigungen, die zunächst nur in den Außenschichten auftreten, ist das Medium nicht mehr homogen sondern zweiphasig. Bei weiter wachsender Belastung würden der Öltransport und der Geschwindigkeitsgradient sich auf eine immer enger werdende Mittelschicht konzentrieren.

3) für Zweischeiben-Prüfstände werden Massentemperaturen zwischen 20 und 40 °C angegeben. In technischen Hochleistungs-Getrieben, bei Nocken, Zahnrädern und Wälzlagern treten dagegen 80 bis 90 °C und im Motor Öltemperaturen bis zu 150 °C auf. Hier sind $\alpha$ und $\eta_0$ natürlich sehr viel kleiner, [34] und eine Abschätzung zeigt, daß mit dem Knickpunkt im log $\eta$-p Diagramm erst ab 13 bis 14 kbar gerechnet werden muss.

Die Erweiterung des Druckbereiches bei unseren Messungen ermöglicht schließlich noch :

c) Die Aufstellung einer besseren Viskositäts-Druckbeziehung.

Zur Zeit verwendet man in der EHD-Theorie bekanntlich entweder die Steigung der Tangente an die log $\eta$-p Isotherme $\alpha_0$ oder die Steigung der Sekante durch p=0 und p=2000 d.h. $\alpha_{2000}$ bzw. $\alpha_{5000}$. In allen Fällen erhält man bei der Extrapolation auf 10 kbar sehr fehlerhafte Viskositätswerte.

Eine Betrachtung unseres Bildes 16 zeigt dagegen, daß die log $\eta$-p Isothermen im wesentlichen nur im unteren Bereich bis 2 oder 3 kbar gekrümmt sind und die Isothermen im Bereich höherer Drücke nahezu linear verlaufen.

Deshalb versuchen wir, den Isothermenverlauf im Höchstdruckgebiet durch eine lineare Asymptote zu erfassen und die im unteren Druckbereich zu kleineren Drucken ansteigenden Abweichungen (schraffierter Bereich in Bild 16) durch ein negatives Glied mit einem Exponentialausdruck im Nenner zu berücksichtigen. Wir kommen so zu der Viskositäts-Druck-Beziehung:

$$\lg \eta_p = A + B_p - C_e^{-D_p} \qquad (19)$$

in dieser haben wir $\eta$ in mPa.s, lg als Briggscher Logarithmus und p in bar eingesetzt.

In Tab. 3 sind die aus unseren Meßwerten ermittelten Konstanten A, B, C, D für die in Zweischeiben-Prüfständen meist verwendeten Öle FVA 3 und FVA 4 zusammengestellt.

In Tab. 4 sind die Werte für lg $\eta$ und $\eta$ des Referenzöles FVA 3 zusammengestellt.

In Tab. 5 sind die Zahlenwerte für lg $\eta$, die sich aus Gleichung (19) mit den eingesetzten Konstanten aus Tab. 3 rechnerisch ergeben, den experimentell ermittelten Zahlenwerten von FVA 4 gegenübergestellt und die prozentuale Abweichung zwischen beiden angegeben.

Tabelle 3: Die vier Konstanten der Gleichung (19) für FVA 3 und FVA 4

| FVA 3 | °C | lg $\eta_o$ | A | B.$10^{+3}$ | C | D.$10^{+3}$ |
|---|---|---|---|---|---|---|
| | 25 | 2,30 | 2,61 | 0,833 | 0,31 | 1,45 |
| | 40 | 1,91 | 2,38 | 0,673 | 0,47 | 1,06 |
| | 60 | 1,50 | 2,27 | 0,526 | 0,77 | 0,765 |
| | 80 | 1,215 | 2,134 | 0,404 | 0,919 | 0,458 |
| FVA 4 | | | | | | |
| | 25 | 3,026 | 3,466 | 0,793 | 0,441 | 1,69 |
| | 35 | 2,713 | 3,123 | 0,755 | 0,418 | 1,67 |
| | 50 | 2,322 | 2,710 | 0,694 | 0,388 | 1,56 |
| | 65 | 2,013 | 2,376 | 0,634 | 0,367 | 1,49 |
| | 80 | 1,712 | 2,061 | 0,574 | 0,346 | 1,42 |

Tab. 4 : Die Viskositäts-Druckwerte von Referenzoel FVA 3 .

| 25°C | | | 40°C | | | 60°C | | | 80°C | | |
|---|---|---|---|---|---|---|---|---|---|---|---|
| bar | lg η | η | bar | lg η | η [mPas] | bar | lg η | η | bar | lg η | η [mPas] |
| 1 | 2.2993 | 199,2 | 1 | 1.915 | 82,3 | 1 | 1.500 | 31,65 | 1 | 1,2178 | 16,40 |
| 200 | 2.5119 | 340,3 | 200 | 2.113 | 129,8 | 200 | 1.682 | 48,17 | 250 | 1.4154 | 26,02 |
| 400 | 2.7267 | 533,0 | 400 | 2.305 | 202,0 | 400 | 1.863 | 73,02 | 500 | 1.5925 | 39,13 |
| 600 | 2.9182 | 933,6 | 800 | 2.685 | 484,7 | 800 | 2.208 | 161,5 | 750 | 1.7852 | 60,98 |
| 800 | 3.1061 | 1277 | 1000 | 2.873 | 747,5 | 1000 | 2.378 | 239,0 | 1000 | 1.9368 | 86,46 |
| 1000 | 3.3050 | 2018 | 1200 | 3.045 | 1110 | 1200 | 2.579 | 379,8 | 1250 | 2.1206 | 132,02 |
| 1200 | 3.5041 | 3192 | 1600 | 3.375 | 2373 | 1600 | 2.829 | 675,7 | 1500 | 2.2548 | 179,80 |
| 1400 | 3.6975 | 4983 | 2000 | 3.680 | 4791 | 2000 | 3.111 | 1292 | 1750 | 2.4287 | 268,35 |
| 1600 | 3.8765 | 7525 | 2400 | 3.975 | 9450 | 2400 | 3.326 | 2121 | 2000 | 2.5460 | 351,50 |
| 1800 | 4.0562 | 11382 | 2800 | 4.258 | 18140 | 2800 | 3.576 | 3771 | 2500 | 2.8335 | 681,60 |
| 2000 | 4.2440 | 17540 | 3000 | 4.400 | 25130 | 3000 | 3.696 | 4974 | 3000 | 3.1066 | 1278 |
| 2100 | 4.3362 | 21690 | 3200 | 4.531 | 33994 | 3200 | 3.819 | 6597 | 3500 | 3.3650 | 2318 |
| 2200 | 4.4525 | 28350 | 3400 | 4.682 | 48135 | 3600 | 4.058 | 11440 | 4000 | 3.6121 | 4094 |
| 2300 | 4.5605 | 36350 | 3600 | 4.995 | 99020 | 4000 | 4.284 | 19250 | 4500 | 3.8440 | 6983 |
| 2400 | 4.7620 | 57833 | -- | -- | -- | 4500 | 4.572 | 37368 | 5000 | 4.0960 | 12490 |
| | | | | | | 5000 | 4.836 | 68620 | 5500 | 4.2892 | 19470 |
| | | | | | | 5200 | 5.016 | 103855 | 6000 | 4.5050 | 31997 |
| | | | | | | 5400 | 5.622 | 419370 | 6500 | 4.7048 | 50680 |
| | | | | | | -- | -- | -- | 7000 | 4.9230 | 83800 |

Tabelle 5 : Die Viskositäts-Druckwerte von Referenzoel FVA 4 .

| | lg n 25°C | | | lg n 35°C | | | lg n 50°C | | | lg n 65°C | | | lg n 80°C | | |
|---|---|---|---|---|---|---|---|---|---|---|---|---|---|---|---|
| kbar | gem. | ber. | % | gem. | ber. | % | gem. | ber. | % | gem. | ber. | % | gem. | ber. | % |
| 0 | 3.04 | 3.02 | 0,70 | 2.73 | 2.71 | 0,74 | 2.30 | 2.27 | 1,30 | 2.02 | 2.01 | 0,58 | 1.71 | 1.69 | 1,17 |
| 0,2 | 3.31 | 3.31 | 0,0 | 2.97 | 2.97 | 0,18 | 2.55 | 2.55 | 0,0 | 2.22 | 2.22 | 0,0 | 1.90 | 1.90 | 0,0 |
| 0,4 | 3.56 | 3.55 | 0,08 | 3.20 | 3.21 | 0,19 | 2.74 | 2.78 | 1,29 | 2.41 | 2.42 | 0,09 | 2.07 | 2.08 | 0,32 |
| 0,6 | 3.78 | 3.78 | 0,0 | 3.41 | 3.41 | 0,05 | 2.94 | 2.98 | 1,48 | 2.59 | 2.59 | 0,0 | 2.24 | 2.24 | 0,25 |
| 0,8 | 3.99 | 3.98 | 0,23 | 3.62 | 3.61 | 0,18 | 3.13 | 3.16 | 1,11 | 2.76 | 2.76 | 0,01 | 2.40 | 2.40 | 0,0 |
| 1,0 | 4.19 | 4.17 | 0,29 | 3.80 | 3.79 | 0,12 | 3.33 | 3.33 | 0,0 | 2.92 | 2.91 | 0,09 | 2.54 | 2.54 | 0,12 |
| 1,2 | 4.35 | 4.35 | 0,04 | 3.98 | 3.96 | 0,38 | 3.48 | 3.49 | 0,25 | 3.07 | 3.06 | 0,31 | 2.68 | 2.67 | 0,31 |
| 1,4 | 4.55 | 4.53 | 0,33 | 4.17 | 4.13 | 1.00 | 3.64 | 3.64 | 0,13 | 3.22 | 3.21 | 0,31 | 2.81 | 2.80 | 0,29 |
| 1,6 | 4.71 | 4.70 | 0,20 | 4.32 | 4.29 | 0,62 | 3.79 | 3.79 | 0,01 | 3.37 | 3.35 | 0,67 | 2.98 | 2.93 | 1,57 |
| 1,8 | 4.89 | 4.87 | 0,44 | 4.48 | 4.45 | 0,53 | 3.95 | 3.93 | 0,47 | 3.50 | 3.48 | 0,44 | 3.09 | 3.05 | 1,03 |
| 2,0 | 5.05 | 5.03 | 0,29 | 4.63 | 4.61 | 0,38 | 4.09 | 4.07 | 0,39 | 3.63 | 3.62 | 0,39 | 3.21 | 3.17 | 1,21 |
| 2,5 | -- | | | -- | -- | -- | 4.45 | 4.43 | 0,46 | 3.95 | 3.94 | 0,20 | 3.51 | 3.47 | 1.08 |
| 3,0 | | | | | | | 4.84 | 4.77 | 1,31 | 4.27 | 4.27 | 0,10 | 3.80 | 3.76 | 0,92 |
| 3,5 | | | | | | | 5.23 | 5.12 | 2,05 | 4.59 | 4.59 | 0,12 | 4.08 | 4.05 | 0,81 |
| 4,0 | | | | | | | -- | -- | | 4.91 | 4.91 | 0,06 | 4.37 | 4.33 | 0,85 |
| 4,5 | | | | | | | | | | 5.23 | 5.22 | 0,10 | 4.65 | 4.62 | 0,72 |
| 5,0 | | | | | | | | | | 5.54 | 5.54 | 0,01 | 4.94 | 4.90 | 0,63 |
| 5,5 | | | | | | | | | | 5.86 | 5.86 | 0,01 | 5.22 | 5.19 | 0,51 |
| 6,0 | | | | | | | | | | -- | -- | | 5,51 | 5.47 | 0,65 |

Gleichung (19) wurde mit der Gleichung von Rodermund [35]

$$\ln \frac{\eta}{A} = \ln \frac{\eta_0}{A} \left( \frac{p}{2000} + 1 \right)^{D + E \ln \frac{\eta_0}{A}} \qquad (20)$$

die ebenfalls vier Konstanten hat, verglichen , wobei jeweils die Viskositäten bis zum Knickpunkt der Isotherme berechnet wurden.
Bei den weitgehenden Extrapolationen erwies sich Gleichung (20) als merklich ungenauer als Gleichung (19), bei der die maximalen Abweichungen lediglich 9 Prozent betrugen.

Natürlich ist es nun völlig unmöglich, eine Viskositäts-Druckbeziehung mit vier Material-Konstanten etwa in die EHD-Theorie einführen zu wollen.

Wie aus Bild 16 hervorgeht , ist durch die Konstanten A und B unserer Gleichung (19) der geradlinige Verlauf der Meßpunkte oberhalb 2 kbar festgelegt. Mit den Konstanten C und D dagegen werden die Abweichungen von dem geradlinigen Verlauf im untersten Druckbereich zwischen 1 bar und 2 kbar erfaßt.

Da für die EHD-Theorie nur die Werte im oberen Druckbereich interessieren, kommt man allein nur mit den Konstanten A und B aus. Die Konstante A spielt dabei die Rolle einer korrigierten Einlaufviskosität $\eta_0$ , während die Konstante B an die Stelle des bisherigen Viskositäts-Druck - Koeffizienten & tritt. A und B sind also die bekannten Größen,die bisher schon in der EHD-Theorie verwendet wurden, nur mit dem Vorteil, daß sie oberhalb von 2 kbar für jeden beliebigen Druck den richtigen Viskositätswert liefern. Dies ist besonders wichtig bei langen Isothermen für die gerade zur Debatte stehenden hohen Temperaturen.

Knickpunkte im log $\eta$-p Diagramm haben wir übrigens auch schon früher gefunden [36] und zwar schon im relativ niedrigen Druckbereich. Hierbei konnten wir auch hinter dem Knickpunkt noch die Messungen in einem bestimmten Bereich weiterführen.Es waren Untersuchungen an ungeschwefeltem und geschwefeltem Spermöl (Walfischöl), behandeltem und unbehandeltem Jojoba-Öl (einem neuartigen Pflanzenöl) und schließlich einem von uns synthetisierten C10/C14-Ester.

Wie in Bild 23 am Beispiel des ungeschwefelten und geschwefelten Spermöls gezeigt ist, treten die Knickpunkte generell nur bei den jeweils geschwefelten Produkten, bei denen an früheren Stellen mit Doppelbindungen chemisch Schwefel in das Molekül eingebaut wurde.

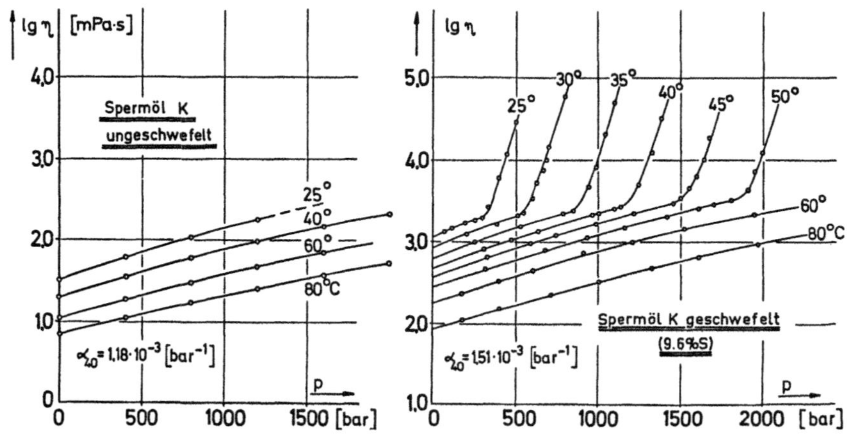


Bild 23: Das $\eta$-p Verhalten von ungeschwefeltem und geschwefeltem Spermöl [36]

Es ist nun bekannt, daß nur die geschwefelten Spermölprodukte die im Maschinenbau gefürchteten Schäden durch "Pittingbildung" verhindern. Es besteht somit die Möglichkeit, daß gerade die in der Viskosität erkennbaren Phasenänderungen bei der Verhinderung der Pittingbildung eine entscheidende Rolle spielen. Eine mögliche Erklärung ergibt sich aus einer früheren Veröffentlichung [37] .

Eine Möglichkeit, direkt den Einfluß hoher Drucke auf Vorgänge im EHD-Punktkontakt zu prüfen, erprobten wir vor Jahren mit einem - unter allseitigem Hochdruck betriebenen - Vierkugeleinsatz [38]. Die Erzeugung der Anpreßkraft (Belastung), die Kraftmeßdose, Drehmomentmessung, und alle sonstigen Einrichtungen befanden sich innerhalb des HD-Autoklaven. So kann z.B. durch Erhöhung des Außendruckes der Wert von $\eta_0$ ohne Änderung der Ölstruktur und der Temperatur um weit mehr als eine Zehnerpotenz geändert werden.

Nach dem Ausbau des Einsatzes wird mit einem Metallmikroskop der Durchmesser $d_K$ der Verschleißkalotte auf einer der Kugeln gemessen. Die Ergebnisse sind in Bild 24 dargestellt. Bei ca. 50 bar z.B. geht bei einer Anpressung mit F = 981 Newton und mit u = 19,2 cm/s der Verschleißwert $d_K$ von der Verschleiß-Hochlage in die Tieflage ($d_K$ = 0; vollhydrodynamische Schmierung) über.

Zur Charakterisierung wird hier also nicht die Filmdicke $h_{Min}$ sondern "die kritische Last F am Umschlagpunkt", die viel empfindlicher auf interessierende Parameter reagiert, verwendet. Für sie leiteten wir die Beziehung ab:

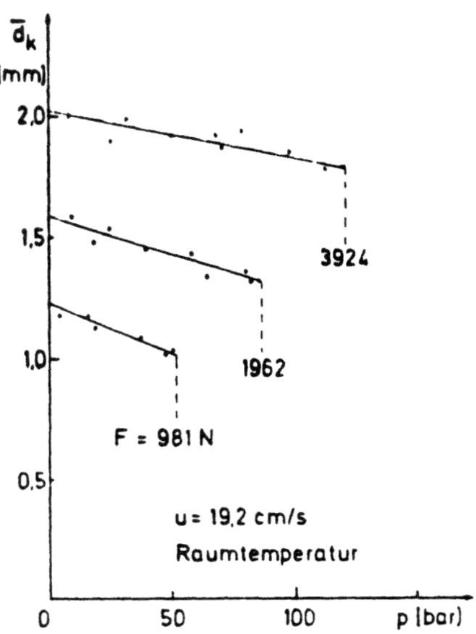


Bild 24: Der Verschleißdurchmesser $d_K$ als Funktion Druck und Belastung [38]

$$\frac{F}{E' r_E^2} = 4{,}14 \cdot 10^{-21} \frac{r_E^{6{,}38}}{(\Sigma R_a)^{13{,}5}} \left(\frac{\eta_w u}{E' r_E}\right)^m$$

Hierin ist $\bar{r}_E$ der Ersatzradius, E' der reduzierte E-Modul und $R_A$ die Oberflächen-Rauhigkeit in nm. Die wirksame Viskosität $\eta_{tW}$ könnte etwa dem Bild 16 entnommen werden, wobei als Druck zwei Drittel der maximalen Hertzschen Pressung genommen werden.

Danksagung : Die Arbeit wurde vom BMFT unter der Federführung der DFVLR gefördert. Mein Dank gilt ferner meinen früheren und jetzigen Mitarbeitern sowie besonders dem Direktor des Instituts für Verfahrenstechnik, Herrn Prof.Dr.Ing.D. Mewes , für anregende Diskussionen und freundliche Förderung.

## Schrifttum

1) Reynolds, Osborne On the Theory of Lubrication Phil. Trans.Roy.Soc. London 177, (1886), 157-234.

2) Fuller, D.D. Theory and Practice of Lubrication for Engineers, J. Wiley and Sons London 1956, 432 S.

3) Dowson, D. A generalized Reynolds Equation for fluid-film Lubrication. Int.f.Mech.Sci. 4, (1962), 159-170

4) Peppler, W. Maschinenelemente Tagung Aachen 1935, VDI-Verlag (Berlin (1936, 42; VDI-Forschungsheft 1938, 391

5) Dowson, D. und G.R. Higginson Elasto-hydrodynamic Lubrication Pergamon Press Oxford 1966, 235 S.

6) Cameron, A. The principles of Lubrication Longmans Green & Co. London 1966, 531 S.

7) Dowson, D. Proc.Inst.Mech.Engrs. 182, 3 A (1967), 151-167

8) Grubin, A.V. und J.E. Vibogradova Central Scientific Research Institute for Technology and Mech.Engineering Book Nr. 30, 1949, Moscow (DSIR Translation Nr. 337)

9) Archard, J.F. und M.T. Kirk Lubrication at point contacts Proc.Roy.Soc. A 261, (1961), 532

10) Dowson, D., G.R. Higginson und A.V. Whitacker J.Mech. Engrg. Sci. 4, (1962), 121-126

11) Kuss, E., pVT-Daten bei hohen Drücken, DGMK Forschungsbericht 4510 Hamburg Mai (1976) 68 S. und pVT-Daten und Druckviskositäten von ausgesuchten Ölen.

DGMK Forschungsbericht 198, Hamburg April 1982 222 S. Deutsche Gesellschaft für Mineralöl-Wissenschaft und Kohlechemie, Hamburg Nordkanal Str. 28

12) Kuss, E. Mineralöl-Technik, MZV-Uniti 18, H. 7/8, (1973) 1-48

13) Kuss, E. Chem.Ing.Techn. 37, (1965), 397-410

14) Cheng, H.S. ASLE Transactions 8, (1965), 397-410

15) Murch, L.E. und W.R.D. Wilson Transact.of ASME, Journal of Lubrication Technology 97, Serie F Nr. 2 (1975), 212-216

16) Wilson, W.R.D. und S. Sheu Transactions of the ASME. Journal of Lubrication Technology 105,(1983), 187-188

17) Cameron, R. und R.W. Gregory Proc.Instn.Mech.Engrs. 182 Pt. 3N (1957/68) 23-32

18) Schouten, M.J.W. "Einfluß elastohydrodynamischer Schmierung auf Reibung, Verschleiß und Lebensdauer von Getrieben" Diss., Fak.f.techn.Wissenschaften T.H.Eindhoven 23.10.1973, 388 S.

19) Greenwood, J.A. und J.J. Kauzlarich Transact. of ASME Journal of Lubrication Technology 95, Ser. F 4 (1973) 417-426

20) Kannel, J.W. und T.A. Dow "The Relation between Pressure and Temperature in Rolling-Sliding EHD-Contact", ASLE Trans. 23, 3 (1979) 262-268

21) Hirata, M. und A. Cameron Optical Elastohydrodynamics ASLE Preprint No. 83 - Am 5 A-1

22) Ehlert, J. und W.J. Bartz Rheologica Acata 15 (1976), 356-364

23) Münnich, H. Erdöl und Kohlechemie, Erdgas, Petrochemie 36, (1983), 461-465

24) P.W. Bridgman, The Physics of High Pressure G. Bell & Sons, Ltd. London 1952, 445 S.

25) Federbalg-Kapillarviskosimeter, Deutsches Patentamt P 32 37 130.6

26) ASME Project No. 53, Viscosity and Density of over forty Lubricants, ASME, NEW York 1953

27) Feyz, M. und E. Kuss, Ber. der deutschen Bunsengesellschaft Phys.Chem. 78, (1974), 834-842

28) Kuss, E. und H. Deymann, Schmiertechnik und Tribologie 27, (1980) 95-97
29) Bode, Berthold "Entwicklung eines Quarzviskosimeters für Messungen bei hohen Drücken". Diss. Fak.Bergbau, Hüttenwesen und Maschinenbau TU Clausthal 4.7.1984, 198 S.
30) Kuss, E. The Design of a High-Pressure Viscometer for Temperatures up to 300° C.
High Temperatures - High Pressures 9, (1977) 415-421
31) Köhler, A. "Entwicklung und Anwendung aufgedampfter Meßwert-Aufnehmer", Diss.Nov.1981 Aachen Inst. Prof. Dr. Peeken
32) Safa, M.M.A., J.C. Anderson und J.A. Leather
Sensors and Actuators 3 (1982/83), 119-128
33) Kuss, E. in "Tätigkeitsbericht des Instituts für Erdölforschung für das Jahr 1974" Jahrgang 6, (1975), S. 20
34) Privatmitteilung von Herrn Dr.-Ing. Otto R. Lang, für die ich meinen besten Dank ausspreche.
35) Rodermund, H. Schmiertech. + Tribologie 16 (1969), 251-255; Ferner "Beitrag zur elastohydrodynamischen Schmierung von Evolenten-Zahnrädern", Diss. Clausthal 1975, Inst. Prof. Holland
36) Kuss, E., W. Vogel und H. Deymann, Tribologie und Schmierungstechnik 30 (1983), 283-290
37) Bartel, A. und E. Kuss Einige Grundlagenversuche zur Oberflächenverformung und Pittingbildung.
Freiburger Forschungshefte B 35 (1959), 112-128
38) F.W. Hötte und E. Kuss Reibungs- und Verschleiß-Messungen im EHD-Kontakt bei allseitig hohem Druck. Rheol.Acta 17 (1978) 193-200

# Betriebsverhalten von Wälzlagern im Drehzahlbereich

# bis 100 000 /min bei EHD - Mangelschmierung

von

o.Prof. Dr.-Ing. G. Lechner

Dipl.-Ing. M. Plank

Institut für Maschinenelemente
und Gestaltungslehre

Universität Stuttgart

Förderkennzeichen: 01 ZT 280

Laufzeit: 01.07.1981 - 31.12.1985

Inhaltsangabe


| | | Seite |
|---|---|---|
| 1. | Einführung und Problemstellung | 191 |
| 1.1 | Schnellaufende Wälzlager | 191 |
| 1.2 | Kleinstmengenschmierung | 192 |
| 1.3 | Ziele und Lösungsweg | 195 |
| 2. | Versuchseinrichtungen | 196 |
| 2.1 | Tangentialriemenprüfstand für 100.000/min | 196 |
| 2.2 | Reibmomentmessung an Rotorlagerungseinheiten | 197 |
| 2.3 | Wälzlagermodell | 197 |
| 3. | Testlager | 199 |
| 4. | Schmierstoffe | 201 |
| 5. | Versuchsdurchführung und Auswertung | 203 |
| 5.1 | Versuchsprogramm - Dauerfunktionstests und Stribeckversuche | 203 |
| 5.2 | Versuche am Wälzlagermodell | 204 |
| 6. | Zur Theorie des kleinstmengengeschmierten Punktkontaktes | 205 |
| 6.1 | Schmierfilmdicke im teilversorgten Wälzkontakt | 205 |
| 6.2 | Übertragung auf den fettgeschmierten Kontakt | 210 |
| 7. | Ergebnisse | 211 |
| 7.1 | Stribeckversuche | 211 |
| 7.1.1 | Einfluß der Lagerbauart | 211 |
| 7.1.2 | Einfluß des Schmierstoffs | 211 |
| 7.1.2.1 | Oelschmierung | 213 |
| 7.1.2.2 | Fettschmierung | 215 |
| 7.2 | Dauerfunktionstests | 216 |
| 7.3 | Lagertemperatur | 218 |
| 7.4 | Temperaturverlauf und -bewertung | 219 |
| 7.5 | Käfigschlupf | 221 |
| 7.6 | Körperschallanalyse am kleinstmengengeschmierten Kontakt | 223 |
| 8. | Zusammenfassung und Ausblick | 225 |
| 9. | Schrifttum | 227 |

## 1. Einführung und Problemstellung

### 1.1 Schnellaufende Wälzlager

Betrachtet man die Entwicklung von Maschinen und Anlagen von ihrem ersten Einsatz bis zu den heute üblichen Bauformen, dann fällt neben dem Wandel bei der Werkstoffauswahl und der Gestaltung besonders die zunehmende Leistungsdichte auf. Die Leistungssteigerung bei gleichzeitiger Abnahme von Baugröße und Gewicht wurde zum einen durch höher belastbare Werkstoffe, zum anderen durch die lagerungstechnische Beherrschung höherer Drehzahlen ermöglicht. Diese Entwicklung ist auch bei Produkten deutlich, deren Lagerstellen der Forderung nach Wartungsfreiheit genügen müssen.
In diesen Bereich gehören Haushaltsmaschinen, Kraftfahrzeugausrüstung und Elektrowerkzeuge.

Viele dieser Produkte machen von den günstigen Eigenschaften der Wälzlager Gebrauch: hohe Tragfähigkeit bei geringer Baugröße, Unempfindlichkeit gegenüber wechselnden Drehzahlen, geringe Anlaufreibung, niedrige Reibung auch bei höheren Drehzahlen sowie geringe Ansprüche an Schmierung und Wartung.
Um den Bereich der schnellaufenden Wälzlager sinnvoll einzugrenzen, genügt die Angabe einer Drehzahl nicht, auch der Durchmesser des Lagers muß berücksichtigt werden. Das Produkt aus Drehzahl und mittlerem Lagerdurchmesser $n \cdot d_m$ [mm/min] wird in der Literatur als Drehzahlkennwert bezeichnet und stellt ein Maß für die Umfangsgeschwindigkeit des Wälzkörpermittenkreises dar. Lagerungen mit Drehzahlkennwerten von über 500 000 mm/min werden im Allgemeinen als schnellaufend bezeichnet.

Für die Entscheidung, ob ein Lager eines bestimmten Durchmessers bei vorgegebener Drehzahl sicher betrieben werden kann, gibt es keinen festen Drehzahlkennwert. HILLMANN [1] und BOHACEK [2] haben deshalb experimentell und theoretisch ermittelte Grenzdrehzahlen vorgeschlagen, die neben der Lagergeometrie auch die Art der Schmierung berücksichtigen.

Tabelle 1 gibt einen Überblick über die bei verschiedenen Wälzlageranwendungen erreichten Drehzahlkennwerte.

| Wälzlager-Anwendung | Drehzahlkennwert n·$d_m$ |
|---|---|
| PKW - Radlagerung | 100 000 mm/min |
| PKW - Getriebe (Eingangswelle) | 250 000 mm/min |
| Drehmaschinen - Hauptspindel | 400 000 mm/min |
| Ringspinn - Spindel | 400 000 mm/min |
| Schleifspindellagerung | 750 000 mm/min |
| Open - End - Spinnaggregat | 1 500 000 mm/min |
| Strahltriebwerkslagerung | 2 000 000 mm/min |
| Extremwert heute (Versuche an Gasturbinenlagerung) | 3 000 000 mm/min |

*Tabelle 1 : Typische Drehzahlkennwerte einiger Wälzlager-Anwendungen*

## 1.2 Kleinstmengenschmierung

Die Idee der Kleinstmengenschmierung stammt aus dem Werkzeugmaschinenbau. Beträchtliche Reibleistungen insbesondere bei schnellaufenden Arbeitsspindellagerungen führen zu Erwärmung von Lagern und Spindeln. Die Lageänderung zwischen Werkzeug und Werkstück infolge von Wärmedehnungen kann bei angepaßter konstruktiver Gestaltung zwar begrenzt, aber nicht ganz vermieden werden. Hohe Spindeltemperaturen wirken sich immer negativ auf die erzielbare Genauigkeit aus.
Die Lagertemperatur läßt sich zwar durch vermehrten Öldurchsatz stabilisieren, weil mit dem abfließenden Öl Wärme abgeführt werden kann, der thermische - und damit der geometrische - Beharrungszustand der Maschine stellt sich dabei aber erst nach einigen Umläufen des gesamten Schmierstoffvorrats ein. Vielfach müssen deshalb genau arbeitende Werkzeugmaschinen vor dem Einsatz erst mehrere Stunden warmgefahren werden.

Setzt man die zum Aufbau eines geschlossenen Schmierfilms auf Wälzkörpern und Wälzbahnen erforderliche Schmierstoffmenge ins Verhältnis zum üblicherweise veranschlagten Bedarf eines Wälzlagers, dann wird deutlich, daß der weitaus größte Teil des angebotenen Schmierstoffs nicht unmittelbar am Wälzprozeß beteiligt ist, sondern vor den Wälzkörpern hergeschoben und gewalkt wird und damit zur Lagererwärmung beiträgt.

Die elastohydrodynamische Schmierungstheorie gestattet es, die unter bekannten geometrischen, kinematischen und rheologischen Verhältnissen sich einstellende Schmierfilmdicke zu berechnen ([3],[4],[5]). Bei steigender Wälzgeschwindigkeit liefert die Theorie zunehmende Schmierfilmdicken. Dies wurde vielfach experimentell bestätigt.
Sowohl in den überwiegend theoretischen Arbeiten [3],[4],[6],[8],[9] als auch bei den experimentellen Untersuchungen [10],[11] und [12] wurde davon ausgegangen, daß dem Wälzspalt weit mehr Schmierstoff zur Verfügung steht, als zur Ausbildung des nach der Theorie zu erwartenden Schmierfilms erforderlich ist. Die Schmierfilmdicke wird deshalb in der klassischen EHD-Schmierungstheorie als ausschließlich von den Faktoren Geometrie, Geschwindigkeit, Belastung und Schmierstoffeigenschaften abhängig angenommen.

Bei schneller Bewegung übersteigt die Schmierfilmdicke in der Regel das zur sicheren Trennung der Oberflächen erforderliche Maß. Eine Filmdicke, die die Summe der Rauhtiefen der aufeinander abwälzenden Oberflächen wesentlich übersteigt, ist jedoch weder notwendig noch sinnvoll.
Begrenzt man bei schnellaufenden Wälzlagern die Filmdicke, indem man dem Wälzkontakt nur eine begrenzte Schmierstoffmenge zur Verfügung stellt, läßt sich die im Lager anfallende Reibleistung erheblich senken [13].

Über die Wirkung des verminderten Schmierstoffangebots auf die Filmdicke liegen überwiegend experimentelle Arbeiten vor ([14],[15],[16],[17]).
In 16 bilden die Ergebnisse umfangreicher Versuche die Grundlage einer empirischen Formel. Dabei wird zwischen zwei Ursachen für die Schmierfilmdickenreduktion unterschieden. Neben einem Unterangebot an Öl oder Fett kann auch die Wälzbewegung zur Kleinstmengenschmierung führen, wenn der Schmierstoff wegen der schnellen Folge von Überwälzungen nicht in die Wälzbahn zurückfließen kann.
Betrachtet man die Schmierstoffverteilung nicht nur im Wälzkontakt, sondern auf der gesamten Wälzbahn, und berücksichtigt man zusätzlich den Transport von Schmierstoff quer zur Wälzbewegung aus der Wälzbahn heraus und wieder hinein (durch Verdrängen beim Überwälzen und anschließendes Zurückfließen), erhält man bei zunehmender Drehzahl die in Bild 1 dargestellten Zustände.
Die zunehmende Drehzahl wird durch kürzere (zeitliche) Abstände zwischen aufeinanderfolgenden Überrollungen der Wälzbahn dargestellt.

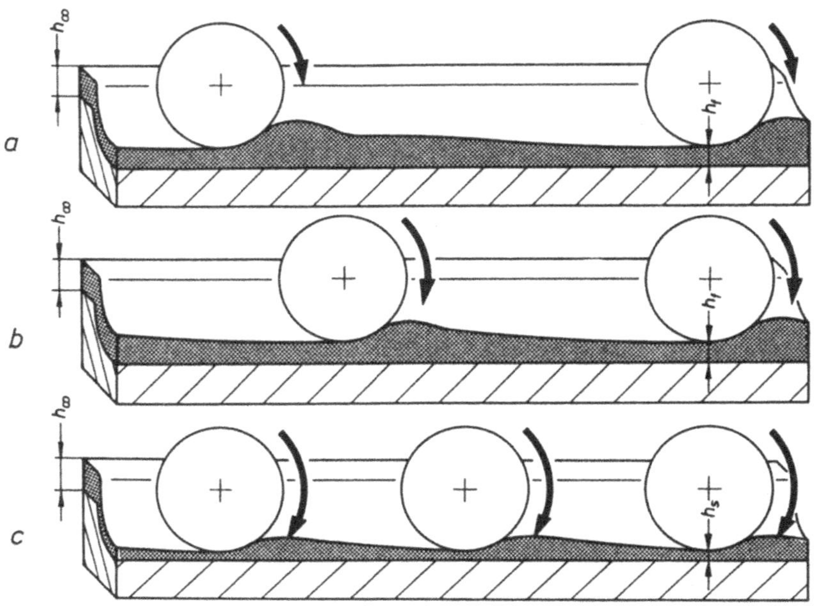


*Bild 1 :* ***Schmierstoffverteilung auf der Wälzbahn eines kleinstmengengeschmierten Lagers, Drehzahl von a) bis c) zunehmend.***

**In allen drei Fällen wurde Schmierung durch eine geringe Menge Öls oder fließfähigen Fetts angenommen, die die Wälzbahn und ihre Umgebung in Form eines dünnen, homogenen Films der Dicke $h_\infty$ bedeckt.**
**Versuche von CHIU [14] zeigen, daß bei Teilversorgung die Schmierfilmdicke mit steigender Geschwindigkeit nicht zu-, sondern abnimmt. Es ist zu überlegen, ob nicht auch der Einfluß der Viskosität auf die Schmierfilmdicke des kleinstmengengeschmierten Kontakts im Gegensatz zur klassischen EHD-Theorie steht: der Grad der Erholung des Schmierfilms auf den Wälzbahnen zwischen Überrollungen hängt auch vom Fließvermögen des Schmierstoffs ab. Die Fettschmierung, mit der heute 80% aller Wälzlager versorgt werden, stellt wegen des geringen Fließvermögens der Wälzlagerfette in der Regel eine Form der Kleinstmengenschmierung dar. Vorraussetzung dafür ist, daß dem Fett innerhalb der Lagerung ein Ausweichraum zur Verfügung steht, so daß sich der Wälzkörpersatz innerhalb der Fettfüllung "freischneiden" kann.**

## 1.3 Ziele und Lösungsweg

Die Arbeit zielt darauf ab,

- den Schmierzustand im kleinstmengengeschmierten Wälzlager rechnerisch erfaßbar zu machen,
- kleinstmengengeschmierte, niedrig belastete Wälzlager im Drehzahlbereich bis 100 000 /min zuverlässig betreiben zu können und
- Reibmoment und Lagererwärmung schnellaufender Wälzlager durch eine hinsichtlich Art und Menge optimierte Schmierstoffausrüstung zu senken.

Versuche zum Betriebsverhalten wurden überwiegend an Lagerungseinheiten für die Textilindustrie durchgeführt. Diese Einheiten enthalten zwei Rillenkugellager, deren innere Wälzbahnen direkt in eine durchgehende Welle eingeschliffen sind. Das Gehäuse bildet den gemeinsamen Außenring, Bild 2. Lediglich bei Versuchen, die eine auswechselbare Schmierstofffüllung erfordern, und bei Schlupfmessungen wurden Standard-Rillenkugellager eingesetzt.

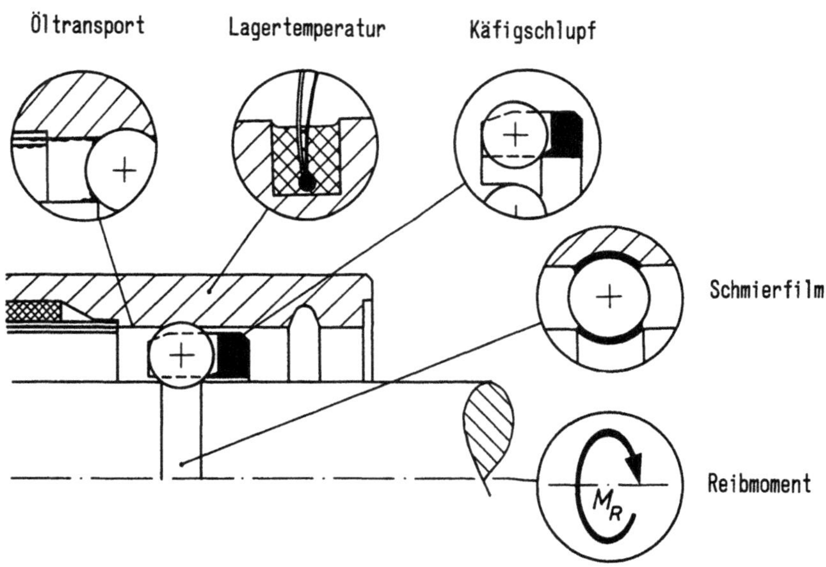


***Bild 2 : Arbeitsschwerpunkte***

## 2. Versuchseinrichtungen

### 2.1 Tangentialriemenprüfstand für 100 000 /min

Die Auslegung des Prüfstands orientiert sich an den angestrebten Betriebsbedingungen der im Versuch verwendeten Lagerungseinheiten:

- der Drehzahlbereich reicht von nahe Stillstand bis 100 000 /min,
- die Belastung der Versuchslager erfolgt durch die Riemenanpreßkraft in praxisüblicher Höhe (15 N),
- die Meßeinrichtung nimmt Lagerungseinheiten unterschiedlicher Bauarten und Hersteller auf,
- der Versuchsablauf ist automatisiert mit dem Ziel reproduzierbarer Drehzahlverläufe für Stribeckversuche und selbständiger Meßwerterfassung während der Dauerfunktionstests.

Der Prüfstand ist in Bild 3 dargestellt.

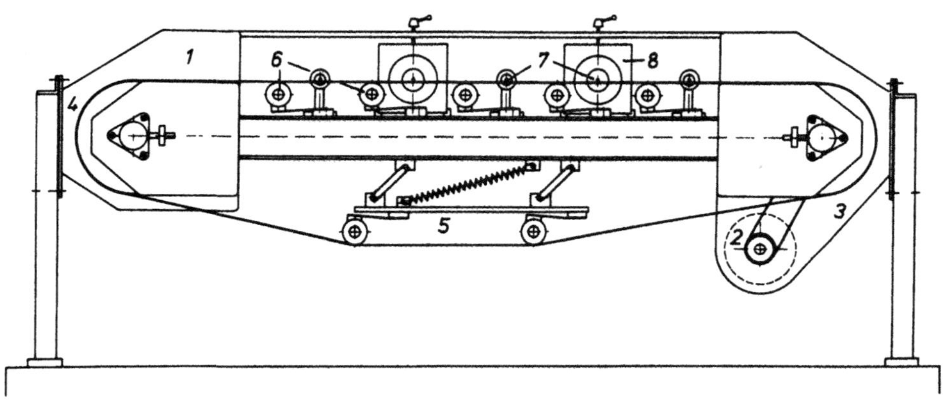


*Bild 3 : Tangentialriemenprüfstand für 100 000 /min.*

| | |
|---|---|
| *1 Rahmen* | *5 Nachspannvorrichtung* |
| *2 Antrieb* | *6 Anpreßrollen* |
| *3 Antriebsscheibe* | *7 Versuchslager* |
| *4 Umlenkscheibe* | *8 Reibmoment-Meßnabe* |

Der Prüfstand kann insgesamt fünf Versuchslager aufnehmen. Alle Lager sind auf dem Zugtrum des Tangentialriemens angeordnet, das Leertrum ist durch zwei weitere Anpreßrollen geführt.

Die radiale Belastung erfolgt ausschließlich durch die Riemenanpreßkraft.

## 2.2 Reibmomentmessung an Rotorlagerungseinheiten

Das Reibmoment der Versuchslager ist ein entscheidendes Kriterium für die Beurteilung des Schmierzustands. Es wird aus der Größe der tangential am Außenring angreifenden Kraft bestimmt, die aufgewendet werden muß, um diesen am Mitrotieren zu hindern.
Das zu erwartende Reibmoment ist sehr klein (etwa $10^{-3}$ Nm), der Außenring wurde deshalb aerostatisch in einer Meßnabe gelagert.

## 2.3 Wälzlagermodell

Das belastete Wälzlager stellt ein statisch unbestimmtes System dar. Sowohl die Anzahl als auch der Durchmesser der lastübertragenden Wälzkörper sind einem periodischen Wechsel unterworfen. Jeder Punkt der Wälzbahn wird nacheinander von unterschiedlich stark belasteten Wälzkörpern überrollt.
Tribologische Untersuchungen an Wälzkontakten wurden desahlb bisher fast ausschließlich an Zweischeibenprüfständen oder an davon abgeleiteten Prüfeinrichtungen mit kreisrunden oder elliptischen Hertzschen Kontakten [10] vorgenommen.
Für den vorliegenden Betriebszustand - sehr hohe Drehzahl und Kleinstmengenschmierung mit Fett - sind Meßeinrichtungen nach dem Zweischeibenprinzip ungeeignet. Während im Wälzlager eine Wälzbahn ruht, in der Regel die des Außenrings, und der Schmierstoff sich dort ungestört von Fliehkräften verteilt, laufen im Zweischeibenprüfstand prinzipbedingt beide Wälzpartner um. Die Verteilung des Fetts auf und neben den Wälzbahnen wäre nicht nur durch Wälz- und Verdrängungsbewegungen, sondern vorrangig durch das Abschleudern unter Fliehkraft bestimmt.
Es bestand daher der Wunsch nach einem Modell eines Kugellagers, in dem eine Kugel unter definierter Last - zum Beispiel der auf sie einwirkenden Fliehkraft - in einem stillstehenden Außenring umläuft.
Als Antrieb für ein nur aus Wälzkörper und Außenring bestehendes Modell bietet sich ein magnetisches Drehfeld an, welches den in der Rille des Außenringes geführten Wälzkörper auf seiner Kreisbahn bewegt. Bild 4 zeigt eine entsprechende Anordnung mit drei am Umfang des Außenrings (1) verteilten Magnetjochen (2),(3), die nacheinander von einem kurzen Stromstoß durchflossen werden.

Mit der beschriebenen Anordnung ließ sich bei einem Wälzbahndurchmesser von 100 mm eine Kugelumlauffrequenz von 2200 /min erreichen.
Das entspricht - umgerechnet auf die Drehzahl eines gedachten Innenrings von entsprechendem Durchmesser - einem Drehzahlkennwert von 750 000 mm/min.

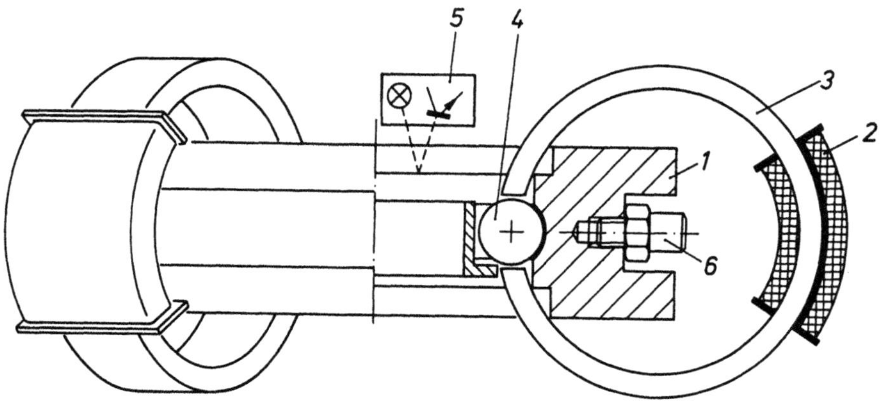


*Bild 4 : Wälzlagermodell zur Nachbildung des Außenringkontakts schnellaufender Wälzlager*

| | |
|---|---|
| *1 Außenring* | *4 Kugel* |
| *2 Spule* | *5 Reflexlichtschranke* |
| *3 Magnetjoch* | *6 Körperschallaufnehmer* |

Da die Anordnung außer der Kugel keine beweglichen und damit körperschallerzeugenden Teile enthält, bietet sich die Schwingungsanalyse als Mittel zur Beurteilung des Schmierzustands an, dazu wurde ein Körperschallaufnehmer radial am Außenring befestigt.
In der Literatur wird eine Vielzahl von Methoden der Körperschallanalyse an Wälzlagern beschrieben, die sich hinsichtlich der Filtertechnik und der Auswertung des Meßsignals unterscheiden.
Hierzu gehören die Stoßimpulsanalyse [18], die Bestimmung der Kurtosis des Ausgangssignals [19] und die Hochfrequenzresonanztechnik [20].

Für die Beurteilung des Schmierzustands kommt ausschließlich die Stoßimpulsmethode in Betracht. Kennzeichnend für diese Methode ist, daß aus dem gesamten Frequenzspektrum des vom Wälzkontakt abgegebenen Körperschalls nur ein schmales Frequenzband ausgewertet wird. Wegen der für hohe Frequenzen geringen Dämpfung des Lagerwerkstoffs wird ein Frequenzband im Ultraschallbereich ausgewählt und die Resonanzfrequenz des Körperschallaufnehmers auf diese Frequenz abgestimmt. Der Beschleunigungspegel ist ein Maß für den Grad der Oberflächentrennung der Wälzpartner. Im vorliegenden Fall kann der bei Trockenlauf ermittelte Pegel als Vergleichsgröße herangezogen werden.

## 3. Testlager

An drei vergleichbaren Lagerungstypen verschiedener Hersteller wurden Versuche nach einem einheitlichen Einlauf- und Versuchsprogramm durchgeführt.
Die Daten der Versuchslager gehen aus Bild 5 hervor.

| Typ | Bauart | Schmierstoffspeicher | $\frac{d_m}{mm}$ | $\frac{d_{WK}}{mm}$ | $z$ | $\frac{l}{mm}$ | $\frac{e}{\mu m}$ |
|---|---|---|---|---|---|---|---|
| A | 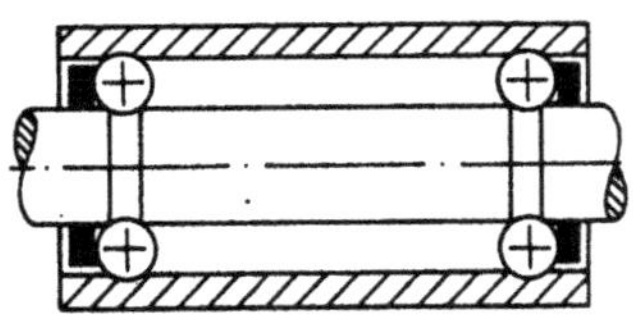 | 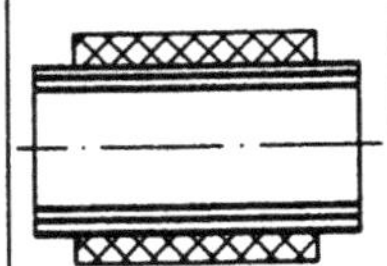 | 14.4 | 3.969 | 7 | 50.0 | 8-20 |
| B | 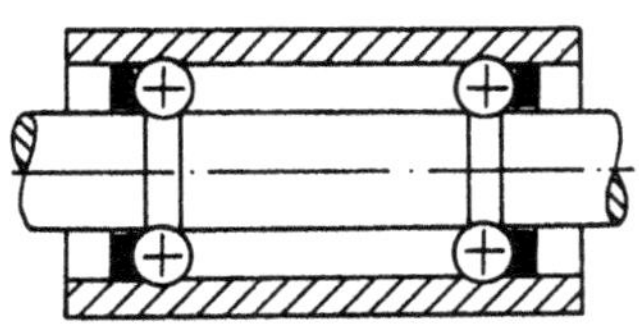 | 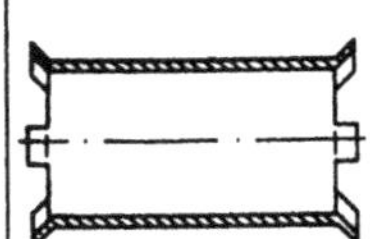 | 14.5 | 3.969 | 6 | 40.0 | (-2) |
| C | 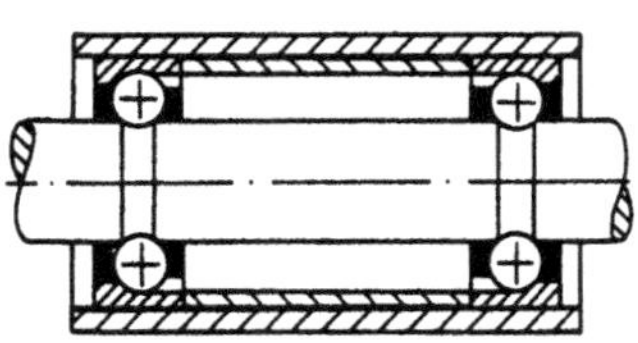 | 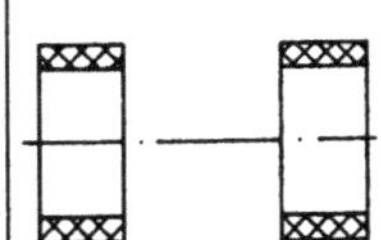 | 14.7 | 3.969 | 7 | 34.3 | ≈0 |

***Bild 5 : Eigenschaften der untersuchten Lagerungseinheiten***

An Lagerungseinheiten des Typs A wurden Versuche mit zwei verschiedenen Schnappkäfigbauformen vorgenommen, Bild 6 b und c. Die beiden Varianten unterscheiden sich in der Art der Käfigführung: die Ausführung nach Bild 6 b ist wälzkörpergeführt, der Käfig nach Bild 6 c dagegen innenbordgeführt.
Die Käfige des Lagertyps B, Bild 6 d, bestehen aus gewebeverstärktem Phenolharz, die Führung erfolgt über den Außenbord.
Die teilbaren Schulterkugellager des Typs C erlauben die Montage eines beidseitig geschlossenen Fensterkäfigs, Bild 6 e.

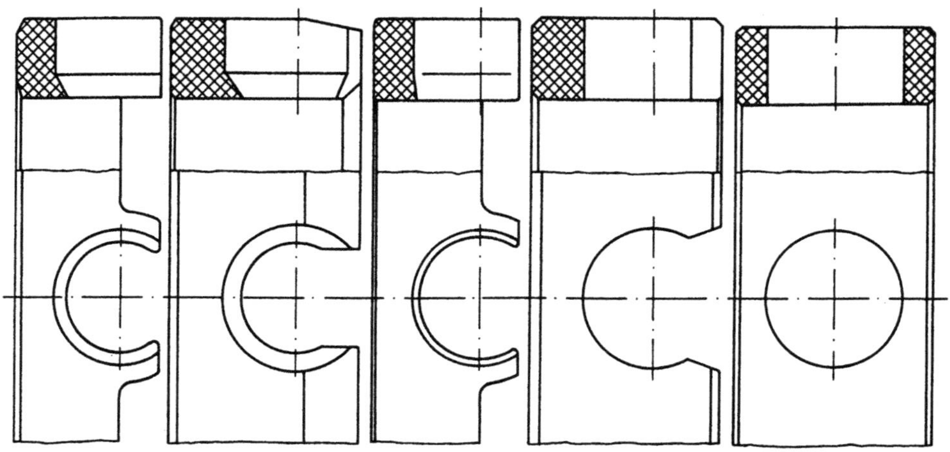

a b c d e

*Bild 6 : Bei den Versuchen an Rillenkugellagern und Rotorlagerungseinheiten verwendete Käfigbauformen.*

*a) wälzkörpergeführter Polyamid-Schnappkäfig*
*b) wälzkörpergeführter Polyamid-imid-Schnappkäfig*
*c) innenbordgeführter PEEK-Schnappkäfig*
*d) außenbordgeführter Hartgewebe-Schnappkäfig*
*e) innenbordgeführter Hartgewebe-Fensterkäfig*

Ein mit einer geringen Menge Fett geschmiertes Wälzlager läßt zwar ein niedriges Reibmoment und eine auch bei hohen Drehzahlen geringe Erwärmung erwarten, wegen der fehlenden Speicherwirkung des "überschüssigen" Fetts üblicher Fettfüllmengen muß jedoch mit raschem Ausfall des Lagers wegen Unterversorgung gerechnet werden.

Kleinstmengengeschmierte Lagerungen mit Fettfüllung, die lange Wartungsintervalle ohne Schmierstoffzufuhr von außen überstehen müssen - wie etwa Lagerungseinheiten für Textilmaschinen - verfügen deshalb oft über Speicher, die beim Nachschmieren zugeführtes Öl oder Öl aus zugeführtem Fett während des Betriebs allmählich an die Wirkstellen abgeben.
Als Speicher werden entweder mit dem Grundöl des verwendeten Fetts getränkte Filz- oder Schaumstoffkörper (Öl-Fett-Schmierung) oder durch entsprechende Lagereinbauten am Mitrotieren gehindertes zusätzliches Fett (Fett-Fett-Schmierung) eingesetzt.
Bei beiden Schmierungsarten wird davon ausgegangen, daß es möglich ist, dem Fett entzogenes Öl durch Einwalken von aus dem Speicher entnommenem Frischöl zu ersetzen.
Die Fettmenge, die je Teillager in die serienmäßig geschmierten Lagerungseinheiten eingebracht wird, liegt - je nach Hersteller - zwischen 0,2 und 1,2 g. Daran wird deutlich, welch unterschiedliche Vorstellungen hinsichtlich der optimalen Fettmenge bestehen. Vergleicht man diese Fettmengen mit der bekannten Fettmengen-Faustformel "Raum zwischen den Lagerringen gefüllt, freier Raum innerhalb des Gehäuses bei Drehzahlen über 80 % der Grenzdrehzahl leer", ergeben sich - bezogen auf das entsprechende Standard-Rillenkugellager 608 - Füllgrade zwischen einem Drittel und dem Zweifachen des freien Raumes zwischen den Lagerringen.

## 4. Schmierstoffe

Bei allen Versuchen an Lagerungseinheiten wurde dasselbe Hochgeschwindigkeitsfett (Klüber Lubrication Isoflex Alltime SL 1) verwendet. Um den Einfluß der Schmierstoffeigenschaften auf das Laufverhalten zu klären, wurden Versuche an Standard-Rillenkugellagern durchgeführt, deren Fettfüllung einfach ausgewaschen, ersetzt oder ergänzt werden kann.
Bei diesen Versuchen kam neben dem Serienfett Isoflex Alltime SL 1 auch eine Variante mit deutlich abgesenkter Grundölviskosität zum Einsatz. Dieses Sonderfett ist ein für die vorliegende Arbeit angefertigtes Labormuster und trägt daher keine Handelsbezeichnung.

**Außerdem wurden Versuche bei Ölschmierung mit den Grundölen der beiden Versuchsfette durchgeführt. Eine weitere Versuchsreihe mit petroleumgeschmiertem Lager zeigt den Einfluß einer extrem niedrigen Schmierstoffviskosität.**
**Im Folgenden werden das Serienfett Isoflex Alltime SL 1 und sein Grundöl mit Fett I bzw. Öl I und das Sonderfett mit dem Grundöl niedriger Viskosität mit Fett II bzw. Öl II bezeichnet.**
**Tabelle 2 gibt die wichtigsten schmiertechnischen Eigenschaften der verwendeten Fette wieder.**

**Bei der Berechnung der Schmierfilmdicke wurde die für das Grundöl ermittelte Viskosität-Druck-Charakteristik zugrunde gelegt, die durch den Konsistenzgeber verursachte, generelle Viskositätszunahme wurde berücksichtigt.**

| Eigenschaft | Fett I<br>Isoflex Alltime SL 1 | Fett II<br>Sonderfett |
|---|---|---|
| Gebrauchstemperaturbereich ( °C ) | - 60 ... + 120 | - 60 ... + 120 |
| Tropfpunkt ( °C ) | > 180 | > 180 |
| Walkpenetration ( 1/10 mm ) | 325 | 325 |
| Konsistenzklasse | 1 | 1 |
| Grundölviskosität ( cSt / 40 °C ) | 23,2 | 11,8 |
| Fett-Scheinviskosität bei Schergefälle 300 1/sec (mPas / 25 °C ) | 2000 | 2000 |
| Eignung für Wälzlager bis Drehzahlkennwert ( mm/min ) | 1,3 $10^6$ | nicht nachgewiesen |

*Tabelle 2 : Schmiertechnische Eigenschaften der verwendeten Fette*

## 5. Versuchsdurchführung und Auswertung

### 5.1 Versuchsprogramm - Dauerfunktionstests und Stribeckversuche

Lagerungseinheiten des Typs A mit wälzkörper- und mit innenbordgeführten Käfigen wurden jeweils bei Öl-Fett-Schmierung (Teillager befettet, zusätzlich ölgetränkter Kapillarspeicher) und bei reiner Fettschmierung (Teillager befettet, kein Kapillarspeicher) getestet.
Diese vier Modifikationen wurden mit vier verschiedenen Fettfüllmengen versehen (0.2, 0.4, 0.8 und 1.2 g/Teillager). Damit ergeben sich 16 Testlagervarianten. Die Versuche an Lagerungseinheiten mit serienmäßiger

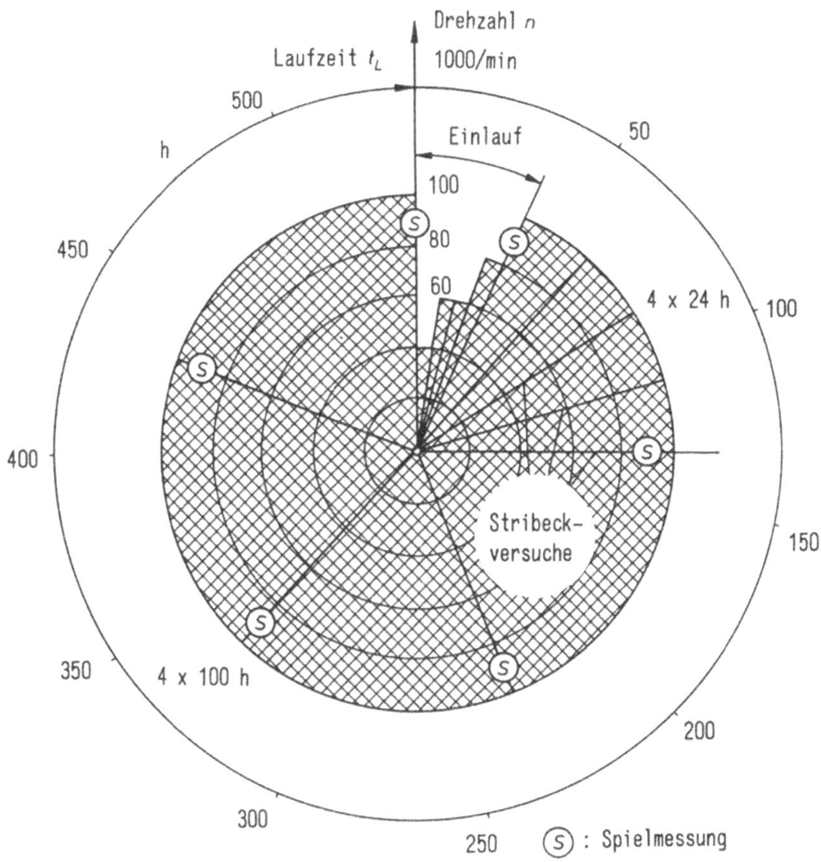


*Bild 7 : Versuchsprogramm*

Schmierstoffausrüstung (öl-fettgeschmiert, Fettfüllmenge 1,2 g/Teillager) wurden sowohl bei wälzkörper- als auch bei innenbordgeführten Käfigen doppelt gefahren.

Die Versuche an Lagerungseinheiten der Typen B und C beschränken sich auf die jeweils serienmäßige Ausführung, vier Einheiten des Typs B und zwei des Typs C wurden getestet.

Alle Lagerungseinheiten durchliefen das in Bild 7 dargestellte Versuchsprogramm aus Stribeckversuchen und Dauerlaufphasen.

Während der Dauerfunktionstests wurden Last und Drehzahl nicht verändert, alle Einheiten wurden nach Abschluß des Einlaufs bei 100 000 /min betrieben. Reibmoment und Außenringtemperatur - letztere getrennt für beide Teillager - wurden in einminütigen Abständen rechnergesteuert gemessen und abgespeichert.

Abgesehen von den planmäßigen Unterbrechungen für Stribeckversuche und Spielmessungen nach dem Versuchsprogramm (Bild 7) wurde der Dauerfunktionstest nur dann unterbrochen, wenn die Außenringtemperatur eines Testlagers 140 °C erreichte oder überschritt. Wurde ein Teillager innerhalb einer Stunde mehr als zweimal heißer als 140 °C, wurde die betreffende Lagerungseinheit ganz aus dem Versuch genommen.

## 5.2 Versuche am Wälzlagermodell

Am fliehkraftbelasteten Wälzlagermodell wurden die folgenden Messungen vorgenommen:

- Körperschall-Frequenzspektrum bei Trockenlauf als Bezugspegel für vergleichende Messungen bei unterschiedlichen Schmierungsarten,
- Frequenzspektren bei Ölschmierung mit verschiedenen Ölen und Ölmengen,
- Frequenzspektrum bei Fettschmierung.

Wegen der naturgemäß geschwindigkeitsabhängigen Belastung des Wälzkontakts und der sehr begrenzten Regelbarkeit der Umlauffrequenz konnte der Lasteinfluß auf die Körperschallemission nicht isoliert ermittelt werden.

## 6. Zur Theorie des kleinstmengengeschmierten Punktkontakts

### 6.1 Schmierfilmdicke im teilversorgten Wälzkontakt

Im teilversorgten Wälzkontakt wird die Schmierfilmdicke nicht mehr ausschließlich durch Kontaktgeometrie, Last, Geschwindigkeit und Materialeigenschaften bestimmt. Als zusätzlcihe Faktoren kommen die Menge des angebotenen Schmierstoffs und seine Verteilung hinzu.
Wenige EHD - Theorien berücksichtigen zusätzlich zu den klassischen Einflußgrößen den teilversorgten Fall. Der Grad der Schmierstoffversorgung wird entweder durch die Filmdicke auf der nicht überrollten Umgebung des Wälzkontakts [14] oder durch den Abstand des Schmierstoffmeniskus in der Einlaufzone des Wälzkontakts von dessen Zentrum bestimmt [16], [17].
Versuche an einem ölgeschmierten Kugel-Platte-Kontakt [14] machen deutlich, daß zwischen verschiedenen Ursachen für eine Teilversorgung des Schmierspalts unterschieden werden muß.

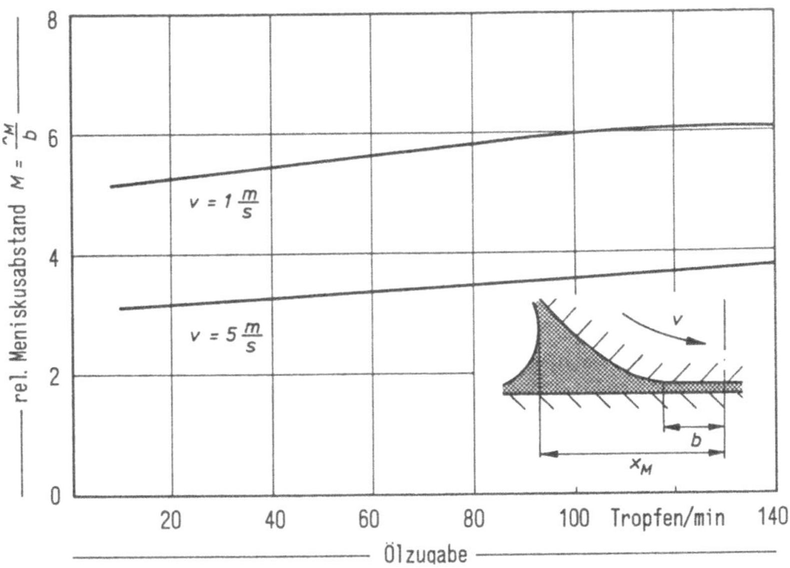


*Bild 8 : Einfluß des Schmierstoffangebots auf den Grad der Teilversorgung, gemessen am relativen Meniskusabstand M. Ölviskosität $\eta_{40}$ = 27 mPas [14].*

Zum einen wird das Schmierstoffangebot durch die dem Lager - nicht dem einzelnen Wälzkontakt - zugeführte Schmierstoffmenge bestimmt. Deren Einfluß auf das Schmierstoffangebot im Wälzkontakt, gemessen am Meniskusabstand vom Zentrum des Kontakts - ist jedoch gering, Bild 8.
Weit größer ist der Einfluß der Viskosität. Insbesondere bei hoher Wälzgeschwindigkeit wird der Meniskusabstand - und damit das Schmierstoffangebot im Wälzkontakt - mit steigender Viskosität deutlich geringer.
COY und ZARETSKY [15] führten kapazitive Schmierfilmdickenmessungen an einem ölnebelgeschmierten Schrägkugellager (ähnlich 7204, $d_m$ = 35,3 mm) im Drehzahlbereich bis 14 000 /min entsprechend $n \cdot d_m$ = 500 000 mm/min durch. Die Einflußgrößen Lagergeometrie, Drehzahl, Schmierstoffviskosität und Lagerwerkstoff wurden zu einem dimensionslosen Geschwindigkeitsparameter $U$ zusammengefasst.
Bei Werten von Schmierstoffviskosität, Temperatur und Hertzscher Pressung, die dem Fall der hier behandelten Lagerungseinheiten entsprechen, tritt die kinematische Schmierfilmdickenreduktion ein, wenn der Geschwindigkeitsparameter $U$ den Wert $10^{-10}$ überschreitet.
Dieser Wert wird mit einem fettgeschmierten Rillenkugellager 608 bereits bei 2000 /min erreicht, wenn bei der Bestimmung der Betriebsviskosität die drehzahlabhängige Wälzbahntemperatur zugrunde gelegt wird.
Bild 9 macht deutlich, daß die Ergebnisse von COY und ZARETSKY sehr gut auf den vorliegenden Fall übertragbar sind. Das Reibmoment eines Versuchslagers fällt steil ab, sobald der Geschwindigkeitsparameter den Wert $10^{-10}$ übersteigt.
Der Geschwindigkeitsparameter erreicht im zu untersuchenden Fall der Lagerungseinheit im Drehzahlbereich bis 100 000 /min Werte von annähernd $3 \cdot 10^{-9}$. Für die rechnerische Bestimmung der Schmierfilmdicke kommen also ausschließlich Theorien in Betracht, die den teilversorgten Schmierzustand berücksichtigen.

Ausgehend von einer Theorie für den vollversorgten Punktkontakt simulierten HAMROCK und DOWSON [16] den Fall, daß sich die Grenze des vollständig schmierstoffgefüllten Einlaufbereichs der Hertzschen Zone nähert. Der elliptische Wälzkontakt wird von einem rechteckigen Gebiet umschlossen, dessen Grenze die Isobare des Umgebungsdrucks bildet. Der auf die Kontaktbreite bezogene Abstand der Grenze des Einlaufbereichs vom Zentrum des Kontakts wird bei der Berechnung der Schmierfilmdicke variiert.

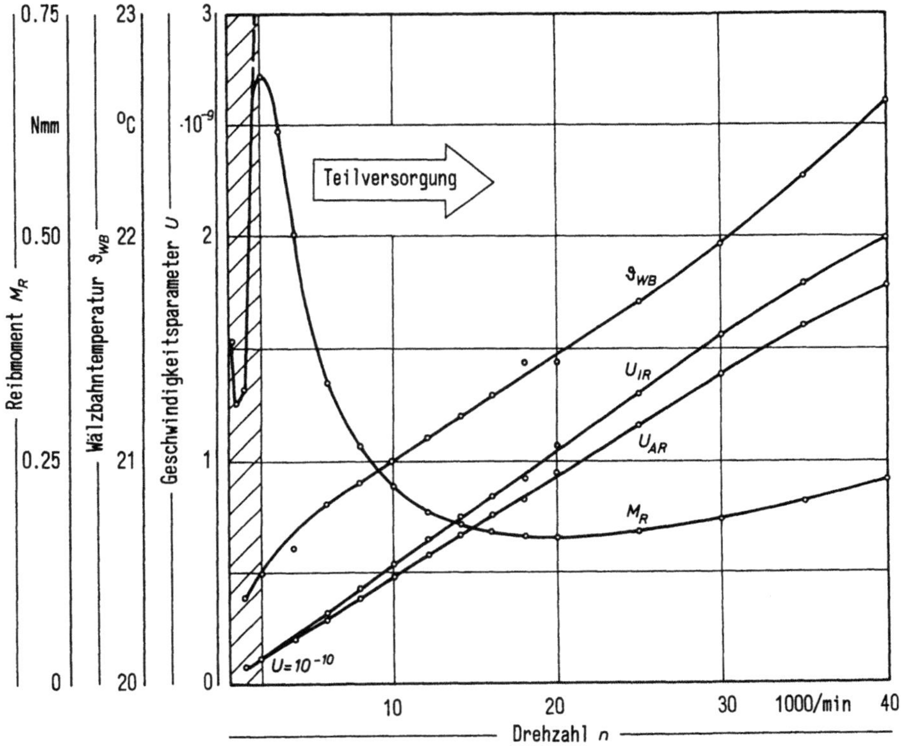


*Bild 9 :* ***Reibmoment, Wälzbahntemperatur und Geschwindigkeitsparameter eines fettgeschmierten Rillenkugellagers 608. Der hypothetische Reibmomentverlauf bei Vollschmierung ist gestrichelt eingezeichnet.***

**Erwartungsgemäß existiert ein Grenzwert M*, oberhalb dessen eine weitere Zunahme des Meniskusabstands die Schmierfilmdicke nicht mehr beeinflußt. Dieser Grenzwert ist abhängig von der Filmdicke im vollversorgten Zustand, der Kontaktgeometrie und der Ausdehnung der Druckellipse in Wälzrichtung. Verglichen mit den Abmessungen der Wälzpartner sind diese Einlaufbereiche sehr schmal.**

**Experimentell kann der Meniskusabstand nur an Modellen mit einem transparenten Wälzpartner, etwa am Kontakt Stahlkugel/Glasscheibe, bestimmt werden, im Wälzlager ist die Grenze des Einlaufbereichs nicht zu beobachten.**

In der Literatur gibt es keine Hinweise auf entsprechende Modellversuche bei Geschwindigkeisparametern oberhalb von $10^{-9}$. CHIU [14] hat jedoch im Bereich zwischen $U = 10^{-10}$ und $3{,}3 \cdot 10^{-10}$ (entsprechend n = 2000 bis 6200 beim fettgeschmierten Rillenkugellager 608) eine Reduktion des Meniskusabstands von lediglich 30 % beobachtet. Die Entwicklung des Meniskusabstands bei zunehmender Wälzgeschwindigkeit im Bereich bis u = 5 m/s deutet darauf hin, daß nach dem Überschreiten einer Geschwindigkeitsgrenze der Meniskusabstand nur noch sehr langsam abnimmt.
Es ist anzunehmen, daß dieser Knickpunkt durch den vollständigen Abbau der "Bugwelle" vor dem Wälzkontakt gekennzeichnet ist (vgl. Bild 1).

Einen weiteren Hinweis auf den Meniskusabstand liefert DOMINY [21]. Ausgehend von Messungen der verbleibenden Filmdicke auf schnell rotierenden, ölbenetzten Zylindern wurde der Meniskusabstand der Wälzpaarung Rolle/Innenring eines Zylinderrollenlagers berechnet. Die Analyse umfaßt den Geschwindigkeitsparameterbereich $10^{-10}$ bis $6 \cdot 10^{-10}$. Durch den transparenten Innenring eines Versuchslagers hindurch konnte der Meniskusabstand gemessen werden, die rechnerische Ergebnisse wurden experimentell bestätigt. Innerhalb dieses Geschwindigkeitsparameterbereichs, entsprechend n = 2000 bis 11 000 /min beim fettgeschmierten Rillenkugellager 608, nimmt der Meniskusabstand um etwa 30 % ab. Auch der rechnerisch ermittelte Verlauf des Meniskusabstands über der Drehzahl weist einen ausgeprägten Knick auf. Im Bereich $2 \cdot 10^{-10} < U < 6 \cdot 10^{-10}$ nimmt der Meniskusabstand nur noch um 12 % ab. In diesem Bereich entwickelt sich der Meniskusabstand sehr gut linear, so daß für den vorliegenden Fall eine abschätzende Extrapolation bis $U = 3 \cdot 10^{-9}$ gewagt werden kann.
Damit ist es möglich, die zentralen und minimalen Schmierfilmdicken als absolute Größen in Abhängigkeit vom Meniskusabstand darzustellen, Bild 10.
Die scheinbar größere Empfindlichkeit der Schmierfilmdicke des Außenringkontakts für den abnehmenden Meniskusabstand wird durch die unterschiedliche Kontaktgeometrie verursacht. Sind beide Wälzpartner mit einer Ölschicht der Dicke $h_\infty$ gleichmäßig bedeckt, dann tritt das Zusammenfließen dieser Schichten - und damit die Meniskusbildung - beim konformen Außenringkontakt in größerer Entfernung vom Kontaktzentrum ein.
Die unterschiedlichen Meniskusabstände, die die Rechnung für den Außen- und den Innenringkontakt liefert, kennzeichnen also - gemessen an der ungestörten Filmdicke $h_\infty$ - denselben Grad der Teilversorgung.

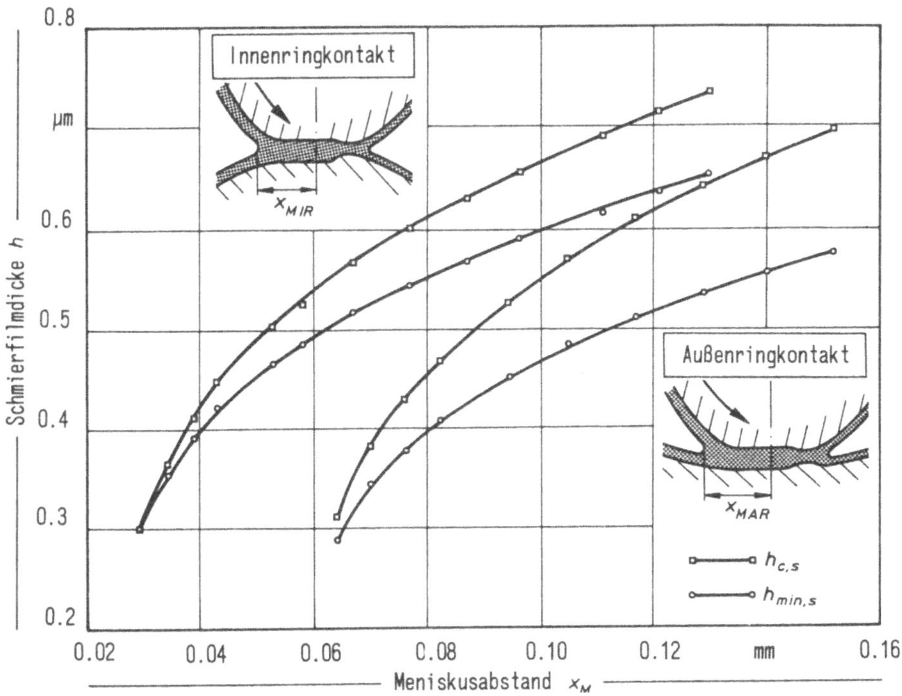


***Bild 10 :*** ***Zentrale und minimale Schmierfilmdicke eines Rillenkugellagers 608 bei 100 000 /min in Abhängigkeit vom Meniskusabstand $x_M$. Betriebsviskosität $\eta_0$ = 18 mPas bei 46 °C, Radiallast 10 N.***

**Bei den Meniskusabständen $x_{MAR}$ = 0,08 mm und $x_{MIR}$ = 0,04 mm betragen die zentralen Schmierfilmdicken bei 100 000 /min ca. 0,45 µm, die minimalen Schmierfilmdicken 0,40 µm. Diese Werte gelten näherungsweise sowohl für den Innen- als auch für den Außenringkontakt.**
**In Bild 11 sind der angenommene Verlauf des Einlaufzonenabstands und die entsprechenden Schmierfilmdicken, hier für den Innenringkontakt, über der Drehzahl aufgetragen.**

**Die spezifische Schmierfilmdicke λ setzt die minimale absolute Schmierfilmdicke ins Verhältnis zum geometrischen Mittelwert der Rauheiten der aufeinander abwälzenden Oberflächen. Die für den betrachteten Betriebszustand (n = 100 000 /min, $F_R$ = 10 N) berechneten minimalen Schmierfilmdicken liefern λ = 14 für den Außen- und λ = 19 für den Innenringkontakt.**

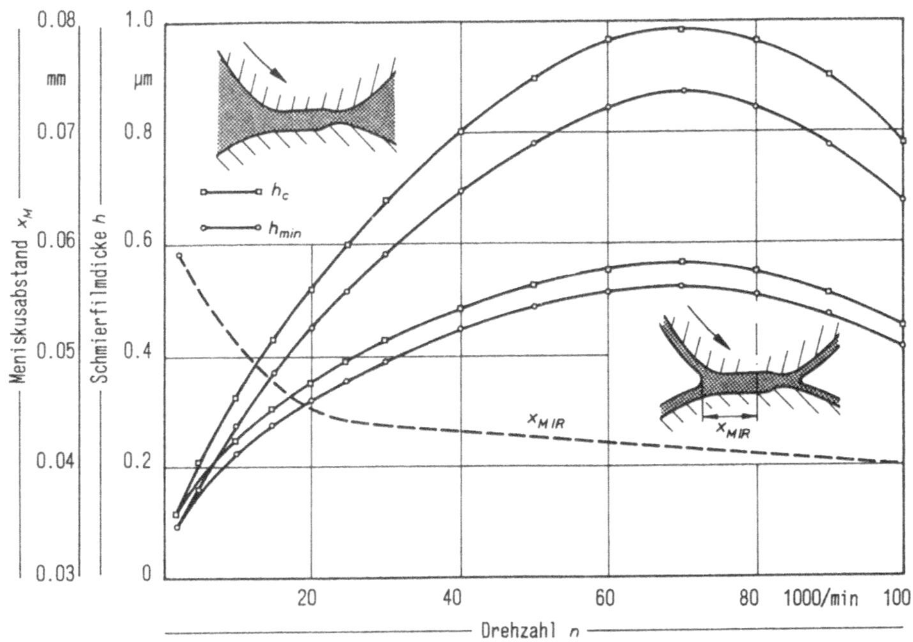


*Bild 11 :* ***Angenommener Meniskusabstand $x_{MIR}$ und entsprechende zentrale und minimale Schmierfilmdicken im Innenringkontakt eines Rillenkugellagers 608 bei Voll- und Teilversorgung in Abhängigkeit von der Drehzahl. Ölschmierung Öl I, Betriebsviskosität entsprechend der drehzahlabhängigen Lagerbeharrungstemperatur.***

## 6.2 Übertragung auf den fettgeschmierten Kontakt

**Bei der rechnerischen Schmierfilmdickenermittlung wurde bisher von der Grundölviskosität der verwendeten Fette ausgegangen. Die Auffassung, daß die Verhältnisse im Wälzspalt ausschließlich von den Eigenschaften des Grundöls bestimmt werden und daß der Konsistenzgeber nur als Kapillarspeicher für die Ölphase dient, ist in der Praxis weit verbreitet [23] . Versuche zeigen jedoch, daß die Schmierfilmdicken fettgeschmierter und grundölgeschmierter Kontakte voneinander abweichen [9], [24].**

Bemerkenswert ist, daß die effektive Viskosität des Fetts mit zunehmender Zahl von Überwälzungen abnimmt, so daß die Fettschmierung zunächst höhere, nach einiger Zeit jedoch niedrigere Filmdicken liefert als die entsprechende Grundölschmierung. Der Viskositätsverlust, der beim Zerreiben der Seifenfibrillen im Wälzkontakt eintritt, vermag die mit der Versuchsdauer abnehmende Filmdicke jedoch nicht allein zu erklären. Selbst bei Beanspruchung unter extremen Schergefällen sinkt die Fettviskosität nicht unter das 1,2-fache der Grundölviskosität ab [25]. Mit entscheidend für die Schmierfilmdickenreduktion gegenüber der Vollschmierung mit Grundöl dürfte sein, daß sich der Wälzkörpersatz in der Fettfüllung "freischneidet" und das Lager teilversorgt läuft.

# 7. Ergebnisse

## 7.1 Stribeckversuche

### 7.1.1 Einfluß der Lagerbauart

An allen Versuchslagern wurden entsprechend dem Testprogramm in regelmäßigen Abständen Stribeckversuche durchgeführt (vgl. Bild 7). Lager unterschiedlicher Bauarten zeigen bei zunehmender Drehzahl charakteristische Reibverhalten, Bild 12. Allen Lagerungseinheiten ist ein "Höcker" in der Reibmomentkurve inm Drehzahlbereich 0 - 8 000 /min und der annähernd lineare Reibmomentanstieg bei Drehzahlen über etwa 30 000 /min gemeinsam. Die dargestellten Reibmomentverläufe geben das charakteristische Verhalten der jeweiligen Lagerbauart wieder, das Reibverhalten streut jedoch stark sowohl innerhalb einer Anzahl von Lagern gleicher Bauart als auch innerhalb der Versuchslaufzeit.

### 7.1.2 Einfluß des Schmierstoffs

Versuche an Lagerungseinheiten gleicher Bauart mit verschiedenen Schmierstoffüllungen zeigten hinsichtlich des Reibverhaltens bei zunehmender Drehzahl keine Unterschiede, die eindeutig auf Art und Menge des Schmierstoffs zurüchzuführen waren. Die Streuung des Verlaufs der Stribeckkurve zwischen baugleichen Lagern bei gleicher Schmierung und Änderungen des Reibverhaltens während der Laufzeit überdecken den Einfluß der Schmierstoffüllung innerhalb der Variationsbreite der Parameter (0,2 - 1,2 g Fett/Teillager, Öl-Fett- und Fettschmierung).

Der Einfluß der Schmierung auf den Verlauf der Stribeckkurve wurde deshalb an Standard-Rillenkugellagern untersucht, deren Fettfüllung ohne Demontage geändert oder vollständig ausgewechselt werden kann.

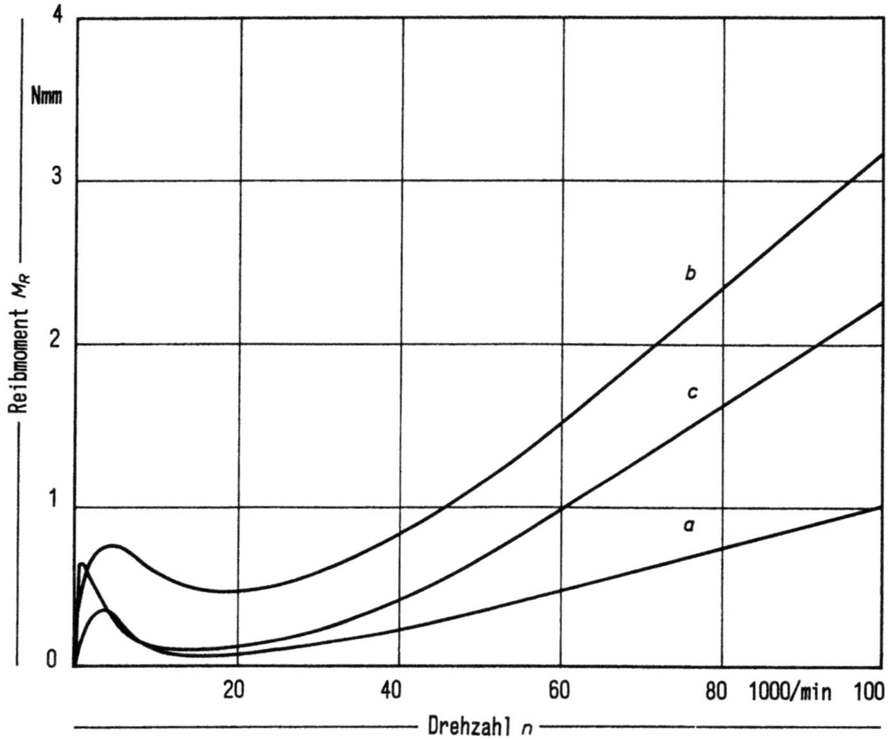


*Bild 12 : Reibmoment fettgeschmierter Lagerungseinheiten verschiedener Bauarten in Abhängigkeit von der Drehzahl nach 200 Laufstunden bei 100 000 /min.*

*a Typ A, Rillenkugellagerbauweise, Radialspiel*

*b Typ B, Rillenkugellagerbauweise, radial vorgespannt*

*c Typ C, Schulterkugellagerbauweise, angestellt.*

### 7.1.2.1 Ölschmierung

Vor Versuchsbeginn wurde Öl - 10 µl in allen Versuchen - mit einer Mikropipette in die Außenringlaufbahn des zuvor ausgewaschenen Lagers eingebracht und durch einige Umläufe verteilt. Neben den in Abschnitt 4 beschriebenen Grundölen wurde auch Petroleum - stellvertretend für äußerst niederviskose Öle - untersucht. Bei 40 °C hat Petroleum eine kinematische Viskosität von etwa 1,5 cSt.

Generell weist die Stribeckkurve des ölgeschmierten Standard-Rillenkugellagers dieselben charakteristischen Elemente auf, die bereits aus Versuchen an fettgeschmierten Lagerungseinheiten bekannt sind: Losbrechmoment, Ausklinkpunkt, Reibmomentanstieg unter Vollversorgung, Reibmomentabfall bei beginnender Teilversorgung, relatives Minimum und schließlich wieder zunehmendes Reibmoment bis zur Enddrehzahl.

Gegenüber der Fettkurve sind diese Bereiche jedoch zu höheren Drehzahlen hin verschoben, Bild 13.

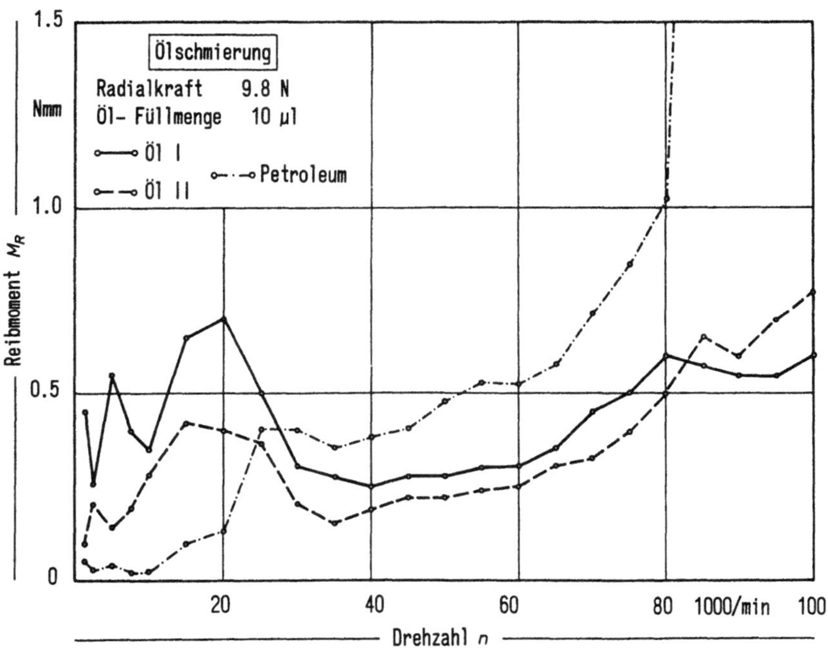


*Bild 13 : Stribeckkurven eines Standard-Rillenkugellagers 608 bei Ölschmierung. Radiale Lagerkraft 9,8 N, Ölfüllung jeweils 10 µl.*

Die Theorie der kinematischen Schmierfilmdickenreduktion sagt bei leicht im Lager beweglichem Schmierstoff den Übergang von der Voll- zur Teilversorgung erst bei höheren Drehzahlen voraus, dies findet man mit den vorliegenden Ergebnissen bestätigt. Auch innerhalb dieser Versuchsreihe wirkt sich die von Öl I zu Petroleum abnehmende Viskosität auf die Lage des "Reibmomenthöckers" aus: der Scheitelpunkt liegt für beide Öle bei etwa 20 000 /min, für Petroleum dagegen bei etwa 30 000 /min.
Petroleum erwies sich als zu dünnflüssig, um die Trennung der Oberflächen bei Höchstdrehzahl zu sichern, zumal die starke Erwärmung bei schnellem Lauf die Viskosität noch weiter absenkt. Bei 80 000 /min brach die Schmierung zusammen, das Versuchslager wurde dabei durch extremen Verschleiß zerstört. Nachdem die Viskosität von Petroleum jedoch nur ein Viertel der für diesen Betriebszustand erforderlichen Mindestviskosität erreicht, war mit dem Ausfall zu rechnen.

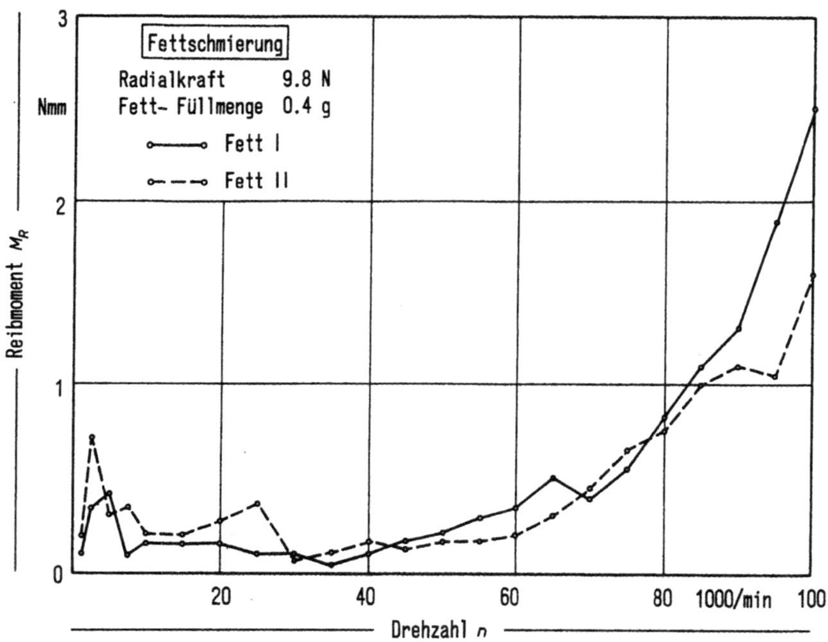


*Bild 14 : Stribeckkurven eines Standard-Rillenkugellagers 608 bei Fettschmierung. Radiale Lagerkraft 9,8 N, Fettfüllmenge jeweils 0,4 g.*

### 7.1.2.2 Fettschmierung

Stribeckversuche bei Fettschmierung lieferten den von fettgeschmierten Lagerungseinheiten her bekannten Verlauf, Bild 14. Lediglich bei Drehzahlen oberhalb von etwa 80 000 /min weichen die Kurven voneinander ab, an die Stelle des drehzahllinearen Reibmomentanstiegs bei Lagerungseinheiten tritt ein deutlich progressiver Verlauf.
Gegenüber der Grundölschmierung ist das Endreibmoment bei Fettschmierung etwa verdoppelt.

Bild 15 zeigt den Einfluß der Fettmenge auf das Reibmoment bei hohen Drehzahlen. Mit 0,2 g läuft das Lager offensichtlich unterschmiert, bei geschlossenem Einbau oder in gedeckelter Ausführung kann das Lager mit dieser Füllmenge jedoch u.U. zuverlässig betrieben werden. Schmierung mit 0,4 g erwies sich als optimal, auch Überschmierung mit 0,6 g war jedoch wegen des unbegrenzten Ausweichraums nicht kritisch.

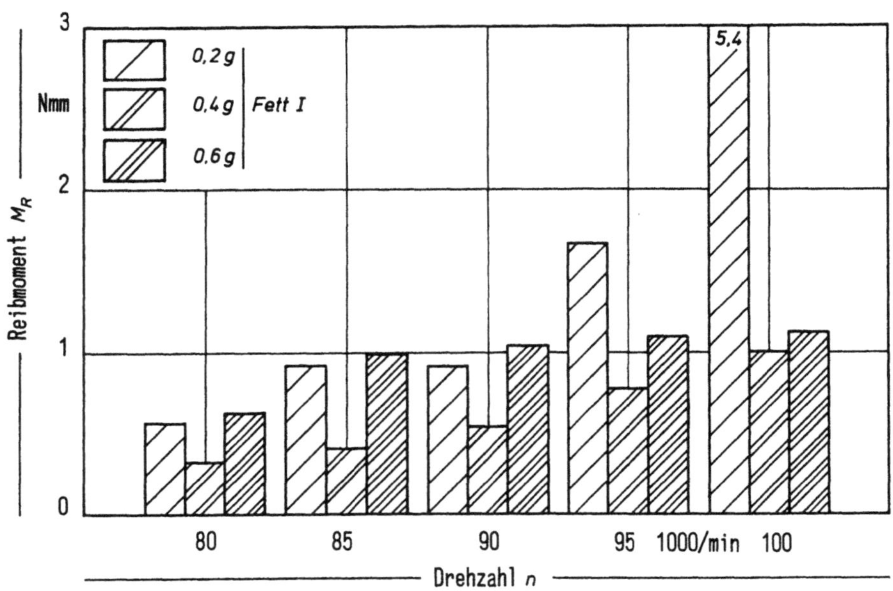


*Bild 15 : Einfluß der Fettmenge auf das Reibmoment eines Standard-Rillenkugellagers 608. Fett II, Radialkraft 9,8 N.*

## 7.2 Dauerfunktionstests

Bei Dauerfunktionstests lassen sich Reib- und Temperaturverhalten über längere Betriebsphasen bei Höchstdrehzahl beobachten. Damit können die in Stribeckversuchen gewonnenen "Momentaufnahmen" zu einem Gesamtbild des Reibverhaltens ergänzt werden. Es zeigt sich, daß Reibmoment und Lagertemperatur bei stationärem Betrieb nicht zeitkonstant sind, auch wenn die vor und nach dem Dauerfunktionstest aufgenommenen Stribeckkurven häufig keine Unterschiede zeigen. Ohne erkennbare Einwirkung von außen beginnen Reibmoment und Außenringtemperatur plötzlich anzusteigen, in den seltensten Fällen führt dies jedoch unmittelbar zum Ausfall der Lagerung. Nachdem eine bestimmte - für Lager und Schmierstoffüllung anfangs unbedenkliche - Temperatur erreicht ist, fallen sowohl Reibmoment als auch Temperatur wieder auf die ursprünglichen Werte. Dieser Vorgang wiederholt sich zyklisch, Bild 16.

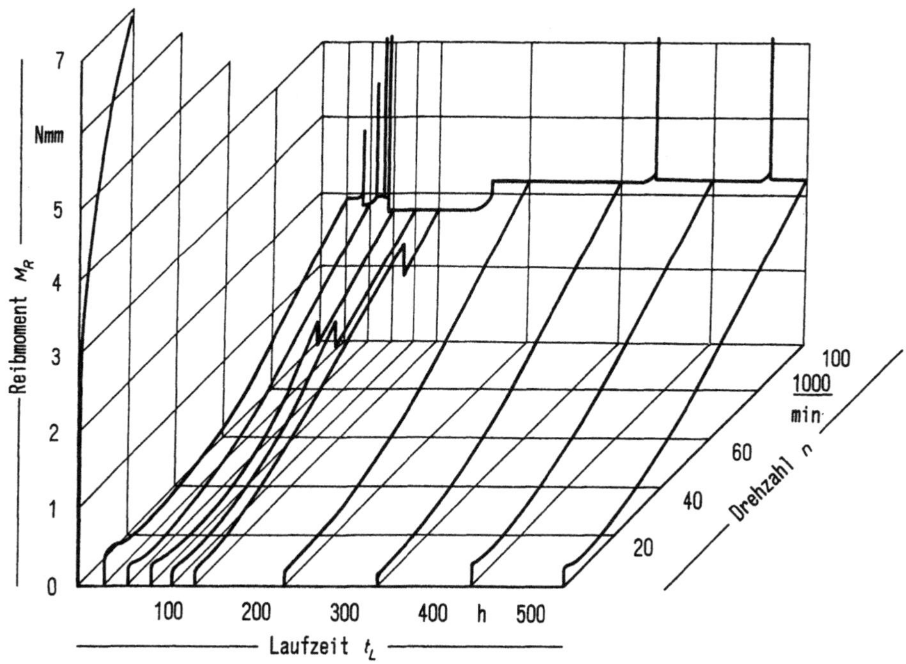


*Bild 16 : Verlauf von Reibmoment und Außenringtemperatur einer öl-fett-geschmierten Lagerungseinheit Typ A über der Laufzeit bei 100 000 /min. Fettfüllung 1,2 g/Teillager Fett I*

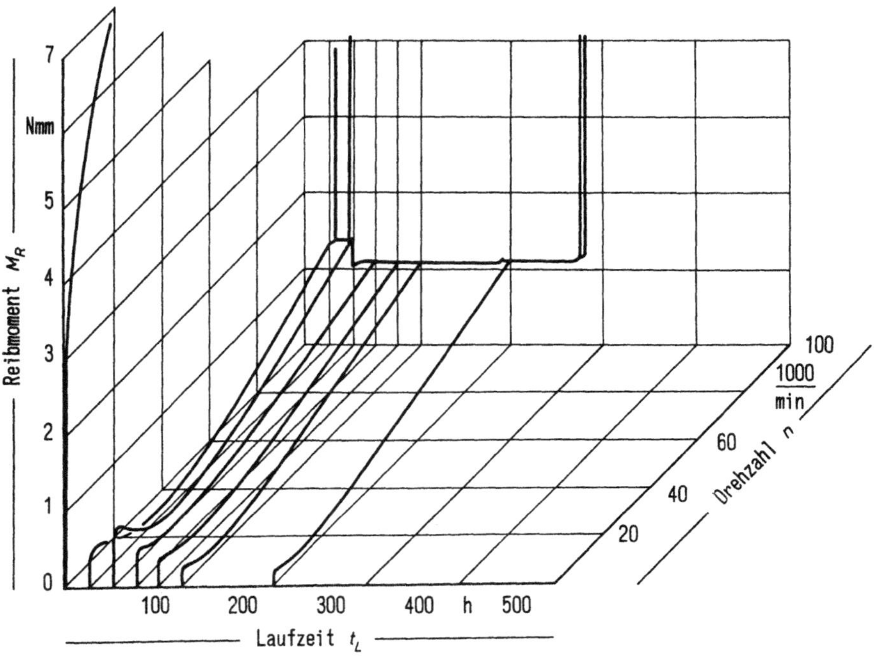


*Bild 17 : Reibmoment einer Lagerungseinheit Typ A in Abhängigkeit von Drehzahl und Laufzeit. Fettschmierung 0,2 g/Teillager Fett I, wälzkörpergeführter Käfig*

Die Temperatur- und Reibmomentspitzen sind zwar regellos über die Versuchslaufzeit verteilt, es lassen sich jedoch zumindest gewisse Trends erkennen:

- die Temperatur, bei der das Reibmoment wieder steil abfällt, steigt im Laufe des Versuchs an,
- auf stark ausgeprägte Reibmomentspitzen folgen in der Regel längere Betriebsphasen ohne Störungen, während unmittelbar nach weniger deutlichen Spitzen weitere zu erwarten sind,
- das relative Reibmomentmaximum bei niedrigen Drehzahlen, das für neue Lager charakteristisch ist, tritt nach Reibmomentspitzen erneut auf (Bild 17) und

- 90 % aller Reibmomentspitzen wurden vom niedrig belasteten Teillager verursacht. Trotz der gemeinsamen Reibmomentbestimmung über beide Teillager ließ sich das verursachende Lager aus dem Verlauf der getrennt gemessenen Temperaturen ermitteln.

Diese Beobachtungen lassen darauf schließen, daß bei erhöhter Lagertemperatur vermehrt Öl aus der Fettfüllung "ausblutet" und die Lagerung nachschmiert. Hohe Spitzentemperaturen begünstigen diesen Vorgang und ziehen längere störungsfreie Betriebsphasen nach sich.

Die beschriebenen Reibmomentspitzen treten bei den mit 0,2 und mit 1,2 g/Teillager geschmierten Lagerungen besonders häufig auf, die mit 0,4 und 0,6 g/Teillager geschmierten Einheiten zeigen dagegen ein ausgeglicheneres Reibverhalten.

## 7.3 Lagertemperatur

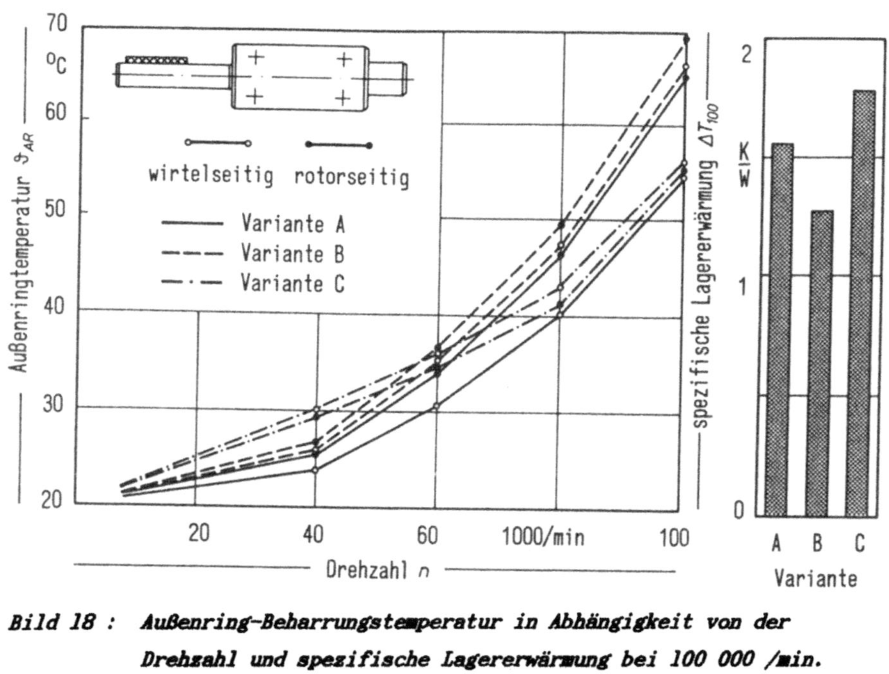


*Bild 18 : Außenring-Beharrungstemperatur in Abhängigkeit von der Drehzahl und spezifische Lagererwärmung bei 100 000 /min. Jeweils serienmäßige Schmierstoffausrüstung, nach 200 Laufstunden bei 100 000 /min.*

Während der Dauerfunktionstests wurden die Außenringtemperaturen über den beiden Teillagern als Maß für die thermische Beanspruchung des Schmierstoffs gemessen. Dazu wurden Kupfer-Konstantan-Thermoelemente mit einem Wärmeleitkleber in einen Einschliff im Außenring eingebettet. Bild 18 zeigt den Verlauf der Beharrungstemperatur über der Drehzahl und die spezifische Lagerererwärmung (den Quotienten aus der Temperaturzunahme bei 100 000 /min gegenüber der Umgebungstemperatur und der Reibleistung) für die drei Lagerungstypen.

## 7.4 Temperaturverlauf und -bewertung

Die im vorangehenden Abschnitt beschriebenen Reibmomentspitzen werden von Temperaturspitzen begleitet, in deren Verlauf die Außenringtemperatur auf weit über 100 °C ansteigen kann. Allen beobachteten Lagerausfällen gingen sehr hohe Reibmomente und Temperaturen unmittelbar voraus, diese Temperaturspitzen müssen deshalb als lebensdauerbegrenzend angesehen werden.
Weit mehr als die mittlere Lagertemperatur ist demnach das Temperaturverhalten ausschlaggebend für die Zuverlässigkeit einer Lagerung.
Die zeitliche Mittelung eines über längere Phasen gleichmäßigen Temperaturverlaufs mit wenigen kurzen, heftigen Spitzen ergäbe einen gegenüber der Grundtemperatur nur unwesentlich erhöhten Mittelwert, obwohl gerade die Spitzenwerte die Lebensdauer verringern. Zudem erreicht eine Lagerung bei niedriger Grund-Außenringtemperatur mit häufigen Spitzenwerten trotz seiner niedrigen gemittelten Temperatur eine geringere Laufleistung als ein Vergleichslager mit zwar höherer, aber zeitkonstanter Temperatur.
Für die Beurteilung des Temperaturverhaltens wurde deshalb ein Kennwert errechnet, in den die Häufigkeit und die Intensität von Temperaturspitzen sehr stark eingehen.
Das Verfahren beruht auf dem Zusammenhang, der zwischen der Reaktionsgeschwindigkeit chemischer Prozesse - zu denen auch das Altern von Schmierstoffen zählt - und der Temperatur besteht. Im Allgemeinen verdoppelt sich die Reaktionsgeschwindigkeit bei einer Temperaturzunahme um 15 K. Dies wurde auch bei Versuchen mit Lithiumseifenfetten ab 70 °C bestätigt [26]. Bei einem Hochgeschwindigkeitsfett wurde sogar eine Gebrauchsdauerminderung auf ein Fünftel des Ausgangswertes beobachtet, nachdem die Lagertemperatur von 100 °C auf 115 °C gesteigert worden war.

**Aus dem Verlauf der momentan höheren der beiden Außenringtemperaturen wird der entsprechende Verlauf der Schädigungsgeschwindigkeit ermittelt. Aus einem Laufzeitintervall von zwei Stunden gelangt jeweils nur die höchste gemessene Einzeltemperatur in die Bewertung, damit wird das Verfahren sehr empfindlich für kurze Temperaturspitzen. Bezugsgröße für die Ermittlung der Schädigungsgeschwindigkeit ist die niedrigste innerhalb der Versuchsreihe gemessene Beharrungstemperatur bei 100 000 /min, im Bezugspunkt nimmt die als dimensionslos angenommene Schädigungsgeschwindigkeit den Wert dieser kleinsten Beharrungstemperatur an. Die Schädigungskennzahl schließlich als Maß für die temperaturbedingte Schädigung der Schmierstofffüllung erhält man durch Mittelung der einzelnen Schädigungsgeschwindigkeiten.**
**Dieses Bewertungsverfahren wurde auf die mit verschiedenen Schmierstoffausrüstungen betriebenen Testlager des Typs A angewendet. Bild 19 zeigt die Schädigungskennzahlen fett- und öl-fettgeschmierter Einheiten in Abhängigkeit von der Fettfüllmenge.**

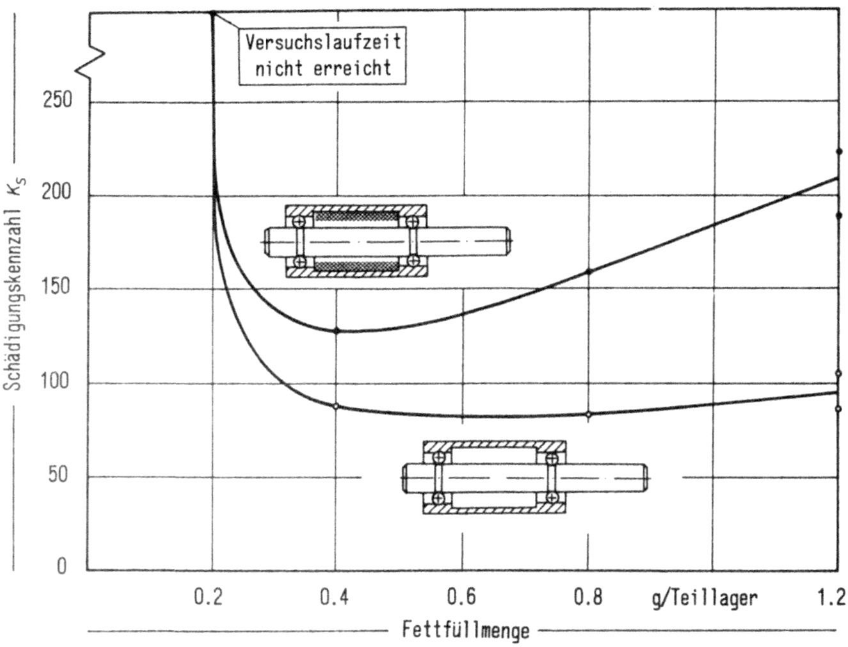


***Bild 19 : Schädigungskennzahlen fett- und öl-fettgeschmierter Einheiten des Typs A in Abhängigkeit von der Fettfüllmenge.***

Aus Bild 19 geht außerdem hervor, daß kombiniert geschmierte Versuchslager bei gleicher Fettfüllmenge generell höhere Schädigungskennzahlen erreichen als die rein fettgeschmierten Vergleichslager. Zumindest während der ersten 500 Laufstunden müssen die kombiniert geschmierten Einheiten deshalb als überschmiert angesehen werden. Auch die Tatsache, daß öl-fettgeschmierte Lagerungen deutlich empfindlicher auf zu reichliche Befettung reagieren, weist darauf hin.

## 7.5 Käfigschlupf

Schnellaufende, niedrig belastete Wälzlager fallen in der Regel nicht wegen Ermüdungsschäden an den Laufbahnen, sondern durch Verschleiß aus. Die rechnerisch ermittelten Schmierfilmdicken liegen zwar deutlich über der Summe der Rauhtiefen, so daß im normalen Betrieb metallischer Kontakt der Wälzpartner ausgeschlossen werden kann (vgl. Abschnitt 6). Bei der Berechnung wurde jedoch schlupffreier Lauf vorausgesetzt. Erheblicher Verschleiß ist zu erwarten, sobald die Kugeln in den Wälzbahnen zu gleiten beginnen. Die Schlupfrate des Wälzkörpersatzes kann mehrere Prozent erreichen, besonders bei schnellaufenden Lagern und bei schneller Drehzahl- und Laständerung, wenn zusätzlich Trägheitsmomente auf den Käfig wirken. Dies ist etwa bei den Fahrwerkslagerungen landender Flugzeuge der Fall. In Prüfstandsversuchen wurde Käfigschlupf von über 50 % beobachtet [28].
Im vorliegenden Fall ist bei zunehmender Drehzahl mit steigendem Schlupf der Innenringkontakte zu rechnen. Weil die Belastung der Außenringkontakte im Wesentlichen von der Fliehkraft auf die Kugeln bestimmt wird, nehmen deren Rollwiderstände mit der Drehzahl zu. Im selben Maß steigt das für schlupffreien Lauf erforderliche Antriebsmoment auf den Käfig. Dieses Antriebsmoment kann nur über die belasteten Innenringkontakte in der Wirkungslinie der Radialkraft übertragen werden. Da deren Schmierfilmdicke jedoch mit zunehmender Drehzahl ansteigt, wird die durch Schub im Schmierfilm übertragbare Umfangskraft kleiner. Beides - der zunehmende Leistungsbedarf für den Käfigantrieb und die abnehmende Traktion der Innenringkontakte - sprechen für mit der Drehzahl zunehmenden Käfigschlupf.
Bei den Stribeckversuchen an Standard-Rillenkugellagern mit gleichzeitiger Schlupfmessung wird der Zusammenhang zwischen Reibmoment und Käfigschlupf deutlich, Bild 20. Wie erwartet, nimmt der Schlupf zunächst mit der Drehzahl zu, wenn man von den Drehzahlen unterhalb 20 000 /min absieht, bei

denen das Lager vollversorgt läuft. Bei sehr hoher Drehzahl, beginnend bei etwa 70 000 /min, zeigen Reibmoment und Schlupf jedoch gegenläufige Tendenzen. Der Käfigschlupf nimmt ab und erreicht im dargestellten Fall bei 100 000 /min fast null, gleichzeitig steigt aber das Reibmoment stark an. Die Berechnung der Schmierfilmdicke (Abschnitt 6) liefert die Begründung für den ab 70 000 /min wieder abnehmenden Käfigschlupf. Es wurde nachgewiesen, daß bei den vorliegenden Betriebsbedingungen und unter Berücksichtigung der drehzahlabhängigen Lagertemperatur ab etwa 70 000 /min der Viskositätseinfluß auf die Schmierfilmdicke gegenüber dem Geschwindigkeitseinfluß überwiegt. Die Filmdicke nimmt deshalb ab dieser Drehzahl wieder ab. Während die Schmierfilmdicke der Außenringkontakte die erforderliche Leistung für den Käfigantrieb kaum beeinflußt, weil dort wegen der hohen Belastung durch Fliehkraft schlupffreies Rollen vorausgesetzt werden kann, verbessert die auch in den Innenringkontakten abnehmende Schmierfilmdicke die Traktion zwischen Welle und Kugelsatz. Dies führt zu vermindertem Käfigschlupf, wie Bild 20 recht deutlich zeigt.

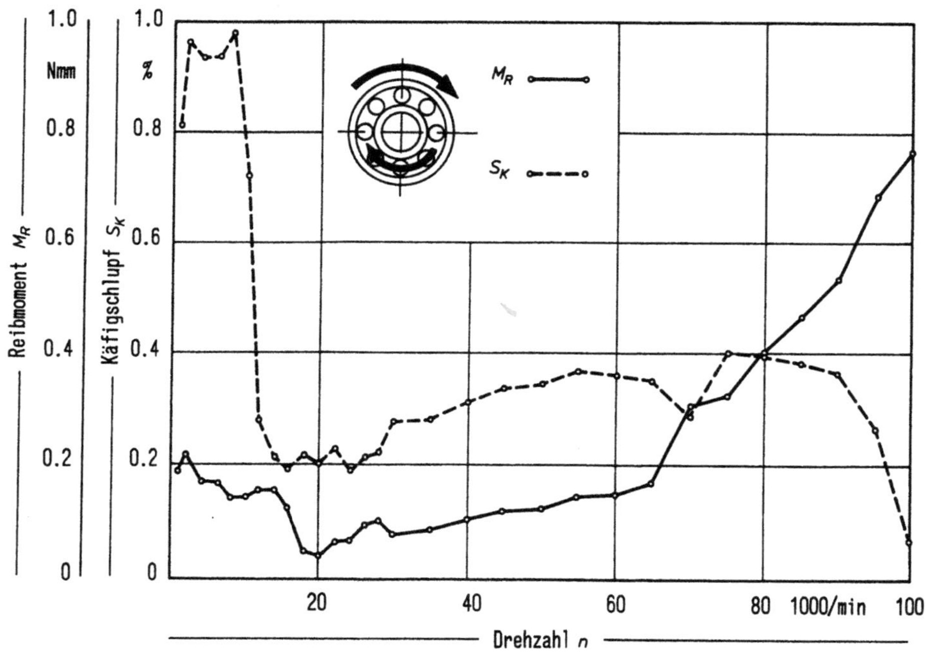


***Bild 20 : Reibmoment und Käfigschlupf eines Standard-Rillenkugellagers 608 in Abhängigkeit von der Drehzahl. Schmierung mit 0,4 g Fett I, Radialkraft 9,8 N.***

## 7.6 Körperschallanalyse am kleinstmengengeschmierten Kontakt

Die im Außenring des Wälzlagermodells abrollende Kugel regt diesen zu Schwingungen an, die als Körperschall mit einem Beschleunigungsaufnehmer und einer entsprechenden Beschaltung aus Filtern und Verstärkern gemessen werden können. Amplitude und Frequenzverteilung des Körperschalls geben dabei Aufschluß über die Intensität und die Häufigkeit metallischer Berührungen zwischen den Wälzpartnern. Wie Bild 21 zeigt, reagieren Amplitude und Frequenzverteilung recht empfindlich auf den Schmierzustand des Wälzkontakts. Die Trennung der Oberflächen und die Dämpfung des Körperschalls durch den Schmierstoff machen sich besonders im Frequenzbereich zwischen 30 und 50 kHz bemerkbar. Die Resonanzfrequenzen, auf die sich die Auswertung nach der Stoßimpulsmethode stützt, sind deutlich ausgeprägt und liegen bei 10, 30 und 50 kHz.

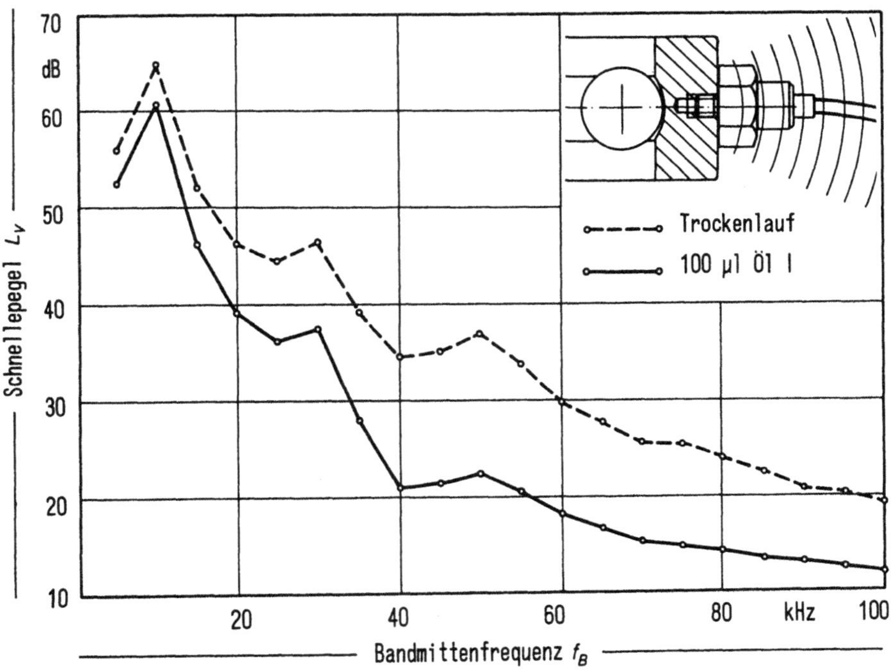


*Bild 21 : Körperschall-Frequenzspektrum des Wälzlagermodells bei Trockenlauf und bei Schmierung mit 100 µl Öl I. Schmalbandanalyse im Frequenzbereich 5 bis 100 kHz, Kugelumlauffrequenz 2 000 /min.*

Der Übergang von der Mischreibung als Folge des unzureichenden Füllgrades des Einlaufbereichs bei Mangelschmierung über den Bereich der Teilversorgung zur elastohydrodynamischen Schmierung geht aus Bild 22 eindeutig hervor. Erwartungsgemäß nimmt der Körperschallpegel trotz weiterer Ölzugabe nicht mehr wesentlich ab, wenn der Bereich der elastohydrodynamischen Schmierung mit vollständiger Trennung der Oberflächen erreicht ist.

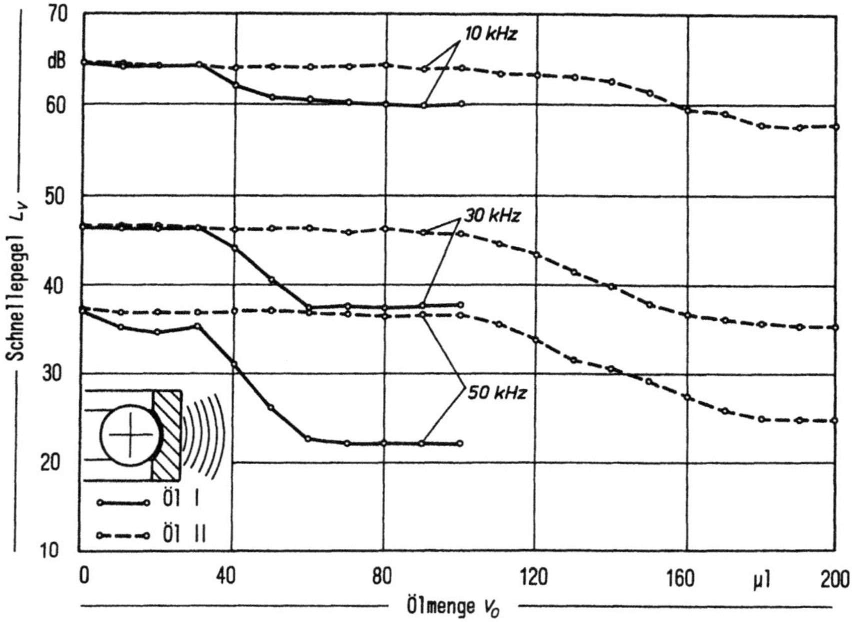


***Bild 22 : Schnellepegel der Resonanzfrequenzen des Wälzlagermodells in Abhängigkeit von der Ölmenge. Kugelumlauffrequenz 2 000 /min.***

Der Übergang von der Mischreibung zur Elastohydrodynamik tritt beim niedrigviskosen Öl II erst bei wesentlich größerer Ölmenge ein. Daraus kann man schließen, daß

- die Quetschströmung im Einlaufbereich des Kontakts quer und entgegengesetzt zur Wälzrichtung beim höherviskosen Öl I weniger ausgeprägt ist, so daß ein größerer Anteil des ungestörten Ölfilms zur Schmierfilmbildung genutzt wird, und
- daß die kinematische Schmierfilmdickenreduktion, die die Filmbildung im Fall des höherviskosen Öls I behindert hätte, bei den vorliegenden Betriebsbedingungen nur von untergeordneter Bedeutung sein kann.

## 8. Zusammenfassung und Ausblick

Am Beispiel von Lagerungseinheiten für die Textiltechnik wurde das Betriebsverhalten von niedrig belasteten Wälzlagern bei extrem hoher Drehzahl untersucht. Die Versuchslager waren überwiegend mit Fett geschmiert, in einigen Fällen wurde die Fettfüllung durch zusätzliche Ölspeicher ergänzt. Das für alle Lager einheitliche Versuchsprogramm setzt sich aus Stribeckversuchen und Dauerfunktionstests von insgesamt 530 Laufstunden, überwiegend bei 100 000 /min, zusammen.

Im Folgenden sind die wesentlichen Ergebnisse zusammengefaßt:

1) Fettgeschmierte Rillenkugellager können bei Drehzahlen bis 100 000 /min betrieben werden. Kennzeichnend für den Schmierzustand oberhalb von etwa 70 000 /min ist die mit weiter zunehmender Drehzahl abnehmende Schmierfilmdicke. Neben der überproportional ansteigenden Lagertemperatur ist dafür die kinematische Schmierfilmdickenreduktion, d.h. die unvollständige Filmerholung zwischen zwei aufeinanderfolgenden Überrollungen eines Wälzbahnpunkts, ausschlaggebend.

2) Die bewertende Mittelung der am Außenring gemessenen Lagertemperaturen liefert ein Maß für die temperaturbedingte Schädigung der Fettfüllung. Hinsichtlich einer möglichst geringen Schädigung während des 500-stündigen Versuchs erwiesen sich mit 0,4 bis 0,8 g/Teillager befettete Einheiten ohne zusätzlichen Ölspeicher als optimal.

3) Wenn ausreichende Schmierung über die gesamte Versuchsdauer sichergestellt ist - kenntlich an gleichmäßig niedrigen Außenringtemperaturen - weisen Wälzkörper und -bahnen nach einer anfänglichen Einlaufphase keinen meßbaren Verschleiß mehr auf. Ausfallursache ist in der überwiegenden Mehrzahl der Fälle der Verschleiß der Käfige in den Taschen und an den Führungsflächen. Radial und/oder axial angestellte Lagerungen sind besonders anfällig für Taschenverschleiß, weil die Kugeln ständig mit Innen- und Außenringlaufbahn in Eingriff sind.

4) Niedrige Reibmomente können mit nicht angestellten Lagerungen, innenbordgeführten Käfigen und Fetten mit niedriger Grundölviskosität erreicht werden.

5) Bei der Berechnung der Schmierfilmdicke im Wälzkontakt ist man auf eine grobe Schätzung des Meniskusabstands in der Einlaufzone angewiesen, weil im vorliegenden Geschwindigkeitsbereich keine Ergebnisse aus Modellversuchen vorliegen. Rechnerisch nimmt die Schmierfilmdicke der Wälzkontakte bei den hier vorliegenden Betriebsbedingungen von 1 µm auf 0,5 µm ab, wenn man den Einfluß der Kleinstmengenschmierung berücksichtigt.

6) Für Untersuchungen am schnell bewegten Wälzkontakt wurde eine neuartige Meßeinrichtung entwickelt, die den Außenringkontakt eines Rillenkugellagers modellhaft nachbildet. Die Kugel ist das einzige bewegte Element der Einrichtung, der Antrieb erfolgt durch ein von der Kugel gesteuertes magnetisches Drehfeld.

7) der Einfluß der im Einlaufbereich des Wälzkontakts befindlichen Ölmenge auf den Grad der Oberfächentrennung wurde durch Körperschallanalyse am Wälzlagermodell nachgewiesen.

Der Käfig stellt die größte Hürde auf dem Weg zu noch höherer Drehzahl bei niedrig belasteten Wälzlagern dar. Die weitere Forschungsarbeit sollte sich auf die Entwicklung von Käfigen konzentrieren, die entweder durch ihre Gestaltung die Schmierfilmbildung an den Führungsborden und in den Käfigtaschen unterstützen oder durch geeignete Werkstoffe in Verbindung mit entsprechend behandelten Oberflächen den Verschleiß an diesen Punkten auch bei trockener Reibung mindern.

## 9. Schrifttum


[1] Hillmann, R. — Ermittlung definierter Drehzahlkennwerte von Wälzlagern für hohe Drehzahlen unter praxisüblichen Einsatzbedingungen. Diss. Hannover 1981.

[2] Bohacek, F. — Die Bewertung der Schnelläufigkeit von Wälzlagern. Schmierungstechnik 15 (1984) Nr. 1

[3] Archard, J. F., Cowking, E. W. — Elastohydrodynamic Lubrication of Point Contacts. Proceedings of the Institution of Mechanical Engineers Vol. 180 Part 3B 1965-66 pp.47-56

[4] Cheng, H. S. — A Numerical Solution of the Elastohydrodynamic Film Thickness in an Elliptical Contact. ASME Journal of Lubrication Technology Jan. 1970 pp. 155-162

[5] Cheng, H. S. — Isothermal EHD Theory for the full Range of Pressure-Viscosity Coefficient. ASME Journal of Lubrication Technology Jan. 1972 pp. 35-43

[6] Hamrock, B. J., Dowson, D. — Isothermal EHD Lubrication of Point Contacts Part I - Theoretical Formulation. ASME Journal of Lubrication Technology Apr. 1976 pp. 223-229

[7] Hamrock, B. J., Dowson, D. — Isothermal EHD Lubrication of Point Contacts Part II - Ellipticy Parameter Results. ASME Journal of Lubrication Technology Jul. 1976 pp. 375-383

[8] Hamrock, B. J., Dowson, D. — Isothermal Lubrication of Point Contacts Part III - Fully Flooded Results. ASME Journal of Lubrication Technology Apr. 1977 pp. 264-276

[9] Wilson, A. R. The Relative Thickness of Grease and Oil Films in Rolling Bearings. Proceedings of the Institution of Mechanical Engineers Vol. 193 (1979) pp. 185-192

[10] Brüggemann, H. Messungen von Schmierfilmdicken und Reibungszahlen bei elliptischen Hertzschen Kontaktflächen. Konstruktion 32 (1980) S. 357-362

[11] Evans, H. P., Snidle, R. W. The Isothermal Elastohydrodynamic Lubrication of Spheres. ASME Journal of Lubrication Technology Vol. 103 (1981) pp. 547-557

[12] Kannel, J. W., Bell, J. C. Interpretations of the Thickness of Lubricant Film in Rolling Contact. 1 - Examination of Measurements obtained by X-Rays.

[13] Betsch, H. Geeignete Fettschmiersysteme halten die Temperaturen an Spindellagerungen niedrig. Maschinenmarkt Heft 34 (1980)

[14] Chiu, Y. P. An Analysis and Prediction of Lubricant Film Starvation in Rolling Contact Systems. Journal of the American Society of Lubrication Engineers Vol. 17 (1974) pp. 22-35

[15] Coy, J. J., Zaretsky, E. V. Some Limitations in Applying Classical EHD Film Thickness Formulas to a High Speed Bearing. ASME Journal of Lubrication Technology Vol. 103 Apr. 1981 pp. 295-304

[16] Hamrock, B. J., Dowson, D. Isothermal EHD Lubrication of Point Contacts Part IV - Starvation Results. ASME Journal of Lubrication Technology Jan. 1977 pp. 15-23

[17] Wedeven, L. N.; Evans, D.; Cameron, A. — Optical Analysis of Ball Bearing Starvation. ASME Journal of Lubrication Technology Jul. 1971 pp. 349-363

[18] Philips, G. J.; Hirschfeld, F. — Rotoating Machinery Bearing Analysis. Mechanical Engineering Jul. 1980 pp. 28-33

[19] Rush, A. A. — Kurtosis - A Crystal Ball for Maintenance Engineers. Iron and Steel International Feb. 1979 pp. 23-27

[20] McFadden, P. D.; Smith, J. D. — Vibration Monitoring of Rolling Element Bearings by the High-Frequency Resonance Technique - a Review. Tribology International Vol. 17 (1984) No. 1

[21] Dominy, J. — Some Aspects of the Design of High Speed Roller Bearings. Tribology International Jun. 1981 pp. 139-145

[22] Sohoel, E. O. — Shock Pulses as a Measure of the Lubricant Film Thickness in Rolling Element Bearings. Sonderdruck SPM Instrument US Inc., Marlborough

[23] Eschmann, P.; Hasbargen, L.; Weigand, K. — Die Wälzlagerpraxis München: Oldenbourg Verlag 1978.

[24] Palacios, J. M.; Palacios, M. P. — Rheological Properties of Greases in EHD Contacts. Tribology International Vol. 17 (1984) pp. 167-171

[25] Poon, S. Y. — An Experimental Study of Grease in EHD Lubrication. ASME Journal of Lubrication Technology Jan. 1972 pp. 27-33

[26] Netuschil, D. — Wälzlagerfette richtig auswählen und anwenden. Der Konstrukteur 11 (1982) S. 56-68

# Wechselwirkung von schwerentflammbaren Hydraulikflüssigkeiten mit Wälzlagern

von

Dr. Peter Hermann

Klaus Bauer

Dr. Knut Koltzenburg

Dr. Karl-Heinz Korten

Rheinisch-Westfälischer
Technischer Überwachungs-Verein e.V.,
Essen

Förderkennzeichen: 01 ZT 099

Laufzeit: 01.10.1979 bis 31.12.1984

Inhaltsverzeichnis


| | | |
|---|---|---|
| | Zusammenfassung | Seite |
| 1. | Ausganglage | 233 |
| 2. | Kennnisstand | 235 |
| 3. | Zielsetzung | 235 |
| 4. | Planung | 237 |
| 4.1 | Prüfstand | 238 |
| 4.2 | Eingesetzte Lager | 238 |
| 4.3 | Untersuchte Flüssigkeiten | 242 |
| 5. | Ablauf der Arbeiten | 244 |
| 5.1 | Vorversuche | 244 |
| 5.1.1 | Eingesetzte Hydraulikflüssigkeiten | 244 |
| 5.1.2 | Temperaturen | 244 |
| 5.1.3 | Volumenstrom | 245 |
| 5.2 | Versuchsläufe mit HFC, HFA und HFAS-Flüssigkeiten | 246 |
| 5.3 | Definition der Lagerausfälle | 248 |
| 6. | Ergebnisse | 248 |
| 6.1 | Lagerausfälle beim Einsatz der verschiedenen Flüssigkeiten | 249 |
| 6.1.1 | HCF-Flüssigkeiten | 249 |
| 6.1.2 | HFA-Emulsionen | 251 |
| 6.1.3 | HFAS-Lösungen | 252 |
| 6.2 | Schadensbilder | 254 |
| 6.2.1 | Betrieb mit HFC-Flüssigkeiten | 254 |
| 6.2.2 | Betrieb mit HFA-Emulsionen | 256 |
| 6.2.3. | Betrieb mit HFAS-Lösungen | 258 |
| 6.3 | Metallographische und rasterelektronen-mikoskopische Untersuchungen | 261 |
| 6.3.1 | Betrieb mit HFC-Flüssigkeiten | 261 |
| 6.3.2 | Betrieb mit HFA-Emulsionen | 264 |
| 6.3.3 | Betrieb mit HFAS-Flüssigkeiten | 267 |
| 6.4 | Messungen zur Schmierfilmdicke | 267 |
| 6.5 | Temperaturmessungen | 268 |
| 6.6 | Lebensdauerberechnungen | 268 |
| 7. | Diskussion | 275 |
| 8. | Schrifttum | 277 |

<u>Zusammenfassung</u>

Die Zielsetzung des Vorhabens ist bezüglich der Gewinnung von Erkenntnissen über den Schadensmechanismus weitgehend erreicht worden:

Für Nadellager im Kontakt mit HFA-Emulsionen ist ein primärer Korrosionsangriff gesichert, für Nadellager in Kontakt mit HFC-Flüssigkeiten zumindest teilweise relevant. Bei Zylinderrollen- und Rillenkugellagern in Kontakt mit HFA-Emulsionen ist ein primärer Korrosionsangriff nicht so sicher wie bei Nadellagern. Doch sprechen auch hier verschiedene Beobachtungen dafür.

Auf Ermüdung als Ausfallursache deuten die Beobachtungen an mit HFC-Flüssigkeiten betriebenen Zylinderrollen- und Rillenkugellagern hin.

HFAS-Flüssigkeiten bedingen nach kürzester Zeit einen rauhen Lauf mit Materialverformung und können derzeit als ungeeignet für den Betrieb mit Wälzlagern bezeichnet werden.

Sind Korrosionsmechanismen als Ausfallursache gesichert, kann mit Lebensdauer-Berechnungen das tribologische Verhalten von Hydraulikflüssigkeiten gegenüber Wälzlagern auch im Vergleich zur Mineralölschmierung nicht mehr beurteilt werden.

HFC-Flüssigkeiten sollten bezüglich ihres Verhaltens gegenüber Zylinderrollenlagern und Rillenkugellagern aufgrund von Lebensdauerberechnungen beurteilt werden können. Hier erscheint jedoch nicht genügend abgesichert, daß Korrosionseinflüsse auszuschließen sind. Die Zahl der vorliegenen Versuchsergebnisse ist für eine statistische Quantifizierung zu gering und die erhaltenen $L_{10}$-Werte sind mit ca. 5 % der theoretischen Werte bei Mineralölschmierung unbefriedigend.

Zur Abgrenzung der Leistungsfähigkeit verschiedener Flüssigkeiten untereinander gelten die gleichen Einschränkungen.

Die Erweiterung der vorhandenen Berechnungsgrundlagen für Wälzlager konnte aus den o.g. Gründen nicht erreicht werden, bzw. das für HFC-Flüssigkeiten erarbeitete Material reicht zur statistisch gesicherten Bestimmung z.B. eines linearen Faktors in der Gleichung zur Berechnung der Lebensdauer von Wälzlagern nicht aus.

## 1. Ausgangslage

Aus Gründen des Brandschutzes werden zunehmend schwer entflammbare Hydraulikflüssigkeiten in Hydraulikanlagen verwendet /1 bis 9/. Für einige Anwendungen, z.B. im Steinkohlenbergbau untertage, sind sie inzwischen seitens der Bergbehörde vorgeschrieben. Die Anforderungen hinsichtlich brandtechnologischer, bergbauhygienischer und einiger technologischer Eigenschaften legt die Kommission der europäischen Gemeinschaften im sogenannten Luxemburger Bericht fest. Die Flüssigkeiten nach dem 6. Luxemburger Bericht zeigt die Tabelle 1. Diese Zusammenstellung berücksichtigt die im wesentlichen im Bergbau und auch in der Industrie eingesetzten Flüssigkeiten.

Da in hydraulischen Anlagen das Arbeitsmedium "Mineralöl" auch zur Schmierung der Wälzlager verwendet wird, wird die Lebensdauer der Lager beim Einsatz der z.Zt. auf dem Markt befindlichen schwerentflammbaren Hydraulikflüssigkeiten, die ebenfalls zur Schmierung der Wälzlager dienen, verkürzt. Daher besteht die Tendenz, unter Inkaufnahme erhöhter Reibungsverluste und der damit verbundenen Verringerung des Wirkungsgrades, auf andere Lagerungsarten überzugehen.

Der Verwendung von Wälzlagern würden weniger Bedenken zuteil, wenn ausreichende Berechnungsgrundlagen hinsichtlich der Lebensdauer beim Einsatz dieser Flüssigkeiten vorhanden wären und/oder wenn solche Flüssigkeiten ausgewählt werden könnten, die eine relativ hohe Lebensdauer auch der Wälzlager gewährleisteten.

## 2. Kenntnisstand

Die Informationen über das tribotechnische Verhalten schwerentflammbarer, vor allem wasserhaltiger Flüssigkeiten gegenüber Wälzlagern waren bei Beginn des Vorhabens nicht sehr umfangreich /10 bis 14/.

Die Literaturrecherchen ergaben keine praxisnahen Erkennt-

| Flüssigkeitsgruppe | Zusammensetzung der Flüssigkeit | ISO-Viskositätsklassen |
|---|---|---|
| HFA | Öl-in-Wasser-Emulsion mit einem Emulgierölgehalt von höchstens 20 %<br>Übliche Gehalte 3 bis 15 % bezogen auf Volumen | 1 *)<br>10, 15, 22, 32 |
| HFAS | In Wasser gelöste Flüssigkeitskonzentrate üblicher Gehalt 5 % bezogen auf Volumen | 1 *)<br>10, 15, 22, 32 |
| HFB | Wasser-in-Öl-Emulsionen mit in der Regel 40 % Wasser, bezogen auf Volumen | 32, 46, 68, 100 |
| HFC | Wäßrige Momer- und/oder Polymerlösungen (Polyglykole), mit rund 40 % Wassergehalt (bezogen auf Volumen) | 15, 22, 32, 46, 68, 100 |
| HFD | Wasserfreie Flüssigkeiten | 15, 22, 32, 46, 68, 100 |
| HFD-R | Grundlage Phosphorsäureester | |
| HFD-S | Grundlage chlorierte Kohlenwasserstoffe | |
| HFD-T | Grundlage Gemisch aus Phosphorsäureester und chlorierte Kohlenwasserstoffen | |
| HFD-U | Grundlage andere Verbindungen | |

*) keine ISO-Viskositätsklasse

Tabelle 1: Einteilung der schwerentflammbaren Hydraulikflüssigkeiten nach dem 6. Luxemburger Bericht

nisse über das Verhalten von Wälzlagern in Wechselwirkung mit schwerentflammbaren Hydraulikflüssigkeiten. Die im Rahmen bisheriger Untersuchungen erhaltenen Ergebnisse ließen erkennen, daß es grundsätzlich möglich sein sollte, handelsübliche Hydraulikflüssigkeiten auf der Grundlage von Gemischen zwischen Wasser und organischen Stoffen mit Hilfe der Ermüdungslebensdauer der Prüflager beurteilen und gegebenenfalls klassifizieren zu können.

## 3. Zielsetzung

Das Vorhaben hatte folgende Ziele:

- Entwicklung eines Prüfverfahrens zur Beurteilung von schwerentflammbaren Hydraulikflüssigkeiten als Schmiermittel für Wälzlager

- Abgrenzung der Leistungsfähigkeit verschiedener Flüssigkeiten bezüglich der Wälzlager-Lebensdauer untereinander und im Vergleich zur Schmierung mit Mineralölen

- Gewinnung von Erkenntnissen über den Schadensmechanismus

- Erweiterung der vorhandenen Berechnungsgrundlagen für Wälzlager für den Fall der Schmierung mit schwer entflammbaren Flüssigkeiten

Das Vorhaben sollte in erster Linie das tribologische Verhalten von schwerentflammbaren Hydraulikflüssigkeiten in Wälzlagern zu klären versuchen.

Arbeiten in unserem Hause, vorwiegend mit Flüssigkeiten des Typs HFC, hatten gezeigt, daß eine Differenzierung dieser Flüssigkeiten gegenüber Mineralölen und untereinander mit dem vorgesehenen Verfahren grundsätzlich möglich ist.

Jedoch bestand infolge des Wassergehaltes der Flüssigkeiten und der Verschiedenheit auch der übrigen Bestandteile im Vergleich zum Mineralöl eine relativ hohe Wahrscheinlichkeit für tribochemische Reaktionen /15/. Deshalb sollten durch metallographische und elektronenmikroskopische Untersuchungen Informationen über den Mechanismus, der zum Ausfall der Lager führt, gewonnen werden.

## 4. Planung

In einem vorhandenen Prüfstand mit sechs gleichartigen Einzelmeßvorrichtungen wurde die Lebensdauer von Wälzlagern bei Verwendung der wichtigsten in Frage kommenden Hydraulikflüssigkeiten untersucht. Dazu wurden die Meßvorrichtungen so umgebaut, daß gleichzeitig je ein Nadellager, Rillenkugellager und Zylinderrollenlager geprüft werden konnten. Die Zeit bis zum Ausfall der Lager wurde durch das Auftreten von Grübchen, der Abrieb gravimetrisch und die Temperaturen in den Lagern durch registrierende Messung bestimmt.

Die Schmierfilmdicken und das Reibungsmoment wurden in einem Axialzylinderrollenlager ergänzend gemessen /16/. Die Ermittlung der Ausfallverteilung nach Weibull wurde vorgesehen. Hydraulikflüssigkeiten der Typen HFA, HFAS und HFC wurden in die Untersuchungen einbezogen.

### 4.1 Prüfstand

Der Nadellagerprüfstand der Firma SKF /10/ wurde so umgebaut, daß je Meßvorrichtung die beiden Stützlager jeweils durch ein Zylinderrollenlager des Typs NU 205/C 3 und ein Rillenkugellager des Typs 6009/C 3 ersetzt wurden. Das Nadellager - als ursprünglich einziges Prüflager - war vom Typ NA 6905.

Die Übersicht des Prüfstandes in Bild 1 zeigt die Anordnung der Aufnahmegefäße für die Lager, die Belastungseinheit mit Erschütterungsschutzschalter und im Hintergrund das Steuerpult.

Bild 1: Lagerprüfstand

Bild 2 zeigt die Einzelteile der Lagerprüfeinheit.

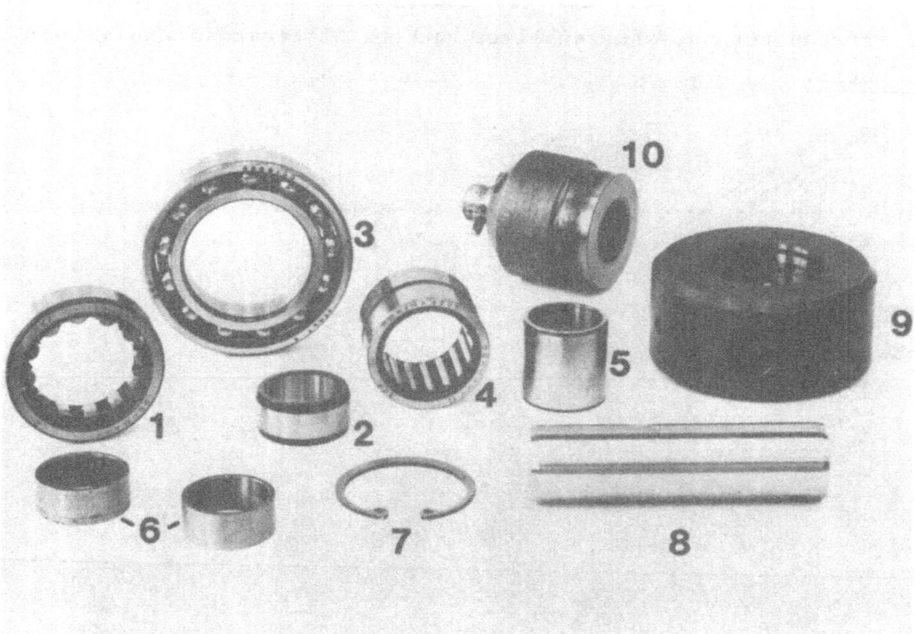


Bild 2: Einzelteile der Lagerprüfeinheit

| | | |
|---|---|---|
| 1. Zylinderrollenlager - Außenring | } | NU 205/C 3 |
| 2. Zylinderrollenlager - Innenring | | |
| 3. Rillenkugellager | | 6009/C 3 |
| 4. Nadellager - Außenring | } | NA 6905 |
| 5. Nadellager - Innenring | | |
| 6. Distanzring | | |
| 7. Sicherungsring | | |
| 8. Prüfwelle | | |
| 9. Prüflagergehäuse - Nadellager | | |
| 10. Schrumpfhülse - Rillenkugellager | | |

Bild 3 zeigt die schematische Anordnung der 3 Lager.

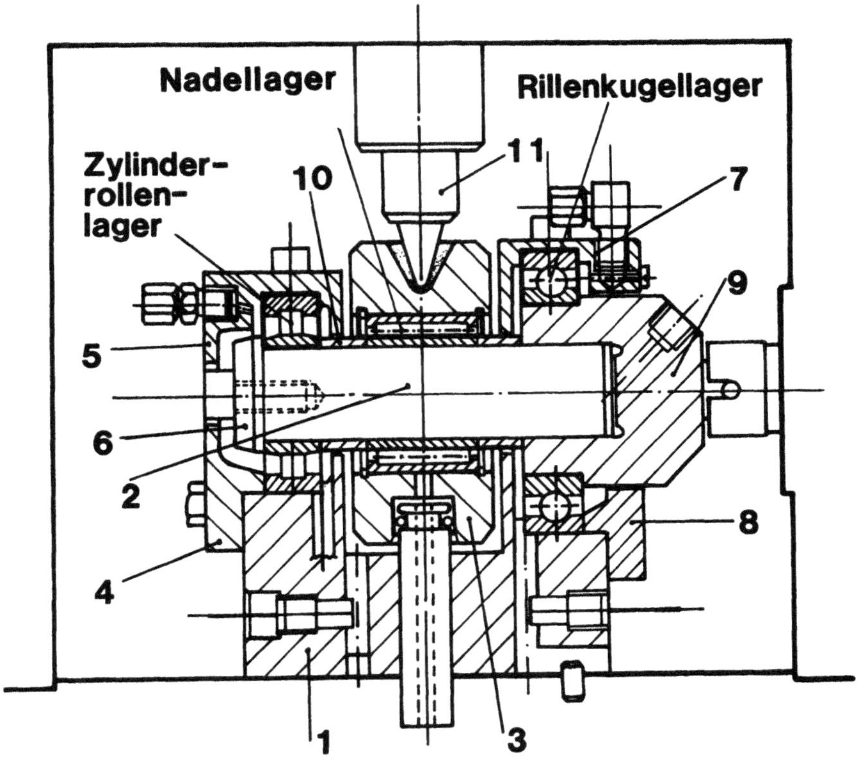


Bild 3: Schnitt durch die Prüfeinheit: (Maßstab 1 : 1,5)

1. Unterteil Aufnahmeblock
2. Welle
3. Aufnahmeblock für Nadellageraußenring
4. seitliche Halterung für das Zylinderrollenlager
5. seitliche Halterung des Zylinderrollenlagers mit Ölzufuhr
6. Unterlegscheibe für Zylinderrollenlager
7. Halterung für das Rillenkugellager
8. untere Halterung für das Rillenkugellager
9. Kupplungsverbindungsstück mit Aufnahme für Rillenkugellager und Welle
10. Distanzringe symmetrisch zum Nadellager
11. Belastungsaufgeber

Die Schmierstoffverteilung vor den einzelnen Lagern wird durch einen Verteiler (Steuereinheit) geregelt.

Das Fließschema für die sechs gleichen Meßeinrichtungen zeigt Bild 4.

Die 6 Meßeinrichtungen des Prüfstandes sind mit insgesamt 24 Temperaturmeßstellen bestückt, davon 18 Meßstellen an den Lagern und 6 Meßstellen im Rücklauf der umlaufenden Flüssigkeit. Die Meßwerte wurden mit einem Datenerfassungssystem (Data Logger) gespeichert und über die hauseigene EDV verarbeitet.

Als Detektionssystem für die Ermüdung der Lager diente ursprünglich ein Erschütterungsschutzschalter. Hier wurde zusätzlich ein elektrisch-magnetischer Detektor eingesetzt, der die Abscheidung genügend großer Abriebmengen anzeigt und die betroffene Prüfeinheit abschaltet. Der Punkt zum Abschalten kann durch Vorschalten von entsprechenden Relais variiert werden. Der Abschaltwiderstand ist zwischen 50 und 1200 Ω veränderbar.

## 4.2 Eingesetzte Lager

| | | |
|---|---|---|
| Zylinderrollenlager | | |
| für Vorversuche | NU 205/C 3; | C = 16,0 kN |
| für Versuchsläufe | NU 205/ECP 9/C 3 | C = 28,6 kN |
| Rillenkugellager | 6009/C 3, | C = 16,3 kN |
| Nadellager | NA 6905, | C = 33,5 kN |

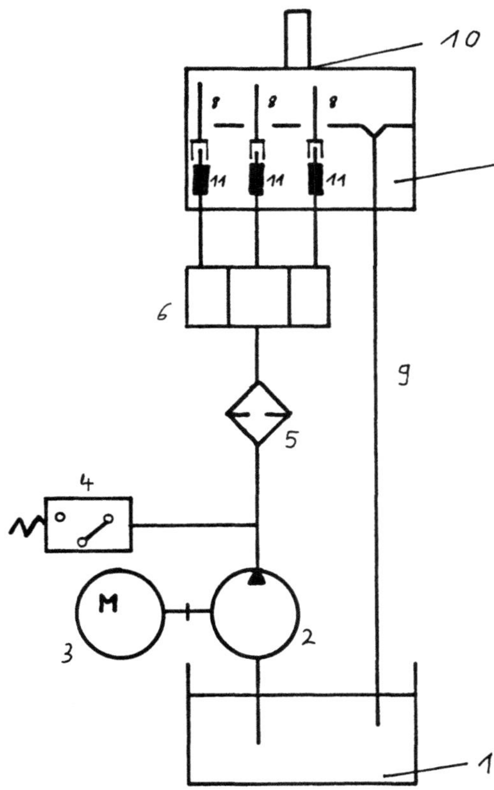


Bild 4: Schaltschema für Flüssigkeitsumlaufschmierung

1 Flüssigkeitsbehälter

2 Zahnradpumpe

3 Motor

4 Druckschalter

5 Filter

6 Progressivverteiler

7 Prüftopf

8 Zuleitungen Rillenkugellager; Nadellager; Zylinderrollenlager

9 Flüssigkeitsrücklauf

10 Erschütterungsaufnehmer

11 Magnetdetektor

## 4.3 Untersuchte Flüssigkeiten

| | |
|---|---|
| HFC-Flüssigkeiten: | TÜV-Eing.-Nr. 5932 |
| | TÜV-Eing.-Nr. 6281 |
| | TÜV-Eing.-Nr. 8276 |
| HFA-Emulsionen: | TÜV-Eing.-Nr. 7108 |
| | TÜV-Eing.-Nr. 7199 |
| HFAS-Lösung: | TÜV-Eing.-Nr. 7757 |

## 5. Ablauf der Arbeiten

Entsprechend der Zielsetzung, die Lagerlebensdauer beim Betrieb mit Mineralöl mit der beim Betrieb mit schwerentflammbaren Flüssigkeiten zu vergleichen, wurde die beschriebene Versuchsanordnung (Bild 4) mit Mineralöl betrieben. Diesem Betrieb folgten Versuchsläufe mit Flüssigkeiten des Typs HFC.

### 5.1 Vorversuche

Die Vorversuche waren zur endgültigen Festlegung der Parameter erforderlich. Die eingesetzten Flüssigkeiten, die Versuchsbedingungen und die Ergebnisse der Versuchsläufe sind im folgenden zusammengestellt:

5.1.1 Eingesetzte Hydraulikflüssigkeiten:

| | |
|---|---|
| Mineralöl HL 36, | TÜV-Eing.-Nr. 5848 |
| HFC-Flüssigkeit, | TÜV-Eing.-Nr. 5932 |
| 10 %ige HFA-Flüssigkeit, | |
| Konzentrat, | TÜV-Eing.-Nr. 7199 |

5.1.2 Temperaturen:

| | |
|---|---|
| Mineralöl: | $48^oC$ bis $66^oC$ |
| HFC-Flüssigkeiten: | $40^oC$ bis $56^oC$ |
| HFA-Flüssigkeiten: | $32^oC$ bis $44^oC$ |

5.1.3 Volumenstrom

gesamt: 66,6 l/h

je Lagereinheit: 22,2 l/h

5.1.4 Variable Drehzahl und Belastung

Bei den Vorversuchen wurden Drehzahl und Belastung variiert. Einige Ergebnisse mit HFC-Flüssigkeiten enthält Tabelle 2. Die Belastung, die bei Mineralölen mit 10 kN entsprechend $\frac{C}{P}$ = 3,3 für Lebensdauerbestimmungen durchaus geeignet ist, mußte für wasserhaltige Flüssigkeiten reduziert werden, um auswertbare Laufzeiten zu erhalten.

Tabelle 2

Vorversuche

Flüssigkeit: HFC 36, TÜV-Eing.-Nr. 5932

| Drehzahl $min^{-1}$ | Belastung N | Laufzeit h | Ausfall |
|---|---|---|---|
| 2500 | 10000 | 7 | Zylinderrollenlager |
| | | 7 | Zylinderrollenlager |
| 2000 | 10000 | 10 | Zylinderrollenlager |
| | | 17 | Zylinderrollenlager |
| 1500 | 5000 | 36 | Zylinderrollenlager |
| | | 88 | Zylinderrollenlager |
| | | 49 | Zylinderrollenlager |
| 1500 | 4000 | 34 | Zylinderrollenlager |
| | | 186 | - |
| | | 175 | Zylinderrollenlager |
| 1500 | 3000 | 305 | - |

Aufgrund dieser Ergebnisse wurde eine Versuchsreihe mit einer HFC-Flüssigkeit bei einer Last von 3500 N und einer Drehzahl von 1500 $min^{-1}$ gefahren. Hier zeigte sich, daß systematisch nur Zylinderrollenlager ausfielen und diese

diese auch den bei weitem höchsten Verschleiß hatten. Daraufhin wurde die Verwendung eines Zylinderrollenlagers beschlossen, das einen Kunststoffkäfig hat und mit höherer dynamischer Tragzahl (C = 28,6 kN) läuft; die ergab den Einsatz von Zylinderrollenlagern des Typs NU 205 ECP 9/C 3. Ein Vorversuch mit 10 %iger HFA-Emulsion zeigte nach 860 Stunden noch keinen Ausfall, so daß die Versuchsläufe mit 3 %igen Konzentrationen, die betriebsüblich sind, gefahren werden konnten.

## 5.2 Versuchsläufe mit HFC, HFA und HFAS-Flüssigkeiten

Für die Versuchsläufe kamen zur Ermittlung der Wälzlager-Lebensdauer zum Einsatz:

Rillenkugellager 6009/C 3, C = 16,5 kN
Nadellager als mittleres Lager: NA 6905, C = 33,5 kN
Zylinderrollenlager NU 205 ECP 9/C 3, C = 28,6 kN.

Als Prüfparameter wurden konstant gehalten:

Drehzahl: 3000 $min^{-1}$
Belastung: 3500 N

Wegen der längeren Laufzeiten wurde das Lager ersetzt, das ausgefallen war. Die beiden anderen Lager wurden wieder eingesetzt. Die Beeinflussung durch die Montage wurde als nicht gravierend angesehen. Auf diese Weise sollten auch bei längeren Laufzeiten genügend Werte zur Berechnung von Lebensdauerkurven erhalten werden.

Die Versuchsreihe wurde frühestens abgebrochen, wenn 3 oder mehr Lager eines Typs und 2 Lager des nächsten Typs ausgefallen waren (spätestens nach 4000 Stunden).

In Tabelle 3 sind die bei den einzelnen Versuchsläufen eingesetzten Flüssigkeiten, die den jeweiligen Lagerkollektiven für die eventuelle Berechnung einer Ausfallverteilung zugeordnete laufende Nummer und die Laufzeit zusammengestellt. Die ausgefallenen Lager wurden metallographisch und rasterelektronenmikroskopisch untersucht.

**Tabelle 3:** Versuchsläufe mit Angaben über Flüssigkeit und Dauer

| Eingesetzte Flüssigkeit | Lagertyp | Versuchs-lauf-Nr. | Laufzeit |
|---|---|---|---|
| HFC | Zylinderrollen- | 18 | etwa |
| TÜV-Eing.-Nr. 6281 | lager | | 4000 Std. |
| | Nadellager | 17 | |
| | Rillenkugellager | 19 | |
| HFC | Zylinderrollen- | 25 | etwa |
| TÜV-Eing.-Nr. 8276 | lager | | 4000 Std. |
| | Nadellager | 24 | |
| | Rillenkugellager | 23 | |
| 3 %ige HFA-Emulsion | Zylinderrollen- | 5 | etwa |
| TÜV-Eing.-Nr. 7108 | lager | | 460 Std. |
| | Nadellager | 3 | |
| | Rillenkugellager | 4 | |
| 3 %ige HFA-Emulsion | Zylinderrollen- | 8 | etwa |
| TÜV-Eing.-Nr. 7199 | lager | | 4000 Std. |
| | Nadellager | 9 | |
| | Rillenkugellager | 10 | |
| 3 %ige HFAS-Lösung | | | |
| TÜV-Eing.-Nr. 7757 | | | |
| 1. Lauf | Zylinderrollenlager | 11 | maximal |
| | Nadellager | 12 | 410 Std. |
| | Rillenkugellager | 13 | |

**Tabelle 3**

| Eingesetzte Flüssigkeit | | Lagertyp | Versuchs-lauf-Nr. | Laufzeit |
|---|---|---|---|---|
| 3 %ige HFAS-Lösung TÜV-Eing.-Nr. 7757 | | | | |
| | 2. Lauf | Zylinderrollen-lager | 20 | maximal 426 Std. |
| | | Nadellager | 22 | |
| | | Rillenkugellager | 15 | |

## 5.3 Definition der Lagerausfälle

Als Ausfall eines Lagers wurden definiert:

- Abschaltung durch die elektrische Leitfähigkeitsanzeige nach Überbrückung des offenen Stromkreises durch die am Permanantmagneten abgeschiedenen Stahlteilchen und augenscheinliche Bestätigung durch sichtbare Grübchen

- Ansprechen des Erschütterungsschutzschalters und augenscheinliche Bestätigung

- Beobachtung von Grübchen bei Stillstand oder am Versuchsende

Die Entscheidung, ob Ermüdung oder andere Ursachen (z.B. Korrosion) die Grübchenbildung herbeiführten, wurde erst nach zusätzlichen Untersuchungen getroffen.

## 6. Ergebnisse

Die ausgefallenen Lager, die Laufzeit bis zum Ausfall, die Ausfallursache sowie weitere Angaben zur Zuordnung enthalten die folgenden Kapitel. Als nächstes sind die unterschiedlichen Schadensbilder beschrieben. Die Ergebnisse der licht- und rastermikroskopischen Untersuchungen, einschließlich der Analyse von Korrosionsprodukten und Oberflächenschichten, werden angegeben. Weiterhin wird über Messungen der Schmierfilmdicke berichtet. Beispielhaft werden die Temperaturkontrollmessungen erwähnt.

## 6.1 Lagerausfälle beim Einsatz der verschiedenen Flüssigkeiten

### 6.1.1 HFC-Flüssigkeit

Die Untersuchungsergebnisse von zwei HFC-Flüssigkeiten enthält die Tabelle 4.

**Tabelle 4:** Ausfälle bei Versuchsläufen mit HFC-Flüssigkeiten

| Flüssigkeit TÜV-Eing.-Nr. | Lagertyp Anzahl; Ausfälle | lfd. Nr. des Lagers | Laufzeit bis zum Ausfall | Schadensbild |
|---|---|---|---|---|
| 6281 | Zylinder-rollenlager 13; 6 | 62 | 1346 | Abschälungen |
| | | 75 | 1366 | Abschälungen |
| | | 69 | 2028 | Abschälungen |
| | | 64 | 2370 | Abschälungen |
| | | 89 | 2627 | Grübchen |
| | | 79 | 2652 | Abschälungen |
| | Rillenkugel-lager 13; 7 | 90 | 295 | Abschälungen |
| | | 83 | 590 | Abschälungen |
| | | 87 | 655 | Abschälungen |
| | | 61 | 880 | Abschälungen |
| | | 88 | 1677 | Abschälungen |
| | | 74 | 2439 | Abschälungen |

**Tabelle 4:** Ausfälle bei Versuchsläufen mit HFC-Flüssigkeiten

| Flüssigkeit TÜV-Eing.-Nr. | Lagertyp Anzahl; Ausfälle | lfd. Nr. des Lagers | Laufzeit bis zum Ausfall | Schadensbild |
|---|---|---|---|---|
| 6281 | Rillenkugellager; 13; 7 | 185 | 4153 | Grübchen |
| | | 63 | 2836 | Abschälungen |
| 8276 | Zylinderrollenlager 9; 8 | 195 | 779 | Abschälungen |
| | | 194 | 1315 | Abschälungen |
| | | 196 | 1830 | Grübchen |
| | | 188 | 1869 | Abschälungen |
| | | 189 | 2134 | Grübchen |
| | | 181 | 3797 | Abschälungen |
| | | 200 | 4001 | Grübchen |
| | Nadellager 8; 2 | 192 | 796 | - |
| | | 191 | 1298 | Abschälungen |
| | Rillenkugellager 11; 5 | 201 | 999 | Abschälungen |
| | | 178 | 1269 | Abschälungen |
| | | 197 | 1302 | Abschälungen |
| | | 177 | 1827 | Abschälungen |
| | | 182 | 1824 | Abschälungen |

Die Versuchsläufe mit der Flüssigkeit TÜV-Eing.-Nr. 6281 brachten Ausfälle von Zylinderrollenlagern und Rillenkugellagern bis zum Versuchsabbruch nach 4000 Stunden. Während der Versuche mit der Flüssigkeit TÜV-Eing.-Nr. 8276 fielen Lager aller eingesetzten Typen bei einer Versuchsdauer von über 4000 Stunden aus.

### 6.1.2 HFA-Emulsionen

Die Ergebnisse sind in der Tabelle 5 enthalten.

Ein Prüflauf mit der 3 %igen Emulsion (TÜV-Eing.-Nr. 7108) wurde nach Ausfall von je 3 Nadel- und Zylinderrollenlagern nach 615 Stunden beendet.

Bei der 3 %igen Emulsion (TÜV-Eing.-Nr. 7199) fielen in 4000 Stunden Laufzeit 8 Rillenkugellager sowie 2 Nadel- und 2 Zylinderrollenlager aus.

**Tabelle 5:** Ausfälle bei Versuchsläufen mit HFA-Flüssigkeiten

| Flüssigkeit TÜV-Eing.-Nr. | Lagertyp Anzahl; Ausfälle | lfd. Nr. des Lagers | Laufzeit bis zum Ausfall | Schadensbild |
|---|---|---|---|---|
| 7108 | Nadellager | 30 | 371 | |
| | 9; 3 | 35 | 462 | Korrosions- |
| | | 39 | 464 | grübchen |
| | Rillenkugel- | 33 | 371 | Grübchen |
| | lager | 19 | 451 | Abschälung |
| | 8; 3 | 25 | 615 | Abschälung |

**Tabelle 5:** Ausfälle mit HFA-Emulsionen

| Flüssigkeit TÜV-Eing.-Nr. | Lagertyp Anzahl; Ausfälle | lfd. Nr. des Lagers | Laufzeit bis zum Ausfall | Schadensbild |
|---|---|---|---|---|
| 7199 | Zylinder- | 106 | 3208 | Abschälung |
| | rollenlager | 98 | 3925 | Abschälung |
| | 7; 2 | | | |
| | Nadellager | 114 | 514 | Korrosions- |
| | 8; 2 | 115 | 998 | grübchen |
| | Rillenkugel- | 118 | 514 | |
| | lager | 100 | 986 | |
| | 12; 8 | 112 | 1142 | |
| | | 119 | 1355 | Abschälungen |
| | | 108 | 1524 | |
| | | 109 | 2209 | |
| | | 96 | 2414 | |
| | | 113 | 2842 | |

### 6.1.3 HFAS-Lösungen

Die Ergebnisse enthält Tabelle 6.

Der erste Versuchslauf mit der 3 %igen HFAS-Lösung wurde nach Ausfall von 5 Rillenkugellagern, 3 Nadel- und 2 Zylinderrollenlagern nach maximal 410 Stunden, der zweite Versuchslauf nach Ausfall von 3 Rillenkugellagern, 5 Nadellagern und 7 Zylinderrollenlagern nach 201 bis 426 Stunden abgebrochen.

**Tabelle 6:** Ausfälle mit HFAS-Lösungen

| Flüssigkeit TÜV-Eing.-Nr. | Lagertyp Anzahl; Ausfälle | lfd. Nr. des Lagers | Laufzeit bis zum Ausfall | Schadensbild |
|---|---|---|---|---|
| 7757 | Zylinder- | 123 | 197 | Abschälung |
| 1. Lauf | rollenlager | 128 | 285 | Abschälung |
| | 9; 2 | | | |
| | Nadellager | 137 | 70 | Abschälung |
| | 10; 3 | 126 | 191 | Abschälung |
| | | 121 | 284 | Abschälung |
| | Rillenkugel- | 146 | 187 | Abschälung |
| | lager | 145 | 198 | Abschälung |
| | 7; 5 | 125 | 299 | Abschälung |
| | | 141 | 383 | Abschälung |
| | | 136 | 410 | Abschälung |
| 7757 | Zylinder- | 149 | 47 | Marken (Aus- |
| 2. Lauf | rollenlager | 169 | 49 | brüche) |
| | 11; 7 | 154 | 113 | Abschälung |
| | | 172 | 116 | Abschälung |
| | | 167 | 117 | Abschälungen |
| | | 173 | 120 | Abschälungen |
| | | 163 | 309 | Grübchen |

**Tabelle 6:** Ausfälle mit HFAS-Lösungen

| Flüssigkeit TÜV-Eing.-Nr. | Lagertyp Anzahl; Ausfälle | lfd. Nr. des Lagers | Laufzeit bis zum Ausfall | Schadensbild |
|---|---|---|---|---|
| 7757 | Nadellager | 147 | 47 | Grübchen |
| 2. Lauf | 10; 5 | 160 | 49 | Grübchen |
| | | 152 | 113 | Grübchen |
| | | 170 | 116 | Grübchen |
| | | 165 | 117 | Marken (Ausbrüche) |
| | Rillenkugel- | 156 | 201 | Abschälungen |
| | lager | 174 | 236 | Abschälungen |
| | 7; 3 | 164 | 368 | Abschälungen |

## 6.2 Schadensbilder

6.2.1 Betrieb mit HFC-Flüssigkeit (TÜV-Eing.-Nr. 8276)

Das Bild 5 zeigt Laufflächenverfärbung und Grübchen am Innenring eines Zylinderrollenlagers. Das Bild 6 läßt Laufflächenbeschädigungen in Form von Grübchen am Außenring eines Nadellagers erkennen.

Bild 5: Zylinderrollenlager Nr. 195 (Innenring)
Laufflächenverfärbung und Grübchen
(a) (b)

Bild 6: Nadellager Nr. 180 (Außenring)
Laufflächen mit Grübchen im Abstand der Nadeln ↗

6.2.2 Betrieb mit HFA-Emulsion

Die an den Lagern nach Prüfläufen mit 3 %igen HFA-Emulsionen beobachteten Beschädigungen der Oberflächen lassen sich in 4 Gruppen unterteilen:

- Punkt- (Kreis-) förmige Grübchen, wie in Bild 7, teilweise zu Abschälungen erweitert.

Bild 7: Nadel mit punktförmigen Grübchen, Maßstab 3 : 1

- Beschädigungen in axialer Richtung, quer zur Lauffläche (ovale Grübchen), offensichtlich mit Ablagerungen durch korrosiven Angriff (Bild 8).

- Beschädigungen am Rand der Lauffläche von Rillenkugellagern (Bild 9).

Bild 8: "Ovales Grübchen in axialer Richtung am Innenring eines Nadellagers, Maßstab 3 : 1

Bild 9: Rillenkugellager, Randbeschädigungen

- Einseitig eingepreßte Umlaufspuren, die auf ungleiche Belastung beim Rollvorgang hinweisen (Bild 10).

Bild 10: Umlaufspuren, Zylinderrollenlager

6.2.3 Betrieb mit HFAS-Lösung

Beim Betrieb der Lager mit wäßrigen Lösungen traten Oberflächenveränderungen an den Lagerringen auf, die von blank polierten Stellen bis zu Verformungsmustern reichten.
Die Bilder 11 und 12 zeigen die Oberflächenrauhigkeit in Bereichen solcher Verformungen an den Außenringen zweier Nadellager. Dabei zeigte der Querschliff im Verformungsbereich der Probe 126 keine Materialtrennungen, während sie in Lager 121 auftreten. In beiden Fällen war der Versuch

durch die Magnetabscheider abgeschaltet worden; der Verschleiß lag um 400 mg.

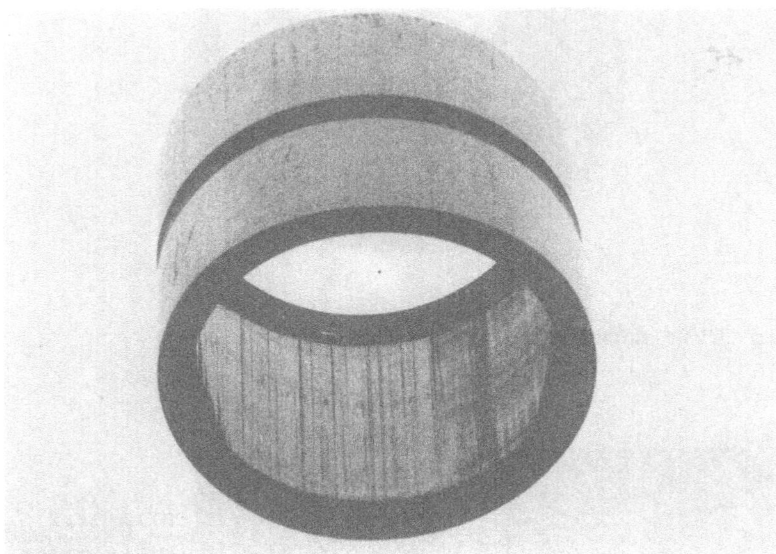

Bild 11: Nadellager-Außenring (lfd-Nr. 126)
Riffelmuster im Druckbereich über ca. 1/3 Umfang
Keine Materialtrennungen (Abschälung) im Querschliff erkennbar

Bild 12.1: Nadellager-Außenring (lfd-Nr. 121)

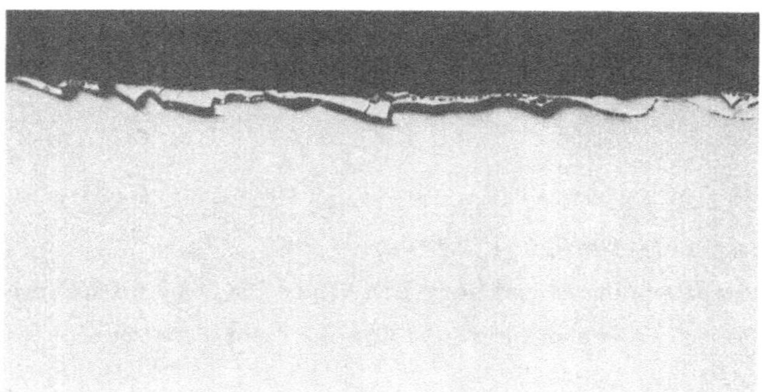

Bild 12.2: Querschliff im Druckbereich; Abschälung ca. 100 µm

Bild 13 zeigt ein Rauheitsprofil von der auf Bild 11 mit "Riffelmuster" bezeichneten Stelle (Außenring, lfd. Nr. 126). Die verformten Oberflächenbereiche dieses Lagers lassen nach einer Laufzeit von 16 Stunden noch keine Grübchenbildung erkennen.

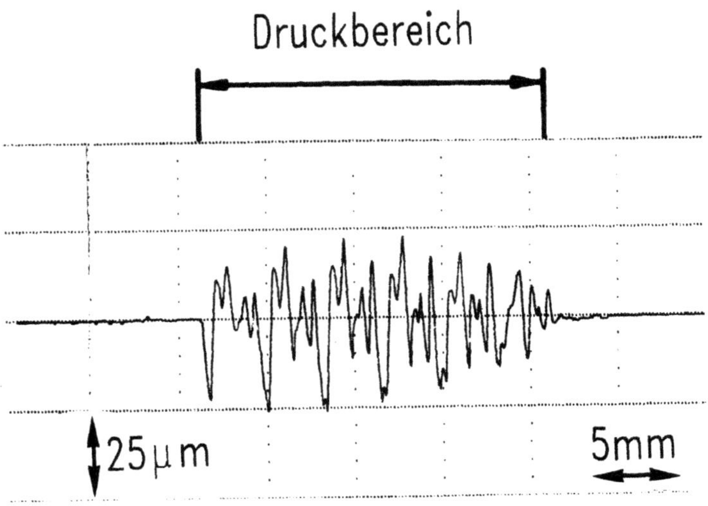


Bild 13: Rauheitsprofil der Lauffläche eines Außenringes (lfd.-Nr. 126)

## 6.3 Metallographische und rasterelektronenmikroskopische Untersuchungen

Zielsetzung der Untersuchungen an den Ringen der Lager war es, Hinweise auf Schadensmechanismen, insbesondere auf andere als nur reine Ermüdung, zu finden.

### 6.3.1 Betrieb mit HFC-Flüssigkeiten

Die Bilder 14 und 15 stellen beispielhaft Schäden dar, wie sie an Lagern mit HFC-Flüssigkeiten gefunden wurden. Die beiden Bilder zeigen die Schäden am Außenring eines Zylinderrollenlagers in jeweils 500-facher Vergrößerung.

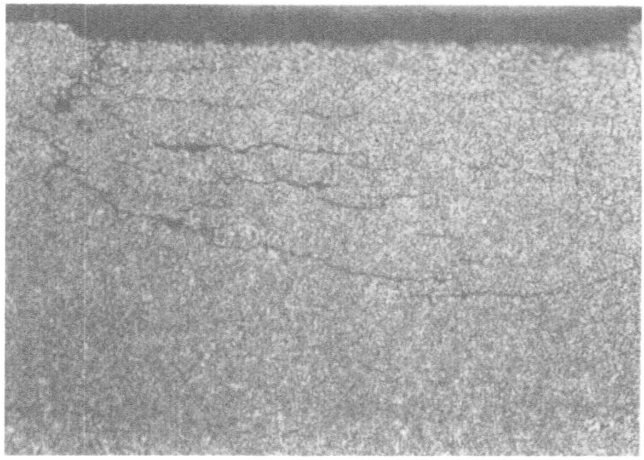

Bild 14: Transkristalliner Rißverlauf (gefüllt), Zylinderrollenlager - Außenring (500 : 1)

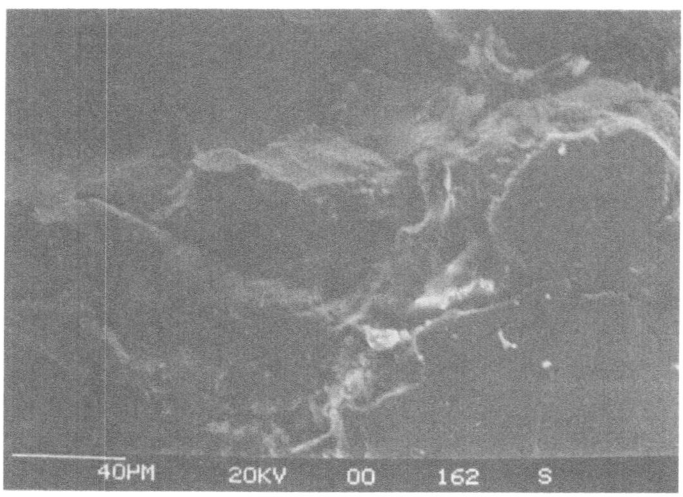


Bild 15: Stellenweise interkristalline Bruchstruktur, Zylinderrollenlager - Außenring

Mit Hilfe der Lichtmikroskopie (Bild 14) ist an einem Anschliff transkristalliner Rißverlauf erkennbar, während das REM-Bild (15) stellenweise auch interkristalline Bruchstruktur zeigt. Der Verlauf der transkristallinen Risse die bis zu einer Tiefe von etwa 50 µm auftreten, deutet auf das Vorliegen von Ermüdungsrissen hin.

Für die interkristallinen Bruchbereiche sind unterschiedliche Ursachen möglich, u.a. Rißausbreitung unter korrosiven Bedingungen (z. B. Spannungsrißkorrosion), wie es in der Literatur beschrieben wird /18/.

Ein weiteres rastermikroskopisches Bild zeigt transkristalline Brüche mit Schwingungsstreifen in Grübchen an einem Zylinderrollenlager - Außenring.

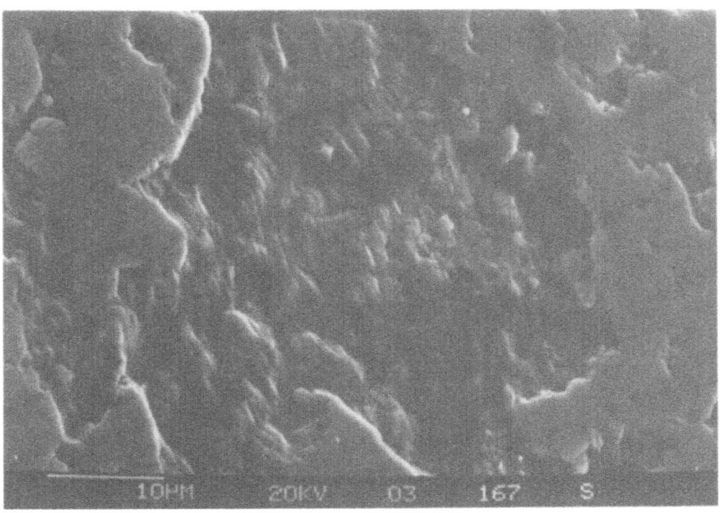


Bild 16: Zylinderrollenlager - Außenring
Grübchen mit Schwingungsstreifen

6.3.2 Betrieb mit HFA-Emulsionen

Bei den HFA-Emulsionen wurden an den Stellen, die augenscheinlich durch korrosive Vorgänge beschädigt waren, Reaktionsprodukte mit energiedispersiver Elektronenstrahl-Mikroanalyse untersucht. Es ergaben sich 3 unterschiedliche Gruppen von Analysenwerten:

- Hoher Gehalt an Eisen, Chromgehalt 2 bis 20 % und etwas Mangan (1 %) in fast allen Proben.
- Zusätzlich Zink, Phosphor und Schwefel im Prozentbereich in der Mehrzahl der Proben, dazu oft Natrium und Chlor (bis 10 %), Calcium (bis 1-2 %), wenig Silicium und Aluminium.
- Einzelne Proben mit hohen Silicium- und Aluminiumgehalten (zusammen 20 bis 80 %), dazu Kaliumgehalten von 2 bis 10 %, aber wenig Eisen.

Die beiden Bilder 17 und 18 zeigen Beispiele untersuchter Stellen am Innen- und Außenring eines Nadellagers.

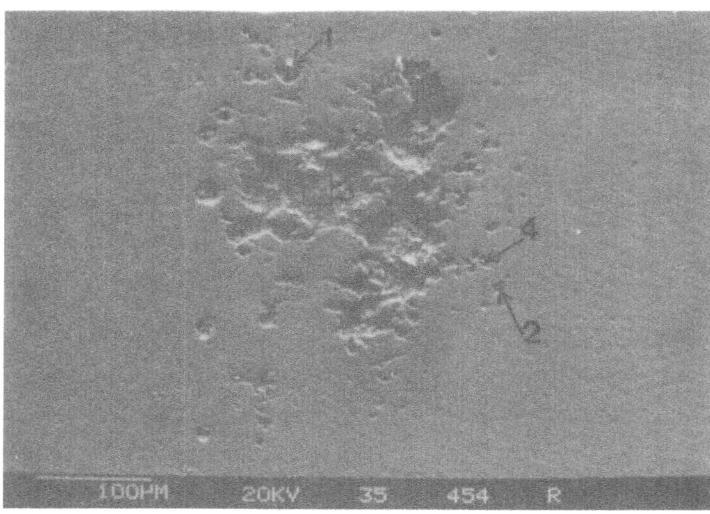


Bild 17: Korrosionsstelle am Innenring eines Nadellagers

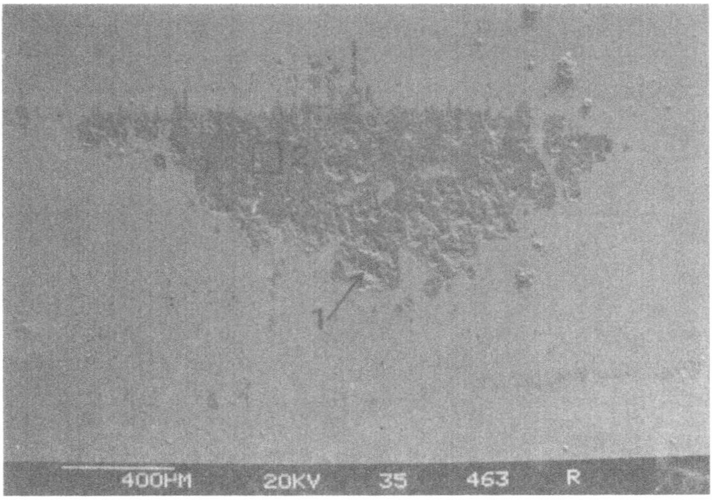


Bild 18: Korrosionsstelle am Außenring des Nadellagers.

Die Tabelle 7 enthält die Analysenergebnisse der auf den einzelnen Bildern bezeichneten Positionen.

**Tabelle 7**

| | Element | | | | | | | | |
|---|---|---|---|---|---|---|---|---|---|
| | Eisen Fe | Chrom Cr | Zink Zn | Calcium Ca | Kalium K | Natrium Na | Schwefel S | Phosphor P | Chlor Cl |
| Bild 17 Position | | | | | | | | | |
| 1 | 46 | 2,4 | 3 | 5 | 9 | 9 | 11 | 1,5 | 8 |
| 2 | 84 | 1,1 | 2 | 0,4 | 2 | 4 | 1 | 0,2 | 3 |
| 3 | 74 | 7,8 | 3 | 1 | 1 | 5 | 1 | 0,4 | 1 |
| 4 | - | 0,2 | - | 0,6 | 8 | 1 | 0,3 | - | 0,6 |

**Tabelle 7**

| | Element | | | | | | | | |
|---|---|---|---|---|---|---|---|---|---|
| | Eisen Fe | Chrom Cr | Zink Zn | Calcium Ca | Kalium K | Natrium Na | Schwefel S | Phosphor P | Chlor Cl |
| Bild 18 Position | | | | | | | | | |
| 1 | 85 | 8 | 4 | 1 | 0,2 | 1 | 1 | - | - |
| 2 | 79 | 9 | 5 | 1 | 0,3 | 2 | 1 | - | - |

Ergebnisse der energiedispersiven Elektronen-Strahl-Mikroanalyse in % (bezogen auf Masse), ohne Berücksichtigung der nicht erfaßten Elemente mit Ordnungszahlen 11 auf 100 %

Der metallografische Befund ergab bei mehreren Lagern Anzeichen für das Vorliegen von Spannungsrißkorrosion.

Ein Beispiel zeigt Bild 19.

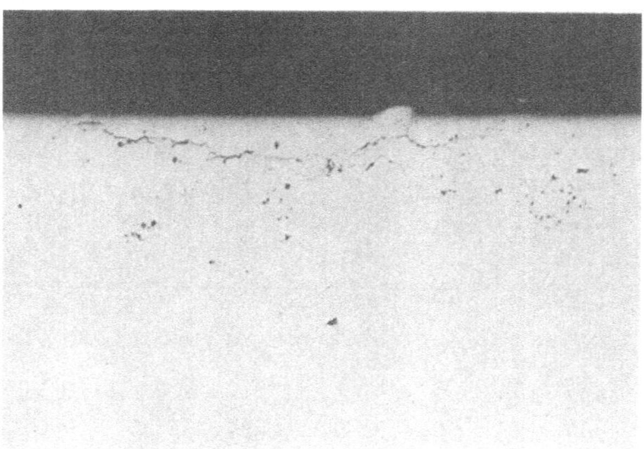

Bild 19: Spannungsrißkorrosion an einem Rillenkugellageraußenring (lfd-Nr. 33)

6.3.3 Betrieb mit HFAS-Flüssigkeiten

Spannungsrißkorrosion neben Abschälung zeigt Bild 20 am Innenring eines Zylinderrollenlagers.

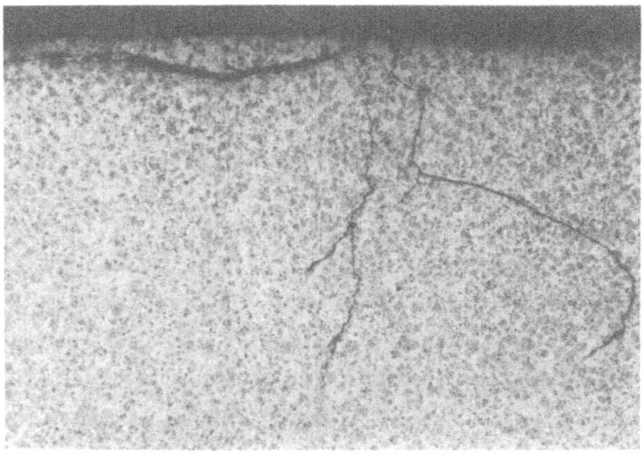

Bild 20: Abschälung und Spannungsriß-Korrosion am Innenring eines Zylinderrollenlagers (lfd-Nr. 162)

Bei Lagern aus diesem Versuch wurden vielfach bräunliche Verfärbungen der Laufspuren beobachtet. Mittels energie- und wellenlängendispersiver Elektronenstrahl-Mikroanalyse konnten in solchen verfärbten Bereichen keine Fremdelemente sondern lediglich Anreicherungen an Sauerstoff und Chrom bei Abreicherung an Kohlenstoff gegenüber nicht verfärbten Bereichen nachgewiesen werden.

## 6.4 Messungen zur Schmierfilmdicke

Folgende Untersuchungen zur Schmierfilmbildung wurden vorgenommen:

Zwei Mineralöle HL 16 und HL 36 wurden untersucht, um Vergleichswerte zu den wasserhaltigen Flüssigkeiten im Prüfstand zu erhalten.

Hier ergaben sich beim Lubrication-Function-Test, den die Firma SKF durchgeführt hat, keine Beeinträchtigungen der Schmierfilmstärke bei einem Hydrauliköl, das über etwa 1000 Stunden im Prüfstand eingesetzt war, im Vergleich zum Frischöl.

Die wirksame Vergleichsviskosität bei HFC-Flüssigkeiten lag bei der ungebrauchten Flüssigkeit teils in der Größenordnung der gemessenen kinematischen Viskosität, teils geringer bis etwa 50 % (Tabelle 8). Messungen von Reibungsmomenten und Schmierfilmdicken zeigen die Bilder 21 und 22. HFA-Flüssigkeiten wiesen keine meßbare Schmierfilmdicke auf, und es läßt sich auch eine wirksame Vergleichsviskosität nicht ermitteln, zumal die gemessene kinematische Viskosität bei etwa 1 $mm^2/s$ liegt.

## 6.5 Temperaturmessungen

Die Temperaturen an den äußeren Oberflächen der Lageraußenringe und der in den Vorratsbehälter zurücklaufenden Flüssigkeiten wurden kontinuierlich gemessen. Ein Beispiel aus der letzten Versuchsreihe mit HFC-Flüssigkeiten zeigt das Bild 23. Das starke Absinken der Temperatur deutet auf einen Stillstand hin. Eine Zuordnung von Temperatursteigerungen zu Ausfällen war nicht möglich.

## 6.6 Lebensdauerberechnungen

Aus den Ausfällen an Zylinderrollenlagern und Rillenkugellagern in Kontakt mit der HFC-Flüssigkeit 6281 wurde die Weibullverteilung berechnet. Die Ausfallwahrscheinlichkeiten in Abhängigkeit von der Lagerlebensdauer enthalten die Bilder 24 und 25.

| Flüssigkeitstyp | TÜV-Nr. | Betriebszeit h | Temperatur °C | Kinematische Viskosität $mm^2/s$ | Wirksame Vergleichsviskosität $mm^2/s$ | $\frac{v_c}{v}$ |
|---|---|---|---|---|---|---|
| HFC 36 | 6281 | 0 (Frischflüssigkeit) | 25 | 71 | 22 | 0,31 |
| | | | 50 | 31 | 16 | 0,48 |
| | | 1000 | 25 | 79 | 45 | 0,57 |
| | | 1000 | 50 | 34 | 25 | 0,74 |
| HFC 36 | 6405 | 0 (Frischflüssigkeit) | 25 | 88 | 99 | 1,18 |
| | | | 50 | 36 | 55 | 1,53 |
| | | 1013 | 25 | 132 | 67 | 0,51 |
| | | 1013 | 50 | 51 | 35 | 0,69 |
| HFA 10 %ig | 7108 | 0 (Frischflüssigkeit) | 25 | ca. 1,2 | 12,5 | 10 |
| HFA 3 %ig | 7108 | 0 (Frischflüssigkeit) | 25 | ca. 1,0 | $\leq$ 5 | $\leq$ 5 |

Tabelle 8: Kinematische Viskosität und Vergleichsviskosität an HFC- und HFA-Flüssigkeiten

Bild 21

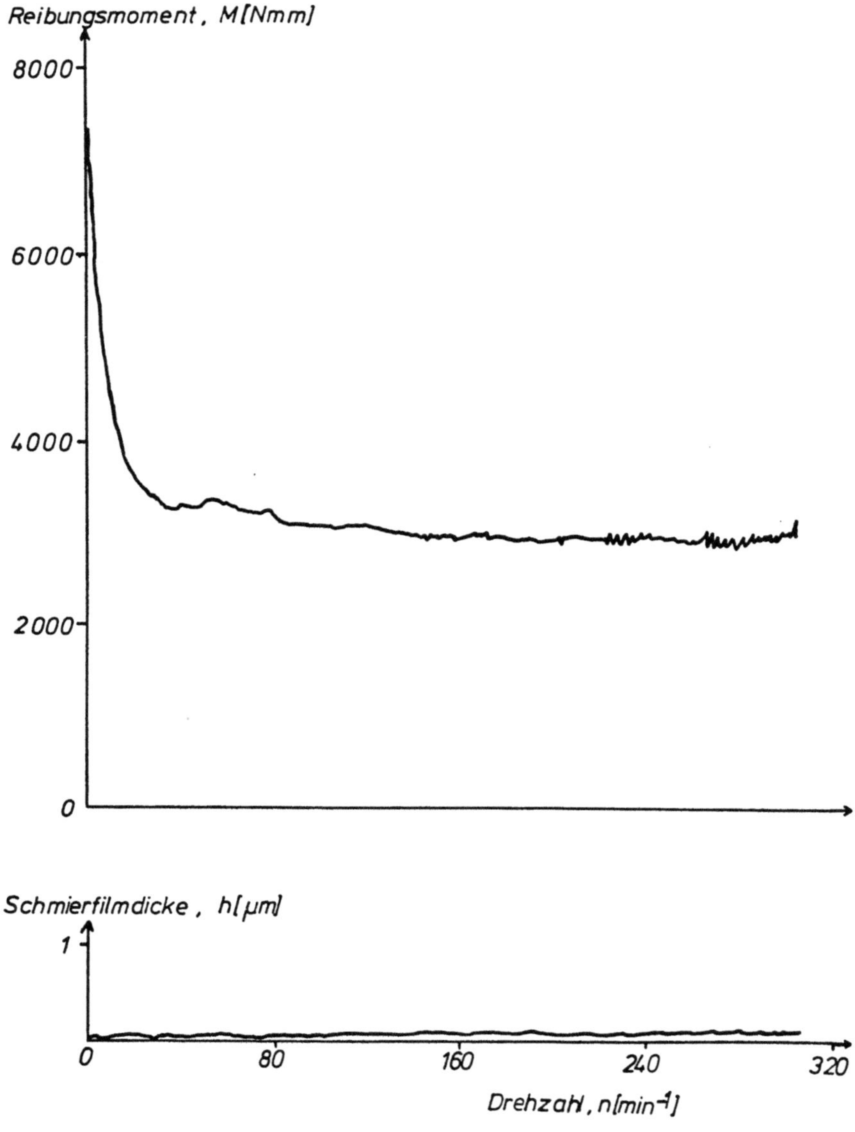


Schmierfilmdickenmessung

Flüssigkeit: HFA 10 %ig

TÜV-Eing.-Nr. 7108

Temperatur: 25°C

Bild 22

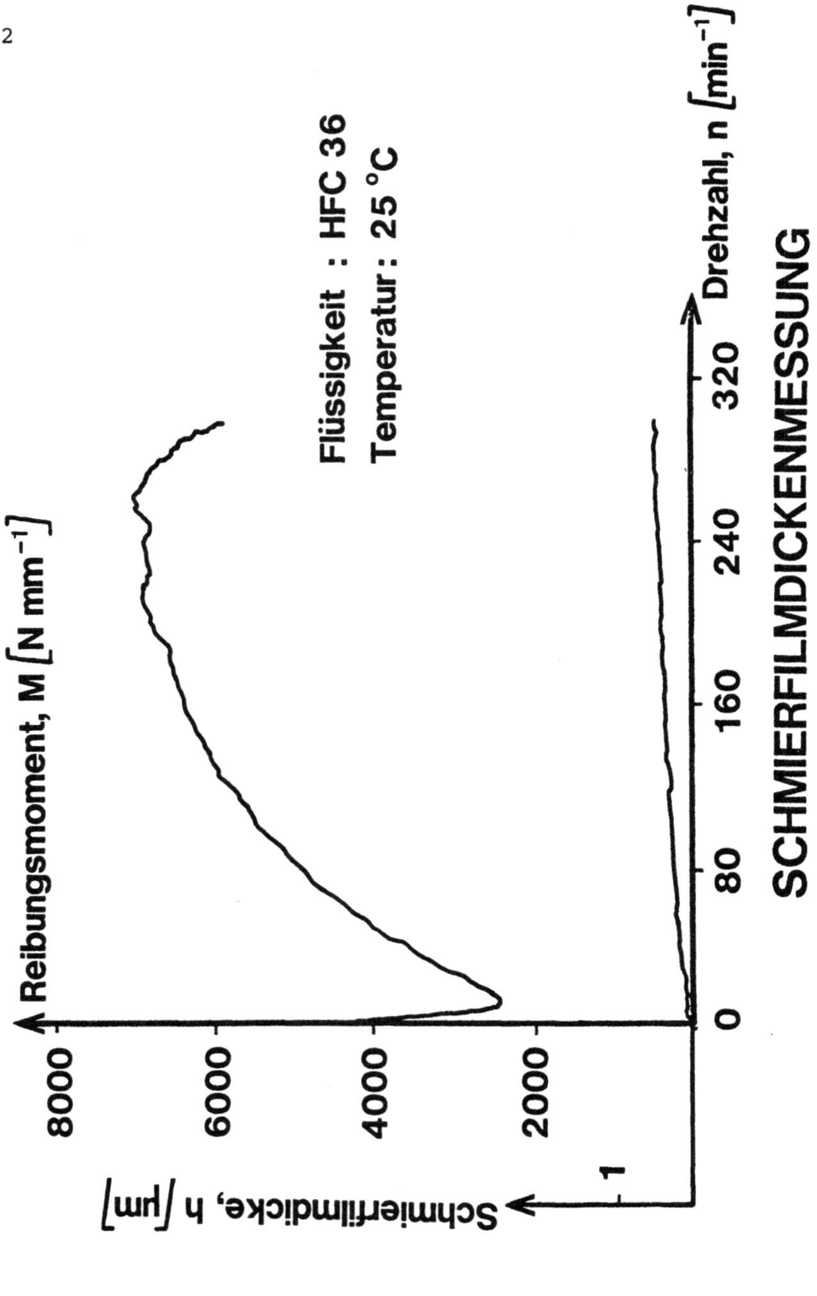
Reibungsmoment, M [N mm^-1]
8000
6000
4000
2000
Schmierfilmdicke, h [µm]
1
0
80
160
240
320
Drehzahl, n [min^-1]
Flüssigkeit : HFC 36
Temperatur : 25 °C
SCHMIERFILMDICKENMESSUNG

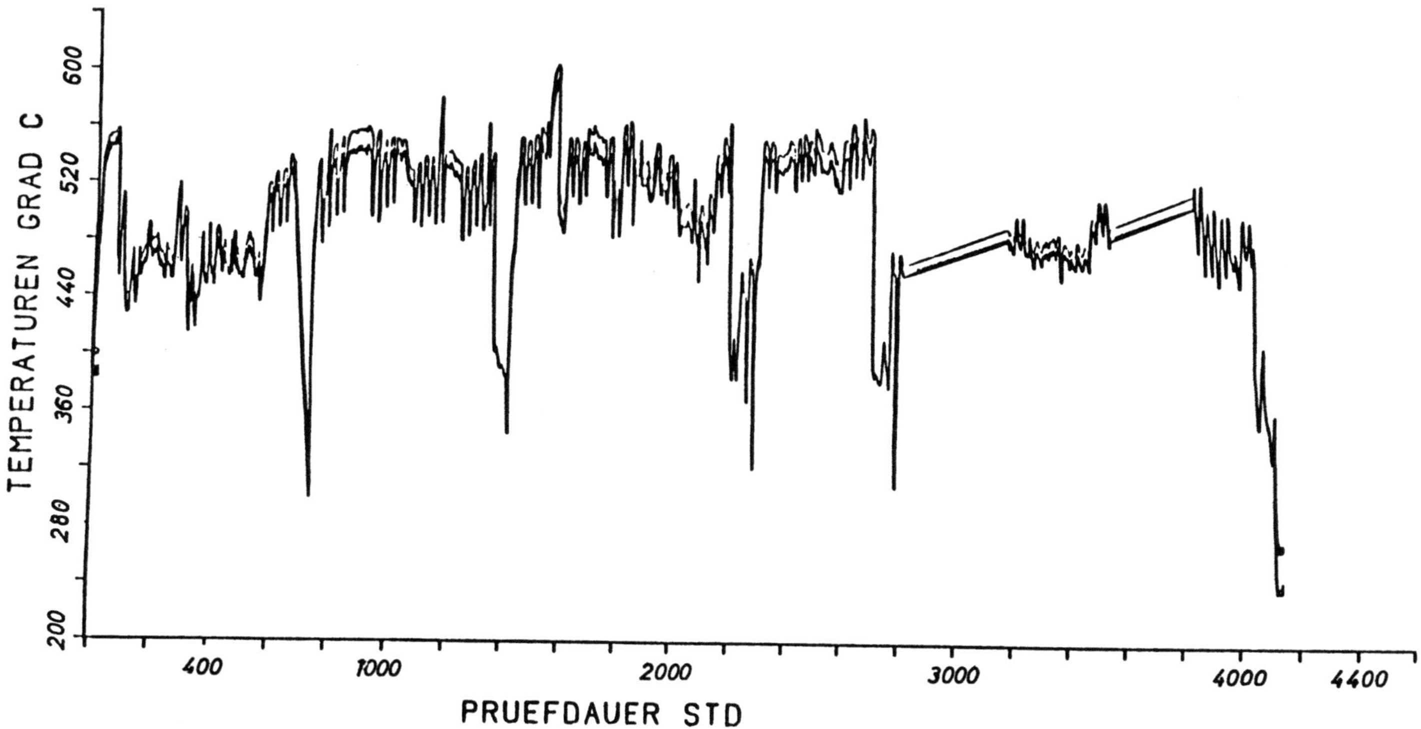


Bild 23: Temperaturmessung an den 3 Lagern und im Vorratsbehälter bei Betrieb mit HFC-Flüssigkeiten (lfd. Nr. 191 - 198)

Bild 24

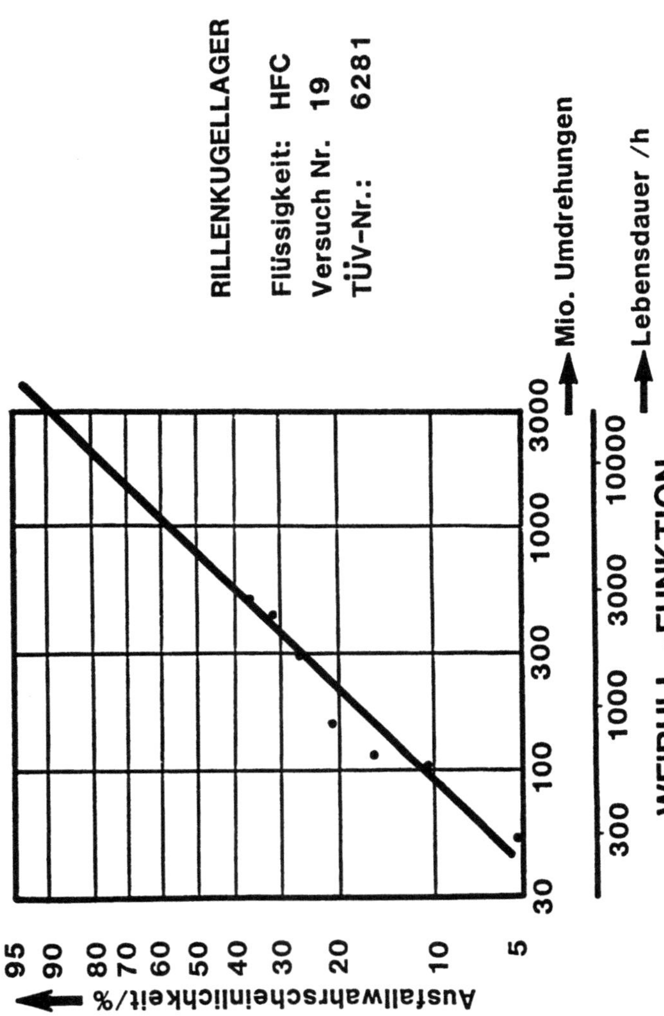
RILLENKUGELLAGER
Flüssigkeit: HFC
Versuch Nr. 19
TÜV-Nr.: 6281
Mio. Umdrehungen
Lebensdauer /h
WEIBULL -FUNKTION
Ausfallwahrscheinlichkeit/%
95 90 80 70 60 50 40 30 20 10 5
30 100 300 1000 3000
300 1000 3000 10000 30000

Bild 25

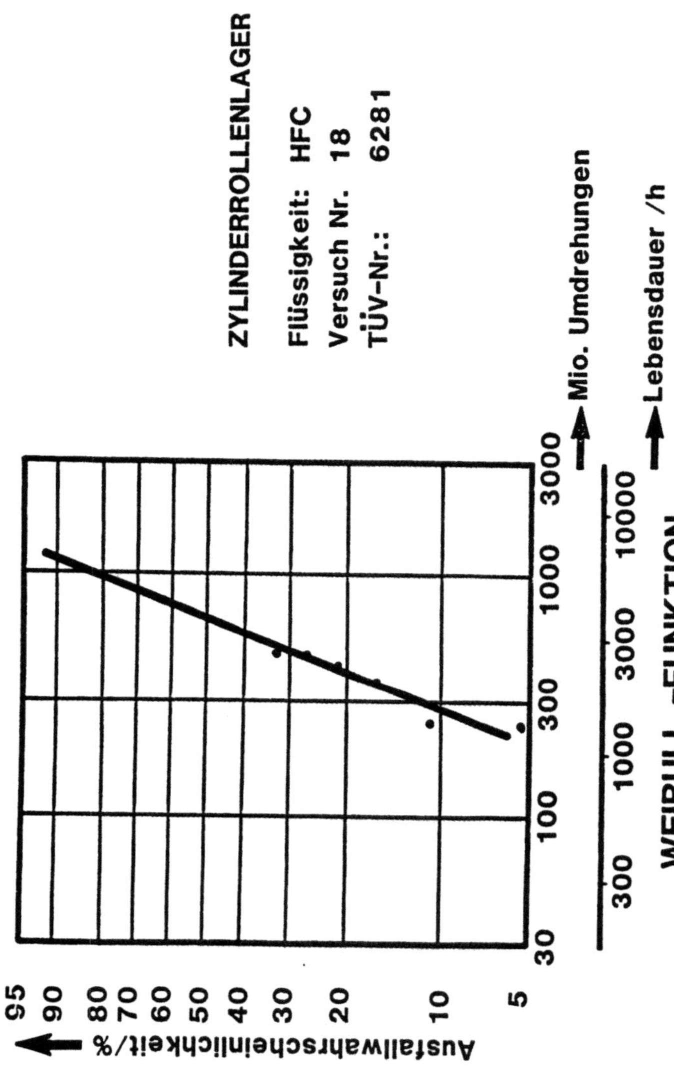
ZYLINDERROLLENLAGER
Flüssigkeit: HFC
Versuch Nr. 18
TÜV-Nr.: 6281
Ausfallwahrscheinlichkeit/%
95
90
80
70
60
50
40
30
20
10
5
30
100
300
1000
3000
Mio. Umdrehungen
300
1000
3000
10000
Lebensdauer /h
WEIBULL -FUNKTION

## 7. Diskussion

An den ausgefallenen Lagern wurden folgende Schadensbilder gefunden:

- Grübchenbildung wie bei Ermüdungsschäden mit Mineralöl als Schmierstoff, besonders bei den HFC-Flüssigkeiten in Zylinderrollenlagern und Rillenkugellagern, auch bei HFA- und HFAS-Flüssigkeiten in Kontakt mit diesen Lagertypen.

- Korrosion mit Zerstörung der Oberfläche als einzige Ausfallursache bei Nadellagern in Kontakt mit 3 %igen HFA-Emulsionen, jedoch auch bei Nadellagern in Kontakt mit HFC-Flüssigkeiten.

- polierte, verformte Oberflächen, deren verformte Bereiche mehr oder weniger stark farbige Muster zeigen, Grübchenbildung erkennen lassen oder auch Risse bis zu einer Tiefe von ca. 50 μm haben.

- Oberflächen mit starker Polierung und farbigen Mustern ohne Ermüdungsgrübchen, aber unter Verformung des Materials bei HFAs-Lösungen. Hierbei wird nach kürzester Zeit ein rauher Lauf festgestellt.

Die metallographische Untersuchung weist sowohl trans- als auch interkristalline Risse aus, so daß auf einen einheitlichen Schädigungsmechanismus nicht geschlossen werden kann - abgesehen von HFA-Emulsionen in Nadellagern - . Reaktionsprodukte und Fremdstoffe sind vor allem bei Nadellagern in Kontakt mit HFA-Emulsionen an Korrosionsstellen angereichert, die zum Ausfall der Lager führten und bestätigen somit die Ergebnisse der metallographischen Untersuchungen bezüglich eines Schädigungsmechanismus durch Korrosion bei Betrieb von Nadellagern mit HFA-Emulsion.

Die farbigen Schichten enthalten gegenüber blankem Material einen höheren Anteil an Sauerstoff und Chrom bei verringertem Gehalt an Kohlenstoff. Offenbar haben sich tribochemische Deckschichten ausgebildet.

Die niedrige Belastung ($\frac{C}{P}$ = 10) hat zu hohen Laufzeiten bei HFC-Flüssigkeiten und Emulsionen geführt. Auch nach 4000 Stunden fallen vielfach so wenige Lager eines Typs aus, daß die Berechnung der Weibull-Verteilung dann nicht möglich ist. Für Nadellager wurde auf eine Berechnung der Weibull-Verteilung verzichtet, weil besonders diesem Lagertyp ein zum Ausfall führender Korrosionsmechanismus beim Kontakt mit den untersuchten HFA-Emuslionen meist sicher erkannt wurde und beim Kontakt mit HFC-Flüssigkeiten zumindest nicht auszuschließen ist. Für HFA-Flüssigkeiten werden diese Ergebnisse durch eine Untersuchung von Mayer, Geheeb, Fiedler (INA Wälzlager Scheffler KG, Herzogenaurach) bestätigt / 17 /.

Vergleicht man die Ergebnisse aus Versuchen mit einer ausreichend hohen Zahl ausgefallener Lager mit den nominalen Lebensdauern ($L_{10}$) auf der Grundlage der Mineralölschmierung, so erhält man eine Verringerung des $L_{10}$-Wertes gegenüber der nominalen Lebensdauer bei

- einer HFC-Flüssigkeit in Kontakt mit Zylinderrollenlagern auf etwa 3 %,
- einer HFC-Flüssigkeit in Kontakt mit Rillenkugellagern auf etwa 5 %.

## 8. Schrifttum

/1/ H.W. Thoenes:
Schwerbrennbare Flüssigkeiten in hydraulischen Steuerungen zur Erhöhung der Sicherheit im Kraftwerk
Technische Überwachung, 3 (1962), Nr. 4, S. 117/120

/2/ H.W. Thoenes:
Schwerbrennbare Arbeitsflüssigkeiten für den hydraulischen Strebausbau.
Schlägel und Eisen, (1962), Nr. 4, S. 231-237

/3/ H.W. Thoenes:
Technologische Anforderungen an schwerentflammbare Arbeitsflüssigkeiten und Verfahren für ihre Untersuchung
Glückauf Forschungshefte, 26 (1965), Nr. 3, S. 221-237

/4/ H.W. Thoenes:
Verbesserte Prüfeinrichtung zur Beurteilung des Verschleißschutzes schwerentflammbarer Druckflüssigkeiten
Ölhydraulik und Pneumatik, 14 (1970), Nr. 10, S. 476-480

/5/ H.W. Thoenes:
Probleme beim Einsatz schwerentflammbarer Hydroflüssigkeiten
Ölhydraulik und Pneumatik, 10 (1966), Nr. 11, S. 426-427

/6/ H.W. Thoenes:
Schwerentflammbare Hydraulikflüssigkeiten in der Europäischen Gemeinschaft
Mineralöltechnik, 22 (1977), Nr. 5, S. 1-13

/7/ H.W. Thoenes:
Umweltgefährdung durch schwerentflammbare Druckmedien
Schmiertechnik und Tribologie 21 (1974), Nr. 1, S. 3-6

/8/ H.W. Thoenes:
Fortschritte in der Entwicklung von Hydraulikflüssigkeiten
VDI-Berichte Nr. 228 (1975), S. 27-32

/9/ H.W. Thoenes:
Verluste, Aufbereitung und Vernichtung von Druckflüssigkeiten
Ölhydraulik und Pneumatik, 19 (1975), Nr. 1

/10/ H.W. Thoenes, P. Hermann, K. Bauer:
Wechselwirkung wasserhaltiger Schmierstoffe mit Wälzlagern
Schmiertechnik und Tribologie, 25 (1978), Nr. 2, S. 37-39

/11/ P. Kenny, J. D. Smith, C. N. March:
The Fatigue Life of Ball Bearings when used with Fire-Resistant Hydraulic Fluids
(National Coal Board, Mining Research and Development Establishment, Ashby Road, Stanhope Bretby / Leeds Industrial Unit to Tribology) 1978

/12/ E. D. Yardley, P. Kenny, D. A. Sutchliffe:
The Use of Rolling-Fatigue Test Methods over a Range of Loading Conditions to Assess the Performance of Fire-Resistant Fluids
National Coal Board, Mining Research and Development Establishment, Ashby Road, Stanhope Bretby (Received October 25, 1973)

/13/ P. Kenny, E. D. Yardley, A. R. M. Eedy, G. Moreton and M. G. Talks:
A Study of Erosion and Corrosion of Materials used in Hydraulic Equipment with Fire-resistant Fluids
The Mining Engineer 1979, S. 235 - 243

/14/ G. Dalmaz, Traction and Film Thickness:
Measurement of Water, Glycol and a Water in Oil Emulsion in Rolling-sliding point contacts. Friction and Traction,
Westbury House, ICP Science and Technology Press Ltd. Guildford

/15/ H. Czichos, Tribology, Elsevier, Amsterdam, Oxford, N.Y., 1978, S. 123 ff.

/16/ H.J. Glöckner, Neues Verfahren zur Funktionsbeurteilung von Schmierstoffen in Wälzlagerkontakt
Kugellagerzeitschrift 206

/17/ E. Mayer u.a.: Wälzlager in Hydraulikflüssigkeiten vom Typ HFA
Forschungsvereinigung für Antriebstechnik e.V., Forschungsreport 1984 (29. und 30.11.1984, Bad Soden)

/18/ Riß- und Brucherscheinungen bei metallischen Werkstoffen
Verlag Stahleisen mbH, Düsseldorf 1983

# A B S C H L U S S B E R I C H T

Übertragbarkeit von Laborergebnissen von Schmierstoffen auf Anwendungen in der Praxis

\- Teil 2 -

von

Dr.-Ing. E. Kleinlein

FAG Kugelfischer Georg Schäfer KGaA, Schweinfurt

Dr.-Ing. E. Broszeit

Prof. Dr.-Ing. K. H. Kloos

Institut für Werkstoffkunde, TH Darmstadt

und die Ergebnisse des FVA-Vorhabens Nr. 31 "Wälzlagerverschleiß"

Prof. Dr.-Ing. H. Peeken

Dipl.-Ing. H.- G. Stüber

Maschinenelemente, TH Aachen

Förderkennzeichen: 01ZT440 A

und

Förderkennzeichen: 01ZT300 A

Inhaltsverzeichnis

Seite

1. Aufgabenstellung, Vorgehen 282

2. Versuchsprogramm 282

2.1 Prüfbedingungen, Versuchsprogramm FAG 282
2.2 Prüflager 283
2.3 Schmierstoffe 290
2.4 Prüfstände FE12, FE13 291
2.5 Meßtechnik, Beurteilungsgrößen 292
2.6 Versuchsdurchführung 293
2.7 Weitere Versuchsprogramme: BMFT-Vorhaben 01ZT-300A und FVA-Vorhaben Nr. 31 "Wälzlagerverschleiß" 293
2.7.1 Abstimmung verschiedener Arbeiten 293
2.7.2 Prüfbedingungen, Versuchsprogramm TH Darmstadt 296

3. Ergebnisse 298

3.1 Auswertung 298
3.2 Diskussion der Ergebnisse 300
3.3 Auswertung Versuchsprogramm TH Darmstadt 313
3.4 Diskussion der Ergebnisse aus Versuchsprogramm, TH Darmstadt 318

4. Reibmomentberechnung 324

4.1 Schrägkugellager 324
4.2 Axialzylinderrollenlager 325
4.3 Kegelrollenlager 326
4.4 Vergleich der berechneten Werte mit den Meßwerten

5. Verschleißauswertung 329

5.1 Wälzkörperverschleiß, Laufbahnverschleiß 329
5.1.1 Schrägkugellager - $\Delta G_w$ 329
5.1.2 Axialzylinderrollenlager - $\Delta G_w$ 332
5.1.3 Kegelrollenlager - $\Delta G_w$ 334
5.2 Käfigverschleiß 334
5.2.1 Schrägkugellager - $\Delta G_k$ 334
5.2.2 Axialzylinderrollenlager - $\Delta G_k$ 335
5.2.3 Kegelrollenlager - $\Delta G_k$ 336

6. Geänderte Prüfbedingungen 337

7. Zusammenfassung 340

8. Verwendete Formelzeichen 343

9. Schrifttum 345

## 1. Aufgabenstellung

Im ersten Teil des Forschungsvorhabens [1] zeigte sich, daß Laufversuche mit Wälzlagern zuverlässige Aussagen über die Leistungsfähigkeit von Wälzlagerschmierstoffen liefern. Lager unterschiedlicher Bauart und -größe beanspruchen den Schmierstoff erfahrungsgemäß unterschiedlich. Ziel dieses Vorhabens war es, durch Versuche mit Lagern verschiedener Bauart und -größe sowie verschiedenen Schmierstoffen den Einfluß von Lager und Schmierstoff auf das Reibungs- und Verschleißverhalten zu ermitteln. Die Untersuchungen sollten sich auf den schmiertechnisch interessanten Bereich der Mischreibung beschränken. Aus den Ergebnissen sollte ein günstiges und aussagefähiges Prüfverfahren - kleines Prüflager, einfacher und kleiner Prüfstand - abgeleitet werden. Dabei war die primäre Frage zu klären, ob die damit gewonnene Beurteilung auf größere Lager übertragen werden kann. Bei diesen Untersuchungen waren die gleichen Fette vorzusehen wie für den ersten Teil des Forschungsvorhabens [1], Lagerbauarten, Schrägkugellager, Axialzylinderrollenlager und Kegelrollenlager der Größe Bohrungsdurchmesser 30, 60, 150 bzw. 200 mm. Als Käfig sollte eine praxisübliche Ausführung verwendet werden.

## 2. Versuche

### 2.1 Prüfbedingungen, Versuchsprogramm FAG

Die Prüfbedingungen (1) des ersten Teils des Forschungsvorhabens für Schrägkugellager 7312B

$n_1 = 7{,}5\ \text{min}^{-1}$ $F_{a1} = 80$ kN $\vartheta = 30$ °C
entsprechen $(n.dm)_1 = 712\ \text{min}^{-1}.\text{mm}$ $(P/C)_1 = 0{,}7$ und

ergeben mit den vorgesehenen Schmierstoffen, Tabelle 4, Schmierfilmdicken im Wälzkontakt von

$$h_{o1} = 0{,}01 \dots 0{,}1\ \mu m$$

oder Viskositätsverhältnisse

$$\kappa_1 = \nu / \nu_1 = 0{,}1 \dots 1$$

und entsprechen somit dem Bereich der Mischreibung.

Für Tastversuche zum Übergangsbereich Mischreibung - Schwimmreibung wurden Prüfbedingungen (2) gewählt

$$n_2 = 75\ min^{-1} \qquad F_{a2} = 50\ kN \qquad \vartheta = 30 \dots 40\ °C$$
$$(n.dm)_2 = 7120\ min^{-1}.mm \qquad (P/C)_2 = 0{,}4$$

Damit erhöhen sich die Schmierfilmdicken um den Faktor 2 bis 4.

Die für <u>dieses</u> Forschungsvorhaben vorgesehenen größeren Prüflager nach Tabelle 1/links werden mit den dafür gewählten Prüfbedingungen etwa vergleichbar beansprucht. Die Kennwerte n . dm liegen im Bereich

$$n \cdot dm = 470 \dots 712\ min^{-1} \cdot mm,$$

die Lastverhältnisse betragen

P/C = 0,7 bei Schrägkugellagern und Axialzylinderrollenlagern,

P/C = 0,4 bei Kegelrollenlagern.

| Versuch Nr. | Prüflager | Fett | Drehzahl n in $min^{-1}$ | n . $d_m$ in $min^{-1}$ . mm | Axiallast $F_a$ in kN | P/C | Bemerkungen |
|---|---|---|---|---|---|---|---|
| 1 | 7330B.MP | LS3/35 | 2 | 470 | 313 | 0,7 | |
| 2 | | LS3/60 | | | 313 | 0,7 | |
| 3 | | LS3/60 | | | 179 | 0,4 | |
| 4 | | LS3/60 | 20 | 4 700 | 313 | 0,7 | |
| 5 | | LS3/200 | 2 | 470 | | | |
| 6 | | LS2/60 | | | | | |
| 7 | | L38n | | | | | |
| 8 | | GLS60 | | | | | |
| 9 | 81240MBS | LS3/35 | | 480 | 486 | | |
| 10 | | LS3/60 | | | | | |
| 11 | | LS3/200 | | | | | |
| 12 | | LS2/60 | | | | | |
| 13 | | L38n | | | | | |
| 14 | | GLS60 | | | | | |
| 15 | 31330X | LS3/35 | | 470 | 397 | 0,4 | |
| 16 | | LS3/60 | | | | | |
| 17 | | LS3/200 | | | | | |
| 18 | | LS2/60 | | | | | |
| 19 | | L38n | | | | | |
| 20 | | GLS60 | | | | | |
| 21 | 7312B.MP (536050MP) | LS3/35 | 7,5 | 712 | 80 | 0,7 | Käfig neu |
| 22 | | LS3/35 | | | | | Käfig eingelaufen |
| 23 | | LS3/60 | | | | | Käfig neu |
| 24 | | LS3/60 | | | | | Käfig eingelaufen |
| 25 | | LS3/60 | 75 | 7 120 | | | |
| 26 | | LS3/200 | 7,5 | 712 | | | Käfig neu |
| 27 | | LS3/200 | | | | | Käfig eingelaufen |
| 28 | | LS3/200 | | | | | Käfig 3. Lauf |
| 29 | | LS2/60 | | | | | Käfig neu |
| 30 | | LS2/60 | | | | | Käfig eingelaufen |
| 31 | | L38n | | | | | Käfig neu |
| 32 | | L38n | | | | | Käfig eingelaufen |
| 33 | | GLS60 | | | | | |

Tabelle 1: Prüfprogramm FAG

Für Schrägkugellager waren zusätzliche Prüfungen bei höherer Drehzahl entsprechend

$$n \cdot dm = 7\,120 \text{ min}^{-1} \cdot \text{mm}$$

angesetzt.

Die Zahl der Prüflager pro Versuch wurde mit 4 bis 6 Stück festgelegt. Die Kombinationen der Prüfbedingungen mit den verschiedenen Schmierstoffen stellen das Versuchsprogramm dar. Die mit Lagern 7312B in diesem FV gefahrenen Versuche enthielten als weiteren Parameter verschiedene Käfigausführungen.

## 2.2 Prüflager

Die verwendeten Prüflager, Bilder 1 bis 3, wurden der normalen Fertigung entnommen, aber sorgfältig auf Maßabweichungen und Geometrie sowie Oberflächenbeschaffenheit der Funktionsflächen kontrolliert. Die Prüflager 7330B.MP und 81240.MBS wurden mit Messingmassivkäfigen ausgestattet, Prüflager 31330X mit Stahlblechkäfig. Die Lagerdaten, teilweise gerechnet nach [3], sind den Tabellen 2 und 3 zu entnehmen. Bilder und Tabellen enthalten auch Angaben zu den Prüflagern der Prüfprogramme des Forschungsvorhabens gleichen Themas der TH Darmstadt und des FVA-Vorhabens Nr. 31 "Wälzlagerverschleiß" der TH Aachen, siehe Abschnitt 2.7.

Im ersten Teil des Forschungsvorhabens wurden Hartstoffkäfige verwendet, weil aufgrund der günstigen Gleiteigenschaften geringer Wälzkörperverschleiß und geringe Reibung durch den Käfig erwartet wurde. Um den Käfigeinfluß voll erfassen zu können, sollte in diesem Forschungsvorhaben eine häufig in der Praxis verwendete Käfigausführung eingesetzt werden.

Prüflager - Schrägkugellager 73..

$\alpha = 40°$; $\sin\alpha = 0,64$

| Lager | Kugel | | C | $d_i$ | dm | $dm/d_w$ | P/C = 0,4 | | | | P/C = 0,7 | | | |
|---|---|---|---|---|---|---|---|---|---|---|---|---|---|---|
| | z | $d_w$ (mm) | (kN) | $d_a$ (mm) | $R_a$ (mm) | | Q (kN) | $a_{JR}$ $a_{AR}$ (mm) | $b_{JR}$ $b_{AR}$ | $p_{oJR}$ $p_{oAR}$ (N/mm²) | Q (kN) | $a_{JR}$ $a_{AR}$ (mm) | $b_{JR}$ $b_{AR}$ | $p_{oJR}$ $p_{oAR}$ (N/mm²) |
| 7306B | 10 | 13 | 32,5 | 41,04<br>60,96 | 51<br>6,65 | 3,92 | 2,48 | 1,99<br>1,92 | 0,23<br>0,29 | 2571<br>2150 | 4,84<br>4,38 | 2,40<br>2,33 | 0,28<br>0,35 | 3107<br>2599 |
| 7312B | 11 | 22,225 | 90 | 77,98<br>112,02 | 95<br>11,28 | 4,2 | 6,48 | 3,86<br>3,76 | 0,36<br>0,43 | 2252<br>1907 | 11,37<br>10,37 | 4,52<br>4,40 | 0,42<br>0,51 | 2634<br>2231 |
| 7330B | 12 | 53,975 | 325 | 193,65<br>276,35 | 235<br>27,39 | 4,35 | 23,2 | 7,94<br>7,73 | 0,73<br>0,89 | 1903<br>1617 | 40,6 | 9,57<br>9,32 | 0,89<br>1,07 | 2293<br>1949 |

Prüflager - Axialzylinderrollenlager 812..

| Lager | $d_m$ | Rolle | | | C | $n_{gF}$ | $n_{gö}$ | P/C = 0,4 | | | P/C = 0.7 | | |
|---|---|---|---|---|---|---|---|---|---|---|---|---|---|
| | (mm) | z | $d_w$ (mm) | $l_{Weff}$ (mm) | (kN) | (min⁻¹) | (min⁻¹) | Q (kN) | b (mm) | $p^o$ (N/mm²) | Q (kN) | b (mm) | $p^o$ (N/mm²) |
| 81206MBS | 41 | 11 | 7,5 | 6,7 | 46,5 | 2 400 | 6 300 | 1,818 | 0,213 | 1 642 | 3,0 | 0,274 | 2 109 |
| 81212MBS | 77,5 | 15 | 11 | 10,0 | 114 | 1 100 | 3 400 | 3,333 | 0,286 | 1 486 | 5,333 | 0,362 | 1 880 |
| 81240MBS | 240 | 21 | 26 | 24,0 | 695 | 430 | 1 100 | | | | 24,3 | 0,766 | 1 685 |

Tabelle 2: Daten der Prüflager 73.. und 812.., maximaler Druck in Kontaktflächenmitte $p_o$

| Prüflager - Kegelrollenlager 313.. | | | | | | | | | | | |
|---|---|---|---|---|---|---|---|---|---|---|---|
| | | | | | Rolle | | | | | | |
| Lager | d (mm) | D (mm) | $d_m$ (mm) | z | $d_{w1}$ $d_{w2}$ (mm) | $l_w$ (mm) | $d_m/d_{w1}$ | $\beta$ (°) | $\delta$ (°) | $r_B$ (mm) | a' (mm) |
| 31306A | 30 | 74 | 52 | 15 | 10,233<br>8,327 | 12,7 | 5,08 | 28° 48' 39" | 8°35' | 25,235 | 1,781 |
| 31312A | 60 | 130 | 95 | 16 | 18,77<br>15,423 | 22,3 | 5,06 | ↓ | ↓ | 46,130 | 3,103 |
| 31330X | 150 | 320 | 235 | 16 | 46,200<br>38,245 | 53 | 5,08 | ↓ | ↓ | 112,521 | 6,537 |

Tabelle 3: Daten der Prüflager 313..

| Fettbezeichnung | Muster-Nr. | Verdicker/NLGI-Nr. Gebrauchstemp. in °C | Seifenanteil in Gew.-% | Grundöl Art | Grundöl Viskosität bei 50°C/40°C in $mm^2/s$ | VJ | $P_{pt}$ in °C | Flammpunkt in °C | Zusätze | C-Verteilung $C_A$ in % | C-Verteilung $C_N$ in % | C-Verteilung $C_P$ in % |
|---|---|---|---|---|---|---|---|---|---|---|---|---|
| LS3/35 | 4980 | Lithium-Seife/3 -25 ... +120 | 12,9 | Paraff. Solvent-raff. | 35/55 | | | | A, K, P | | | |
| LS3/60 GLS60 | 4250 5045 | Lithium-Seife/3 -25 ... +120 | 13,5 | " | 60/98 | 95 | -12 | 260 | A, K, P | 5 | 34 | 61 |
| LS3/200 | 4361 | Lithium-Seife/3 -25 ... +120 | 12,9 | Paraff. Solvent-raff. + Brightst. | 200/330 | 96 | -12 | 280 | A, K, P | 6,5 | 26 | 67,5 |
| LS2/60 | 5759 | Lithium-Seife/2 -25 ... +120 | 9,5 | Paraff. Solvent-raff. | 60/98 | 95 | -12 | 260 | A, K, P | 5 | 34 | 61 |
| LS3/60EP | 5207 | Lithium-Seife/3 -25 ... +120 | 12,9 | " | 60/98 | 95 | -12 | 260 | A, K, P | 5 | 34 | 61 |
| L38n | | Lithium-Seife/2 -25 ... +130 | 11 | " | 100/ | | | | A, K, P | | | |

Tabelle 4: Daten der verwendeten Schmierstoffe

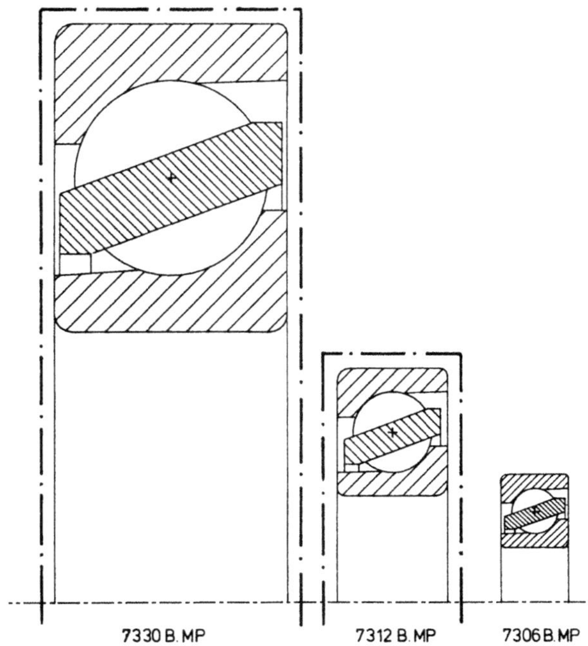


Bild 1: Querschnitte der Prüflager Reihe 73, gekennzeichnete Lager = FAG-Programm

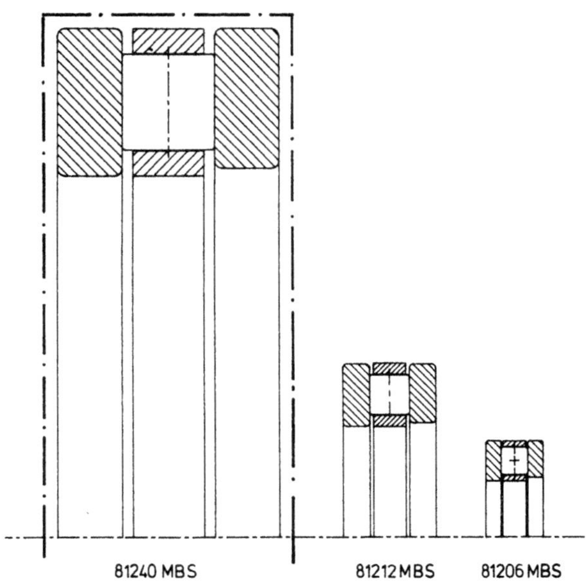


Bild 2: Querschnitte der Prüflager Reihe 812, gekennzeichnete Lager = FAG-Programm

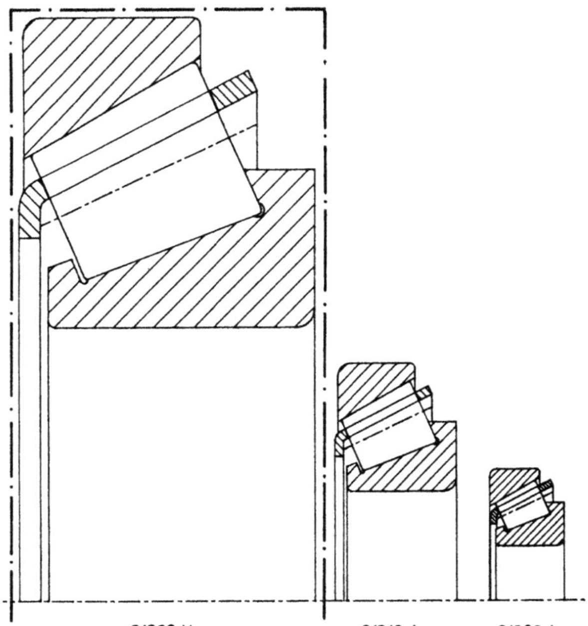


Bild 3: Querschnitte der Prüflager Reihe 313,
gekennzeichnete Lager = FAG-Programm

In einem weiteren Versuch war der Käfigeinfluß zu klären. Da große Lager oft nur mit Messingkäfigen angeboten werden, sollten alle Lager (ausgenommen Kegelrollenlager) als einheitliche Käfigausführung den Messingkäfig erhalten.

## 2.3 Schmierstoffe

Es wurden die gleichen Schmierstoffe wie für den ersten Teil des Forschungsvorhabens verwendet, das sind

- Lithiumseifenfette der Konsistenzklasse 3 mit unterschiedlich zähen Grundölen,

- Lithiumseifenfette mit Grundöl der Viskosität 60 $mm^2/s$ bei 50 °C in unterschiedlichen Konsistenzklassen,

- Lithiumseifenfette mit Grundöl der Viskosität 60 $mm^2/s$ bei 50 °C, Konsistenzklasse 3, mit und ohne EP-Additivierung,

- ein Lithium-EP-Fett aus dem Produktprogramm eines Herstellers,

- das Grundöl des Lithiumseifenfetts der Konsistenzklasse 3, Viskosität 60 $mm^2/s$ bei 50 °C (= Standardfett)

Die Variation der Grundölviskosität ermöglicht bei gleichen Prüfbedingungen die Variation der Schmierfilmdicke im Wälzkontakt über den Bereich $h_o$ = 0,01 ... 0,1 µm. Schmierstoffdaten sind aus der Tabelle 4 zu entnehmen.

## 2.4 Prüfstände

Die für diese Prüfungen entwickelten Prüfstände sind ähnlich aufgebaut wie die im ersten Teil des Forschungsvorhabens verwendeten Prüfstände FAG FE8. Die ausführliche Beschreibung des Prüfstandes FE8 ist in [5] enthalten.

FAG FE12: Schemaskizze und Foto siehe Bild 4

Dieser Prüfstand nimmt die Prüflager 7330B.MP und Kegelrollenlager 31330X auf. Die im Prüfkopf eingebauten Prüflager (1) werden mit Tellerfedern (2) axial belastet. Mit der Distanzbuchse (3) wird die Belastung auf die gewünschte Höhe eingestellt. Der erforderliche Federweg der Tellerfedern wurde aus der Eichung der Federn gewonnen. Der Prüfkopf ist fliegend auf die Welle eines Getriebemotors aufgesetzt.

FAG FE13: Aufbau wie FAG FE12, enthält jedoch zusätzlich eine radiale Lagerung der Welle im Prüfkopf mit zwei Radialzylinderrollenlagern.

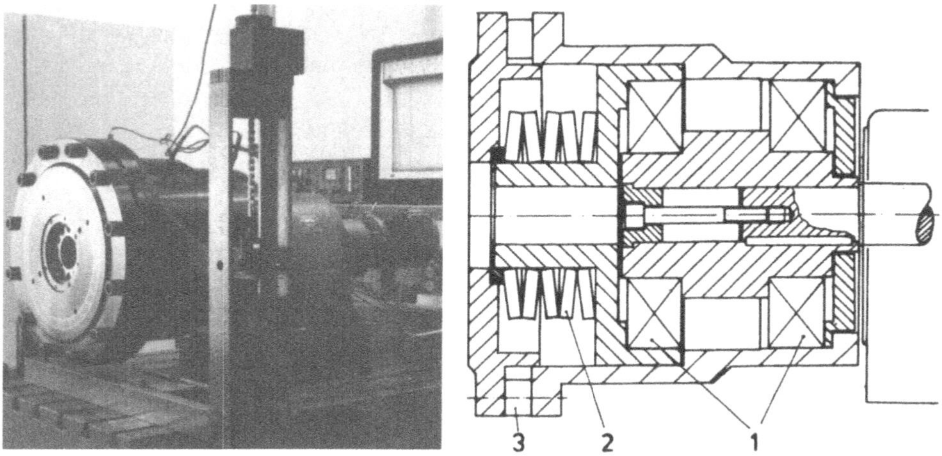


Bild 4: Schema der Prüfstände FE12, FE13

Die Prüflager 81240.MBS enthalten Messingkäfige, die in einem Hartstoffring außen geführt werden; Führungsfläche ist die Mantelfläche des Käfigs. Der Hartstoffring ist im Prüfkopf befestigt. Bei Fettschmierung drängt das aus dem Lager austretende Fett nach außen und sichert die Schmierung der Käfigführung. Diese zur Praxisanwendung abweichende Käfigführung ist notwendig, weil die übliche Käfigführung auf der Welle rasch Mangelschmierung zeigt und so die Käfigführung zum Testproblem wird. Diese Erfahrungen stammen aus Vorversuchen, die zu diesem Forschungsvorhaben durchgeführt wurden.

## 2.5 Meßtechnik, Beurteilungsgrößen

Gemessen wurden das Reibmoment der beiden Prüflager, der Verschleiß der Wälzkörper, des Käfigs und teilweise auch der Innenringe während der Prüfdauer von 500 Stunden.

Das Reibmoment ist das Produkt aus der Kraft, die zum Halten des Prüfkopfes nötig ist, und dem Abstand des Haltepunkts von der Wellenachse. Die Haltekraft wird mit einer Kraftmeßdose gemessen und mit einem Punktschreiber registriert.

Die Temperaturen der Prüflageraußenringe werden mit Thermoelementen gemessen und auch registriert. Der Verschleiß der Lagerteile wird durch Wägung vor und nach dem Lauf ermittelt. Weitere Beurteilungsgrößen sind der aus Tastschrieben ermittelbare Bordverschleiß, wie z. B. Bild 15 zeigt. Das Verschleißvolumen ist dabei das Produkt aus der Verschleißfläche $F_V$ und dem mittleren Umfang.

Weitere Beurteilungsgrößen sind der Zustand der Lagerfunktionsflächen nach dem Lauf und Veränderungen des Schmierstoffs bzw. der Schmierstoffverteilung.

## 2.6 Versuchsdurchführung, Auswertung

Die vor dem Prüflauf untersuchten Lager werden zerlegt und die Teile einzeln ausgewogen. Die wieder montierten Lager werden gefettet und in den Prüfkopf eingesetzt, Bild 5. Der Prüflauf erstreckt sich jeweils über 500 Laufstunden, wenn kein vorzeitiger Ausfall vorliegt. Während des Prüflaufs werden Reibmoment und Temperatur gemessen und registriert. Nach dem Lauf werden Veränderungen der Funktionsflächen ermittelt und die Lagerteile wieder gewogen.

## 2.7 Weitere Versuchsprogramme
BMFT-Vorhaben 01ZT-300A und
FVA-Vorhaben Nr. 31 "Wälzlagerverschleiß"

### 2.7.1 Abstimmung verschiedener Arbeiten

Die obengenannten Forschungsarbeiten waren mit dem FAG-Versuchsprogramm abgestimmt:

- Es wurden die gleichen Schmierstoffe verwendet,

- Lager gleicher Bauart, aber unterschiedlicher Größe, siehe Bilder 1 bis 3,

- ähnliche Prüfbedingungen vorgegeben, d. h. Drehzahlkennwerte n . dm ähnlicher Größenordnung und vergleichbare Belastungsverhältnisse P/C, wie die Tabelle 5 zeigt,

- gleiche Prüfzeiten und Beharrungstemperaturen.

Die Gegenüberstellung der Ergebnisse aller durchgeführten Versuche erlaubt Aussagen zum Reibungs- und Verschleißverhalten verschiedener Lagerbauarten, abhängig von der Lagergröße. Daraus sollte das Ziel des Forschungsvorhabens, die Stellungnahme zur Übertragbarkeit, abgeleitet werden.

Bild 5: Die befetteten Prüflager, auf der Welle montiert, werden in den Prüfkopf eingesetzt

| Lager: FAG 31330 X | Prüfstand: FE 12 | | Datum: | 3.1.84 | 23.1.84 |
|---|---|---|---|---|---|
| Öl: | $F_a$ = 397 kN / n = 2 [$min^{-1}$] | | Lager Nr. | 1 und 2 * | 3 und 4 * |
| Fett: LS3/35 | stat. Wälzkörpersatzv. [50 %] | 64,0 | Verschleiß des Wälzkörpersatzes [mg] | 1 54,7 | 3 44,4 |
| | Steigung: | 2,5 | | 2 117,6 | 4 55,9 |
| | stat. Käfigverschleiß [50 %] | 120,0 | Käfigverschleiß [mg] | 1 100,0 | 3 100,0 |
| | Steigung: | 3,2 | | 2 200,0 | 4 90,0 |
| | | | A-Rg: Temperatur Beharrung/Spitze [°C] | 28 | 28 |

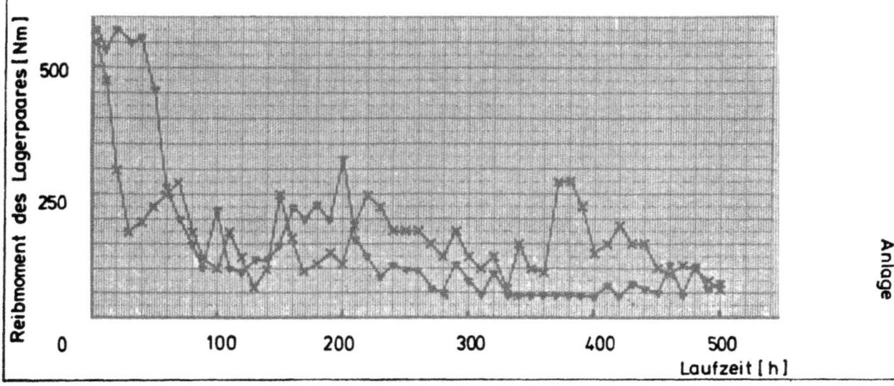


Bild 6: Auswertprotokoll eines Laufversuchs

| Prüflager | Drehzahl n in $min^{-1}$ / $n.d_m$ in $min^{-1}.mm$ | Axiallast $F_a$ in kN / P/C | Forschungsstelle |
|---|---|---|---|
| 7306B.MP | 15 / 765 | 31 / 0,7 | D |
| 7312B.MP | 7,5 / 712,5 | 80 / 0,7 | S |
| 7330B.MP | 2 / 470 | 313 / 0,7 | S |
| 81206.MBS | 15 / 615 | 33 / 0,7 | A |
| 81212.MBS | 7,5 / 581 | 80 / 0,7 | A |
| 81240.MBS | 2 / 480 | 486 / 0,7 | S |
| 31306A | 15 / 780 | 23 / 0,4 | D |
| 31312A | 7,5 / 712 | 80 / 0,4 | D |
| 31330X | 2 / 470 | 397 / 0,4 | S |

Laufzeit 500 h, Lagertemperatur 30 °C
pro Versuch 4 ... 6 Lager

Tabelle 5: Prüfprogramme TH Aachen (A)
TH Darmstadt (D)
FAG Schweinfurt (S)
ausgenommen Tastversuche zum Drehzahl- und Lasteinfluß

### 2.7.2 Prüfbedingungen, Versuchsprogramm TH Darmstadt, BMFT-Vorhaben 01ZT-300A

Tabelle 6 enthält das Versuchsprogramm, wie es als Teil des Gesamtprogrammes in Darmstadt durchgeführt wurde. Dieses Teilprogramm umfaßt drei mal zehn Versuchsserien mit jeweils sechs Lagern, wobei in den Prüfläufen jeweils zwei Lager in den FE8-Prüfständen eingesetzt wurden. Im Darmstädter Versuchsprogramm wurden die kleinen Schrägkugellager 7306B und die kleinen und mittleren Kegelrollenlager 31306A und 31312A verwendet.

Die Daten der Lager und der Schmierfette sind in den Tabellen 2, 3 und 4 zusammengestellt.

Die Prüfstände FE8 sind ausführlich in [5] beschrieben. Meßtechnik und Beurteilungsgrößen sind in den Kap. 2.5 und 2.6 beschrieben.

| Versuch Nr. | Prüf-lager | Fett | Drehzahl n in $min^{-1}$ | $n \cdot d_m$ in $min^{-1} \cdot mm$ | Axiallast $F_a$ in kN | P/C | Versuchsziel, Parameter |
|---|---|---|---|---|---|---|---|
| 1 | 7306B | LS3/60 | 15 | 765 | 31 | 0,7 | Basisfett |
| 2 | | LS3/35 | | | | | Grundölviskosität niedriger |
| 3 | | LS3/200 | | | | | " höher |
| 4 | | LS2/60 | | | | | Konsistenz, Dickeranteil |
| 5 | | LS3/60EP | | | | | EP-Additiv |
| 6 | | L38n | | | | | Sonderfett LI-EP 2 |
| 7 | | LS3/60 | | | 17,5 | 0,43 | Verringerte Last |
| 8 | | LS3/60 | 150 | 7 650 | 17,5 | 0,43 | Erhöhte Drehzahl, verringerte Last |
| 9 | | LS3/60 | 150 | 7 650 | 31 | 0,7 | Erhöhte Drehzahl |
| 10 | | LS3/60EP | 150 | 7 650 | 31 | 0,7 | Erhöhte Drehzahl, EP-Additiv |
| 11 | 31306A | LS3/60 | 15 | 780 | 23 | 0,4 | Basisfett |
| 12 | | LS3/35 | | | | | Grundölviskosität niedriger |
| 13 | | LS3/200 | | | | | " höher |
| 14 | | LS2/60 | | | | | Konsistenz, Dickeranteil |
| 15 | | LS3/60EP | | | | | EP-Additiv |
| 16 | | LS38n | | | | | Sonderfett LI-EP-2 |
| 17 | | LS3/60 | | | 13,2 | 0,23 | Verringerte Last |
| 18 | | LS3/60 | 150 | 7 800 | 13,2 | 0,23 | Erhöhte Drehzahl, verringerte Last |
| 19 | | LS3/60 | 150 | 7 800 | 23 | 0,4 | Erhöhte Drehzahl |
| 20 | | LS3/60EP | 150 | 7 800 | 23 | 0,4 | Erhöhte Drehzahl, EP-Additiv |
| 21 | 31312A (536048) | LS3/60 | 7,5 | 712,5 | 80 | 0,4 | Basisfett |
| 22 | | LS3/35 | | | | | Grundölviskosität niedriger |
| 23 | | LS3/200 | | | | | " höher |
| 24 | | LS2/60 | | | | | Konsistenz, Dickeranteil |
| 25 | | LS3/60EP | | | | | EP-Additiv |
| 26 | | L38n | | | | | Sonderfett LI-EP 2 |
| 27 | | LS3/60 | | | 46 | 0,23 | Verringerte Last |
| 28 | | LS3/60 | 75 | 7 125 | 46 | 0,23 | Erhöhte Drehzahl, verringerte Last |
| 29 | | LS3/60 | 75 | 7 125 | 80 | 0,4 | Erhöhte Drehzahl |
| 30 | | LS3/60EP | 75 | 7 125 | 80 | 0,4 | Erhöhte Drehzahl, EP-Additiv |

Tabelle 6: Versuchsprogramm TH Darmstadt

## 3. Ergebnisse

### 3.1 Auswertung

Das über der Laufzeit aufgenommene Reibmoment sowie Verschleißwerte von Lagerteilen wurden für jeden Prüflauf in einem Diagramm-Datenblatt, wie z. B. Bild 6 zeigt, eingetragen. Die Verschleißwerte mehrerer Lager gleicher Bauart und Größe unter gleichen Prüfbedingungen und gleicher Schmierung wurden statistisch im Weibull-Diagramm ausgewertet, wie z. B. Bild 7 zeigt. Die Versuchsergebnisse wurden in tabellarischer Form, wie z. B. Tabelle 7 zeigt, zusammengestellt: Diese Tabellen, angelegt für jeweils eine Lagerbauart und -größe, sind unterteilt in

- Versuchs-Nummer: Zu einer Versuchs-Nummer zählen mehrere, meistens 3 Prüfläufe unter gleichen Prüf- und Schmierbedingungen.
- Prüfbedingungen: Dabei sind die wichtigen Parameter Last, Drehzahl, Temperatur, Viskosität, errechenbare Schmierfilmdicke (nach Dowson-Higginson), Laufzeit und die über die Laufzeit vom Wälzkörper überrollte Verschleißfläche angegeben.
- Ergebnisse: Dazu zählt das für das einzelne Lager ermittelte Reibmoment $M_L$ = halbes gemessenes Reibmoment des Prüflaufs) und der aus Gewichtsmessungen ermittelte Verschleiß der Wälzkörper $\Delta G_W$, des Innenrings $\Delta G_J$ und des Käfigs $\Delta G_K$ als 50-%-Werte nach Weibull. Weiter sind Reibbeiwerte $\mu_C$ und der auf die überrollte Fläche bezogene Gewichtsverlust der Wälzkörper $\Delta G/A$ angegeben, errechnet nach den in den Abschnitten 4 und 5 enthaltenen Ansätzen.

Versuchsergebnisse 7330B.MP

| Versuchs-Nr. Lageranzahl Schmierung | Prüfbedingungen $F_a$ (kN) P/C | n $(min^{-1})$ | $\vartheta$ (°C) | $\nu$ $(mm^2/s)$ | $h_o$ am JR (µm) | t (h) | $A \cdot 10^{-9}$ $(mm^2)$ | Ergebnisse $M_L$ (Nm) | $\mu_c$ | ΔG in mg Wälz-körper | ΔG in mg Käfig | $(\Delta G/A) \cdot 10^9$ Wälz-körper |
|---|---|---|---|---|---|---|---|---|---|---|---|---|
| 1<br>4<br>LS3/35 | 313<br>0,7 | 2 | 26<br>- 32 | 120<br>-85 | 0,024<br>- 0,019 | 500 | 8,0 | 70<br>- 85 | 0,03<br>- 0,04 | 238 | 65 | 29,7 |
| 2<br>4<br>LS3/60 | 313<br>0,7 | 2 | 26<br>- 32 | 225<br>-160 | 0,037<br>- 0,029 | 500 | 8,0 | 100<br>- 105 | 0,05<br>-0,053 | 53 | 10 | 6,6 |
| 3<br>4<br>LS3/60 | 179<br>0,4 | 2 | 22<br>-26 | 300<br>-225 | 0,048<br>-0,039 | 500 | 6,7 | 50<br>-55 | 0,053<br>-0,06 | 33 | - | 4,9 |
| 4<br>4<br>LS3/60 | 313<br>0,7 | 20 | 50 | 60 | 0,073 | 500 | 80 | 60<br>-75 | 0,026<br>-0,032 | 215 | 140 | 2,7 |
| 5<br>4<br>LS3/200 | 313<br>0,7 | 2 | 26<br>-32 | 800<br>-550 | 0,090<br>-0,069 | 500 | 8,0 | 95 | 0,05 | 39 | - | 4,9 |
| 6<br>4<br>LS2/60 | 313<br>0,7 | 2 | 26<br>-32 | 225<br>-160 | 0,037<br>-0,029 | 500 | 8,0 | 90<br>-100 | 0,044<br>-0,05 | 73 | 60 | 9,1 |

Tabelle 7: Versuchsergebnisse des Lagers 7330B.MP, Versuche Nr. 1 bis 6

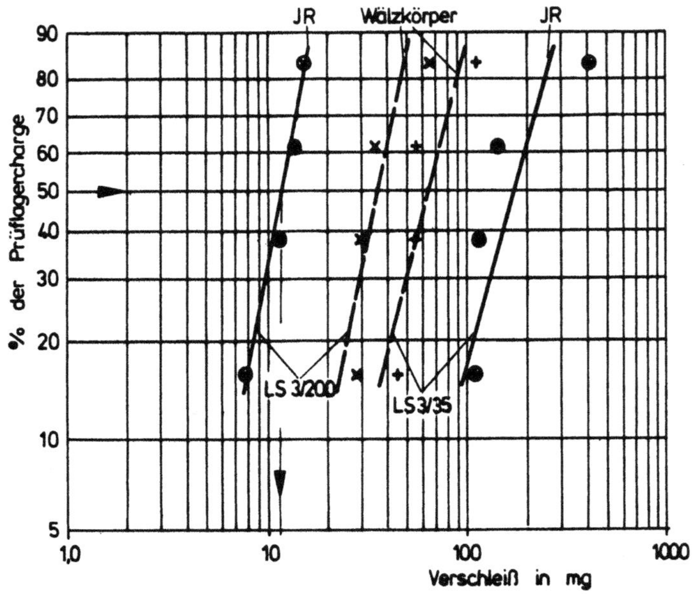


Bild 7: Verschleiß der Innenringe und Wälzkörper im Weibull-Diagramm, Lager 31330X, Schmierung mit Fetten LS3/35 und LS3/200

## 3.2 Diskussion der Ergebnisse

Aus den Ergebnissen der FAG-Versuche lassen sich folgende Beurteilungen für die geprüften Lager ableiten:

7330B.MP: Der Wälzkörper- und Käfigverschleiß ist bei Anwendung eines Fetts mit niedrigviskosem Grundöl (LS3/35) deutlich höher als bei Verwendung eines Fetts mit hochviskosem Grundöl. Steiferes Fett der Konsistenzklasse 3 führt zu höherem Wälzkörperverschleiß als weicheres Fett der Konsistenzklasse 2. Aus Tastschrieben sowie Foto ist der Laufbahnverschleiß des mit Fett LS3/35 geschmierten Lagers deutlich zu erkennen, siehe Bild 8. Bei Lagern, die mit

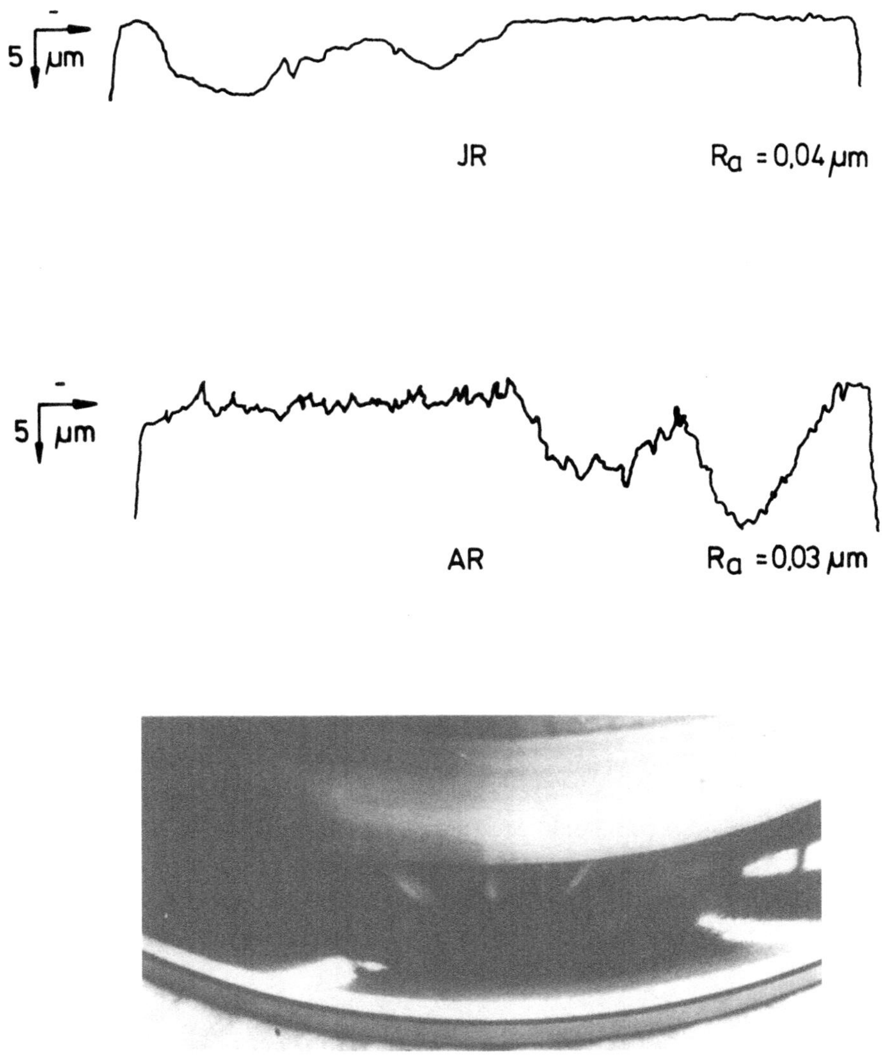


Bild 8: Laufspuren auf dem Innenring eines Lagers 7330B.MP, Schmierung mit Fett LS3/35

Fett LS3/200 geschmiert waren, fehlt dieser Verschleiß, siehe Bild 9. Bild 10 zeigt Anlaufspuren der Kugeln in der Käfigtasche bei Verwendung des Fetts LS3/35. Bei Läufen mit anderen Fetten sind diese Laufspuren weniger ausgeprägt. Zum Käfigverschleiß siehe auch Abschnitt 5.
Das Reibmoment ist niedrig, wenn höherer Verschleiß vorliegt und umgekehrt.

81240.MBS: Der Wälzkörperverschleiß ist bei Anwendung eines Fetts mit niedrigviskosem Grundöl sehr hoch, eines Fetts mit hochviskosem Grundöl dagegen niedrig. EP-Fett sowie Fett mit einem Grundöl mittlerer Viskosität führen auch zu relativ niedrigem Verschleiß.

Der Laufbahnverschleiß des mit Fett LS3/35 geschmierten Lagers ist besonders deutlich im Bereich größerer Gleitbewegungen im Randbereich der Laufbahnen zu erkennen, wie Bild 11 zeigt. Im Foto ist zu sehen, daß der Bereich geringer Gleitbewegungen in Laufbahnmitte teilweise noch die Bearbeitungsriefen erkennen läßt. Die mit Fett LS3/200 geschmierten Lager zeigen im Tastschrieb keinen sichtbaren Verschleiß und im Foto deutlich die Bearbeitungsriefen, siehe Bild 12.

Der Käfigverschleiß ergab sich kaum abhängig vom Fettaufbau. Bild 13 zeigt Berührstellen Wälzkörper - Käfig. Man erkennt, daß die Rollen stark nach außen drängen und mit ihrer Stirnseite am Käfig anlaufen. Mäßige Anlaufspuren zeigen die Kontaktbereiche Rollenmantel - Käfigsteg. Auch die Außenführung des Käfigs im Hartstoffring

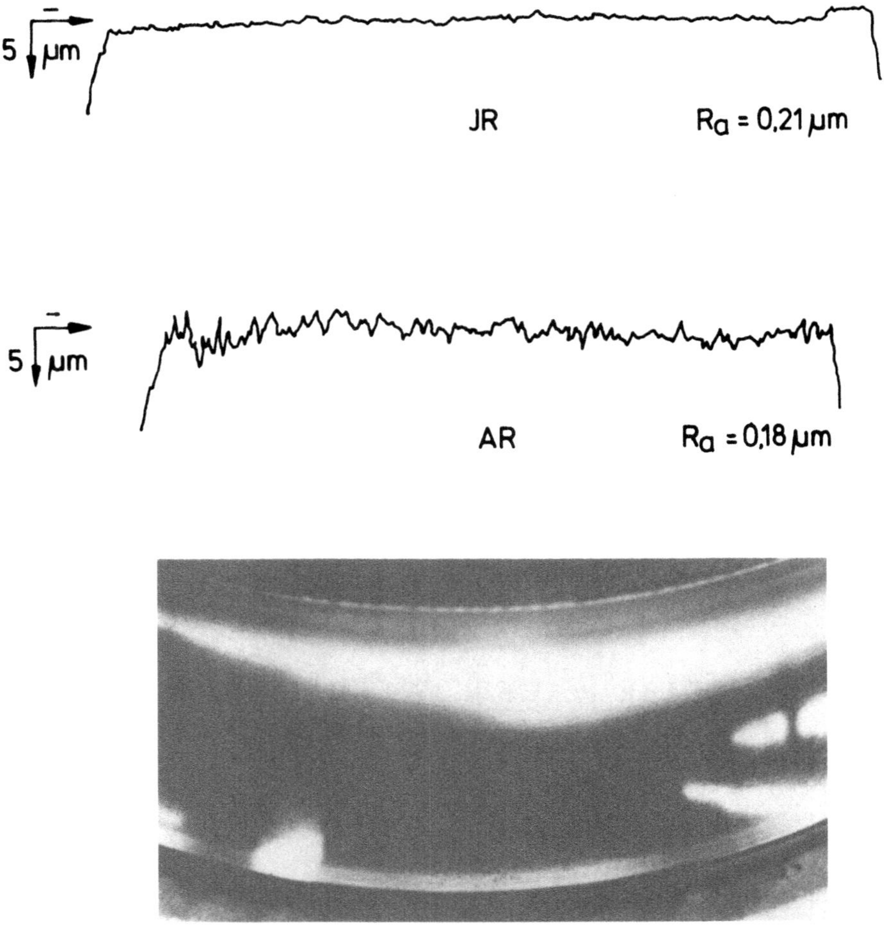


Bild 9: Laufspuren auf dem Innenring eines Lagers 7330B.MP, Schmierung mit Fett LS3/200

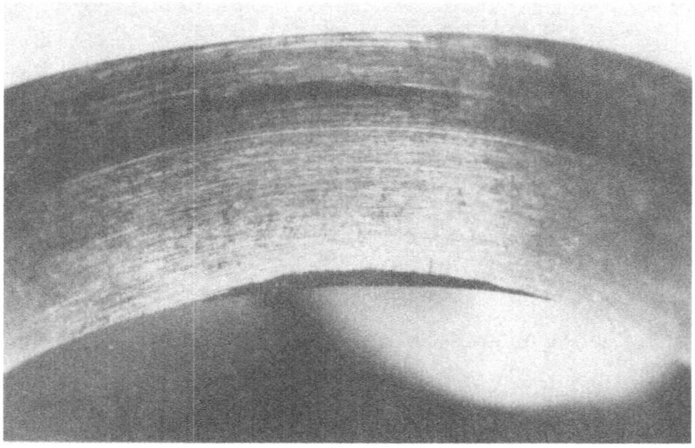

Blickrichtung

A

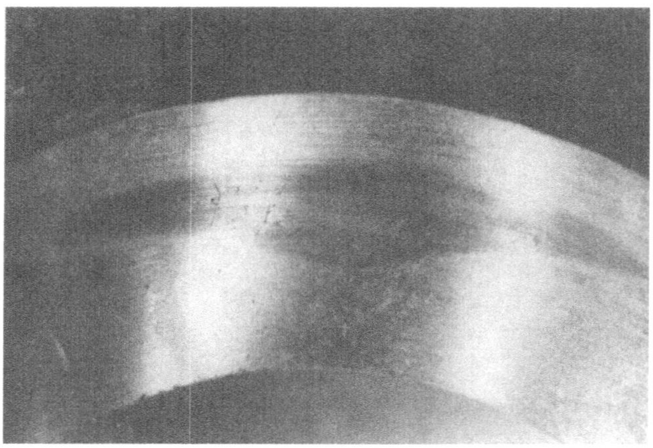

B

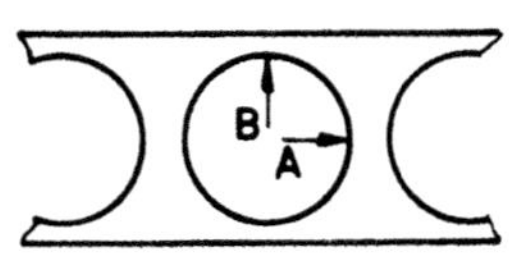


Bild 10: Zustand der Anlaufflächen der Kugeln in der Käfigtasche eines Lagers 7330B.MP, Schmierung mit Fett LS3/35

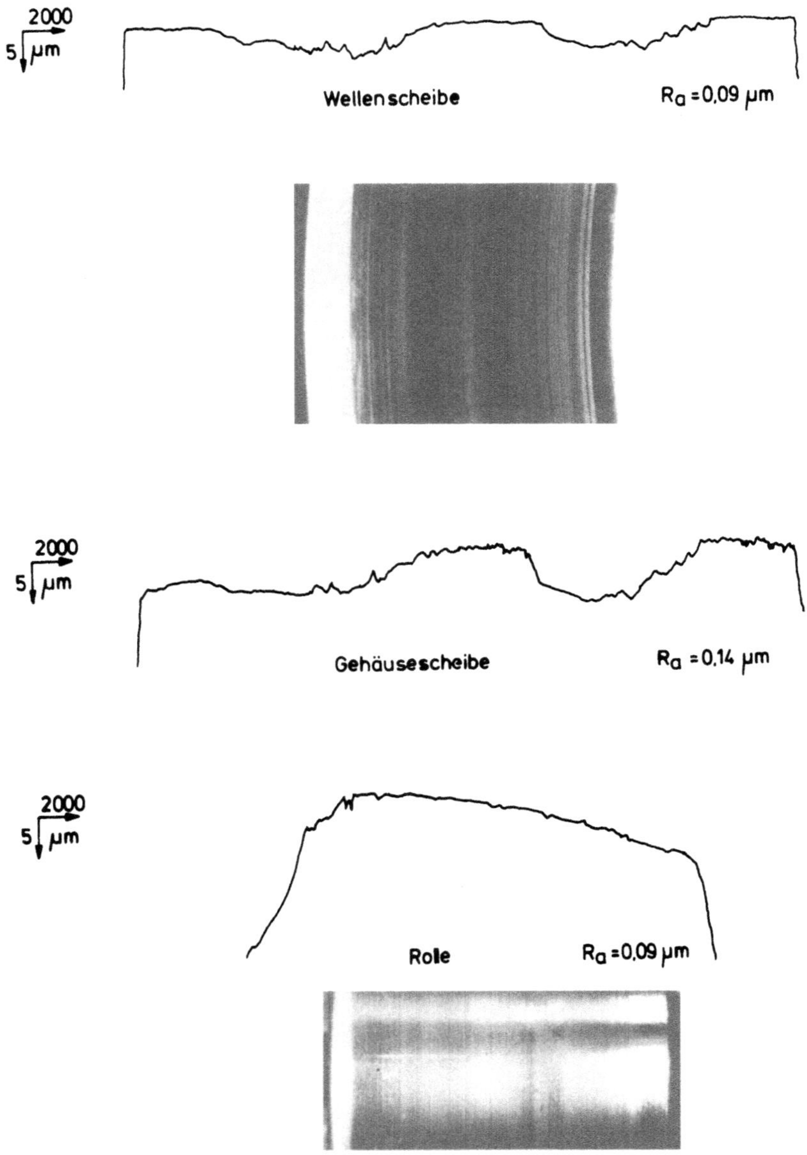


Bild 11: Laufbahnverschleiß eines Lagers 81240.MBS, Schmierung mit Fett LS3/35

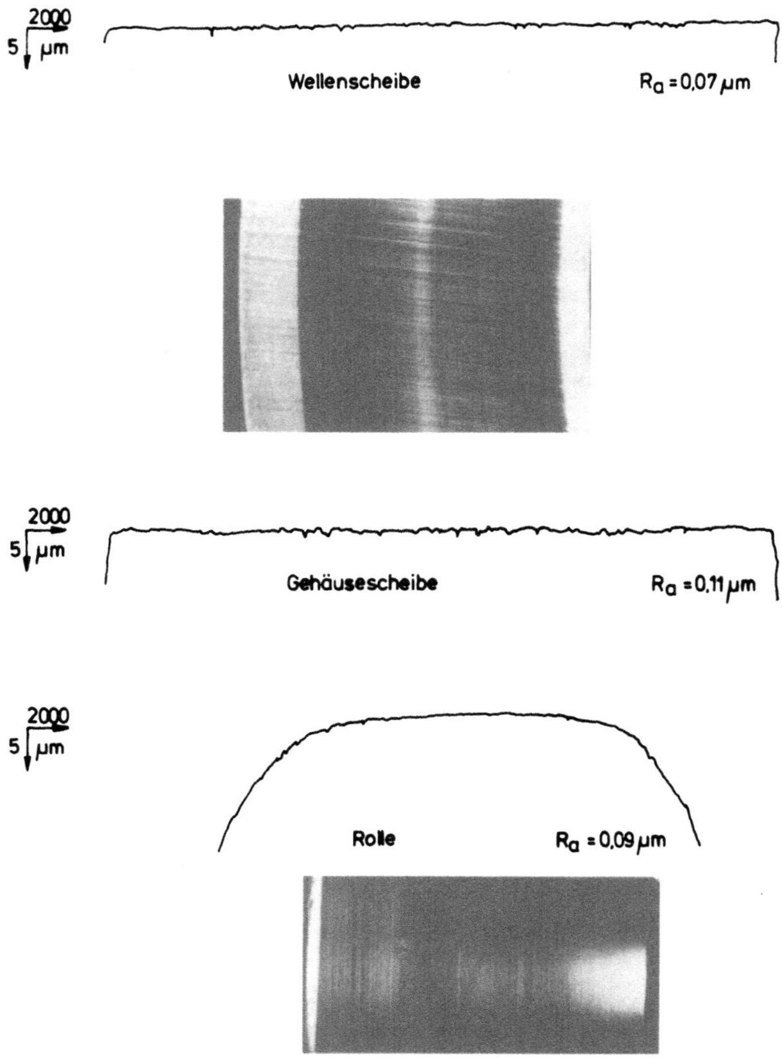


Bild 12: Laufbahnverschleiß eines Lagers 81240.MBS, Schmierung mit Fett LS3/200

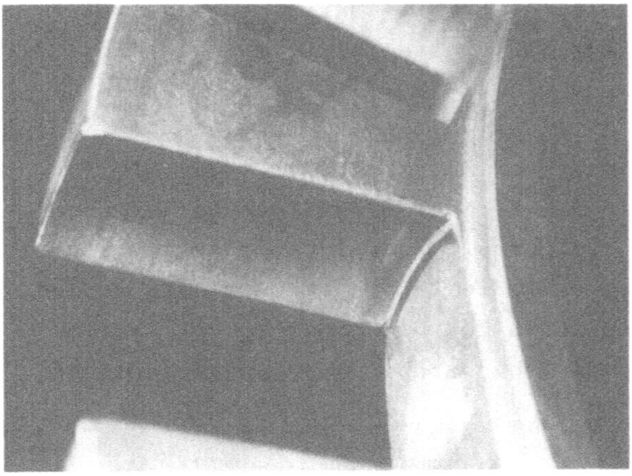

Bild 13: Zustand der Anlaufflächen der Rollen in der Käfigtasche eines Lagers 81240.MBS, Blickrichtungen A und B, Schmierung mit Fett LS3/35

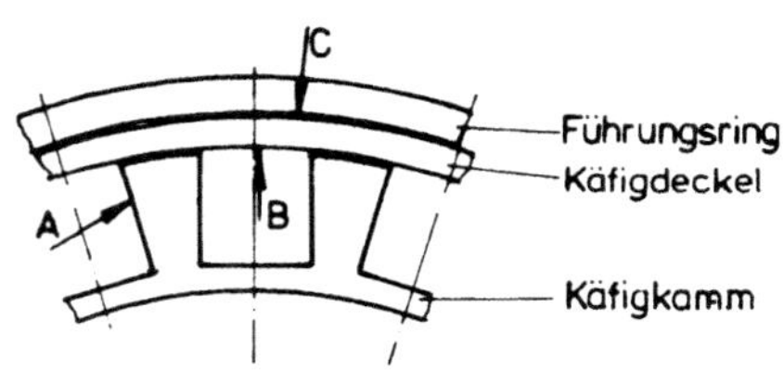


Bild 14: Zustand des äußeren Käfigrings, Blickrichtung C, Schmierung mit Fett LS3/200

ist - wie Bild 14 zeigt - nur geringfügig eingelaufen. Zum Käfigverschleiß siehe auch Abschnitt 5.

Das Reibmoment verläuft bei Schmierung mit Fetten, die den Verschleiß weitgehend vermeiden, durchwegs gleichmäßig über der Laufzeit. Wenn Fette mäßiger Schmierfähigkeit verwendet werden, ist dagegen unruhiger Reibungsverlauf, fallende und steigende Tendenz über der Laufzeit festzustellen.

31330X: Fette mit niedrigviskosem Grundöl führen kurzfristig zum Einlauf von Bord- und Rollenstirnfläche und damit teilweise zu hohem Bordverschleiß. Fett mit hochviskosem Grundöl oder bestimmte EP-Fette verhindern dagegen den Einlauf und vermeiden Verschleiß.

Lager, die einlaufen, zeigen bereits nach kurzer Laufzeit einen deutlichen Reibmomentabfall und laufen nach vollzogenem Einlauf reibungsarm, siehe z. B. Bild 6. Nicht oder nur geringfügig eingelaufene Lager haben auch nach langer Laufzeit noch das hohe Startmoment. Bild 15 zeigt Foto und Tastschrieb einer stark eingelaufenen Bordfläche. Die Stirnfläche der zugehörigen Rolle zeigt gleichmäßigen Abtrag, dazu einige Riefen. Die Laufbahnen von Innen- und Außenring sind nahezu ohne Laufmerkmale, wie Bild 16 zeigt.

Die Bilder 17 und 18 zeigen Lagerfunktionsflächen von Lagern, die mit Fett LS3/200 geschmiert waren. Anstelle eines Einlaufs liegt eine Glättung der Bordfläche vor. Laufbahnen und Rollenstirnflächen sind nach dem Lauf unverändert. Fette mit Grundölen einer

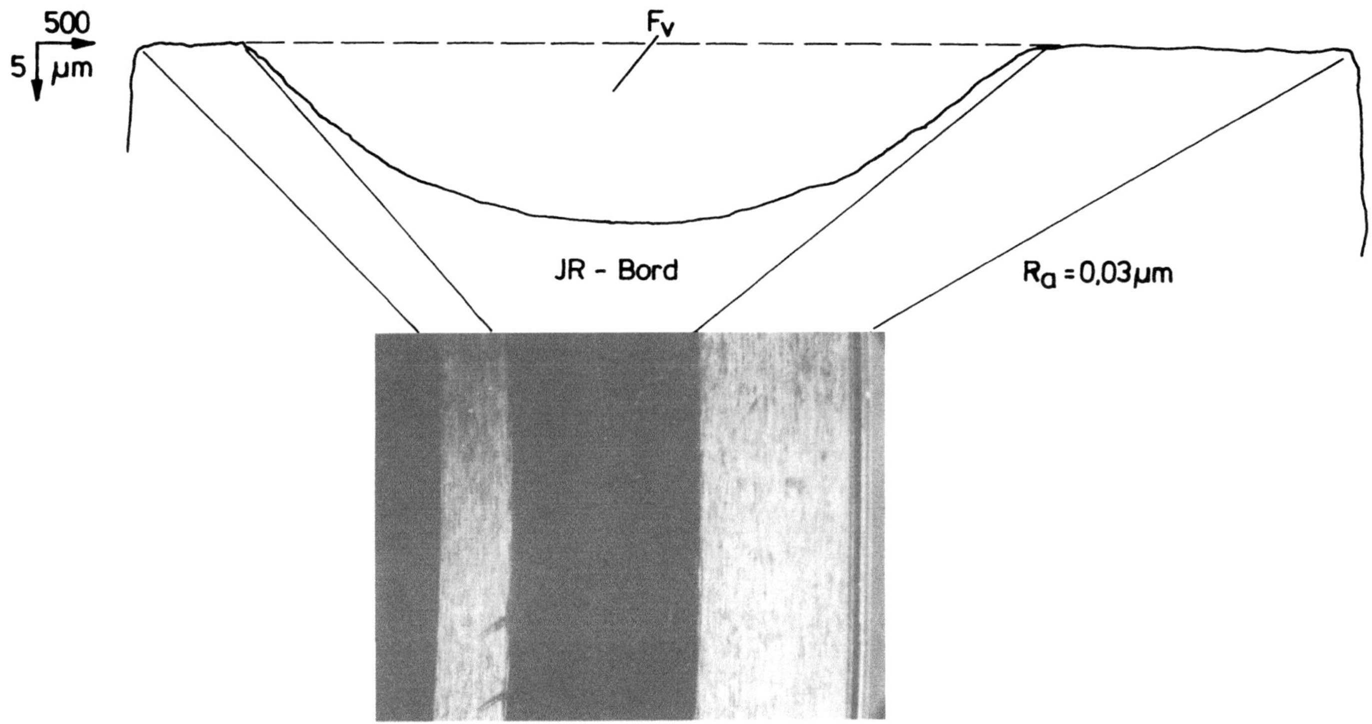


Bild 15: Stark eingelaufene Bordfläche eines Lagers 31330X,
Schmierung mit Fett LS3/35

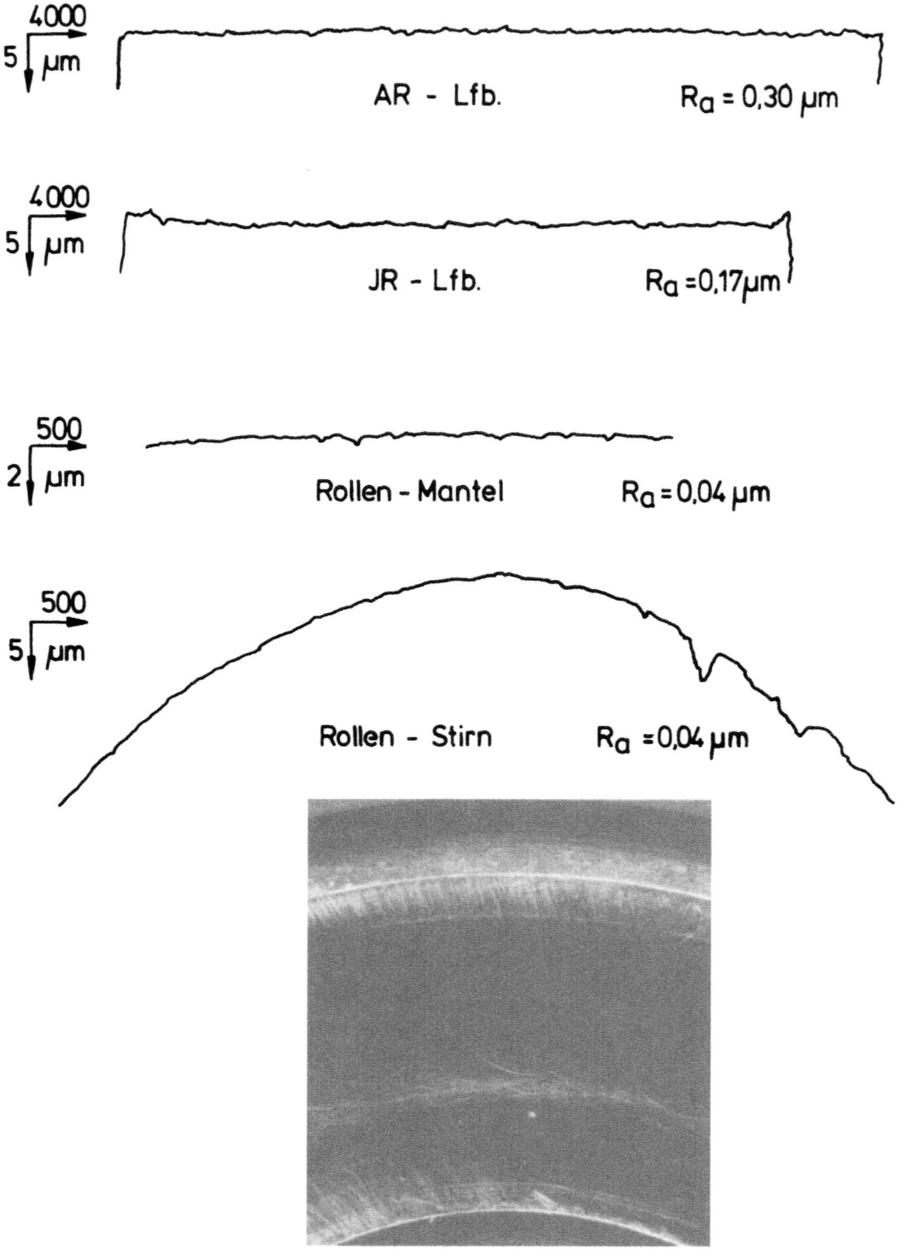


Bild 16: Rollenstirnfläche und Laufbahnen eines Lagers 31330X, Schmierung mit Fett LS3/35

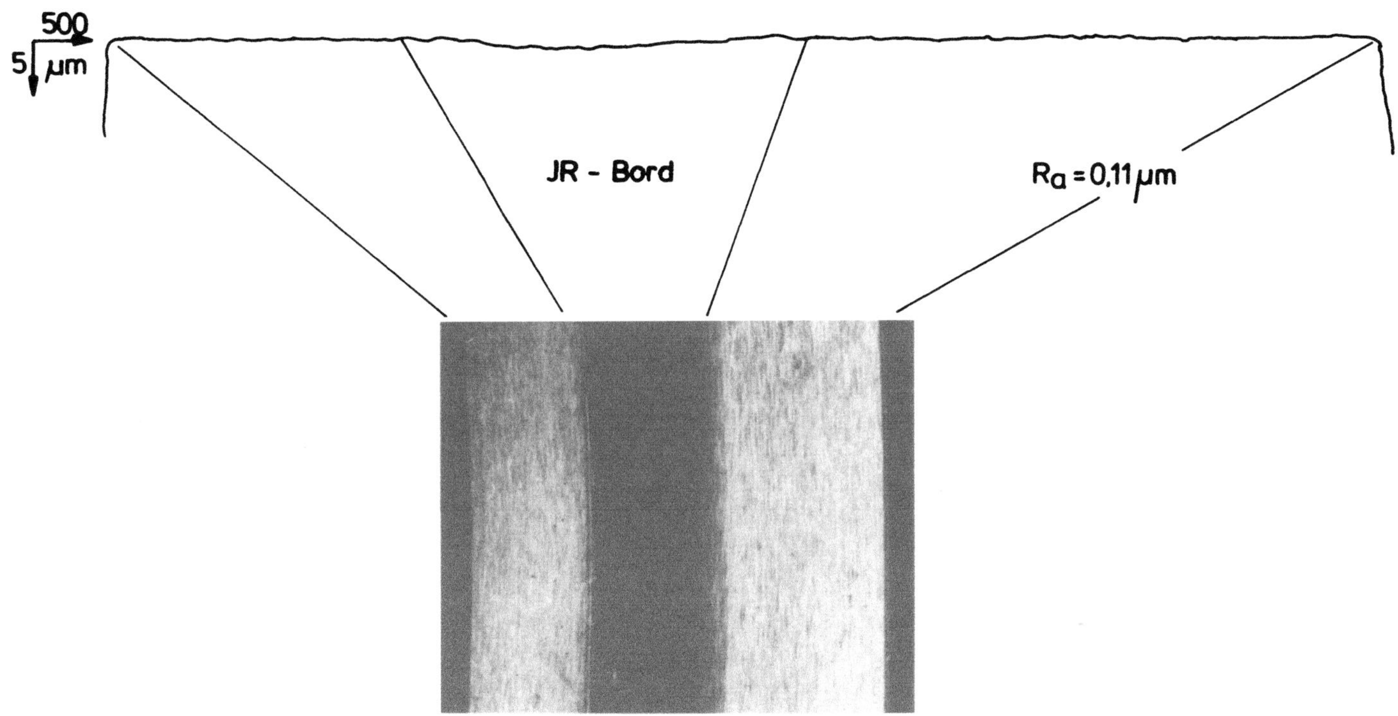


Bild 17: Geglättete Lauffläche nach dem Prüflauf eines Lagers 31330X, Schmierung mit Fett LS3/200

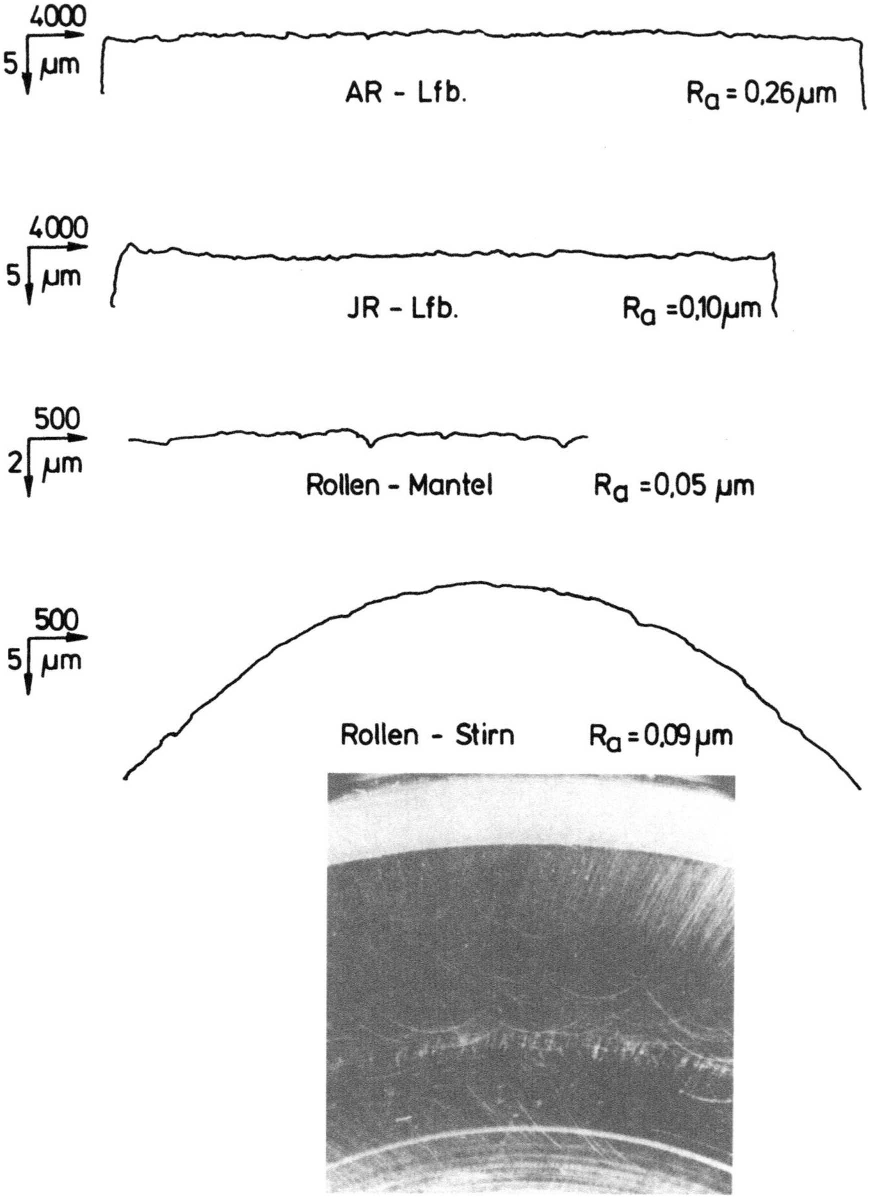


Bild 18: Rollenstirnfläche und Laufbahnen eines Lagers 31330X, Schmierung mit Fett LS3/200

zwischen $\nu$ = 35 und 200 $mm^2/s$ bei 50 °C liegenden Viskosität sowie die EP-Fette führen zu Ergebnissen, die mehr zu denen mit hochzähem Grundöl tendieren.

Der Käfigverschleiß erwies sich kaum abhängig vom Fettaufbau, die Laufmerkmale und Verschleißbeträge waren gering, siehe auch Abschnitt 5.

### 3.3 Auswertung Versuchsprogramm TH Darmstadt

Die Versuchsergebnisse aus dem Darmstädter Programmteil (Versuchsnr. 1-30) sind in Tabelle 8 als statistische Vergleichsgrößen des Wälzkörpersatzes zusammengestellt. Die Auswertung wurde nach Weibull vorgenommen, $\Delta G_W$ ist der 50-%-Wert und $\beta$ die Steigung der Weibullgeraden. Bild 19 zeigt als Beispiel Einzelergebnisse aus der Versuchsserie Nr. 19 mit Lagertyp, verwendeten Lagernummern, Prüfstandstyp und -nummer, Fettyp, Drehzahl, Axiallast, Lagertemperatur und Verschleiß in mg nach 500 Stunden von Wälzkörpern, Käfig, Innen- und Außenring sowie die statistisch ausgewerteten Gewichtsverluste.

In Bild 20 ist ein Beispiel für den Reibmomentenverlauf über der Laufzeit von 500 Stunden wiedergegeben. Die Bilder 21a und 21b zeigen die bei FAG ausgemessenen Bordstirnflächen des Lagertyps 31312A mit geringem (Bild 21a) und starkem Wälzkörperverschleiß (Bild 21b).

| Versuch Nr. | Prüf-lager | Fett | Drehzahl n in $min^{-1}$ | $n \cdot d_m$ in $min^{-1} \cdot mm$ | Axiallast $F_a$ in kN | P/C | Verschleiß (Wälzkörper) $G_W$ (mg) | $\beta$ |
|---|---|---|---|---|---|---|---|---|
| 1 | 7306B | LS3/60 | 15 | 765 | 31 | 0,7 | 0,9 | 0,3 |
| 2 | | LS3/35 | | | | | 1,3 | 0,7 |
| 3 | | LS3/200 | | | | | 1,7 | 2,5 |
| 4 | | LS2/60 | | | | | 30,2 | 0,2 |
| 5 | | LS3/60EP | | | | | 2,2 | 0,2 |
| 6 | | L38n | | | | | 0,4 | 0,2 |
| 7 | | LS3/60 | | | 17,5 | 0,43 | 1,8 | 1,3 |
| 8 | | LS3/60 | 150 | 7 650 | 17,5 | 0,43 | 2.3 | 1,1 |
| 9 | | LS3/60 | 150 | 7 650 | 31 | 0,7 | 6,8 | 0,3 |
| 10 | | LS3/60EP | 150 | 7 650 | 31 | 0,7 | 1,6 | 0,7 |
| 11 | 31306A | LS3/60 | 15 | 780 | 23 | 0,4 | 0,6 | 0,8 |
| 12 | | LS3/35 | | | | | 3,0 | 1,3 |
| 13 | | LS3/200 | | | | | 0,8 | 1,4 |
| 14 | | LS2/60 | | | | | 1,9 | 2,4 |
| 15 | | LS3/60EP | | | | | 1,2 | 0,3 |
| 16 | | LS38n | | | | | 6,4 | 1,5 |
| 17 | | LS3/60 | | | 13,2 | 0,23 | 0,7 | 0,3 |
| 18 | | LS3/60 | 150 | 7 800 | 13,2 | 0,23 | 3,5 | 2,8 |
| 19 | | LS3/60 | 150 | 7 800 | 23 | 0,4 | 1,9 | 1,8 |
| 20 | | LS3/60EP | 150 | 7 800 | 23 | 0,4 | 2.7 | 2.4 |
| 21 | 31312A | LS3/60 | 7,5 | 712,5 | 80 | 0,4 | 7,4 | 2,3 |
| 22 | (536048) | LS3/35 | | | | | 20,0 | 1,6 |
| 23 | | LS3/200 | | | | | 5,2 | 3,0 |
| 24 | | LS2/60 | | | | | 9,6 | 2,2 |
| 25 | | LS3/60EP | | | | | 6,4 | 0,9 |
| 26 | | L38n | | | | | 15,0 | 3,0 |
| 27 | | LS3/60 | | | 46 | 0,23 | 6,9 | 1.6 |
| 28 | | LS3/60 | 75 | 7 125 | 46 | 0,23 | 11,0 | 1,9 |
| 29 | | LS3/60 | 75 | 7 125 | 80 | 0,4 | 6.0 | 1.7 |
| 30 | | LS3/60EP | 75 | 7 125 | 80 | 0,4 | 16,0 | 2,1 |

Tabelle 8: Versuchsergebnisse aus dem Programmteil der TH Darmstadt

VERSUCHSPROGRAMM FETTPRÜFUNG

| | | |
|---|---|---|
| VERSUCHSNUMMER | : | 19 |
| LAGERTYP | : | 31306 A |
| LAGERNUMMERN | : | 55 56 57 58 59 60 |
| PRÜFSTAND | : | FE8-2 |
| FETT | : | LS 3/60 |
| DREHZAHL | : | 150.0 [ U/MIN ] |
| AXIALLAST | : | 23.0 [ KN ] |
| TEMPERATUR | : | BEHARRUNG 63.0 [ C ] , SPITZE 78.0 [ C ] |

VERSCHLEISS NACH 500 STUNDEN IN MILLIGRAMM

| LAGER-NR. | WÄLZKÖRPER | KÄFIG | INNENRING | AUSSENRING |
|---|---|---|---|---|
| 55 | 1.3 | 0,9 | 0,5 | 6,2 |
| 56 | 1,1 | 0,8 | 0,4 | 2,2 |
| 57 | 4,0 | 3,0 | 1.2 | 0.9 |
| 58 | 0.9 | 3.8 | 4.2 | 4.4 |
| 59 | 2.3 | 36.4 | 3.1 | 3.1 |
| 60 | 2.5 | 8.8 | 1.2 | 2.1 |

STATISTISCHER VERSCHLEISS W50%, STEIGUNG BETA

| | | | | |
|---|---|---|---|---|
| W50% | 1,9 | 4,5 | 1,4 | 2,9 |
| BETA | 1,8 | 0,7 | 1,1 | 1,6 |

Bild 19: Einzelergebnisse aus dem Versuch Nr. 19

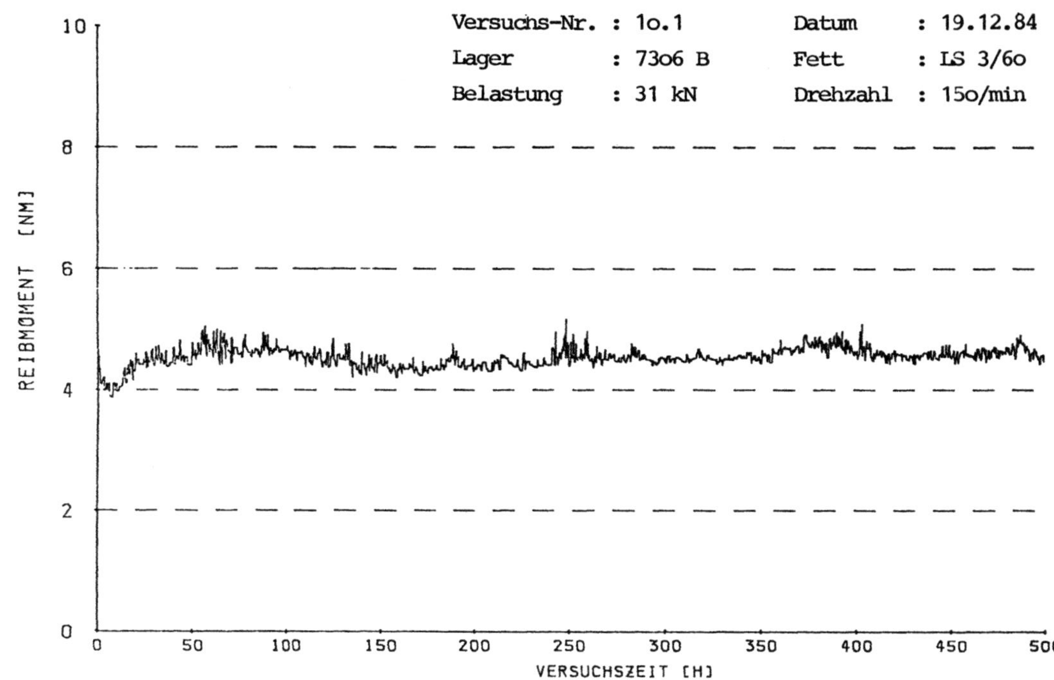


Bild 20: Reibmomentenverlauf über der Laufzeit

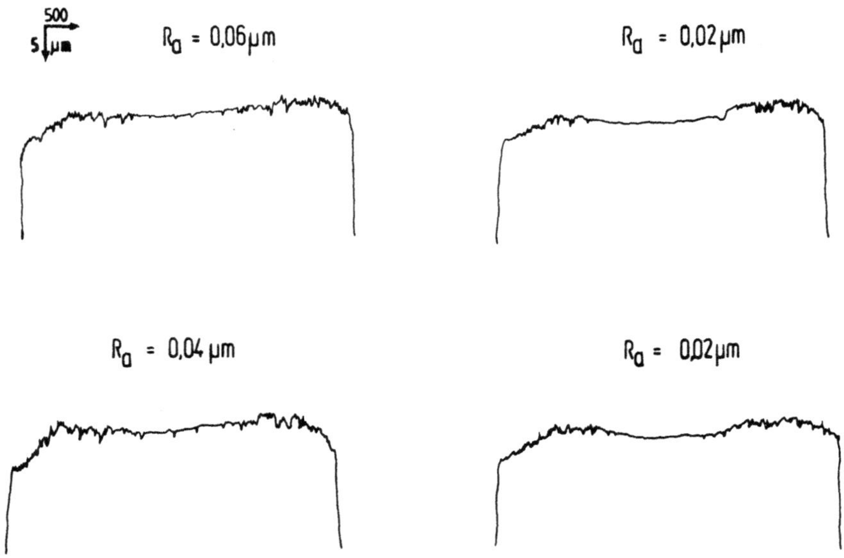


Bild 21a: Bordfläche des Lagertyps 31312A mit geringem Wälzkörperverschleiß

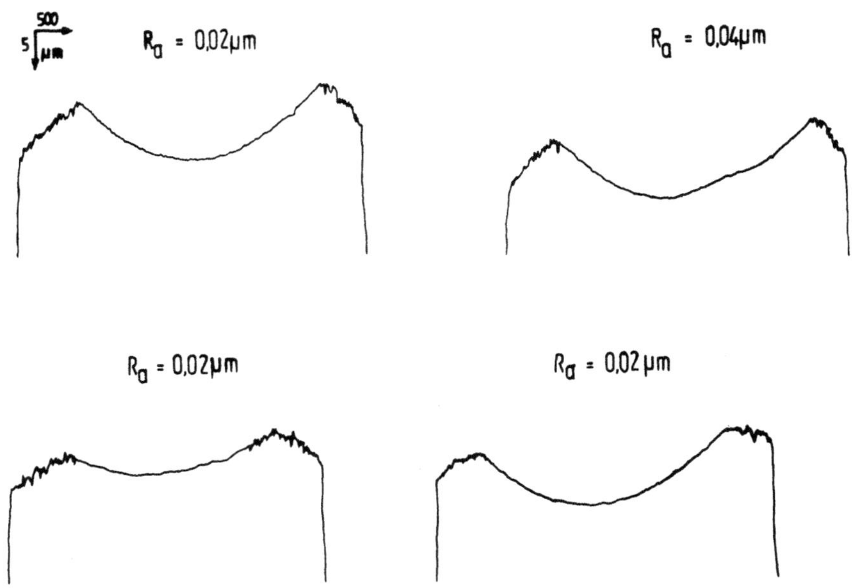


Bild 21b: Bordfläche des Lagertyps 31312A mit starkem Wälzkörperverschleiß

## 3.4 Diskussion der Ergebnisse aus Versuchsprogramm TH Darmstadt

Die Bildserie 22 bis 24 zeigt die Reibbeiwertverläufe für die drei in Darmstadt verwendeten Lagerbauarten bzw. -größen 7306B, 31306A und 31312A in Abhängigkeit von der Viskosität des Grundöls der Fette LS3/35, LS3/60 und LS3/200. Die Reibbeiwertberechnung ist im Abschnitt 4 enthalten. Beim Schrägkugellager 7306B zeigt sich kein Einfluß der Grundölviskosität auf den gerechneten Reibbeiwert $\mu_C$, auch sind die Streuungen sehr gering. Bei den Kegelrollenlagern 31306A und 31312A ist dagegen ein Anstieg des Reibbeiwertes $\mu_C$ mit zunehmender Grundölviskosität sowie eine stärkere Streuung der Reibbeiwerte zu beobachten.

Die Bilder 25 bis 27 zeigen die Einflüsse der untersuchten Prüfparameter auf den Reibbeiwert $\mu_C$ der drei Lagerbauarten bzw. -größen. Die Balken in der linken Bildhälfte zeigen den Belastungseinfluß (Last, Drehzahl) bei Schmierung mit LS3/60. Die Zahlenkombination 31/15 (Bild 25) stellt eine Abkürzung für 31 kN Axiallast und 15 Umdrehungen pro Minute dar. Die Verringerung der Last auf ca. 50 - 60 % reduziert bei allen drei Lagern den Reibbeiwert. Die Erhöhung der Drehzahl um den Faktor zehn verursacht beim Schrägkugellager 7306B einen Reibbeiwertanstieg, bei den Kegelrollenlagern dagegen einen Abfall des Reibbeiwerts. Die Kombination hohe Last und hohe Drehzahl führt zu geringen Reibbeiwerten mit nur engem Streuband.

Im rechten Balkenfeld der Bilder 25 - 27 sind die Ergebnisse verschiedener Schmierstoffe mit hoher Last/niedriger Drehzahl im Vergleich zum Basisfett LS3/60 dargestellt. Beim Schrägkugellager hat die EP-Additivierung keinen Einfluß auf den Reibbeiwert, wohl aber bei den Kegelrollenlagern ($\mu_C$-Absenkung). Der Viskositätseinfluß wurde bereits zuvor dargestellt (Bilder 22 - 24).

Eine geringere Konsistenz LS2/60 im Vergleich zu LS3/60 führt beim Schrägkugellager zu höheren Reibbeiwerten, bei den Kegelrollenlagern zu einer Reibbeiwertabsenkung. In den Bildern 28 bis 30 sind die Gewichtsverluste der Wälzkörpersätze der drei Lager in Abhängigkeit von der Viskosität dargestellt. Bei den Schrägkugellagern hat die Viskosität des Grundöls keinen signifikanten Einfluß auf den Wälzkörperverschleiß, während bei den Kegelrollenlagern erhöhter Verschleiß bei der niedrigsten Viskosität auftritt.

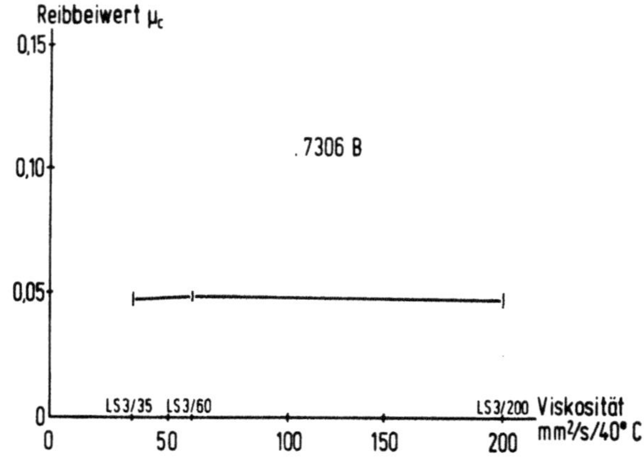


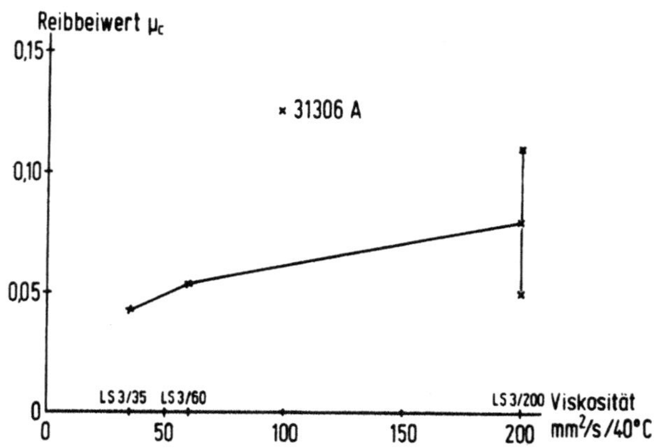


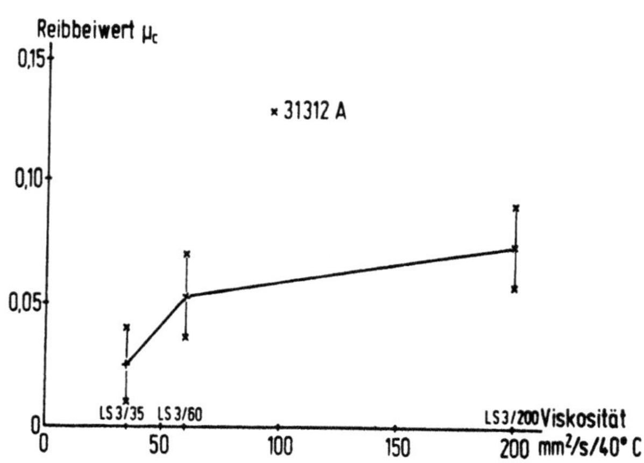


Bilder 22 - 24: Reibbeiwertverläufe der Lagerbauarten bzw. -größen 7306 B, 31306A und 31312A

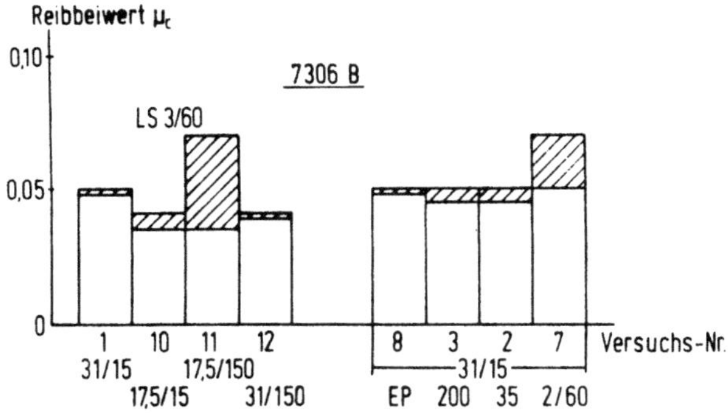


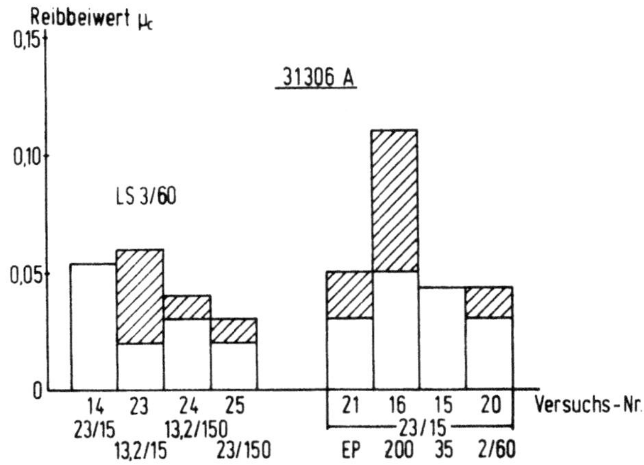


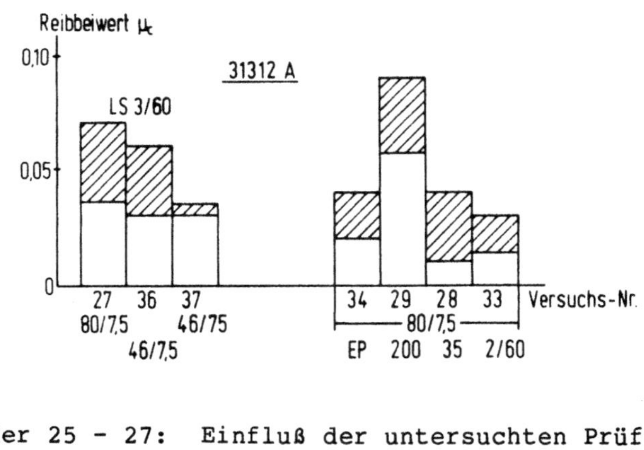


Bilder 25 - 27: Einfluß der untersuchten Prüfparameter auf den Reibwert

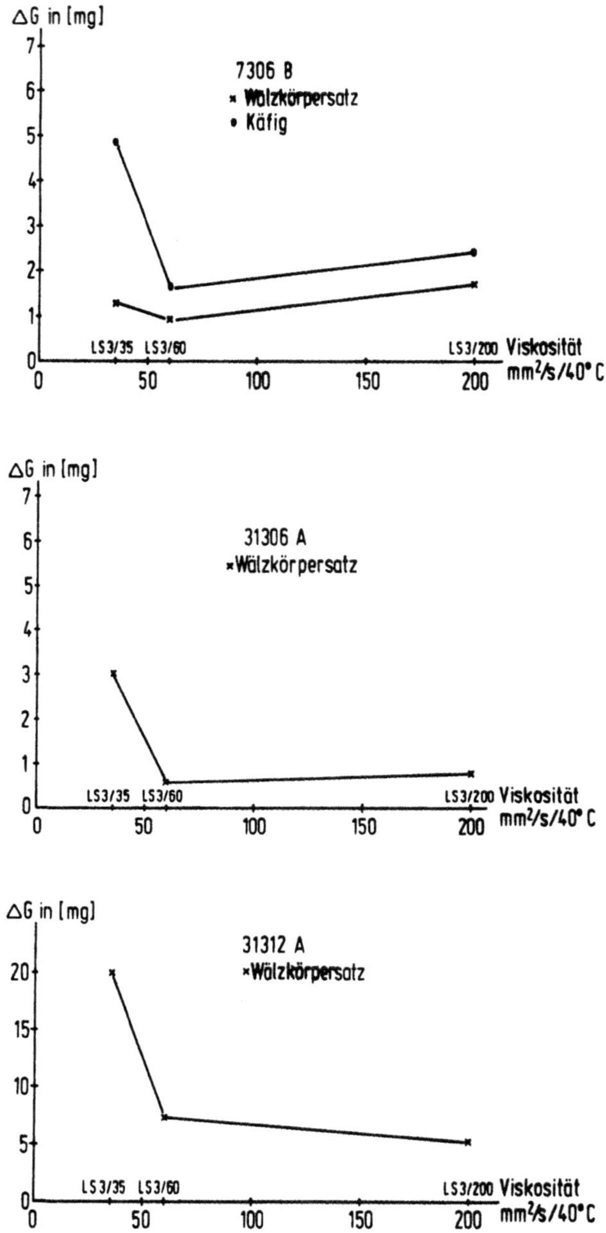


Bilder 28 - 30: Gewichtsverluste der Wälzkörpersätze der Lager

| Lager | P/C = 0,4 | | | P/C = 0,7 | | |
|---|---|---|---|---|---|---|
| | $M_M$ JR+AR in Nmm | $M_{AJR}$ mit $\mu_a$ = 0,0005 in Nmm | $M_{CAR}$ mit $\mu_C$=0,06 in Nmm | $M_H$ JR+AR in Nmm | $M_A$ JR mit $\mu_a$=0,0005 in Nmm | $M_C$ AR mit $\mu_C$=0,06 in Nmm |
| 7306B | 173,3 | 0,59 | 1 071,4 | 358,0 | 1,5 | 2 296,2 |
| 7312B | 833,5 | 3,77 | 6 030,3 | 1 561,7 | 8,26 | 11 293 |
| 7330B | 6806 | 25,6 | 48 421 | 14 359 | 65,2 | 102 166 |
| 81206 | - | 75 | 2 001 | - | 124 | 3 317 |
| 81212 | - | 275 | 7 500 | - | 440 | 12 000 |
| 81240 | - | - | - | - | 6 318 | 174 960 |
| | P/C = 0,4 | | | P/C = 0,7 | | |
| | $M_A$ mit $\mu_A$=0,0005 | | $M_B$ mit $\mu_B$=0,05 | $M_A$ mit $\mu_A$=0,0005 | | $M_B$ mit $\mu_B$=0,05 |
| 31306 | 45,5 | | 2 169,8 | 26,1 | | 1 245 |
| 31312 | 278 | | 13 156 | 156 | | 7 565 |
| 31330X | 3 277 | | 129 759 | | | |

Tabelle 9: Reibmomentberechnung

## 4. Reibmomentberechnung

### 4.1 Schrägkugellager

Das Reibmoment wird in die Anteile $M_H$ = Hystereseverluste, $M_A$ = Rollreibung und $M_C$ = Gleit- und Bohrreibung unterteilt und nach [2] berechnet. Infolge der geringen Drehgeschwindigkeit entfällt ein drehzahlabhängiger Anteil. Nach [4] wird vorausgesetzt, daß Führung der Kugeln am Innenring vorliegt.

Die Hystereseverluste wurden mit einem Hysteresekoeffizienten $\varkappa' = 0{,}001$ nach [2] gerechnet.

Nach [2], [3] und Meßergebnissen ist als Reibbeiwert im Kontakt für reines Rollen $\mu_A = 0{,}0005$ anzusetzen, der Anteil der Reibung aus reinem Rollen $M_A$ ist damit vernachlässigbar klein.

Der für Gleitbewegungen anzusetzende Reibbeiwert $\mu_C$ ist für Schmierstoffe auf Mineralölbasis nach vorliegenden Ergebnissen mit $\mu_C = 0{,}06$ zu veranschlagen. Der Reibmomentanteil $M_C$ infolge der Bohrbewegung ist als Hauptanteil anzusehen.

Tabelle 9 oben enthält die für P/C = 0,4 und 0,7 gerechneten Reibmomente. Auch der einfache Ansatz zur Berechnung des Lagerreibmoments

$$M_L = \mu_L \cdot F_a \cdot d/2 \qquad (1)$$

kann für den Mischreibungsbereich angewendet werden, wenn als Reibbeiwert des Lagers $\mu_L = 0{,}04$ angesetzt wird.

### 4.2 Axialzylinderrollenlager

Nach [2] und [3] wird als Reibbeiwert für die Berechnung der Rollreibung $M_A$ im Kontakt bei Linienberührung $\mu_A$ = 0,0002 ... 0,0009 angesetzt. Dieser Wert stammt aus dem Vergleich von Meßergebnissen mit einzelnen belasteten Rollen mit dem rechnerischen Ansatz und enthält somit auch Hystereseverluste. Ähnlich wie bei Schrägkugellagern erweist sich dieser Reibmomentanteil als sehr klein gegenüber dem Bohranteil $M_C$, siehe Tabelle 9/Mitte.

Der Bohranteil $M_C$ wird unter Annahme der Bohrachse in Rollenmitte berechnet:

$$M_C = \mu_C \cdot p_o \cdot \frac{\Pi}{4} \cdot 2b \int_{-a}^{+a} X \cdot d_X = \frac{F_a}{2} \mu_C \cdot a \qquad (2)$$

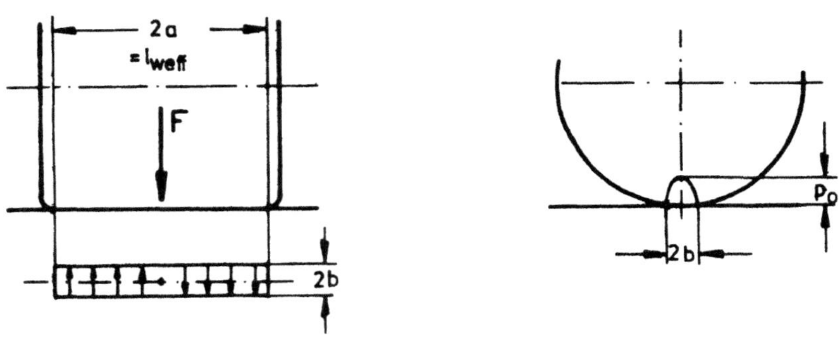


Bild 31: Berührung Rolle - Scheibe

Für den Reibbeiwert $\mu_C$ wurde in Anlehnung an die Berechnung der Reibung von Schrägkugellagern wieder $\mu_C$ = 0,06 angesetzt.

## 4.3 Kegelrollenlager

Beim Betrieb von Kegelrollenlagern im Mischreibungsbereich überwiegt die Bord-Rollenstirn-Reibung. Der Rollanteil $M_A$ zwischen den Rollenmantelflächen und den Laufbahnen ist vergleichsweise gering.

Die Bordreibung $M_B$ kann nach [6] aus dem Ansatz der Lagerverlustleistung berechnet werden:

$$M_B \cdot \omega = z \cdot P_B \cdot \mu_B \cdot \omega_R \cdot a' \qquad (3)$$

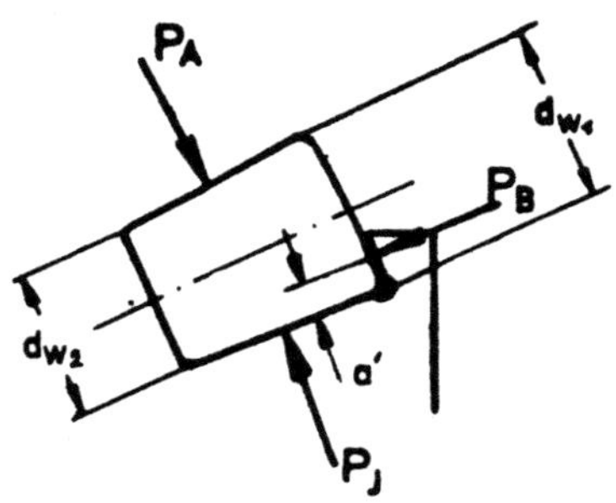


Bild 32: Berührung Kegelrolle - Bord und Kegelrolle - Laufbahn

Daraus errechnet sich

$$M_B \approx \mu_B \cdot a' \cdot F_a \qquad (4)$$

Für den Reibbeiwert $\mu_B$ ist erfahrungsgemäß $\mu_B = 0{,}02 \ldots 0{,}16$ anzusetzen, wobei die untere Grenze für eingelaufene, die obere Grenze für nicht eingelaufene Lager zutrifft. Die in Tabelle 9/unten gerechneten Reibmomente wurden mit $\mu_B = 0{,}05$ ermittelt.

## 4.4 Vergleich der gerechneten mit gemessenen Reibmomenten

Für Schrägkugellager der Reihe 73 wird aus dem Vergleich von Rechen- und Meßwerten für den Betrieb im Mischreibungsbereich

$$\mu_C = 0{,}035 \ldots 0{,}06$$

ermittelt, wie die Abhängigkeit des Reibbeiwerts $\mu_C$ vom Lagerbohrungsdurchmesser Bild 33 zeigt. Dabei ist keine ausgeprägte Abhängigkeit vom verwendeten Schmierstoff festzustellen.

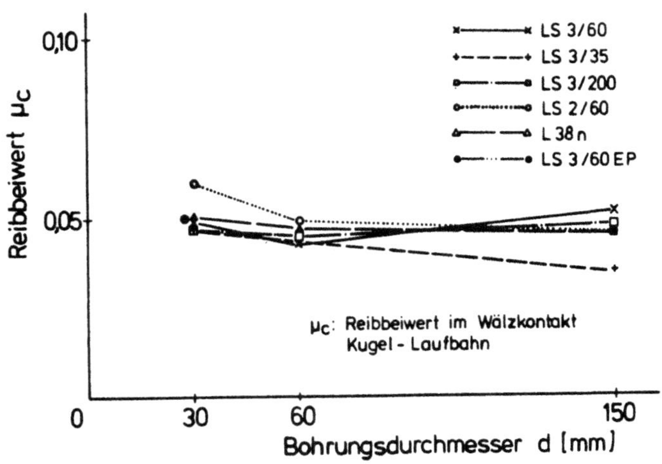


Bild 33: Reibbeiwert $\mu_C$, abhängig vom Bohrungsdurchmesser d, Schrägkugellager Reihe 73

Bei Axialzylinderrollenlagern der Reihe 812 ist durch Rückrechnung ein deutlich höherer Reibbeiwert

$$\mu_C = 0,065 \ldots 0,095$$

festzustellen, wie das Diagramm Bild 34 zeigt.

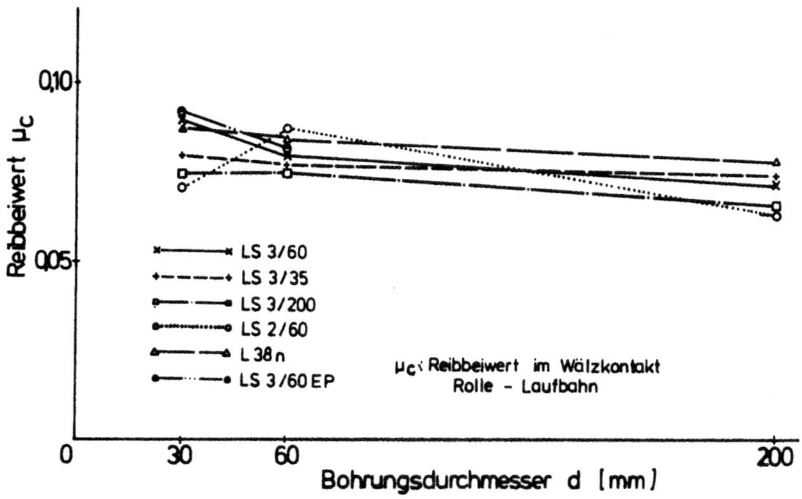


Bild 34: Reibbeiwert $\mu_C$, abhängig vom Bohrungsdurchmesser d, Axialzylinderrollenlager Reihe 812

Bei Kegelrollenlagern der Reihe 313 wird ein sehr breiter Streubereich des Reibbeiwerts

$$\mu_B = 0,01 \ldots 0,1$$

gefunden, wie das Diagramm Bild 35 zeigt. Auffällig ist die fallende Tendenz mit zunehmender Lagergröße. Der mit Fetten niedriger Grundölviskosität ausgeprägte Einlauf löst besonders niedrige Reibbeiwerte aus.

Der zur Berechnung der Lagerreibung übliche Ansatz $M_L = \mu_L \cdot F_a \cdot d/2$ führt nur dann zu den Meßwerten, wenn für unterschiedlich große Lager unterschiedliche Reibbeiwerte $\mu_L$ gewählt werden. Damit aber verliert die Berechnung der Reibung mit Hilfe des Reibbeiwerts ihren Sinn.

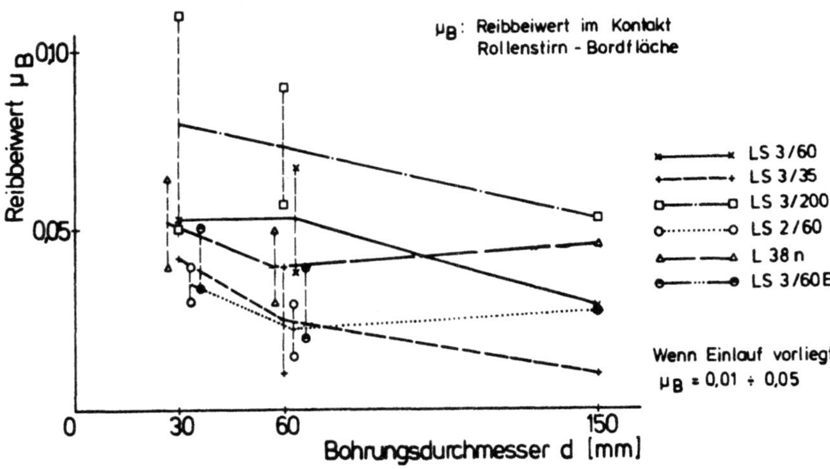


Bild 35: Reibbeiwert $\mu_B$, abhängig vom Bohrungsdurchmesser d, Kegelrollenlager Reihe 313

# 5. Verschleißauswertung

## 5.1 Wälzkörperverschleiß

### 5.1.1 Schrägkugellager

Die im Laufversuch von den Wälzkörpern überrollte Fläche beträgt

$$A = 120 \, (a_{JR} + a_{AR}) \cdot d_m \cdot n_k \cdot \pi \cdot z \cdot t \text{ in mm}^2 \qquad (5)$$

wenn die Käfigdrehzahl

$$n_K = 1 - \frac{\cos\alpha}{d_m/d_w} \cdot n/2 \text{ in min}^{-1} \qquad (6)$$

Der durch Wägung ermittelte Gewichtsverlust der Kugeln wird auf diese Fläche bezogen und stellt somit einen dem durchschnittlichen Schichtabtrag proportionalen Kennwert dar:

$$\Delta G_W/A \text{ in g/mm}^2$$

Die Fläche A sowie der Kennwert $\Delta G_W/A$ sind im Auswertprotokoll enthalten. Die so ermittelten $\Delta G_W/A$-Werte entsprechen einem mittleren Abtrag von $10^{-8}$ ... $10^{-9}$ mm. Bild 36 zeigt $\Delta G_W/A$-Werte, abhängig von der Lagergröße: Mit zunehmener

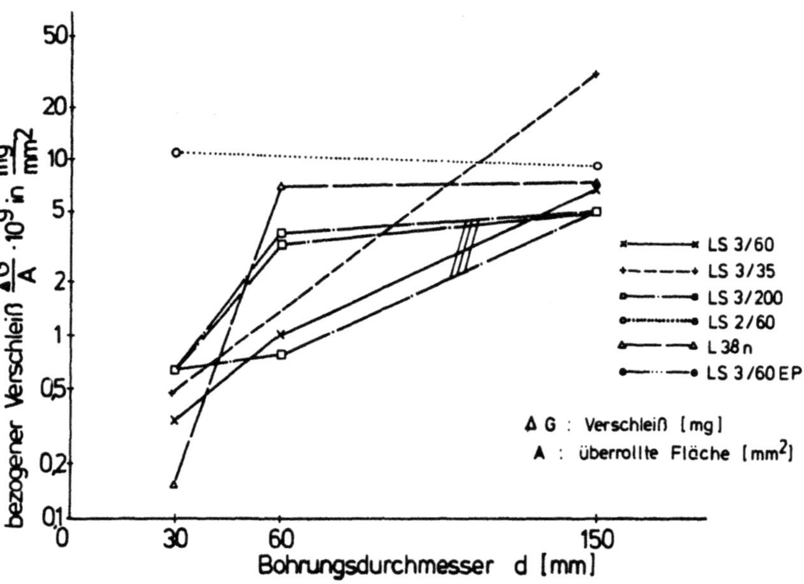


Bild 36: Auf die überrollte Fläche bezogener Kugelverschleiß, abhängig vom Bohrungsdurchmesser d, Schrägkugellager Reihe 73

Lagerbohrung nimmt $\Delta G_W/A$ zu, obwohl die maximale Pressung im Kontakt Innenring - Kugel mit steigender Lagerbohrung 30 -> 150 mm deutlich abnimmt: $p_o$ (d = 30 mm) = 3 100 N/mm$^2$, $p_o$ (d = 150 mm) = 2 300 N/mm$^2$. Bei Schmierung mit einem gut schmierfähigen Fett, wie LS3/200, ist der Abtrag erwartungsgemäß geringer als bei Schmierung mit dem Fett LS3/35, Faktor 1 : 5. Bei Schmierung mit dem Basisöl des Fetts wird der Abtrag nicht geringer. Das Käfigmaterial sowie die Berührgeometrie Käfigtasche - Kugel beeinflussen den Kugelverschleiß, wie die Darstellung Bild 37 zeigt:

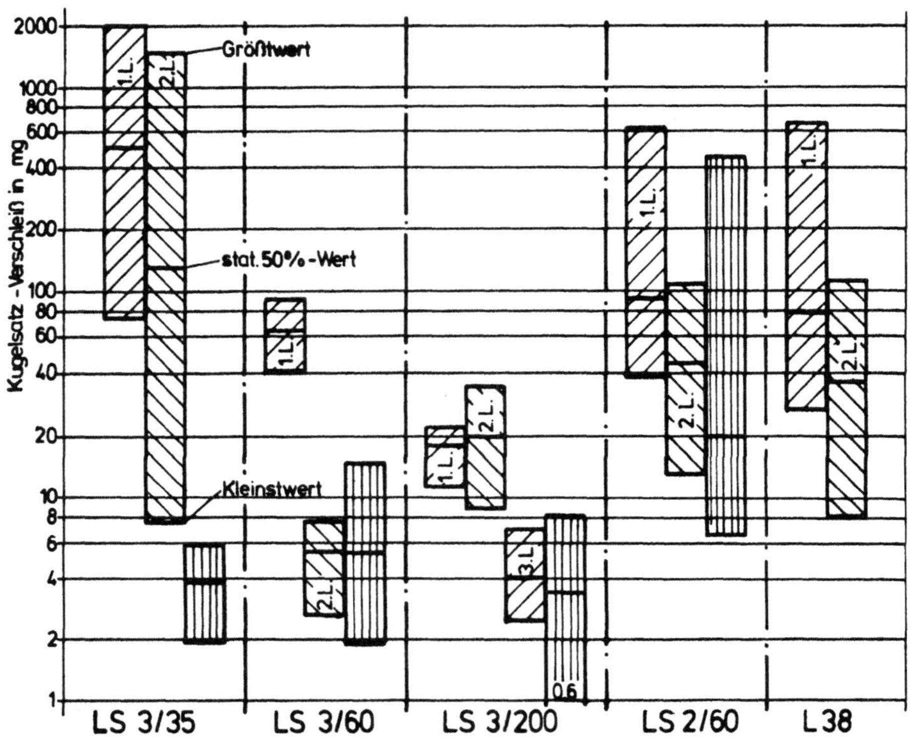


Bild 37: Kugelverschleiß von Schrägkugellagern 7312B bei Verwendung von Käfigen unterschiedlichen Einlaufzustands oder Materials

= MP-Käfig = TP-Käfig

1.L = 1. Lauf 2.L = 2. Lauf 3.L = 3. Lauf

Mehrmals verwendete und damit eingelaufene Messingkäfige (MP) oder ein Hartstoffkäfig bringen weniger Wälzkörperverschleiß als ein erstmals verwendeter Messingkäfig. Dieses Ergebnis gilt besonders für ungünstige Fette.

### 5.1.2 Axialzylinderrollenlager

Die überrollte Fläche beträgt

$$A = 120 \cdot l_{eff} \cdot d_m \cdot n_K \cdot \pi \cdot z \cdot t \qquad (7)$$

Das Diagramm Bild 38 zeigt den bezogenen Wälzkörperverschleiß $\Delta G_W/A$ über der Lagerbohrung. Auch bei dieser Lagerbauart

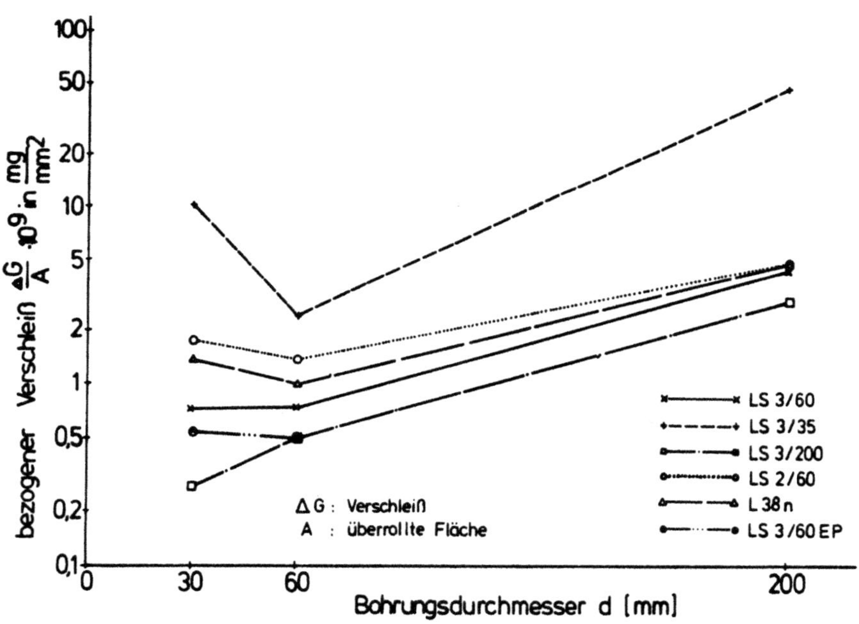


Bild 38: Auf die überrollte Fläche bezogener Rollenverschleiß, abhängig vom Bohrungsdurchmesser d, Axialzylinderrollenlager Reihe 812

steigt der Kennwert $\Delta G_W/A$ mit der Größe des Lagers an, obwohl die maximale Pressung in Kontaktflächenmitte dabei abnimmt. Besonders deutlich zeigt der Vergleich der Tastschriebe unterschiedlich großer Lager bei vergleichbaren Betriebs- und Schmierbedingungen den Größeneinfluß: Bild 39 zeigt, daß das größere Lager 81240.MBS deutlich ausgeprägte Verschleißzonen hat, während das kleinere Lager 81212.MBS den Verschleiß nur noch schwach erkennen läßt. Das gut schmierfähige Fett LS3/200 führt wieder zu geringerem Verschleiß als das weniger schmierfähige Fett LS3/35. Das kleinere Lager 81206.MBS differenziert unterschiedlich schmierfähige Fette ähnlich gut wie das große Lager 81240.MBS.

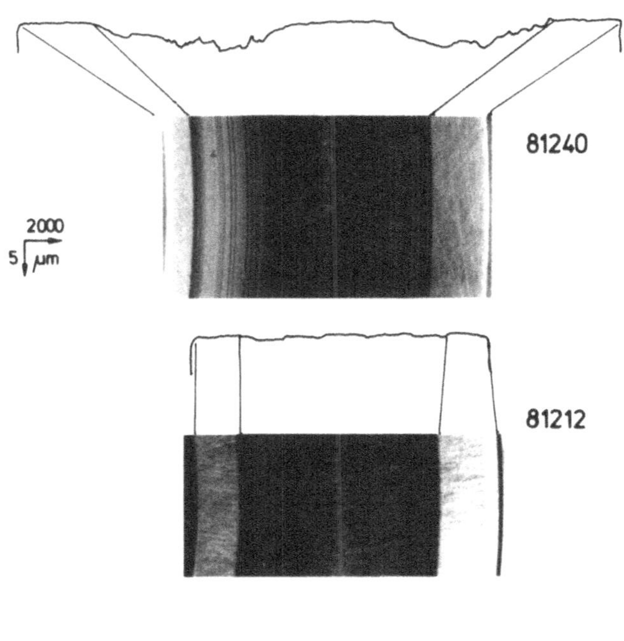


Bild 39: Zustand der Laufbahnen von Axialzylinderrollenlagern 81240.MBS und 81212.MBS, Schmierung mit Fett LS3/35

### 5.1.3 Kegelrollenlager

Der durch Wägung der Rollen und der Laufringe vor und nach dem Prüflauf ermittelte Verschleiß entsteht hauptsächlich im Kontaktbereich von Bord- und Rollenstirnflächen, wie auch aus den Tastschrieben Bilder 15 und 16 zu erkennen ist. Nach den Ergebnissen der Laufversuche erfahren die Wälzkörper der kleinen Lager 31306A nur Gewichtsverluste von wenigen mg und sind somit nur schwer nachzuweisen. Bei den größeren Lagern ist in vielen Versuchen der Wälzkörperverschleiß etwa so groß wie der Bordverschleiß.

Aus dem Verlauf des Reibmoments über der Laufzeit geht hervor, daß der Einlauf der Rollenstirn- und Bordfläche nach einer bestimmten Zeit, die vom Schmierstoff und von den Betriebsbedingungen abhängt, vollzogen ist, siehe Bild 6. Die Auswertung der Ergebnisse zeigt, daß der Rollenverschleiß unterschiedlich großer Lager etwa linear mit $d_{w1}^2 \cdot z$ ansteigt, wobei $d_{w1}$ der Durchmesser der Rollenstirnfläche ist, die den Bord berührt. Dabei erzeugen gut schmierfähige und damit den Einlauf verzögernde Fette, wie LS3/200, bei großen Lagern einen relativ zu kleinen Lagern höheren Verschleiß. Fette, die den Einlauf begünstigen, wie LS3/35, lösen dagegen einen insgesamt hohen, aber bei großen Lagern einen relativ zu kleinen Lagern niedrigen Verschleiß aus.

## 5.2 Käfigverschleiß

### 5.2.1 Schrägkugellager

Bei Schrägkugellagern wurden im Laufversuch über 500 Stunden bei Belastungen entsprechend P/C = 0,7 Käfigverschleißbeträge bei

| | | |
|---|---|---|
| 7306B | $\Delta G_K$ = | 1 ... 10 mg |
| 7312B | | 5 ... 15 mg |
| 7330B | | 10 ... 60 mg |

gemessen. Die niedrigen Werte wurden mit einem Fett erzielt, das ein hochviskoses Grundöl enthält, die hohen Werte mit einem Fett, das ein niedrigviskoses Grundöl enthält.

Die im Versuch ermittelten Käfigverschleißbeträge verhalten sich:

$$\Delta G_{K-7306B} : \Delta G_{K-7312B} : \Delta G_{K-7330B} = 1 : 2 : 6$$

Der Verschleiß ist bei gleichartigem Schmierungszustand proportional zum Produkt aus Berührfläche und Verschleißweg zu erwarten:

$$\Delta G_{Kr} \sim z \cdot n \cdot Q^{2/3} \cdot d_w{}^{5/3} \cdot t \qquad (8)$$

$\Delta G_{K\underline{r}}$ stellt einen rechnerisch ermittelten Verschleiß dar.

Dabei werden die Kräfte zwischen Wälzkörper und Käfig proportional zur Wälzkörperbelastung vorausgesetzt. Man erhält

$$\Delta G_{Kr-7306B} : \Delta G_{Kr-7312B} : \Delta G_{Kr-7330B} = 1 : 2{,}4 : 7$$

Die gemessenen Käfigverschleißbeträge größerer Lager liegen somit etwas niedriger als aus der Lagergeometrie, der Lagerbelastung und dem Abrollweg erwartet wurde.

5.2.2 Axialzylinderrollenlager - Käfigverschleiß

Der Käfigverschleiß bei Lagern

| | | |
|---|---|---|
| 81206.MBS beträgt im Versuch | $\Delta G_K$ = | 10 ... 60 mg (230 mg) |
| 81212.MBS | | 30 ... 130 mg |
| 81240.MBS | | 400 ... 1 200 mg |

somit

$$\Delta G_{K-81206} : \Delta G_{K-81212} : \Delta G_{K-81240} = 1 : 3 : 20$$

Der bei dieser Lagerbauart deutlich höhere Käfigverschleiß ist offensichtlich auf höheren Anspruch an Wälzkörperführung zurückzuführen. Die nach dem Lauf demontierten Käfige lassen erkennen, daß sich die Rolle besonders an der nach außen gerichteten Stirnfläche im Käfig abstützt, wodurch an dieser Stelle Verschleiß entsteht, siehe Bild 14. Geringer Käfigverschleiß ist bei Verwendung von Fett mit hochzähem Grundöl, wie LS3/200, aufgetreten. Der Verschleiß ist wie bei Schrägkugellagern proportional zum Produkt aus Berührfläche und Gleitweg zu erwarten,

$$\Delta G_{Kr} \sim z \cdot (l_{eff} \cdot Q)^{1/2} \cdot n \cdot d_w^{3/2} \cdot t \qquad (9)$$

Unter der Voraussetzung von vergleichbaren Schmierbedingungen wäre somit zu erwarten

$$\Delta G_{Kr-81206} : \Delta G_{Kr-81212} : \Delta G_{Kr-81240} = 1 : 2 : 9$$

Die gemessenen Käfigverschleißbeträge der großen Lager 81240.MBS sind somit größer als nach dem Produkt aus Berührfläche und Gleitweg zu erwarten war. Bei mehrmals verwendeten Käfigen stellt sich unabhängig vom Einlaufzustand stets wieder ein ähnlich großer Verschleiß wie bei neuen Käfigen ein.

### 5.2.3 Kegelrollenlager - Käfigverschleiß

Der Käfigverschleiß bei Lagern

| | | |
|---|---|---|
| 31306A beträgt im Versuch | $\Delta G_K =$ | 2 ... 10 mg |
| 31312A | | 2 ... 40 mg |
| 31330X | | 50 ... 260 mg |

somit

$$\Delta G_{K-31306A} : \Delta G_{K-31312A} : \Delta G_{K-31330X} = 1 : 4 : 20$$

Die bei großen Lagern 31330X relativ großen Käfigverschleißbeträge sind bei allen Fetten etwa gleich hoch. Das Produkt aus Berührfläche und Gleitweg wird - ähnlich wie bei Schrägkugellagern und Axialzylinderrollenlagern - als proportional zum Käfigverschleiß erwartet

$$\Delta G_{Kr} \sim (l_{eff} \cdot Q)^{1/2} \cdot \left(\frac{d_{w1} + d_{w2}}{2}\right)^{3/2} \cdot n \cdot z \cdot t \qquad (10)$$

somit

$$\Delta G_{Kr-31306A} : \Delta G_{Kr-31312A} : \Delta G_{Kr-31330X} = 1 : 3 : 11$$

Auch bei Kegelrollenlagern liegt demnach die Tendenz zu größerem Käfigverschleiß mit zunehmer Lagergröße vor.

## 6. Geänderte Betriebsbedingungen

Wird die Lagerdrehzahl auf den 10fachen Betrag der bisher angewendeten Drehzahl angehoben, aber die übrigen Prüfbedingungen beibehalten, dann liegen trotz höherer Lagertemperatur insgesamt günstigere hydrodynamische Bedingungen vor. Die drehzahlabhängige Reibung steigt durch diese Drehzahlerhöhung noch nicht merklich an, insbesondere nicht bei fettgeschmierten Lagern und vollzogener Fettverteilung. Die Versuche mit Lagern 7330B zeigen, daß der Reibbeiwert $\mu_c$ und der bezogene Verschleiß durch die Drehzahlerhöhung zurückgehen, siehe die Diagramme Bilder 40 und 41. Die Schmierfilmdicke steigt durch diese Maßnahme auf den rund doppelten Wert. Ähnliche Ergebnisse liefern auch Versuche mit kleineren Schrägkugellagern und Kegelrollenlagern.

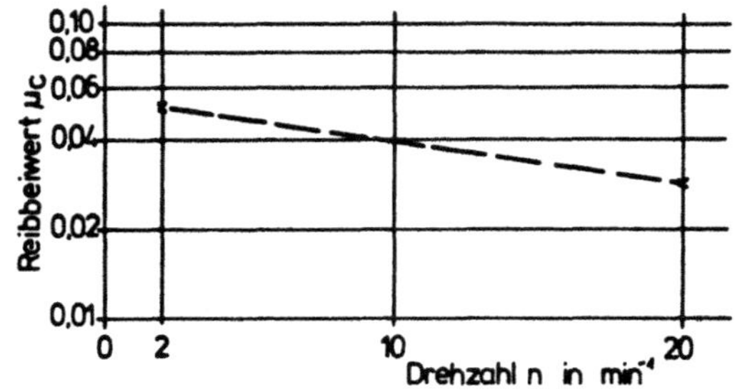


Bild 40: Reibbeiwert $\mu_C$, abhängig von der Drehzahl, Lager 7330B.MP, Schmierung mit Fett LS3/60

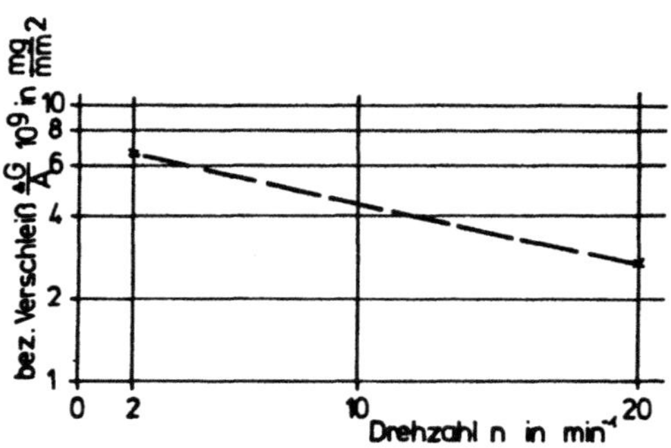


Bild 41: Auf die überrollte Fläche bezogener Verschleiß $\Delta G_W/A \cdot 10^9$, abhängig von der Drehzahl, Lager 7330B.MP, Schmierung mit Fett LS3/60

Verringerte Belastung beim Lager 7330B von $F_a$ = 313 kN auf 179 kN, entsprechend P = 0,7 C auf 0,4 C, führt zu einer geringeren Lagertemperatur und Reibung. Der Reibbeiwert dagegen steigt

| | | |
|---|---|---|
| von $\mu$ | = 0,02 ... 0,03 | bei $F_a$ = 313 kN |
| auf $\mu$ | = 0,05 ... 0,06 | bei $F_a$ = 179 kN |

an, da der Reibmomentabfall geringer ist als die Lastverringerung. Der bezogene Verschleiß fällt bei Verringerung der Last und konstanter Drehzahl analog zum Reibungsverhalten.

## 7. Zusammenfassung

Die geprüften Lagerbauarten Schrägkugellager und Axialzylinderrollenlager sind im Reibungs- und Verschleißverhalten ähnlich: Reibung und Verschleiß beruhen hauptsächlich auf der mit Gleitanteilen behafteten Bohrbewegung der Wälzkörper. Die aus der Rollbewegung und der Hysterese herrührenden Verluste sind dagegen gering. Die Reibmomente unterschiedlich großer Lager lassen sich durch Aufsummieren der Reibmomente von Flächenelementen der Kontaktflächen unter Annahme eines mittleren Reibbeiwertes $\mu_c$ errechnen. Aus dem Vergleich der Rechnung mit den Meßergebnissen ergeben sich die Reibbeiwerte

- $\mu_c$ = 0,05 für Schrägkugellager, kaum abhängig vom verwendeten Schmierstoff,

- $\mu_c$ = 0,07 bis 0,09 für Axialzylinderrollenlager, untere Grenze für ein schmiergünstiges Fett, wie LS3/200, mit hochviskosem Grundöl, obere Grenze für ein schmierungünstiges Fett, siehe die Diagramme Bilder 33 und 34.

Die weitgehend von der Lagergröße unabhängigen Reibbeiwerte erlauben eine überschlägige Berechnung der Lagerreibung.

Bei Schrägkugellagern kann auch mit dem einfachen Ansatz

$$\mu_L = \frac{ML}{F_a \cdot d/2} \approx 0{,}04$$

das Lagerreibmoment für den Bereich der Mischreibung ausreichend genau berechnet werden. Der Verschleiß zwischen Laufbahn und Rollkörper entsteht vorrangig an den Rändern der Kontaktflächen und an den Rollenenden bei Axialzylinderrollenlagern, wie Bild 11 zeigt. Dieser Verschleiß reduziert die Berührfläche und damit die Tragfähigkeit des Lagers. Der auf die überrollte Fläche bezogene Wälzkörperverschleiß ist der Abtraghöhe proportional und eignet sich daher zum Vergleich der Verschleißbeträge unterschiedlich großer Lager. Bei den Bauarten Schrägkugellager und Axialzylinderrollenlager liegt der bezogene Verschleiß $\Delta G/A$ in mg pro $mm^2$ in der gleichen Größenordnung, steigt aber mit der Lagergröße an, wie die Diagramme 36 und 38 zeigen. Die bei Axialzylinderrollenlagern größeren Kontaktflächen und höheren Drücke im Bereich der Kontaktflächenenden bedingen insgesamt größere Verschleißraten, verglichen mit Schrägkugellagern.

Schmierung mit einem Fett, das ein hochzähes Grundöl enthält, bringt den geringsten Verschleiß, EP-Fette zeigen unterschiedliche Ergebnisse. Auch die Käfiggestaltung und die Wahl des Käfigmaterials beeinflussen den Verschleiß. Besonders bei Axialzylinderrollenlagern wird der Käfig durch die Wälzkörperführung stark beansprucht.

Kegelrollenlager zeigen ein anderes Reibungs- und Verschleißverhalten. Je nach Schmierwirkung des Fetts stellt sich während der ersten Laufstunden entweder ein deutlicher Einlauf der Rollenstirnflächen gegen die Innenringbordfläche ein, wie Bild 15 zeigt, oder beide Flächen behalten ihre ursprüngliche Form, der Einlauf unterbleibt. Am Verlauf der Reibung, abhängig von der Laufzeit, ist zu erkennen, daß der Einlauf bei Verwendung eines den Einlauf begünstigenden Fetts, wie LS3/35, einem Fett mit niedrigviskosem Grundöl, bereits nach kurzer Laufzeit beendet ist und das Reibmoment danach niedrig ist. Der Einlauf ist in der Regel erwünscht, da er das Laufverhalten insgesamt verbessert. Die mit Rollreibung beanspruchten Laufbahnen und Rollenmantelflächen und die Stahlblechkäfige zeigen keine oder nur sehr geringe Veränderungen durch den Prüflauf. Vergleicht man das gerechnete Reibmoment des Rollenstirn-Bordkontakts mit Meßwerten, so erhält man einen mit steigender Lagergröße leicht fallenden Reibbeiwert, der stark abhängt vom Aufbau des verwendeten Fetts. Eingelaufene Lager bringen nur 15 % der Reibung, die nicht eingelaufene Lager zeigen.

Die Schmierwirkung von Wälzlagerschmierstoffen im Mischreibungsbereich sollte demnach in zwei Prüfungen geklärt werden:

- Für Lager mit Roll-Gleitbewegung der Wälzkörper gegen die Laufbahnen können Schmierstoffe in kleinen Axialzylinderrollenlagern 81206, deren Messingkäfige außen in einem Hartstoffring geführt sind, geprüft werden. Die Verwendung von Kunststoffkäfigen wäre noch zu klären. Eine Prüfung ist mit 6 Prüflagern zu belegen. Die Laufzeit für eine Prüfung soll 200 bis 500 h betragen, festzulegen in weiteren Versuchen, die Prüfbedingungen sind ähnlich wie die im vorliegenden Forschungsvorhaben anzusetzen.

- Für Rollenlager mit kraftschlüssigem Rollenstirn-Bordkontakt wird eine ähnliche Schmierstoffprüfung, jedoch mit kleinen Kegelrollenlagern als Prüflager für günstig angesehen.

Kleine Prüflager bringen - wie die Versuche gezeigt haben - nur geringe Verschleißbeträge und gestatten daher keine gute Differenzierung zwischen leistungsmäßig sehr ähnlichen Schmierstoffen. Diesem Nachteil steht der Vorteil einer kostengünstigen Prüfung mit kleinen Lagern gegenüber.

Als weitere Prüfaufgabe verbleibt die Klärung der Übertragbarkeit auf andere Lagerbauarten.

## 8. Verwendete Formelzeichen

| | | |
|---|---|---|
| $A$ | - | von den Wälzkörpern überrollte Fläche in $mm^2$ |
| AR | - | Außenring |
| $a_{JR,AR}$ | - | halbe Kontaktflächenlänge am Innenring oder Außenring in mm |
| $a'$ | - | Abstand des Berührpunkts Rollenstirn - Bord von der Laufbahn in mm |
| $b_{JR,AR}$ | - | halbe Kontaktflächenbreite am Innenring oder Außenring in mm |
| $C$ | - | dynamische Tragzahl in kN |
| $D$ | - | Außenringmanteldurchmesser in mm |
| $d$ | - | Bohrungsdurchmesser in mm |
| $d_m$ | - | Lagerteilkreisdurchmesser in mm |
| $d_w$ | - | Wälzkörperdurchmesser in mm |
| $F$ | - | äußere Belastung in N |
| $F_a$ | - | äußere Axiallast in N |
| $F_v$ | - | Verschleißfläche in $mm^2$ |
| $\Delta G_{K,W}$ | - | Gewichtsverlust des Käfigs, der Wälzkörper in mg |
| JR | - | Innenring |
| K | - | Käfig |
| R | - | Rolle |
| $l_{eff}$ | - | effektive Rollenlänge in mm |
| $M_L$ | - | Reibmoment des Lagers in Nm |
| $M_{A,B,C}$ | - | Reibmoment - Rollbewegung, Bordberührung, Bohrbewegung |
| $n$ | - | Drehzahl in $min^{-1}$ |
| $n_K$ | - | Käfigdrehzahl in $min^{-1}$ |
| $P_{A,J,B}$ | - | Kraft am AR, JR, Bord |
| $P$ | - | dynamisch äquivalente Belastung in N |
| $p_o$ | - | maximale Druckspannung in Kontaktflächenmitte in $N/mm^2$ |
| $Q$ | - | Wälzkörperbelastung in kN |
| $r$ | - | rechnerisch ermittelter Wert |
| $t$ | - | Laufzeit in Stunden |

| | | |
|---|---|---|
| v | - | versuchsmäßig ermittelter Wert |
| w | - | Wälzkörper |
| z | - | Wälzkörperanzahl |

| | | |
|---|---|---|
| $\alpha$ | - | Lagerdruckwinkel |
| $\varkappa$ | - | Viskositätsverhältnis $\nu/\nu_1$ |
| $\varkappa'$ | - | Hysteresekoeffizient |
| $\nu$ | - | Viskosität in $mm^2/s$ |
| $\nu_1$ | - | Bezugsviskosität in $mm^2/s$ |
| $\mu_L$ | - | Reibbeiwert des Lagers nach $\mu_L = M_L/F \cdot d/2$ |
| $\mu_{A,B,C}$ | - | Reibbeiwert - Rollreibung, Bordreibung, Bohrreibung |
| $\omega$ | - | Winkelgeschwindigkeit |

## 9. Schrifttum

[1] Kleinlein, E.; Broszeit, E.; Gabriel, H.M.; Kloos, K.H.: BMFT-Vorhaben: Übertragbarkeit von Laborprüfergebnissen von Schmierstoffen auf die Praxis, Teil 1
Dokumentation Tribologie R-V-S, Band 2, Springer-Verlag, 1983

[2] Snare: Das Reibmoment in Wälzlagern, Kugellagerzeitschrift Nr. 152 bis 155, 1969

[3] Eschmann, P.; Hasbargen, L.; Weigand, K.: Die Wälzlagerpraxis, Oldenbourg-Verlag, 1978

[4] Jira, R.: Die Bewegung der Kugeln in einem Schrägkugellager, Wälzlagertechnik 1964, 2

[5] Kleinlein, E.; Schemmel, H.: Gebrauchswertprüfung von Schmierfetten für hoch beanspruchte Wälzlager, Schmiertechnik und Tribologie, 23. Jahrgang, Nr. 2, 1976

[6] Lorösch, H.-K.: Reibmomente langsamlaufender, axialbelasteter Kegelrollenlager, FAG-interner Bericht

# Tribologische Untersuchungen an wartungspflichtigen Gelenklagern der Gleitpaarung Stahl/Stahl

von

Ing. Max Schlar

Helmut Elges GmbH
Bielefeld

Förderkennzeichen: 01 ZT 198
Laufzeit: 01.07.1980 - 31.12.1982

## Zusammenfassung

Gelenklager sind einbaufertige, nach DIN 648 genormte Lagerelemente mit sphärischen Gleitflächen, die sich in wartungsfrei und nachschmierbar unterteilen lassen. Typische Einsatzbedingungen sind hohe Lagerbelastungen, oszillierende Bewegungen bei kleinen Gleitgeschwindigkeiten, Wechselbelastungen und Schlageinwirkung.

Während sich die wartungsfreien Gelenklager vornehmlich für ruhigen Betrieb bei einseitiger Lastrichtung eignen, können nachschmierbare Lager auch bei turbulentem Betrieb mit Schlageinwirkungen und Wechsellasten eingesetzt werden.

Die schmierungsbedürftigen Lager werden in erster Linie aus Wälzlagerstahl gefertigt, gehärtet, feinstbearbeitet und manganphosphatiert. Beim Neueinsatz tritt in der Regel eine kritische Einlaufphase ein, wobei eine Rauheitsegalisierung der Gleitpartner stattfindet. Im Zusammenhang mit zusätzlichem Aufscheren von Feststoff ergibt sich eine größtenteils steile Reib- und Temperaturspitze. In Verbindung mit Laufversuchen an Radial-Gelenklagern der Nenngröße 40, Maßreihe E konnte eindeutig nachgewiesen werden, daß eine möglichst große $MoS_2$-Menge an den Gleitflächen von entscheidender Bedeutung für eine günstige Einlaufphase ist. Wird zusätzlich ein Fett mit einem hochprozentigen Zusatz an hellen Feststoffen eingesetzt (Sulfide, Phosphate, Pyrophosphate, Oxide und/oder Hydroxide), ergeben sich überraschend gute Ergebnisse sowohl in den Laufeigenschaften als auch in der Laufleistung. Dem mitgetesteten Wälzlagerfett ohne Feststoff und den $MoS_2$-Fetten war es größtenteils weit überlegen.

Bei kleinen Oszillationswinkeln zeigten sich unabhängig von der Lastrichtung und der Art des Fettes stark reduzierte Lebensdauerwerte, die auch trotz periodischer Nachschmierung nicht wesentlich zu verbessern waren. Zu häufiges Schmieren zeigt die Tendenz reduzierter Laufzeiten.

Intermittierender Betrieb ergab bei feststoffhaltigen Fetten Laufzeitsteigerungen. Feststoffreies Fett dagegen reagiert in Verbindung mit Stillstandszeiten durch erhöhten Metallkontakt der Gleitflächen beim Anfahren, was sich durch gesteigerte Haftreibung und starke Lebensdauereinbußen, insbesondere bei höheren

Lagerlasten bemerkbar macht.

Wechsellastversuche zeigten eindeutig, daß - bezogen auf eine Verschleißauswertung - der bisher in Gebrauchsdauerberechnungen allgemein übliche Wechsellastfaktor $f_L = 5$ gegenüber $f_L = 1$ für einseitige Lastrichtung als Lebensdauermultiplikator nicht gerechtfertigt ist. Die Verschleißwerte bei beiden Betriebsarten waren fast gleich.

Die Auswertung gelaufener Lager zeigte primär bei niedrigeren Lagerbelastungen ausgeprägtere Verschleißmerkmale als bei höheren Beanspruchungen. Eine Berechnung der maximalen spezifischen Lagerbelastung p max ergab, daß sich durch elastische Verformung im Lager bei kleinen Belastungen nur ein sehr geringer Traganteil einstellt, und sich somit eine sehr viel größere Verhältniszahl im Unterschied zum rechnerischen p ergibt als bei höheren Lasten.

Die erzielten Verbesserungen der Lebensdauer geschmierter Gelenklager sind im Vergleich zum Ausgangszustand sehr groß. Die Erfahrungen, die in den Untersuchungen gesammelt wurden, sind durchaus auch in anderen artverwandten Lagerungen mit ähnlichen Beanspruchungen im Grenz- und Mischreibungsgebiet verwertbar.

# Inhaltsverzeichnis


| | | Seite |
|---|---|---|
| | Zusammenfassung | 348 |
| | Inhaltsverzeichnis | 350 |
| | Formelzeichen | 352 |
| 1. | Einleitung | 354 |
| 2. | Problematik | 354 |
| 3. | Zielsetzung | 355 |
| 4. | Versuchsprogramm | 355 |
| 4.1 | Prüflager | 355 |
| 4.2 | Schmierstoffe | 356 |
| 5. | Versuchsdurchführung | 356 |
| 5.1 | Prüfeinrichtungen | 356 |
| 5.1.1 | Prüfstände für einseitige Last | 356 |
| 5.1.2 | Prüfstand für Wechsellast | 358 |
| 5.2 | Versuchsbedingungen | 359 |
| 5.2.1 | Schritt I: Optimierung der $MoS_2$-Suspensionsbehandlung | 359 |
| 5.2.1.1 | Lagerteile vor der Suspensionsbehandlung gewaschen oder konserviert bzw. Innen- und/oder Außenring mit Suspensionsbehandlung? | 359 |
| 5.2.1.2 | Lebensdauervergleiche zwischen $MoS_2$-Suspension, $MoS_2$-Spray und $MoS_2$-Gleitlack | 359 |
| 5.2.1.3 | Lebensdauereinfluß der Suspensionsträger: Per, Chlorothene und Frigen | 359 |
| 5.2.2 | Schritt II: Suche nach geeigneten Fetten | 360 |
| 5.2.2.1 | Suche nach geeigneten Lagerschmierstoffen für den Anwender durch Laufversuche mit verschiedenen Fetten | 360 |
| 5.2.2.2 | Welchen Lebensdauereinfluß hat der Mengenanteil der hellen Feststoffe im Fett? | 361 |
| 5.2.2.3 | Vergleichsversuche bei erhöhtem p·v: Fett Nr. 8 mit hellen Feststoffanteilen zu $MoS_2$-Fett Nr. 5 | 362 |

Seite


| | | |
|---|---|---|
| 5.2.3 | Schritt III: Serienlaufversuch mit einmaliger Anfangs-Fettschmierung | 362 |
| 5.2.4 | Schritt IV: Serienlaufversuche mit periodischer Nachschmierung | 364 |
| 5.2.5 | Laufversuche mit intermittierendem Betrieb | 365 |
| 5.2.6 | Wechsellastversuche | 365 |
| 5.2.7 | Suche nach Ursachen für Lagerfrühausfälle während der Einlaufphase | 366 |
| 6. | Versuchsergebnisse | 367 |
| 6.1 | Schritt I: Optimierung der $MoS_2$-Suspensionsbehandlung | 367 |
| 6.2 | Schritt II: Suche nach geeigneten Fetten | 369 |
| 6.3 | Schritt III: Serienlaufversuche mit einmaliger Anfangs-Fettschmierung | 376 |
| 6.4 | Schritt IV: Serienlaufversuche mit periodischer Nachschmierung | 380 |
| 6.5 | Laufversuche mit intermittierendem Betrieb | 383 |
| 6.6 | Wechsellastversuche | 386 |
| 6.7 | Suche nach Ursachen für Lagerfrühausfälle während der Einlaufphase | 388 |
| 7. | Diskussion der Ergebnisse | 395 |
| 8. | Schrifttum | 399 |

## Formelzeichen

| | | | |
|---|---|---|---|
| $a$ | - | IR-Pendelweg | |
| $b_{eff}$ | - | effektive AR-Tragbreite | [mm] |
| $b_2$ | - | AR-Nennbreite | [mm] |
| $f$ | - | Schwenkfrequenz | $[min^{-1}]$ |
| $F$ | - | Lagerbelastung einseitig | [kN] |
| $F_w$ | - | Wechsellast | [kN] |
| $F_t$ | - | Kraftanstieg | $[MN \cdot sec^{-1}]$ |
| $f_L$ | - | Lastrichtungsfaktor | |
| $k$ | - | Verschleißfaktor | $[mm^2/N]$ |
| $K$ | - | Kugel-ø | [mm] |
| $L_{osz}$ | - | Lebensdauer | [Osz.] |
| $L_h$ | - | Lebensdauer | [Std.] |
| M1 | - | Mittelpunkt IR | |
| M2 | - | Mittelpunkt AR | |
| Osz | - | Oszillation | |
| $p$ | - | Lagerpressung<br>errechnet über $\frac{F}{K \cdot b2}$ | $[N/mm^2]$ |
| $p\ max$ | - | max. Lagerpressung | $[N/mm^2]$ |
| $p \cdot v_m$ | - | Lagerpressung x Gleitgeschw. | $[N/mm^2 \cdot mm/s]$ |
| $p\ max \cdot v_m$ | - | max Lagerpressung x Gleitgeschw. | $[N/mm^2 \cdot mm/s]$ |
| R1 | - | Radius IR | |
| R2 | - | Radius AR | |
| Rt | - | Rauhtiefe Rt | [µm] |
| $s$ | - | Verschleißtiefe | [mm] |
| $S$ | - | Verschleißweg | [mm] |
| $t_R$ | - | Raumtemperatur | [°C] |
| $t_L$ | - | Lagertemperatur | [°C] |

| | | | |
|---|---|---|---|
| $v_m$ | - | mittlere Gleitgeschwindigkeit | [mm/s] |
| w | - | Drehrichtung | |
| ß | - | Schwenkwinkel | [°] |
| $\Delta R$ | - | Radiale Lagerluft | [mm] |
| $\mu$ | - | Reibungskoeffizient | |
| $\mu$ max | - | Maximalreibung (zur Prüfstandsabschaltung) | |

## 1. Einleitung

Das Gelenklager ist im Vergleich zum Kugellager ein relativ junges Lagerelement, das sich in den letzten Jahren sprunghaft in allen Branchen des Maschinen- und Anlagenbaus durchsetzen konnte. Hierbei ist ein Trend zu immer größeren Lagern und der Wunsch nach höheren spezifischen Belastungen festzustellen.

Da Gelenklager zunehmend in Anwendungsfällen eingesetzt werden, wo es aufgrund der Gefahr von langen kostenintensiven Stillstandszeiten zum Teil ganzer Anlagen auf absolut sicheres Funktionsverhalten ankommt, wie zum Beispiel in Krananlagen, Fertigungsstraßen, Schleusen, Brücken, Offshore-Projekten, Schiffen, Wehrtechnik usw., ist die Kenntnis der Tribologie in den Lagern sowie eine Verbesserung der Standzeiten von größter Wichtigkeit.

Obwohl Teilbereiche der Gelenklager-Tribologie immer wieder untersucht wurden [1 - 9 oder artverwandt 10], hat die systematische Erforschung der Gelenklager mit der stürmischen Entwicklung leider nicht mithalten können, so daß bei der Auslegung von Lagerungen oft sehr stark auf Sicherheit gegangen wird. Grundverschiedene Berechnungsmethoden in den Katalogen der namhaften Hersteller bestätigen die Unsicherheiten.

## 2. Problematik

Neben den wartungsfreien Gelenklagern sind es in erster Linie nachschmierbare Elemente, die aufgrund der für diese Lager typischen Einsatzbedingungen problematisch sein können. Einseitige bzw. wechselnde Lastrichtungen mit hohen Lagerpressungen und zum Teil Schlageinwirkung sowie oszillierende Bewegungen mit stark variierenden Schwenkfrequenzen und teilweise kleinen Schwenkwinkeln sind für derartige Lager nicht ungewöhnlich. Die Anforderungen liegen fast ausschließlich im Gebiet der Mischreibung bzw. Grenzschmierung.
Aufgrund der zusätzlichen Erschwernis, es generell mit sphärischen Gleitflächen zu tun zu haben, ist ein Übertrag von Erkenntnissen aus Modelluntersuchungen auf Gelenklager nur bedingt möglich. Fast alle Versuche müssen Bauteilversuche mit Original-Gelenklagern sein, die aufwendige Prüfstände bei teilweise sehr langen Laufzeiten bedingen, zumal verschärfte Versuchsbedingungen

mit dem Ziel, Versuche abzukürzen, zu unzulässigen Veränderungen der Gelenklager-Tribologie führen können [11 - 14].

## 3. Zielsetzung

An geschmierten Standard-Radialgelenklagern sollen die tribologischen Zusammenhänge untersucht werden mit dem Ziel, die Schmierung systematisch zu verbessern:

1.) Optimierung der dem Lagerhersteller obliegenden Lagererstbehandlung mit einer Festschmierstoff-Suspension.
2.) Suche nach geeigneten Lagerschmierstoffen für den Anwender.
3.) Serienlaufversuche mit einmaliger Anfangs-Fettschmierung bei variierten Versuchsparametern nach einem Programm.
4.) Serienlaufversuche mit periodischer Nachschmierung bei einseitiger Last.
5.) Laufversuche mit unterschiedlichen Fetten bei intermittierendem Betrieb.
6.) Überprüfung des bei geschmierten Radial-Gelenklagern bisher allgemein üblichen, jedoch theoretisch fragwürdigen Lebensdauerverlängerungsfaktors 5 für Wechsellast gegenüber 1 für einseitige Last.
7.) Klärung der Ursachen für Lagerfrühausfälle während der Einlaufphase, die stark streuende Lebensdauerwerte verursachen.

Am Ende der Ausarbeitung soll es anhand gewonnener Daten möglich sein, die Einsetzbarkeit von systematisch optimierten Gelenklagern in nachschmierbarer Ausführung beurteilen zu können.

## 4. Versuchsprogramm

### 4.1 Prüflager

Alle Laufversuche wurden mit Serien-Radialgelenklagern der Nenngröße 40, Maßreihe E, nach DIN 648 durchgeführt. Diese Lager sind aus Wälzlagerstahl 1.3505 (100Cr6) gefertigt, gehärtet - Innenring (IR) = 60 ±2 HRc, Außenring (AR) = 57 ±2 HRc - und haben geschliffene Oberflächen sowie eine allseitige Manganphosphatbehandlung von 5-7 µm Stärke.
Zur Vermeidung ungewollter Drehungen der Lagerteile bei erhöhter Reibung im Laufversuch wurden die IR der Prüflager jeweils auf

die Welle und die AR in die Aufnahmebohrungen geklebt.

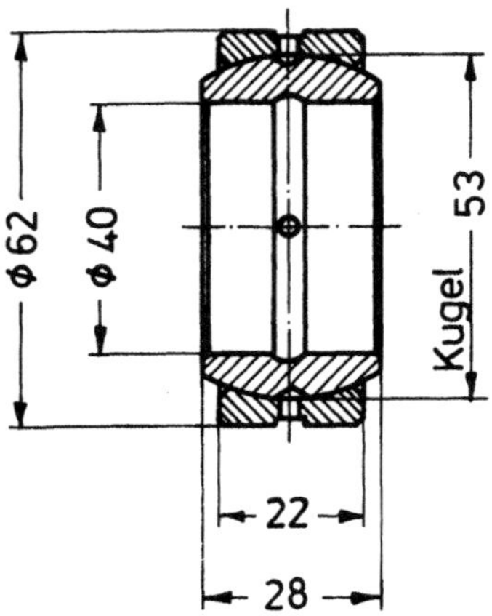


Bild 1:
Prüflager GE 40 DO

4.2 Schmierstoffe

Für die Lagererstbehandlung wurden verarbeitet:

a) Paste mit 15 % $MoS_2$-Gehalt
b) Paste mit 50 % $MoS_2$-Gehalt
c) 97%iges $MoS_2$-Spray
d) Gleitlack kalthärtend
e) Gleitlack warmhärtend

(a, b, c) suspensiert mit unterschiedlichen Trägern wie: Leichtbenzin, Per, Frigen und Chlorothene

Für die Lebensdauerschmierung wurden eingesetzt:

f) 1 Li-Fett ohne $MoS_2$
g) 6 $MoS_2$-Fette mit unterschiedlichen Feststoffkombinationen bzw. -gehalten und variierenden Grundölviskositäten
h) 4 hellfarbene Feststoff-Fette mit unterschiedlichen Feststoffanreicherungen von 6 - 50 %

## 5. Versuchsdurchführung

### 5.1 Prüfeinrichtungen

#### 5.1.1 Einseitige Lastrichtung

Für Laufversuche bei einseitiger Last standen 5 Einzelprüfstände mit folgenden Kenndaten zur Verfügung:

| | | |
|---|---|---|
| Max. Lagerbelastung | F | = 150 kN |
| Schwenkwinkel (Endlage-Endlage) | ß | = 0 - 60° |
| Schwenkfrequenz | f | = 5 - 300 $min^{-1}$ |
| Intermittierender Betrieb | | = möglich |
| Periodische Abschmierung | | = über Zählwerk mit dosierbarer Fettmenge möglich |

Registrierung von: Lagerreibung — Langzeit (Punktdrucker)
Lagertemperatur — Kurzzeit (UV-Schreiber)
Raumtemperatur
Lagerverschleiß
Schwenkzahl
Betriebsstunden

Abschaltung möglich über: Max. Lagerreibung
Lagerverschleiß
Schwenkzahl
Lagertemperatur

Bild 2:
5 Einzelprüfstände

Bild 3:
Steuerung und Meßdatenerfassung

5.1.2 Wechsellast

Für Laufversuche mit Wechsellast wurde ein Wechsellastprüfstand mit folgenden Kenndaten gebaut:

| | |
|---|---|
| Max. Wechsellast | $F_w$ = ± 200 kN |
| Kraftanstieg | $F_t$ = max. 50 $MN \cdot sec^{-1}$ |
| Mögliche Kraftverläufe | Rechteck, Trapez, Dreieck, Sinus |
| Schwenkwinkel (Endlage -Endlage) | ß = 0 - 60° |
| Schwenkfrequenz | f = 5 - 200 $min^{-1}$ |
| Intermittierender Betrieb | = möglich |
| Periodische Abschmierung | = über Zählwerk mit dosierbarer Fettmenge möglich |
| Registrierung von: | Lagertemperatur in 2 Lastzonen |
| | Raumtemperatur |
| | Lagerverschleiß |
| | Schwenkzahl |
| | Betriebsstunden |
| Abschaltung möglich über: | Lagerverschleiß |
| | Lagertemperatur |
| | Schwenkzahl |

Bild 4:
Wechsellastprüfstand

## 5.2 Versuchsbedingungen

### 5.2.1 Schritt I: Optimierung der $MoS_2$-Suspensionsbehandlung

#### 5.2.1.1 Lagerteile vor der Suspensionsbehandlung gewaschen oder konserviert bzw. IR und/oder AR mit Suspensionsbehandlung?

Lagerteile für 40 Lager waschen

| Lagerteile für 20 Lager trocknen + konservieren | | Lagerteile für 20 Lager nur trocknen | |
|---|---|---|---|
| IR für 10 Lager in $MoS_2$-Suspension tauchen | IR und AR für 10 Lager in $MoS_2$-Suspension tauchen | IR für 10 Lager in $MoS_2$-Suspension tauchen | IR und AR für 10 Lager in $MoS_2$-Suspension tauchen |

$MoS_2$-Suspension aus $MoS_2$-Paste mit 50 % $MoS_2$ und Frigen herstellen. Je 5 Lager jeder Gruppe im Laufversuch testen bei p = 30 bzw. p = 50 N/mm² einseitiger Last, ß = 30° sowie $f = 12{,}5\ min^{-1}$. Laufversuchsende jeweils über $\mu$ max = 0,24.

#### 5.2.1.2 Lebensdauervergleiche zwischen $MoS_2$-Suspension, $MoS_2$-Spray und $MoS_2$-Gleitlack

Lagerteile für 25 Lager wurden gewaschen und getrocknet. Jeweils 5 IR und AR wurden danach behandelt mit:

a) Suspension aus 15%iger $MoS_2$-Paste und Frigen
b) Suspension aus 50%iger $MoS_2$-Paste und Frigen
c) 97%iges $MoS_2$-Spray
d) Gleitlack kalthärtend
e) Gleitlack warmhärtend

Es folgten Laufversuche bei einseitiger Last von p = 70 N/mm², ß = 30° sowie $f = 12{,}5\ min^{-1}$.
Versuchsende war jeweils bei $\mu$ max = 0,24.

#### 5.2.1.3 Lebensdauereinfluß der Suspensionsträger: Per, Chlorothene und Frigen

Lagerteile für 45 Lager waschen und trocknen. Je 15 IR und AR in einer Suspension tauchen aus 50%iger $MoS_2$-Paste plus Chlorothene bzw. Per, bzw. Frigen mit nochmaliger Trocknung. Je 5 Lager jeder Gruppe wurden im Laufversuch getestet bei p = 50,

$p = 70$ bzw. $p = 100\ N/mm^2$ einseitiger Last, $\beta = 30°$ sowie $f = 12{,}5\ min^{-1}$. Versuchsende war bei $\mu$ max = 0,24.

Parallel zu den Laufversuchen wurden 15 IR gewaschen, getrocknet und auf 1 mg verwogen. Danach wurden je 5 IR in den durch Trägervariationen unterschiedlichen Suspensionen getaucht, nochmals luftgetrocknet und verwogen. Die Gewichtsdifferenz ergab die aufgetragene luftgetrocknete Suspensionsmenge, die im Verhältnis der übertragenen Feststoffmenge entsprach.
Die spezifischen $MoS_2$-Auftragsmengen wurden zu den mit den verschiedenen Suspensionen erzielten Lebensdauern ins Verhältnis gesetzt.

### 5.2.2 Schritt II: Suche nach geeigneten Fetten

Die hierbei gegebene Suspensionsbehandlung aus Schritt I wurde wie folgt ausgeführt:
Gewaschene und getrocknete Lagerteile (IR + AR) ohne Konservierer tauchen in einer Suspension aus 50%iger $MoS_2$-Paste und Frigen.

#### 5.2.2.1 Suche nach geeigneten Lagerschmierstoffen für den Anwender durch Laufversuche mit verschiedenen Fetten

Insgesamt wurden 8 Fette im Laufversuch geprüft: (Bild 5)

1 Wälzlagerfett ohne Feststoffanteile
6 Gleitlagerfette mit $MoS_2$-Anteilen
1 Gleitlagerfett mit hellen Feststoffen

Versuchsdaten:

| | |
|---|---|
| Lastrichtung | = einseitig |
| Lagerpressung | p = 70 N/mm²<br>50 N/mm², 30 N/mm² > vereinzelt |
| Schwenkwinkel | ß = 30° |
| Schwenkfrequenz | $f = 12{,}5\ min^{-1}$ |
| Befettung | = einmalig mit 3 g Fett nach 10 Osz. unter Last |
| Lagerausfall über $\mu$ max | = 0,24 |
| Lageranzahl pro Versuchspunkt | = 5 |
| $\Sigma$ der Prüflager | = 95 |

| Fett-Nr. | Verseifungsart | Konsistenzklasse | Viskosität des Grundöls V40c St ($mm^2/s$) | Feststoffgehalt |
|---|---|---|---|---|
| 1 | Li | 2 | 120 | ohne |
| 2 | Li | 2 | 108 | 1 % $MoS_2$ |
| 3 | Li | 2 | 475 | 3 % Feststoffkombination |
| 4 | Li | 2 | 530 | 2 % $MoS_2$ |
| 5 | Li | 2 | 115 | 3 % Feststoffkombination |
| 6 | Li | 2 | 630 | organische Metalloxide + 3 % öllösliche Feststoffe ähnl. $MoS_2$ |
| 7 | Li | 2 | 510 | 1 % Graphit + 1 % $MoS_2$ + öllösl. Additive |
| 8 | Li | 2 | 98 | 50 % helle Feststoffe |

Bild 5: Schmierstofftabelle

5.2.2.2 Welchen Lebensdauereinfluß hat der Mengenanteil der hellen Feststoffe im Fett?

Aufgrund der überragenden Ergebnisse mit dem Fett Nr. 8 (Fett mit 50 Vol.-% heller Festschmierstoffanteile) wurde eine neue Versuchsreihe mit 4 Fetten absolviert, bei der die hellen Feststoffanteile in der Menge gestaffelt waren mit 6, 15, 25 und 50 %. Ziel war es, festzustellen, welchen Lebensdauereinfluß der Mengenanteil der hellen Feststoffe hat.

Versuchsdaten:

| | | |
|---|---|---|
| Lastrichtung | | = einseitig |
| Lagerpressung | p | = 60 bzw. 120 $N/mm^2$ |
| Schwenkwinkel | ß | = 6° |
| Schwenkfrequenz | f | = 216 bzw. 108 $min^{-1}$ |
| $p \cdot v_m$ | | = 1200 $N/mm^2 \cdot mm/s$ |
| Befettung | | = einmalig mit 3 g Fett nach 10 Osz. unter Last |

| | | |
|---|---|---|
| Lagerausfall über $\mu$ max | | = 0,24 oder |
| Versuchsabbruch nach Laufzeit | | = 500 Std. |
| Lageranzahl pro Versuchspunkt | | = 5 |
| Σ der Prüflager | | = 40 |

#### 5.2.2.3 Vergleichsversuche bei erhöhtem $p \cdot v_m$: Fett Nr. 8 mit hellen Feststoffanteilen zu $MoS_2$-Fett Nr. 5

Zur Demonstration der Überlegenheit des Fettes Nr. 8 wurde nochmals ein Vergleichsversuch zu dem $MoS_2$-Fett Nr. 5 gefahren.

Versuchsdaten:

| | | |
|---|---|---|
| Lastrichtung | | = einseitig |
| Lagerpressung | $p$ | = 60 N/mm² |
| Schwenkwinkel | ß | = 30° |
| Schwenkfrequenz | $f$ | = 43,25 $min^{-1}$ |
| $p \cdot v_m$ | | = 1200 N/mm²·mm/s |
| Befettung | | = einmalig mit 3 g Fett nach 10 Oszillationen unter Last |
| Lagerausfall über $\mu$ max | | = 0,24 oder |
| Versuchsabbruch nach Laufzeit | | = 500 Std. |
| Lageranzahl pro Versuchspunkt | | = 5 |
| Σ der Prüflager | | = 10 |

### 5.2.3 Schritt III: Serienlaufversuche mit einmaliger Anfangs-Fettschmierung

Nach der Optimierung der Suspensionsbehandlung in Schritt I und der Findung eines guten Gelenklagerfettes in Schritt II wurden Reihen-Laufversuche nach einem Programm mit variierten p, ß und $p \cdot v_m$ durchgeführt.

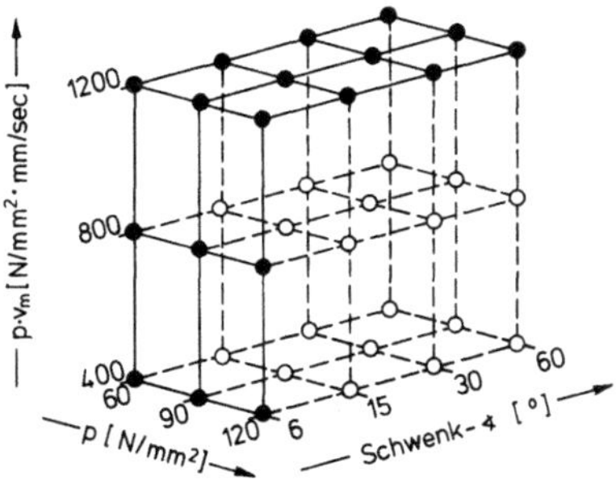


Bild 6:

Laufversuchsprogramm für Gelenklager mit einmaliger Abschmierung.

Versuchsdaten:

| | | |
|---|---|---|
| Lastrichtung | | = einseitig |
| Lagerpressung | p | = 60, 90 und 120 $N/mm^2$ |
| Schwenkwinkel | ß | = 6°, 15°, 30°, 60° |
| Schwenkfrequenz | f | = entsprechend den Kombinationen aus p, ß und $p \cdot v_m$ |
| $p \cdot v_m$ | | = 400, 800 und 1200 $N/mm^2 \cdot mm/s$ |
| Suspensionsbehandlung | | = $MoS_2$-Suspension aus 50%iger $MoS_2$-Paste + Frigen auf konservierungsfreie IR und AR (Optimum aus Schritt I) |
| Fett-Nr. | | = 8 (Optimum aus Schritt II) |
| Befettung | | = einmalig mit 3 g Fett nach 10 Oszillationen |
| Lagerausfall über $\mu$ max | | = 0,24 oder |
| Versuchsabbruch nach | | = 500 Std. |
| Lageranzahl pro Versuchspunkt | | = 5 |
| Σ der Prüflager | | = 90 |

### 5.2.4 Schritt IV: Serienlaufversuch mit periodischer Nachschmierung

Aufbauend auf den Ergebnissen des Schrittes III, den Versuchen mit einmaliger Schmierung, wurden die neuen Versuchsdaten fixiert. Dem Trend folgend, daß die Lebensdauer mit steigender Lagerpressung bzw. kleiner werdender Schwenkwinkel sinkt, wurden die Nachschmierfristen für Schritt IV angepaßt.

In der ersten Versuchsserie wurden "lange" Nachschmierfristen gewählt, deren Intervall mit Sicherheit unter den Ergebnissen bei einmaliger Schmierung lag.
In der zweiten Versuchsserie wurden "kurze" Nachschmierfristen gewählt, deren Intervall 10 % der langen Schmierintervalle ausmachte.

Kurze Nachschmierfristen [Std.]

| p (N/mm²) \ ß (°) | 6 | 15 | 30 | 60 |
|---|---|---|---|---|
| 60 | 2 | 5 | 10 | 20 |
| 90 | 1,5 | 3,75 | 7,5 | 15 |
| 120 | 1 | 2,5 | 5 | 10 |

Lange Nachschmierfristen [Std.]

| p (N/mm²) \ ß (°) | 6 | 15 | 30 | 60 |
|---|---|---|---|---|
| 60 | 20 | 50 | 100 | 200 |
| 90 | 15 | 37,5 | 75 | 150 |
| 120 | 10 | 25 | 50 | 100 |

Bild Nr. 7: Programm mit Nachschmierfristen

Aufgrund der sehr langen Laufzeiten war überwiegend nur 1 Lager pro Versuchspunkt möglich.
Versuche nur bei $p \cdot v_m = 1200\ N/mm^2 \cdot mm/s$

Zusätzlich zur ersten Befettung nach 10 Osz. unter Last wurde die Schmierung entsprechend dem Schmierintervall lt. Programm jeweils mit 3 g Fett Nr. 8 periodisch bis zum Versuchsende wiederholt. Die Versuchsdaten sind sonst identisch mit Schritt III unter Pkt. 5.2.3. Σ der Versuchslager = 74.

### 5.2.5 Laufversuche mit intermittierendem Betrieb

Um festzustellen, inwieweit die Stillstandszeiten bei unterbrochenem Betrieb mit dem regelmäßigen Anfahren nach den Pausen das Lebensdauerverhalten beeinflussen, wurde eine ganze Reihe von Versuchen bei einseitiger Last und einmaliger Befettung nach 10 Osz. durchgeführt.

Versuchsdaten:

| | | | |
|---|---|---|---|
| | Lastrichtung | | = einseitig |
| Fett-Nr. 1 | Lagerpressung | p | = 30 + 50 N/mm² |
| | Schwenkwinkel | ß | = 30° |
| | Schwenkfrequenz | f | = 12,5 $min^{-1}$ |
| Fett-Nr. 5 / Fett-Nr. 8 | Lagerpressung | p | = 60 N/mm² |
| | Schwenkwinkel | ß | = 30° |
| | Schwenkfrequenz | f | = 43,25 $min^{-1}$ |
| | $p \cdot v_m$ | | = 1200 N/mm²·mm/s |
| | Intervallbetrieb | | = 6 min Betrieb, 2 min Pause |
| | Versuchsende | μ max | = 0,24 oder |
| | Versuchsabbruch | nach | = $1{,}3 \cdot 10^6$ Osz. |
| | Lageranzahl pro Versuchspunkt | | = 5 |
| | Σ der Prüflager | | = 20 |

Nicht genannte Daten entsprechen denen in Schritt III unter Pkt. 5.2.3.

### 5.2.6 Wechsellastversuche

Zur Zeit wird von allen Lagerherstellern bei geschmierten Gelenklagern der Gleitpaarung Stahl/Stahl mit einem Wechsellastfaktor $f_L = 5$ gegenüber einseitiger Last $f_L = 1$ gerechnet. Es ist sehr fragwürdig, ob allein die kurzzeitig verbesserte Lagerschmierung bei Wechsellast zu einer 5-fach gesteigerten Lebens-

dauer bzw. zu 80%iger Verschleißreduzierung führen kann. Basierend auf dieser Fragestellung wurden einige Laufversuche absolviert.
Ausgehend von dem fixierten Fett Nr. 5 wurden die Lebensdauereinflüsse der Kraftanstiegsgeschwindigkeit bei gleichbleibendem p sowie der p-Einfluß bei konstanter Kraftanstiegsgeschwindigkeit untersucht. Die Versuche wurden mit einmaliger und periodischer Nachschmierung durchgeführt. In der Auswertung wurden die Ergebnisse Versuchen bei einseitiger Lastrichtung gegenübergestellt, wobei der lineare Verschleiß nach dem Einlaufverschleiß als Vergleichskriterium diente.

Versuchsdaten:

| | | |
|---|---|---|
| Lastrichtung | | = einseitig und wechselnd |
| Lagerpressung | $p$ | = 30, 50 + 70 N/mm² |
| Kraftanstieg bei Wechsellast | $F_t$ | = 3, 6,5 + 10 MN·sec$^{-1}$ |
| $p \cdot v_m$ | | = 600 N/mm²·mm/s |
| Schwenkwinkel | ß | = 30° |
| Schwenkfrequenz | $f$ | = 43,26, 25,96 bzw. 18,54 min$^{-1}$ |
| Suspensionsbehandlung | | = 50%ige $MoS_2$-Paste + Frigen |
| Fett-Nr. | | = 5 |
| Befettung | | = einmal nach 10 Osz. mit 3 g Fett unter Last bis zum Versuchsende bzw. nach der 1. Befettung periodisch jeweils nach 50.000 Osz. |
| Lagerausfall über | $t_L$ | = 80° oder |
| Versuchsabbruch nach | | = 450 Std. |
| Lageranzahl pro Versuchspunkt | | = 5 bei einseitiger Last<br>5 bei Wechsellast und einmaliger Schmierung<br>1 bei Wechsellast und periodischer Schmierung |
| Σ der Prüflager | | = 35 |

### 5.2.7 Suche nach Ursachen für Lagerfrühausfälle während der Einlaufphase

Es wurden einige Berechnungen durchgeführt mit dem Ziel, die wahre tragende Fläche und die maximale Lagerpressung in der Lastzonenmitte zu errechnen. Zusätzlich erfolgte eine exakte Vermessung aller Prüflager vor und nach dem Laufversuch, und die Gleitflächen wurden unter einem Stereomikroskop in Regionen aufgeteilt, ausgewertet und klassifiziert, um so außergewöhnliche Merkmale für Lagerfrühausfälle bzw. Erklärungen für bestimmte Lagerreaktionen während der Lebensdauer zu finden.

## 6. Versuchsergebnisse

### 6.1 Schritt I: Optimierung der $MoS_2$-Suspensionsbehandlung

Die Frage, ob Lagerteile bei der Suspensionsbehandlung konserviert sein können, oder ob es besser ist, sie vorher zu waschen und zu trocknen, wird - bezogen auf die Lebensdauer - in Bild 8 deutlich beantwortet.

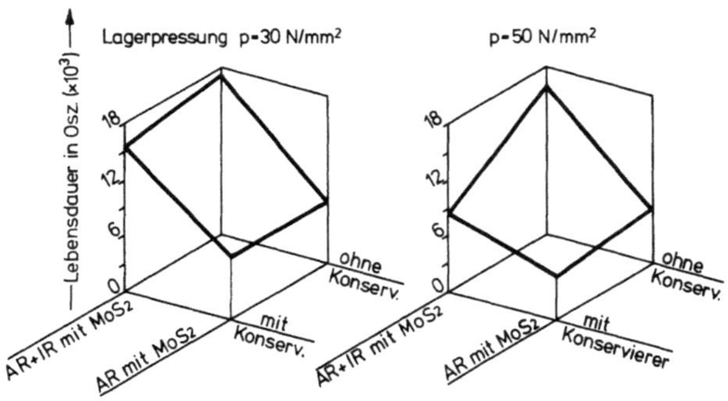


Parameter:
Lagertype: GE 40 DO
Schwenk-$\chi$: 30°
Schwenkfrequenz: 12,5 $min^{-1}$
Ergebnisse:
$\bar{X}$ aus je 5 Versuchen

Bild 8:
Lebensdauerabhängigkeit von der Art der $MoS_2$-Lagererstbehandlung

Durch die intensive Verankerung der $MoS_2$-Suspension auf der trockenen Phosphatschicht ohne den trennenden Konservierungsfilm ergeben sich mit zunehmender Belastung immer deutlichere Vorteile im Vergleich. Noch deutlicher fällt das Ergebnis aus, wenn Lager getestet werden, bei denen entweder nur der IR oder IR und AR mit einer Suspension behandelt werden. Die größere Menge an $MoS_2$ bei 2 Beschichtungen (IR und AR) ergibt mehr als eine Verdoppelung der Lebensdauererwartung.

Auch beim Vergleich unterschiedlicher Beschichtungen stellt sich recht klar heraus, daß mit der Zunahme der im Eingriff stehenden $MoS_2$-Menge im Lager sich gesteigerte Standzeiten einstellen. Bild 9 zeigt bei der Suspension aus 50%iger $MoS_2$-Paste deutliche Vorteile gegenüber der mit 15 % $MoS_2$. 97%iges $MoS_2$-Spray wiederum liegt überlegen vor der 50%igen $MoS_2$-Suspension. Die Gleitlacke, kalt- und warmaushärtend, sind im Versuch ohne Nachschmierung infolge der vermutlich innigeren Haftung zum Untergrund noch besser als das fast 100%ige $MoS_2$. In Versuchen mit Nachschmierung jedoch lösten sich die getesteten Gleitlacke teilweise an bzw. auf. Streuende Lebensdauern bei Nachschmierung bzw. Reibrostbildung im Trockenlauf führten zur Entscheidung, Gleitlacke in weiteren Untersuchungen nicht als Standardbehandlung zu wählen.
Da das 97%ige $MoS_2$ sowohl aus Kostengründen als auch von der Handhabung her nicht für Großserien empfehlenswert erscheint, wurden die weiteren Versuche mit der suspensierten 50%igen $MoS_2$-Paste absolviert.
Die Überprüfung, welcher Träger zum Herstellen einer $MoS_2$-Suspension die günstigsten Werte hinsichtlich der Lebensdauererwartung erzielen läßt, hat zu den in Bild 10 dargestellten Resultaten geführt.

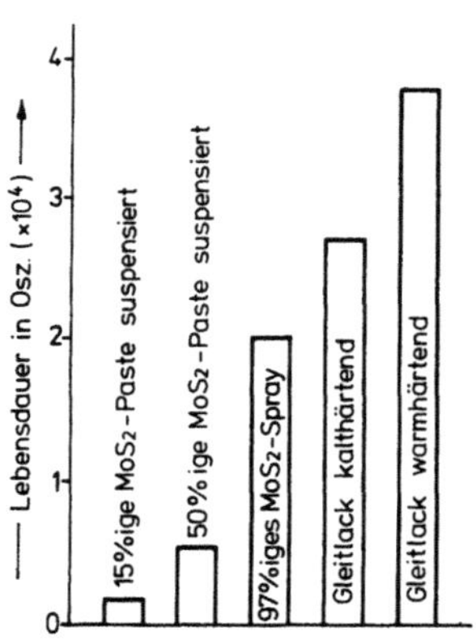


Parameter:

| | | |
|---|---|---|
| Lagertype | : | GE 40 DO |
| Schwenkwinkel | : | 30° |
| Schwenkfrequenz | : | 12,5 $min^{-1}$ |
| Lagerpressung | : | 70 $N/mm^2$ |
| Ergebnisse | : | $\bar{X}$ aus je 5 Versuchen |

Bild 9:

Lebensdauerversuche mit Suspensionen und Gleitlacken

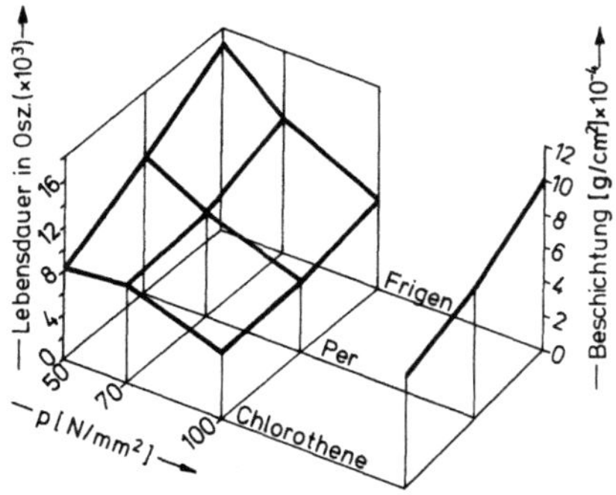


Parameter:
Lagertype : GE 40 DO
Schwenk-∢ : 6°
$p \cdot v_m$ : 1200 N/mm² · mm/sec
Ergebnisse: $\bar{X}$ aus je 5 Versuchen

Bild 10:
Einfluß des Suspensions-Lösungsmittels auf die Lebensdauer

Während Frigen (1.1.2 Trichlor - 1.2.2 Trichloräthan) die besten Werte ergibt,fallen die Daten über Per (Perchlorethylen) und Chlorothene (1.1.1 Trichlorethan) stufenweise ab. Ausschlaggebend hierfür sind die in Abhängigkeit von den Suspensionsträgern unterschiedlich übertragenen spezifischen $MoS_2$-Mengen, die im gleichen Verhältnis zur Lebensdauer stehen.
Wie in den Ergebnissen zuvor, zeigt die stärkste $MoS_2$-Schicht (hier mit dem Träger Frigen) die günstigsten Versuchsergebnisse.

## 6.2 Schritt II: Suche nach geeigneten Fetten

Aufbauend auf den Suspensionsuntersuchungen aus Schritt I wurden alle weiteren Versuche mit Befettungen an Lagern vorgenommen, die eine Behandlung wie folgt erhielten:

Lagerteile waschen und trocknen, IR und AR tauchen in einer $MoS_2$ Suspension aus Frigen und einer Paste mit 50 % $MoS_2$-Gehalt.

Der Vergleich der Lebensdauerwerte, die im Laufversuch mit unterschiedlichen Fetten erzielt wurden, ist in Bild 11 aufgezeichnet. Das Li-Fett ohne $MoS_2$ ist für p = 70 N/mm² nicht druckstabil genug. Die $MoS_2$-Fette sind dagegen im Durchschnitt besser, weisen zwischen den einzelnen Fetten jedoch sehr große Leistungsunterschiede auf. 1 % $MoS_2$ als Feststoffgehalt ist offensichtlich zu wenig. Am günstigsten liefen Feststoffkombinationen mit Anteilen von 2 - 3 %. Die $MoS_2$-Fette werden jedoch überraschenderweise überragt durch das klare Ergebnis mit dem Fett mit 50 % hellen Feststoffen, das trotz der hohen Feststoffanreicherung noch erstaunlich weich ist. Es wurden hierbei insgesamt 5 Abbrüche (Durchläufer) bei $8 \cdot 10^5$ Osz. verzeichnet.

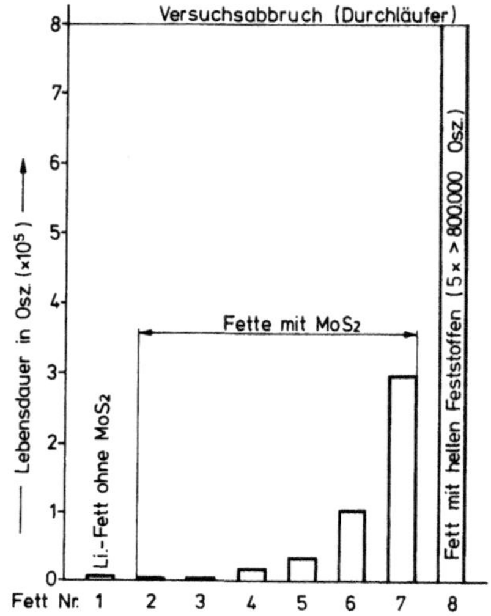


Parameter:

| | |
|---|---|
| Lagertype | : GE 40 DO |
| Schwenkwinkel | : 30° |
| Schwenkfrequenz | : 12,5 $min^{-1}$ |
| Lagerpressung | : 70 $N/mm^2$ |
| Ergebnisse | : $\bar{x}$ aus je 5 Versuchen |

Bild 11:
Lebensdauerversuche mit verschiedenen Fetten

Die Diagramme in Bild 12 - 14 stellen vom Oszillographen abgezeichnete Oszillationsreibkurven dar, die an unterschiedlichen Punkten der Lebensdauern aus Versuchen mit den Fetten 1, 5 und 8 entnommen wurden.
Bild 12 vom Fett Nr. 1 ($MoS_2$-freies Fett) zeigt bei etwas reduzierter Beanspruchungshärte gegenüber den Parallelversuchen ein etwas höheres Reibniveau. Bild 13 vom Fett Nr. 5 ($MoS_2$-haltiges Fett) stellt einen günstigen Reibungskoeffizienten bei Versuchsbeginn dar, der jedoch über die Zeit unruhiger wird und relativ früh zum Ausfall hin ansteigt. Bild 14 vom Fett Nr. 8 (helles Feststoff-Fett) ergibt einen sehr ruhigen Reibverlauf mit niedrigen Werten über die gesamte Lebensdauer bis zum Versuchsabbruch bei $L = 1{,}3 \cdot 10^6$ Osz.

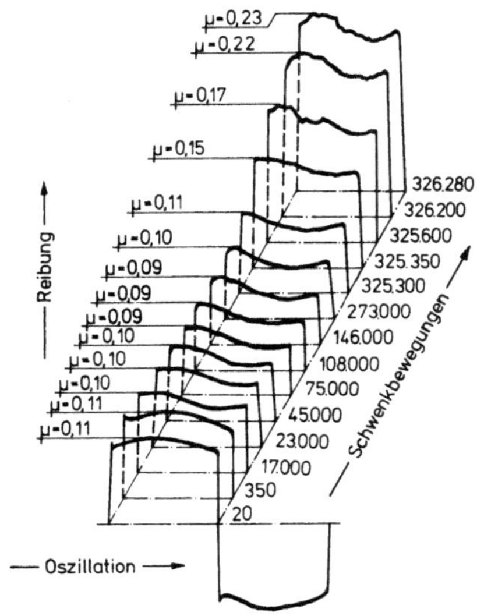


Parameter:

Lagertype: GE 40 DO

Befettung: 1x nach 10 Osz.
Fett Nr. 1

$p = 30\ N/mm^2$

$\beta = 30°$

$f = 12{,}5\ min^{-1}$

$p \cdot v_m = 173\ N/mm^2 \cdot mm/sec$

Bild 12:

Oszillations-Reibkurven
(Fett ohne Feststoffe Nr. 1)

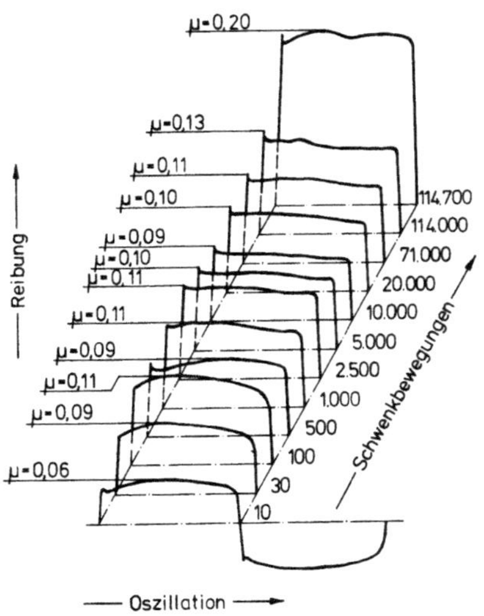


Parameter:

Lagertype: GE 40 DO

Befettung: 1x nach 10 Osz.
Fett Nr. 5

$p = 60\ N/mm^2$

$\beta = 30°$

$f = 43{,}25\ min^{-1}$

$p \cdot v_m = 1200\ N/mm^2 \cdot mm/sec$

Bild 13:

Oszillations-Reibkurven
($MoS_2$-Fett Nr. 5)

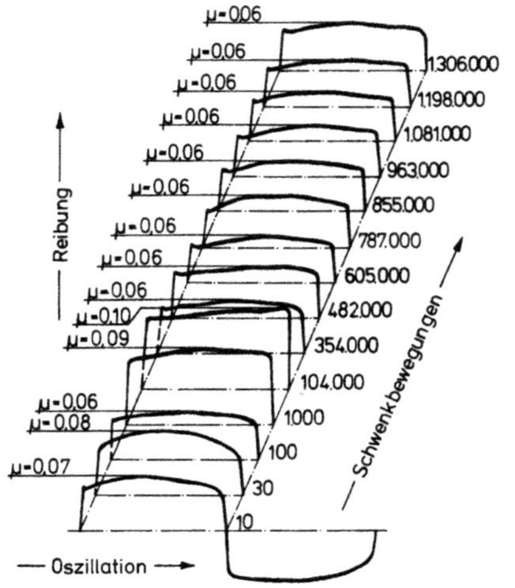


Parameter:

Lagertype: GE 40 DO

Befettung: 1x nach 10 Osz.
Fett Nr. 8

p = 60 N/mm²

ß = 30°

f = 43,25 $min^{-1}$

$p \cdot v_m$ = 1200 N/mm²·mm/sec

<u>Bild 14</u>:

Oszillations-Reibkurven
(Fett mit hellen Feststoffen Nr. 8)

Mit den guten Laufergebnissen des mit 50 % hellen Feststoffen angereicherten Fettes Nr. 8 als Basis wurden Vergleichsuntersuchungen mit Fetten absolviert, bei denen der Seifenanteil um soviel erhöht wurde, daß sich volumetrische Feststoffanteile von je 25, 15 bzw. 6 % einstellten.

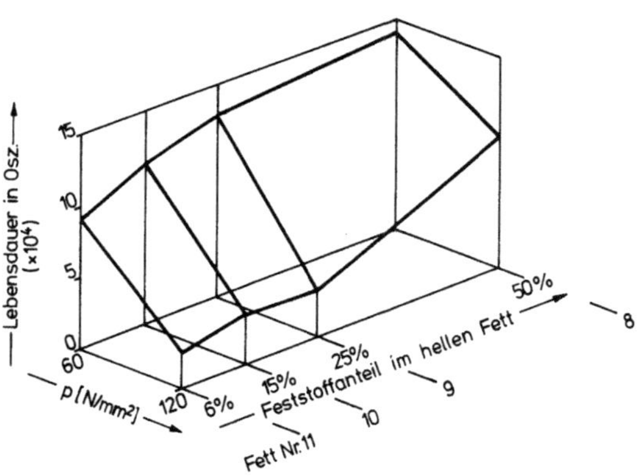


Parameter:

Lagertype: GE 40 DO

Schwenk-∢: 6°

$p \cdot v_m$ = 1200 N/mm²·
mm/sec

Ergebnisse:
$\bar{x}$ aus je 5 Vers.

<u>Bild 15</u>:

Mengeneinfluß heller Feststoffe
im Fett auf die Lebensdauer

Die Darstellung der Ergebnisse in Bild 15 gibt wieder, daß entsprechend der Reduzierung der Feststoffanteile die Lebensdauer abnimmt, und daß der Lebensdauerabfall mit steigender Lagerpressung prozentual umso krasser wird, je weniger helle Feststoffe im Fett sind.
Das Versuchsergebnis schreibt für weitere Versuche den hellen Feststoffanteil im Fett auf 50 % (Fett Nr. 8) fest.

Bild 16 gibt bei etwas verschärften Versuchsbedingungen nochmals einen Vergleich der je 5 Einzelversuchswerte der Fette Nr. 5 und Nr. 8. Der zuvor gewonnene Eindruck der Überlegenheit des hellen Fettes Nr. 8 wird nochmals eindrucksvoll bestätigt.

Bild 17 gibt in gegenübergestellten Reib- und Verschleißkurven je eines Versuches mit den Fetten Nr. 5 und 8 deutlich wieder, daß sich das positive Ergebnis des hellen Fettes nicht nur im Endergebnis sondern auch im Reib- und Verschleißverlauf zeigt.

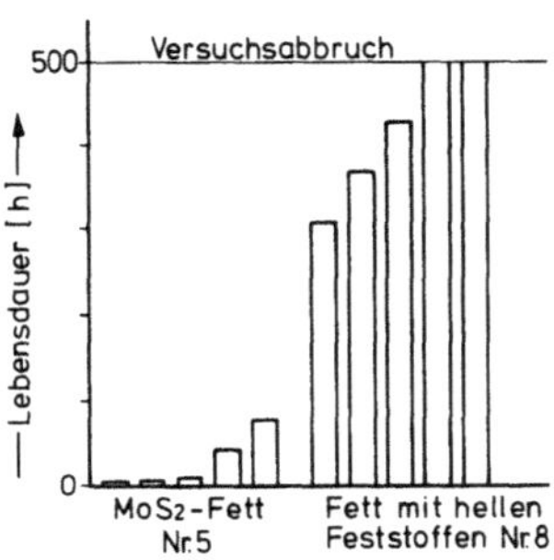


Bild 16:

Lebensdauerstreuungen zwischen $MoS_2$-Fett und Fett mit hellen Feststoffen im Vergleich

Parameter:

Lagertype: GE 40 DO

Schwenk-∢: 30°

Schwenkfrequenz: 43,25 $min^{-1}$

Lagerpressung: 60 $N/mm^2$

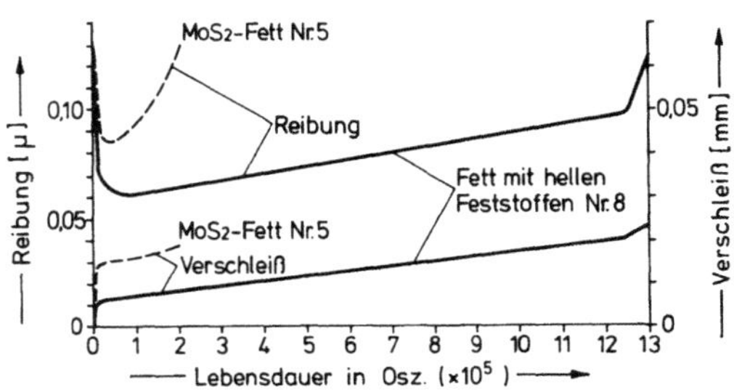


Bild 17:

Lebensdauervergleich zwischen $MoS_2$-Fett Nr. 5 und Fett Nr. 8 mit hellen Feststoffen

Parameter:

Lagertype: GE 40 DO

Schwenk-∢: 30°

Schwenkfrequenz: 43,25 $min^{-1}$

Lagerpressung: 60 $N/mm^2$

Die Bilder 18-20 sind REM-Aufnahmen einer mit dem $MoS_2$-Fett Nr. 5 gelaufenen IR-Oberfläche mit den Vergrößerungen 50:1, 200:1 und 1000:1.
Der bei $p = 60$ N/mm² gelaufene IR wurde bei $\mu = 0{,}15$ aus dem Versuch genommen. Die Oberfläche weist hierbei, wie schon bei der geringsten Vergrößerung erkennbar, eine zerstörte Oberfläche mit herausgelösten Teilchen auf. Mit zunehmender Vergrößerung wird dieses Bild immer deutlicher.

Bild 18: Lauffläche $MoS_2$-Fett 50:1

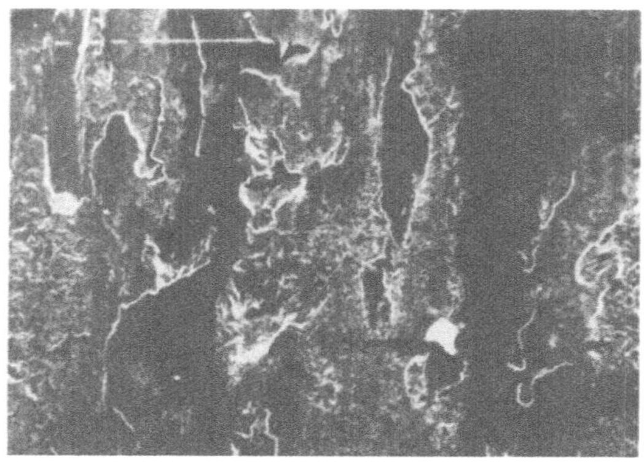

Bild 19: Lauffläche $MoS_2$-Fett 200:1

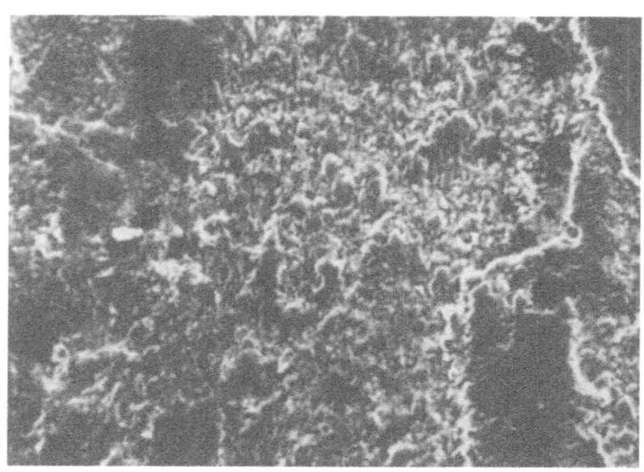

Bild 20: Lauffläche $MoS_2$-Fett 1000:1

Bild 21:
Lauffläche helle Feststoffe 50:1

Bild 22:
Lauffläche helle Feststoffe 200:1

Bild 23:
Lauffläche helle Feststoffe 1000:1

Die Lageroberfläche eines IR aus einem Versuch mit dem Fett Nr. 8 wird in den REM-Bildern 21-23 dargestellt.
Während bei dem zuvor geschilderten Versuch mit dem $MoS_2$-Fett der Abbruch bei $\mu = 0{,}15$ erfolgte, wurde hier das Lager nach der gleichen Laufzeit aus dem Versuch genommen, wobei ein Reibwert von $\mu = 0{,}07$ anstand. Bei 50-facher Vergrößerung zeigt sich ein minimal eingelaufenes Lager, wobei nur die Rauheitsspitzen geglättet sind. Selbst bei 1000-facher Vergrößerung ist nicht die kleinste Oberflächenaufrauhung auszumachen, die auf eine nahende Zerstörung deuten könnte.
Die dunklen Stellen innerhalb der Glättungen sind Täler zwischen Mangan-Phosphatkristallen. An den größeren, dunklen Stellen sind diese Kristalle noch verschleißfrei.

## 6.3 Schritt III: Serienlaufversuche mit einmaliger Anfangs-Fettschmierung

Zusätzlich zu der durch Schritt I fixierten Suspensionsbehandlung werden alle Lager, die im Verlauf der weiteren Versuche eine Befettung erhalten, mit dem Optimum aus Schritt II, dem Fett Nr. 8 (Fett mit 50 % hellen Feststoffen) abgeschmiert.

Die Durchführung des Laufversuchsprogrammes mit einmaliger Anfangsbefettung bei Variation von p (60, 90 und 120 N/mm²) und ß (6, 15, 30 und 60°) bei gleichbleibendem $p \cdot v_m$ (1200 N/mm²·mm/s) hat die in Bild 24 dargestellten Lebensdauerwerte ergeben. Die Auftragung der Lebensdauer erfolgte hier in Stunden. Die gleichen Lebensdauerdaten, jedoch aufgetragen in Gleitweg (km), sind Bild 25 zu entnehmen. Jeweils am Ende der Lebensdauersäulen ist die Anzahl der Durchläufer aufgeführt, die 500 Stunden absolviert haben.

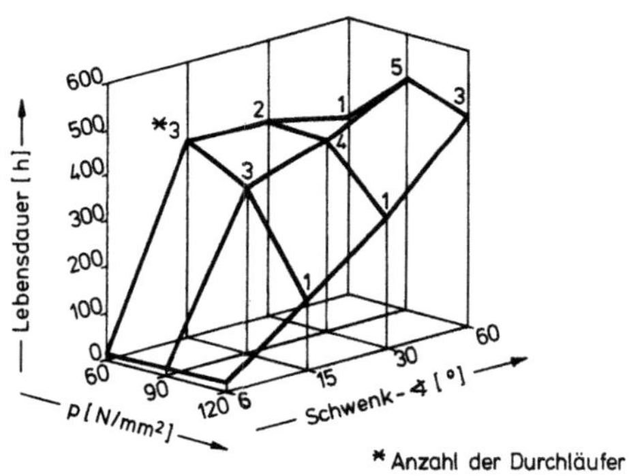


Parameter:

| | |
|---|---|
| Lagertype: | GE 40 DO |
| $p \cdot v_m$: | 1200 N/mm²·mm/sec |
| Befettung: | 1x nach 10 Osz. mit Fett Nr. 8 |
| Ergebnisse: | $\bar{x}$ aus je 5 Versuchen |

Bild 24:

Ergebnisse der Versuche mit einmaliger Abschmierung.

Auswertung über die Laufzeit.

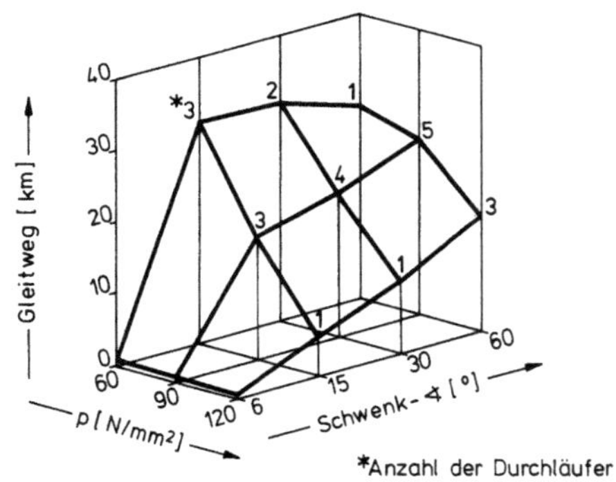


Parameter:

| | |
|---|---|
| Lagertype: | GE 40 DO |
| $p \cdot v_m$: | 1200 N/mm²·mm/sec |
| Befettung: | 1x nach 10 Osz. mit Fett Nr. 8 |
| Ergebnisse: | $\overline{x}$ aus je 5 Versuchen |

Bild 25:

Ergebnisse der Versuche mit einmaliger Abschmierung.

Auswertung über den Gleitweg.

Zunächst einmal ist festzustellen, daß das Ergebnis trotz der zum Teil sehr hohen Lagerpressungen bzw. des $p \cdot v_m$-Wertes erstaunlich gut und für Gelenklager bisher absolut ungewöhnlich ist.

Die wichtigsten Ergebnismerkmale sind der kontinuierliche Leistungsabfall bei p = 120 N/mm², ausgehend von ß = 60° in Richtung ß = 6°, sowie der krasse Lebensdauerschwund zwischen ß = 15° und ß = 6° bei den niedrigeren Lagerpressungen. Offensichtlich vermag es das System nicht bei den relativ kleinen Oszillationswinkeln, die nur einen kleinen Teil des Lastzonenwinkels ausmachen, verbrauchtes Fett in der Lastzonenmitte zu ersetzen.

Um die Frage zu klären, inwieweit die ungewöhnlich guten Ergebnisse ihren Ursprung in den sehr hoch gewählten Versuchsbeanspruchungen haben, weil eventuell in Verbindung mit den höheren Lagertemperaturen um 70° - 80°C Fettadditivierungen stärker zur Geltung kommen, wurden zusätzlich zu dem $p \cdot v_m$ = 1200 auch $p \cdot v_m$= 800 und $p \cdot v_m$ = 400 N/mm²·mm/sec im Programm getestet.

Hier zeigt sich jedoch, wie aus Bild 26 ersichtlich, daß die Lebensdauerwerte mit reduziertem $p \cdot v_m$ noch günstiger werden. Besonders bei den niedrigeren Lagerpressungen ist der Lebensdauerzuwachs am stärksten.

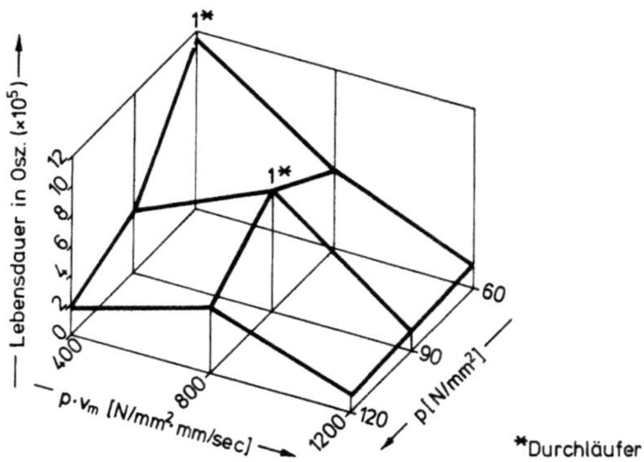


Parameter:

| | |
|---|---|
| Lagertype: | GE 40 DO |
| Schwenk-$\chi$: | 6° |
| Befettung: | 1x nach 10 Osz. mit Fett Nr. 8 |
| Ergebnisse: | $\bar{x}$ aus je 5 Versuchen |

Bild 26:

Ergebnisse der Versuche mit einmaliger Abschmierung und variierten $p \cdot v_m$-Werten.

Parallel zu den Versuchsauswertungen in den Bildern 24 - 26, die sich ausschließlich mit den erzielten Lebensdauern in Oszillationen unter Vernachlässigung der dabei entstandenen Verschleißwerte befaßt haben, soll nachfolgend eine Betrachtung der gleichen Versuche unter dem Aspekt des spezifischen Verschleißes erfolgen.

Aus den Lebensdauer-Druckerschrieben der jeweiligen Versuche wurden die linearen Verschleißwerte abgenommen nach dem steilen sowie unregelmäßig großen Einlaufverschleiß, der hier vernachlässigt wurde. Hierauf aufbauend wurden die spezifischen Verschleißwerte "k" nach folgender Formel ermittelt und in den Diagrammen in den Bildern 27 und 28 graphisch dargestellt.

$$k = \frac{s}{S \cdot p} \quad (mm^2/N)$$

k = linearer Verschleißfaktor

S = Verschleißweg (mm)

s = Verschleißtiefe (mm)

p = Lagerpressung ($N/mm^2$)

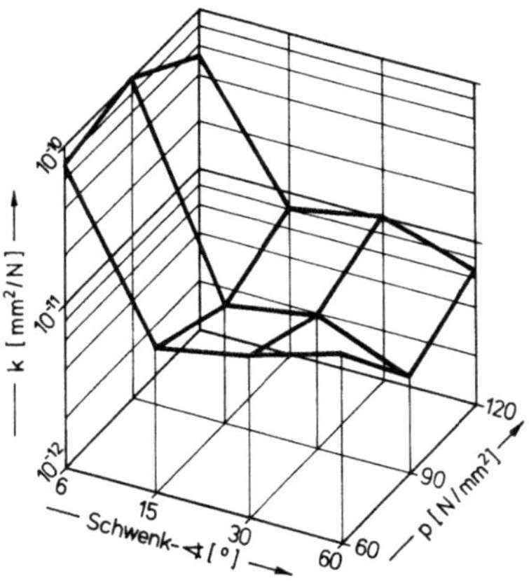


Bild 27:

k-Werte bei einmaliger Schmierung

Parameter:

Lagertype: GE 40 DO

$p \cdot v_m$: 1200 N/mm²·mm/sec

Befettung : 1x nach 10 Osz. mit 3g Fett Nr. 8

Ergebnisse: $\bar{x}$ aus je 5 Vers.

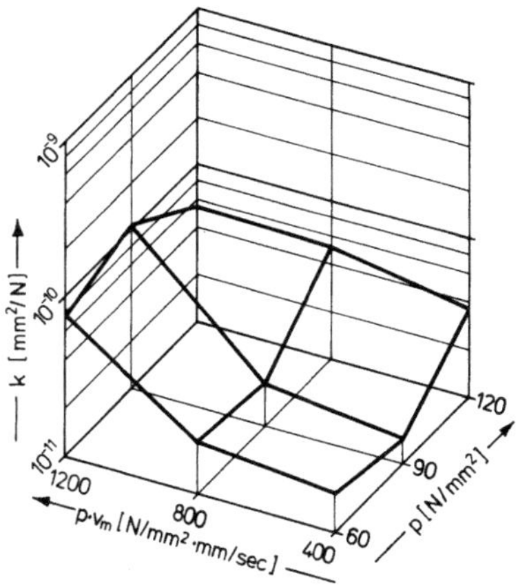


Bild 28:

k-Werte bei variiertem p und $p \cdot v_m$

Parameter:

Lagertype: GE 40 DO

Schwenk-∢: 6°

Befettung : 1x nach 10 Osz. mit 3g Fett Nr.8

Ergebnisse: $\bar{x}$ aus je 5 Vers.

Der Verlauf der in Bild 27 gezeigten k-Werte des Programms mit variiertem p und ß ist fast genau umgekehrt proportional zu den in Bild 24 gezeichneten Lebensdauerwerten. Der starke Lebensdauerabfall zwischen ß = 15° und ß = 6° ist verbunden mit einem entsprechend steilen Anstieg im Verschleißwert k. Selbst der etwas in der Lebensdauer abfallende Wert bei ß = 60° und p = 60 N/mm² hat einen etwas über dem Normalniveau liegenden k-Wert.

Ähnlich gelagert sind die k-Zahlen der Versuchsreihe mit variiertem p und $p \cdot v_m$, die in Bild 28 fixiert sind. Die günstigsten k-Werte, wie zum Beispiel für p = 60 N/mm² und $p \cdot v_m$ = 400 N/mm²·mm/s stehen der entsprechend hohen Lebensdauer in Bild 26 gegenüber.

## 6.4 Schritt IV: Serienlaufversuche mit periodischer Nachschmierung

Nach der Auswertung der Versuchsergebnisse aus Schritt II folgten Versuche mit periodischer Schmierung. Wie unter Pkt. 5.2.4 aufgeführt, bauen die Schmierintervalle auf den Ergebnissen der einmal geschmierten Lager auf. Bei Variation von p und ß und konstantem $p \cdot v_m$ wurden 2 Versuchsreihen mit unterschiedlich gestaffelten Schmierintervallen getestet.

Bild 30 gibt eine Graphik, die Laufzeiten bei den "längeren" Nachschmierfristen, wieder.

Die Ergebnisse mit den "kurzen" Schmierfristen, die jeweils 10 % der Intervallängen der parallelen Reihe ausmachten, werden in Bild 29 gezeigt.

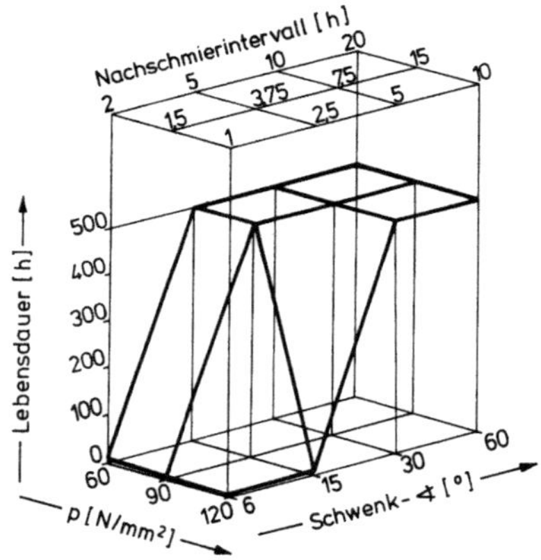


Bild 29:

Lebensdauer periodisch geschmierter Lager mit kurzen Schmierintervallen

Parameter:

Lagertype: GE 40 DO

Fett-Nr. : 8

$p \cdot v_m$ = 1200 N/mm²·mm/sec

Versuchsabbruch: bei 500 Stunden

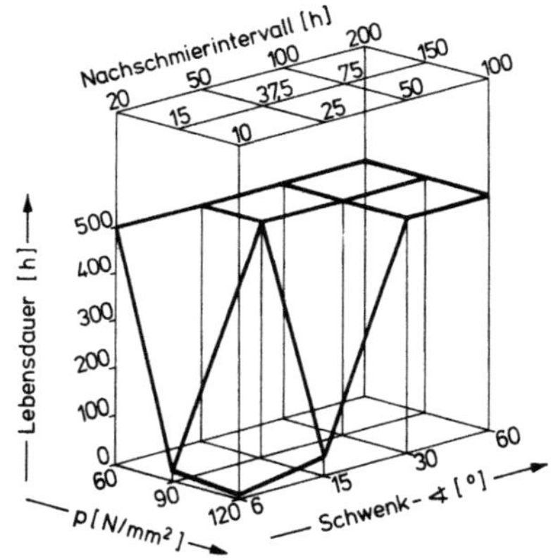


Bild 30:

Lebensdauer periodisch geschmierter Lager mit langen Schmierintervallen

Parameter:

Lagertype: GE 40 DO

Fett-Nr. : 8

$p \cdot v_m$ = 1200 N/mm²·mm/sec

Versuchsabbruch: bei 500 Stunden

Das sich in beiden Bildern darstellende Ergebnisplateau bei 500 Stunden zeigt ausschließlich Durchläufer. Während sich die Laufergebnisse in Bild 30 in den Punkten $p = 90\ N/mm^2$ und $120\ N/mm^2$ in Verbindung mit 6° sowie $p = 120\ N/mm^2$ mit $\beta = 15°$ schwach zeigen, ist dies in Bild 29 zusätzlich auch bei $p = 60\ N/mm^2$ und $\beta = 6°$ der Fall. Erstaunlicherweise sind die stark reduzierten Lebensdauerresultate bei den längeren Schmierfristen günstiger als bei den entsprechenden Parallelversuchen mit kurzen Schmierfristen, so daß sich aus diesem Trend heraus sogar in Bild 30 bei $p = 60\ N/mm^2$ und $\beta = 6°$ ein Durchläufer ergibt.

Generell jedoch ist festzustellen, daß sich bei einseitiger Lastrichtung an der Grundtendenz trotz periodischer Nachschmierung nichts geändert hat, und daß die kleinen Schwenkwinkel äußerst kritisch sind. Auch periodische Schmierung vermag es nicht, die Lastzone ausreichend mit Schmierstoff zu versorgen.

Es ist allerdings bei der Betrachtung dieser Resultate zu bedenken, daß es sich hier nicht um statistisch abgesicherte Werte handelt, da es aufgrund der langen Laufzeiten aus Kapazitätsgründen nicht möglich war, mehr als einen Versuch pro Versuchspunkt zu fahren.

Eine Auswertung dieser Ergebnisse hinsichtlich Verschleiß mußte verworfen werden, da sich z. T. eigenartige Verschleißphänomene einstellten mit negativem Verschleiß durch Feststoff-Schichtaufbau in der Lastzone. Durch starke Streuungen dieser Erscheinung kann hierzu keine fundierte Aussage gemacht werden. Trotzdem wird dieser Punkt im Kapitel über Verschleißverhalten unter Pkt. 6.7 abgehandelt.

Dem Trend aus den zuvor gezeigten Diagrammen folgend, daß kurz gewählte Nachschmierfristen gegenüber längeren Intervallen im direkten Vergleich von Nachteil sein können, wurde hierzu eine Auswertung aller hierfür infrage kommender Resultate durchgeführt.

Bild 31 gibt das Ergebnis wieder. Recht deutlich ist sowohl bei $p = 60$ als auch bei $p = 120\ N/mm^2$ die Tendenz auszumachen, daß mit reduzierter Schmierhäufigkeit die zu erwartende Lebensdauer zunimmt. Die Ursachen hierfür dürften darin zu suchen sein, daß einmal die anfängliche $MoS_2$-Suspension offensichtlich speziell für den Einlaufvorgang von größter Priorität ist. Eine zu früh einsetzende Nachschmierung spült $MoS_2$-Anteile aus dem Prüflager, wodurch gleichzeitig die Ausfallgefährdung steigt. Von gleichrangiger Bedeutung ist aus tribologischer Sicht die Störung des Einlaufvorganges durch zu häufiges Abschmieren während der Einlaufphase, was mit Reibungs- und Temperaturanstieg verbunden ist.

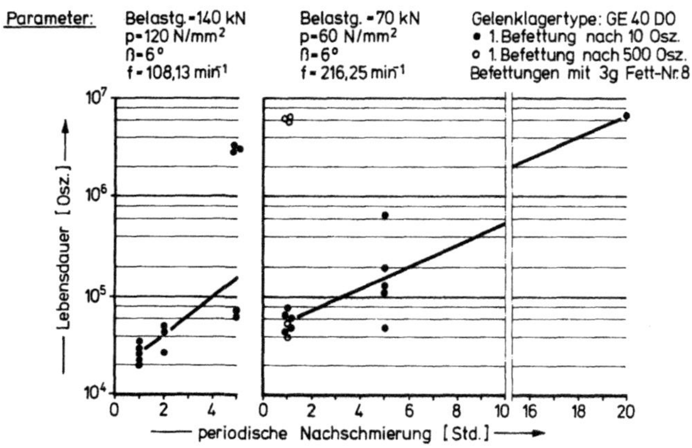


Bild 31:
Lebensdauern bei unterschiedlicher Schmierhäufigkeit

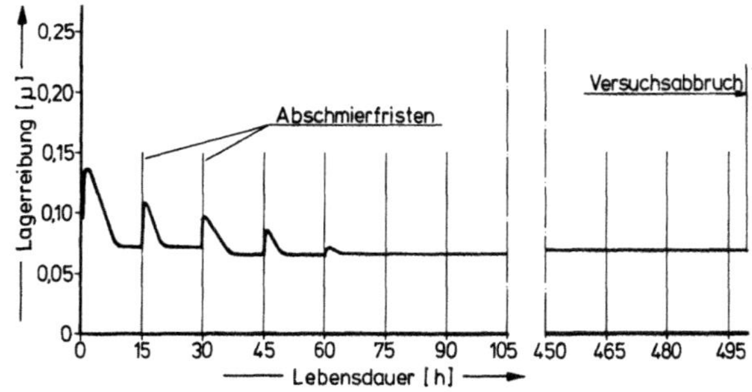


Parameter:

Lagertype: GE 40 DO

Belastung: 104.940N

Lagerpressung: 90 N/mm²

Schwenk-∢: 60°

Schwenkfrequenz: 14,42 $min^{-1}$

Befettung: 1x nach 10 Osz., dann alle 15h mit Fett-Nr. 8

Bild 32:
Reibverlauf bei periodischer Schmierung (Fett-Nr. 8)

Bild 32 gibt den Reibverlauf eines mit Fett Nr. 8 periodisch geschmierten Lagers wieder. Deutlich erkennbar sind die anfänglich heftigen Reibreaktionen auf Nachschmierungen. Nach 5 Schmierintervallen ist das Lager eingelaufen, so daß es keinen Reibungsanstieg nach einer Befettung mehr gibt.

## 6.5 Laufversuche mit intermittierendem Betrieb

Prüfstandsversuche sind in der Regel Dauerversuche, wie in den zuvor geschilderten Versuchsreihen auch. Gelenklagerbeanspruchungen in der Praxis dagegen sind zum größten Teil in Belastung und Bewegung sehr ungleichmäßig, wobei Stillstandszeiten auch unter Last auftreten. Gerade durch diesen Einfluß ist eine Beeinträchtigung der im Dauerversuch gewonnenen Erkenntnisse denkbar. Höhere Belastungen könnten im Stillstand den die Gleitpartner trennenden Schmierfilm nachteilig verändern, was erhöhte Anfahrreibungen zur Folge hätte.

Zur Beantwortung dieser Frage wurden bei einseitiger Lagerlast mehrere Laufversuche mit intermittierendem Betrieb absolviert, wobei sich jeweils ein Intervall aus 6 min. Betrieb und 2 min. Pause zusammensetzte. Getestet wurden die Schmierstoffe 1, 5 und 8. Die jeweiligen Reibverläufe sind in den Bildern 33, 34 und 35 aufgezeichnet.

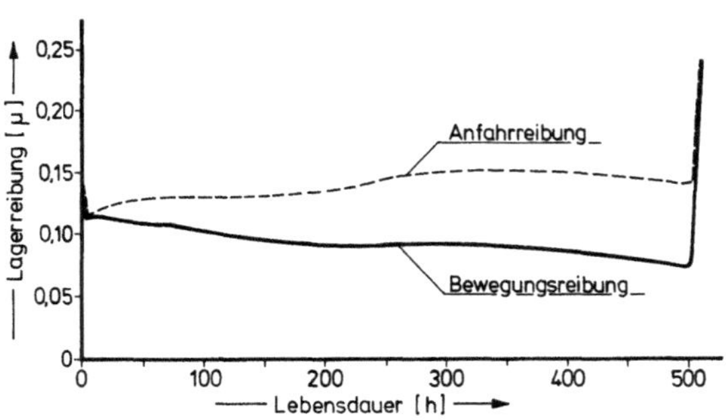


Parameter:

Intervallbetrieb:
Laufzeit = 6 min
Pause = 2 min

Lagertype: GE 40 DO

Befettung: 1x nach 10 Osz. mit 3g Fett Nr. 1

Belastung: 34.315 N

$p = 30\ N/mm^2$
$\beta = 30°$
$f = 12{,}5\ min^{-1}$
$p \cdot v_m = 173{,}4\ N/mm^2 \cdot mm/sec$

Bild 33:

Reibverläufe bei intermittierendem Betrieb (Fett-Nr. 1)

Das feststoffreie Fett Nr. 1 in Bild 33 gibt einen Reibverlauf mit sinkendem Niveau in der Bewegungsreibung wieder, wobei der Lagerausfall vom tiefsten Punkt der Reibung aus erfolgte. Die Entwicklung der Anfahrreibung über die Lebensdauer gestaltet sich so, daß die Differenz zur Bewegungsreibung stetig wächst und kurz vor Versuchsende fast doppelt so hoch ist.

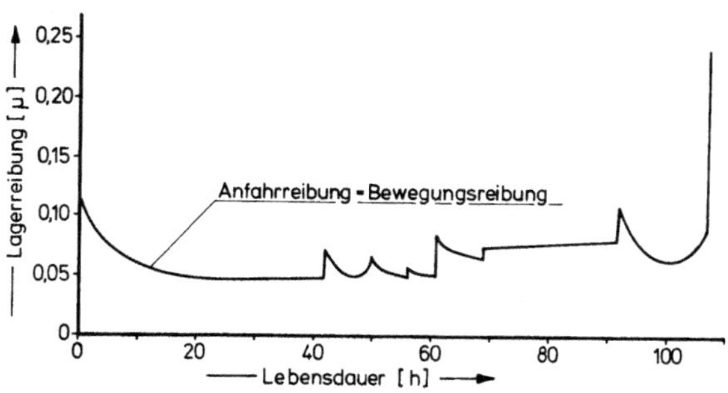


Bild 34:

Reibverlauf bei intermittierendem Betrieb (Fett Nr. 5)

Parameter:

Intervallbetrieb:
Laufzeit = 6 min
Pause = 2 min

Lagertype: GE 40 DO

Befettung: 1x nach 10 Osz. mit 3g Fett Nr. 5

Belastung: 69.960 N

$p$ = 60 N/mm²
ß = 30°
$f$ = 43,25 $min^{-1}$
$p \cdot v_m$ = 1200 N/mm² · mm/sec

Der Reibverlauf des $MoS_2$-Fettes Nr. 5 in Bild 34 ist ganz anders. Die Reibung wird nach Beendigung des Einlaufvorganges sehr unruhig. Erstaunlich ist, daß die Anfahrreibung kaum merklich höher ist als die Bewegungsreibung. Beim Vergleich mit Bild 33 sind allerdings die viel härteren Versuchsbedingungen zu berücksichtigen.

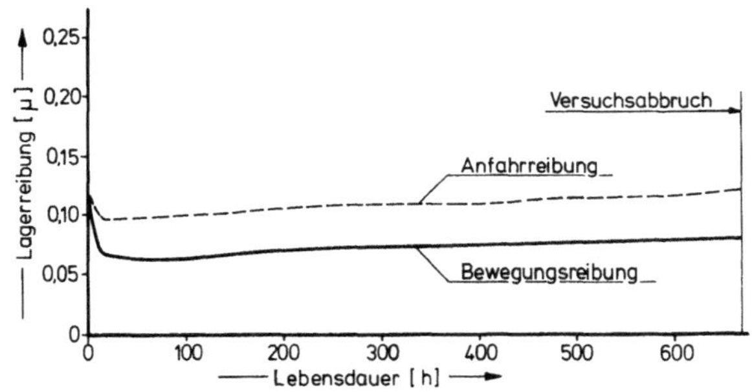


Parameter:

Intervallbetrieb:
Laufzeit = 6 min
Pause = 2 min

Lagertype: GE 40 DO

Befettung: 1x nach 10 Osz. mit 3g Fett Nr. 8

Belastung: 69.960 N

p = 60 N/mm²
ß = 30°
f = 43,25 $min^{-1}$
$p \cdot v_m$ = 1200 N/mm² · mm/sec

Bild 35:

Reibverläufe bei intermittierendem Betrieb (Fett Nr. 8)

Das helle Feststoff-Fett Nr. 8 ergibt in Bild 35 einen sehr gleichmäßigen Reibverlauf auf niedrigem Niveau. Die Bewegungsreibung ist bis zum Abbruch nach fast 700 Stunden fast linear, wie die nur etwas höher liegende Anfahrreibung auch.

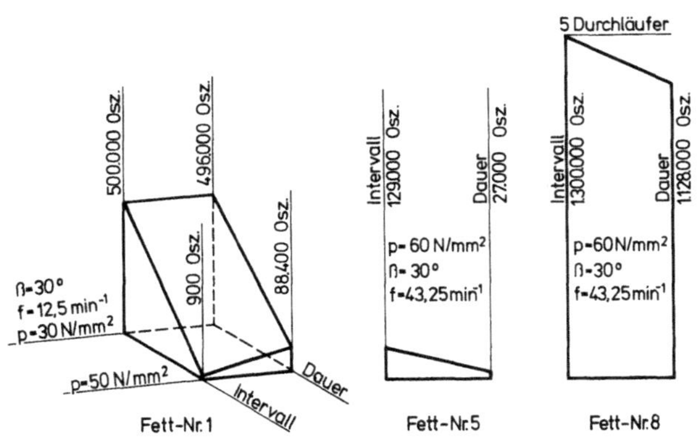


Parameter:

1 Intervall =
Laufzeit = 6 min
Pause = 2 min

Befettung: 1x nach 10 Osz.

Ergebnisse: $\bar{x}$ aus je 5 Versuchen

Bild 36:

Lebensdauer bei Intervall- und Dauerbetrieb

Bei der Darstellung der gesamten Laufergebnisse mit Intervallbetrieb im Vergleich zu denen im Dauerbetrieb entstand Bild 36.

Besonders bei dem feststoffreien Fett Nr. 1 ist zu erkennen, daß bei kleinen Lasten die Leistungsfähigkeit bei beiden Betriebsarten gleich ist. Mit zunehmender Last bricht die Lebensdauer vornehmlich beim Intervallbetrieb ein, was beim gleichzeitigen Fehlen von trennenden Feststoffen auf erhöhte Haftreibungseinflüsse zurückzuführen sein dürfte.

Ganz anders gestaltet sich das Verhältnis der Lebensdauer bei den beiden Betriebsarten der Fette Nr. 5 und Nr. 8. Die Tendenz zeigt bei beiden eine erhöhte Laufzeit bei Intervallbetrieb, was in Verbindung mit den Stillstandszeiten primär auf die reduzierte thermische Beanspruchung zurückzuführen sein müßte. Im Vergleich der Fette Nr. 5 und Nr. 8 zeigt sich schon die an anderer Stelle beschriebene hohe Überlegenheit des Fettes Nr. 8.

## 6.6 Wechsellastversuche

Es wurden eine ganze Reihe von Wechsellast-Laufversuchen mit dem $MoS_2$-Fett Nr. 5 absolviert, die das Ziel hatten, festzustellen, in welchem Verhältnis die Lebensdauern im Vergleich zu konstanter Last stehen.
Die Resultate über den Verschleißfaktor "k" sind Bild 37 zu entnehmen.
Zunächst einmal wurden bei einer Lagerpressung $p = 70\ N/mm^2$ die Kraftanstiegsgeschwindigkeiten in den Lastwechselpunkten mit $F_t =$ 3, 6,5 und 10 MN/sec variiert. Sowohl diese als auch die daran anschließenden Versuche mit konstanter Kraftanstiegsgeschwindigkeit $F_t = 6{,}5$ MN/sec und reduzierter Laststufe $p = 50\ N/mm^2$ liefen mit einmaliger Anfangsbefettung.
Dem Diagramm ist zu entnehmen, daß in Abhängigkeit sinkender Kraftanstiege sich auch der spezifische Verschleiß reduziert. Wird die Lagerpressung bei gleichem Kraftanstieg vermindert, geht im gleichen Verhältnis auch der Verschleiß zurück.

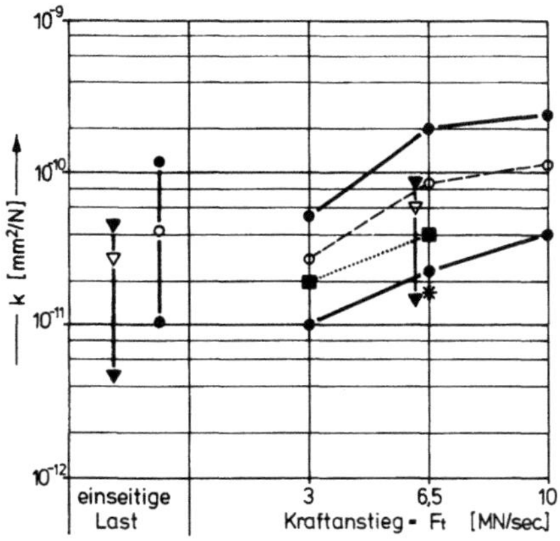


| Lagerpressung [N/mm²] | 50 | 70 |
|---|---|---|
| min./max. Laufergebnis | ▼ | ● |
| Mittelwert $\bar{x}$ | ▽ | ○ |
| Das Prüflager wurde alle 50.000 Osz. nachgeschmiert | ✱ | ■ |

Parameter:

Lagertype: GE 40 DO

$p \cdot v_m$ = 600 N/mm²·mm/sec

Befettung: 1x nach 10 Osz.
mit 3g Fett Nr. 5

Schwenkwinkel: 30°

Bild 37:
k-Werte für einseitige Last und Wechsellast

Im Vergleich zu ebenfalls aufgeführten Versuchen bei einseitiger Last sind bei identischer Lagerpressung die k-Mittelwerte gleich denen bei Wechsellast im Kraftanstiegsbereich $F_t$ = 3,0 - 6,5 MN/sec. Bei $F_t \geqq 6,5$ ist der Verschleiß größer, und bei $F_t \leqq 3,0$ ist er schon etwas niedriger als bei konstanter Last. Dies könnte auf Schmiervorteile bei flachen Lastwechseln deuten.

Ebenfalls eingetragen sind einige Verschleißdaten periodisch geschmierter Lager. Die k-Werte liegen etwas unter denen bei einmaliger Schmierung, sind also geringfügig günstiger.

Das Ergebnis wurde nur mit einer Fettsorte erzielt. Es ist zu erwarten, daß andere Fette mit abweichenden Viskositäten bzw. Feststoffanteilen sich auch etwas anders verhalten. Trotzdem kann sicherlich davon ausgegangen werden, daß der lineare Verschleiß sowohl bei einseitiger als auch bei wechselnder Last in der Größenordnung in etwa gleich ist.

## 6.7 Suche nach Ursachen für Lagerfrühausfälle während der Einlaufphase

Fast alle Laufversuche weisen kritische Einlaufphasen auf, in der sich in der Regel scharfe Reib- und Temperaturspitzen ausbilden. Hierbei scheren Feststoffe zwischen den Gleitflächen auf, die die Reibpartner voneinander trennen. Zunächst treten bei Fettdurchbrüchen nur Berührungen der Phosphatschichten mit plastischen Verformungen der Rauheitsspitzen auf. Ungünstigenfalls treten in der Einlaufphase auch vermehrt metallische Berührungen auf, was nicht nur Glättungen sondern auch Beschädigungen der Oberflächen zur Folge haben kann.

Aufgrund der sehr hohen Drücke im Makrobereich kommt gerade den Feststoffen im Fett die Aufgabe zu, metallische Berührungen auf ein Minimum zu beschränken, um so Verschweißungen bzw. Makro-Materialausbrüche zu vermeiden. Dies kann durch Feststoff-Schichtaufbau und zusätzliche Oberflächenreaktionen begünstigt werden. Die Gleitpartner sollen sich in Lastrichtung nur ganz langsam nähern, um die Glättung der Flächen nicht zu spontan erfolgen zu lassen.

Trotz vermeintlicher gleicher Versuchsbeanspruchungen fallen an unterschiedlichen Lagern die Einläufe voneinander abweichend aus. Im Extremfall kann ein Lager im Einlaufstadium sogar direkt ausfallen bzw. durch zu intensiven Metallkontakt soweit geschädigt werden, daß ein frühzeitiger Ausfall nach einem verkürzten Versuchslauf auf erhöhtem Reibniveau erfolgt. Derartige Lagerausfälle erschweren die Möglichkeit einer Lebensdauervorhersage beträchtlich.

Um den Ursachen für diese Frühausfälle auf die Spur zu kommen, wurden die ca. 600 Prüflager des gesamten Forschungsvorhabens nicht nur vor dem Versuch sondern auch danach genauestens vermessen und auch optisch ausgewertet. Hierbei konnten einige Punkte in Zusammenhang gebracht werden, die darauf hindeuten, daß die Höhe der effektiven Lagerpressung p max bzw. der p-Anteil im $p \cdot v_m$-Wert von Bedeutung ist.

Unter den zu früh ausgefallenen Lagern konnten sehr häufig folgende Merkmale ausgemacht werden:

1.) Erhöhte Tragflächenverluste aus max. Schmiernutenbreite in Verbindung mit max. AR-Kantenbrüchen.
2.) Hohe Gleitflächenrauhigkeit.
3.) Welligkeiten der Gleitflächen.

Alle aufgezählten Punkte haben den gemeinsamen Nenner der reduzierten effektiven Tragfläche und daraus resultierend im gleichen Verhältnis erhöhte effektive Lagerpressungen zur Folge.

Sollte die effektive Lagerpressung von hochrangiger Bedeutung sein, ergibt sich hieraus die Notwendigkeit, die Lagerpressung im Gelenklager näher zu betrachten.

Mit einem Rechner wurden mittels einem zylindrischen Ersatzmodell - über die elastische Verformung bei Radiallast - die effektiven Lagerpressungen p max errechnet und den Lagerpressungen $p = \frac{F}{K \cdot b_2}$ gegenübergestellt. Zugrundegelegt wurde ein Lager der Nenngröße 40, Maßreihe E nach DIN 648 mit einer effektiven mittleren Tragbreite von 15 mm (AR-Breite 22 - 2x AR-Kantenbrüche - 1x IR-Schmiernutenbreite). Die Lagerpressung p wurde von 15 - 120 N/mm² und die radiale Lagerluft $\Delta_R$ von 0,02 - 0,20 mm variiert. Das Ergebnis ist in Bild 38 dargestellt.

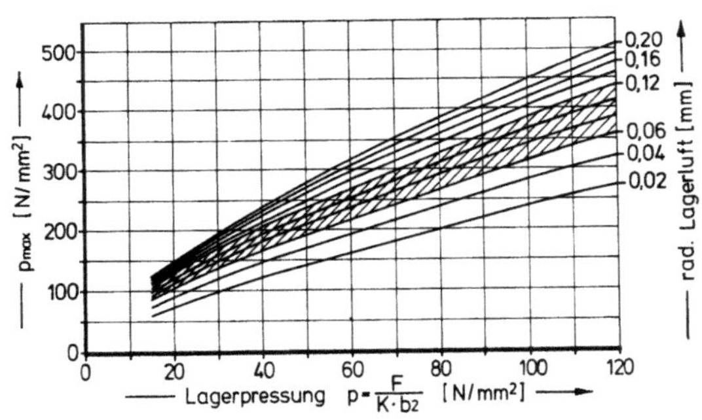


Parameter:

Lagertype: GE 40 DO
DIN 648, Maßreihe E

angenommene effektive
Lagertragbreite: 15mm

Bild 38:

Die Werte $p_{max}$ und p im Vergleich

Der Bereich der Radial-Normalluft ist schraffiert. Es zeigt sich ein $p_{max}$, das um ein Vielfaches höher ist als das bisher allgemein gebräuchliche p. Je nach Lagerluftgröße ergibt sich bei kleinem p ein ca. 4 - 8-fach höherer und bei hohem p ein 2,2 - 4,4-fach gesteigerter p max-Wert.
Die genannten lagerluftabhängigen Verhältniszahlen sind direkt Bild 39 zu entnehmen.

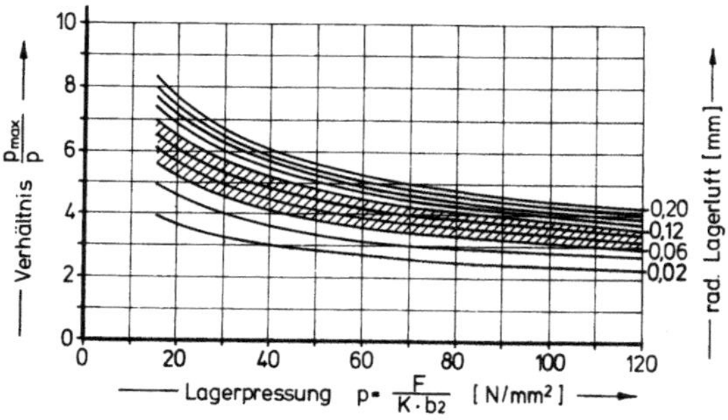


Parameter:

Lagertype: GE 40 DO
DIN 648, Maßreihe E

angenommene effektive
Lagertragbreite: 15mm

Bild 39:
Verhältniszahlen der Werte $p_{max}$ zu p

Die Erklärung für die großen Differenzen mit den starken Abweichungen zwischen niedrigen und hohen Lagerpressungen ist darin zu finden, daß sich durch die elastische Verformung bei niedrigen Lasten nur kleine und bei gesteigerten Belastungen größere Tragflächen ausbilden. Somit ergeben sich unterschiedliche Verhältniszahlen zur theoretisch vollen Lagerfläche $K \cdot b_2$ (Kugel-⌀ x AR-Breite), die bei der Ermittlung von p eingesetzt wird.

Betrachtet man den $p \cdot v_m$-Wert, der ja auch das verfälschte p beinhaltet, muß man, wie aus Bild 40 zu ersehen ist, ebenfalls von hohen, sehr stark unterschiedlichen Verhältniszahlen zu p max x $v_m$ ausgehen.

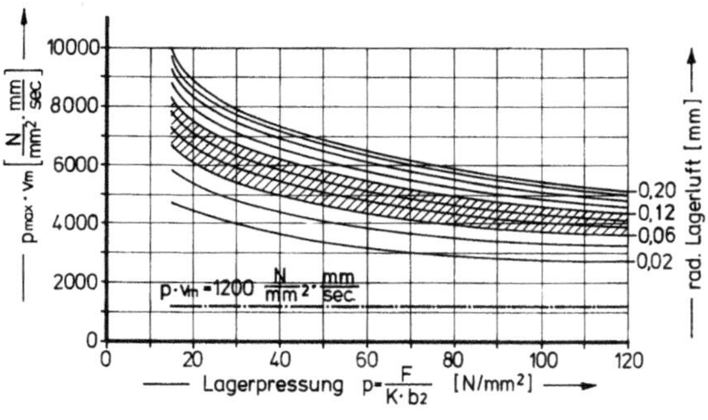


Parameter:

Lagertype: GE 40 DO
DIN 648, Maßreihe E

angenommene effektive
Lagertragbreite: 15mm

Bild 40:
Die Werte $p_{max} \cdot v_m$ und $p \cdot v_m$ im Vergleich

Zum Vergleich ist der in fast allen Hauptversuchen eingesetzte Wert $p \cdot v_m$ = 1200 N/mm²·mm/s miteingezeichnet. Die vermeintlich gleichen Werte erweisen sich effektiv als stark voneinander abweichend. Dies kann auch als Erklärung dazu herangezogen werden, daß das Laufverhalten bei gleichem $p \cdot v_m$ und unterschiedlichen p-Anteilen nicht genau gleich war.

Innerhalb der optischen Beurteilung der verschlissenen Gleitflächen fiel auf, daß die Lager mit den stärksten Verschleißstrukturen durch Verschweißung ohne Ausnahme in der niedrigen Laststufe von 60 N/mm² zu finden waren.

Die Bilder 41 und 42 zeigen in diesem Zusammenhang eine starke Fressung bei p = 60 N/mm² und eine typische schwächere Fressung für p = 120 N/mm². Dies scheint der Beweis dafür zu sein, daß bei gleichem $p \cdot v_m$-Wert ein niedriger p-Anteil unter dem Aspekt der Lebensdauer einen negativeren Einfluß hat als ein hohes p.

Bild 41:

Starke Fressung
bei p = 60 N/mm²

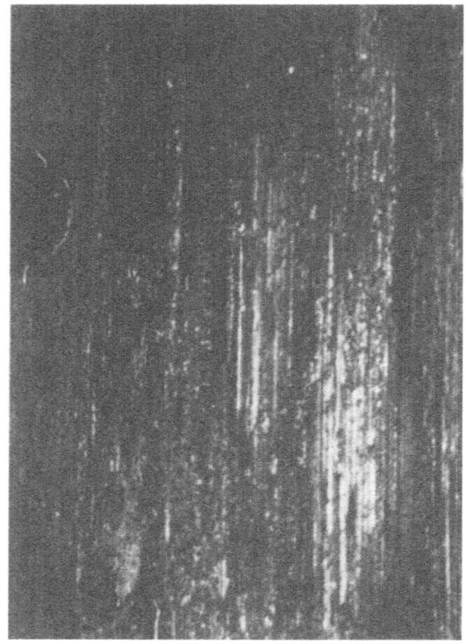

Bild 42:

Schwache Fressung
bei p = 120 N/mm²

Bild 43 zeigt die Gleitflächenrauheiten jeweils vor und nach einem Laufversuch mit positivem Ergebnis. Es stellten sich durch die gegenseitige Glättung erstaunlich niedrige Rauheitswerte ein.

Wie unter Pkt. 6.4 erwähnt (Serienlaufversuche mit periodischer Nachschmierung), stellten sich eigenartige Verschleißphänomene mit negativem Verschleiß ein, die es unmöglich machten, eine Auswertung des k-Wertes vorzunehmen. Bei einigen Laufversuchen mit offensichtlich günstigen Rahmenbedingungen trat nach einem normalen Einlaufverschleiß mit Glättung der Phosphatschichten ein Feststoff-Schichtaufbau in der Lastzonenmitte auf, der die Gleitflächen zunehmend voneinander trennte. Durch die periodische Nachschmierung war scheinbar immer genügend Schmierstoff vorhanden, um verbrauchten Schmierstoff zu ersetzen. Dieses System konnte zum großen Teil bis zum Versuchsende durch Abbruch aufrechterhalten werden.

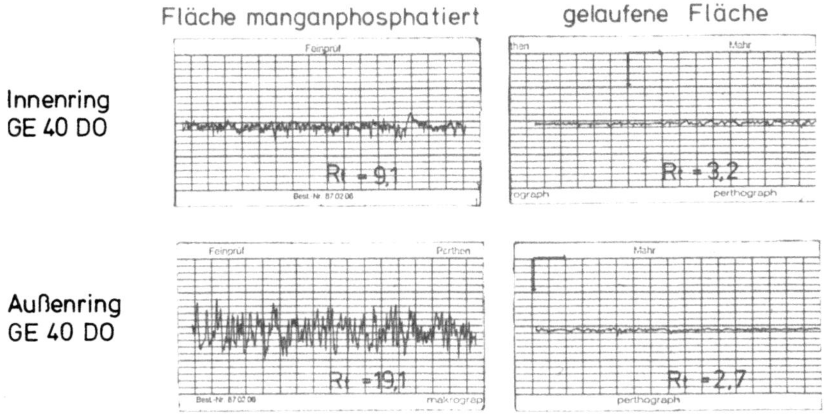


Bild 43:
Gleitflächenglättung durch Verschleiß im Laufversuch

Parameter: Lagerpressung = 60 N/mm² (einseitig)
Schwenkwinkel = 30°
Schwenkfrequenz = 43,25 $min^{-1}$
Fett = Li-Fett mit 50 % hellen Feststoffen
Laufdauer = $1{,}3 \cdot 10^6$ Osz.

Bild 44 zeigt ein solches Lager, bei dem die Lastzonenmitte verschleißfrei wie im Neuzustand erscheint.

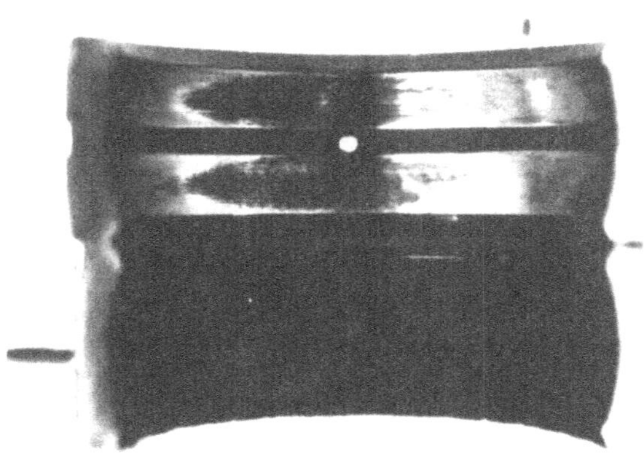

Bild 44:
Lager mit verschleißfreier Hauptlastzone

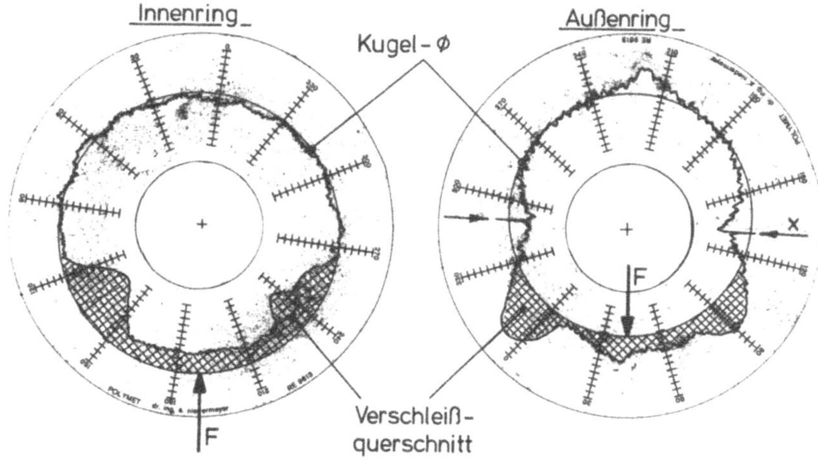


Bild 45:

Rundheitsaufzeichnungen von IR und AR bei Feststoffen in der Lastzone nach $3 \cdot 10^6$ Oszillationen

F = Lagerbelastung

X = AR-Sprengstelle mit bleibender Verformung

Maßstab: 1 Teilstrich = 1 µm

| | | |
|---|---|---|
| Parameter: | Lagertype: | GE 40 DO |
| | Lagerpressung | : 120 N/mm² |
| | Schwenkwinkel | : 6° |
| | Schwenkfrequenz: | 108,13 $min^{-1}$ |
| | $p \cdot v_m$ | : 1200 N/mm²·mm/sec |
| | Befettung | : 1x nach 10 Osz., dann 5 Std. mit 3 g Fett Nr. 8 |

Rundheitsaufzeichnungen von IR und AR in Bild 45 bestätigen den Verschleißzustand des in Bild 44 dargestellten Lagers. Deutlich erkennbar ist der sich an die Seiten verlagernde Verschleiß. Er entsteht durch Pendelung des IR im AR bei Drehrichtungswechsel innerhalb der Lagerluft quer zur Lastrichtung.

Das Bewegungssystem ist Bild 46 zu entnehmen. Dieses Verschleißverhalten kann als ideal angesehen werden, ist jedoch noch nicht gezielt für ein ganzes Anwendungsspektrum zu erzeugen. In den Versuchen hat offensichtlich der hohe Feststoffanteil von 50 % diese Erscheinung begünstigt.

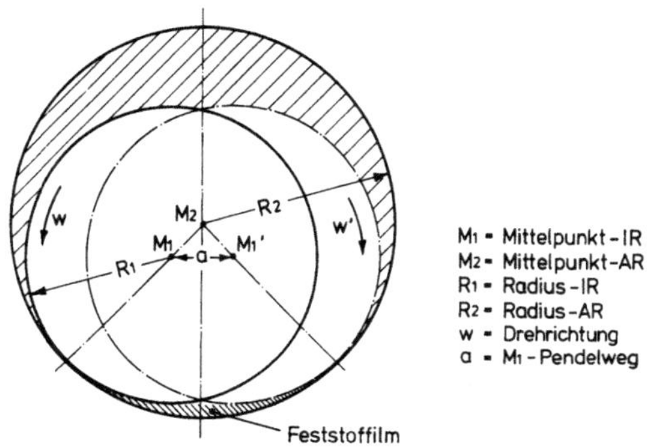


Bild 46:
Bewegungssystem IR-AR bei einem Feststoffilm in der Lastzone

## 7. Diskussion der Ergebnisse

Auf der Suche nach einer geeigneten Lagerbehandlung mit einer Suspension wurde in mehreren Versuchsreihen klar, daß hier die $MoS_2$-Menge, die auf die Gleitflächen aufgebracht wird, entscheidende Bedeutung hat.
Von Vorteil ist es, wenn:
a) die Gleitflächen trocken ohne Konservierer sind,
b) eine ca. 50 % $MoS_2$ enthaltende Paste eingesetzt wird,
c) als Träger ein Frigen verwendet wird,
d) IR und AR mit einer Suspension behandelt werden.

In Verbindung mit einem mit 50 % hellen Feststoffen angereichertem Li-Fett ergab sich eine hohe Überlegenheit gegenüber $MoS_2$-haltigen und feststofffreien Fetten. Dies betrifft sowohl die Laufeigenschaften, Reibung und Verschleiß als auch die möglichen gesteigerten Lagerbelastungen und die erzielbaren langen Laufzeiten.

Nach [15/16] sind es bei den hellen Festschmierstoffen vornehmlich Sulfide, Phosphate, Pyrophosphate, Oxide und Hydroxide, wie zum Beispiel Zinkpyrophosphat ($Zn_2P_2O_7$), Zinksulfid (ZnS), Kalziumhydroxid ($Ca(OH)_2$) und Eisenpyrophosphat, die sehr gute Laufeigenschaften ergeben. Die Feststoffe im Fett werden synergetisch wirkend aufgebaut, wobei ausschlaggebend für die guten Ergebnisse (Schmierwirkung der hellen Feststoffe) Untersuchungen sind, die durchgeführt wurden, indem die chemische Reaktion von Eisenpulver und beispielsweise Pyrophosphatpulver unter Erhitzung in reiner Argonatmosphäre gemacht wurde. Die Menge des danach festgestellten Eisenphosphides steht in unmittelbarem Zusammenhang mit der Schmierwirkung.

Während die Vorteile von $MoS_2$ im Vergleich zum hellen Fett eindeutig in der Trockenschmierung liegen, funktionieren die genannten hellen Festschmierstoffe nur in Verbindung mit mineralölhaltigen oder ähnlichen Produkten.

Eine Versuchsreihe mit unterschiedlich gestaffelten Anteilen heller Festschmierstoffe hat eindeutig gezeigt, daß mit fallendem Feststoffanteil auch die Laufeigenschaften und die Laufleistungen sinken.
Serienlaufversuche wurden mit dem Fett mit 50 % hellen Feststoffen absolviert. Die Ergebnisse sind erstaunlich gut. Lediglich bei dem kleinen Schwenkwinkel von $\beta = 6°$ fiel die Lebensdauer ab. Bei periodischer Schmierung trat in diesen kritischen Punkten nur eine unwesentliche Verbesserung ein.

Die in erster Linie bei $p \cdot v_m = 1200$ N/mm²·mm/s ertesteten Ergebnisse lassen sich durch eine Reduzierung des $p \cdot v_m$ noch zum Teil erheblich steigern.
Auffällig ist jedoch, daß zu kurze Abschmierintervalle von Nachteil sein können.

Die Untersuchungen des Verschleißes über den k-Wert ergeben zur Lebensdauer umgekehrt proportionale Ergebnisse, das heißt niedriger spez. Verschleiß bei langer Lebensdauer bzw. hoher spez. Verschleiß bei niedrigen Laufzeiten.

Bei intermittierendem Betrieb ergeben sich offensichtlich durch die Stillstandszeiten günstigere thermische Belastungen, so daß sowohl beim $MoS_2$-Fett als auch beim Fett mit hellen Feststoffen sich gesteigerte Leistungen einstellen. Lediglich beim Fett ohne Feststoffe wirken sich Stillstandszeiten in Verbindung mit erhöhten Lagerbelastungen besonders nachteilig aus, da sich offenbar erhöhte Metallkontakte der Reibpartner durch verstärkte Anfahrreibungen nach den Pausen bemerkbar machen.

Sehr interessant ist der Ausgang der Versuche bei Wechsellast. Hier konnte recht deutlich der Beweis erbracht werden, daß der bisher allgemein übliche Wechsellastfaktor $f_L = 5$ gegenüber $f_L = 1$ für einseitige Lastrichtung als Lebensdauermultiplikator viel zu hoch angesetzt ist. Die Werte scheinen vielmehr sehr dicht zusammenzuliegen. Da ist der Verschleißeinfluß der Kraftanstiegsgeschwindigkeit innerhalb der Wechsellast größer. Zunehmende Schlagstärken verursachen erhöhten Verschleiß. Periodische Schmierung dagegen reduziert diesen.

Eine Berechnung der wahren Lagerpressung p max über die elastische Verformung erbrachte erstaunliche Werte. Im Vergleich zum p liegen hier die Unterschiede bei kleinen Lagerpressungen noch viel höher als bei hohen, da sich effektiv auch bei niedrigen Lagerlasten entsprechend kleine Tragflächen ausbilden. Diese stehen zur vollen rechnerischen Tragfläche $K \cdot b_2$ sehr viel ungünstiger da als die vergrößerten Kontaktflächen unter höheren Lasten.

Legt man die Rundheitsaufzeichnung der AR-Kugelfläche in Bild 45 mit dem Punktverschleiß bei $p = 120\ N/mm^2$ zugrunde und bedenkt, daß mit zusätzlich einem zylindrischen Ersatzmodell mit Linienberührung anstatt Punktberührung bei Kugeln gerechnet wurde, wird klar, daß die realen max. Lagerpressungen noch sehr viel höher sind als in den Ergebnissen der Bilder 38 - 40 dargestellt.

Es ist zu überlegen, ob zukünftig bei der Auslegung von Lagern nicht von Effektivlagerpressungen ausgegangen werden soll, wie es auch schon von [17/18] in Beispielen aufgeführt wird.

Vereinzelt wurden innerhalb der Auswertung Versuchslager gefunden, bei denen die Hauptlastzone fast verschleißfrei geblieben ist. Günstige Bedingungen, vornehmlich mit Intervallschmierung, führten zu einem Feststoff-Filmaufbau, der sich stetig regenerierte. Ein derartiges Verschleißverhalten kann als erstrebenswert angesehen werden.

Die erzielten Verbesserungen der Lebensdauer geschmierter Gelenklager sind im Vergleich zum Ausgangszustand sehr groß. Die Erfahrungen, die in den Untersuchungen gesammelt wurden, sind durchaus auch in anderen artverwandten Lagerungen mit ähnlichen Beanspruchungen im Grenz- und Mischreibungsbereich verwertbar.

Bei der Umsetzung in die Praxis sollte jedoch auch noch bedacht werden, daß es sich bei allen erzielten Ergebnissen um Lebensdauerwerte auf der Basis von Prüfstandsversuchen handelt. Für die Praxis müssen je nach Bedarf noch weitere entscheidende Faktoren berücksichtigt werden, wie Verschmutzungen, Temperaturen usw., um so zu Gebrauchsdauerwerten zu kommen.

## 8. Schrifttum


[1] Hentschel, G.; Memmel, M. — "Über die Gebrauchsdauer von Radialgelenklagern" TZ für praktische Metallverarbeitung 62 (1968) Heft 4

[2] Holland, J.; Takaĉs, F. — "Untersuchungen an Gelenklagern unter Staubeinfluß", Antriebstechnik 14 (1975), S. 645 - 648

[3] Kiesslich, B. — "Gelenklager, ein genormtes Maschinenelement", Antriebstechnik 4 (1965), Heft 2, S. 69 - 70

[4] Memmel, M. — "Untersuchungen über die Tragfähigkeit und Gebrauchsdauer von Gelenklagern", Dissertation 1967 Fakultät für Maschinenwesen und Elektrotechnik der TH München

[5] Pohlmann, D. — "Gelenklager im Maschinenbau - Gestaltung, Tragfähigkeit und Gebrauchsdauer" Konstruktionspraxis, Sept. 1967 Manfred Kluth Verlag

[6] Pohlmann, D. — "Gebrauchsdauer, Reibung und Schmierung bei Radial-Gelenklagern Stahl/Stahl" TZ für praktische Metallbearbeitung 65. Jahrg. 1971, Heft 4, S. 165-170

[7] Riedling, O. — "Konstruktive Optimierung an Gelenklagern und Gelenkköpfen bezüglich der Verschleißminderung", Tribologie Band 6, S. 297 - 346 (1983) Springer Verlag Berlin, Heidelberg, New York

[8] Thiele, H. "Ein Beitrag zur Berechnung der Lebensdauer oszillierender Gelenke Stahl/Stahl", Diss., Fakultät für Maschinenwesen der Rheinisch-Westfälischen Technischen Hochschule Aachen

[9] Thiele, H. "Über die Berechnung der Lebensdauer für Gelenklager Stahl/Stahl", Konstruktion 30 (1978) H. 3, S. 113-118

[10] Severin, D., Schmidt, D. "Bestimmung der Lebensdauer von Schmiersystemen mit sich gegeneinanderosziellierend drehenden Reibpartnern", VDI-Z. 124 (1982) Nr. 12, Juni (II),S. 447-452

[11] Heinke, G., Leyendecker, R. "Verhalten von Werkstoffen bei oszillierender Reib- und Schlagbeanspruchung" Materialprüf. 17 (1975) Nr. 4 April S. 111 - 114

[12] Heinke, G. "Verschleiß - eine Systemeigenschaft Auswirkung auf die Verschleißprüfung" Z. Werkstofftechnik (1975) Heft 6, S. 164 - 169

[13] Heinke, G., Heinz, R., Thiel, I. "Betriebserfahrungen mit tribotechnischen Modell- und Bauteilversuchen" Schmiertechnik + Tribologie 28 (1981) Heft 3, S. 82 - 86

[14] Lawrowski, Z. "Prüfung der Lagerwerkstoffe für schwerbelastete Gelenke", Schmierungstechnik 3 (1972) 8, S. 236 - 239

[15] Gänsheimer, J. "On the Lubricating Properties of Mixtures of Mineral Oil with certain Inorganic Phosphates, Hydroxides and Sulfides" Asle Transactions, Volume 15, No. 3 July 1972, S. 201 - 206

[16] Gänsheimer, J. "Hellfarbene Festschmierstoffe" Technische Rundschau Nr. 18 vom 1.05.1970

[17] Lászlófalvi, Z.
Schütz, K-H. "Maximale spezifische Belastung in Trockengleitlagern (Teil 1)" Kugellager-Zeitschrift Nr. 209, S. 2 - 6

[18] Lászlófalvi, Z.
Schütz, K-H. "Maximale spezifische Belastung in Trockengleitlagern (Teil 2)" Kugellagerzeitschrift Nr. 211, S. 9 - 16

# Verschleißverhalten von Laufringen und Gummitüchern

von

Dipl.-Ing. A. Engl, M.A.N.- Neue Technologie
Dipl.-Ing. K. Perger, M.A.N.- Neue Technologie
Dipl.-Ing. H. Stöckl, M.A.N.- ROLAND

Förderkennzeichen: 01 ZT 191
Laufzeit: 01.10.1982 - 31.03.1984

## Zusammenfassung

Um die Ursachen und Entstehungsmechanismen für die Verschleißerscheinungen an Laufringen und Gummitüchern unter Berücksichtigung ihrer Wechselwirkungen im Druckwerk von Rollenoffsetmaschinen erfassen zu können, wurde das dynamische Modell, aufbauend auf den Ergebnissen aus dem Forschungsvorhaben "Verschleißverhalten von Laufringen" [1], auf die Beschreibung der räumlich angeordneten Druckwalzengruppe ausgedehnt und das Gummituch als rheologisches Modell miteinbezogen. Dazu wurde ein Zeitbereichsmodell bestehend aus der Parallelschaltung einer linearen Feder und eines viskosen Dämpfers aus Ein- Ausgangsmessungen, durchgeführt an einem Laborprüfstand, identifiziert. Die ermittelten Gummituchkennwerte sind sowohl von der Frequenz als auch von der Vorspannkraft abhängig. Die experimentell ermittelte Frequenzabhängigkeit entspricht in der Tendenz jener, die aus der Physik für einfache Elastomere bekannt ist.

Es wird der Aufbau des räumlichen Schwingungsmodells zur Berechnung der verkoppelten Biege- und Torsionsdynamik der räumlichen Druckwalzengruppe beschrieben und es werden einige Simulationsergebnisse dargestellt. Dabei wird auch kurz auf die Kraftschlußbeziehungen eingegangen. Mittels Abtragshypothesen an den Laufringen, den Gummitüchern und den Druckplatten lassen sich qualitative Verschleißprofile vorab berechnen und damit optimale Betriebsparameter finden.

Von großem Einfluß auf das Verschleißverhalten von Laufringen und Gummitüchern ist die Höhe der Vorspannung der Druckwalzen in einem Druckwerk. Mit dem im Rahmen dieses Vorhabens verfeinerten und erweiterten mathematischen Modell ist es möglich, schon im Konstruktionsstadium die hinsichtlich der Verschleißentwicklung optimale Vorspannkraft theoretisch zu ermitteln.

Da der Schlupf zwischen den Laufringen starken Einfluß auf die Verschleißintensität hat, ist bei der Laufringfertigung auf die Einhaltung enger Durchmessertoleranzen zu achten.

Durch geeignet gewählte Gummituch- und Druckplattenjustierungen lassen sich die Verschleißerscheinungen an den Gummitüchern und Druckplatten von Rollenoffsetmaschinen reduzieren.

Inhaltsangabe


1. Einleitung
2. Problembeschreibung
3. Identifikation eines linearen Rechenmodells für das dynamische Kurzzeitverhalten von Gummitüchern bei Druckmaschinen
3.1. Vorgehensweise bei der Identifikation
3.2. Parameterschätzung
4. Verkoppelte Biege- und Torsionsdynamik der räumlich angeordneten Druckwalzenvierergruppe
4.1. Beschreibung der Biege- und Torsionsdynamik der Druckwalzengruppe
4.2. Kraftschlußbeziehungen
4.2.1. - Zwischen den Laufringen
4.2.2. - Zwischen den Gummitüchern
4.2.3. - Zwischen Gummituch und Druckplatte
4.3. Verkopplung von Biege- und Torsionsdynamik
5. Qualitative Verschleißprofile
5.1. Abtragshypothese
5.2. Simulation von qualitativen Verschleißprofilen und ihr Vergleich mit der Praxis
6. Diskussion der Ergebnisse
7. Volkswirtschaftlicher Nutzen des Vorhabens
8. Schrifttum

## 1. Einleitung

Um die Wirtschaftlichkeit von Maschinenanlagen zu erhöhen, wird in vielen Bereichen des Maschinenbaus der Wunsch nach höheren Betriebsdrehzahlen von Arbeitsmaschinen laut. Mit höheren Drehzahlen steigen aber in den meisten Fällen die Materialbeanspruchungen und treten Qualitätseinbußen von Erzeugnissen auf. Aufgrund dessen kommt der möglichst genauen Vorabberechnung von Beanspruchungen im Zusammenhang mit dem dynamischen Maschinenverhalten immer größere Bedeutung zu.

Während es bei den bisher üblichen Drehzahlen von Rollenoffsetmaschinen von max. 35 000 U/h genügte, die Schmitzringbeanspruchung mit Hilfe eines ebenen Modells theoretisch vorauszuberechnen und damit optimale Vorspannkräfte vorzugeben, stellt sich mit steigenden Drehzahlen zunehmend heraus, daß zur Erfassung der Verschleißvorgänge an den Schmitzringen sowie an den Druckplatten und Gummitüchern eine umfangreichere Modellierung nötig wird. Man hat deshalb die Druckwalzenvierergruppe in ihrer räumlichen Anordnung zu betrachten, da sich unter anderem die Mechanismen für Gummituch- und Druckplattenverschleiß vorwiegend in den beiden äußeren Kontakten Gummizylinder-Plattenzylinder ausbilden.

Ein wichtiger Aspekt bei der erweiterten Modellierung ist die Ermittlung opitmaler Justierung von Gummituch und Druckplatte bezüglich Verschleißerscheinungen und Druckqualität, da durch Verschleiß und den damit verbundenen Ausfallzeiten sowie durch Qualitätsminderung der Volkswirtschaft große Verluste entstehen können.

## 2. Problembeschreibung

Im Druckwerk von Offset-Druckmaschinen wird die Druckform mittels des Farbwerkes eingefärbt. Die Übertragung der Farbe auf den Bedruckstoff erfolgt indirekt über ein Drucktuch. Die Druckform wird dabei auf den Plattenzylinder, das Drucktuch auf den Gummizylinder aufgespannt.

Die Spannmechanismen für Druckform und Drucktuch befinden sich im Inneren der Walzen, die somit Spannkanäle aufweisen müssen, in deren Bereich kein Druck möglich ist (s. Bild 1).

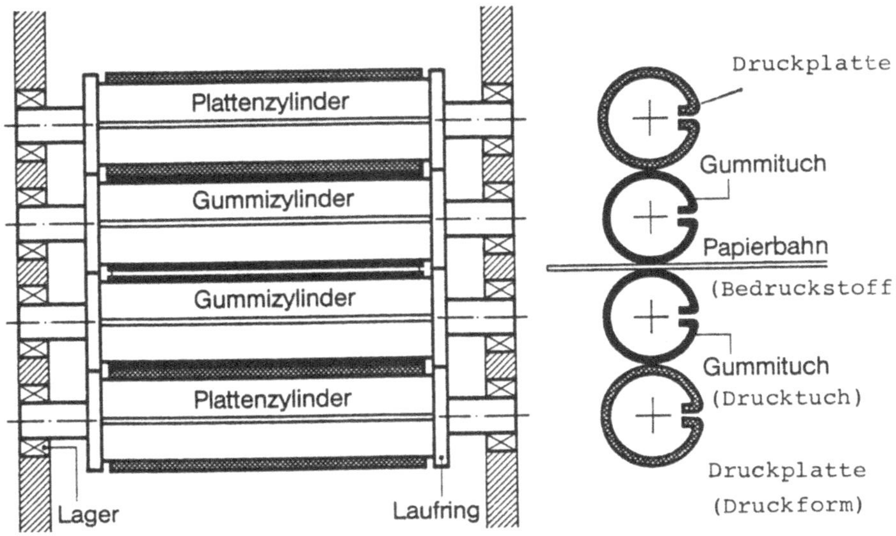


Bild 1: Schematische Zylinderanordnung

Zur Gewährleistung einer sicheren Farbübertragung beim Druckbetrieb ist in der Berührungslinie zweier Druckwalzen ein bestimmter Liniendruck notwendig, der beim Überrollen des Spannkanales kurzzeitig teilweise bis auf Null abgebaut wird. Die beiderseits der Druckwalzen angeordneten Laufringe, auch "Schmitzringe" genannt, dienen unter anderem zur Aufnahme dieser dynamischen Lastschwankungen. Zur Erzielung definierter Abrollverhältnisse sind diese Laufringe ebenfalls statisch vorgespannt. Neben dieser tribologischen Kopplung der Druckwalzen durch Kraftschluß ist antriebsseitig eine kinematische Kopplung durch Zahnräder vorhanden, die das Zusammenspiel von Ober- und Unterwerk bzw. weiterer Druckwerke gewährleisten.
Da die Laufringe in der Herstellung aufgrund von Fertigungstoleranzen nie gleiche Durchmesser haben können, kommt es zu Verspannungen innerhalb der Druckwalzen bzw. mit den Zahnradtrieben.

Der Abbau der Verspannungen erfolgt durch Gleitvorgänge in den Berührflächen der Laufringe und der Gummitücher und Druckplatten. Diese Gleitvorgänge werden zum einen durch die Normallastschwankungen bei den Kanalüberrollungen und zum anderen durch die Teilungsfehler der Zahnradtriebe ausgelöst. Weiterhin werden die Druckwalzen bei der Kanalüberrollung zu Biegeschwingungen angeregt.

Die Biegeschwingungen werden durch die Kraftschlußbeziehungen an den Laufringen, den Gummitüchern und Druckplatten und durch den Formschluß an den Zahntrieben mit den Torsionsschwingungen des Antriebsstranges dynamisch verkoppelt.

Diese Schwingungen können zu einer Qualitätsminderung der Druckerzeugnisse, wie z.B. Streifenbildung, führen. Weiterhin werden die Laufringe durch die dynamischen Kontaktkräfte stark beansprucht, wodurch der Verschleiß beschleunigt wird. Typische Verschleißerscheinungen an Laufringen sind die Riffelbildung und Materialausbrüche. An den Gummitüchern und Druckplatten bilden sich streifenförmige Verschleißerscheinungen aus, die qualitativ hochwertigen Druck nicht mehr zulassen. Verschlissene Laufringe beeinflussen wegen ihrer verminderten Laufruhe ebenfalls die Qualität der Druckerzeugnisse ungünstig und zeigen überdies raschen Schadensfortschritt. Der unumgängliche Austausch beschädigter Laufringe verursacht hohe Kosten, da ihre konstruktive Anordnung innerhalb der Druckwalzenlagerung die Demontage des Druckwerkes erforderlich macht, womit auch ein erheblicher Produktionsausfall verbunden ist.

Die Bilder 2 und 3 zeigen typische Verschleißerscheinungen an einem Laufring sowie an einem Gummituch.

Bild 2: Verschlissener Laufring

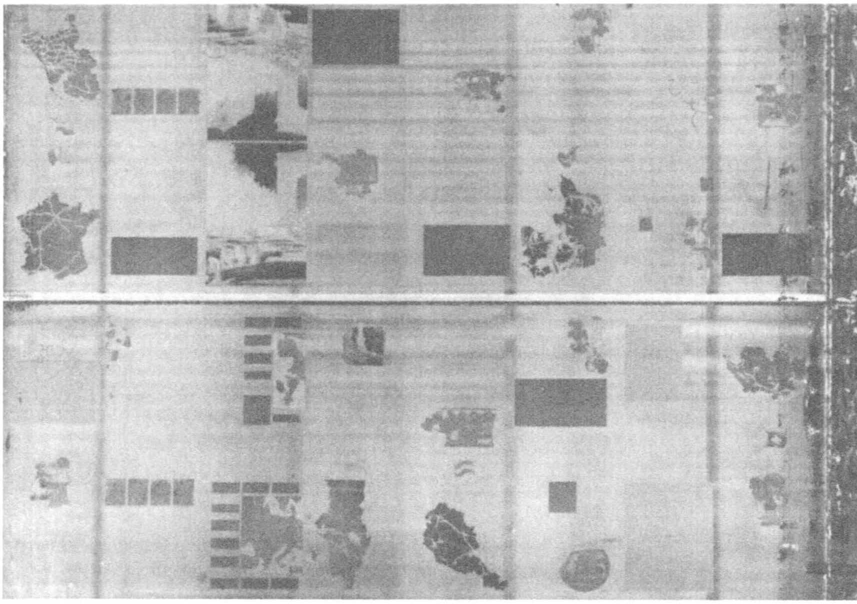

Bild 3: Verschleißerscheinungen an einem Gummituch

Zur Erhöhung der Standzeit der Laufringe ist eine Optimierung bestimmter Einzelkomponenten des Druckwerkes unter tribologischen Gesichtspunkten erforderlich. Hierzu ist unter anderem auch die Kenntnis der dynamischen Kräfte an den Laufringen sowie im Bereich der Gummitücher und Druckplatten nötig. Die theoretische Bestimmung dieser dynamischen Kräfte setzt ein mathematisches Schwingungsmodell des Druckwerkes voraus, mit dem sich die über den Kraftschluß an den Laufringen, Gummitüchern und Druckplatten verkoppelte Biege- und Torsionsdynamik von Druckwalzen beschreiben läßt.

## 3. Identifikation eines linearen Rechenmodells für das dynamische Kurzzeitverhalten von Gummitüchern bei Druckmaschinen

Das globale Ziel dieser Arbeit besteht in der Ermittlung einer geschlossenen mathematischen Beschreibung für das im Laborexperiment gemessene Ein- Ausgangsverhalten eines typischen Gummituches von Druckmaschinen, als Näherung für dessen Verhalten im realen Betriebsfall. Die auf das Gummituch wirkende Eingangsgröße ist durch eine Kompressionskraft und die Ausgangsgröße durch die Verschiebung in die Kompressionshauptrichtung gegeben.

Die Beschreibung des erwähnten Ein- Ausgangsverhaltens ist zweckmäßigerweise über ein Rechenmodell in Form einer linearen, gewöhnlichen Differentialgleichung möglichst niederer Ordnung zu realisieren. Das Laborexperiment stellt als Bindeglied zwischen Rechenmodell und Betriebserregung gleichzeitig auch die einschränkendste Randbedingung für die Konstruktion eines auch in der Betriebspraxis gültigen Rechenmodells insofern dar, als zwar für die Versuchsgestaltung häufig mehr Entwurfsfreiheit als bei einem Betriebsexperiment gegeben ist, aber immer die Frage zu beantworten ist, wie stark die Laborerregung mit der Betriebserregung korreliert. Das Laborexperiment ist folglich so zu realisieren, daß es mit hoher Wahrscheinlichkeit auch die Betriebserregung gut annähert, wobei wegen der oben erhobenen Forderung an die Modellstruktur die Laborerregung eine Übermenge der momentan herrschenden (oder angenommenen) Betriebserregung sein sollte. Dies ist beim hier realisierten Experimentzyklus insofern mit großer Wahrscheinlichkeit nur für eingeschränkte Betriebsbedingungen der Fall, als die die Gummituchprobanden tragenden Zylinder nicht in Drehung versetzt wurden. Aus der Sicht der Identifikationsmethodik ist es sehr wünschenswert, eine rekursive Folge von Experiment und Identifikationsschritten abzuwickeln, um so einen Schätzwert für ein im Sinne einer bestimmten Identifikationsstrategie optimales Testsignal zu ermitteln. In diesem Fall sind jedoch die bauartbedingten Beschränkungen des jeweiligen Prüfstandes zu berücksichtigen und es ist mit einer wesentlichen Verlängerung der Experimentdauer zu rechnen.

Wägt man Letzteres zusammen mit der Tatsache, daß man im vorliegenden Falle schwerlich eine optimierte Versuchserregung in eine Betriebserregung wird umsetzen können, ab gegen eine eventuell verbesserte Identifizierbarkeit eines Rechenmodells, dann ergibt sich zwangsläufig die Forderung, daß sich die Identifikationsstrategie den gegebenen Versuchsmöglichkeiten anzupassen hat.

## 3.1. Vorgehensweise bei der Identifikation

Der Wunsch nach einer einfachen Modellstruktur mit konzentrierten Parametern wird sowohl durch ein Maxwell-Modell als auch durch ein Voigt- oder Kelvin-Modell, s. Bild 4, erfüllt. Für eine erweiterte Systembetrachtung sind auch sinnvolle Kombinationen beider Modellstrukturen nützlich [2].

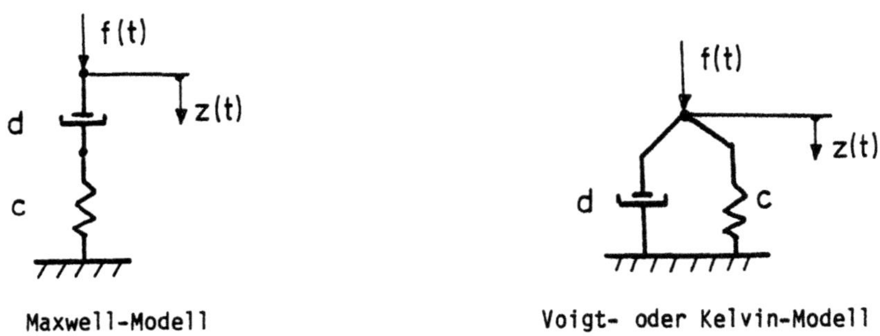


Bild 4: Einfache Modellstrukturen für Elastomerwerkstoffe

Da die für das Langzeitverhalten wesentlichen Setzungserscheinungen zunächst vernachlässigt werden und die im Abschnitt 3 definierten Ein-Ausgangsgrößen gelten, wird dem Gummituch die Eigenschaft der asymptotischen Stabilität im Sinne von Ljapunov zugeschrieben, was letztlich auf die Auswahl der Modellstruktur nach Voigt-Kelvin führt. Wie sich die real gegebenen Nichtlinearitäten auf die Parameter des linearen Voigt-Modells auswirken, ist bei Übergang von Zeit- in Frequenzbereich zumindest für einen einfachen Elastomeraufbau in der Tendenz aus der Physik bekannt, s. Bild 5.

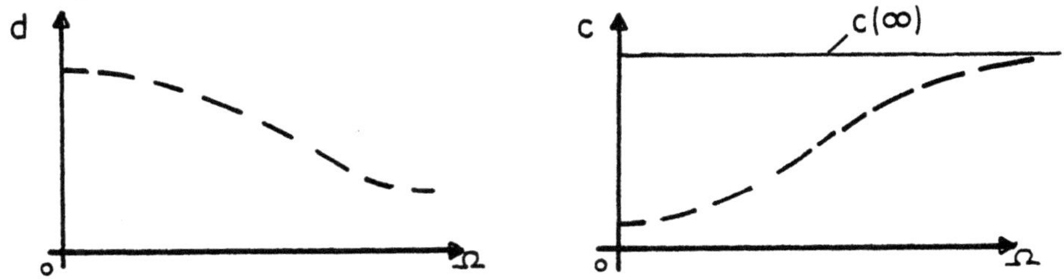


Bild 5: Verlauf des Dämpfungsbeiwertes und der Federsteifigkeit über der Frequenz (aus der Physik vorausberechnet)

Zusammenfassend wird festgestellt, daß in dieser Arbeit als Gummituch-Kurzzeit-Modell ein Voigt-Kelvin-Modell gemäß Bild 4 gewählt wird und daß die Identifikation der beiden Parameter (c, d) im Frequenzbereich erfolgt, wobei die Frequenzabhängigkeit dieser Kenngrößen qualitativ wie in Bild 5 dargestellt erwartet wird.
Berücksichtigt man weiterhin den mechanischen Aufbau des Prüfstandes und die endliche Steifigkeit des Fundamentes, auf dem dieser Prüfstand während des Experimentes steht, so ergibt sich folgendes erweiterte Modell nach Bild 6.

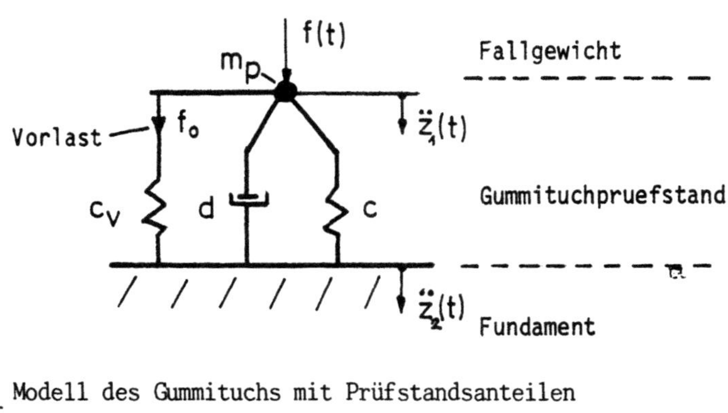


Bild 6: Modell des Gummituchs mit Prüfstandsanteilen

Die bekannte Steifigkeit $c_v$ stellt die Federn dar, mit denen die statische Spannkraft $f_o$ der Gummitücher auf unterschiedliche Werte eingestellt wird, und die Masse $m_p$ entspricht der (bekannten) dynamisch mitbewegten Masse des Prüfstandes. Die Beschleunigung $\ddot{z}_2(t)$ des Fundamentes wird am Prüfstandsfuß gemessen und ist somit wie die Beschleunigung $\ddot{z}_1(t)$ am Prüfstandskopf im Rahmen der Meßgenauigkeit bekannt. Die äußere Erregerkraft f(t) wird durch ein Fallgewicht erzeugt und ebenfalls als Meßgröße erfaßt.

Die Bewegungsgleichung ist somit durch

$$d(\dot{Z}_1(t) - \dot{Z}_2(t)) + c(Z_1(t) - Z_2(t)) = -m_p\ddot{Z}_1(t) - c_v(Z_1(t) - Z_2(t))$$

$$+ f(t), \quad Z_1(0) = Z_2(0) = 0 = Z_1(0) = Z_2(0) \qquad (1)$$

gegeben und dient im folgenden als Grundlage zum Aufbau der Identifikationsgleichungen.

Die statistischen und asymptotischen Eigenschaften der verschiedenen gebräuchlichen Schätzmodelle sind in weitgehend allgemeiner Form z.B. in [3 , 4 , 5] dargestellt.

Aus praktischer Sicht und unter Berücksichtigung eines vertretbaren Rechenzeitaufwandes empfielt es sich, auf asymptotisch effiziente Schätzer zu verzichten, insbesondere auch deswegen, weil sowohl für das Meß- als auch für das Prozeßrauschen keine Information über deren stochastische Eigenschaften vorliegen. Alle impliziten (oder Modell-Abstimmungs-) Verfahren benötigen "gute" Parameterstartwerte und eine möglichst gute Übereinstimmung von Modellstruktur und realem System, damit ihre Verfahrensvorteile gegenüber einfachen Methoden voll zum Tragen kommen. Berücksichtigt man, daß die einfache Voigt-Kelvin-Struktur gewählt wurde, so fällt die Wahl auf das explizit gelöste Gleichungsfehler-Verfahren vor allem auch deshalb, weil sämtliche Lage-, Geschwindigkeits- und Beschleunigungskoordinaten zu Gl.(1) aus dem Experiment bekannt sind.
Transformiert man Gl. (1) mit den zugehörigen Anfangsbedingungen in den Fourier-Frequenzraum und löst sie unter Einführung des 2x1 Parametervektors $ß = [d\ c]^T$ für die $k = 1(1)l$ diskreten Frequenzen $\Omega_k$ unter Berücksichtigung des kx1 Gleichungsfehlers e, so folgt

$$\begin{bmatrix} j\Omega_1 \cdot {}_M\tilde{z}(\Omega_1) & {}_M\tilde{z}(\Omega_1) \\ \vdots & \vdots \\ j\Omega_\ell \cdot {}_M\tilde{z}(\Omega_\ell) & {}_M\tilde{z}(\Omega_\ell) \end{bmatrix} \cdot \begin{bmatrix} d \\ c \end{bmatrix} = \begin{bmatrix} \Omega_1^2 \cdot m_p \cdot {}_M z_1(\Omega_1) - c_v \cdot {}_M\tilde{z}(\Omega_1) + {}_M f(\Omega_1) \\ \vdots \\ \Omega_\ell^2 \cdot m_p \cdot {}_M z_1(\Omega_\ell) - c_v \cdot {}_M\tilde{z}(\Omega_\ell) + {}_M f(\Omega_\ell) \end{bmatrix} + \begin{bmatrix} e_1 \\ \vdots \\ e_\ell \end{bmatrix} \qquad (2)$$

$$\underline{P} \cdot \underline{\beta} = \underline{p} + \underline{e}$$

Das quadratische Fehlerfunktional

$$J = e^* e \qquad = \mathrm{Min} \qquad (3)$$

wird durch die Lösung des Gausschen Schätzproblems für die optimalen Parameter

$$ß_{opti} = (P^* P)^{-1} \; P^* P \qquad (4)$$

minimiert. Zur Vereinfachung wurde $\tilde{z} = z_1 - z_2$ eingeführt und der unten links stehende Index M deutet auf die Messung hin. Die Regularität der Matrix P*P ist durch eine hinreichende Anzahl von diskreten Frequenzen gesichert und P* ist die zu P konjugiert transponierte Matrix.
Da die Festlegung auf <u>eine einzige</u> lineare Modellstruktur erfolgte, entfällt die Vergleichsmöglichkeit unterschiedlicher Modelle.

Zur Überprüfung des identifizierten Gummituch-Modells sind jedoch zwei Möglichkeiten gegeben.
Erstens dient der prozentuale Ausgangsfehler des (komplexen) Frequenzganges $\ddot{q}_1(\Omega) = \ddot{Z}_1(\Omega)/f(\Omega)$ als Hinweiskriterium für die Güte des Identifikationsresultats, wobei getrennt nach Amplitudenfehler $\Delta A$ und Phasenfehler $\Delta\varphi$ verglichen wird:

$$\Delta A(\Omega_k, \beta) = \frac{|{}_S q_1| - |{}_M q_1|}{|{}_M q_1|} \cdot 100 \; [\%], \tag{5a}$$

$$\Delta \varphi(\Omega_k, \beta) = \frac{{}_S\varphi_1 - {}_M\varphi_1}{{}_M\varphi_1} \cdot 100 \; [\%], \tag{5b}$$

$${}_S\varphi_1 = \mathrm{arctg} \frac{\mathrm{Im}\{{}_S q_1\}}{\mathrm{Re}\{{}_S q_1\}}, \quad {}_M\varphi_1 = \mathrm{arctg} \frac{\mathrm{Im}\{{}_M q_1\}}{\mathrm{Re}\{{}_M q_1\}}. \tag{5b}$$

Der simulierte Frequenzgang ${}_S q_1$ wird ausgehend von Gl. (1) gemäß

$${}_S\ddot{q}_1(\Omega) = \frac{-\Omega^2 + (j\Omega d_{opt} + c_{opt}) \cdot {}_M\ddot{q}_2(\Omega)}{-\Omega^2 m + j\Omega d_{opt} + c_{opt}}, \quad j = \sqrt{-1}, \tag{6}$$

mit ${}_M\ddot{q}_2(\Omega) = {}_M\ddot{z}_2(\Omega)/f(\Omega)$ berechnet.

Die zweite Möglichkeit zur Überprüfung des Identifikationserfolges besteht darin, daß vorab bekannte Kenngrößen während der Parameterschätzung mitidentifiziert werden. Im vorliegenden Falle ist dies für die mitbewegte Prüfstandsmasse $m_p$, s. auch Bild 6, möglich.

Das Laborexperiment wird nach drei Anforderungsmerkmalen ausgerichtet.

1) Die Laborerregung muß eine gute Näherung für die Betriebserregung darstellen. Diese Forderung wird hier zum Teil deswegen gut erfüllt, weil auch im realen Druckbetrieb die Gummitücher insbesondere bei der Kanalüberrollung nahezu impulsförmig belastet werden. Allerdings wird darauf hingewiesen, daß die Prüfstandszylinder während der Erregungsphase nicht wie bei Druckmaschinen in Drehung versetzt waren und sich insofern ein (möglicherweise nicht zu vernachlässigender) Unterschied zwischen den Randbedingungen der Labor- und Betriebserregung ergibt.

D.h., daß die z. Zt.realisierte Laborerregung in diesem Punkt die reale Betriebserregung im Rahmen des technisch kurzfristig Möglichen gut annähert.

2) Die Wahl der Experimentparameter hat so zu erfolgen, daß ein für die Praxis hinreichender Überblick über das Prüflingsverhalten gewonnen wird. Um dies zu erreichen werden die Gummitücher bei fünf unterschiedlichen Vorspannkräften $f_o$ im Bereich des aus dem Druckmaschinenbetrieb bekannten Arbeitspunktes einmal mittels eines "weichen" und alternativ dazu mittels eines "harten" Erregerimpulses dynamisch erregt.
Ein "weicher" Impuls ist dadurch gekennzeichnte, daß vorwiegend Frequenzen unterhalb ca. 150 Hz angeregt werden, während im Amplituden- (dichte-) Spektrum des "harten" Impulses auch Frequenzanteile im Bereich von ca. 150 - 250 Hz auswertbar vorhanden sind.
In diesem Punkt ist die Testerregung mit großer Wahrscheinlichkeit eine Übermenge der Betriebserregung.

3) Randeinflüsse wie z.B. die (komplexe) Fundamentnachgiebigkeit und das frequenzabhängige Übertragungsverhalten der Meßkette müssen als Störgrößen abgeschätzt oder meßtechnisch erfaßt und gegebenenfalls im Rahmen der Identifikationsrechnung berücksichtigt werden [6].
Eine Gesamtansicht des Prüfstandes (links unten) nebst Fallgerät (links oben) und der Meß- und Aufzeichnungsgeräte (rechts) ist in Bild 7 gegeben. Siehe dazu auch [6].

Bild 7: Versuchseinrichtung zur Identifikation der Gummituchparameter

## 3.2. Parameterschätzung

Sie bestand im wesentlichen in der Lösung von Gl. (2) mittels Householder Transformation und $m_p$ = 28 kg. Es ergaben sich die in Bild 8a und 8b aufgeführten Parameter (d, c), wobei diese identifizierten Größen gemäß der vorliegenden Versuchseinrichtung für die Berührfläche von zwei Gummitüchern zueinander auf einer Breite von 8 cm gelten.

Die Verläufe in Bild 8a entsprechen in der Tendenz dem in Bild 5 dargestellten Graphen. Auch steigt die Federsteife mit wachsender Vorspannkraft, wie auch aus der statischen Federkennlinie bekannt, an [6]. Allerdings sind die Beträge der dynamisch identifizierten Federsteife ca. um den Faktor 1 bis 10 größer als jene der statisch ermittelten.

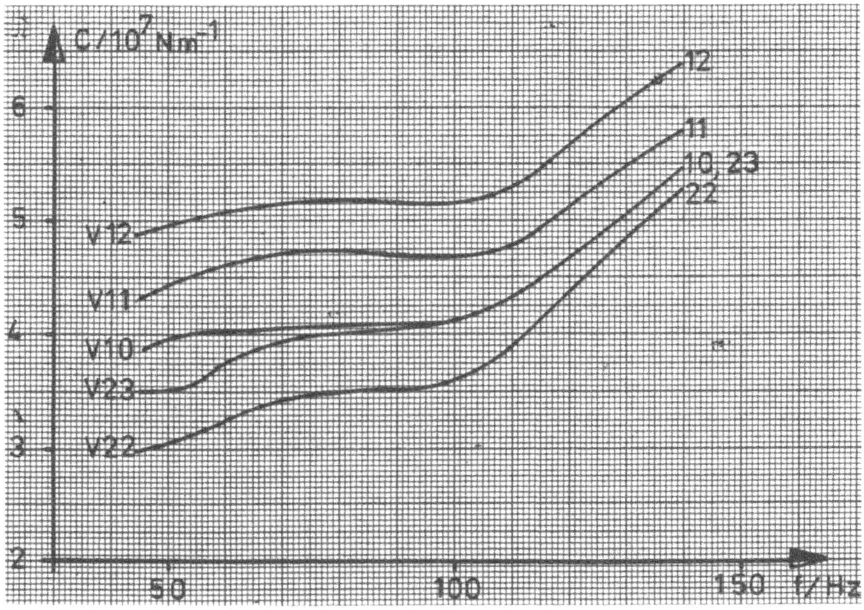


Bild 8a: Identifizierte Gummituchsteifigkeit bei weichem Erregerimpuls

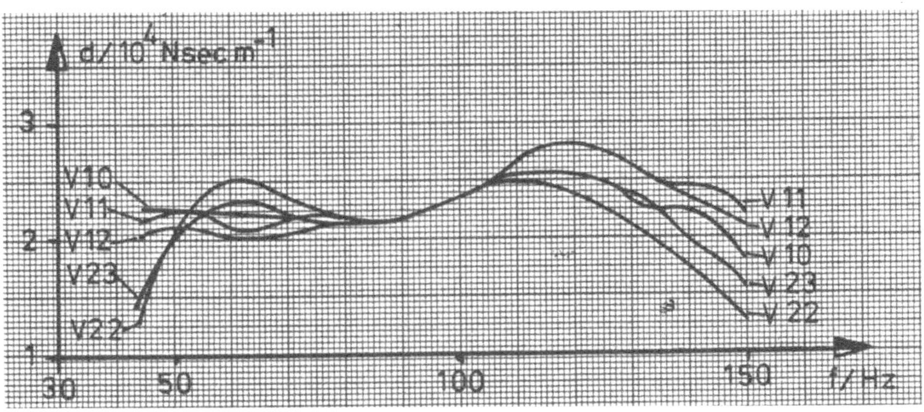


Bild 8b: Identifizierte Gummituchdämpfung bei weichem Erregerimpuls

Vergleicht man den Verlauf der identifizierten Dämpfungen mit jenen, die aus der Physik bekannt sind (Bild 5), so stellt man bei großzügiger Wertung auch hier prinzipielle Gemeinsamkeiten fest. In erster Linie kann jedoch eine, im Vergleich zur Federsteifigkeit geringere Abhängigkeit von der Vorspannkraft festgestellt werden.

Der maximale prozentuale Ausgangsfehler zwischen Simulation und Messung im Sinne von Gl. (5a, 5b) bei Identifikation der Modellparameter (c, d) in eingeschränkten Frequenzbereichen $\Delta f \approx 15$ Hz sind für weiche Erregung in Bild 9 dargestellt. Es ergibt sich im Mittel ein typischer Amplitudenfehler von ± 8 %, während der Phasenfehler + 8 % beträgt. Dieser relativ kleine maximale Fehler ist im wesentlichen darauf zurückzuführen, daß das lineare Modell in den oben genannten kleinen Frequenzintervallen optimal der Messung angepaßt wird.

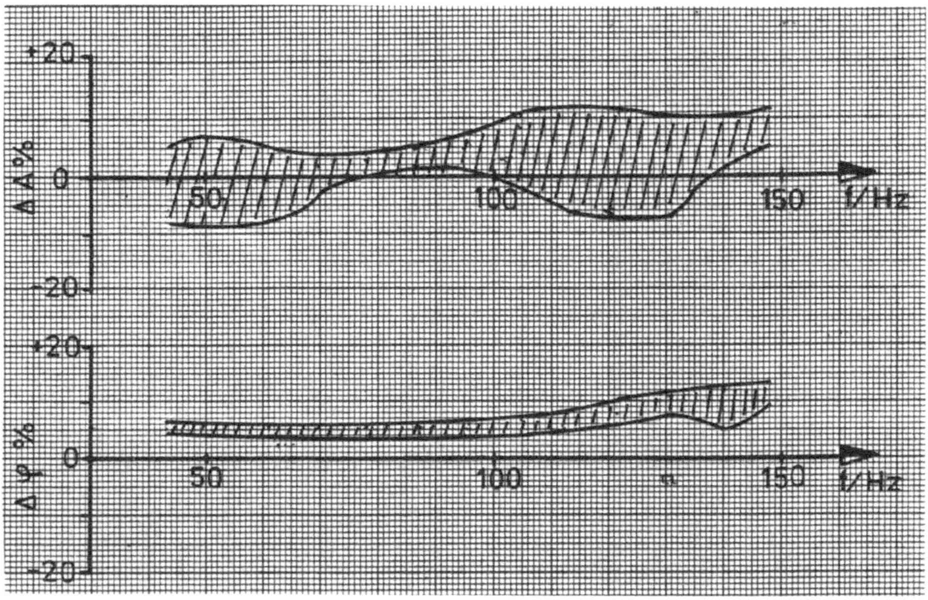


Bild 9: Maximale Ausgangsfehler bei Identifikation der Modellparameter (c,d) in eingeschränkten Frequenzintervallen $\Delta f \approx 15$ Hz und bei weicher Erregung.

Bei Erregung des Prüfstandes mit breitbandigen (harten) Erregerimpulsen ergeben sich bis zu einer Frequenz von ca. 180 Hz Amplitudenfehler von ca. ± 10 %, während die maximalen Phasenfehler bis + 20 % ansteigen. Im darüberliegenden Frequenzbereich steigen sowohl die Amplitudenfehler als auch der Phasenfehler zu sehr hohen Werten an, was letztlich bedeutet, daß die in diesen Frequenzbereichen identifizierten Parameter mit beachtlichen Unsicherheiten behaftet sind [6].

Um schließlich zu einem Satz von Gummituchparametern zu gelangen, wurde die Identifikation über den größtmöglichen Frequenzbereich durchgeführt, d.h. es wurde ein mittlerer Wert über alle Frequenzen berechnet, in Abhängigkeit von der Vorlast $f_o$, s. Bild 10a und 10b. Der typische prozentuale Amplituden- und Phasenfehler zwischen Simulation und Messung im Sinne von Gl. (5a, 5b), beträgt ± 20 %.

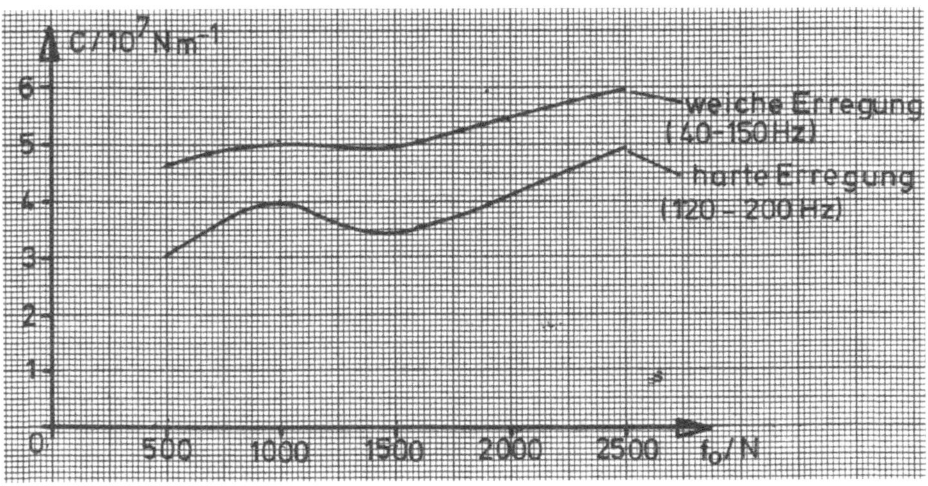


Bild 10a: Über alle Frequenzen gemittelte Gummituch-Steifigkeit in Abhängigkeit von der Vorlast $f_o$ und der Erregungsart.

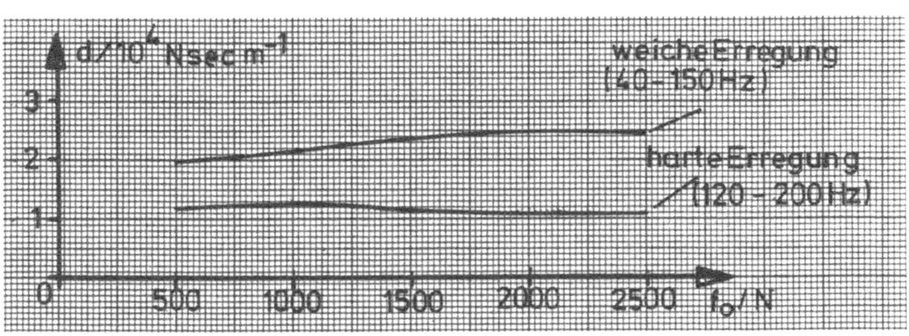


Bild 10b: Über alle Frequenzen gemittelte Gummituch-Dämpfung in Abhängigkeit von der Vorlast $f_o$ und der Erregungsart.

Zusammenfassend wird festgestellt, daß als Modellstruktur die einfache Voigt-Kelvin-Modellierung gewählt wurde, die aus der Parallelschaltung einer linearen Feder c und eines viskosen Dämpfers d besteht. Die Differentialgleichung für zwei auf Druckzylinder aufgespannte und gegeneinander gepreßte Gummitücher lautet:

$$d\,\dot{z}(t) + c\,z\,(t) = f(t). \qquad (7)$$

Mittlere Parameter für die Prüfstandsanordnung mit zwei Gummitüchern

Erregung 40 - 120 Hz: $c = 5.10^7\ \mathrm{Nm}^{-1}$
$d = 2.4\ 10^4\ \mathrm{Nsecm}^{-1}$

Erregung 120 - 200 Hz: $c = 4.10^7\ \mathrm{Nm}^{-1}$
$d = 1.2\ 10^4\ \mathrm{Nsecm}^{-1}$

Diese Parameter gelten für die spannkanalfreie Druckzylinderzone. Der typische Fehler zwischen Modellsimulation und Messung beträgt ca. $\pm$ 20 %.

Für den Fall, daß ein Modell nur zu einem Gummituch benötigt wird, kann jedem Tuch ein Voigt-Kelvin-Modell zugeordnet werden.

Mittlere Parameter eines Gummituches pro Längeneinheit der Berührlinie der Krafteinleitung

Erregung 40 - 120 Hz: $c = 12.5\ 10^6\ \mathrm{Nm}^{-1}/\mathrm{cm}$
$d = 6.10^2\ \mathrm{Nsecm}^{-1}/\mathrm{cm}$

Erregung 120 - 200 Hz: $c = 10.10^6\ \mathrm{Nm}^{-1}/\mathrm{cm}$
$d = 3.10^2\ \mathrm{Nsecm}^{-1}/\mathrm{cm}$

Auch in diesem Fall gilt Gl. (7).

# 4. Verkoppelte Biege- und Torsionsdynamik

In Druckmaschinen sind die Biege- und Torsionsdynamik einer Druckwalzengruppe über die Kraftschlußbeziehung zwischen den Laufringen sowie zwischen den Gummitüchern und zwischen Gummitüchern und Druckplatten der einzelnen Walzen verkoppelt.

Während in dem Vorhaben "Verschleißverhalten von Laufringen" [1] bei dem ebenen Modell einer Druckwalzengruppe nur der Kraftschluß zwischen den Laufringen berücksichtigt wurde, ist es angebracht, in der erweiterten Modellierung auch die Kraftschlüsse zwischen den Gummitüchern und zwischen Gummitüchern und Druckplatten bei der Kopplung von Biege- und Torsionsdynamik im Modell mitzuerfassen. Dies erscheint umso wichtiger, da die Verschleißmechanismen für das Gummituch und die Druckplatte in den beiden äußeren Kontakten ihren Ursprung haben. Dabei sollen die Kraftschlußbeziehungen von KALKER [6, 7] Anwendung finden.

## 4.1. Beschreibung der Biegedynamik

Die erweiterte Modellierung einer Druckwalzengruppe umfaßt nun sowohl die beiden innenliegenden Gummizylinder als auch die beiden äußeren Plattenzylinder. Als Störstellen hat man somit die Gummizylinderkanäle und die Plattenzylinderkanäle, bei deren gegenseitigem Überrollen die Druckwalzengruppe zu Biegeschwingungen angeregt wird. Die einzelnen Walzen werden dabei wie schon in [1] durch mehrere biegeelastische Teilelemente modelliert, deren Bewegungsverhalten sich durch den Produktansatz aus zeitabhängigen Knotenpunktskoordinaten und ortsabhängigen Ansatzfunktionen beschreiben läßt. Als Ansatzfunktionen werden wie in [1] HERMITE-Polynome 4. Ordnung verwendet.

Da es zwischen den Schmitzringen, den Gummitüchern und zwischen Gummitüchern und Druckplatten zum Kontaktverlust kommen kann, sind entsprechende Abhebebedingungen im Modell berücksichtigt. Bild 11 zeigt das Modell einer Druckwalzengruppe mit der Winkelversetzung zwischen den beiden Gummizylindern. Bei der Vierergruppe ergeben sich von selbst zu den Primäreffekten, d.h. den dynamischen Kraftschwankungen bei der eigenen Kanalüberrollung eines Walzenpaares, auch die Sekundäreffekte, d.h. die dynamischen Kraftschwankungen als Auswirkung der Kanalüberrollungen benachbarter Zylinder.

Die Bewegungsgleichung für das vorliegende System für die Erfassung der Biegedynamik lautet

$$\underline{M}\,\ddot{\underline{z}} + \underline{D}\,\dot{\underline{z}} + \underline{C}\,\underline{z} = \underline{B}\,\underline{u}, \qquad (8)$$

wobei $\underline{M}$ die Massenmatrix, $\underline{D}$ die Dämpfungsmatrix und $\underline{C}$ die Steifigkeitsmatrix kennzeichnet.

Die Matrix $\underline{B}$ stellt die Eingangsmatrix für äußere Kräfte und $\underline{u}$ den Vektor der äußeren Kräfte dar, der sowohl die Vorspannkräfte an den Lagern als auch die Störkräfte an den einzelnen Gummituchelementen infolge der Kanalüberrollungen enthält, die von den Kanalkonturen der Gummi- und Plattenzylinder abhängig sind. Aus den eingegebenen Kanalkonturen wird dabei jeweils der Störweg sowie die Störgeschwindigkeit und daraus wiederum die Störkraft an den einzelnen Gummituchelementen ermittelt.

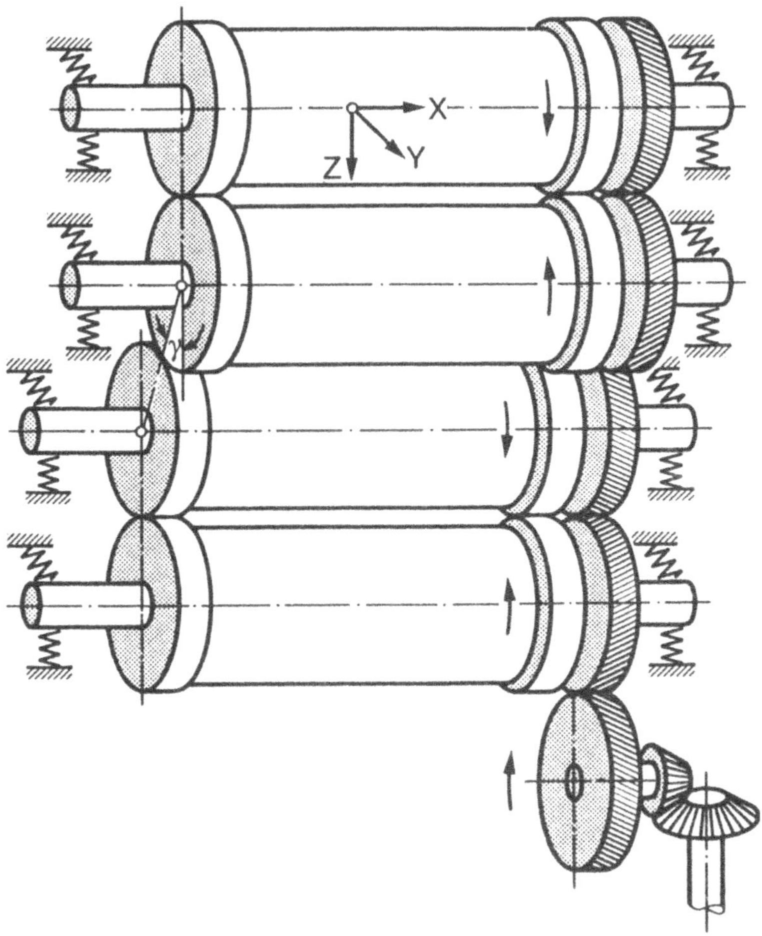


Bild 11: Modell einer Druckwalzengruppe

Der Lagevektor $\underline{z}$ hat die Form

$$\underline{z} = [z_{1,1}, z_{1,2}, \ldots z_{1,n+1}, y_{1,1} \ldots y_{1,n+1}, z_{2,1} \ldots z_{2,n+1}, \ldots y_{4,n+1}]^T, \quad (9)$$

wenn n die Anzahl der elastischen Teilelemente der einzelnen Druckwalzen kennzeichnet. Die Koordinaten $z_{i,j}$ und $y_{i,j}$ stellen dabei die translatorischen Knotenpunktsverschiebungen an den Punkten (i,j) in y- und z-Richtung nach Kondensation der Knotenverdrehungen dar.

Die Lösung der Bewegungsdifferentialgleichung (8) erfolgt dabei in zwei Schritten

- Bestimmung der statischen Gleichgewichtslage nach Aufbringen der Vorspannkräfte über die Lagerexzenter als Anfangsbedingung für die Simulation
- numerische Integration der inhomogenen Bewegungsgleichung (8)

Zur Ermittlung der statischen Gleichgewichtslage, die sich nach Aufbringen der Vorspannkräfte über die Lagerexzenter einstellt, ist die Gleichung

$$\underline{C}\,\underline{z} = \underline{B}\,\underline{u} \quad (10)$$

zu lösen.

Dabei werden an den Lagerstellen der beiden Gummizylinder äußere Kräfte gemäß Bild 12 angesetzt.

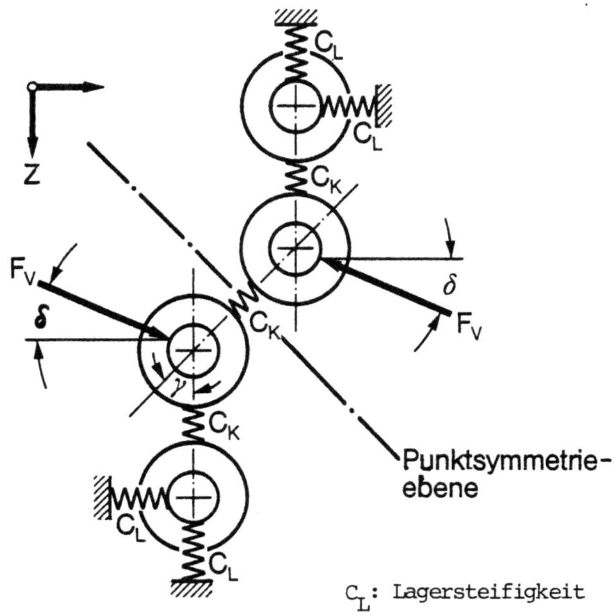


Bild 12: Schematische Seitenansicht einer Druckwalzengruppe mit äußeren Kräften

Der Winkel $\delta$ , unter dem die Vorspannkräfte angesetzt werden ergibt sich zu

$$\delta = \frac{\gamma}{2} \tag{11}$$

wenn $\gamma$ den Winkelversatz der beiden Gummizylinder darstellt.

Um den Rechenaufwand zu reduzieren, genügt es aus Gründen der vorliegenden Punktsymmetrie (s. Bild 12), beim Ermitteln der statischen Gleichgewichtslage einen Platten- und Gummizylinder, der mit seiner Gummituchbettung und dem Schmitzringkontakt ans Inertialsystem gefesselt ist, zu betrachten.

Die Vorspannkraft $F_V$ wird dabei in ihre Komponenten in die beiden Achsrichtungen zerlegt.

Beim Lösen der Gleichung (10) ist zu berücksichtigen, daß am Gummizylinder das Gummituch um $S_{01}$ über den Schmitzring justiert ist und daß am Plattenzylinder die Druckplatte um $S_{02}$ über-, bzw. unterjustiert sein kann.

Zur Beschreibung der Torsionsdynamik der räumlich angeordneten Druckwalzenvierergruppe werden vier aus je mehreren torsionselastischen Teilelementen zusammengesetzte Zylinder betrachtet, die über die Zahntriebe an die Betriebsdrehzahl gefesselt sind. Ihr Bewegungsverhalten läßt sich beschreiben durch den Produktansatz aus zeitabhängigen Knotenpunktskoordinaten und ortsabhängigen Ansatzfunktionen. Als Torsionsdynamik seien dabei immer die der konstanten Betriebsdrehzahl überlagerten Schwingbewegungen verstanden.

Die Bewegungsgleichung für die Torsionsdynamik lautet damit

$$\underline{M}_T \ddot{\underline{\varphi}} + \underline{D}_T \dot{\underline{\varphi}} + \underline{C}_T \underline{\varphi} = \underline{B}_T \underline{\Psi} \tag{12}$$

mit dem Lagevektor $\underline{\varphi}$ , der sich für 4 Walzen mit je n torsionselastischen Teilelementen wie folgt zusammensetzt

$$\underline{\varphi} = [\varphi_{1,1} \dots \varphi_{1,n+1}, \varphi_{2,1} \dots \varphi_{2,n+1}, \dots \varphi_{4,n+1}]^T . \tag{13}$$

Dabei stellen die $\varphi_{i,j}$ Knotenpunktverdrehungen dar.

Die Matrizen $\underline{M}_T$, $\underline{D}_T$, $\underline{C}_T$ und $\underline{B}_T$ stehen für die Massen-, Dämpfungs-, Steifigkeits- und Eingangsmatrix für äußere Erregermomente. $\underline{\Psi}$ kennzeichnet den Vektor der Erregermomente. Diese äußeren Erregermomente ergeben sich aufgrund der Tangentialreibkräfte in den Kontaktflächen der Laufringe, Gummitücher und Druckplatten nach den Gesetzen der dafür jeweils geltenden Kraftschlußbeziehungen und sind ihrerseits rückwirkend über die sich aufgrund der Torsionsdynamik einstellenden Schlupfgrößen von der Torsionsdynamik abhängig.

## 4.2. Kraftschlußbeziehungen

Die Beschreibung der Kraftschlüsse zwischen den Laufringen, den Gummitüchern und zwischen Gummituch und Druckplatte erfolgt nach den aufbereiteten theoretischen Grundlagen von KALKER [8].

Während für die Beschreibung des Kraftschlusses zwischen den Laufringen wie beim ebenen Modell das KALKER-Programm FASTSIM, dem die vereinfachte nichtlineare räumliche Kraftschlußtheorie zugrunde liegt, Anwendung findet, geht man bei der Beschreibung der Kraftschlußverhältnisse zwischen den Gummitüchern, bzw. zwischen Gummituch und Druckplatte von einem ebenen Modell jeweils zweier mit einer Gummischicht überzogener Zylinder aus. Dabei sei jeweils vorwiegend Längsschlupf im Spiel. Quer- und Bohrschlupf werden vernachlässigt.

Für den Längsschlupf $\nu_x$ gilt:

$$\nu_x = \frac{v_{1x} - v_{2x}}{(v_1 + v_2)/2}. \qquad (14)$$

Unter der Voraussetzung

$$\omega_1 = \omega_2 = \omega_0 \qquad (15)$$

lautet die Gleichung für den Längsschlupf linearisiert mit den Radiusabweichungen $\Delta R_1$ und $\Delta R_2$

$$\nu_x = \frac{\omega_0 \, (\Delta r_1 - \Delta r_2) + r_1 \dot{\varphi}_1 - r_2 \dot{\varphi}_2}{\omega_0 (r_1 + r_2)/2}, \qquad (16)$$

wobei $\dot{\varphi}_1$ und $\dot{\varphi}_2$ die aus der Torsionsdynamik überlagerten Winkelgeschwindigkeiten darstellen.

Berücksichtigt man auch noch exzentrischen Lauf der Zylinder, so erhält man für $\nu_x$ aus (16) mit der Voraussetzung (15)

$$\nu_x = \frac{\omega_0 (\Delta r_1 - \Delta r_2 + \Delta r_{e1} - \Delta r_{e2}) + r_1 \, (\dot{\varphi}_1 - \dot{\varphi}_2)}{r_1 \, \omega_0} \qquad (17)$$

mit $\Delta r_{e1}$ und $\Delta r_{e2}$ für die Radiusabweichungen infolge Exzentrizitäten, für die gilt

$$\Delta r_{e1} = e_1 \cos \omega_0 t, \tag{18}$$

$$\Delta r_{e2} = e_2 \sin \omega_0 t.$$

Dabei stellen $e_1$ und $e_2$ die Exzentrizitäten der beiden zugehörigen Zylinderradien dar.

### 4.2.1. Kraftschlußbeziehungen zwischen den Laufringen

Nach der vereinfachten nichtlinearen räumlichen Kraftschlußtheorie von KALKER ergeben sich die Tangentialkräfte $F_{Tx}$ und $F_{Ty}$ nach [8] zu

$$F_{Tx} = f_x ( \nu_x, \nu_y, \phi ) . F_N (t) \tag{19}$$

und

$$F_{Ty} = f_y ( \nu_x, \nu_y, \phi ) . F_N (t), \tag{20}$$

wobei $F_N (t)$ die zeitabhängige Normalkraft und $f_x$ und $f_y$ Kraftschlußkoeffizienten darstellen. Diese Kraftschlußkoeffizienten liefert das KALKER-Programm FASTSIM, welches als Eingabe die Schlupfgrößen $\nu_x$, $\nu_y$ und $\phi$ benötigt.

Dabei bedeuten $\nu_x$ Längsschlupf, $\nu_y$ Querschlupf und $\phi$ Bohrschlupf.

Die Vorgehensweise ist dabei analog zur Behandlung des Kraftschlusses zwischen den Laufringen beim ebenen Druckwalzenmodell [1].

### 4.2.2. Kraftschlußbeziehungen zwischen den Gummitüchern

Für die Beschreibung der Kraftschlußbeziehungen zwischen den Gummitüchern geht man von einem ebenen Modell, bestehend aus zwei jeweils mit einer Gummischicht überzogenen Zylindern und einer zwischen den Zylindern durchlaufenden Stoffbahn, aus (s. Bild 13).

Da die beiden Gummizylinder gleiche Geometrie haben, aus gleichem Material sind und mit gleichen Gummitüchern bespannt sind, gilt

$$
\begin{aligned}
E^1 &= E^2 = E, \\
h^1 &= h^2 = h, \\
R^1 &= R^2 = R, \\
G^1 &= G^2 = G, \\
\nu^{13} &= \nu^{23} = \nu
\end{aligned}
\qquad (21)
$$

Damit erhält man an der Oberseite für die halbe Kontaktbreite a nach KALKER [8]

$$a = \sqrt{R\Delta} \qquad (22)$$

wobei $\Delta$ die gegenseitige Annäherung darstellt. Die Normalkraft lautet hierfür

$$F_1 = 2\,E\,a^3/\,(3Rh) \qquad (23)$$

und die Normalspannung an der Oberseite

$$\sigma_{11}\,(h,y) = \begin{cases} E(y^2-a^2)/(2Rh) & \text{falls } |y| < a \\ 0 & \text{andernfalls} \end{cases} \qquad (24)$$

Für die Tangentialkraft erhält man nach [8]

$$F_2 = \frac{-f_p E}{2Rh}\left[a^2 c - \frac{1}{3}c^3 + \frac{2}{3}a^3\right] \operatorname{sign}(\nu) - G\nu\,(a-c)^2/(4h), \qquad (25)$$

wobei $f_p$ den Reibungskoeffizienten zwischen Papier und Gummi und c die Grenze zwischen Haft- und Gleitgebiet darstellt.

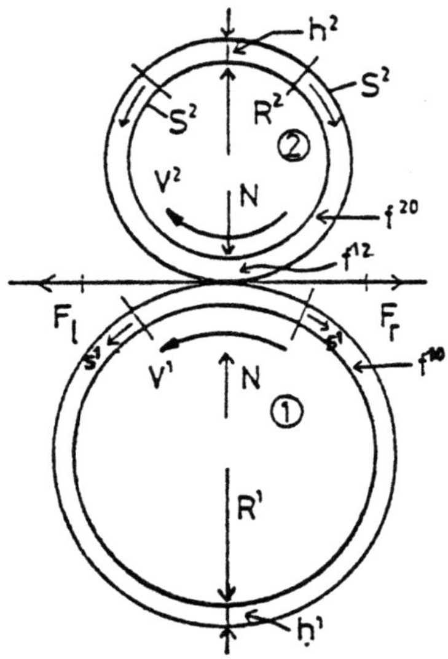


Bild 13: Modell für die Kraftschlußbeziehungen zwischen mit einer Schicht überzogenen Zylindern

Es bedeuten:

| | |
|---|---|
| $R^1$, $R^2$ | Radien der Stahlzylinder |
| $h^1$, $h^2$ | Schichtdicken der Gummibeläge |
| $v^1$, $v^2$ | Umfangsgeschwindigkeiten |
| N | Normalkraft |
| $F_l$, $F_r$ | Kräfte auf die durchlaufende Papierbahn |
| $f^{ij}$ | Kraftschlußbeiwerte |
| $S^1$, $S^2$ | Spannkraft der Gummitücher in Umfangsrichtung |

### 4.2.3. Kraftschlußbeziehungen zwischen Gummituch und Druckplatte

Bei der Beschreibung des Kraftschlusses zwischen Gummituch und Druckplatte, also der Paarung Gummi-/Plattenzylinder, hat man als Modellvorstellung einen reinen Stahlzylinder, der auf einem mit einer Gummischicht überzogenen Stahlzylinder abrollt.

Von den Voraussetzungen (21) bleiben nun noch

$$h^1 = h,$$
$$h^2 = 0,$$
$$\nu^{12} = \nu \qquad (26)$$

erhalten.

Mit der halben Kontaktzonenbreite a nach (22) erhält man nun für die Gesamtnormalkraft

$$F_1 = 4\ E\ a^3/(3Rh) \qquad (27)$$

und für die Normalspannung an der Oberseite

$$\sigma_{11}\ (h,y) = \begin{cases} E(y^2-a^2)/(Rh) & \text{falls } |y| < a \\ 0 & \text{andernfalls} \end{cases} \qquad (28)$$

Die gesamte Tangentialkraft lautet damit nach KALKER [8]

$$F_2 = -\frac{f_T E}{Rh}\left[a^2c - \frac{1}{3}c^3 + \frac{2}{3}a^3\right] \text{sign}\ (\nu) - G\nu\ (a - c)^2/(2h), \qquad (29)$$

wobei $f_T$ für den Reibungskoeffizienten Gummi (Oberseite) /Stahl und c wiederum für die Grenze zwischen Haft- und Gleitgebiet steht.

## 4.3. Verkopplung von Biege- und Torsionsdynamik

Die Biege- und die Torsionsdynamik einer Druckwalzengruppe sind über die Kraftschlüsse an den Laufringen und die Kraftschlußbeziehungen zwischen den Gummitüchern und zwischen Gummituch und Druckplatte miteinander verkoppelt. Das bedeutet, daß bei der räumlich angeordneten Walzenvierergruppe bei Vorhandensein von Schlupf an den 6 Laufringkontakten und an den 3 Gummi/Gummi-, bzw. Gummi/Platte-Kontakten sich Tangentialreibkräfte, die von den zeitlich veränderlichen Normalkräften abhängig sind, aufbauen können. Diese Reibkräfte sind wirksame Erreger für die Torsionsdynamik und rufen gleichzeitig Materialabtrag hervor, da sie Reibarbeit verrichten.

Die Schlupfgrößen ergeben sich dabei einerseits aus den Radiusabweichungen an den Laufringen und aus den Über- bzw. Unterjustierungen von Gummituch und Druckplatte und andererseits aus den Schlupfanteilen, die aus der sich einstellenden Torsionsdynamik resultieren.

Die durch den Abtrag verursachten Oberflächenstörungen wirken ihrerseits als zusätzliche Erreger für die Biegedynamik und beschleunigen somit den Schadensfortschritt.

Den im folgenden dargestellten Simulationsergebnissen liegt die Druckwalzengruppe einer Rollenoffset-Maschine 630 x 965 zugrunde. Die Drehzahl beträgt dabei 40 000 U/h.

Es sind Radiusabweichungen an den Laufringen der beiden Gummizylinder eingegeben. Dabei betragen die Abweichungen am oberen linken und am unteren rechten Laufring R = 2.5 E-5 m und am oberen rechten und am unteren linken Laufring R = -2.5 E-5 m. Dies führt zu einem Schlupf zwischen den Laufringen der Gummizylinder von $\nu$ = 0,5 o/oo und zwischen den Laufringen der Gummi- und Plattenzylinder von $\nu$ = 0,25 o/oo.

Wie die folgenden Abbildungen zeigen, ergibt sich ein stationärer Zustand bei den Schlupf- und Verdrehungsgrößen erst nach einem gewissen Einschwingvorgang.

Bild 14 zeigt die Laufringkräfte sowie die Linienkraft in Zylindermitte für den Kontakt zwischen unterem und oberem Gummizylinder für ca. 3/4 einer Zylinderdrehung. Die an den 3 Normalkraftangriffspunkten aus Bild 14 sich einstellenden Schlupfverhältnisse sind aus Bild 15 zu ersehen.

Die sich bei den vorliegenden Eingabedaten ergebenden Verdrehungen an den Laufringen von oberem und unterem Gummizylinder sind in Bild 16 dargestellt.

Bei den Abbildungen bedeuten die Abkürzungen

O.P. oberer Plattenzylinder  
O.G. oberer Gummizylinder  
U.G. unterer Gummizylinder  
U.P. unterer Plattenzylinder

Sowohl an den Normalkräften als auch an den Schlupf- und Verspannungsgrößen erkennt man deutlich die 3 Kanalüberrollungen am Umfang, wobei die erste Kanalüberrollung die der beiden Gummizylinderkanäle ist. Nach ca. 154 ° folgt in dem oben gewählten Beispiel die Überrollung von unterem Platten- und Gummizylinderkanal und wiederum nach ca. 52 ° die Überrollung von oberem Gummi- und Plattenzylinderkanal.

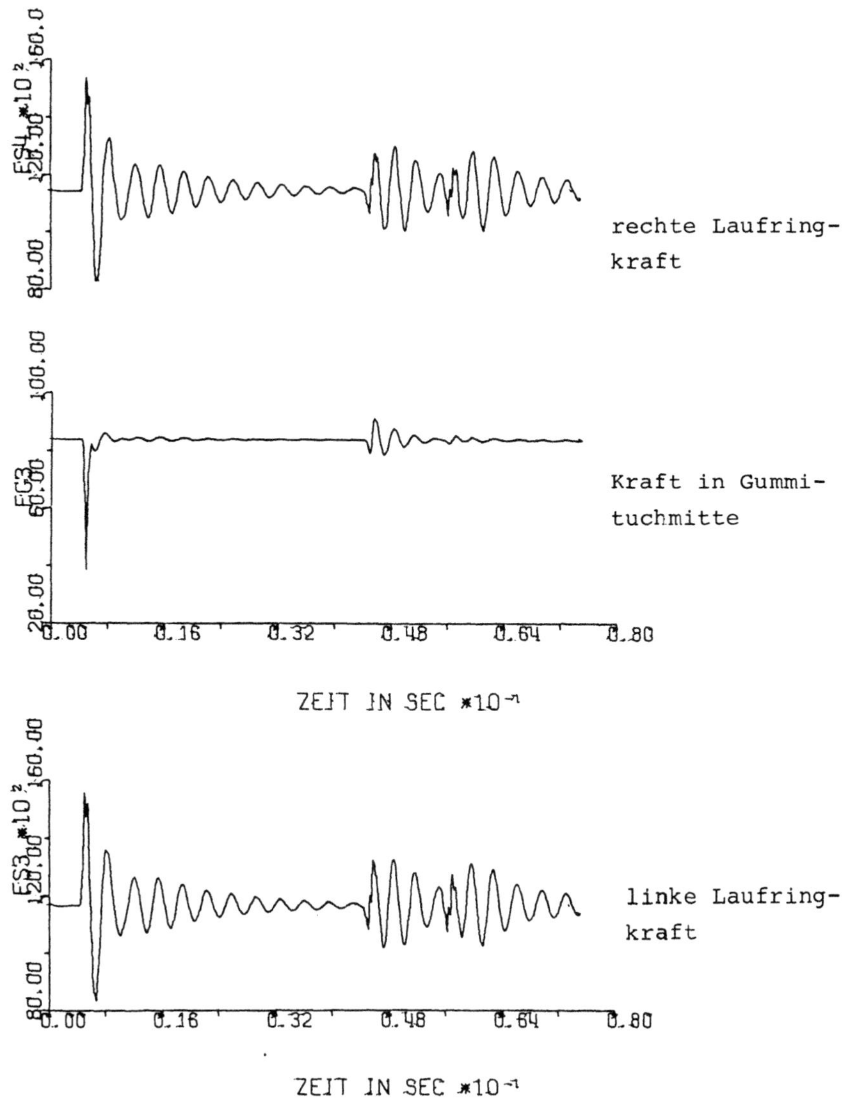


Bild 14: Zeitverläufe von Kontaktkräften zwischen den Gummizylindern

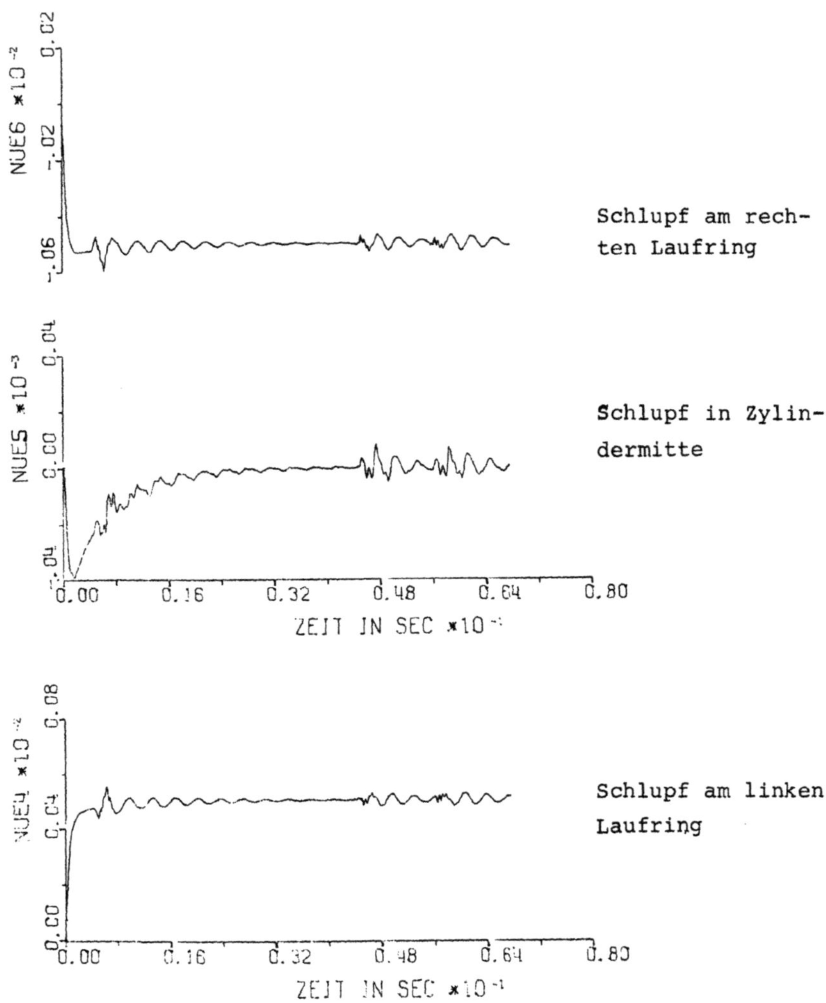


**Bild 15:** Zeitverläufe von Schlupfgrößen (Kontakt der beiden Gummizylinder)

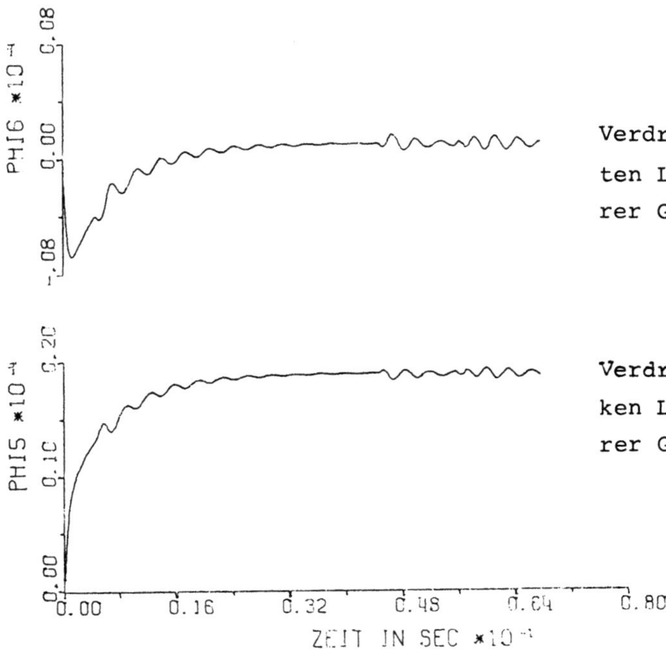


Verdrehung am rechten Laufring (unterer Gummizylinder)

Verdrehung am linken Laufring (unterer Gummizylinder)

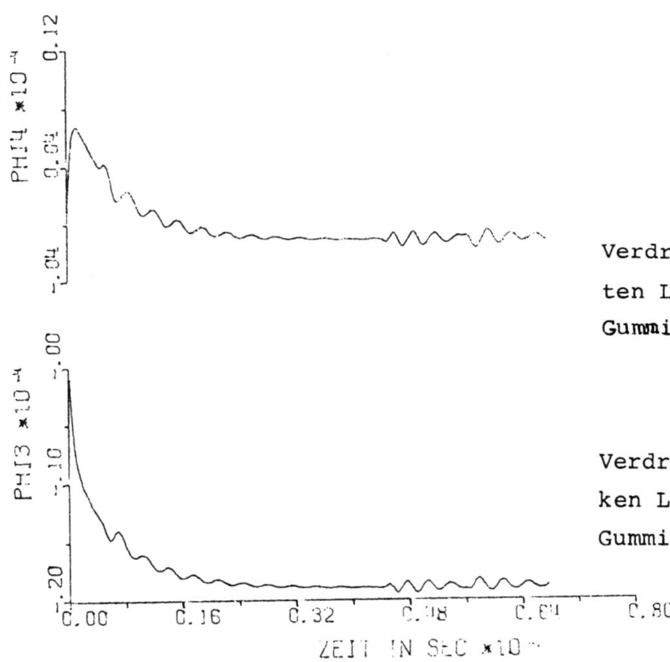


Verdrehung am rechten Laufring (oberer Gummizylinder)

Verdrehung am linken Laufring (oberer Gummizylinder)

Bild 16: Zeitverläufe von Verdrehungen an den beiden Gummizylindern

## 5. Qualitative Verschleißprofile

Ebenso wie auf den Laufringen zeigen sich auch auf den Druckplatten und Gummitüchern von Rollenoffsetmaschinen im Betrieb nach bestimmten Laufzeiten Verschleißerscheinungen in Form von quer zur Laufrichtung ausgerichteten Streifen, die den Austausch der Gummitücher, bzw. Druckplatten erforderlich machen.

Um die Vorsorgemaßnahmen gegen den Laufringverschleiß zu verfeinern und um den Verschleißerscheinungen an Gummituch und Druckplatte vorzubeugen, sollen mit den um eine Abtragshypothese erweiterten Modellen zur Beschreibung der räumlich angeordneten Druckwalzenvierergruppe qualitative Verschleißprofile vorausberechnet werden. Durch Optimierung der Systemparameter, wie Vorspannkraft der Walzen, Durchmesserabweichungen an den Laufringen und Justierungen von Gummituch und Druckplatte, soll eine möglichst verschleißarme Modifikation gefunden werden.

### 5.1. Abtragshypothese

Wie schon bei der theoretischen Ermittlung qualitativer Verschleißprofile an den Laufringen mit dem ebenen Druckwalzenmodell [1] so soll auch beim räumlichen Modell für die Berechnung qualitativer Verschleißprofile an den Laufringen sowie an den Gummitüchern und Druckplatten als Abtragshypothese gelten, der örtliche Abtrag $W_V$ sei proportional zur örtlichen Reibarbeit $W_R$

$$W_V = I_W \cdot W_R \qquad (30)$$

mit dem Proportionalitätsfaktor $I_W$. Prüfstandsversuche bei KRAUSE [9] haben ergeben, daß zumindest für Stahl dieser Ansatz in weiten Bereichen gerechtfertigt ist.

Die Abtragshypothese besagt, daß der Ausgangsradius $R_0$ sich infolge von Materialabtrag, hervorgerufen durch Reibarbeit, verkleinert. Für den winkel- und zeitabhängigen Radius gilt dabei

$$R(\varphi(t)) = R(\varphi(t-t_{ü})) - I_W \cdot W_R(\varphi(t)), \tag{31}$$

wobei $t_{ü}$ für die Zeitdauer einer Überrollung steht.

Die Reibarbeit $W_R$ läßt sich mit Kenntnis der über die Kraftschlußbeziehungen zwischen den Laufringen, bzw. zwischen den Gummitüchern und zwischen Gummituch und Druckplatte, verkoppelten Biege- und Torsionsdynamik einer Druckwalzengruppe ermitteln.

Dabei ergibt sich die Reibarbeit durch Integration der Reibleistung über die Zeit t.

Für die Reibleistung gilt

$$P_R(t) = F_T(t) v_G(t) = \mu(v_G(t)) \cdot F_N(t) \cdot v_G(t) \tag{32}$$

mit $F_T(t)$ als zeitabhängiger Tangentialkraft, $F_N(t)$ als zeitabhängiger Normalkraft und $v_G(t)$ als zeitabhängiger Gleitgeschwindigkeit.

Führt man als Längsschlupf $\nu_x$

$$\nu_x = \frac{v_G}{v_m} \tag{33}$$

ein, wobei $v_m$ die mittlere Umfangsgeschwindigkeit darstellt, so läßt sich die Reibleistung wie folgt angeben

$$P_R(t) = \mu(\nu_x(t)) \cdot \nu_x(t) \cdot v_m \cdot F_N(t). \tag{34}$$

Die mittlere Umfangsgeschwindigkeit läßt sich aus der Druckwalzendrehzahl und dem Radius an der entsprechenden Stelle ermitteln.

Die Reibarbeit $W_R$, die in dem Zeitintervall $\Delta t = t_1 - t_o$ verrichtet wird, lautet

$$W_R(t) = \int_{t_o}^{t_1} \mu(\nu_x(t)) \cdot \nu_x(t) \cdot v_m \cdot F_N(t)\, dt. \tag{35}$$

Für die Simulation des Systemverhaltens im Zeitbereich läßt sich die Reibarbeit näherungsweise wie folgt angeben

$$W_R(t) \approx \mu(\nu_x(t)) \cdot \nu_x(t) \cdot v_m \cdot F_N \cdot \Delta t \tag{36}$$

mit $\Delta t$ als Schrittweite für die numerische Integration.

Für die Ermittlung qualitativer Verschleißprofile ist es günstig, die Reibarbeit $W_R(t)$ zu beziehen auf den zurückgelegten Weg $S_R$. Damit gilt

$$\overline{W}_R(t) = \frac{W_R(t)}{S_R(t)} = \mu(\nu_x(t)) \cdot \nu_x(t) \cdot F_N \,. \tag{37}$$

Damit lautet nun die Abtragshypothese (30)

$$\overline{W}_V = I_W \cdot \overline{W}_R \,. \tag{38}$$

Für den Proportionalitätsfaktor $I_W$ bei den Laufringkontakten werden die Werte verwendet, die für die Rechnungen am ebenen Modell [1] aus einer Statistik von Laufringschäden ermittelt wurden.

Für die Abtragrate bei den Gummitüchern und Druckplatten ist man auf Erfahrungswerte von Druckereien angewiesen, die Aussagen machen über die Standzeiten von Druckplatten und Gummitüchern. Danach ist die Abtragrate an den Druckplatten auf jeden Fall höher als an den Gummitüchern, da nach Angabe der Druckbetriebe die Druckplatten schneller verschleißen als die Gummitücher.

Als Anhaltswerte für die Abtragrate an den Gummitüchern dienen die Werte über die Abriebfestigkeit von Gummitüchern, die von der FOGRA [10] mit einem "Abraser" ermittelt wurden.

Dabei wurde der Abrieb nach je 100 Umdrehungen der Reibrollen, die an der Gummituchprobe eine definierte Reibarbeit verrichteten, gewogen.

## 5.2. Simulation von qualitativen Verschleißprofilen und ihr Vergleich mit der Praxis

Wie schon die Ergebnisse aus [1] zeigen, breiten sich auf den Laufringen erste Störstellen, die sich im Kanalauslaufgebiet bilden, über weite Bereiche des Umfangs aus. Dabei setzen sich im Laufe der Zeit gegenüber den niederfrequenten ersten Störstellen, die der 1. Biegeeigenfrequenz entsprechen, immer mehr höherfrequentere Oberflächenstörungen durch. Dies führt letztendlich zu so großen Kontaktkraftschwankungen an den Laufringen, daß ihr Austausch erforderlich wird.

Bild 17 zeigt z. B. die Entwicklung des qualitativen Verschleißprofils bei exzentrischen Laufringen.

Hier sind dem konstanten Schlupf von $\nu_x$ = 0,5 o/oo, der aus den Durchmesserabweichungen resultiert, zusätzlich periodische Schlupfschwankungen, die von den Exzentrizitäten herrühren, überlagert. Es gibt also hier Bereiche hohen Schlupfs, wo sich der konstante Schlupf und der Anteil, der von den Exzentrizitäten stammt, addiert und Bereiche niedrigen Schlupfs, wo sich die beiden Anteile gegenseitig aufheben.

Bis die Laufringe, je nach Betriebsparameter, so verschlissen sind, daß sie ausgewechselt werden müssen, vergehen mindestens 300 - 500 Mill. Überrollungen. Demgegenüber hat man bei den Gummitüchern und Druckplatten eine wesentlich, mindestens um den Faktor 200, kürzere Verschleißzeit.

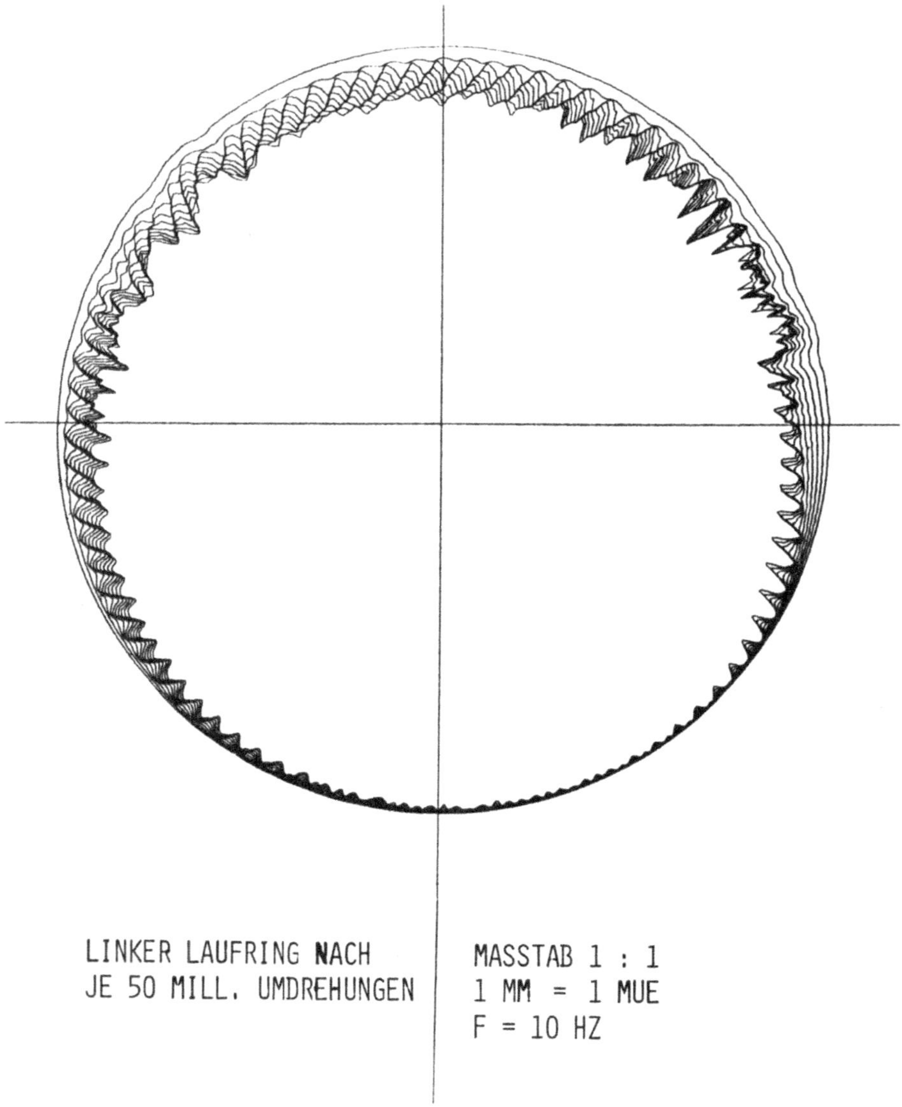


Bild 17: Qualitatives Verschleißprofil bei exzentrischen Laufringen

Das bedeutet, daß man die beiden Verschleißvorgänge auch getrennt behandeln muß. Es zeigt sich, daß beim Gummituch und Druckplattenverschleiß im wesentlichen die 1. Biegeeigenfrequenz durchkommt. In den Bildern 18 und 19 sind qualitative Verschleißprofile von Gummitüchern und Druckplatten dargestellt, die auf die Druckwalzen aufgespannt sind.

Dabei ist der Fall simuliert, daß die Druckplatten um 5/100 mm überjustiert sind. Sowohl an den Druckplatten als auch an den Gummitüchern sind deutlich die drei Kanalschläge pro Umdrehung anhand der sich bildenden Berge und Täler zu erkennen. Ein starker Einschnitt ergibt sich jeweils an der Stelle, wo bei der eigenen Kanalüberrollung benachbarter Zylinder nach Verlust der Linienkraft im Kanalauslauf die Zylinder wieder Kontakt bekommen, d.h. beim "Eingriffsstoß".

An den Bereichen, wo keine Dynamik vorhanden ist, stellt sich aufgrund der vorgegebenen Schlupfwerte und der konstanten Linienkraft ein konstanter Abtrag ein. Wo die Linienkraft Null ist, d.h. im Kanal, bleibt der Ausgangsradius erhalten. Der Materialabtrag an den Gummitüchern und Druckplatten erfolgt im vorliegenden Beispiel, bei dem die Druckplatten um 5/100 mm überjustiert sind, nur in den beiden äußeren Kontakten, d.h. also jeweils zwischen Gummi- und Plattenzylinder, da sich bei gleicher Gummituchjustierung im Kontakt der beiden Gummizylinder kein Schlupf ergibt.

Um die Aussagekraft der theoretisch ermittelten Verschleißprofile zu überprüfen, wurden bei M.A.N.-ROLAND Dauerbetriebsversuche durchgeführt. Dazu ließ man z.B. ein Druckwerk einer Rollenoffsetmaschine ohne Papier und ohne Farbe etwa 1 Million Überrollungen laufen. Dabei waren die beiden Druckplatten um 4/100 mm unterjustiert und die beiden Gummitücher mit je 12/100 mm gleich justiert. Das bedeutet, wie bei dem oben gerechneten Beispiel, nur Schlupf in den beiden äußeren Kontakten, d.h. jeweils zwischen Gummi- und Plattenzylinder.

Bild 20 und 21 zeigen die untere Druckplatte und das untere Gummituch

Man sieht deutlich, daß Druckplatte und Gummituch Streifen quer zur Laufrichtung aufweisen und zwar in etwa an den Stellen, wo man sie den theoretischen Untersuchungen zufolge erwartet.

Nur jeweils am Druckanfang, wo man der Simulation zufolge Stellen großen Abtrags erwarten würde, lieferte der Dauerversuch bei M.A.N.-ROLAND keine vergleichbar deutlichen Streifen. Dies mag damit zusammenhängen, daß nach der Kanalüberrollung über einen bestimmten Bereich des Umfangs das Gummituch noch in der Lage ist, die sich ausbildenden Schlupfschwankungen durch elastischen Dehnschlupf auszugleichen, so daß eigentlich keine Gleitvorgänge auftreten. Irgendwann ist dann allerdings das Gummituch in Umfangsrichtung so verspannt, daß es die Schlupfschwankungen, die sich infolge der einzelnen benachbarten Kanalüberrollungen ausbilden, nicht mehr völlig ausgleichen kann. Dann setzt bereichsweise Gleiten ein und es wird Reibarbeit verrichtet und damit Material abgetragen.

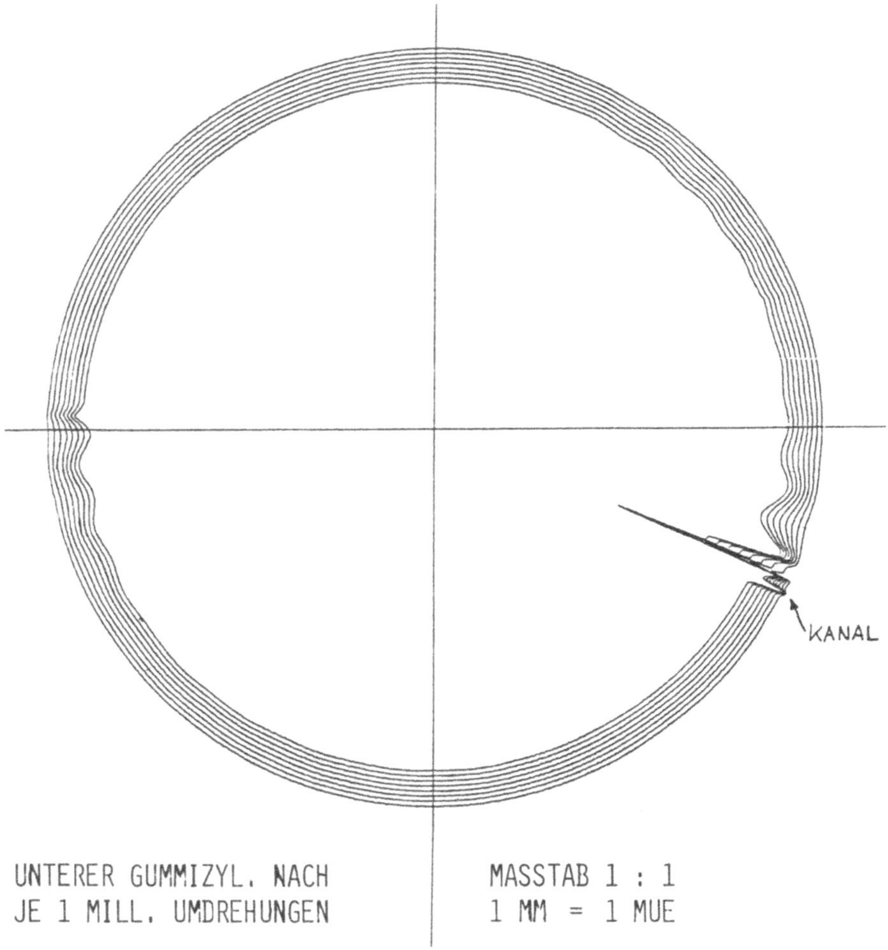


Bild: 18: Qualitatives Verschleißprofil vom unteren Gummizylinder

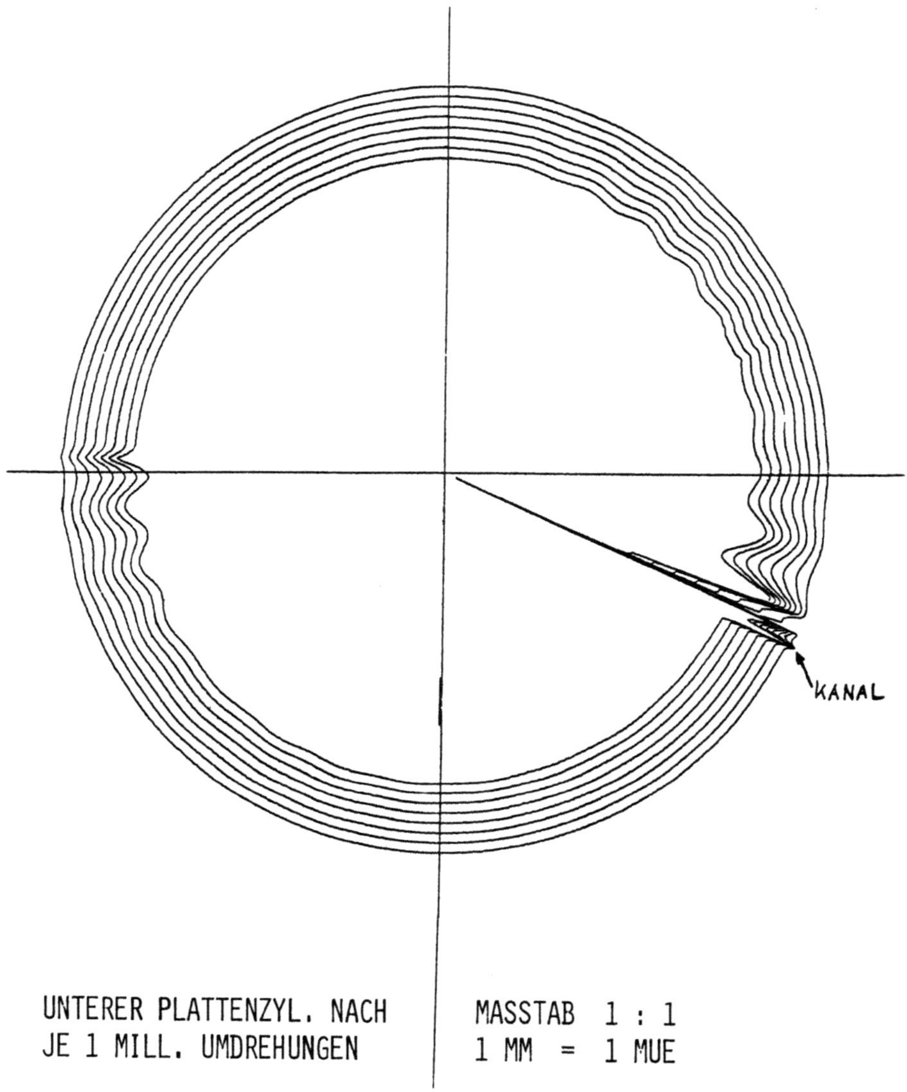


Bild 19: Qualitatives Verschleißprofil vom unteren Plattenzylinder

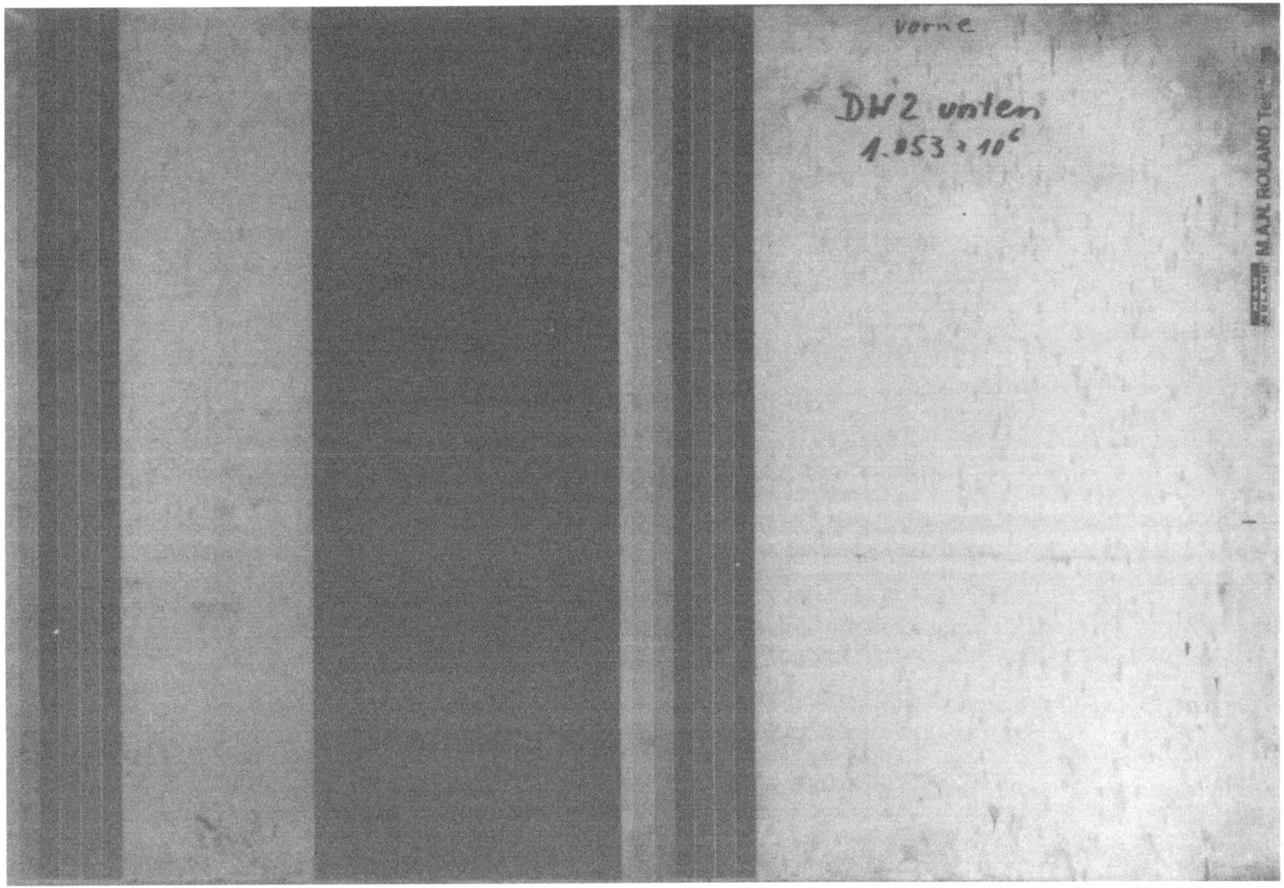


Bild 20: Untere Druckplatte nach 1 Mill. Überrollungen (Dauerlauf ohne Farbe und Papier)

<u>Bild 21:</u> Unteres Gummituch nach 1 Mill. Überrollungen (Dauerlauf ohne Farbe und Papier)

## 6. Diskussion der theoretischen Ergebnisse

Eine der einflußreichsten Größen im Hinblick auf das Verschleißverhalten von Laufringen und Gummitüchern ist die Vorspannkraft der Laufringe in einem Druckwerk sowie die Höhe der Justierungen von Gummitüchern und Druckplatten über, bzw. unter den Laufringdurchmesser.

Seit man aufgrund der theoretischen Betrachtungen in den Vorhaben "Verschleißverhalten von Laufringen" [1] und in diesem Vorhaben den Stellenwert der Vorspannkraft erkannt hat, wird streng auf die Einstellung der errechneten optimalen Vorspannkräfte geachtet. Denn je niedriger die Normalkraft an den Laufringen ist, desto ungünstiger gestaltet sich in tribologischer Hinsicht die Tangentialbeanspruchung im Kanalauslauf. So breiten sich z.B. erste Störstellen über den ganzen Umfang schneller aus, während bei ausreichender Vorspannkraft zwar der kontinuierliche Verschleiß am Umfang größer ist, die Ausbreitung der Störstellen aber langsamer voranschreitet. Durch Einbeziehung der Gummituchtangentialkräfte in das Druckwalzenmodell konnte für spezielle Parameterkombinationen die Ermittlung optimaler Vorspannkräfte verfeinert werden.

Mit zunehmendem Schlupf zwischen den Laufringen steigt die Riffelintensität stark an. Das bedeutet, man hat bei den Laufringdurchmessern auf enge Toleranzen zu achten, um möglichst kleine Schlupfwerte zu erhalten.

Da die Riffelfrequenz den theoretischen Untersuchungen zufolge unabhängig vom Schlupf und von der Drehzahl ist und sich somit für jede Drehzahl eine andere Wellenlänge einstellt, ist es in bezug auf den Laufringverschleiß günstig, die Maschinendrehzahl in bestimmten Grenzen zu variieren, so daß sich nicht mehr eine eindeutige Riffelwellenlänge ausbilden kann.

Wie theoretische Untersuchungen zeigen, führt eine Variation der Drehzahl dazu, daß sich sogar bereits vorhandene Oberflächenstörungen zum Teil wieder verschleifen.

Anhand von Wälzprüfstandsversuchen an Rad- und Schienewerkstoffen fand KRAUSE [9] , daß der den vorliegenden Untersuchungen zugrunde liegende Proportionalansatz zwischen Reibarbeit und Verschleiß in weiten Bereichen relativ gut zutrifft. Allerdings gibt es in Abhängigkeit von dem Verhältnis von Reibleistung zu Kontaktfläche einen sprunghaften Übergang in den Abtragraten vom sogenannten "milden" zum "heftigen" Verschleiß.

Dabei spricht KRAUSE vom "milden" Verschleiß, solange sich der Verschleiß in der sich bildenden Oxydschicht abspielt. "Heftiger" Verschleiß liegt demnach dann vor, wenn der Verschleiß in den Grundwerkstoff vordringt, da aufgrund von höheren Gleitgeschwindigkeiten die Neubildung der Oxydschichten nicht mehr mit dem Abtrag der Oxydschichten Schritt hält und aufgrund erhöhter Oberflächentemperatur die Festigkeit des Werkstoffs gemindert wird.

Einen derartigen Sprung bei den Abtragraten fand auch schon BEAGLEY [11] bei Wälzprüfstandsversuchen.

Da es sich beim Verschleiß an den Laufringen um eine wesentlich längere Verschleißzeit als an den Gummitüchern und Druckplatten handelt, müssen beide Phänome zum Teil getrennt untersucht werden.

Es lassen sich hinsichtlich des Verschleißes am Gummituch zwar optimale Justierungen finden, diese stehen aber zum Teil in Widerspruch mit den für Qualitätsdruck erforderlichen Betriebsrandbedingungen. Allerdings lassen sich dem Drucker nun Empfehlungen über die Justierung von Gummituch und Druckplatte geben, bei denen Qualitätsdruck mit minimalem Gummituch- und Druckplattenverschleiß möglich ist.

## 7. Volkswirtschaftlicher Nutzen des Vorhabens

Aufgrund der in den beiden Vorhaben "Verschleißverhalten von Laufringen" und "Verschleißverhalten von Laufringen und Gummitüchern" nach tribologischen Gesichtspunkten durchgeführten theoretischen und experimentellen Untersuchungen und dem Einfließen der daraus resultierenden Ergebnisse in die Praxis konnte das bis zum Beginn der Vorhaben relativ häufige Austauschen von verriffelten Laufringen in Rollenoffset-Maschinen erheblich reduziert werden. Durch die Kostenersparnis, vor allem aber durch die Reduzierung der für einen Austausch zwangsläufig notwendigen Stillstandszeiten der Druckanlagen konnte für die Erhaltung der Rentabilität der Druckindustrie ein Beitrag geleistet werden.

Durch die konsequente Umsetzung der aus dem Vorhaben gewonnenen theoretischen Erkenntnisse in die Praxis wie z.B. der verkoppelten Biege- und Torsionsdynamik und der theoretischen Ermittlung qualitativer Verschleißprofile, ist es auch durch optimale Ausnutzung des Werkstoffes gelungen, den Verschleiß zu reduzieren und dadurch hochwertige Werkstoffe einzusparen.

Bei den Gummitüchern und Druckplatten konnte durch Reduzierung des Verschleißes hochwertige Druckqualität bei höheren Maschinengeschwindigkeiten über längere Zeit erreicht und damit Makulatur vermieden werden.

## 8. Schrifttum


[1] Engl, A., Mauer, L., Meinke, P., Stöckl, H., Steinborn, H. — Tribiologie, Reibung-Verschleiß-Schmierung, Band 6, 1983, "Verschleißverhalten von Laufringen" Abschlußbericht zum Tribologie-Forschungs-vorhaben ZT 159

[2] Bland, D. R. — The Theory of Linear Viscoelasticity Pergamon Press 1960

[3] Eykhoff, P. — System Identification John Wiley 977

[4] Sage, A. P., Melsa, I.L. — Estination Theory with Applications to Communications and Control McGraw-Hill 1971

[5] Isermann, R. — Identification and System Parameter Estimation Fifth IFAC Symposium Pergamon Press 1979

[6] Perger, K. — Identifikation eines linearen Rechenmodells für das dynamische Kurzzeitverhalten von Gummitüchern bei Druckmaschinen, M.A.N.-NT-Bericht B 099045-EDS-002, Sept. 1983

[7] Engl, A., Steinborn, H. — Grundlagen zur theoretischen Beschreibung des Kraftschlusses beim rollenden Kontakt von Laufringen, ILR-Mitt. 80 (1981), TU-Berlin, Februar 1981

[8] Kalker, J. — Der Rollkontakt zwischen zwei starren Zylindern, die mit einer dünnen, faserverstärkten Gummischicht überzogen sind, EDS-Bericht, B 099045-EDS-005, Okt. 1983

[9] Krause, H.; Poll, G. — "Verschleiß und plastische Verformungen von Rad und Schienenlaufflächen", Vorstudie, Rhein.-Westf. Technische Hochschule Aachen Bericht Nr. 8211

[10] Loibl, D.; Neuss, D.; Laubmann, G. — Mechanisches und drucktechnisches Verhalten von Offset-Drucktüchern, FOGRA-Forschungsbericht 3.221, 1978

[11] Beagley, T. M. — Severe Wear of Rolling/Sliding Contacts Wear 36 (1976), S. 317 - 355

# Einfluß der Kühlschmierung auf Prozeßverlauf und Arbeitsergebnis beim Schleifen

von

Prof. Dr.-Ing. Dr. h.c. W. König
Dipl.-Ing. R. Vits

Lehrstuhl für Technologie der Fertigungsverfahren
im Laboratorium für Werkzeugmaschinen und
Betriebslehre der RWTH Aachen

Förderkennzeichen: 01 ZT 091A
Laufzeit: 1.1.1982 - 31.12.1983

Inhaltsverzeichnis


| | | Seite |
|---|---|---|
| 0. | Formelzeichen und Abkürzungen | 457 |
| 1. | Ausgangssituation und Zielsetzung | 460 |
| 2. | Die Kühlschmierstoffwirkung an der Einzelschneide - Grundlegende Untersuchungen beim Ritzen | 462 |
| 2.1 | Spanbildung | 462 |
| 2.2 | Schneidenkräfte | 467 |
| 2.3 | Schneidenverschleiß | 477 |
| 3. | Die Kühlschmierstoffwirkung am vielschneidigen Schleifwerkzeug - Ergebnisse beim Außenrundschleifen | 486 |
| 3.1 | Schnittkräfte | 486 |
| 3.2 | Schleifscheibenverschleiß | 502 |
| 3.3 | Oberflächenrauheit | 506 |
| 4. | Entwicklung einer Kühlschmierstoff-Kurzprüfmethode | 514 |
| 5. | Kriterien für eine praxisorientierte Kühlschmierstoffauswahl | 521 |
| 6. | Die Zuführung von Kühlschmierstoffen | 524 |
| 6.1 | Entwicklung einer Meßmethode zur Bestimmung der Schleifspaltkühlung | 525 |
| 6.2 | Zuführeinflüsse bei Freistrahldüsen | 531 |
| 6.3 | Zuführsysteme im Vergleich | 536 |
| 7. | Zusammenfassung | 540 |
| 8. | Schrifttum | 541 |

# 0. Formelzeichen und Abkürzungen

| | | |
|---|---|---|
| $A_R$ | $\mu m^2$ | Ritzquerschnitt |
| $A_{R\ eff}$ | $\mu m^2$ | effektiver Ritzquerschnitt |
| $A_{sk}$ | $\mu m^2$ | Kantenverschleiß |
| a | $\mu m$ | Zustellung |
| $a_d$ | $\mu m$ | Abrichtzustellung |
| $d_s$ | $\mu m$ | Wegelement |
| $d_v$ | $\mu m^3$ | Volumenelement |
| $F_n$ | N | Normalkraft |
| $F_t$ | N | Tangentialkraft |
| $F_S$ | N | Schneidenkraft |
| $F_{nS}$ | N | Schneidenormalkraft |
| $F_{tS}$ | N | Schneidentangentialkraft |
| f | $\mu m$ | Werkstückdurchbiegung |
| G | - | Abtragsverhältnis |
| $h_{cu}$ | mm | Spanungsdicke |
| $h_{cu\ eff}$ | mm | effektive Spanungsdicke |
| L | - | Schmierwirkung (Lubrication) |
| $l_R$ | mm | Ritzlänge |
| $\Delta l$ | mm | Längenänderung |
| $N_{mom}$ | - | momentane Schneidenzahl |
| $N_{kin}$ | $mm^{-2}$ | kinematische Schneidenzahl je Scheibenoberflächeneinheit |
| $n_s$ | $s^{-1}$ | Schleifscheibendrehzahl |
| $n_w$ | $s^{-1}$ | Werkstückdrehzahl |
| $Q'_{sr}$ | $mm^3/mm\cdot s$ | bez. Radialverschleißvolumenstrom |
| $Q'_w$ | $mm^3/mm\cdot s$ | bez. Zeitspanungsvolumen |
| $Q'_{zu}$ | $l/min\cdot mm$ | bez. zugeführter Kühlschmierstoffvolumenstrom |
| $Q'_{ab}$ | $l/min\cdot mm$ | bez. Schleifspaltdurchfluß des Kühlschmierstoffs |
| q | - | Geschwindigkeitsverhältnis |
| $R_a$ | $\mu m$ | Mittenrauhwert |
| $R_t$ | $\mu m$ | Rauhtiefe |
| $R_z$ | $\mu m$ | gemittelte Rauhtiefe |

| | | |
|---|---|---|
| $\Delta r_s$ | $\mu m$ | Radialverschleiß der Schleifscheibe |
| $\Delta \dot{r}_k$ | $\mu m/s$ | Schneidenradialverschleißgeschwindigkeit |
| SS | - | Schichtspan |
| s | mm | Distanzblechdicke |
| $T_\mu$ | $\mu m$ | Schnitteinsatztiefe |
| $t_a$ | s | Ausfunkzeit |
| $t_R$ | $\mu m$ | Ritztiefe |
| $t_s$ | s | Schleifzeit |
| $U_e$ | mV | Eingangsspannung |
| $V_S$ | $mm^3$ | Spanvolumen |
| $V'_w$ | $mm^3/mm$ | bez. Zerspanungsvolumen |
| $V_{w\ Grenz}$ | $mm^3$ | Grenzzerspanungsvolumen |
| $v_c$ | m/s | Schnittgeschwindigkeit |
| $v_d$ | m/s | Abrichtvorschubgeschwindigkeit |
| $v_e$ | m/s | Wirkgeschwindigkeit |
| $v_f$ | mm/s | Vorschubgeschwindigkeit |
| $v_w$ | m/s | Werkstückgeschwindigkeit |
| $W_S$ | Nm | Ritzarbeit |
| w | $N/\mu m^2$ | spezifische Energie |
| Z' | $mm^3/mm\cdot s$ | bez. Zeitspanungsvolumen (ersetzt durch $Q'_w$) |
| $z_{tats.}$ | mm | tatsächliche Eindringtiefe des Kühlschmierstoffs in den Porenraum |
| $z_{wirks.}$ | mm | wirksame Eindringtiefe des Kühlschmierstoffs in den Porenraum |
| $z_\vartheta$ | $\mu m$ | Tiefe der beeinflußten Zone |
| $\sigma_{II}$ | $N/mm^2$ | Spannung |
| $\sigma_{Druck}$ | $N/mm^2$ | Druckspannung |
| $\sigma_{Zug}$ | $N/mm^2$ | Zugspannung |
| $\alpha$ | - | Angriffswinkel der resultierenden Schneidenkraft |
| $\gamma$ | - | Düsenschwenkwinkel |
| $\eta$ | - | Wirkrichtungswinkel |

| | | |
|---|---|---|
| $\vartheta_W$ | °C, K | mittlere Werkstücktemperatur |
| $\mu_S$ | - | Schneidenkraftverhältnis |
| $\varrho_S$ | μm | Schneidenrundungsradius |
| $\varrho_S$ | μm/s | Schneidenrundungsradius-Verschleißgeschwindigkeit |

## 1. Ausgangssituation und Zielsetzung

Der Anwender von Kühlschmierstoffen sieht sich heute einer kaum noch überschaubaren Angebotspalette gegenüber. Er muß die Wahl einer geeigneten Flüssigkeit nach verschiedenen Gesichtspunkten treffen. Neben den primären Anforderungen an einen Kühlschmierstoff, nämlich den Schleifprozeß und das Arbeitsergebnis günstig zu beeinflussen, sind eine Reihe sekundärer Kriterien zu berücksichtigen. Hierzu gehören z.B. die Hautverträglichkeit, das Korrosionsschutzverhalten, die Stabilität, die Entsorgungsfreundlichkeit, u.a.. Erst nach Prüfung aller dieser Faktoren kann eine umfassende wirtschaftliche Beurteilung erfolgen, die bei der Kühlschmierstoffauswahl letztlich entscheidend ist.

Der Anwender befindet sich in der unbefriedigenden Situation, nicht alle für die Auswahl relevanten Einflüsse im voraus abschätzen zu können. Während viele der sekundären Eigenschaften mit Hilfe von standardisierten Prüfverfahren im Labor erfaßt werden können /1,2/, besteht eine große Unsicherheit bezüglich der Kühlschmierstoffwirkung im Prozeß /3,4/. Sie kann zur Zeit ebenso wie die Standzeit (= Lebensdauer) der Flüssigkeit nur im praktischen Einsatz über einen längeren Zeitraum ermittelt werden.

Es ist zwar bekannt, daß beim Schleifen des Stahls Ck 45 N mit hohen Zeitspanungsvolumina Öl i. allg. zu besseren Resultaten (geringere Kräfte, Temperaturen, Rauheiten, Scheibenabnutzung) führt als Emulsion /5,6,7,8,9/. Ob diese Ergebnisse allerdings auf die Präzisionsbearbeitung, den Haupteinsatzbereich des Schleifens, übertragbar sind, und inwieweit sie für verschiedene Werkstoffe und Zerspanungsvolumina gelten, wurde bisher nicht untersucht. Unklar ist weiterhin die Bedeutung der Zusammensetzung (Additivierung, Konzentration) innerhalb der Kühlschmierstoffgruppen (Lösungen, Emulsionen, Öle). Die Aussage diesbezüglicher russischer Untersuchungen /10,11/ ist insofern kritisch zu beurteilen, da hier nicht bekannt ist, inwieweit die dort verwendeten Kühlflüssigkeiten dem Stand moderner, handelsüblicher Kühlschmierstoffe entsprechen.

Ein Teilziel des Vorhabens bestand deshalb in der Erforschung dieser noch zu wenig bekannten Zusammenhänge, wobei sich die Untersuchungen in erster Linie auf das Außenrundschleifen beziehen. Außerdem dienen zum besseren Verständnis der beim Schleifen beobachteten Phänomene und der im Prozeß ablaufenden Vorgänge grundlegende Versuche an Einzelkörnern.

Um zukünftig auf umfangreiche Maschinenversuche verzichten zu können, bzw. um dem Kühlschmierstoffanwender und -hersteller eine Testmethode an die Hand zu geben, die eine schnelle und kostengünstige Vorabbeurteilung neuer Produkte erlaubt, wurde im vorangegangenen Vorhaben 01 ZT 258 /12,13/ ein entsprechendes Kurzprüfgerät entwickelt. Der im Rahmen dieses Projektes durchzuführende Eignungsnachweis erfolgte durch Vergleich der Resultate der Kurzprüfung mit den Ergebnissen des Außenrundschleifens, wobei Modellflüssigkeiten und handelsübliche Kühlschmierstoffe zum Einsatz kommen.

Neben dem Einsatz eines auf den Bearbeitungsfall abgestimmten Kühlschmierstoffs spielt die Zuführung der Flüssigkeit eine bedeutende Rolle insbesondere für die in der Kontaktzone auftretenden Temperaturen bzw. die damit in Verbindung stehende thermische Schädigung der Werkstückrandschicht. Aufgrund der zu dieser Thematik vorliegenden Literatur /14-22/ erhält man kein klares Bild über die Effizienz der verschiedenen Zuführsysteme sowie über die Bedeutung der Zuführbedingungen (Druck, Volumenstrom, Düsenanstellung). Es handelt sich nämlich hauptsächlich um Teilbereichsuntersuchungen, die wegen unterschiedlicher Randbedingungen nicht vergleichbar sind, bzw. um qualitative, versuchstechnisch nicht belegte Aussagen.

Die diesbezüglichen, im Rahmen des Vorhabens durchgeführten Untersuchungen hatten deshalb das Ziel, die Leistungsfähigkeit der in der Praxis am häufigsten anzutreffenden Zuführsysteme unter verschiedenen Zuführbedingungen systematisch zu ermitteln.

## 2. Die Kühlschmierstoffwirkung an der Einzelschneide - Grundlegende Untersuchungen beim Ritzen

Alle Vorgänge, die den Schleifprozeß kennzeichnen und das Arbeitsergebnis prägen, resultieren aus dem Zusammenwirken von Schleifscheibe, Werkstück und Kühlschmierstoff in der Kontaktzone. Dort greift eine große Zahl von Kornschneiden gleichzeitig in das Werkstück ein, so daß sich der gesamte Materialabtrag aus der Summe vieler einzelner Schneideneingriffe zusammensetzt. Viele der beim Schleifen beobachteten Phänomene können deshalb nur dann verstanden werden, wenn die verschiedenen Einflüsse auf die elementaren physikalischen Vorgänge an der Einzelschneide bekannt sind. Die Erforschung dieser Zusammenhänge wird allerdings erheblich dadurch erschwert, daß die entscheidenden Vorgänge in äußerst kurzen Zeiten und zudem in mikroskopischen Bereichen ablaufen.

### 2.1 Spanbildung

Es kann davon ausgegangen werden, daß sich der Spanbildungsvorgang in folgende Bereiche gliedert /23-25/, Bild 1.

- Bereich I, elastische Werkstoffverformung

Aufgrund des flachen Wirkrichtungswinkels $\eta$ , unter dem die Kornschneide auf die Werkstückoberfläche trifft und wegen der im Vergleich zur Spanungsdicke relativ großen Schneidenrundung $\varrho_S$ /25-27/, bildet sich anfänglich kein Span. In Abhängigkeit von den Schmiereigenschaften der Flüssigkeit (Ölanteil, Viskosität, Additivierung) liegt eine mehr oder weniger gute Trennung der Reibpartner vor. Bei hoher Schmierwirkung ergeben sich geringe Reibschubspannungen, die zu einer Erweiterung des rein elastischen Bereichs führen. Dementsprechend liegt am Ende des Bereichs I bei Ölschmierung eine größere Eindringtiefe des Korns bzw. elastische Einfederung des Werkstoffs vor als bei Emulsionsanwendung.

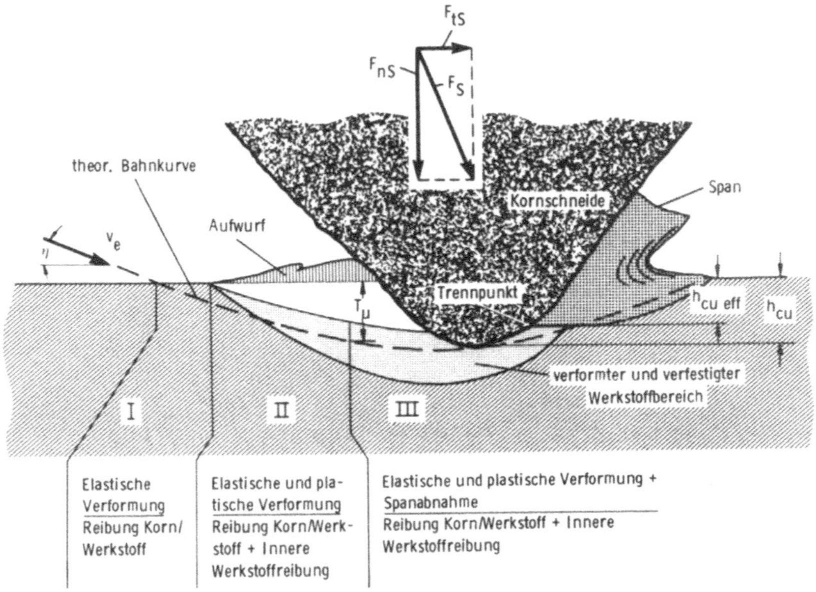


<u>Bild 1</u>: Schematische Darstellung des Schneideneingriffs

- Bereich II, elastische und plastische Verformung

Beim weiteren Vordringen des Korns wird die Zone der elastischen Verformung um die der plastischen erweitert. Infolge der durch die Schneide hervorgerufenen Spannungen setzt, begünstigt durch eine temperaturbedingte Festigkeitsabnahme, ein Fließen des Materials ein, ohne daß damit in diesem Stadium eine Spanbildung verbunden ist.

Dabei sind grundsätzlich folgende Materialflußrichtungen denkbar, <u>Bild 2</u>:

- Der Werkstoff umfließt die Schneide /28,29,32/. Im Extremfall bildet sich keine Riefe. Treten andere Verdrängungsarten gleichzeitig auf, so ist der Riefenquerschnitt kleiner, als die aufgrund der Kinematik zu erwartende Querschnittsfläche.

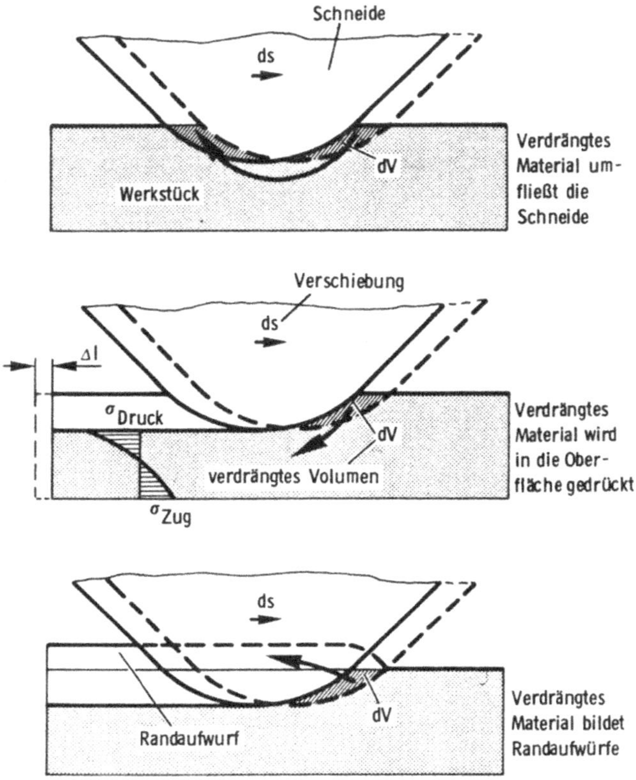


Bild 2: Materialflußrichtungen bei der plastischen Verformung

- Verdrängtes Volumen wird in die Werkstückoberfläche hineingedrückt /30/. Wegen der Volumenkonstanz von Stahl ergibt sich eine Längenänderung $\Delta l$. In den oberflächennahen Schichten entstehen Druckspannungen, die im Werkstückkern durch Zugspannungen ausgeglichen werden.

- Das verdrängte Werkstoffvolumen bildet seitlich der Riefe Randaufwerfungen /25,31/.

Welche Verdrängungsart überwiegt, kann nicht ohne weiteres entschieden werden. Fest steht, daß die mit plastischen Fließvorgängen verbundene Materialverdrängung zu Härtesteigerungen in der Werkstückrandzone führt. Dies wurde durch Mikrohärtemessungen der oberflächennahen Schichten des Werkstücks belegt.

- Bereich III, Spanbildung

Mit dem weiteren Eindringen der Schneide setzt bei Erreichen der sogenannten Schnitteinsatztiefe $T_{\mu}$ (Bild 1) die eigentliche Spanbildung ein, wobei die beschriebenen Verdrängungsvorgänge weiterhin stattfinden /32/. Der Betrag von $T_{\mu}$ hängt neben anderen Faktoren, auf deren Bedeutung später noch eingegangen wird, auch von der Schmierfähigkeit des Kühlschmierstoffs ab.

Wie Modellversuche und plastomechanische Berechnungen gezeigt haben /28,32/, wandert der sogenannte Trennpunkt, das ist die Stelle auf der Oberfläche der Kornschneide, an welcher das Material keine Relativbewegung in Bezug auf das Korn ausführt (Bild 1), mit zunehmender Reibung in Richtung der Schneidenspitze. Während der oberhalb des Trennpunkts liegende Materialbereich als Span, der die unverformte Dicke $h_{cu\ eff}$ besitzt, abfließt, wird das unterhalb dieses Punktes befindliche Werkstoffvolumen, wie bereits ausgeführt, verdrängt.

Daraus resultieren die in Bild 3 schematisch dargestellten Unterschiede zwischen Öl- und Emulsionsschmierung.

- Eine Reibungsreduzierung führt zu größeren Schnitteinsatztiefen $T_{\mu}$, d.h. zu einer länger andauernden und somit auch stärkeren plastischen Werkstoffverdrängung.

- Ein höheres Schmiervermögen der Flüssigkeit verschlechtert die Effizienz der Spanbildung. Bei gleicher unverformter Spanungsdicke $h_{cu}$ entsteht ein dünnerer Span (geringeres $h_{cu\ eff}$), womit das Verhältnis von abgetragenem zu verdrängtem Material abnimmt.

Aufgrund der intensiveren plastischen Verdrängung beim Schleifen mit Öl und wegen verringerter Kontaktzonentemperaturen, die i. allg. Zugspannungen verursachen, kann davon ausgegangen werden, daß die oberflächennahen Schichten des Werkstücks

- größere Verfestigungen und damit Härten und
- höhere Druckeigenspannungen

aufweisen /33,34/.

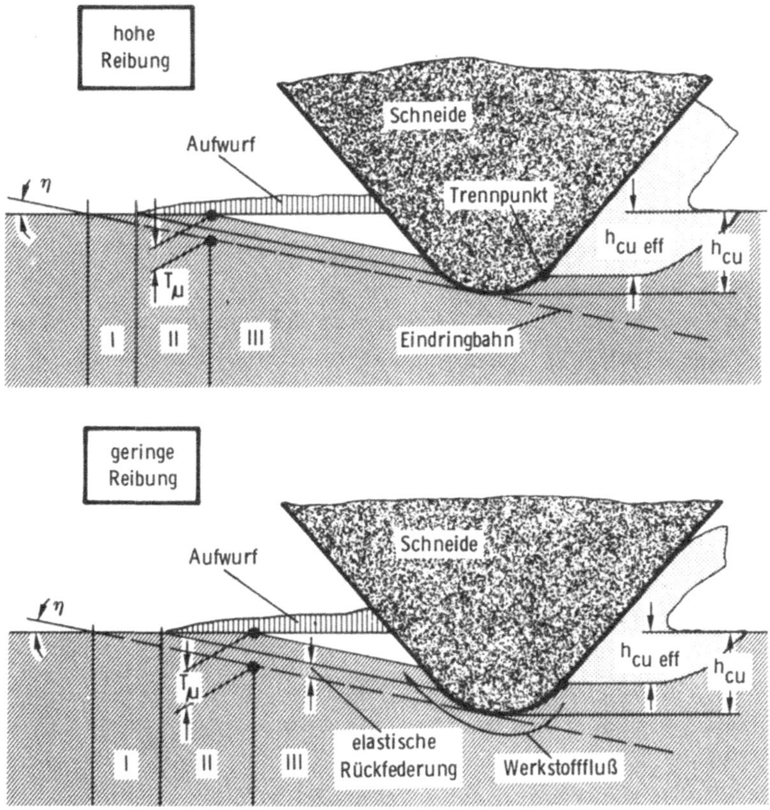


Bild 3: Reibungseinfluß auf die Schnitteinsatztiefe $T_\mu$ und die effektive Spanungsdicke $h_{cu\ eff}$

Nach Nakayama /31/ u.a. führt die Aufhärtung bzw. der Duktilitätsverlust der Werkstückrandzone bei den folgenden Überschliffen zu einer verbesserten Spanbildung.

Neben der Reibung/Schmierung nehmen folgende Größen Einfluß auf die Beträge der Schnitteinsatztiefe und der effektiven Spanungsdicke

- Geometrie der Schneide ($\varrho_S$)
- Wirkrichtungswinkel $\eta$
- Wirkgeschwindigkeit $v_e \approx v_c$
- Fließeigenschaften des Werkstoffs

Tendenziell läßt sich sagen, daß stumpfe Schneiden mit großem Rundungsradius $\varrho_S$ und kleine Wirkrichtungswinkel $\eta$ die Spanbildung verzögern. Umgekehrt dagegen wirken sich hohe Schnittgeschwindigkeiten und geringes Umformvermögen des Werkstoffs aus /25/.

An den Spanbildungsbereich schließt sich ein weiterer Abschnitt an, der zunächst durch eine plastische und elastische sowie in seinem Auslauf durch ausschließlich elastische Vorgänge gekennzeichnet ist.

## 2.2 Schneidenkräfte

Auf die Höhe der am Einzelkorn angreifenden Schneidenkraft bei Verwendung verschiedener Kühlschmierstoffe konnte bisher nur aufgrund der beim Schleifen gemessenen Schnittkräfte geschlossen werden. Da hierbei aber stets mehrere Schneiden gleichzeitig eingreifen, ist unsicher, ob eine Zu- bzw. Abnahme der Schnittkraft auf eine Schneidenkraft- oder eine Schneidenzahländerung zurückzuführen ist. Deshalb wurden die im folgenden beschriebenen Versuche mit Einzelkörnern durchgeführt.

Dazu kam die in Bild 4 gezeigte Ritzvorrichtung /35/ zum Einsatz. Damit der Ritzvorgang hinsichtlich Schnittgeschwindigkeit und Bahnform der Kinematik des Schleifens entspricht, wird auf einer Schleifmaschine anstelle der Schleifscheibe eine scheibenförmige Vorrichtung verwendet, die am Umfang das Ritzwerkzeug (Diamant oder Schleifkorn) trägt. Die beim Ritzen auftretenden Kräfte, deren Kenntnis neben anderen Größen für eine Schmierstoffbeurteilung sehr wichtig ist, werden mit Hilfe eines Piezoquarzes gemessen. Dieser befindet sich aus Gründen einer möglichst hohen Eigenfrequenz der Kraftmeßvorrichtung ebenfalls am Umfang der Scheibe; seine Signale gelangen über einen Drehübertrager zu den Auswertegeräten.

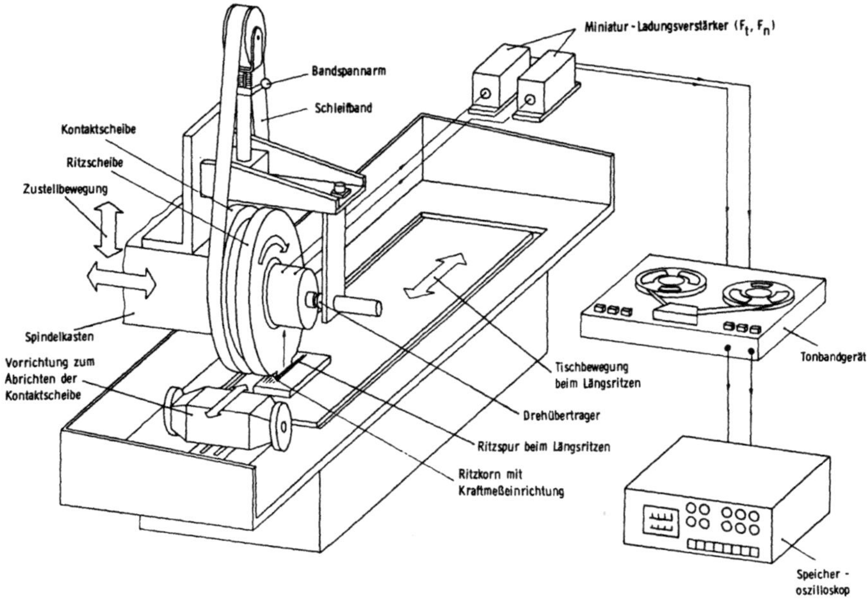


Bild 4: Schematische Darstellung der Ritzvorrichtung

Darüber hinaus ermöglicht das integrierte Bandschleifaggregat ein Planschleifen und Polieren der Werkstücke, ohne daß diese für den anschließenden Ritzvorgang umgespannt werden müssen. Somit ist während des Ritzens ein guter Planlauf gewährleistet.

Die Versuche wurden unter folgenden Bedingungen durchgeführt:

| | |
|---|---|
| Ritzverfahren | Längsritzen |
| Schnittgeschwindigkeit | $v_c = 20$ m/s |
| Werkstückgeschwindigkeit | $v_w = 6{,}25$ mm/s |
| Ritztiefe | $t_R = 5 \div 30$ $\mu$m |
| Werkstoff | Ck 45 N |

Als Ritzwerkzeug kam ein Diamant, der die Form eines Kegelstumpfes aufwies (Kegelwinkel ca. $90^{\circ}$, Durchmesser der Abflachung ca. 30 $\mu$m) zum Einsatz. Die Verwendung von Diamant als Kornwerkstoff bietet den Vorteil, daß der Verschleißeinfluß auf die

Kräfte vernachlässigbar klein ist.

Der Schnittiefenbereich und die Spitzenausbildung des Diamanten ($\varrho_S \approx 60\ \mu m$) wurden so aufeinander abgestimmt, daß sich beim Ritzen ähnliche Verhältnisse $\varrho_S/h_{cu}$ wie beim Schleifen ergeben. Dies ist deshalb wichtig, weil dieses Verhältnis, das beim Schleifen im Bereich von 10 ÷ 50 liegt /26,28/, die Schneidfähigkeit der Schneiden charakterisiert und den Grad der Materialverdrängung bei der Spanbildung mitbestimmt.

Zur Realisierung deutlicher Reibungsunterschiede kamen neben dem trockenen Ritzen folgende Kühlschmierstoffe zur Anwendung:

- Emulsion, 3 %-ig
- Mineralöl, Viskosität 18 $mm^2/s$ .

Wie in Kap. 2.1 ausgeführt wurde, weicht die effektive Ritztiefe ($h_{cu\ eff}$) je nach Schmiereigenschaften des Kühlschmierstoffs mehr oder weniger von dem theoretischen, aufgrund der Bahnkurve der Schneide zu erwartenden Wert ($h_{cu}$) ab. Deshalb ist es im Hinblick auf die Übertragbarkeit der Ritzergebnisse auf das Schleifen nicht zulässig, die am Werkstück einfach zu ermittelnde Riefentiefe mit der Kornzustellung gleichzusetzen.

Die tatsächliche Kornzustellung ist aber beim Ritzen i. allg. aus folgenden Gründen nicht genau genug bekannt. Durch Positionierungs-, Führungs- und Lagerungsungenauigkeiten sowie durch elastische Systemverformungen entstehen Abweichungen von der Soll-Zustellung. Hinzu kommt, daß der Zustellbetrag beim Anfunken nicht bekannt ist. Insgesamt kann die Ist-Zustellung dadurch um ein Mehrfaches vom eingestellten Sollwert abweichen.

Diese Schwierigkeiten ließen sich weitgehend durch die im folgenden beschriebene Vorgehensweise vermeiden: Es werden jeweils drei in einer Aufspannung vorbereitete Werkstücke, die in Ritzrichtung hintereinander auf dem Maschinentisch angeordnet sind, mit ein und derselben Zustellung in einem Arbeitsgang geritzt. Dabei wird das erste Werkstück trocken, das zweite unter Emulsion und das dritte unter Öl bearbeitet. Die zwischen den einzelnen Proben belassenen Lücken von ca. 1 ÷ 2 cm verhindern ein Vermischen der Flüssigkeiten bzw. ein Benetzen des trocken zu bearbeitenden Werkstücks.

Die Ergebnisse dieser Versuche zeigt Bild 5 für den Werkstoff Ck 45 N. Dabei entsprechen die auf der Abszisse aufgetragenen $h_{cu}$-Werte den effektiven Riefentiefen der trocken geritzten Werkstücke. Bezüglich des Reibungseinflusses auf die Schneidennormalkraft ist festzustellen, daß eine verminderte Reibung die Schneidennormalkraft in einem weiten Spanungsdickenbereich ($h_{cu}$ = 0 bis ~ 20 µm) steigen läßt. Dies dürfte auf die höhere Werkstoffhärte als Folge einer intensiveren Verformung bei guter Schmierung sein. Obwohl dieser Zusammenhang auch für den oberen $h_{cu}$-Bereich gilt, ist dort eine Abnahme der Schneidennormalkraft mit der Schmierung zu beobachten, was auf die Existenz eines weiteren Effektes, der sich der Materialverfestigung überlagert und im Bereich hoher $h_{cu}$-Werte dominiert, hinweist. Dieser Effekt könnte aus einem mehr oder weniger guten Abgleiten des Spans auf der Spanfläche des Korns resultieren. Die mit zunehmender Spanungsdicke steigende Flächenpres-

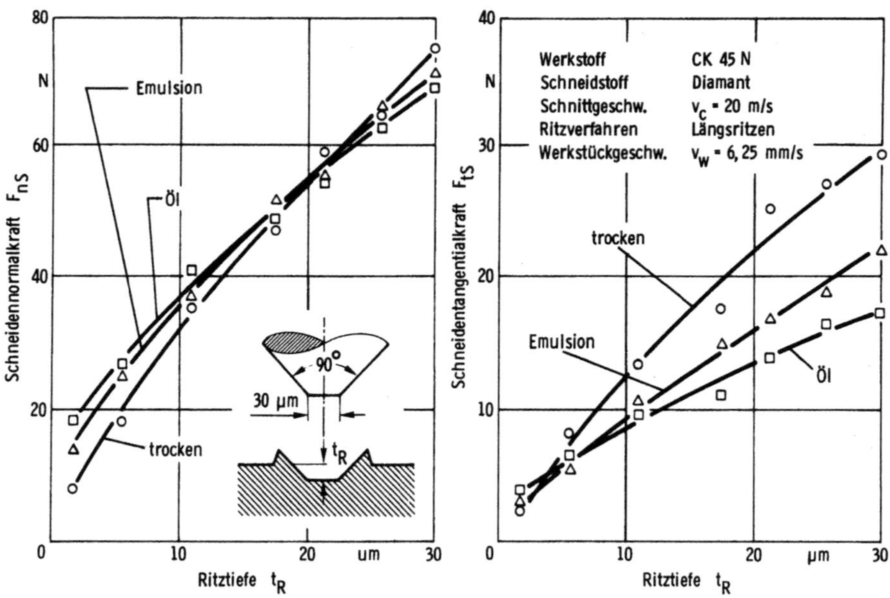


Bild 5: Kühlschmierstoffeinfluß auf die Schneidenkräfte

sung zwischen den Reibpartnern reduziert die Stabilität des Schmierfilms. Gleichzeitig tritt eine stärkere temperaturbedingte Plastifizierung des Werkstoffs ein, womit sich die Wahrscheinlichkeit einer mechanischen Verklammerung der Spanunterseite mit den Rauhigkeiten des Schleifkorns erhöht. Die Folge ist eine wachsende Spanstauchung, die infolge einer Scherebenenverlängerung die Kräfte steigen läßt /36/. Die Spanstauchung bzw. Kraftzunahme fällt dabei umso deutlicher aus, je höher die Reibung auf der Spanfläche ist.

Darauf deuten auch die in Bild 6 und 7 gezeigten REM-Aufnahmen von Ritzspuren hin. Während sich bei kleinen Zustellungen (Bild 6) die Ritzspuren in ihrer Oberflächenbeschaffenheit nur wenig voneinander unterscheiden, führt eine Schmierungsverbesserung bei großen Ritztiefen (Bild 7) zu deutlich glatteren Schnittflächen. Die besonders beim trockenen Ritzen aber auch bei Emulsion ansatzweise zu beobachtende schuppige Oberflächenstruktur hat ihre Entstehungsursache darin, daß verfestigter, an der Kornschneide klebender Werkstoff beim erneuten Kornein-

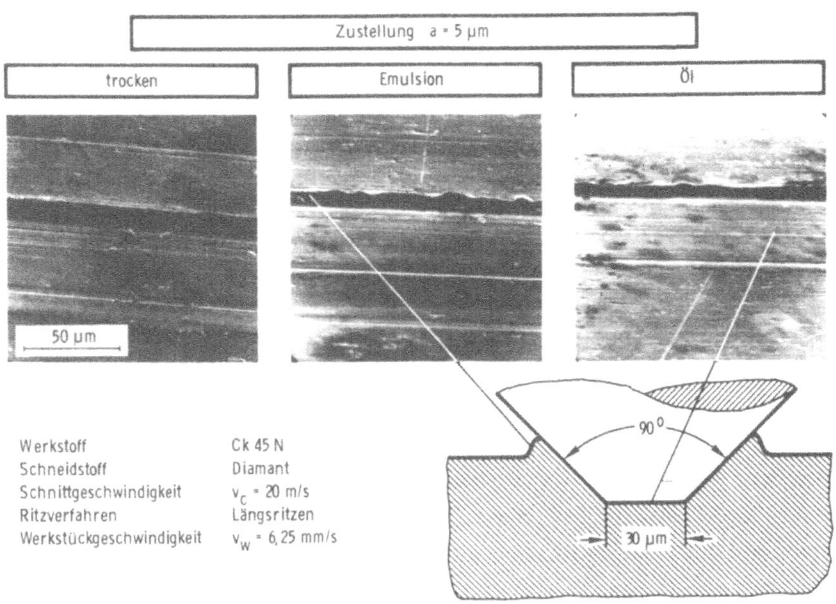


Bild 6: Schnittflächenbeschaffenheit beim Ritzen unter verschiedenen Reibbedingungen

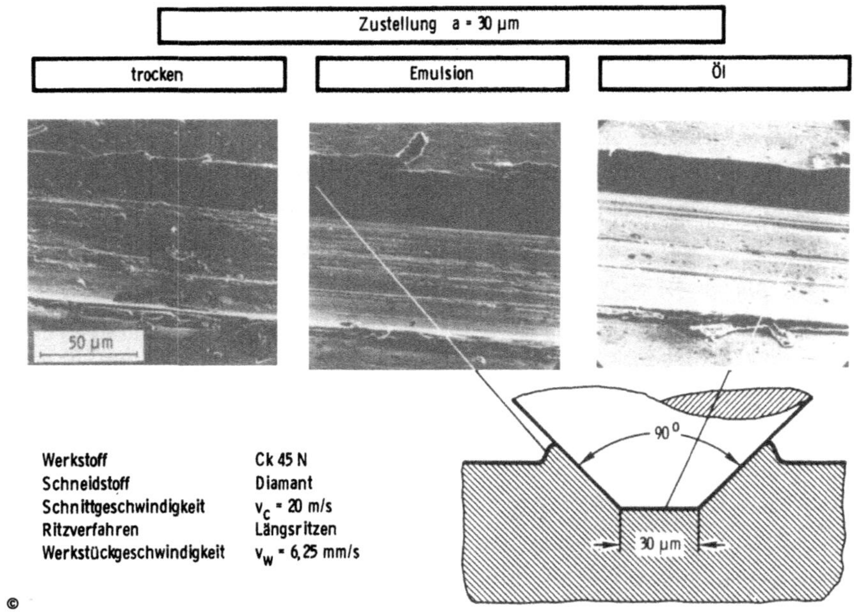


Bild 7: Schnittflächenbeschaffenheit beim Ritzen unter verschiedenen Reibbedingungen

griff mit der Werkstückoberfläche wieder verschweißt. Eine rauhe Schnittfläche ist also ein Indiz für eine hohe Spanflächenreibung, die gleichermaßen das Haften von Spänen begünstigt und über eine vermehrte Spanstauchung steigende Schnittkräfte hervorruft.

Dieser Effekt dürfte sich bei realen Schleifkörnern aus Korund noch deutlicher, d.h. schon bei kleineren Spanungsdicken kraftbestimmend auswirken. Diese Körner besitzen nämlich eine wesentlich rauhere und zerklüftetere Oberfläche sowie im Mittel negativere Spanwinkel /25,26/ als das hier verwendete Diamantwerkzeug. Hinzu kommt die höhere Reibungszahl der Reibpaarung Korund-Stahl sowie der beim Schleifen begrenzte Spanraum, der den Spanablauf ebenfalls beeinträchtigen kann. Ein Kleben des Spans auf der Spanfläche des Korns wird außerdem begünstigst durch die zwischen $Al_2O_3$ und $F_e$ auftretende Spinellbildung /37/. Dies belegen auch die in Bild 11 und 12 gezeigten REM-Aufnahmen von Schleifstiftoberflächen.

Bezüglich der Schneidentangentialkraft $F_{tS}$, Bild 5 rechts, gelten grundsätzlich die gleichen Überlegungen wie für die Schneidennormalkraft $F_{nS}$. Allerdings sind die Reibungsverhältnisse zwischen den Schneidenfreiflächen und dem Werkstück hier von größerer Bedeutung als bei den Normalkräften, da die Relativbewegung hauptsächlich in Richtung von $F_{tS}$ erfolgt. Infolgedessen führt eine Schmierungsverbesserung bereits früher, d.h. schon bei geringen Ritztiefen, zu kleineren Tangentialkräften.

- Resultierende Schneidenkraft und Schneidenkraftverhältnis

Über die resultierende Schneidenkraft $F_S$, die man durch vektorielle Addition der Komponenten erhält, läßt sich folgende Aussage machen:

- Eine Reibungsverringerung bewirkt im unteren Spanungsdikkenbereich einen Schneidenkraftanstieg, der hauptsächlich aus der zunehmenden Normalkraft resultiert. Bei großen Ritztiefen sinkt $F_S$ mit der Schmierung, was in erster Linie die Folge einer reduzierten Tangentialkraft ist.

Wie bereits bei den Schneidenkraftkomponenten angemerkt wurde, ist auch hier zu beachten, daß aufgrund der beschriebenen Unterschiede, die zwischen dem verwendeten Diamantwerkzeug und realen Korundkörnern bestehen, die krafterhöhende Wirkung der plastischen Materialverformung wahrscheinlich überbewertet wird. Die beim Ritzen mit kleinen Spanungsdicken mit der Schmierung zunehmende Normalkraft bzw. resultierende Schneidenkraft dürfte beim Schleifen deshalb weniger deutlich ausfallen.

- Der Winkel, unter dem die resultierende Schneidenkraft angreift,

$$\alpha = \text{arc tg} \frac{F_{tS}}{F_{nS}}$$

nimmt mit der Reibung zu.

- Schneidenkraftverhältnis

Der Tangens dieses Winkels $\alpha$ ist identisch mit dem Schneidenkraftverhältnis

$$\mu_S = \operatorname{tg} \alpha = \frac{F_{tS}}{F_{nS}}$$

das in Bild 8 über der Ritztiefe aufgetragen ist. Kleine Spanungsdicken führen ebenso wie eine geringe Reibung zu kleinen Schnittkraftverhältnissen $\mu_S$. Da in beiden Fällen der Anteil der Bereiche I und II (s. Bild 1) an der Gesamteingriffslänge wächst, kann man sagen, daß in den Phasen der Materialverdrängung die Normalkraft erheblich größer als die Tangentialkraft ist.

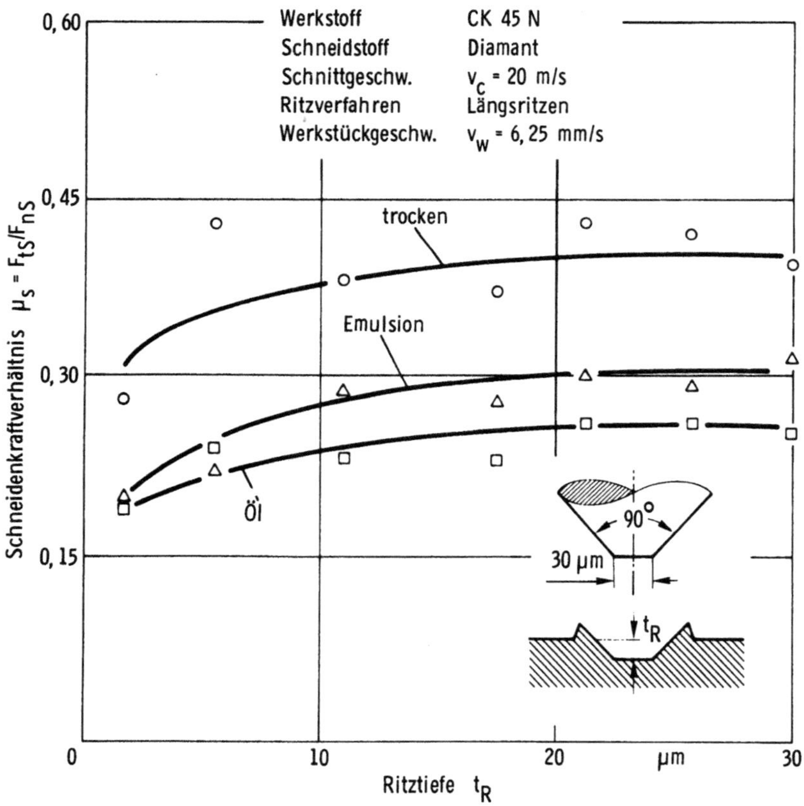


Bild 8: Schmierungseinfluß auf das Schneidenkraftverhältnis $\mu_S$

Mit zunehmender Spanungsdicke und/oder mit schlechterer Schmierung verliert die Materialverdrängung immer mehr an Bedeutung, während der Einfluß der Zerspanung (Bereich III) und der der erhöhten Reibkraft in den Vordergrund treten. Die erhöhten $\mu_S$-Werte bringen zum Ausdruck, daß die Tangentialkraft überproportional zur Normalkraft zunimmt.

- Spezifische Energie

Die von der Kornschneide aufgebrachte Arbeit $W_S$ ist das Produkt aus tangentialer Schneidenkraft $F_{tS}$ und Ritzlänge $l_R$

$$W_S = F_{tS} \cdot l_R \qquad (1)$$

Wird Gl. 1 durch das abgetragene Spanvolumen

$$V_S = A_R \cdot l_R \qquad (2)$$

dividiert, so ergibt sich

$$\frac{W_S}{V_S} = w_S = \frac{F_{tS}}{A_R} \qquad (3)$$

Trägt man die pro Volumeneinheit des zerspanten Werkstoffs erforderliche Energie $w_S$ (spez. Energie) über dem Ritzquerschnitt $A_R$ für verschiedene Reibungszustände auf, Bild 9, so läßt sich erkennen, daß mit kleiner werdenden Ritzquerschnitten alle Kurven sehr großen Werten zustreben. Dies spiegelt die Tatsache wider, daß bei kleinen Spanungsdicken die Schneide den Werkstoff lediglich verdrängt.

Bezüglich der Reibung ist folgende Wirkung festzustellen: Im Bereich kleiner Ritzquerschnitte führt eine Schmierungsverbesserung trotz geringerer Schneidentangentialkräfte $F_{tS}$ (Bild 5) zu einem erhöhten spezifischen Energiebedarf, was auf eine ineffizientere Zerspanung, d.h. größere Differenzen $h_{cu}$-$h_{cu\ eff}$ bzw. $A_R$-$A_{R\ eff}$ zurückzuführen ist. Im Vergleich zum trockenen Ritzen wurden nämlich bei Emulsion und Öl im Mittel etwa

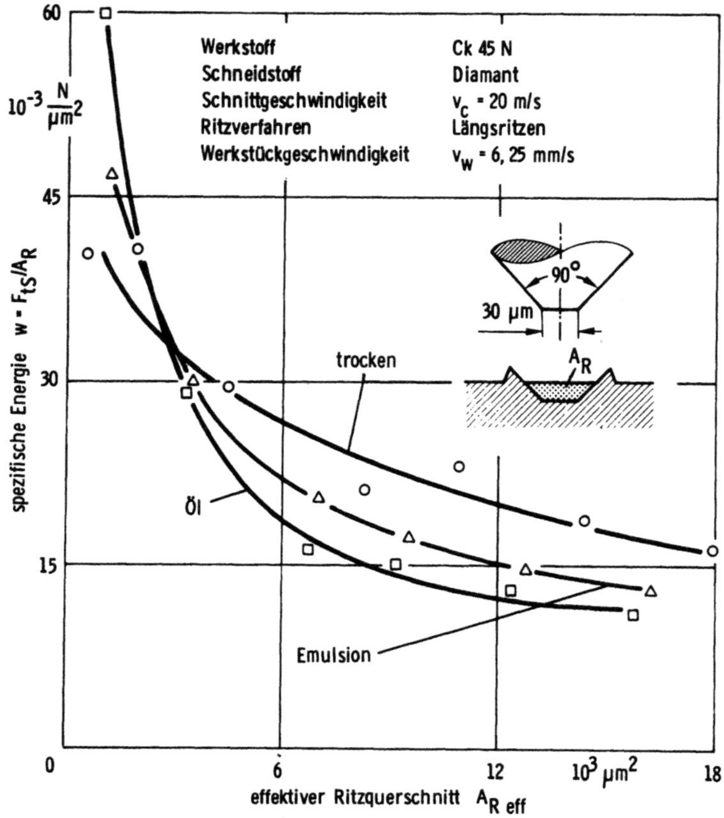


Bild 9: Wirkung der Reibung auf den spezifischen Energiebedarf beim Ritzen

2 ÷ 2,5 µm geringere effektive Ritztiefen erzielt. Die gewählte Vorgehensweise erlaubt allerdings keine Aussage darüber, inwieweit diese Differenz aus plastischen oder elastischen Verformungen resultiert. Bei großen Ritzquerschnitten dagegen dominiert der Einfluß der mit der Reibung erheblich sinkenden Tangentialkräfte, so daß hier Emulsion und besonders Öl einen verminderten spezifischen Energiebedarf verursachen.

- Wärmeentwicklung und Temperaturen an der Einzelschneide

Geht man davon aus, daß die gesamte aufgewendete mechanische Energie

$$W_S = F_{tS} \cdot l_R$$

$$= F_{tS} \cdot v_c \cdot t_e \qquad (4)$$

$v_c$ : Schnittgeschwindigkeit
$t_e$ : Eingriffszeit

in der Kontaktzone in Wärme umgewandelt wird, und daß unabhängig von der verwendeten Kühlschmierstoffart ein konstanter Wärmeanteil in das Werkstück fließt, so ergibt sich ein linearer Zusammenhang zwischen der Kontaktzonentemperatur und der Schneidentangentialkraft (Bild 5)

$$\vartheta \sim F_{tS} \ .$$

Demzufolge bewirkt eine Schmierungsverbesserung insbesondere im Bereich hoher Spanungsdicken, also dort, wo aufgrund des generell hohen Temperaturniveaus die Werkstückrandzone durch thermische Schäden gefährdet ist, eine niedrigere Kontaktzonentemperatur.

## 2.3 Schneidenverschleiß

Die bisherigen Aussagen bezüglich der Kühlschmierstoffwirkung auf die Spanbildung und die Schneidenkräfte wurden an definierten, nicht veränderlichen Schneidengeometrien ermittelt. Insbesondere konventionelle Kornwerkstoffe, wie Korund ($Al_2O_3$) oder Siliziumkarbid (SiC) unterliegen jedoch einem Verschleiß, der neben anderen Faktoren auch von den Kühlschmierstoffeigenschaften abhängig ist. Dies soll im folgenden berücksichtigt werden.

Der Verschleiß am Einzelkorn läßt sich durch die Veränderung des Schneidenrundungsradius $\varrho_S$ in der Schnittzeit $t_s$

$$\dot{\varrho}_S = \frac{\varrho_{S2} - \varrho_{S1}}{t_s} \qquad (5)$$

und die radiale Schneidenverschleißgeschwindigkeit

$$\dot{\Delta r_k} = \frac{\Delta r_k}{t_s} \tag{6}$$

beschreiben, Bild 10.

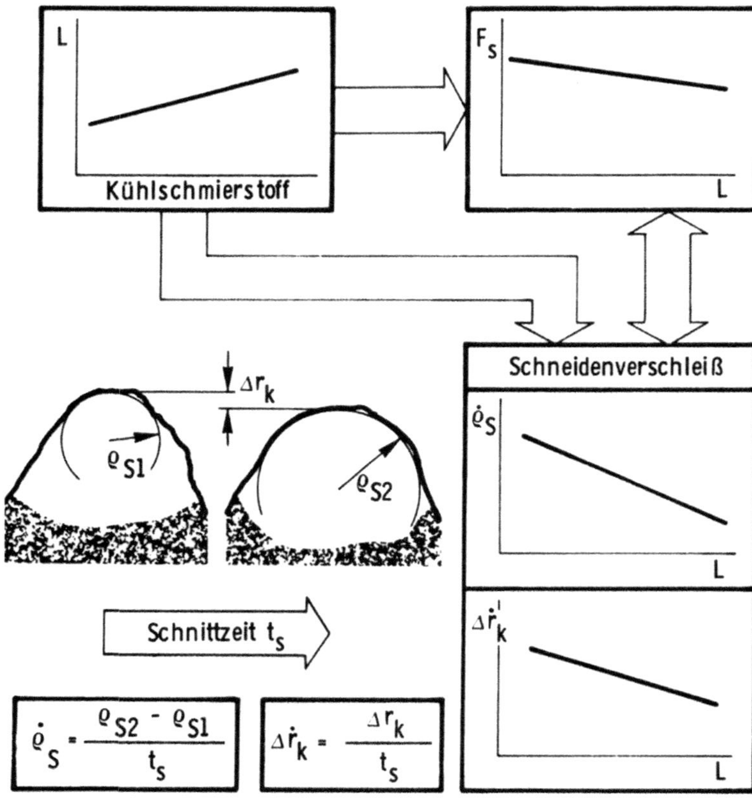


Bild 10: Die Wirkkette Kühlschmierstoff-Schneidenkraft-Schneidenverschleiß

Geht man zunächst davon aus, daß die Hauptverschleißursache mechanischer Natur ist, so läßt sich sagen, daß die Schmierungseigenschaften eines Kühlschmierstoffs in zweifacher Weise auf den Verschleiß wirken. Wie Bild 10 zu entnehmen ist, nimmt das Kühlschmiermedium über eine mehr oder weniger gute Trennung der Reibpartner direkt Einfluß auf den abrasiven Kornverschleiß. Diese Eigenschaft eines Schmierstoffs läßt sich mit dem Begriff

"Lasttragevermögen" umschreiben. Unumstritten ist die positive Wirkung einer Reibungsreduzierung auf den Verschleiß.

Das Ausmaß des Verschleißes hängt aber auch von der Höhe der Schneidenkraft $F_S$ ab. Wie im vorangegangenen Kapitel gezeigt wurde, führt eine Schmierungsverbesserung bei kleinen Spanungsdicken zu steigenden, bei großen Ritzquerschnitten zu sinkenden Schneidenkräften.

Da Kraft und Verschleiß miteinander korrelierende Größen sind, steht für den Bereich großer Ritzquerschnitte fest, daß der Verschleiß mit besser werdender Schmierung sinkt. Wie sich der Verschleiß bei kleinen $A_R$-Werten verhält, kann zunächst nicht ohne weiteres gesagt werden, da unklar ist, ob der Einfluß des höheren Lasttragevermögens oder der der steigenden Schneidenkraft dominiert.

Um dies zu klären, wurden Versuche mit Schleifstiften beim Innenrundschleifen durchgeführt, bei denen sehr kleine Spanungsdicken vorlagen ($Q'_w$ = 0,13 $mm^3/mm \cdot s$). Die Verwendung von Schleifstiften bietet wie das Ritzen mit Korundkörnern die Möglichkeit, den Verschleißfortschritt einzelner Körner zu verfolgen, in dem man ein und dieselbe Stelle der Schleifstiftoberfläche vor und nach ihrem Einsatz mit Hilfe des REM (REM = Raster Elektronen Mikroskop) betrachtet bzw. dokumentiert. Von Vorteil gegenüber dem Ritzen ist der erheblich reduzierte Versuchsaufwand, da ein relativ großer, viele Körner einschließender Oberflächenbereich erfaßt wird. Dadurch erhält man bei der gleichen Versuchsanzahl eine wesentlich größere statistische Sicherheit.

Den beim Innenrundschleifen im geraden Einstich (Innenrund-Umfang-Querschleifen) durchgeführten Versuchen lagen folgende Bedingungen zugrunde:

| | |
|---|---|
| Werkstückinnendurchmesser | $d_w$ = 50 mm |
| Werkstückbreite | $b_s$ = 10 mm |
| Werkstoff | 100 Cr 6 |
| Schleifstiftabmessungen | Ø 20 x 20 mm |

| | |
|---|---|
| Schleifstiftspezifikation | Ek 46 P5 ke |
| Schnittgeschwindigkeit | $v_c$ = 17 m/s |
| Werkstückgeschwindigkeit | $v_w$ = 17 m/min |
| bezogenes Zeitspanungsvolumen | $Q'_w$ = 0,13 mm³/mm·s |
| bezogenes Zerspanungsvolumen | $V'_w$ = 40 mm³/mm |
| Kühlschmierstoffe | Emulsion, 3 % |
| | Mineralöl, additiviert |

Die in Bild 11 und 12 gegenübergestellten REM-Aufnahmen zeigen jeweils ein und dieselbe Stelle der Schleifstiftoberfläche vor und nach dem Schleifen, wobei zur besseren Orientierung einige sich entsprechende, markante Punkte mit Zahlen gekennzeichnet sind.

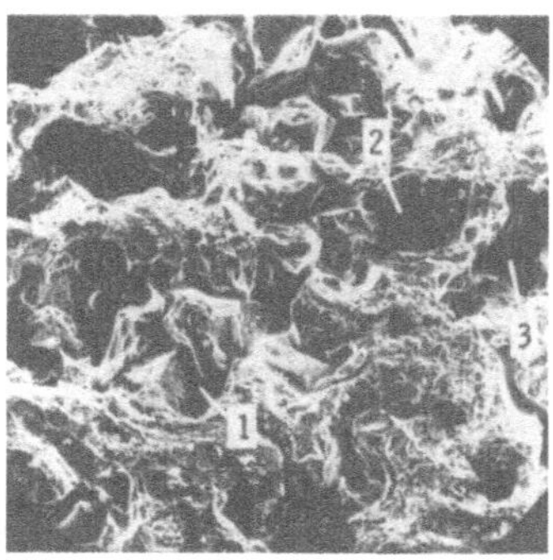


$V'_w = 0$

Kühlschmierstoff : Öl

| | |
|---|---|
| Werkstoff | 100 Cr 6 |
| Schnittgeschw. | $v_c$ = 17 m/s |
| Geschwindigkeits-verhältnis | q = 60 |
| bez. Zeitspa-nungsvol. | $Q'_w = 0{,}13\ \frac{mm^3}{mm \cdot s}$ |
| Schleifscheibe | EK 46 P5 Ke |

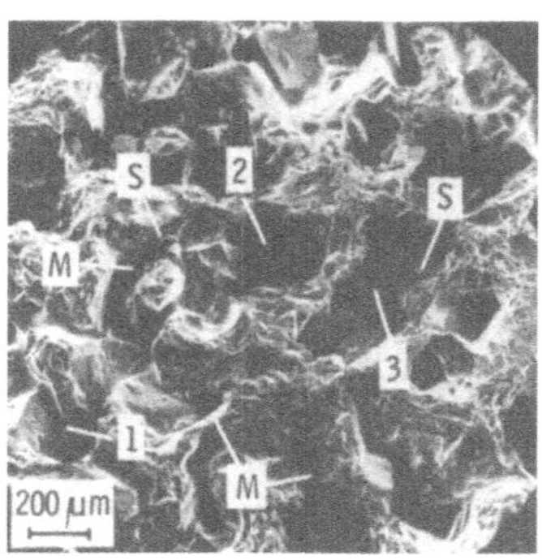


$V'_w = 40\ \frac{mm^3}{mm}$

1, 2, 3 Orientierungshilfspunkte

M Mikro-, Makroausbruch

S Span

Bild 11: Verschleißbedingte Schneidenraumänderung beim Schleifen mit Öl

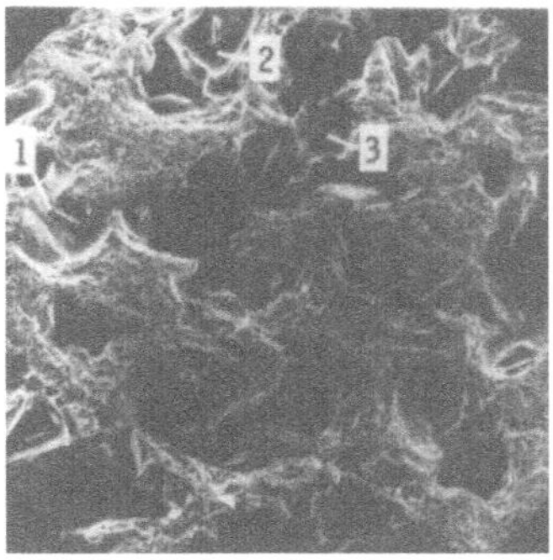


| Kühlschmierstoff : Emulsion | |
|---|---|
| Werkstoff | 100 Cr 6 |
| Schnittgeschw. | $v_c = 17$ m/s |
| Geschwindigkeits-verhältnis | $q = 60$ |
| bez. Zeitspa-nungsvol. | $Q'_w = 0{,}13 \frac{mm^3}{mm \cdot s}$ |
| Schleifscheibe | EK 46 P5 Ke |

$V'_w = 0$

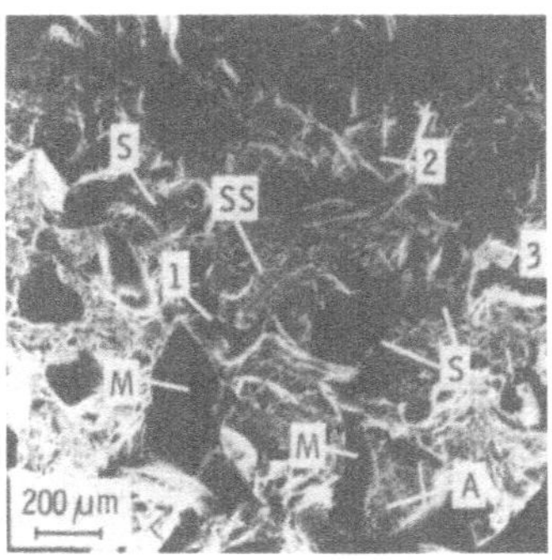


1, 2, 3 Orientierungshilfspunkte

A abrasiver Verschleiß

M Mikro-, Makroausbruch

S Span

SS Schichtspan

$V'_w = 40 \frac{mm^3}{mm}$

©

Bild 12: Verschleißbedingte Schneidenraumänderung beim Schleifen mit Emulsion

Beim Schleifen mit Öl, Bild 11, verändert sich die Topographie nur relativ wenig. Zunächst fällt auf, daß sich die durch das Abrichten erzeugte Mikrostruktur der hochliegenden Platteaus stabilisiert, in dem gelockerte Partikel und durch die Einwirkung des Abrichtwerkzeugs geschwächten Korn- oder Bindungsteile (gekennzeichnet mit M = Makro-, Mikroausbruch) ausbrechen. Ein weitergehender Verschleiß, wie etwa abrasive Abflachungen der Kornspitzen (die nicht auf das Abrichten zurückzuführen sind) oder Ausbrüche größerer Kornpartien ist nicht zu beobachten. Ferner lassen sich nur sehr wenige Späne (bezeichnet mit S) und keine Zusetzungen (Schichtspäne /37/) ausmachen.

Im Gegensatz dazu findet man nach dem Schleifen mit Emulsion, Bild 12, eine stark veränderte, nur an tieferliegenden Stellen wiederzuerkennende Schleifstiftoberfläche vor. Dies ist ein Indiz für einen hohen radialen Kornverschleiß, der sowohl auf eine abrasive Abnutzung (gekennzeichnet mit A) als auch auf Mikroausbrüche der Körner (M) zurückzuführen ist. Im Vergleich zu Bild 11 unten (Ölschliff) erhält man den Eindruck einer stärker eingeebneten Oberfläche, wozu auch Schichtspäne (SS), die die Spanräume zusetzen, beitragen. Darüber hinaus ist eine Vielzahl kleiner Späne (S) zu erkennen.

Aufgrund dieser Untersuchungen läßt sich also sagen, daß eine Schmierungsverbesserung auch im Bereich kleiner Spanungsdicken eine Verschleißreduzierung bewirkt. Somit gilt allgemein:

$$\dot{r}_{k\ \text{Öl}} < \dot{r}_{k\ \text{Em}} < \dot{r}_{k\ \text{tr}}$$

Bringt man dieses Ergebnis mit den Resultaten der Schneidenkraftmessung (Ritzversuche mit Diamanten) in Verbindung und berücksichtigt ferner, daß der verschleißbedingte Kraftanstieg mit der Spanungsdicke zunimmt, so ergeben sich für die Kraft die in Bild 13 zusammengefaßten Abhängigkeiten von der Spanungsdicke und der Schnittzeit.

Von Bedeutung für die Höhe bzw. die Entwicklung der bei Emulsion und Öl entstehenden Kräfte sind folgende Annahmen

- Zu Beginn des Prozesses liegen unabhängig vom Kühlschmierstoff gleiche Korngeometrien vor.

- Die Anfangskräfte liegen deutlich unter der Belastungsgrenze (s. eingezeichnetes Beispiel), die als konstant, d.h. unabhängig von der Korngeometrie (s.u.) und der Kühlschmierstoffart angenommen wird. Dies bedeutet, daß mit zunehmender Schnittzeit zunächst ein abrasiver Verschleiß vorliegt.

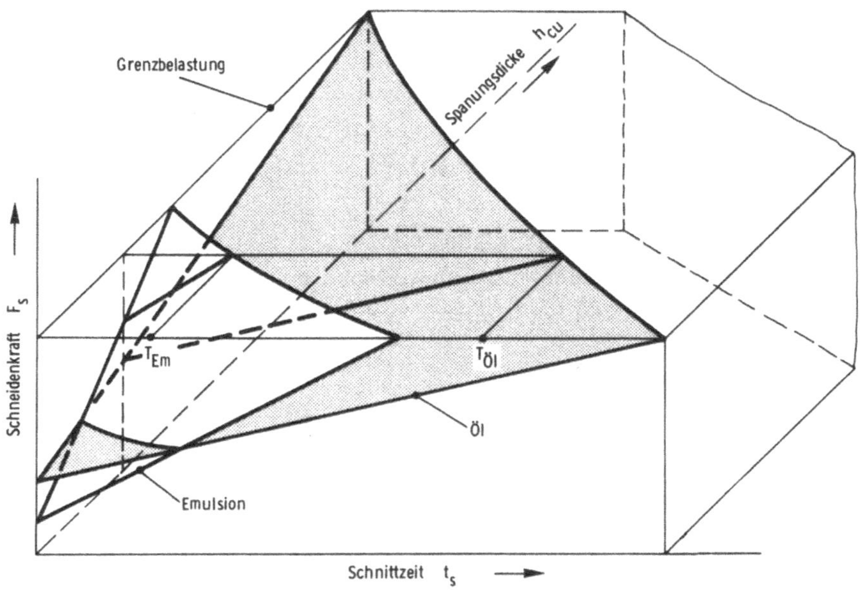


Bild 13: Prinzipielle Darstellung des Schmierungseinflusses auf die Schneidenkraft unter Berücksichtigung des Verschleißes

- Die Kornabstumpfung (bzw. ein zunehmender Rundungsradius $\varrho_S$) bewirkt einen zur Verschleißgeschwindigkeit $\Delta\dot{r}_k$ proportionalen Kraftanstieg. Der kraftsenkende Einfluß des Verschleißes infolge der um $\Delta r_k$ verringerten Spanungsdicke wird hier vernachlässigt, da $\Delta r_k$ bei rein abrasivem Verschleiß im Verhältnis zu $h_{cu}$ sehr klein ist. Dies ergab sich aus zusätzlichen Ritzversuchen mit Korundkörnern.

- Das Korn splittert bei Erreichen der Belastungsgrenze. Der dabei entstehende Radialverschleiß ist so groß, daß die Kraft auf den Wert "O" fällt.

Bild 13 beinhaltet folgende Aussagen:

- Zur Zeit $t_s$ = O liegen die bekannten, beim Ritzen mit Diamant ermittelten Zusammenhänge vor. Das heißt, die Anwendung von Öl bewirkt bei kleinen $h_{cu}$-Werten höhere, bei großen Spanungsdicken kleiner Schneidenkräfte.

- Die geringere Verschleißgeschwindigkeit bei guter Schmierung hat zur Folge, daß selbst im unteren $h_{cu}$-Bereich, in dem Öl zu Beginn des Schleifens höhere Kräfte als Emulsion hervorruft, ab einer bestimmten Schleifzeit die Schneidenkräfte bei Ölanwendung unter die bei Emulsionseinsatz fallen. Mit zunehmender Spanungsdicke wird die kraftsenkende Wirkung des Öls noch deutlicher.

- Eine hohe Schmierwirkung verlängert die Lebensdauer T der Kornschneide, d.h., mit Schleiföl läßt sich bis zum Kornausbruch eine höhere Schnittzeit als mit Emulsion erzielen (s. eingezeichnetes Beispiel).

Vergleicht man die bei Öl und Emulsion vorliegenden Kornschärfen, was natürlich nur im Bereich der Lebensdauer des unter Emulsion schneidenden Korns möglich ist, so wird klar, daß bei Ölschmierung die Schneide schärfer ist. Zum Zeitpunkt des jeweiligen Schneidenausbruchs dagegen muß bei Öl die größere Abstumpfung auftreten, da hier die Zerspanung die Schneide weniger beansprucht.

Bisher wurde eine konstante Belastungsgrenze der Einzelschneide angenommen. Reale Schleifkörner besitzen aber aufgrund des Abrichtens sowie des Herstellungsprozesses Fehlstellen wie Risse und Poren, die die Belastbarkeit beeinträchtigen. Zu Beginn des Schleifvorganges ist die Anzahl derart geschwächter Schneiden naturgemäß relativ hoch. Sie brechen infolge ihrer geringen Belastbarkeit verhältnismäßig früh aus, so daß im folgenden die verbleibenden, stabileren Schneiden zum Eingriff kommen. Ihre Lebensdauer ist entsprechend höher. Diese Erscheinung ist schematisch in Bild 14 dargestellt. Die Stabilisierung, die mit einer Verringerung der aktiven Schneidenzahl verbunden ist, erfolgt umso schneller, je größer die Anfangskraft $F_S$ ($t_s = 0$) und der Anstieg der Schneidenkraft ist. Den bisherigen Ausführungen über den Kühlschmierstoffeinfluß auf Kräfte und Verschleiß zufolge, tritt dieser Stabilisierungseffekt bei Ölschmierung also später als bei Emulsionsanwendung ein.

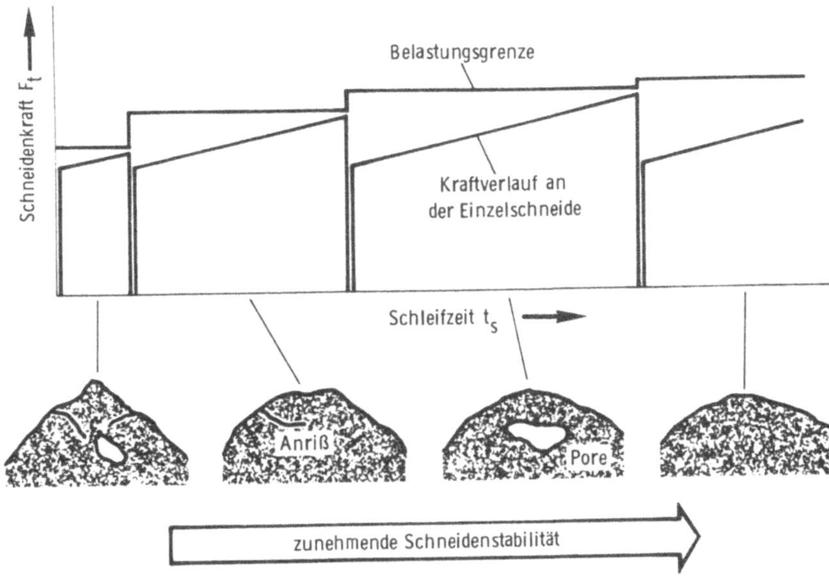


Bild 14: Verschleißbedingte Stabilisierung der Korngeometrie

Neben rein mechanischen Verschleißursachen können hohe Temperaturen sowie chemische Reaktionen des Kühlschmierstoffs mit dem Kornmaterial eine gewisse Rolle spielen. Bekannt ist z.B. die Tatsache, daß bei Verwendung von wassergemischten Kühlschmierstoffen im Korn aufgrund höherer Temperaturgradienten größere Eigenspannungen auftreten, die ein vermehrtes Splittern herbeiführen /8/. Einerseits nimmt dadurch die ohnehin hohe Verschleißgeschwindigkeit weiter zu, andererseits wird somit hohen Kräften und Schnittemperaturen entgegengewirkt. Ernst /8/ schrieb diesem Effekt die von ihm gemessenen im Vergleich zu Öl und trockener Reibung niedrigen Normalkräfte beim Ritzen mit Emulsion zu.

Über das Auftreten verschleißfördernder chemischer Raktionen des Kühlmediums mit Korund oder Siliziumkarbid liegen keine Angaben vor. Im Rahmen dieser Arbeit kann dazu nur soviel gesagt werden, daß derartige Reaktionen, falls sie überhaupt von praktischer

Bedeutung sind, umso langsamer ablaufen, je geringer die Kontakttemperaturen und -zeiten sind. Aus dieser Sicht dürfte eine gute Schmierung günstiger sein als eine hohe Kühlwirkung.

## 3. Die Kühlschmierstoffwirkung am vielschneidigen Schleifwerkzeug - Ergebnisse beim Außenrundschleifen

Basierend auf dem am Einzelkorn untersuchten Kühlschmierstoffeinfluß läßt sich unter Berücksichtigung der im Eingriff befindlichen Schneidenzahl die zu erwartende Kühlschmierstoffwirkung beim Schleifen herleiten.

Dies erfolgt jeweils zu Beginn der nächsten Kapitel, die das Verhalten der Schnittkräfte, der Wärmeeinbringung, des Schleifscheibenverschleißes und der Werkstückoberflächengüte in Abhängigkeit vom Kühlschmierstoff behandeln. Zur Bestätigung der theoretischen Ableitungen bzw. der Übertragbarkeit der Ritzergebnisse auf das Schleifen werden Resultate aus Außenrundschleifversuchen vorgestellt, bei denen auch Varianten der verschiedenen Kühlschmierstoffarten zum Einsatz kamen. Darüber hinaus wurde die Kühlschmierstoffwirkung an mehreren Werkstoffen ermittelt. Die Versuchstechnik und die Bedingungen, unter denen die Außenrundschleifversuche erfolgten, ist bzw. sind im Anhang beschrieben.

### 3.1 Schnittkräfte

Die Schnittkraftkomponenten $F_n$ und $F_t$ ergeben sich durch Multiplikation der mittleren Schneidenkraftkomponenten mit der im Eingriff befindlichen Schneidenzahl $N_{mom}$.

$$F_n = F_{nS} \cdot N_{mom} \qquad (7)$$

$$F_t = F_{tS} \cdot N_{mom} \qquad (8)$$

Da die momentane Schneidenzahl proportional zur kinematischen Schneidenzahl $N_{kin}$ ist, läßt sich auch schreiben

$$F_n \sim F_{nS} \cdot N_{kin} \qquad (9)$$

$$F_t \sim F_{tS} \cdot N_{kin} \qquad (10)$$

Um eine Aussage über die Kühlschmierstoffwirkung auf $F_n$ und $F_t$ machen zu können, muß das schmierungsabhängige Verhalten der kinematischen Schneidenzahl bekannt sein. Wie in Kap. 2.1 "Schneideneingriff" dargelegt wurde, nimmt mit steigender Schmierung die effektive Spanungsdicke $h_{cu\ eff}$ bzw. das effektive Spanvolumen ab. Dies impliziert einen Zuwachs der kinematischen Schneidenzahl, da das pro Zeiteinheit abgetragene Werkstoffvolumen beim Schleifen konstant ist.

Aufgrund der mit der Schmierung im Bereich kleiner Spanungsdicken steigenden Schneidennormalkraft und kinematischen Schneidenzahl gilt daher unter der Voraussetzung einer konstanten Korngeometrie:

$$F_{n\ \text{Öl}}\ (t_s = 0) > F_{n\ Em}\ (t_s = 0)$$

Im Bereich großer Spanungsdicken spielt die Schneidenzahlzunahme eine immer unbedeutendere Rolle, während die Schneidenormalkraft sinkt. Hier gilt:

$$F_{n\ \text{Öl}}\ (t_s = 0) < F_{n\ Em}\ (t_s = 0)$$

Über das schmierungsabhängige Verhalten der Tangentialschnittkraft läßt sich nicht ohne weiteres eine Aussage machen, da $F_{tS}$ und $N_{kin}$ bezüglich der Schmierung eine gegenläufige Tendenz zeigen. Dies gilt allerdings nur für kleine Spanungsdicken:

$$F_{t\ \text{Öl}}\ (t_s = 0) \overset{?}{\gtrless} F_{t\ Em}\ (t_s = 0)$$

Im Gebiet großer Spanungsdicken gelten die für die Normalkraft gemachten Aussagen:

$$F_{t\ \text{Öl}}\ (t_s = 0) < F_{t\ Em}\ (t_s = 0)$$

Auf der Basis dieser Herleitungen ergeben sich für $F_n$ und $F_t$ die in Bild 15 schematisch dargestellten Abhängigkeiten von der Schmierwirkung L und der Spanungsdicke $h_{cu}$ bzw. dem bezogenen Zeitspanungsvolumen $Q'_w$ (durchgezogene Linien gelten für $t_s = 0$). Infolge des Verschleißes erhält man eine Veränderung der im Raum aufgespannten Flächen (gestrichelte Linien) in der Art, daß

- bei kleinen $Q'_w$-Werten überwiegend eine Abstumpfung der Kornschneiden erfolgt. Dies bewirkt einen Kraftanstieg, der umso größer ausfällt, je höher die Reibung ist.

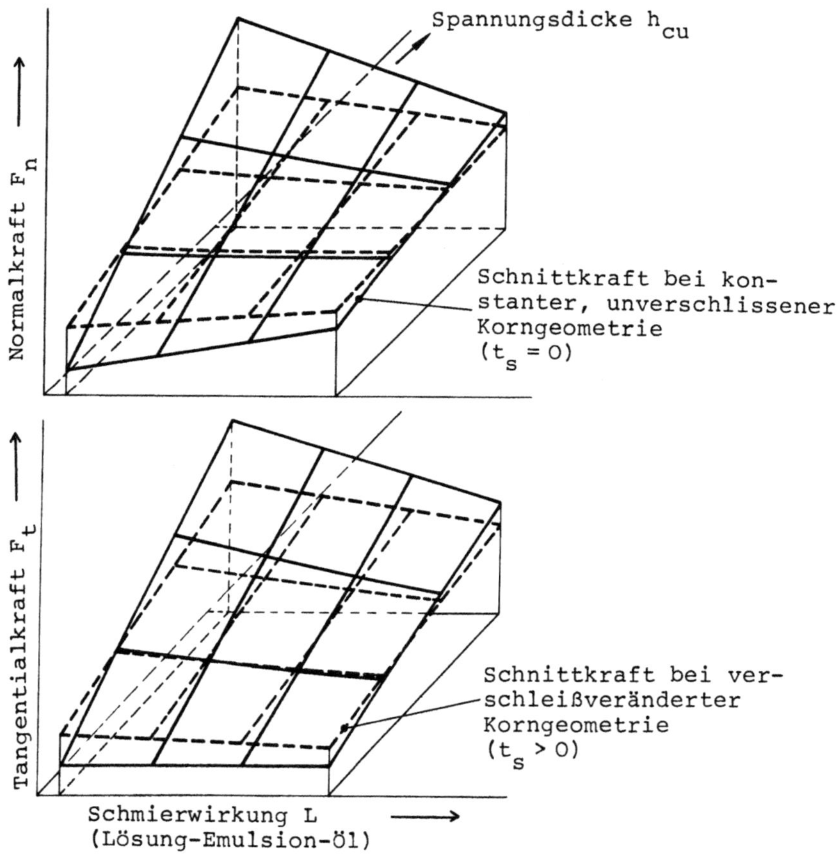


Bild 15: Prinzipielle Darstellung des Schmierungseinflusses auf die Schnittkräfte beim Schleifen

- Bei sehr großen $Q'_w$-Werten aufgrund einer Überlastung von weniger stabilen Schneiden eine Vergröberung der Scheibentopographie (Stabilisierungseffekt s. Bild 14) eintritt (Schärfung und Schneidenzahlreduzierung). Dies bewirkt einen mit der Reibung steigenden Kraftabfall.

Diese aus Einzelkornuntersuchungen abgeleiteten Resultate werden durch Schnittkraftmessungen beim Schleifen bestätigt. Bild 16 zeigt exemplarisch für die übrigen untersuchten Werkstoffe Schnittkraftverläufe des Stahls Ck 45 N, die typisch für den Bereich kleiner Spanungsdicken bzw. Zeitspanungsvolumina sind.

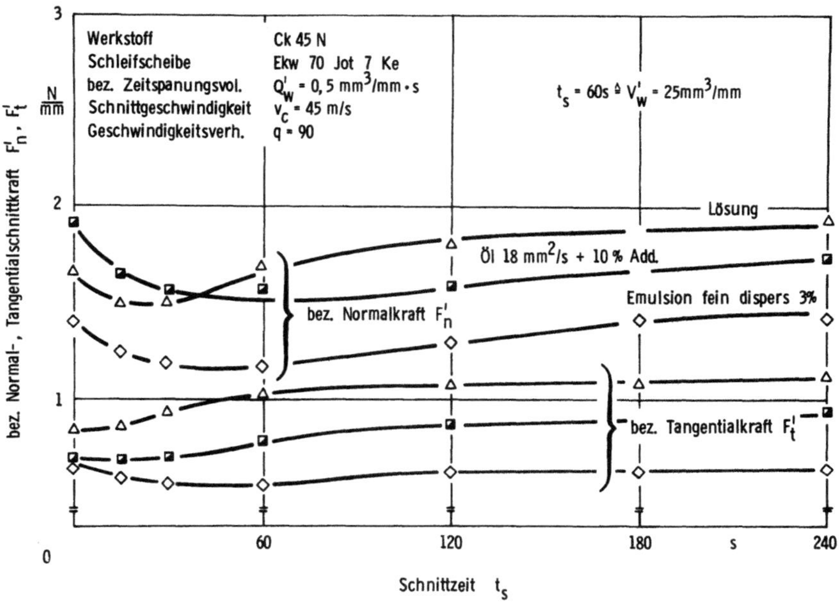


Bild 16: Zeitlicher Verlauf der bezogenen Normal- und Tangentialschnittkraft bei unterschiedlichen Reibverhältnissen

Die Kräfte zum Zeitpunkt $t_s = 0$ entsprechen weitgehend den Erwartungen, d.h. die beim Schleifen mit Öl auftretenden Kräfte sind höher als bei Emulsion. In Richtung zunehmender Schnittzeit tritt nach Durchlaufen eines anfänglichen Kraftminimums, dessen Entstehung weiter unten erläutert wird, eine zu den

Kraftanstiegswerten proportionale Abstumpfung der Schneiden ein. Erwartungsgemäß nimmt der Kraftzuwachs mit der Reibung zu, so daß sich bei den Normalkräften ab einer bestimmten Schleifzeit eine Umkehrung der anfänglichen Rangfolge der Kühlschmierstoffe ergibt. Bei den Tangentialkräften führt dies zu einer Verstärkung der zu Beginn vorliegenden Kraftunterschiede, so daß sich im günstigsten Fall (Vergleich Lösung / Öl) um ca. 50 % kleinere Kräfte erzielen lassen.

Für $t_s \rightarrow \infty$ kann davon ausgegangen werden, daß die Kräfte asymptotisch auf einen jeweils konstanten Endwert laufen. In diesem stationären Bereich, der um so eher erreicht wird, je größer die Kornbelastung (z.B. durch eine schlechte Schmierung) ist, stehen Abstumpfung (Kraftanstieg) und Splittern bzw. Kornausbruch (Kraftsenkung) im Gleichgewicht. Aufgrund der an der Einzelschneide hergeleiteten Zusammenhänge läßt sich sagen, daß im stationären Zustand die kinematische Schneidenzahl und die mittlere Kornschärfe um so geringer sind, je höher die Schneidenbelastung ist.

Das anfängliche Kraftminimum ist auf das Ausbrechen von Kornpartikeln bzw. solchen Schneiden zurückzuführen, die beim Abrichten gelockert oder geschwächt wurden. Die damit verbundene Schneidenzahlreduzierung und Generierung neuer scharfer Schneiden bewirkt einen entsprechenden Kraftabfall. Der im folgenden zu beobachtende Kraftanstieg (s.o.) resultiert aus der Abstumpfung der stabilen Schneidengeometrie. Das Kraftminimum verschiebt sich mit steigender Belastung in Richtung $t_s = 0$. Es kann sogar in die Anschnittphase fallen, so daß es auf den Kraftschrieben nicht erkennbar ist.

Im Bereich höherer Spanungsdicken / Zeitspanungsvolumina erhält man bei allen untersuchten Werkstoffen in der Tendenz die in Bild 17 für den Stahl 100 Cr 6 wiedergegebenen Kraftverläufe. Während bei Ölanwendung die Kräfte zunächst geringfügig fallen, was seine Ursache im Ausbruch relativ loser Abrichtpartikel hat (s.o.), ist die Auswirkung dieses Effektes bei Emulsion, die eine stärkere Kornbelastung hervorruft, nicht mehr erkennbar,

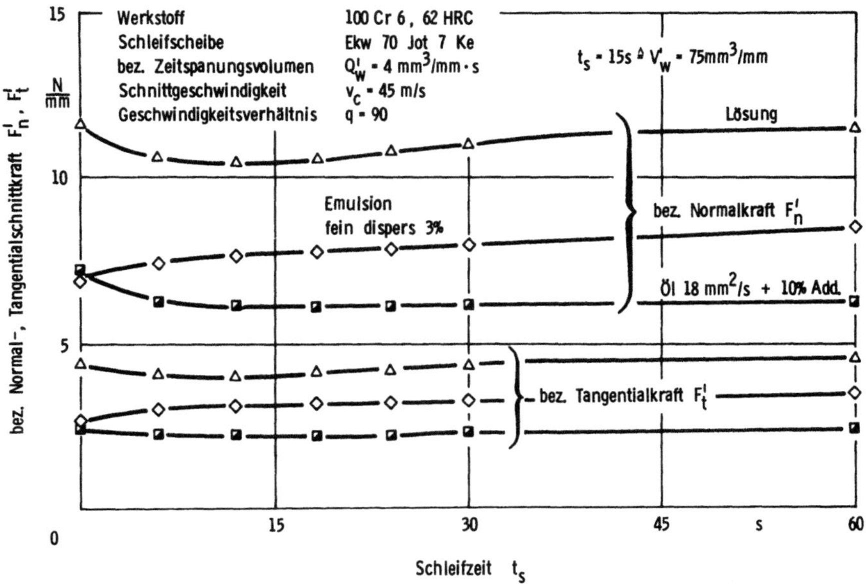


Bild 17: Zeitlicher Verlauf der bezogenen Normal- und Tangentialschnittkraft bei unterschiedlichen Reibverhältnissen

da dieser Stabilisierungsvorgang in die Anschnittphase fällt. Von daher ist es unmöglich, daß das ausgeprägte Minimum bei der erheblich schlechter schmierenden Lösung nur auf die Entfernung solcher Schneiden beruht, die beim Abrichten gelockert wurden. Vielmehr findet eine über dieses Maß hinausgehende Vergröberung der Scheibentopographie statt (entsprechend der 2. Belastungsstufe in Bild 14). Die verbleibenden Schneiden besitzen eine der Belastung angepaßte Stabilität. Mit dem Abstumpfen dieser Schneiden tritt im folgenden ein Kraftanstieg ein, der sich in dem Maß verlangsamt, in dem abgestumpfte Schneiden durch scharfe eingesetzt werden (stationärer Zustand).

Im folgenden soll der Kühlschmierstoffeinfluß detaillierter, d.h. unter Berücksichtigung verschiedener Varianten der wassergemischten und nicht-wassermischbaren Kühlschmierstoffe untersucht werden. Dazu bietet es sich an, die Kräfte über dem bezogenen Zeitspanungsvolumen $Q'_w$ bei konstantem bezogenen Zerspanungsvolumen $V'_w$ aufzutragen.

Betrachtet man in Bild 18 und 19 (100 Cr 6) zunächst nur die für wassergemischte und nicht-wassermischbare Kühlschmierstoffe angedeuteten Bereiche, so läßt sich erkennen, daß die Normalkräfte (Bild 18) von Öl im Gebiet kleiner $Q'_w$-Werte etwas höher liegen als die von wassergemischten Kühlschmierstoffen, was auf eine erhöhte Schneidenzahl infolge der Materialverdrängung bzw. der elastischen Verformungen bei der Spanbildung zurückzuführen ist. Mit steigendem Zeitspanungsvolumen kommt der Einfluß der Schneidenkräfte immer mehr zur Geltung, wodurch sich bei Ölschmierung deutlich geringere Kräfte als bei Emulsionen und der Lösung ergeben. Die Tangentialkräfte dagegen (Bild 19) sinken beim Schleifen mit Öl im gesamten $Q'_w$-Bereich, wobei die Kraftreduzierung im Schruppschleifbereich besonders deutlich ausfällt. Eine Erhöhung der Zeitspanungsvolumina über die hier vorliegenden Bereichsgrenzen erwies sich aus Gründen der thermischen Schädigung der Werkstückrandzone als nicht sinnvoll.

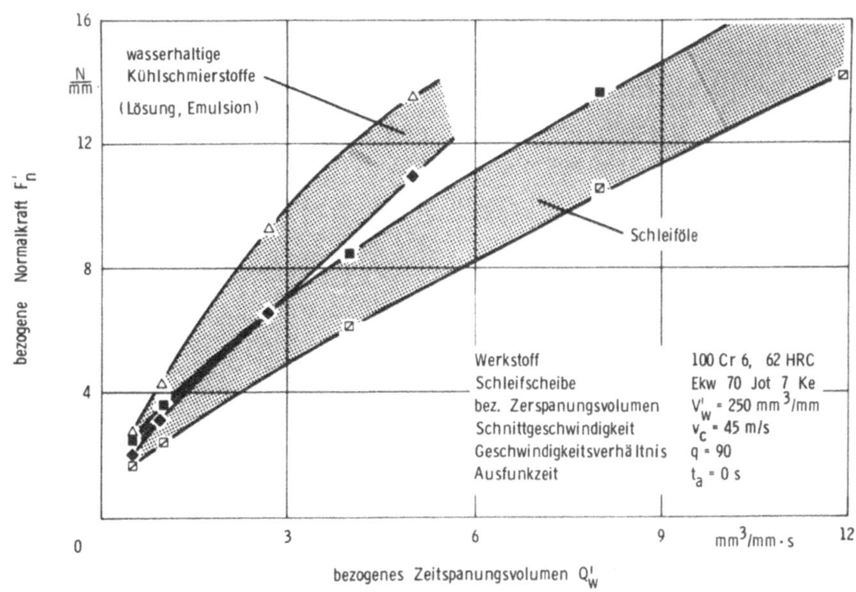


Bild 18: Kühlschmierstoffeinfluß auf die bezogene Normalkraft

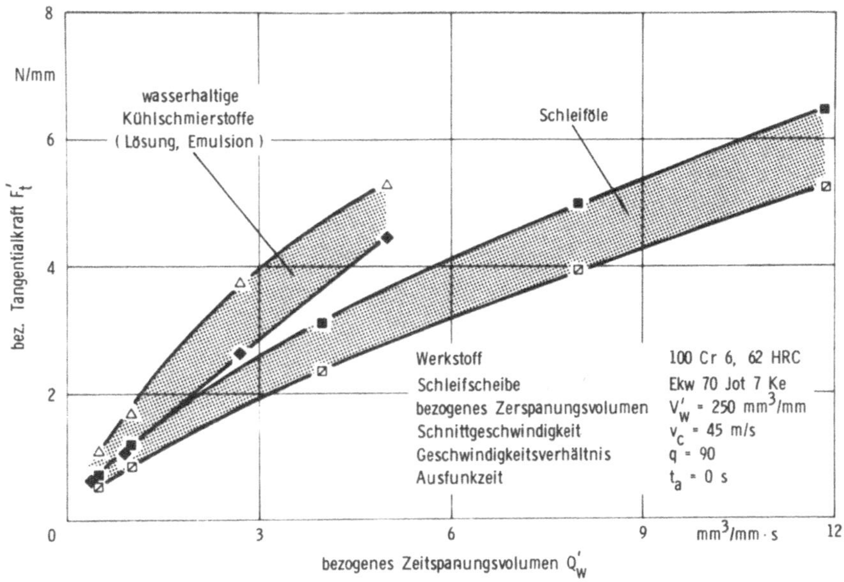


Bild 19: Kühlschmierstoffeinfluß auf die bezogene Tangentialkraft

Innerhalb der einzelnen Gruppen liegen folgende Abhängigkeiten vor:

- Wassergemischte Kühlschmierstoffe, Bild 20

- Bereits geringe Zugaben von Mineralöl reduzieren die Kräfte erheblich. Dies zeigt sich an den im Vergleich zu Emulsionen deutlich höheren Kräften der Lösung, die lediglich einen Rostschutzzusatz und keine schmierwirksamen Substanzen enthielt.

- Innerhalb der Emulsionen hat die Kühlschmierstoffzusammensetzung keinen großen Einfluß auf die Schnittkräfte. Dennoch lassen die EP-additivierten Flüssigkeiten, die generell etwas höhere Kräfte hervorrufen als unlegierte Emulsionen, die Tendenz erkennen, daß die Kräfte mit steigender Konzentration abnehmen.

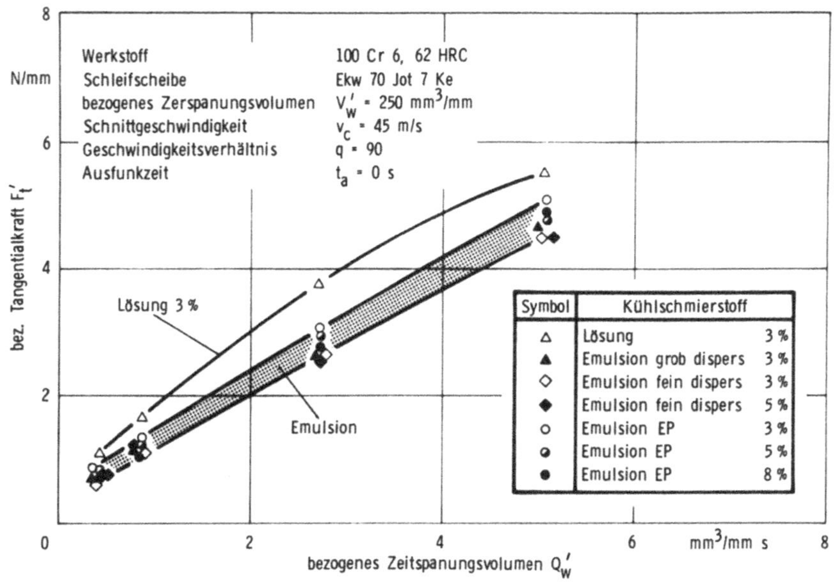


Bild 20: Bezogene Tangentialkraft $F'_t$ beim Schleifen mit wassergemischten Kühlschmierstoffen

- Nicht-wassermischbare Kühlschmierstoffe, Bild 21

- Eine Viskositätsänderung von 18 auf 30 $mm^2/s$ hat keinen Einfluß auf die Höhe der Kräfte.

- Eine sukzessive Aufadditivierung des dünnflüssigen Öls führte bei einer 5 %-igen Additivierung zu den geringsten Kräften. Ein höherer Anteil an Zusatzstoffen bewirkt einen über das Niveau des unlegierten Öls hinausgehenden Kraftzuwachs. Eine Deutung dieses Effekts wird später, d.h. nach Betrachtung des Verschleißes und der Rauheit gegeben.

Das Verhältnis der Schnittkraftkomponenten $\mu = F_t/F_n$ geht aus Bild 22 hervor. Mit steigenden bez. Zeitspanungsvolumen / Spanungsdicken und mit zunehmender Reibung, strebt das Schnittkraftverhältnis höheren Werten zu. Dabei werden die jeweiligen, in etwa konstanten Endwerte bei um so geringeren $Q'_w$-Werten erreicht, je größere Reibschubspannungen zwischen Korn und Werk-

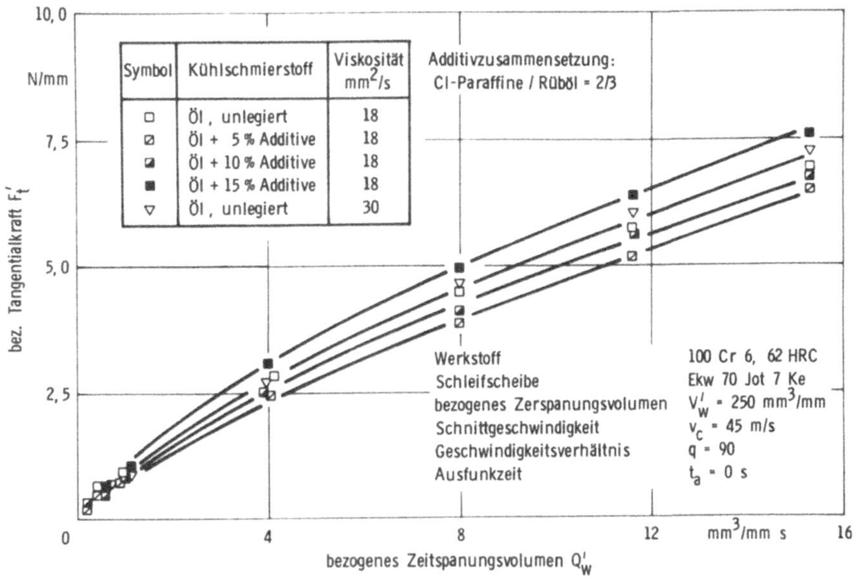


Bild 21: Bezogene Tangentialkraft $F_t'$ beim Schleifen mit Ölen

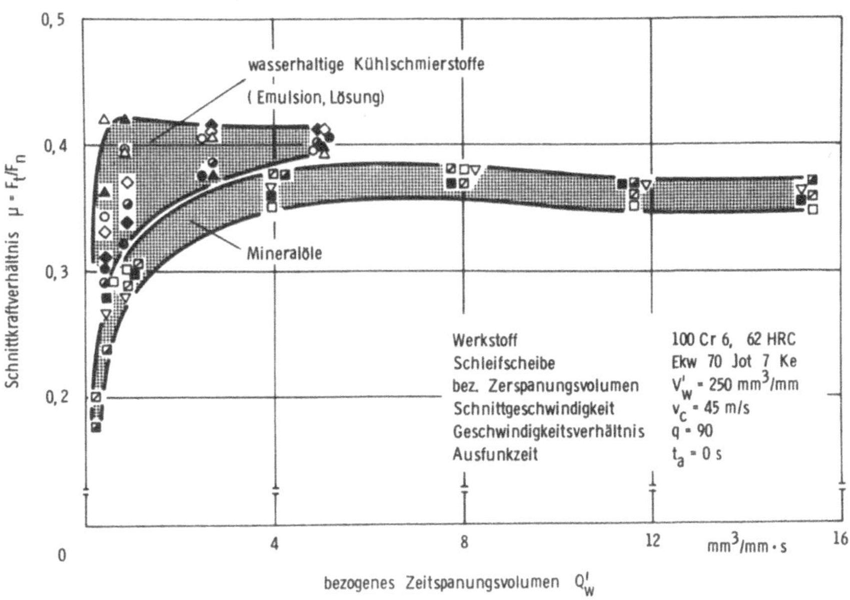


Bild 22: Auswirkung des Kühlschmierstoffs auf das Schnittkraftverhältnis

stück auftreten. Das bedeutet, daß sich der Verdrängungseinfluß bei Ölen in einem ausgedehnten $Q'_w$-Bereich (0 ÷ 4 $mm^3/mm \cdot s$) bemerkbar macht als z.B. bei der verwendeten Lösung (0 ÷ 1 $mm^3/mm \cdot s$). Hervorzuheben ist ferner die gute Übereinstimmung mit den beim Ritzen ermittelten Schnittkraftverhältnissen $\mu_s$ (Bild 8). Ein theoretischer Nachweis dieser Zusammenhänge findet sich in /32/.

Die Kühlschmierstoffwirkung auf die Schnittkräfte bei der Bearbeitung von Ck 45 N geht aus Bild 23 hervor. Während bei den wassergemischten Kühlschmierstoffen eine Schmierungsverbesserung noch im gesamten untersuchten $Q'_w$-Bereich zu verminderten Schnittkräften führt, ergeben sich bei Anwendung von Öl und

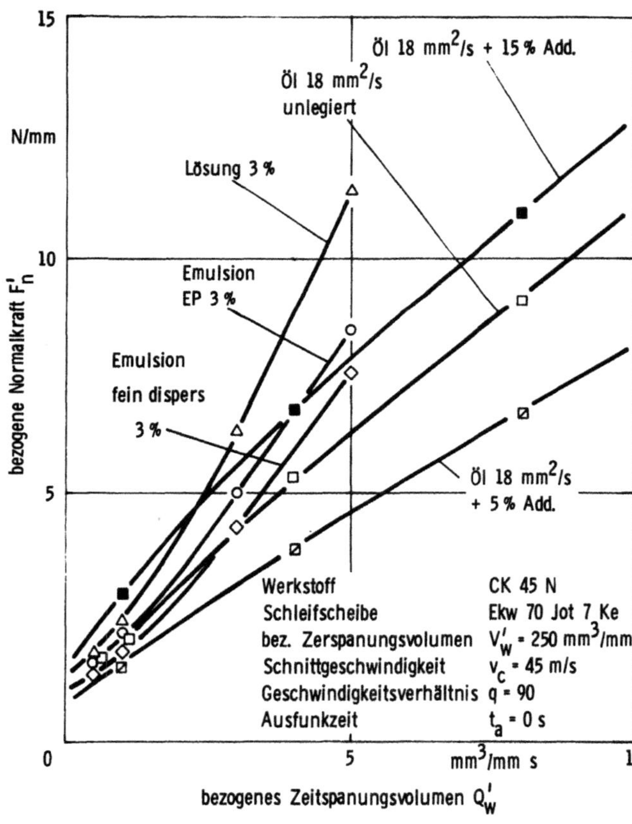


Bild 23: Einfluß des Kühlmediums auf die bezogene Normalkraft (Ck 45 N)

kleinen Zeitspanungsvolumina deutlich höhere Normalkräfte als bei Einsatz von Lösungen und Emulsionen. Dieses vom Stahl 100 Cr 6 abweichende Verhalten hat seine Ursache darin, daß beim duktilen Ck 45 N infolge der Materialverdrängung eine im Verhältnis zur Ausgangsfestigkeit größere Festigkeitszunahme eintritt, als beim spröd-harten 100 Cr 6. Darauf dürfte auch der unerwartet flache Kraftanstieg bei den wassergemischten Kühlschmierstoffen im Gebiet kleiner $Q'_w$-Werte zurückzuführen sein. Innerhalb der Ölgruppe ergibt sich die vom Stahl 100 Cr 6 bekannte Rangfolge.

Im Bereich des Schruppschleifens ($Q'_w > 3\ mm^3/mm \cdot s$) ist die Verwendung von Öl nicht nur aus Gründen der geringen Kräfte, sondern auch wegen seiner positiven Wirkung in Bezug auf eine verminderte Schichtspanbildung von Vorteil. Mit Öl ließ sich nämlich ein Grenzzeitspanungsvolumen von etwa 18 $mm^3/mm \cdot s$ erzielen, während Emulsion nur einen Maximalwert von ca. 6 - 8 $mm^3/mm \cdot s$ erlaubte.

- Spezifische Energie

Die zur Zerspanung eines bestimmten Werkstoffvolumens erforderliche Energie (spezifische Energie) läßt sich anhand der gemessenen Tangentialkräfte bestimmen:

$$W/V_w = w = F_t \cdot v_s \cdot t_s / V_w \qquad (11)$$

Liegen wie beim Stahl 100 Cr 6 über $Q'_w$ linear ansteigende Tangentialkräfte vor, die durch die Gleichung

$$F_t = F_{to} + m \cdot Q'_w \qquad (12)$$

beschrieben werden, so erhält man mit

$$Q'_w = V'_w / t_s \qquad (13)$$

für die spezifische Energie die allgemeine Beziehung

$$w = c_1 \frac{1}{Q'_w} + c_2 \qquad (14)$$

Darin sind $c_1$ und $c_2$ von $Q'_w$ unabhängige Konstanten, die sich aus der Restschleifkraft $F_{to} = F_t$ ($Q'_w = 0$) und dem Kraftanstieg m ermitteln lassen.

Es ergeben sich die in Bild 24 für verschiedene Kühlschmierstoffe dargestellten hyperbolisch verlaufenden Kurven. Der Grund für die energetisch ungünstige Zerspanung bei kleinen Zeitspanungsvolumina liegt in der hohen Zahl der nicht zum Materialabtrag beitragenden, jedoch an der Kraftentstehung beteiligten kinematischen Schneiden. Ferner ist Bild 24 zu entnehmen, daß die spezifische Energie entsprechend dem Kühlschmierstoffeinfluß auf die Tangentialkräfte mit zunehmender Schmierwirkung sinkt. Auch in dieser Hinsicht werden die am Einzelkorn gefundenen Zusammenhänge bestätigt (s. Bild 9).

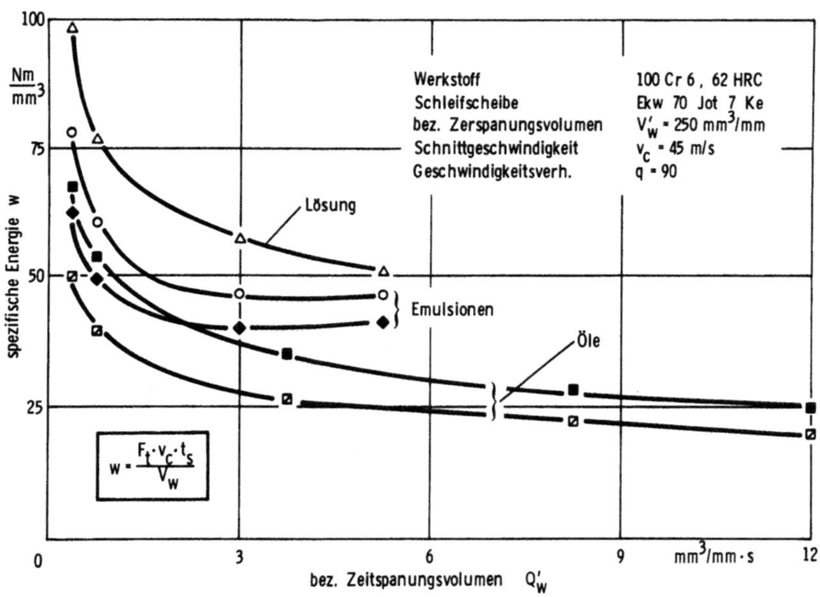


Bild 24: Abhängigkeit der spezifischen Energie von der Kühlschmierstoffart

- Auswirkungen der eingebrachten Energie

Von großer praktischer Bedeutung ist die Frage, bei welcher Kühlschmierstoffart eine höhere thermische Werkstoffbelastung, deren unerwünschte Folgen u.a. Gefügeveränderungen und Zugeigenspannungen /34/ sein können, entsteht. Der zur Tangentialkraft proportionalen, geringeren Wärmeentwicklung /38/ beim Schleifen mit Öl steht aufgrund ungünstigerer kalorischer Werte, Tabelle 1, eine schlechtere Wärmeabfuhr gegenüber. Das wirkt sich nicht nur auf die Höhe der Kontaktzonentemperatur $\vartheta_{max}$, sondern auch auf die Wärmeeinwirkdauer und die Wärmeverteilung bzw. -eindringungstiefe aus. Daher wird die Werkstückrandzone sowohl hinsichtlich der Eigenspannungen als auch der Gefügebeeinflussung je nach Kühlschmierstoff unterschiedlich stark beansprucht, wie die folgenden Ergebnisse zeigen.

| | | Mineralöl | Wasser |
|---|---|---|---|
| spezifische Wärmekapazität | $c_p$ [J/g·K] | 1,9 | 4,2 |
| Wärmeleitfähigkeit | $\lambda$ [W/m·K] | 0,13 | 0,6 |
| Verdampfungswärme | r [J/g] | 210 | 2260 |

Tabelle 1: Thermodynamische Eigenschaften von Mineralöl und Wasser (wassergemischte Kühlschmierstoffe)

Der in Bild 25 wiedergegebene Kühlschmierstoffeinfluß auf die Eigenspannungen wurden von Althaus untersucht /34/. Gravierende Unterschiede zwischen Öl und Emulsion liegen vor allem bei hohen Schnittgeschwindigkeiten vor. Bedingt durch die schlechten Schmiereigenschaften der 2 %-igen Emulsion kommt es zu einem hohen Reibverschleiß an den Kornschneiden. Einen maßgebenden Einfluß auf die Abstumpfung übt die Schnittgeschwindigkeit aus. Während bei niedrigen Scheibenumfangsgeschwindigkeiten aufgrund der relativ hohen Schneidenkräfte bereits früh ein Splittern abgestumpfter Körner auftritt, ermöglichen die geringen Spanungsdicken und Schneidenkräfte bei hohen $v_c$-Werten ein stärkeres Abflachen der Körner. Daraus resultieren hohe Kontaktzonentemperaturen, die zu entsprechenden Zugeigenspannungen in der Werkstückoberfläche führen. Der im Bereich großer Schnittgeschwindigkeiten und bezogener Zerspanungsvolumina festzustellende Spanungsabfall ist die Folge des Ausbrechens abgestumpfter Körner aufgrund hoher Schneidenkräfte.

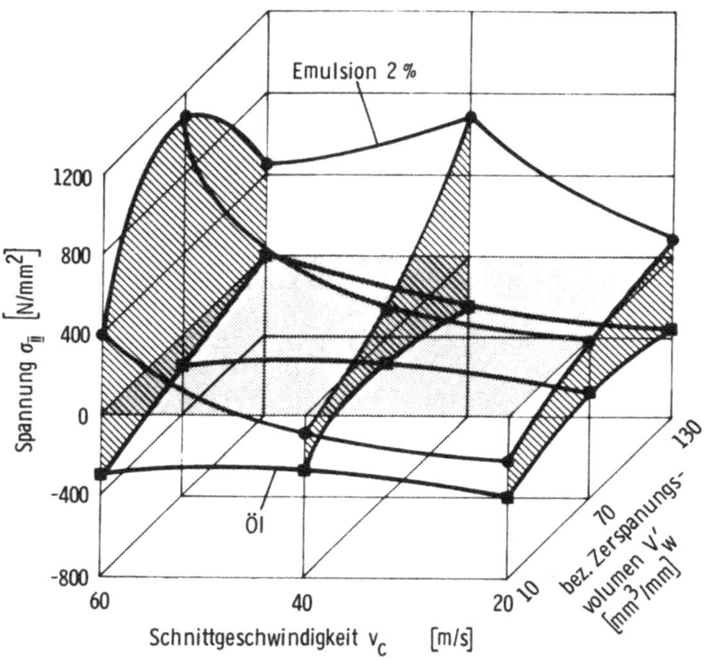


| | |
|---|---|
| Werkstoff | 100 Cr 6, 62 HRC |
| Schleifscheibe | Ekw 60 K5 Ke |
| bezogenes Zeitspanungsvolumen | $Q'_w$ = 1 mm³/mm·s |
| Schleifverfahren | Innenrundschleifen |

Bild 25: Eigenspannungen des Werkstücks beim Schleifen mit Emulsions- und Ölkühlung (nach Althaus /34/)

Die erläuterten Zusammenhänge werden nochmals bei Verwendung von purem Öl sehr deutlich. Die guten Schmiereigenschaften des Öls verringern sowohl die Abstumpfung der Körner als auch die daraus resultierende thermische Beanspruchung der Werkstückrandzone erheblich, so daß auch bei hohen Umfangsgeschwindigkeiten bis zu einem bezogenen Werkstoffabtrag von 130 $mm^3/mm$ Druckeigenspannungen auftreten.

Wie Bild 26 zu entnehmen ist, erbringt Öl aber auch hinsichtlich der Randzonenausbildung eindeutige Vorteile gegenüber wasserhaltigen Kühlschmierstoffen. Trotz längerer Temperatureinwirkzeiten und größerer Temperatureindringtiefen weisen die unter Öl geschliffenen Werkstücke erheblich kleinere Beeinflussungstiefen $z_\vartheta$ auf, was ein Beweis für geringere Kontaktzonentemperaturen ist.

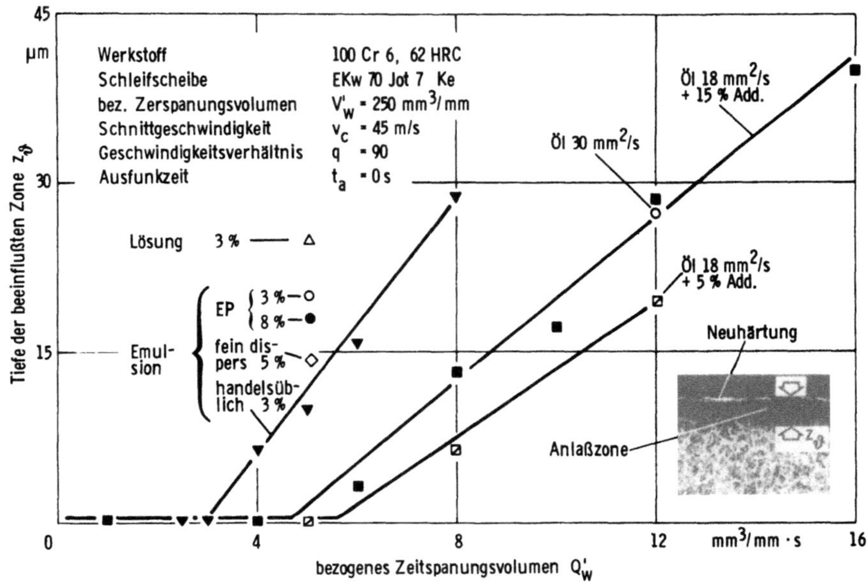


Bild 26: Einfluß des Kühlschmierstoffs auf die thermische Randzonenschädigung

Man kann also sagen, daß sich hohe Kontaktzonentemperaturen eher durch eine gute Schmierwirkung als durch eine hohe Kühlwirkung der Flüssigkeit verhindern lassen, oder anders ausgedrückt: die Verhinderung der Wärmeentstehung ist effizienter als die Abführung bereits entstandener Wärme. Ferner bestätigen diese Resultate nochmals die Gültigkeit der vorherrschenden Lehrmeinung, daß die Temperaturentwicklung proportional zur Tangentialkraft (s. Bild 19) ist.

An dieser Stelle sei angemerkt, daß diese Aussage nur für die Kontaktzonentemperatur und nicht für die mittlere Werkstücktemperatur zutrifft. Diese ist bei Öl aufgrund der schlechteren Wärmeleitfähigkeit und -kapazität i. allg. höher.

## 3.2 Schleifscheibenverschleiß

Zwischen den Schmiereigenschaften der Kühlschmierstoffe und dem Schleifscheibenverschleiß ergeben sich, thermische und chemische Verschleißursachen ausgenommen, einfachere Zusammenhänge als bei den Schnittkräften. Es kann nämlich davon ausgegangen werden, daß mit verringerter Reibung der abrasive Verschleiß (bei gleicher Belastung) infolge der besseren Trennung der Reibpartner sinkt. Da die Schneidenkraft, die zweite verschleißbestimmende Größe, in weiten Bereichen ebenfalls mit der Reibung abnimmt, und da sich außerdem Kraft und Verschleiß wechselseitig beeinflussen, ist bei erhöhter Schmierwirkung ein verminderter Schleifscheibenverschleiß zu erwarten.

Diese Aussage wird bestätigt durch die in Bild 27 gezeigten Meßergebnisse. Auf der Ordinate ist hier der bezogene Radialverschleißvolumenstrom $Q'_{sr}$ aufgetragen, der sich aus dem gemessenen Radialverschleiß $\Delta r_s$ wie folgt ergibt:

$$Q'_{sr} = \frac{\pi \cdot d_s \cdot \Delta r_s}{t_s} \tag{15}$$

Im Gegensatz zum Radialverschleiß $\Delta r_s$, auf den der Schleifscheibendurchmesser $d_s$ und die Schnittzeit $t_s$ Einfluß nehmen, ist die Kenngröße $Q'_{sr}$ nur von der Scheibenbelastung abhängig. Eine Erhöhung der Scheibenbelastung durch ein gesteigertes bezogenes Zeitspanungsvolumen und/oder eine hohe Reibung führt deshalb immer zu einem Anstieg des bezogenen Radialverschleißvolumenstroms. Bezüglich des Kühlschmierstoffeinflusses läßt sich sagen, daß der Verschleiß degressiv mit besser werdender Schmierung sinkt. Ausgehend von der 3 %-igen Lösung, die lediglich einen Rostschutzzusatz enthält, bewirken die geringen

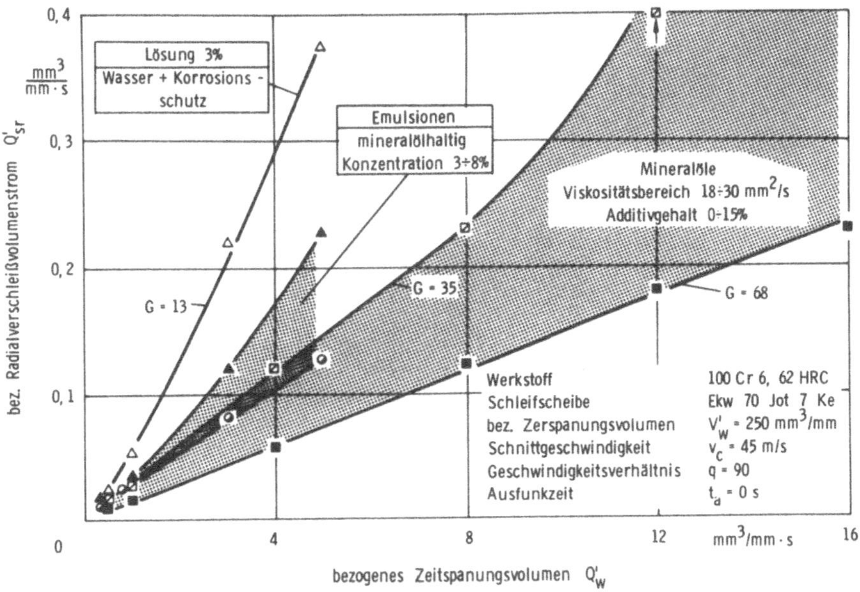


Bild 27: Schleifscheibenverschleiß beim Schleifen mit verschiedenen Kühlschmierflüssigkeiten

Mineralölanteile der Emulsionen (im Mittel ca. 3 %) eine Halbierung des Verschleißes. Wird schließlich mit puren Ölen geschliffen, so verringert sich der Verschleiß nicht im gleichen Maße weiter; in Grenzfällen können Öle die Schleifscheibe sogar stärker beanspruchen als Emulsionen.

Für die Gruppe der wasserhaltigen Kühlschmierstoffe läßt sich folgendes sagen, Bild 28: Wie erwähnt, ruft die 3 %-ige Lösung aufgrund fehlender Schmiereigenschaften einen besonders hohen Verschleiß hervor. Von den Emulsionen erbringt die grob disperse Emulsion das schlechteste Resultat. Die übrigen Flüssigkeiten unterscheiden sich kaum. Dennoch erkennt man im Bereich höherer $Q'_w$-Werte, daß die mit EP-Stoffen additivierten Kühlmedien etwas besser abschneiden als die unlegierten, fein dispersen Emulsionen. Es ist allerdings nicht möglich, zwischen den verschiedenen Konzentrationen zu differenzieren.

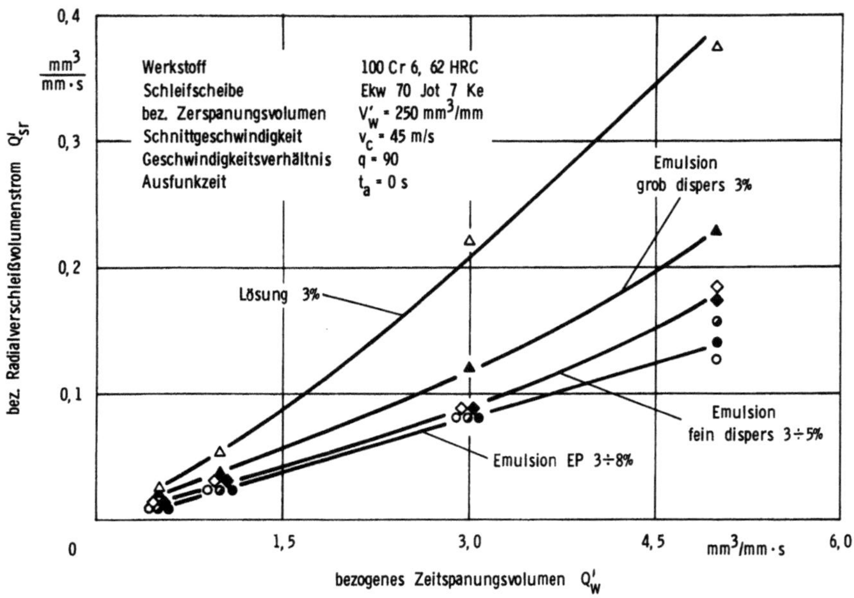


Bild 28: Bezogener Radialverschleißvolumenstrom bei Anwendung von wassergemischten Kühlschmierstoffen

Die Gruppe der Schleiföle soll anhand von Bild 29 näher analysiert werden. Einige Kurven verlaufen leicht progressiv, was auf ein verstärktes Ausbrechen abgestumpfter Schneiden aufgrund einer verhältnismäßig schlechten Schmierung schließen läßt.

Betrachtet man zunächst nur die unlegierten Öle, die sich lediglich in ihrer Viskosität unterscheiden, so führt das schmierfähigere hochviskose Öl in einem weiten $Q'_w$-Bereich zu einem kleineren Verschleiß. Daß sich für $Q'_w$-Werte $> 12$ mm$^3$/mm·s umgekehrte Verhältnisse ergeben, könnte darauf zurückzuführen sein, daß das dickflüssige Öl weniger tief in die Poren der Schleifscheibe eindringt, wodurch die Kontaktzonentemperaturen steigen (s. Kap. 6). Folglich wächst der thermische Korn- und Bindungsverschleiß /39/ überproportional; die Verschleißkurve nimmt einen progressiven Verlauf an.

Bezüglich des Additiveinflusses ergeben sich auf den ersten Blick widersprüchliche Ergebnisse. Während geringe Additivbei-

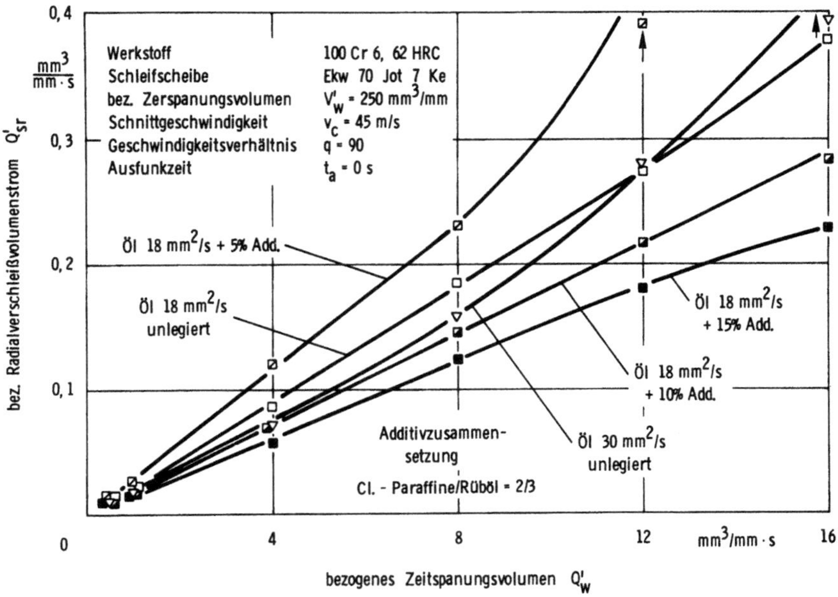


Bild 29: Bezogener Radialverschleißvolumenstrom bei Anwendung von Ölen

mengungen von 5 % einen unerwarteten Verschleißzuwachs hervorrufen, wird mit weiterer Steigerung des Additivgehaltes (10 und 15 %) eine rückläufige Tendenz beobachtet; der Verschleiß sinkt deutlich unter das Niveau des unlegierten Grundöls. Bringt man dieses Resultat mit den Ergebnissen der Schnittkraft- und Rauheitsmessungen (s. Kap. 3.3) in Verbindung, so wird klar, daß das 5 %-ig additivierte Öl die Schneidfähigkeit der Schleifscheibe steigert, in dem aufgrund hoher Schneidenkräfte eine Vergröberung der Schneidenraumstruktur (Selbstschärfung) eintritt. Für die höheren Additivierungen gilt das Gegenteil.

Treten aber mit steigendem Additivgehalt zunächst hohe, dann niedrigere Schneidenkräfte auf, so legt dies den Schluß nahe, daß EP-Additive nicht in jedem Fall reibungsmindernd wirken. Dies ist ohne weiteres möglich, wenn man folgende Überlegungen zugrundelegt /40/.

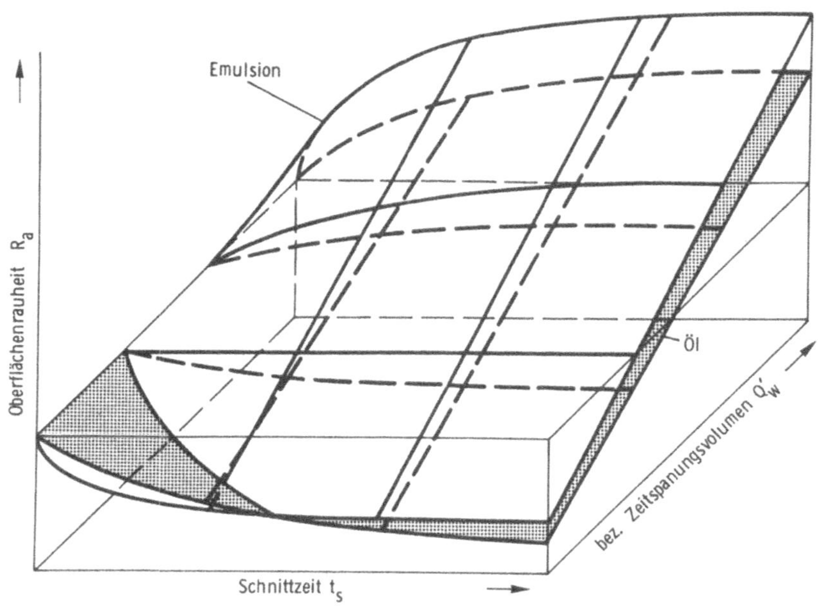


Bild 30: Prinzipielle Darstellung des Schmierungseinflusses auf die Oberflächenrauheit des Werkstücks

- Im Bereich geringer Spanungsdicken, in dem sich die Schleifscheibentopographie durch Abstumpfung der Körner verfeinert, führt eine hohe Reibung zunächst, d.h. beginnend mit $t_s = 0$, zu stumpferen und gleichzeitig mehr Schneiden. Im stationären Bereich ($t_s \rightarrow \infty$), in dem sich Abflachungen, Splittern und Kornausbruch die Waage halten, ergeben sich umgekehrte Verhältnisse. Die unter Emulsion schleifenden Körner besitzen nämlich aufgrund höherer Schneidenkräfte zum Zeitpunkt ihres Ausbruchs eine höhere Schärfe als die unter Öl eingreifenden Schneiden.

- Wird die Spanungsdicke (bzw. $Q'_w$) gesteigert, so daß in jedem Fall zu Beginn des Schleifens eine Vergröberung der Topographie der Schleifscheibe auftritt, so führen wasserhaltige Kühlschmierstoffe (Emulsion) immer zu ungünstigeren Resultaten. Wegen der größeren Schneidenbelastung schärft sich die Scheibe stärker, d.h. sie besitzt eine geringere Anzahl von Schneiden, die zudem schärfer sind.

Hinzu kommt die Tatsache, daß bei wassergemischten Kühlschmierstoffen im Korn aufgrund höherer Temperaturgradienten ein vermehrtes Splittern eintritt /8,15/, was ebenfalls zu einer Verschlechterung der Oberflächengüte beitragen kann.

Abweichungen von den in Bild 30 gezeigten Rauheitsverläufen können sich durch das Ausbrechen labiler, beim Abrichten geschädigter Körner ergeben. Dieser in Kap. 3.1 bereits beschriebene Effekt hat einen Rauheitsanstieg zur Folge, der allerdings nur bei niedrigen Schneidenbelastungen, also bei geringen $Q'_w$-Werten und Ölschmierung auffällt.

Diese vom Einzelkorn auf den Schleifprozeß übertragenen Zusammenhänge werden durch die im folgenden vorgestellten Meßergebnisse bestätigt. Aus der Bild 31 zugrundeliegenden Darstellungsart geht die zeitliche Änderung der Oberflächenrauheit bzw. der Einfluß des bezogenen Zerspanungsvolumens $V'_w$ besonders

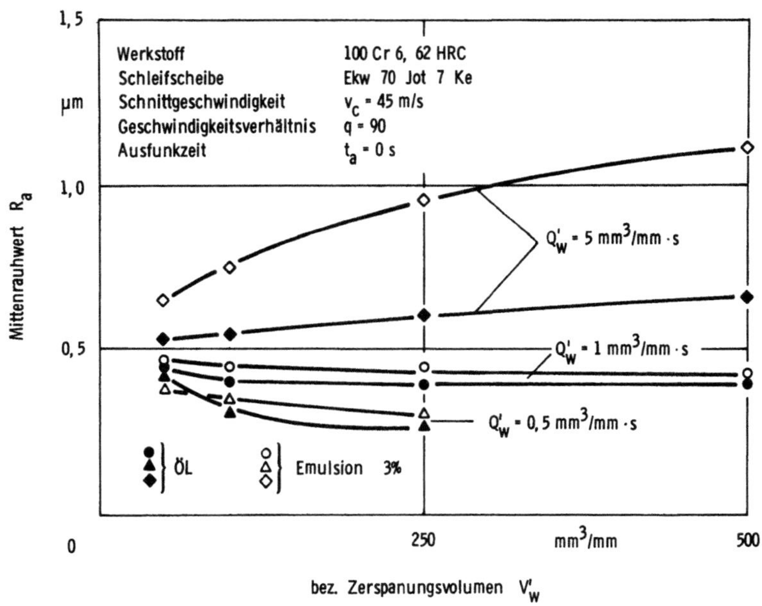


Bild 31: Entwicklung des Mittenrauhwertes beim Schleifen mit verschiedenen bezogenen Zeitspanungsvolumina und Kühlschmierstoffen

im Bereich hoher Zeitspanungsvolumina zu einer zusätzlichen Verschlechterung der Oberfläche.

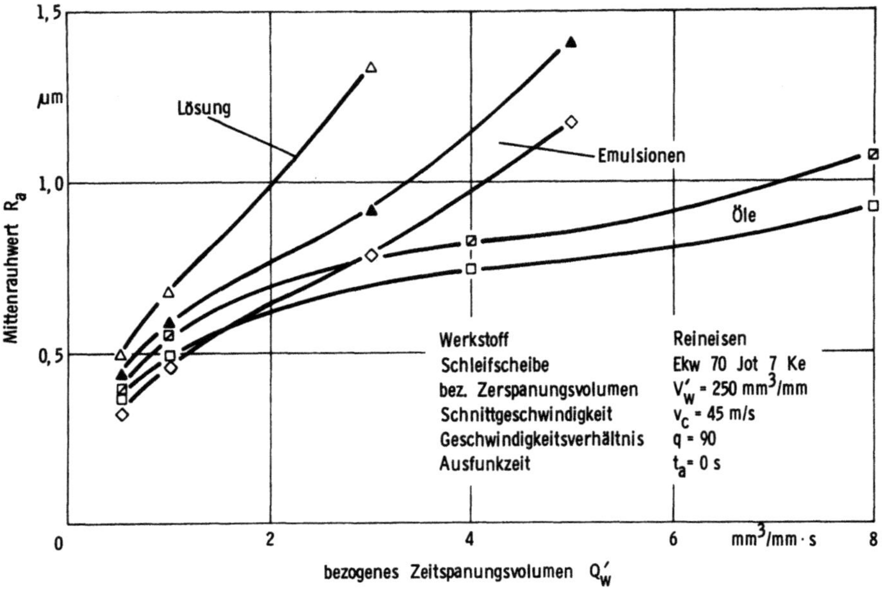


Bild 34: Einfluß der Kühlschmierstoffart auf die Werkstückrauheit (Reineisen)

Innerhalb der Gruppe der wassergemischten Kühlschmierstoffe liegen - die Lösung ausgenommen - keine gravierenden Unterschiede zwischen den getesteten Varianten vor, Bild 35. Dennoch erkennt man, daß EP-Wirkstoffe sowie ein vermehrter Konzentratanteil die Oberflächenqualität verbessern. Die hier (100 Cr 6) ermittelten Zusammenhänge gelten in der Tendenz auch für die übrigen geschliffenen Werkstoffe.

Bei den Ölen liegt die in Bild 36 wiedergegebene Situation vor. Vergleicht man zunächst die mit den unlegierten Ölen (18 und 30 $mm^2/s$) erzielten Rauheiten, so erkennt man geringfügige Vorteile des dickflüssigen Öls im unteren $Q'_w$-Bereich. Hohe Zerspanleistungen rufen dagegen bei diesem Öl etwas schlechtere Oberflächengüten hervor. Dies beruht auf einem intensiveren Kornausbruch, wie aus der progressiv verlaufenden Verschleißkurve (Bild 29) geschlossen werden kann.

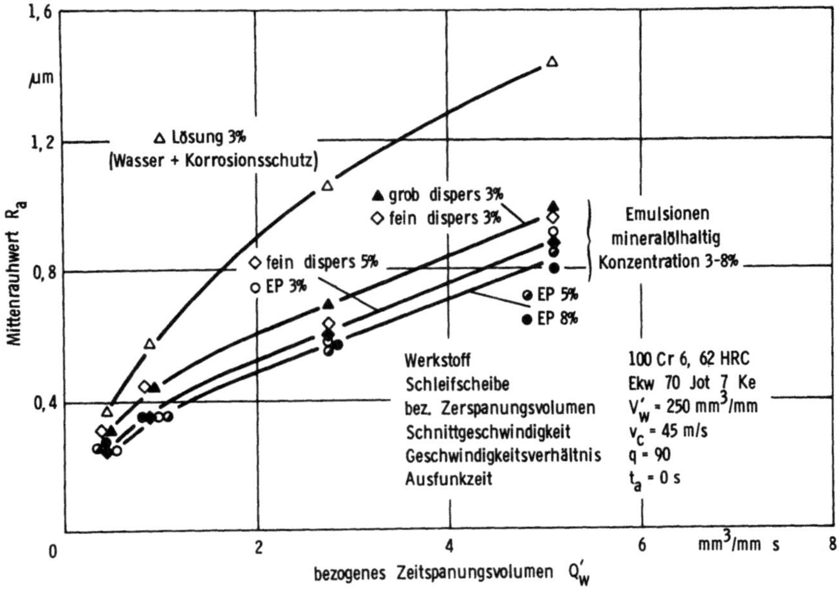


Bild 35: Oberflächenrauheit beim Schleifen mit wassergemischten Kühlflüssigkeiten

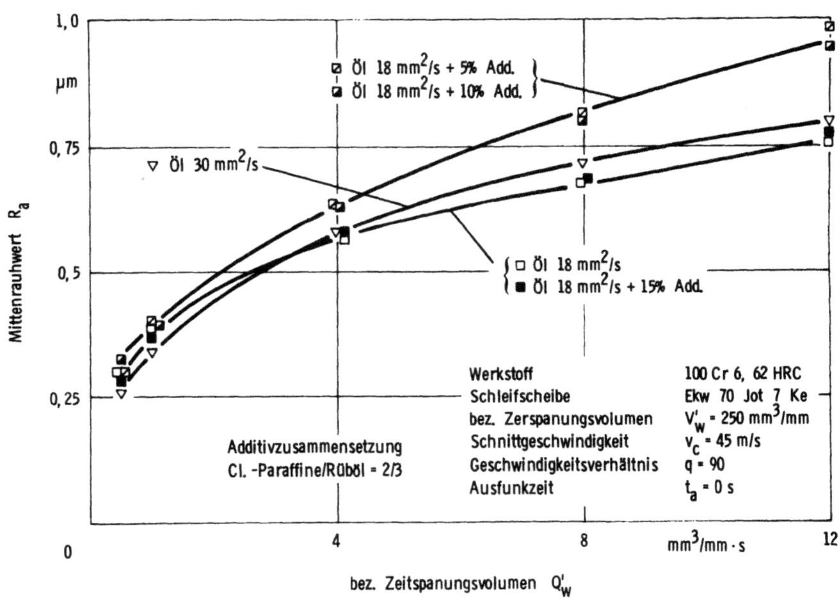


Bild 36: Oberflächenrauheit beim Schleifen mit Ölen

Wegen des relativ kleinen Schleifdurchmessers (200 mm) wird ein meßbarer Verschleiß bereits nach einer kurzen Schleifzeit und geringem zerspanten Werkstoffvolumen erzielt. Zur Bestimmung des Schleifscheibenverschleißes wird die Abbildmethode (s. Anhang A2) herangezogen. Um nach jedem Versuch die entstandene Verschleißspur zu beseitigen und eine definierte Schleifscheibentopographie wiederherzustellen, ist der Prüfstand mit einer Abrichtvorrichtung ausgerüstet (Bild 37 links). Die Abrichtbedingungen (Zustellung $a_d$: manuell, Abrichtvorschubgeschwindigkeit $v_d$: über Schrittmotor) können den jeweiligen Scheibenspezifikationen und Wirkbreiten der Abrichtwerkzeuge angepaßt werden.

Die Kühlschmierstoffzuführung zur Zerspanungsstelle erfolgt über eine Schuhdüse, die eine gute Schleifscheibenbenetzung und eine allseitige Umspülung des Werkstückes sicherstellt. Darüber hinaus hat sich eine zusätzliche Schleifscheibenhochdruckausspülung mit einem Druck von 8 bis 16 bar zur Verminderung der Scheibenzusetzung als günstig erwiesen. Zur Kühlschmierstoffiltrierung wird ein Unterdruckbandfilter verwendet, da diese Bauart sowohl für Emulsionen als auch für Öle geeignet ist.

Die Vorteile bezüglich Zeit- und Kostenaufwand der Kühlschmierstoffkurzprüfung resultieren also im wesentlichen aus den relativ einfachen Prüfaufbau und den geringen Abmessungen der Schleifscheibe. Dadurch lassen sich die Testzeiten gegenüber üblichen Maschinenversuchen um ca. 50 % reduzieren. Die benötigte Kühlschmierstoffmenge beträgt lediglich 40 l, während sonst die 10 - 100 fache Menge (beim Maschinenversuch 2000 l) erforderlich wäre /42/, was besonders bei Ölen die Kosten erheblich senkt. Außerdem wird der Kühlschmierstoffwechsel wesentlich erleichtert.

Bereits im Vorhaben 01 ZT 258 konnte die grundsätzliche Eignung dieses Testverfahrens durch Vergleich der Kurzprüfergebnisse mit den Resultaten des Außenrundschleifens (Maschinenversuch) nachgewiesen werden. Wie aus <u>Bild 38</u> hervorgeht, ergeben sich in der Tendenz gute Übereinstimmungen zwischen

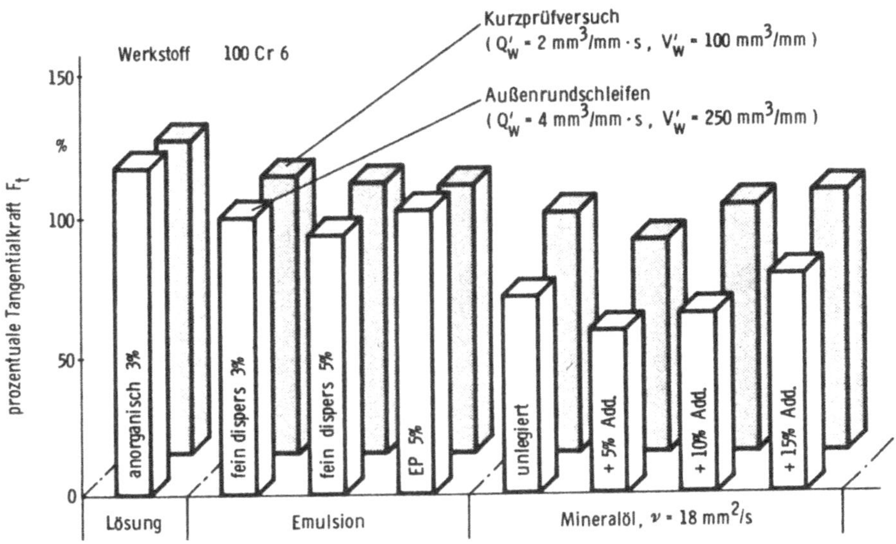


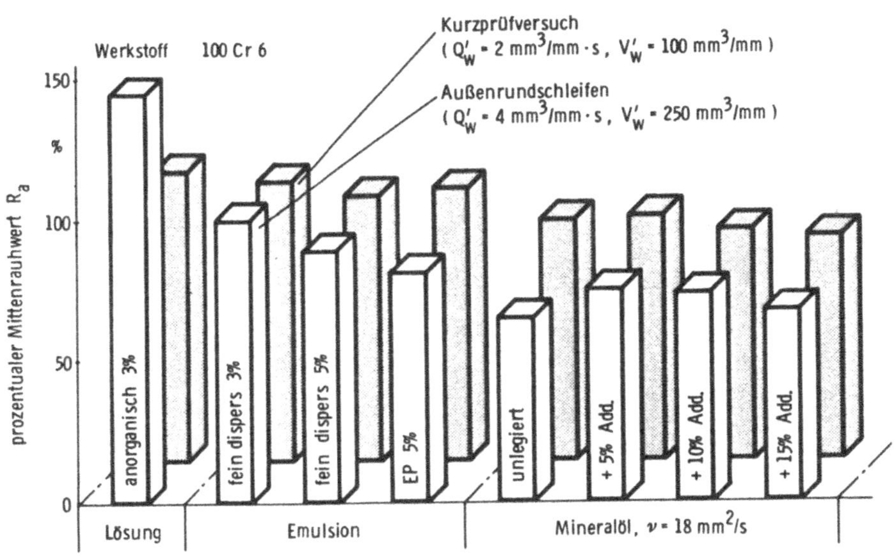


Bild 38: Ergebnisvergleich Kurzprüfversuch - Maschinenversuch (Modellflüssigkeiten)

arten vor. Allerdings fallen beim Kurzprüfversuch die Unterschiede weniger deutlich aus.

Auch bei der Oberflächenrauheit ergaben sich bis auf den Kühlschmierstoff A weitgehend übereinstimmende Resultate. Diese Emulsion erbrachte bei der Kurzprüfung eine im Verhältnis zu den anderen Flüssigkeiten bessere Oberflächengüten als beim Außenrundschleifen. Da die absoluten Werte sich nur sehr wenig unterscheiden, können sich derartige Abweichungen bereits durch geringe Störungen beim Schleifen (Schwingungen, Abrichten usw.) oder durch Meßfehler ergeben.

Gleiches gilt für den mit Hilfe des Kurzprüfgerätes gemessenen Verschleiß, der trotz gewisser Abweichungen beim Kühlschmierstoff D in der Tendenz mit dem Maschinenversuch (Außenrundschleifen) übereinstimmt.

Es fällt auf, daß die Emulsion B, die die geringsten Kräfte bewirkt, die größte Rauheit und den höchsten Verschleiß hervorruft. Dieser Kühlschmierstoff führt offensichtlich zu einer besonders schneidfähigen Scheibe, d.h. zu einem vermehrten Splittern der Körner. Dadurch erklärt sich auch das hohe Grenzzerspanungsvolumen und die geringe thermische Beeinflussung. Umgekehrtes gilt für die Emulsion C, die die Körner stärker abstumpfen läßt. Dies ist die Ursache für bessere Oberflächengüten und einen geringen Verschleiß bei steigenden Schnittkräften und einer hohen thermischen Belastung der Werkstückrandzone. Entsprechend gering ist das Grenzzerspanungsvolumen $V_{w\ Grenz}$. Bei der Kurzprüfung geht also ein zunehmendes Grenzzerspanungsvolumen, das auf eine rauhere Scheibentopographie zurückgeführt werden muß, mit schlechteren Oberflächengüten und niedrigeren Schnittemperaturen einher.

Abschließend läßt sich feststellen, daß sich das Kurzprüfgerät nicht nur bei Modellflüssigkeiten, sondern auch bei handelsüblichen Emulsionen bewährt hat. Somit steht dem Anwender eine aussagefähige Prüfmethode zur Beurteilung von Kühlschmierstoffen nach technologischen Kriterien zur Verfügung.

## 5. Kriterien für eine praxisorientierte Kühlschmierstoffauswahl

Auf der Basis der beim Außenrundschleifen und mit Hilfe des Kurzprüfgerätes gewonnenen Erkenntnisse lassen sich die in Tabelle 2 zusammengefaßten Empfehlungen geben, die im folgenden anhand von Beispielen erläutert werden sollen.

| Primärforderung | | bez. Zeitspanungsvolumen ↑ $Q'_w$ Schruppen | ↓ $Q'_w$ Schlichten | typische Anwendungsbeispiele |
|---|---|---|---|---|
| kühler Schliff | ↓ $z_\vartheta$ | ↑ L | (↑ L) | – Bohrernutenschleifen |
| hohe Profilstandzeit | ↓ $A_{sk}$ | ↑ L | ↑ L | – Zahnflankenschleifen<br>– Kugelrollspindel |
| Minimierung des Werkzeugverschleißes | ↓ $\Delta r_s$ | ↑ L | ↑ L | – maßgenaues Schleifen ohne Meßsteuerung |
| geringe Werkstückdurchbiegung | ↓ f | ↑ L | ↓ L | – Getriebewelle<br>– E - Motorwelle |
| hohe Oberflächengüte | ↓ $R_a$ | ↑ L | ↕ L | – Wälzlagerringe<br>– Dicht - und Funktionsflächen |
| Vermeidung von Schichtspänen | ↓ SS | ↑ L | (↑ L) | – Schleifen von Legierungen mit hohem Ni- und Co- Gehalt |
| geringe Aufheizung des Werkstücks | ↓ $\vartheta_w$ | (↓ L) | ↑ L | – Führungsbahnschleifen<br>– verzugsarmes Schleifen von Präzisionsteilen |

Tabelle 2: Kriterien für eine praxisorientierte Kühlschmierstoffauswahl

Steht die Forderung nach einem kühlen Schliff, d.h. geringer thermischer Randzonenbeeinflussung im Vordergrund, was natürlich nur bei entsprechend hohen bezogenen Zeitspanungsvolumina $Q'_w$ relevant ist, so ist die Verwendung von Öl zu empfehlen. Ein typisches Beispiel ist das Bohrernutenschleifen, bei dem die Spannuten aus dem vollen, gehärteten Material geschliffen werden. Dabei darf aus Gründen der Bohrerstandzeit das auf thermische Beanspruchung empfindliche Gefüge des Bohrers nicht verändert werden. Dies ist bei den geforderten Zerspanleistungen - das Schleifen steht hier in Konkurrenz zum Fräsen - nur bei Anwendung von EP-additivierten Ölen erzielbar.

Gut schmierende Kühlschmierstoffe bieten sich auch dann an, wenn der Werkzeugverschleiß das dominierende Kriterium ist. Dies kann z.B. beim Fertigschleifen einer Kugelrollspindel der Fall sein, deren Genauigkeit u.a. von der Profilhaltigkeit der Schleifscheibe abhängt. Aber auch bei einfachen zylindrischen Wellenabsätzen, die im geraden Einstich geschliffen werden, erbringt die Verwendung von Öl oder hochkonzentrierten Emulsionen Vorteile. Es lassen sich nämlich (zwischen zwei Abrichtvorgängen) höhere Zerspanungsvolumina realisieren, wodurch sich der Schleifscheibenverbrauch, die Nebenzeiten und der Abrichtwerkzeugverschleiß reduzieren lassen.

Kommt es dagegen aus Genauigkeitsgründen (Zylindrizität, Rundheit u.a.) auf eine möglichst geringe Werkstückdurchbiegung an, so sind möglichst geringe Normalkräfte anzustreben. Dies erfordert beim Schruppschleifen eine hohe (Öl), beim Schlichtschleifen eine geringere Schmierwirkung (wassergemischte Kühlflüssigkeiten). Kritisch in Bezug auf die Verformung sind lange, schlanke Werkstücke wie z.B. Getriebe- und Elektomotorwellen, insbesondere wenn große Schleifbreiten vorliegen (Gleichzeitiges Schleifen mehrerer Einstiche) und der Einsatz von Lünetten nicht möglich ist. Gleiches gilt, wenn die Nachgiebigkeit der Maschine oder der Werkstückspannung entsprechend gering ist.

Gute Oberflächen lassen sich beim Schruppen besonders mit Ölen erzielen. Dies dürfte dann von Interesse sein, wenn sich am Schleifen ein weiterer Bearbeitungsvorgang, wie beispielsweise das Honen anschließt. Eine geringe Rauheit nach dem Schleifen setzt in diesem Fall die Hauptzeit der Nachfolgebearbeitung herab. Soll dagegen eine möglichst glatte Oberfläche durch Schleifen allein erzielt werden, so schleift man i. allg. mit sehr kleinen Zeitspanungsvolumina. In diesem $Q'_w$-Bereich können Öle im Bereich kleiner bezogener Zerspanungsvolumina $V'_w$ aufgrund einer höheren Kornschärfe sowie durch ein verzögertes Ausbrechen durch das Abrichten gelockerter Körner (Fluchtkörner) ein schlechteres Resultat erbringen. Zudem bleibt das "Abrichtgewinde" länger erhalten, wodurch sich ebenfalls schlechtere Oberflächen und geringere Traganteile ergeben. Dies ist insbesondere bei bewegten Teilen, die über einen langen Zeitraum ein nahezu konstantes Passungsspiel aufweisen müssen, wie z.B. Einspritzkolben oder Wälzlagerringe, unerwünscht. Wie die durchgeführten Versuche zeigen, gilt dies jedoch nur für die Öle, die aufgrund einer sehr hohen Additivierung bzw. Viskosität ein "zu hohes Schmiervermögen" besitzen, also einen "zu geringen Verschleiß" hervorrufen.

Ein weiteres Problem, das durch die Wahl eines geeigneten Kühlschmierstoffs verringert werden kann, ist die Zusetzung des Spanraums mit Schichtspänen. Solche Zusetzungen, die besonders beim Schleifen duktiler Metalle mit hohen Zerspanleistungen auftreten, beruhen u.a. auf einer mechanischen Verklammerung des Metalls mit den Rauhigkeiten der Schleifkörner /37/. Diese Verbindung von Werkstoff und Schleifscheibe läßt sich durch niedrigviskose Öle, die eine bestmögliche Kombination aus Trenn- und Spülwirkung aufweisen, weitgehend verhindern. Zusetzungen sind bei Stählen von geringerer Bedeutung, da diese meist im harten Zustand geschliffen werden. Dagegen stellen sie bei Buntmetallen und hoch Ni- und Co-haltigen Legierungen ein grundsätzliches Problem dar.

Schließlich sind Anwendungsfälle bekannt, bei denen aus Gründen des thermischen Verzugs bzw. der (ungleichmäßigen) Ausdehnung eine minimale Wärmeeinbringung in das Werkstück gefordert wird. So hängt beispielsweise die Geradlinigkeit geschliffener Führungsbahnen von Werkzeugmaschinen in entscheidendem Maße davon ab, ob die Schleifwärme schnell abgeführt wird. Diesem Ziel kommen wassergemischte Kühlschmierstoffe mit hoher Wärmekapazität und -leitfähigkeit entgegen. Besteht gleichzeitig die Forderung nach einem geringen Schleifscheibenverschleiß, so ist in diesem Fall der gewünschte Schmiereffekt durch eine Anhebung des Konzentratanteils, keinesfalls aber durch die Anwendung purer Öle zu empfehlen.

Zusammenfassend läßt sich sagen, daß reine Öle im Bereich des Schruppschleifens erhebliche Vorteile im Vergleich zu wasserhaltigen Kühlschmierstoffen erbringen bzw. hohe Zerspanleistungen erst ermöglichen. Den eindeutigen Vorteilen steht allerdings der zusätzliche Aufwand für Maschinenkapselung und Absaugung sowie der höhere Preis des Öls gegenüber. Es kann hier nicht ohne weiteres entschieden werden, inwieweit sich die daraus entstehenden Mehrkosten durch eine höhere Wirtschaftlichkeit amortisieren.

Für das Präzisionsschleifen, d.h. im Bereich kleiner bezogener Zeitspanungsvolumina, dagegen sind bezüglich der meisten Kriterien Emulsionen und Lösungen ausreichend oder reinen Ölen sogar überlegen. Lediglich im Hinblick auf das Verschleißverhalten schneiden wässrige Flüssigkeiten schlechter ab, was sich jedoch durch eine Erhöhung der Konzentration sowie durch EP-Zusätze beeinflussen läßt.

Weitere Nachteile der Emulsionen sind nichttechnologischer Art. So neigen Emulsionen mit zunehmendem Mischungsverhältnis zu einer vermehrten Schaumbildung und haben aus Gründen des Bakterienbefalls nur eine begrenzte Einsatzdauer. Deshalb sind regelmäßige Kontrollen bezüglich pH-Wert, Ölanteil, Keimzahl usw. erforderlich, die ebenso wie die Entsorgung unbrauchbar gewordener Emulsionen zusätzliche Kosten verursachen.

## 6. Die Zuführung von Kühlschmierstoffen

In den vorangegangenen Kapiteln wurde die technologische Leistungsfähigkeit verschiedener Kühlschmierstoffe beim Schleifen behandelt. Die in der Kontaktzone auftretenden Temperaturen und dadurch hervorgerufenen Gefügeveränderungen der Werkstückrandzone sind jedoch nicht nur von den Eigenschaften des verwendeten Kühlmediums, sondern auch von seiner Zuführung abhängig. Die im Rahmen des Vorhabens durchgeführten Untersuchungen sollen daher zur Klärung der Einflüsse von Kühlschmierstoffdruck, -volumenstrom sowie Düsenpositionierung und -form auf das Arbeitsergebnis beim Außenrundeinstechschleifen beitragen.

## 6.1 Entwicklung einer Meßmethode zur Bestimmung der Schleifspaltkühlung

### - Versuchsbeschreibung

Die Wirksamkeit der jeweiligen Zuführung wird anhand von Messungen des durch den Schleifspalt fließenden Kühlschmierstoffstroms sowie anhand von Gefügeuntersuchungen beurteilt. Zur Bestimmung des Spaltdurchflusses kam die in Bild 40 dargestellte Kühlschmierstoff-Auffangvorrichtung zum Einsatz. Die aus der Kontaktzone sowie aus den Porenräumen austretende Flüssigkeit wird aufgefangen und in einem Meßbehälter gesammelt. Die Abdichtung des Auffangbehälters erfolgt mit Hilfe von Dichtschei-

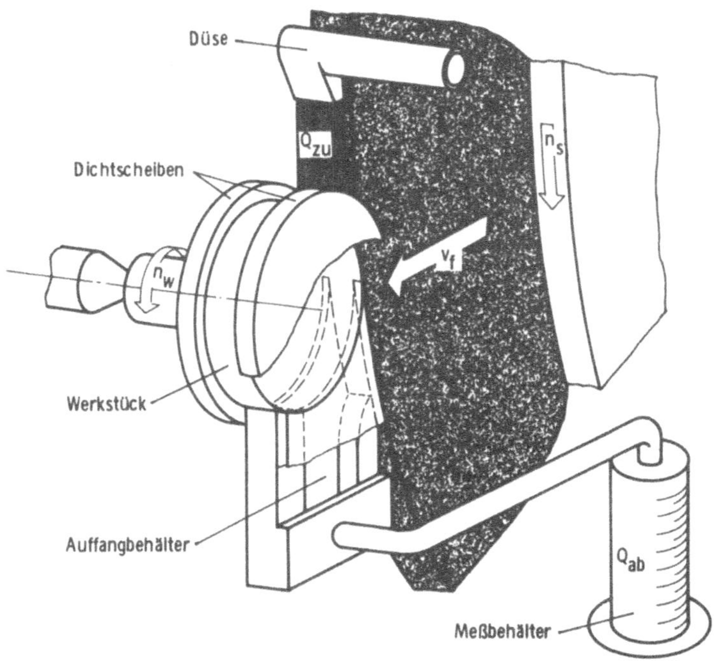


$Q_{ab}$ = f ( Zuführbedingungen, Schleifscheibe, Viskosität, Schnittgeschw. )

Bild 40: Versuchsaufbau zur Messung des Kühlschmierstoffdurchflusses durch den Schleifspalt

ben, die mit den Seitenwänden des Behälters einen engen Spalt bilden sowie durch einen auf den Werkstückumfang wirkenden Abstreifer (nicht eingezeichnet). Zur Gewährleistung konstanter Kontaktverhältnisse zwischen Schleifscheibe und Werkstück wurde während der Durchflußmessungen mit einer geringen Vorschubgeschwindigkeit $v_f$ geschliffen.

Durchflußmessungen bieten gegenüber anderen Untersuchungsmethoden, wie z.B. Gefügeuntersuchungen oder Temperaturmessungen, den Vorteil des geringeren Zeit- und Kostenaufwandes, was bei der Vielzahl der zu variierenden Parameter sehr wichtig ist. Die Aussagefähigkeit dieser Bewertungsmethode wird durch folgende Faktoren eingeschränkt.

- Die Kühlwirkung des über das Werkstück fließenden Kühlschmierstoffs (Überflutungskühlung) wird nicht berücksichtigt.

- Es besteht die Möglichkeit, daß die Flüssigkeit tiefer als für eine optimale Spaltkühlung erforderlich in den Porenraum der Scheibe eindringt. Wie Bild 41 zeigt, ist in diesem Fall die tatsächliche Eindringtiefe größer als die wirksame Eindringung. Obwohl der Spaltdurchfluß zunimmt, bleibt ab $z_{tats.} \geq z_{wirks.}$ die Kühlwirkung konstant.

Zur Überprüfung der aus den Durchflußversuchen gewonnenen Erkenntnissen konnte deshalb auf zusätzliche Schleifversuche nicht verzichtet werden. Diese waren so angelegt, daß Gefügeveränderungen mit hoher Wahrscheinlichkeit auftraten (s. Bild 26, Emulsion: $Q'_w$ = 6 mm$^3$/mm·s, Öl: $Q'_w$ = 12 mm$^3$/mm·s). Diese Werte ließen i.a. noch ein ratterfreies Schleifen zu.

- Konstante Versuchsbedingungen

Den Zuführversuchen lagen die folgenden Bedingungen zugrunde. Sie gelten, wenn nicht näher spezifiziert, sowohl für die Durchfluß- als auch die Schleifversuche.

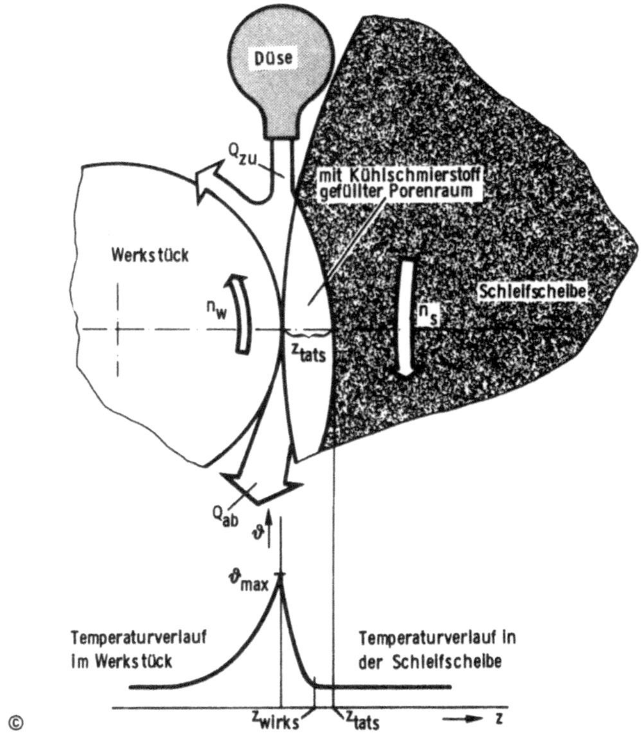


Bild 41: Grenze der Temperaturreduzierung

| | |
|---|---|
| Schleifscheibe | EKw 70 Jot 7 Ke |
| Abrichtwerkzeug | Einkorndiamant |
| Abrichtzustellung | $a_d = 30\ \mu m$ |
| Abrichtvorschub | $s_d = \frac{b_d}{u_d} = 0{,}09 \div 0{,}16$ mm |
| Überdeckungsgrad | $u_d = 5$ |
| Wirkbreite | $b_d = 0{,}45 \div 0{,}8$ mm |
| Schnittgeschwindigkeit | $v_s = 30, 45, 60$ m/s |
| Werkstückgeschwindigkeit | $v_w = 30$ m/min = konst. |
| Werkstückstoff | 100 Cr 6, 62 HRC |
| Werkstückabmessungen | Ø 95 x Ø 50 x 10 mm |
| Kühlschmierstoffe | - Emulsion, 3 %ig Castrol Syntilo R |
| | - Mineralöl mit 15 % EP-Additiven Viskosität 18 $mm^2/s$ |

Durchflußversuche:

bezogenes Zeitspanungsvolumen $Q'_w = 0{,}0025\ mm^3/mm \cdot s$

Schleifversuche:

bezogenes Zerspanungsvolumen $V'_w = 250\ mm^3/mm$

bezogenes Zeitspanungsvolumen bei Emulsion $Q'_w = 6\ mm^3/mm \cdot s$

bei Öl $Q'_w = 12\ mm^3/mm.s$

- Variable Versuchsbedingungen

Es kamen verschiedene Zuführdüsen zum Einsatz, wobei mit der in Bild 42 dargestellten Freistrahldüse die meisten Versuche durchgeführt wurden. Diese für hohe Strömungsgeschwindigkeiten konzipierte Düse besitzt, wie in /14/ beschrieben, einen paral-

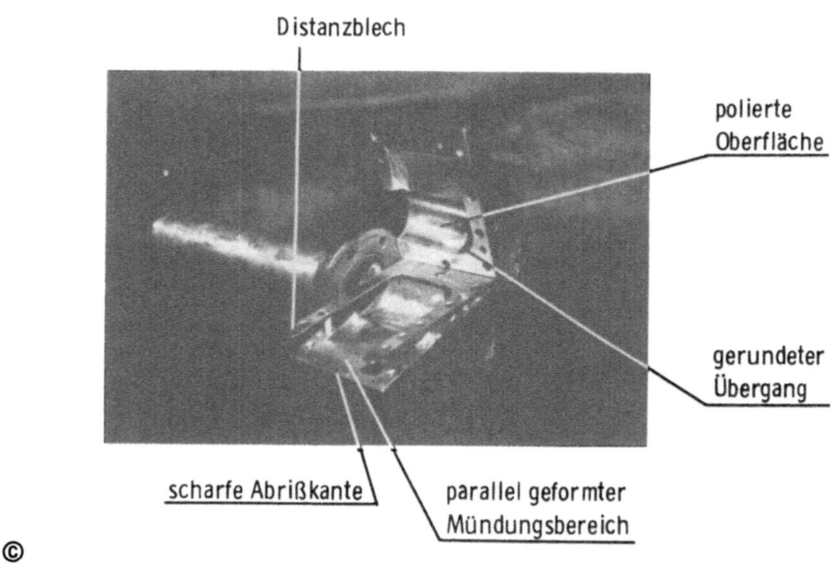


Bild 42: Hochgeschwindigkeits-Freistrahldüse

lel geformten, polierten Mündungsbereich mit scharfen Abrißkanten. Die Strahldicke entspricht der Stärke des Distanzbleches. Durch die Verwendung unterschiedlich dicker Bleche (s = 0,5 / 1,0 / 1,5 / 2,0 mm) ließ sich eine unabhängige Variation von Strahlgeschwindigkeit und Volumenstrom vornehmen. Mit Hilfe dieser Düse wurde auch der Einfluß der Düsenanstellung und -positionierung zur Schleifscheibe untersucht.

Neben dieser relativ aufwendigen "Hochgeschwindigkeits-Freistrahldüse" lag ebenfalls die vom Maschinenhersteller vorgesehene Überflutungsdüse vor. Wie allgemein üblich, besitzt sie einen sehr großen Öffnungsquerschnitt (s ≈ 6 mm), der in Verbindung mit den gebräuchlichen Pumpen nur geringe Strahlgeschwindigkeiten ermöglicht. Dabei besteht die Gefahr, daß das mit der Scheibe umlaufende Luftpolster den Flüssigkeitsstrahl ablenkt (Bild 43 links und Bild 44 links). Zusätzliche Leitbleche, wie in Bild 43 (Mitte und rechts) gezeigt, sollen die-

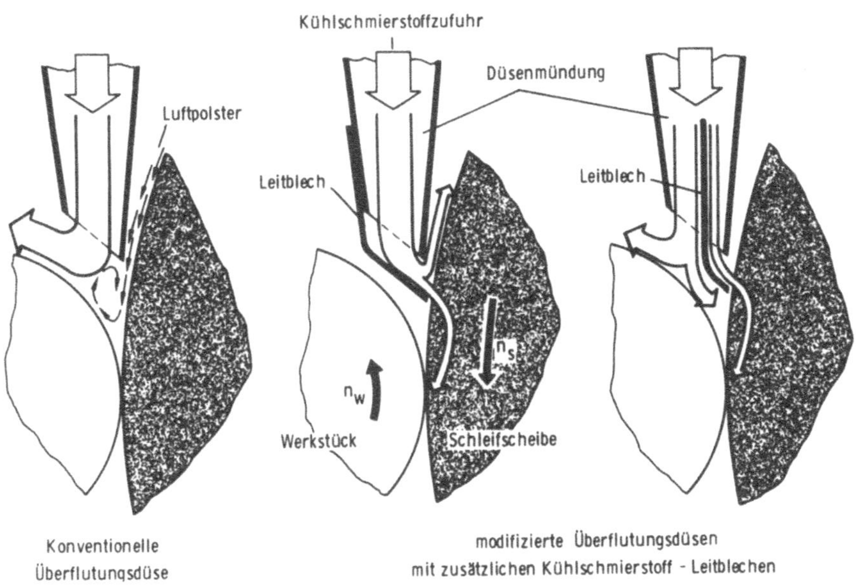


Bild 43: Verbesserung der Kühlschmierung im Schleifspalt durch Leitbleche

sen Nachteil beheben, indem sie eine bessere Benetzung der Schleifscheibe und ein Eindringen von Kühlschmierstoff in die Poren bewirken. Bild 44 rechts ist zu entnehmen, daß durch diese Maßnahme ein Haften des Strahls an der Scheibe erzielt wird, was im Hinblick auf eine gute Schleifspaltkühlung positiv zu werten ist.

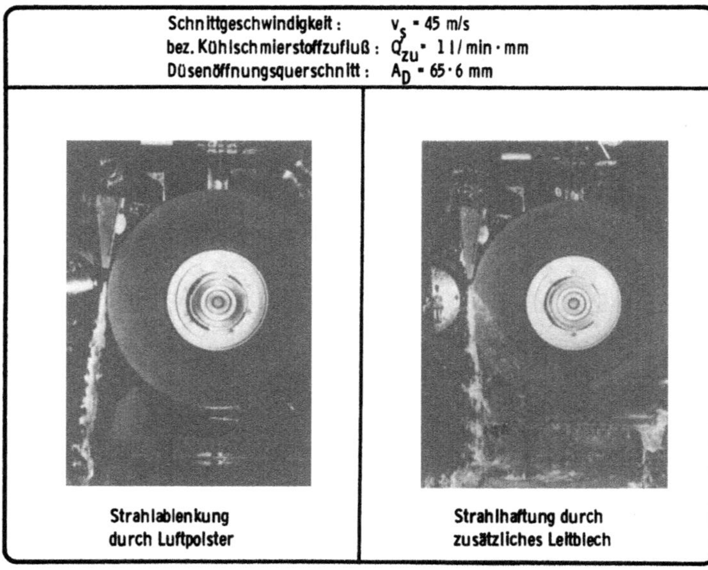


©

Bild 44: Verbesserung konventioneller Überflutungsdüsen durch Leitbleche

Das gleiche Ziel wird mit der in Bild 45 schematisch dargestellten Schuhdüse angestrebt. Durch Drucksteigerung sowie durch den Knick im Mündungsbereich gelangt Kühlschmierstoff in den Porenraum der Schleifscheibe. Infolge der Fliehkraft wird dieser wieder nach außen geschleudert, so daß in der Kontaktzone eine Art "Innenkühlung" entsteht /43/. Ein weiterer Vorteil der Schuhdüse besteht darin, daß ein Teil der zur Beschleunigung des Kühlschmierstoffs erforderlichen Energie von der Scheibe aufgebracht wird, demzufolge geringe Pumpenleistungen ausreichen.

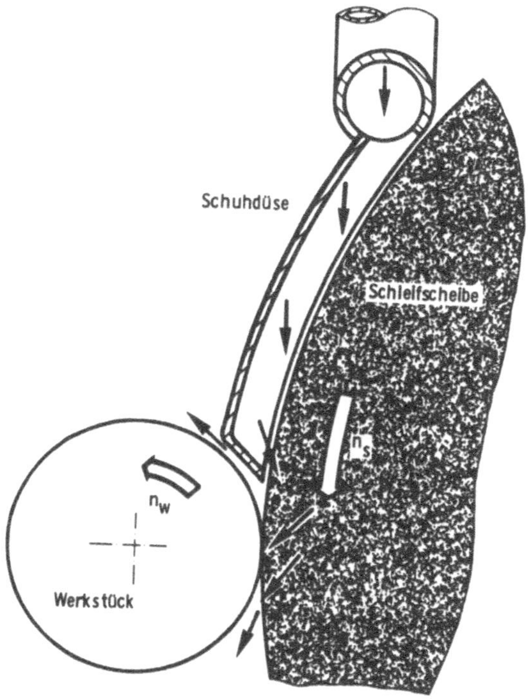


©

Bild 45: Schuhdüse

## 6.2 Zuführeinflüsse bei Freistrahldüsen

- Einfluß des zugeführten Volumenstroms

In Bild 46 und 47 ist für die Freistrahldüse der mit Hilfe der beschriebenen Auffangvorrichtung ermittelte Durchfluß durch den Schleifspalt (bezogen auf 1 mm Scheibenbreite) über dem bezogenen Kühlschmierstoffzufluß aufgetragen. Es ergeben sich degressiv ansteigende Kurvenverläufe, wobei der Spaltdurchfluß bei Öl infolge der höheren Viskosität wesentlich kleiner ist.

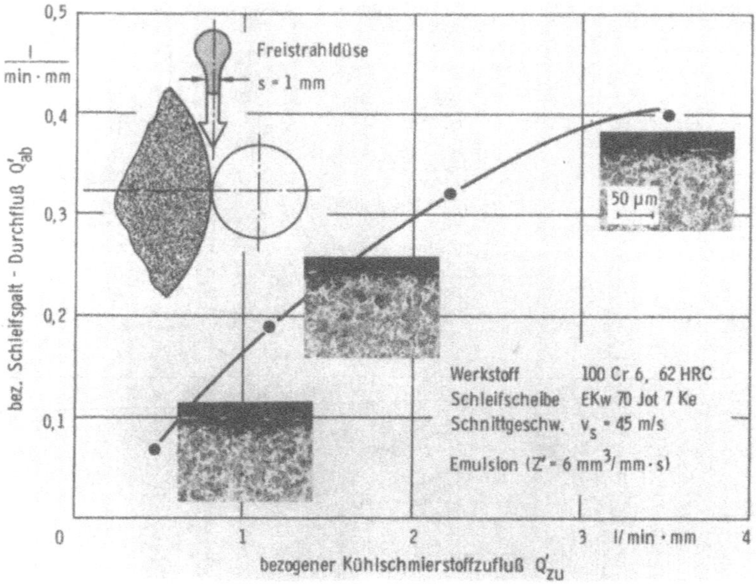


Bild 46: Verbesserte Schleifspaltkühlung durch erhöhte Kühlschmierstoffzufuhr (Emulsion)

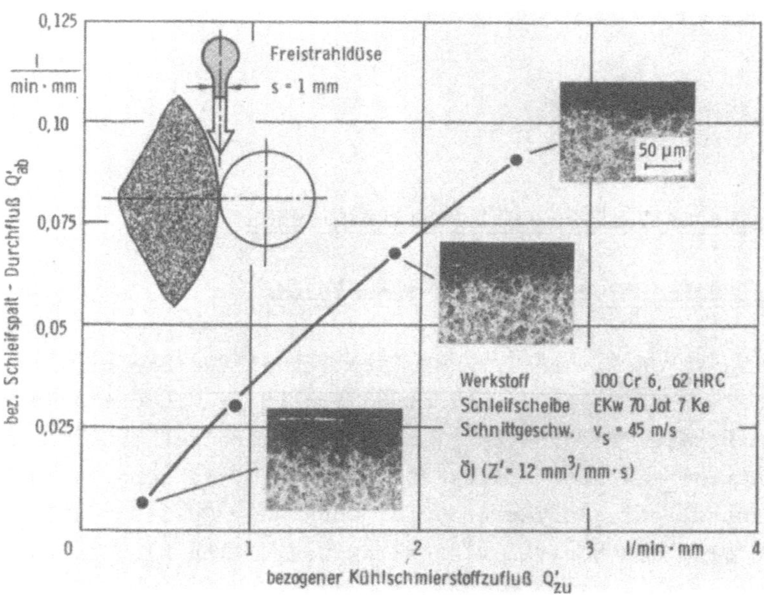


Bild 47: Verbesserte Schleifspaltkühlung durch erhöhte Kühlschmierstoffzufuhr (Öl)

Wie die zugehörigen Gefügeaufnahmen zeigen, wird bei einer Steigerung der Emulsionszufuhr (Bild 46) lediglich bis etwa 1 l/min·mm eine Verringerung der thermischen Schädigung erzielt. Darüber hinaus gehende Zuflüsse führen zu keiner weiteren Verbesserung. Eine Erklärung für diese Beobachtung gibt der in Bild 41 dargestellte Zusammenhang zwischen Kühlschmierstoff-Eindringtiefe und Kontaktzonentemperatur bzw. Wärmebeeinflussung. Aufgrund dessen ist davon auszugehen, daß die Schleifscheibe bereits bei $Q'_{zu}$ = 1 l/min·mm ausreichend getränkt ist, und daß ein noch tieferes Eindringen der Flüssigkeit in den Porenraum die Schleiftemperaturen nicht weiter senken kann.

Größere Volumenströme als 1 l/min·mm können dennoch vorteilhaft sein, wenn aus Genauigkeitsgründen eine möglichst konstante Bauteiltemperatur angestrebt wird (bei großen Werkstückdurchmessern durch zusätzliche Überflutungsdüse). Zu beachten ist außerdem, daß zunehmende Strahldicken s zur Erzielung des gleichen Arbeitsergebnisses höhere Zuflußvolumenströme erfordern, wie später noch gezeigt wird.

Im Gegensatz zur Emulsionskühlung führte eine Steigerung der zugeführten Ölmenge immer, d.h. im gesamten untersuchten $Q'_{zu}$-Bereich, zu einer kontinuierlich abnehmenden thermischen Randzonenschädigung (Bild 47).

Dieses Ergebnis läßt sich dadurch erklären, daß aufgrund der höheren Viskosität von Öl die Sättigungseindringtiefe noch nicht erreicht ist ($z_{tats.} < z_{wirks.}$).

- <u>Auswirkung der Strahldicke</u>

<u>Bild 48 und 49</u> zeigt neben Düsenkennlinien für verschiedene Strahldicken s Kurven konstanter Schleifspaltdurchflüsse, die - wie Versuche ergeben haben - näherungsweise auch Kurven konstanter Beeinflussungstiefe $z_\vartheta$ sind.

Ein konstantes Arbeitsergebnis ist also durch verschiedene Volumenstrom-Druck-Kombinationen zu erzielen, indem man die

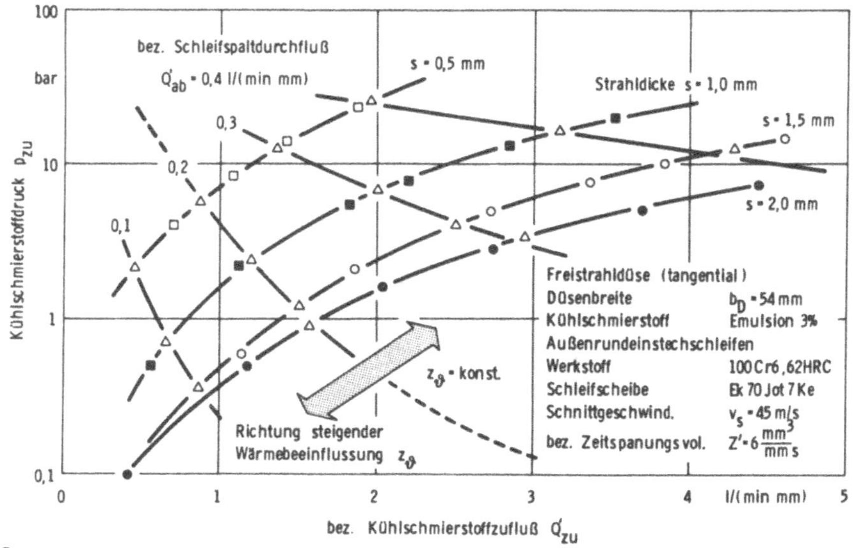




Bild 48: Düsenkennlinien und Kurven konstanter Wärmebeeinflussung (Emulsion)

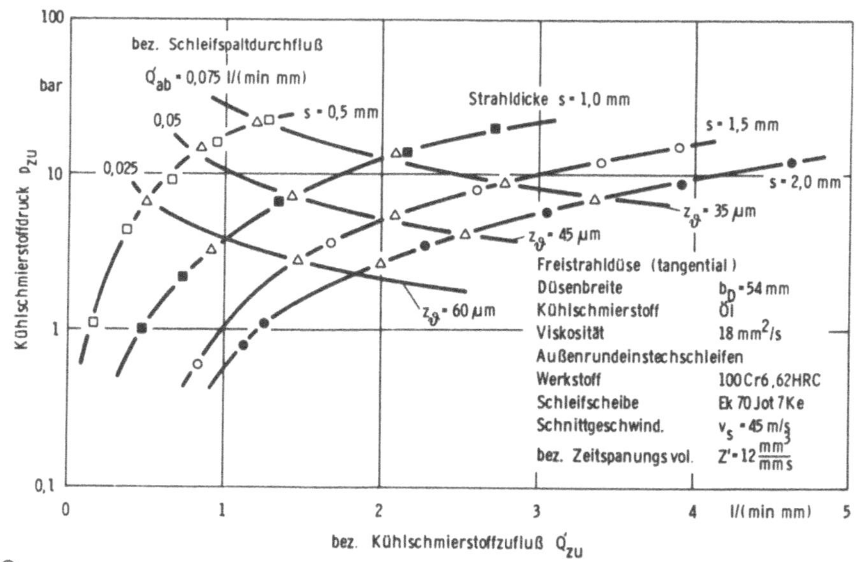




Bild 49: Düsenkennlinien und Kurven konstanter Wärmebeeinflussung (Öl)

Strahldicke s variiert. Somit läßt sich auch eine kostenmäßige Optimierung der Kühlschmierstoffzuführung vornehmen (große Volumenströme verursachen i.a. hohe Kosten, weshalb man eine Substitution des Volumenstroms durch Druck anstrebt).

In Bild 48 (Emulsion) ist darüber hinaus die Grenzlinie (identisch mit $Q'_{ab} \approx 0,2$ l/min·mm) eingezeichnet, oberhalb der keine wesentliche Kontaktzonentemperatursenkung mehr möglich ist. Der auf industrieller Erfahrung beruhende Richtwert von $Q'_{zu}$ = 1,5 ÷ 2 l/min·mm /42,44/ kann bei den i.a. verwendeten Düsen (s = 2 ÷ 5 mm) als ausreichend angesehen werden.

- Einfluß der Düsenanstellung

Bild 50 gibt Aufschluß über die für die Praxis wichtige Frage, wie genau eine Düse justiert werden sollte. Für beide Düsenpositionen ergeben sich bei tangentialer Anströmung ($\gamma = 0^{\circ}$)

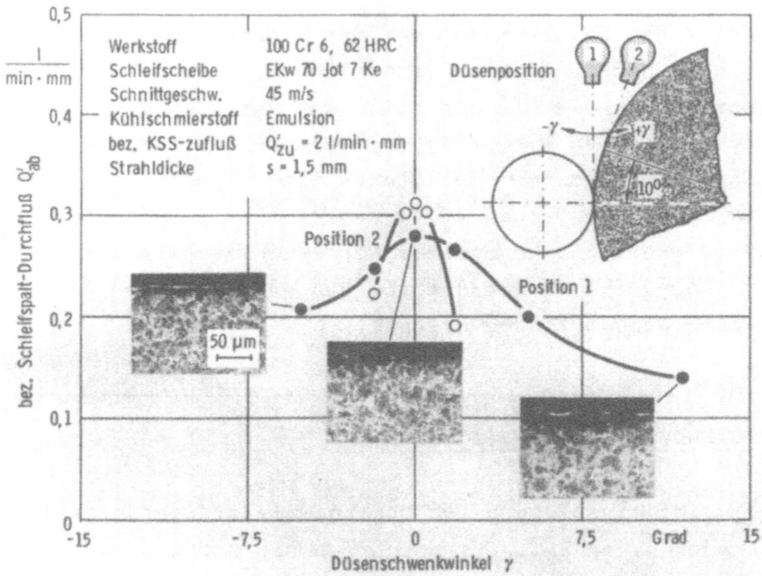


©

Bild 50: Auswirkung der Düsenstellung auf die Schleifspaltkühlung

des Strahls an die Scheibe maximale Spalt-Durchflüsse, wobei die Düsenposition 2 geringfügige Vorteile aufweist. In dieser Düsenposition führen jedoch Abweichungen vom Idealwert ($\gamma = 0^o$) eher zu schlechteren Resultaten. Als Grenzwert können für Position 1 Düsenschwenkwinkel von $\pm$ 5° (s. Gefügeaufnahmen) und für Position 2 $\pm$ 2,5° angenommen werden.

- Auswirkung der Schnittgeschwindigkeit

Zur Absicherung der bisherigen Ergebnisse, die bei $v_s$ = 45 m/s gewonnen wurden, kamen ebenfalls Schnittgeschwindigkeiten von 30 und 60 m/s zur Anwendung. Es bestätigten sich die zuvor dargelegten Zusammenhänge in der Tendenz. Bei diesen Versuchen zeigte sich außerdem, daß der durch den Schleifspalt fließende Kühlschmierstoffstrom etwa proportional mit der Scheibendrehzahl ansteigt, d.h. die pro Scheibenumdrehung durch den Spalt geförderte Flüssigkeitsmenge ist konstant. Deshalb ist der mit zunehmender Schnittgeschwindigkeit i.a. einhergehende Schnitttemperaturanstieg zumindest bei den hier vorliegenden Zuführbedingungen nicht auf eine verschlechterte Schleifspaltkühlung zurückzuführen, wie oft als Folge der verstärkten Luftpolsterwirkung angenommen wird /14,8/. Vielmehr muß als Ursache für steigende Kontaktzonentemperaturen eine vermehrte Wärmeentstehung angesehen werden /6,45 u.a./. (Bei zunehmender Schnittgeschwindigkeit und konstanter Werkstückgeschwindigkeit sinkt die Spanungsdicke am Einzelkorn, was eine erhöhte Reibung bei der Spanbildung mit sich bringt).

## 6.3 Zuführsysteme im Vergleich

Bild 51 gibt einen Überblick über die Leistungsfähigkeit der verschiedenen, in Kap. 6.1 beschriebenen Zuführdüsen. Bei Verwendung von Emulsion erbringt die herkömmliche Überflutungsdüse das schlechteste Resultat. Dies dürfte auf die unzureichende Kontaktzonenkühlung infolge einer zu geringen Kühlschmierstoffeindringung zurückzuführen sein (Strahlenenergie nicht ausreichend, deshalb nur Kühlung durch Überflutung des Werkstücks). Bei allen anderen Düsen ist die Tiefe der wärmebeeinflußten Zone etwa gleich groß und im Vergleich zur konventionellen Überflutungsdüse wesentlich geringer, was auf ein tieferes Eindringen der Flüssigkeit in die Poren zurückgeführt werden kann. Auch die Schuhdüse und die modifizierte Überflutungsdüse ermöglichen offensichtlich eine mehr als ausreichende Kontaktzonenkühlung, da die entsprechenden Beeinflussungstiefen nicht größer sind als die für die Freistrahldüse ermittelte minimale Gefügeveränderung. Diese Ergebnisse verdeutlichen außerdem die im Vergleich zur Überflutung übergeordnete Bedeutung der Schleifspaltkühlung.

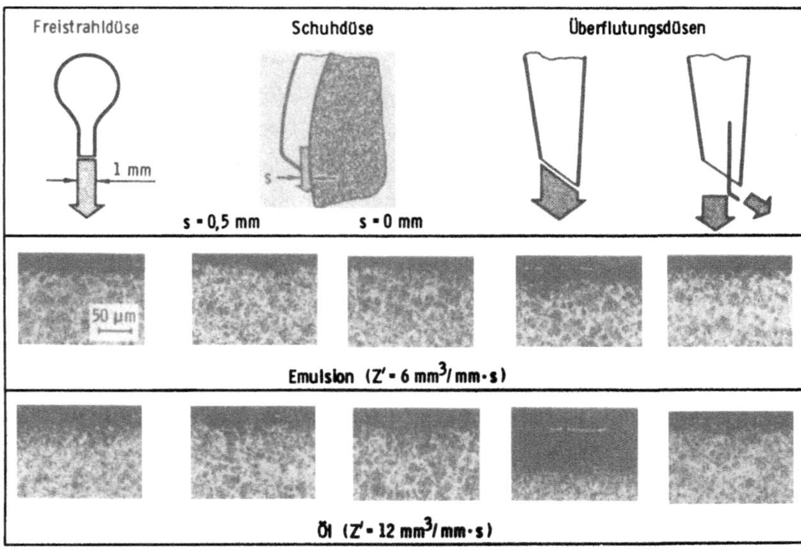


Werkstoff: 100 Cr 6/ Schleifscheibe: EKw 70 Jot 7 Ke / Schnittgeschwindigkeit: $v_s = 45$ m/s
bez. Zerspanungsvol.: $V'_w = 250$ mm³/mm / bez. Kühlschmierstoffzufluß: $Q'_{ZU} = 0{,}75$ l/min mm

©

Bild 51: Randzonenausbildung bei Verwendung verschiedener Düsen

Im Gegensatz dazu ergeben sich bei Anwendung von Öl deutliche Unterschiede zwischen den verschiedenen Düsen. Da die Sättigungseindringtiefe $z_{wirks.}$ hier noch nicht erreicht ist, läßt sich anhand der Gefügeaufnahmen eine Aussage über die Güte der Kontaktzonenkühlung machen. Diesbezüglich schneidet die Schuhdüse (Spaltweite s hatte keine Auswirkung) und die modifizierte Überflutungsdüse am besten, die konventionelle Überflutungsdüse am schlechtesten ab.

## 7. Zusammenfassung

Ausgehend von einer Untersuchung der Kühlschmierstoffwirkung an der Einzelschneide wurde der beim Schleifen zu erwartende Kühlschmierstoffeinfluß theoretisch abgeleitet und durch Außenrundschleifversuche überprüft. Dabei ergeben sich folgende Erkenntnisse.

Mit zunehmender Schmierung steigen aufgrund höherer elastischer und plastischer Werkstoffverformungen die Schnitteinsatztiefe - bei gleichzeitig verminderter effektiver Spanungsdicke - und im Bereich kleiner Spanungsdicken die Schneidennormalkräfte an. Bei großen Spanungsdicken überwiegt - wie bei der Schneidentangentialkraft generell - der kraftsenkende Einfluß einer guten Trennung der Reibpartner, so daß die Schneidenkräfte abnehmen.

Aufgrund dessen tritt ein verminderter abrasiver Kornverschleiß auf, was eine erhöhte Lebensdauer der Kornschneide mit sich bringt. Eine gute Schmierung erlaubt aber auch wegen der verringerten Schneidenbelastung eine zum Zeitpunkt des Ausbruchs stärkere Abstumpfung.

Dies wirkt sich beim Schleifen ebenso wie die mit der Schmierung zunehmende Materialverformung schneidenzahlerhöhend aus. Wie durch Schleifversuche bestätigt wurde, führt dies im Bereich kleiner Zeitspanungsvolumina insbesondere bei sich verfestigenden Werkstoffen zu ansteigenden Normalkräften. Bei hohen Zerspanleistungen dagegen dominieren die geringen Frei- und Spanflächenreibkräfte, so daß beide Kraftkomponenten kleinere Werte annehmen.

Damit verbunden ist eine entsprechend verminderte Wärmeentstehung, was sich im Hinblick auf die sich ergebenden Eigenspannungen und die thermischen Gefügeveränderungen günstig auswirkt.

Die mit der Schmierung ansteigende Schneidenzahl ist neben einer glatteren Schnittflächenausbildung ein weiterer Grund für die i. allg. beobachtete Verbesserung der Oberflächengüte.

Innerhalb der Emulsionen kann durch eine Additivierung mit EP-Stoffen und durch einen vermehrten Konzentratanteil die Rauheit und der Verschleiß günstig beeinflußt werden. Bei den Ölen spielt die Viskosität im Gegensatz zur Additivierung keine große Rolle. Während geringe Additivanteile eine schneidfähigere Schleifscheibe hervorrufen, bewirken hohe Additivkonzentrationen das Gegenteil.

Es läßt sich zusammenfassend sagen, daß Öle aus technologischer Sicht beim Schruppschleifen erhebliche Vorteile im Vergleich zu wasserhaltigen Kühlschmierstoffen erbringen bzw. hohe Zerspanleistungen erst ermöglichen. Für das Präzisionsschleifen, d.h. im Bereich kleiner bezogener Zeitspanungsvolumina, dagegen sind Emulsionen und Lösungen ausreichend oder reinen Ölen sogar überlegen. Lediglich im Hinblick auf das Verschleißverhalten schneiden wassergemischte Kühlflüssigkeiten schlechter ab.

Die Werkstückqualität bzw. die Wirtschaftlichkeit der Bearbeitung läßt sich nicht nur durch den Einsatz des jeweils bestgeeigneten Kühlschmierstoffs optimieren; wesentlich ist auch, wie die Flüssigkeit zugeführt wird. Die Effizienz einer Zuführung im Hinblick auf eine Verringerung der Kontaktzonentemperatur läßt sich anhand von Messungen des durch den Schleifspalt transportierten Flüssigkeitsstroms ermitteln. Entsprechende Untersuchungen führten zu folgenden Resultaten.

Bei Verwendung von Emulsion ergeben sich viskositätsbedingt höhere Spaltdurchflüsse als bei Öl. Bei beiden Kühlschmierstoffarten steigt der durch den Schleifspalt transportierte Volumenstrom mit dem Flüssigkeitsangebot an.

Die Randzonenschädigung nimmt jedoch bei Emulsion nur bis zu einem Zufluß von etwa 1 l/min·mm ab und bleibt darüber hinaus konstant, während bei Ölkühlung auch höhere Zuführvolumenströme noch temperatursenkend wirken. Dieses Ergebnis legt den Schluß nahe, daß die in den Porenraum der Schleifscheibe eingedrungene Flüssigkeit ab einer bestimmten Eindringtiefe $z_{wirks.}$ keine weitere Kontaktzonenkühlung herbeiführen kann. Die wirksame Eindringtiefe $z_{wirks.}$ wird bei Emulsion viskositätsbedingt eher erreicht als bei Öl.

Der Flüssigkeitsstrahl soll die Scheibe möglichst tangential anströmen, wobei der Berührpunkt auch vor der Kontaktzone liegen darf. Geringe Abweichungen von der tangentialen Richtung wirken sich bei ausreichendem Kühlschmierstoffangebot nicht nachteilig aus.

Der Schleifspaltkühlung ist ein höherer Stellenwert als der Überflutungskühlung zuzuordnen. Dies zeigt sich insbesondere bei Ölkühlung daran, daß die für eine gezielte Kontaktzonenkühlung konzipierten Düsen bessere Resultate erbringen als konventionelle Überflutungsdüsen.

## 8. Schrifttum


[1] Reich, H. — Prüfverfahren für wassermischbare und wassergemischte Kühlschmierstoffe
VDI-Z 124 (1982) 3, S. 93/98

[2] Neumann, W. — Pflege von Kühlschmierstoffen
Vortrag am 28./29.4.1980, Lehrgang Nr. 4517/30.88, Technische Akademie Esslingen

[3] Kegg, R.L. — Industrial Problems in Grinding
Annals of the CIRP
Vol. 32/2 (1983), S. 559/561

[4] Kegg, R.L., Jeffries, N.P. — Directory of Research Needed by Industry, Society of Manufacturing Engineers, Detroit, 1982

[5] Gühring, K. — Hochleistungsschleifen - Eine Methode zur Leistungssteigerung der Schleifverfahren durch hohe Schnittgeschwindigkeiten
Dissertation TH Aachen, 1967

[6] Dederichs, M. — Untersuchung der Wärmebeeinflussung des Werkstücks beim Flachschleifen
Dissertation TH Aachen, 1972

[7] Lang, K.E. — Schnittkraftmessungen beim Rundschleifen unter Berücksichtigung verschiedener Kühlverfahren
Dissertation TH Braunschweig, 1956

[8] Ernst, H.-O. Über die Wirtschaftlichkeit stufenloser Einstellbarkeit von Schleifscheiben- und Werkstückdrehzahl bei Rundschleifmaschinen
Dissertation TH Braunschweig, 1956

[9] Sperling, F. Grundlegende Untersuchungen beim Flachschleifen mit hohen Schleifscheibenumfangsgeschwindigkeiten und Zerspanleistungen
Dissertation TH Aachen, 1970

[10] Khudobin, L.V.
Khudobin, I.L. Grinding Titanium Alloy and Steel Parts Using Grinding Fluids
Soviet Engineering Research, Volume 2 No. 11, S. 42/44

[11] Khudobin, L.V. Wheel Clogging and the Lubricating Effect of Cutting-fluid During Grinding
Russian Engineering Journal
Volume 50 No. 6, S. 66/70

[12] König, W.
Vits, R. Entwicklung eines Prüfverfahrens zur prozeßbezogenen Beurteilung von Kühlschmierstoffen für die Schleifbearbeitung
Dokumentation zum F. u. E.-Programm des BMFT, Reibung-Verschleiß-Schmierung, Bd. 4, S. 423/49, Springer Verlag

[13] König, W.
Vits, R. Influence of coolant on the process and final results in grinding
M. Field Int. Manufacturing Engg. Symposium, Metcut Res. Ass. Inc. 1982, Cincinnati Ohio

[14] Ott, H.W. Arbeitsblätter für die Auslegung einer modernen Hochleistungs-Kühl- und Reinigungsanlage für Flach- und Rundschleifmaschinen (Firmenschrift)

[15] Ott, H.W. Kühlschmieren - Voraussetzung für kostengünstiges Schleifen und Abrichten
VDI-Bildungswerk, BW 5195, S. 1/34

[16] Khudobin, L.V.; Samsonov, A.N. High-pressure jet cooling in grinding
Machines and Tooling 37 (1966) 8, S. 30/32

[17] Khudobin, L.V.; Samsonov, A.N. Optimum grinding conditions with high pressure jet cooling
Machines and Tooling 38 (1967) 4, S. 24/27

[18] Khudobin, L.V. Movable coolant-supply nozzles for grinding machines
Machines and Tooling 39 (1968) 3, S. 42/45

[19] Khudobin, L.V. Cutting fluid and its effect on grinding-wheel clogging
Machines and Tooling 40 (1969) 9, S. 54/59

[20] Khudobin, L.V.; Polynoskov, Yu.U. Effectiveness of high-pressure jet cooling in in-feed grinding
Russian Engineering Journal 48 (1968), S. 67/69

[21] Wick, C.H. Jet wheel cleaning speeds grinding of high alloy materials
Machinery 1966-67, S. 92/95

[22] Bunge, G. — Druckstrahlkühlung beim Außenrundschleifen
Fertigungstechnik und Betrieb
23 (1973) H. 1, S. 36/39

[23] Tanaka, Y.
Tsuwa, H.
Kawamura, S. — Rubbing of abrasive grains in grinding process
Bulletin of the Japan Soc. of Prec. Engg. 8 (1965) 3

[24] Okamura, K.
Nakajima, T. — The surface generation mechanics in the transitional cutting process
Proc. of the Int. Grinding Conference, Pittsburgh, 1972

[25] König, W. — Schleifen, Honen, Läppen
VDI-Verlag GmbH, Düsseldorf, 1980

[26] Lortz, W. — Schleifscheibentopographie und Spanbildungsmechanismus beim Schleifen
Dissertation TH Aachen, 1975

[27] Masslow, E.N. — Grundlagen der Theorie des Metallschleifens
Verlag Technik, Berlin, 1952

[28] Steffens, K.
Lauer-Schmaltz, H. — Spanbildung und Trennpunktlage beim Schleifen
Ind. Anz. 100 (1978) 73, S. 49/50

[29] Steffens, K.
Lauer-Schmaltz, H. — Spanbildungstheorie für das Schleifen
Ind. Anz. 100 (1978) 64, S. 22/23

[30] Kaczmarek, J. — Untersuchung des Einflusses der Schneidenabrundung auf die Verfestigung der Oberflächenschicht
Annals of the CIRP
Vol. 13 (1966) S. 139/145

[31] Nakayama, K.
Takagi, J.
Nakano, T. — Pecularity in the Grinding of Hardened Steel
24th General Assembly of the CIRP, Kyoto, Japan, 1974

[32] Steffens, K. — Thermomechanik des Schleifens
Dissertation TH Aachen, 1982

[33] König, W. — Grundlagenuntersuchungen des Schleifprozesses und ihre Aussagen für die Praxis
Technische Mitteilungen
68 (1975) 7/8, S. 251/258

[34] Althaus, P.G. — Werkstückeigenspannungen beim Einsatz von CBN- und Korundschleifscheiben zum Innenschleifen
IDR 17 (1983) 4, S. 184/190

[35] Steffens, K.
Rehfeld, G. — Offenlegungsschrift DE 311124471
des Deutschen Patentamts, 1982

[36] Vieregge, G. — Zerspanung der Eisenwerkstoffe
Verlag Stahleisen mbH, Düsseldorf, 1970

[37] Lauer-Schmaltz, H. — Zusetzung von Schleifscheiben
Dissertation TH Aachen, 1979

[38] Lowin, R. — Schleiftemperaturen und ihre Auswirkungen im Werkstück
Dissertation TH Aachen, 1980

[39] Peklenik, J. Untersuchungen über das Verschleißkriterium beim Schleifen
Ind. Anz. 80 (1958) 27, S. 397/402

[40] Hamann Persönliche Mitteilung
BP-AG, Hamburg

[41] Weinert, K. Die zeitliche Änderung des Schleifscheibenzustandes beim Außenrundeinstechschleifen
Dissertation TU Braunschweig, 1976

[42] Knobloch, H. Kühlschmierstoffreinigung und Kühlung bei der Feinstbearbeitung
Vortrag am 27.11.1979
Sem.-Nr. 11379, Technische Akademie Wuppertal

[43] Fisher, R.C. Grinding Dry with Water?
Mitteilung der Cincinnati Milling Products Division Grinding/Finishing
March (1965), S. 32/34

[44] Völler, R. Persönliche Mitteilung
R. Bosch GmbH, Stuttgart

[45] Böttler, E. Konzept und technologische Grundlagen zum Aufbau eines Informationszentrums für die Schleibearbeitung
Dissertation TH Aachen, 1979

[46] Bierlich, R. Technologische Voraussetzungen zum Aufbau eines adaptiven Regelungssystems beim Außenrundeinstechschleifen
Dissertation TH Aachen, 1976

[47] Messer, J. — Abrichten konventioneller Schleifscheiben mit stehenden Werkzeugen
Dissertation TH Aachen, 1983

[48] König, W.
Saljé, E.
Mackensen v., G.
Föllinger, H. — Einfluß von Abrichtwerkzeugen und Vorrichtungen auf den Abricht- und Schleifprozeß
VDW-Bericht 4471, 1981

# Anhang

## A1 Einrichtung zur Durchführung des Außenrundschleifversuchs

Für die Kühlschmierstoffuntersuchungen im Außenrund-Schleifverfahren stand eine gekapselte Produktionsschleifmaschine Fortuna FM 35-S zur Verfügung, die mit einem leistungsfähigen Kühlschmierstoffzuführsystem und den erforderlichen Meßeinrichtungen ausgerüstet wurde. Die wichtigsten Daten der Versuchsmaschine sind:

| | |
|---|---|
| max. Schnittgeschwindigkeit | $v_c$ = 60 m/s |
| max. Schleifspindelleistung | P = 24 kW |
| max. Werkstückdurchmesser | $d_w$ = 350 mm |
| max. Schleifscheibenabmessungen | Ø 650 x 100 x Ø 203 |
| statische Nachgiebigkeit | $G_{xx}$ = 0,5 µm/N |
| dynamische Nachgiebigkeit (420 Hz) | $\tilde{G}_{xx} = 4{,}8 \cdot 10^{-2}$ µm/N |

Das Zuführsystem besteht im wesentlichen aus einem Kühlschmierstofftank mit integriertem Unterdruck-Bandfilter SUF2 der Fa. Sack, einer 12-stufigen Seitenkanalpumpe ($P_{max}$ = 25 bar, $Q_{max}$ = 300 l/min), einem Ovalradzähler zur Messung der Durchflußmenge und der Kühlschmierstoffzuführdüse. Es kam die in Bild 42 gezeigte Freistrahldüse unter Verwendung eines 2 mm dicken Distanzblechs, das die Strahldicke vorgibt, zum Einsatz.

## A2 Meßeinrichtungen und -verfahren

### Schnittkraft

Zur Bestimmung der Schnittkräfte wurde die Verformung der Zentrierspitzen unter Last gemessen. Durch eine entsprechende Anordnung von Dehnmeßstreifen läßt sich die resultierende Schnittkraft beim Schleifen in zwei Komponenten - die Tangential- und die Normalkraft zerlegen /46/. Die Position der Dehnmeßstreifen und die Meßkette sind aus Bild 52 zu ersehen. Es wurden für beide Kraftkomponenten an jeder Körnerspitze je vier Meßstreifen, die eine Vollbrücke bilden, verwendet. Der Einsatz von Summierübertragern erlaubt es, die resultierende Schnittkraft unabhängig von ihrem Angriffspunkt zu bestimmen.

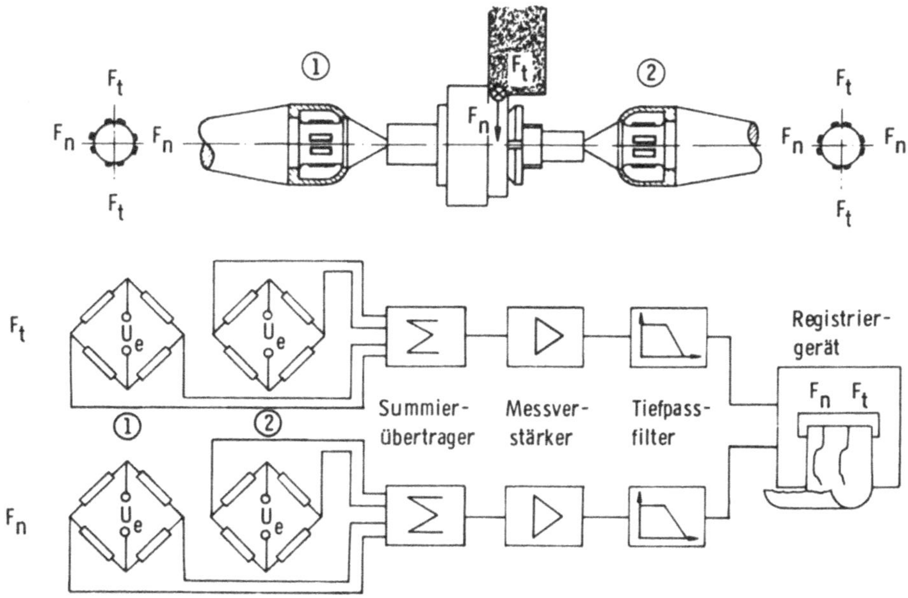


Bild 52: Schnittkraftmessung beim Außenrundeinstechschleifen

## Schleifscheibenverschleiß

Um den Radialverschleiß der Schleifscheibe zu messen, wird nur mit einem Teil der vorhandenen Schleifscheibenbreite geschliffen. Es entsteht auf der Scheibe eine Stufe, die durch Abbilden und Abtasten - wie in Bild 53 dargestellt - den Meßwert für $\Delta r_s$ liefert. Aufgrund der hohen Auflösung des Oberflächentastschnittgerätes erfaßt diese Vorgehensweise auch sehr kleine Verschleißbeträge. Durch Vergleich der der unbenutzten und der verschlissenen Schleifscheibenkante entsprechenden Abbildblechkonturen läßt sich der Kantenverschleiß mit Hilfe eines Profilprojektors ermitteln.

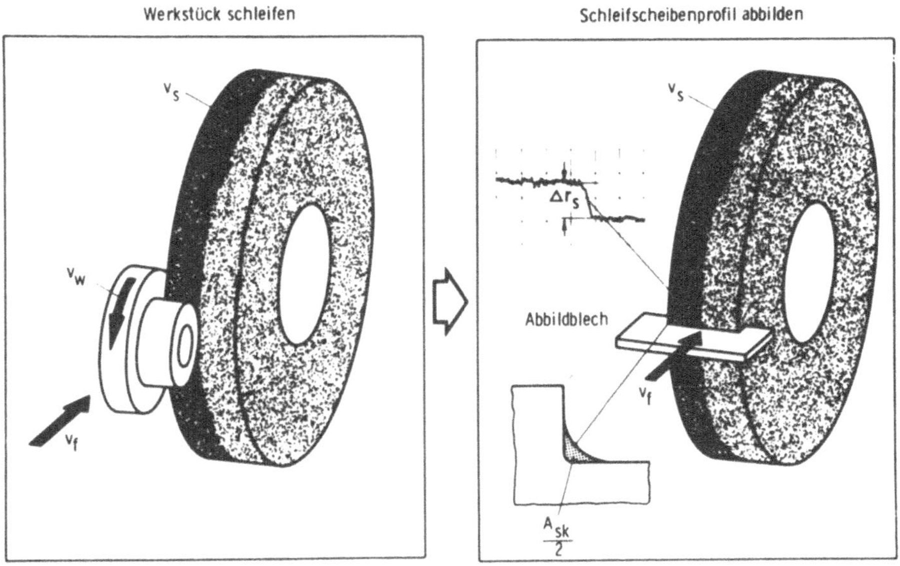


Bild 53: Verschleißmessung beim Außenrundeinstechschleifen (nach Messer /47/)

Oberflächenrauheit

Die Werkstückoberfläche wurde nach DIN 4768 mit einem Tastschnittgerät Perth-O-Meter, Typ Universal S4B bestimmt (Abtastlänge: 5 mm, Wellenfilter: 0,8 mm). Es kam ein halbstarres Tastsystem HT 25/6 zum Einsatz. Die im Rahmen dieser Untersuchungen angegebenen $R_a$-Werte stellen das arithmetische Mittel aus mindestens 10 Einzelmessungen dar. Dabei ist zu beachten, wie diese Einzelabtastungen auf der Werkstückoberfläche verteilt sind.

Es bildet sich nämlich der Schleifscheibenschneidenraum kinematisch verzerrt auf dem Werkstück ab. Da die einzelnen Wirkprofile sehr unterschiedlich sind, wurden die 10 Abtastungen gleichmäßig auf die Länge l des Werkstückumfangs verteilt, die aufgrund der Kinematik einer Schleifscheibenumdrehung entspricht. Diese Vorgehensweise schließt aus, daß zufällig nur die Stellen höchster oder niedrigster Rauheit ausgemessen werden. Weiterhin darf wegen des einstufigen Schleifprozesses die Messung nicht an der Stelle des Werkstücks erfolgen, an der die Schleifscheibe aus dem Schnitt gegangen ist. An der im Rundheitsschrieb erkennbaren Stufe kommt es infolge der Verzögerungen beim Spindelstockrückzug zu einem Ausfunkvorgang, der an dieser Werkstückstelle die Rauheit verändert.

Thermische Beeinflussung der Werkstückrandzone

Aus demselben Grund dürfen an dieser Stelle keine Proben entnommen werden, die man zur Untersuchung des Gefüges auf thermische Veränderungen benötigt. Bei der Probenentnahme (Trennschleifen) und -aufbereitung (Planschleifen und Polieren) ist weiterhin darauf zu achten, daß durch diese Arbeitsgänge keine zusätzlichen Gefügeschäden eintreten.

## A3 Versuchsbedingungen

### Kühlschmierstoffe

Es kamen verschiedene, nicht handelsübliche Lösungen, Emulsionen und Schleiföle zum Einsatz, deren Zusammensetzung und Einsatzkonzentration aus Tabelle 3 hervorgeht.

Für die Wahl von Modellflüssigkeiten anstelle handelsüblicher Kühlschmierstoffe waren folgende Gründe ausschlaggebend. Durch den bekannten Aufbau lassen sich die beobachteten Wirkungen auf das Arbeitsergebnis und den Prozeßverlauf bestimmten Eigenschaften bzw. Bestandteilen zuordnen. Außerdem ließen die gewählten Rezepturen deutliche Unterschiede bezüglich ihres Einsatzverhaltens auch bei einer nicht auszuschließenden Beeinflussung der Ergebnisse durch Störgrößen (Abrichten, Schwingungen, Kühlschmierstoffzuführung) erwarten. Dadurch wird auch der Eignungsnachweis des im Kap. 4 beschriebenen Kurzprüfverfahrens erleichtert.

| Kühlschmierstoffart / Bestandteile (Konzentrat) | Öl 30 $mm^2/s$ unleg. | Öl 18 $mm^2/s$ unleg. | Öl 18 $mm^2/s$ mit 5% Add. | Öl 18 $mm^2/s$ mit 10% Add. | Öl 18 $mm^2/s$ mit 15% Add. | Emulsion mineralölhaltig grob dispers. | Emulsion mineralölhaltig fein dispers. | Emulsion mineralölhaltig mit EP-Additiven | Lösung mineralölfrei anorg. Basis |
|---|---|---|---|---|---|---|---|---|---|
| Mineralöl-gehalt | 100 % | 100 % | 95 % | 90 % | 85 % | 70 % | 50 % | 47,6 % | |
| Rüböl | | | 3 % | 6 % | 9 % | | | | |
| CL-Additive | | | 2 % | 4 % | 6 % | | | | |
| Emulgator-gehalt | | | | | | 30 % | 50 % | 47,6 % | |
| EP-Zusätze (Hordalub 80 EM) | | | | | | | | 4,8 % | |
| Hostacor KS1 | | | | | | | | | |
| Diäthanol-amin | | | | | | | | | 4 % |
| Wasser | | | | | | | | | 83,5 % |
| Natriumpoly-phosphat | | | | | | | | | 11,5 % |
| Soda | | | | | | | | | 1 % |
| Konzentration | 100 % | 100 % | 100 % | 100 % | 100 % | 3 % | 3 % / 5 % | 3 % / 5 % / 8 % | 3 % |
| Symbol | ▽ | □ | ⧄ | ◩ | ■ | ▲ | ◇ / ◆ | ○ / ◐ / ● | △ |

Tabelle 3: Untersuchte Kühlschmierstoffe (Modellflüssigkeiten)

Es kamen aber auch folgende handelsübliche Emulsionen, deren Konzentratanteil 3 % betrug, zur Anwendung. Auf eine Zuordnung dieser Produkte zu den in Bild 39 dargestellten Ergebnissen wird aus Wettbewerbsgründen verzichtet.

- Castrol , Syntilo R
- Shell , Dromus Oil EP
- BP , Fedaro H
- Houghton , Isopal-S-55
- Blaser , Grindex 7804

Kühlschmierstoffzuführung

Die Zuführbedingungen waren bei den Kühlschmierstoffuntersuchungen konstant. Insbesondere wurde auf einen gleichbleibenden Flüssigkeitsdurchsatz von $Q_{zu}$ = 2 l/min je Millimeter Düsenbreite und eine unveränderte Düsenposition zur Kontaktzone Werkstück-Schleifscheibe geachtet. Die Düsenposition entsprach der in Bild 50 skizzierten Stellung 1 bei einem Düsenschwenkwinkel von $\gamma = 0^{\circ}$. Die Kühlschmierstofftemperatur betrug 25 ÷ 35°C, gemessen am Maschinenauslauf. Eine Temperaturregelung wurde deshalb für nicht erforderlich erachtet.

Werkstoffe

Zur Untersuchung der Kühlschmierstoffwirkung an Eisenwerkstoffen unterschiedlicher Schleifbarkeit wurden folgende Materialien bearbeitet:

- 100 Cr 6 , 62 HRC
- Ck 45 N
- C 15 N
- Reineisen ($\alpha$-Ferrit)
- X 12 CrNi 17 7

Ein Vergleich der Resultate bei Verwendung des spröd-harten Kugellagerstahls 100 Cr 6 und des zäh-weichen Reineisens läßt über die Zwischenstufen Ck 45 N und C 15 N Rückschlüsse auf die Zusammenhänge zwischen Schmierung und plasto-mechanischen Vorgängen während der Spanbildung zu. Die Bearbeitung dieser Materialien verdeutlicht außerdem den Kühlschmierstoffeinfluß auf die Schleifscheibenzusetzung (Reineisen, C 15 N) und die thermische Werkstückbelastung, die sich an dem temperaturempfindlichen Stahl 100 Cr 6 gut nachweisen läßt. Der hochlegierte Stahl X 12 CrNi 17 7 wurde wegen seiner Neigung zur Kaltverfestigung und Schleifscheibenzusetzung exemplarisch für die Gruppe der schwerzerspanbaren Werkstoffe ausgewählt.

Während im vorangegangenen Vorhaben einige dieser Werkstoffe mit angepaßten Schleifscheiben geschliffen wurden /12/, kam hier ausschließlich die Spezifikation

Ekw 70 Jot 7 Ke

zum Einsatz. Bezüglich der Kühlschmierstoffwirkung auf Kräfte, Verschleiß, Rauheit und thermische Werkstückschädigung hatte dies keine tendenziellen Veränderungen zur Folge.

## Abrichtbedingungen

Da die zur Beurteilung der Kühlschmierstoffwirkung herangezogenen Größen (Kräfte, Verschleiß, Rauheit, Randzonenbeeinflussung) sehr stark durch das Abrichten der Schleifscheiben beeinflußt werden können /47,48/, wurden bei den Versuchen konstante Überdeckungsgrade und Abrichtzustellungen eingehalten.

Der Überdeckungsgrad $u_d$, der als Quotient aus der in der Tiefe der Zustellung $a_d$ gemessenen Abrichtwerkzeugbreite $b_d$ (Wirkbreite) und dem Vorschub pro Umdrehung $s_d$ definiert ist, sollte aus folgendem Grund konstant sein. Mit fortschreitender Abstumpfung der Abrichtdiamanten ($b_d$ steigt) würde bei unverändertem Vorschub eine immer feinere Scheibenoberfläche erzeugt.

Dieser unerwünschte Effekt kann jedoch weitgehend kompensiert werden, wenn $u_d$ über eine entsprechende Änderung des Abrichtvorschubes konstant gehalten wird /47/.

Die Werte für Abrichtzustellung und Überdeckungsgrad wurden in Abhängigkeit von der Scheibenkörnung so gewählt, daß sich die Schleifscheibentopographie während des Schleifens für den Bereich praxisüblicher Zeitspanungsvolumina ($Q'_w = 0{,}5 \div 3\ mm^3/mm \cdot s$) möglichst wenig verändert /47/. Den Versuchen lagen folgende Abrichtbedingungen zugrunde:

| | |
|---|---|
| Werkzeug: | Einkorndiamant |
| Abrichtzustellung: | $a_d = 0{,}03$ mm |
| Überdeckungsgrad: | $u_d = 5$ (Körnung 70) |
| | $u_d = b_d/s_d$ |

Zerspanungsvolumina

Das Zerspanungsvolumen $V_w$ wurde bei den Kühlschmierstofftests weitgehend variiert. Dennoch mußten die Zerspanungsvolumina zwischen zwei Abrichtvorgängen so gewählt werden, daß sich bei kleinen Werkzeugbelastungen nicht nur ein meßbarer Verschleiß ergab, sondern daß auch die Schleifzeiten in einem akzeptablen Rahmen blieben. Im Bereich hoher Zerspanleistungen sind sie nach oben begrenzt durch einen sehr großen partiellen Scheibenverschleiß (Welligkeiten auf der Scheibe), der zu Ratterschwingungen führt.

Bei den wassergemischten Kühlflüssigkeiten erwiesen sich bezogene Zerspanungsvolumen im Bereich von 25 bis 500 $mm^3/mm$ als sinnvoll. Bei Ölen, die höhere Zerspanungsvolumina zuließen, wurde $V'_w$ bis auf 1000 $mm^3/mm$ gesteigert. Diese Werte gelten für die meisten der geschliffenen Stähle. Der Werkstoff X 12 CrNi 17 7 sowie das Reineisen erlauben aufgrund der Schleifscheibenzusetzung bzw. des Verschleißes nur einen geringeren Materialabtrag.

Die genannten bezogenen Zerspanungsvolumina wurden in einem Einstich abgeschliffen, um die Anzahl der Anschnitte (Kontakt zwischen Schleifscheibe und dem zu Beginn des Schleifens unrunden Werkstück) zu minimieren. Diese Vorgehensweise war möglich, da bei allen untersuchten Werkstoffen ein gleichmäßiges Ausgangsgefüge im Bereich der sich ergebenden Einstichtiefen vorlag.

Zeitspanungsvolumina

Die bezogenen Zeitspanungsvolumina $Q'_w$ wurden in Abstimmung mit den bezogenen Zerspanungsvolumina $V'_w$ so variiert, daß sich bezüglich der Schleifzeit, des Verschleißes der thermischen Beeinflussung des Werkstücks und des dynamischen Verhaltens der Maschine (Rattern) sinnvolle Bedingungen ergaben. Bei wassergemischten Flüssigkeiten liegt die Grenze für die Zerspanleistung bei etwa $Q'_w = 5\ mm^3/mm \cdot s$; Öle erlauben in Bezug auf die thermische Belastung des Werkstücks eine Verdoppelung dieses Wertes.

Werkstückabmessungen

Es kamen ringförmige Werkstücke, die auf einem Spanndorn befestigt wurden, mit den Ausgangsabmessungen Ø 100 x 50 x Ø 10 zum Einsatz. Im Vergleich zu massiven Werkstücken hat die Verwendung eines Spanndorns den Vorteil einer konstanten Krafteinleitung in die Meßspitzen (gehärtete Zentrierung, gleichbleibende Tiefe der Zentrierbohrungen). Außerdem wird die Entnahme von Proben zur Gefügeuntersuchung durch die Ringform erleichtert.

# Einfluß der Kühlschmierung auf den Verschleiß stehender Abrichtwerkzeuge

von

Prof. Dr.-Ing. Dr. h.c. W. König

Dipl.-Ing. R. Vits

Lehrstuhl für Technologie der Fertigungsverfahren im Laboratorium für Werkzeugmaschinen und Betriebslehre der RWTH Aachen

Förderkennzeichen: 01 ZT 143 A
Laufzeit: 1.1.1984 - 31.12.1984

Inhalt

0. Formelzeichen und Begriffe 561

1. Problemstellung 563

2. Erkenntnisstand und Zielsetzung 569

3. Versuchsbedingungen 572

4. Versuchsergebnisse 580

4.1 Einfluß der Kühlschmierstoffart auf den Abrichtwerkzeugverschleiß 580

4.2 Auswirkung des Kühlschmierstoffvolumenstroms auf Verschleiß, Kräfte und Temperaturen beim Abrichten 584

4.3 Abhängigkeit des Abrichtwerkzeugverschleißes vom Zuführsystem 592

5. Zusammenfassung 594

6. Schrifttum 596

## 0. Formelzeichen und Begriffe

| | | |
|---|---|---|
| $a_d$ | $\mu m$ | Abrichtzustellung |
| $a_{dn}$ | $\mu m$ | nominale Abrichtzustellung |
| $a_{dr}$ | $\mu m$ | reale Abrichtzustellung |
| $A_D$ | $mm^2$ | Mündungsquerschnitt der Freistrahldüse |
| $A_{sk}$ | $mm^2$ | Kantenverschleißfläche |
| AWZ | | Abrichtwerkzeug |
| $b_d$ | mm | Wirkbreite |
| $b_{dn}$ | mm | nominale Wirkbreite |
| $b_{dr}$ | mm | reale Wirkbreite |
| $b_s$ | mm | Schleifscheibenbreite |
| ct | | Karat (1 Karat = 0,2 g) |
| Cl | | Chlor |
| $d_s$ | mm | Schleifscheibendurchmesser |
| $F_d$ | N | Abrichtkraft |
| $F'_t$ | N/mm | bezogene Tangentialkraft |
| $F'_n$ | N/mm | bezogene Normalkraft |
| G | - | Abtragsverhältnis |
| $i_d$ | - | Anzahl der Abrichthübe |
| KSS | | Kühlschmierstoff |
| l | mm | auskragende Abrichtwerkzeuglänge |
| n | $min^{-1}$ | Schleifscheibendrehzahl |
| PKD | | Polykristalliner Diamant |
| $Q_{KSS}$ | l/min | Volumenstrom, Kühlschmierstoffvolumenstrom |
| $Q'_{sd}$ | $mm^3/mm \cdot s$ | bezogenes Zeitspanungsvolumen beim Abrichten |
| $R_a$ | $\mu m$ | Mittenrauhwert |
| $R_z$ | $\mu m$ | gemittelte Rauhtiefe |
| $s_d$ | mm | Abrichtvorschub (pro Schleifscheibenumdrehung) |
| $S_{stat}$ | $mm^{-1}$ | statische Schneidenzahl |
| $S_{kin}$ | $mm^{-1}$ | kinematische Schneidenzahl |
| $t_c$ | s | Schnittzeit |
| $u_d$ | - | Überdeckungsgrad beim Abrichten |
| $v_c$ | m/s | Schnittgeschwindigkeit |
| $v_d$ | mm/s | Abrichtvorschubgeschwindigkeit |

| | | |
|---|---|---|
| $v_s$ | m/s | Schnittgeschwindigkeit |
| $v_w$ | m/s | Werkstückgeschwindigkeit |
| $V_{sd}$ | $dm^3$ | abgerichtetes Schleifscheibenvolumen |
| $V'_{sd}$ | $mm^3/mm$ | bezogenes Zerspanungsvolumen beim Abrichten |
| $V'_w$ | $mm^3/mm$ | bezogenes Zerspanungsvolumen |
| $Z'$ | $mm^3/mm \cdot s$ | bezogenes Zeitspanungsvolumen |
| $\alpha$ | $1/^\circ C$ | Wärmeausdehnungskoeffizient |
| $\Delta\vartheta$ | $^\circ C$ | Temperaturänderung, -differenz |
| $\Delta h$ | $\mu m$ | Abrichtwerkzeugverschleiß |
| $\Delta l$ | mm | Längenänderung |
| $\nu_{40}$ | $mm^2/s$ | kinematische Viskosität bei 40°C |

## 1. Problemstellung

Schleifscheiben befinden sich nach der Zerspanung eines bestimmten Werkstoffvolumens in einem nicht mehr "gebrauchsfähigen" Zustand. Vor ihrer weiteren Verwendung müssen sie durch Abrichten neu profiliert und geschärft werden. Man verwendet dazu meist diamanthaltige Abrichtwerkzeuge, die insbesondere aus Gründen der Verschleißreduzierung unter Hinzugabe eines beim Schleifen ohnehin erforderlichen Kühlschmierstoffs zum Einsatz kommen.

Eine Verschleißsenkung durch den Kühlschmierstoff ist nicht nur unter dem Aspekt der Werkzeugkostenminimierung von Interesse, sondern auch hinsichtlich der beim Schleifen erzielten Werkstückqualität. Denn die Kühlschmierung beim Abrichten ist eine von mehreren Stell- bzw. Eingangsgrößen, die den Abrichtprozeß - gekennzeichnet durch Abrichtwerkzeugverschleiß, Abrichtkräfte und Abrichtwerkzeugtemperatur - sowie das Abrichtergebnis, d.h. die Schleifscheibenform (Rundlauf und Profil) und die Scheibentopographie (Schneidfähigkeit) beeinflussen (Bild 1). Der Zustand der Schleifscheibe wiederum wirkt sich maßgeblich aus auf den Schleifprozeß - charakterisiert durch Schnittkräfte, -temperaturen und Schleifscheibenverschleiß - sowie das Arbeitsergebnis - gekennzeichnet durch Maß- und Formgenauigkeit, Oberflächengüte und Randzonenbeeinflussung. Im folgenden sollen zunächst die Wirkzusammenhänge zwischen der durch die Kühlschmierung beeinflußten Abrichtwerkzeugabnutzung und -erwärmung auf das Abricht- und Schleifergebnis erläutert werden.

### Abrichtwerkzeugverschleiß

Aufgrund des Verschleißes verändern die meisten Abrichtwerkzeuge ihre Wirkbreite $b_d$ /1,5/. Am Beispiel des in Bild 2 gezeigten Einkorndiamanten, der die Schleifscheibe mit der Zustellung $a_d$ und dem Vorschub $s_d$ abrichtet, ist zu erkennen, daß sich die in der Tiefe der Zustellung $a_d$ gemessene Wirkbreite mit fortschreitender Diamantabnutzung vergrößert (bei anderen Werk-

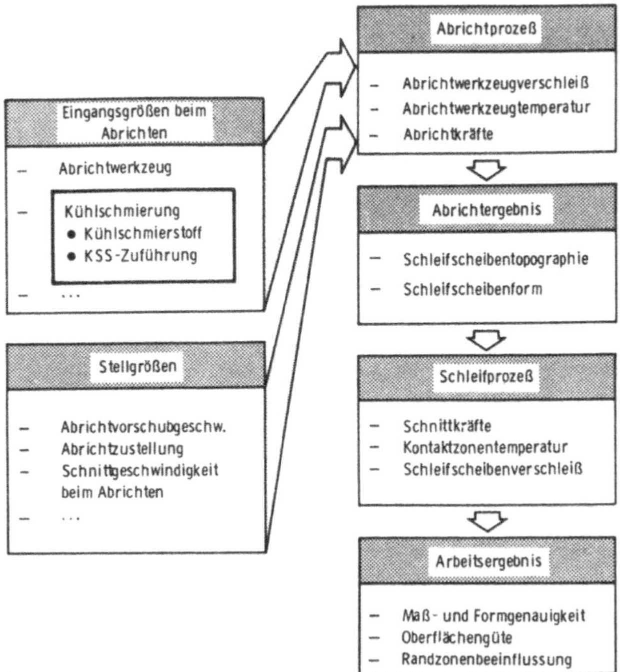


©

©

Bild 1: Wirkkette: Kühlschmierung - Abrichtprozeß - Abrichtergebnis - Schleifprozeß - Arbeitsergebnis

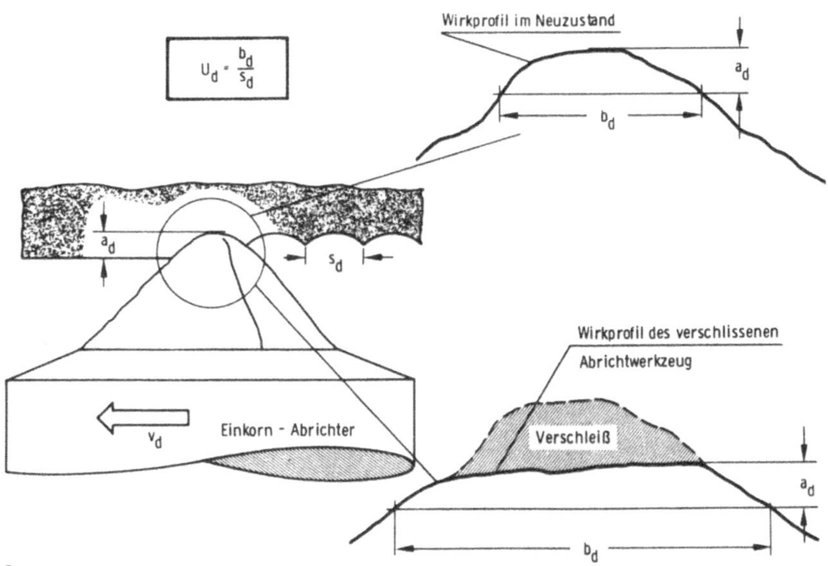


©

©

Bild 2: Verschleißbedingte Wirkbreitenänderung

zeugtypen werden Wirkbreitenschwankungen beobachtet /4,5/). Nimmt die Wirkbreite, wie beim Einkorn-Diamanten, zu, so ergibt sich bei unverändertem Vorschub ein entsprechend erhöhter Überdeckungsgrad $u_d$. Dies hat eine immer feiner werdende Schleifscheibentopographie (Bild 3) zur Folge, was einen verminderten Schleifscheibenverschleiß (Bild 4), steigende Schnittkräfte (Bild 5) und -temperaturen bewirkt. Die geschliffenen Werkstücke zeichnen sich zwar durch eine bessere Oberflächenqualität aus (Bild 6), sie weisen aber aufgrund der gestiegenen Kräfte größere Maß- und Formfehler auf. Darüber hinaus steigt die Wahrscheinlichkeit unzulässig hoher Wärmebeeinflussungen der Werkstückrandschicht, deren unerwünschte Folgen Brandmarken, Härteveränderungen, Zugeigenspannungen und Risse sein können. Liegt eine Wirkbreitenverringerung vor, die besonders ausgeprägt bei vielschneidigen Werkzeugen (s. Bild 12), aber auch beim Einkörner infolge von Absplitterungen zu beobachten ist, so ergeben sich umgekehrte Tendenzen.

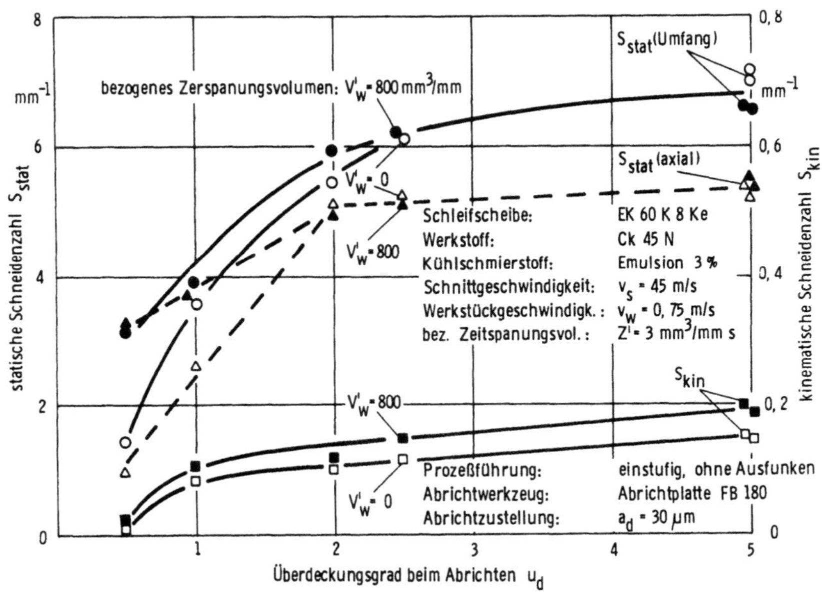


Bild 3: Einfluß des Überdeckungsgrades auf die Schleifscheibentopographie /1/

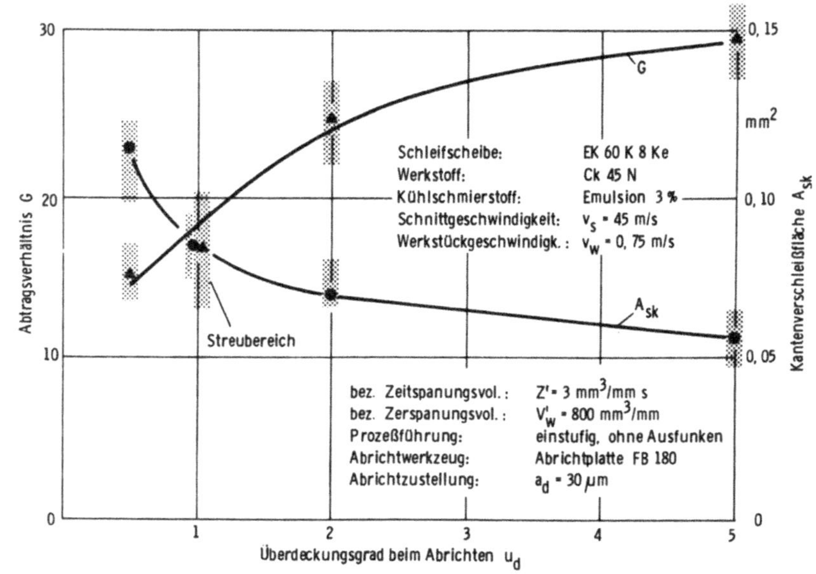


Bild 4: Einfluß des Überdeckungsgrades auf den Schleifscheibenverschleiß /1/

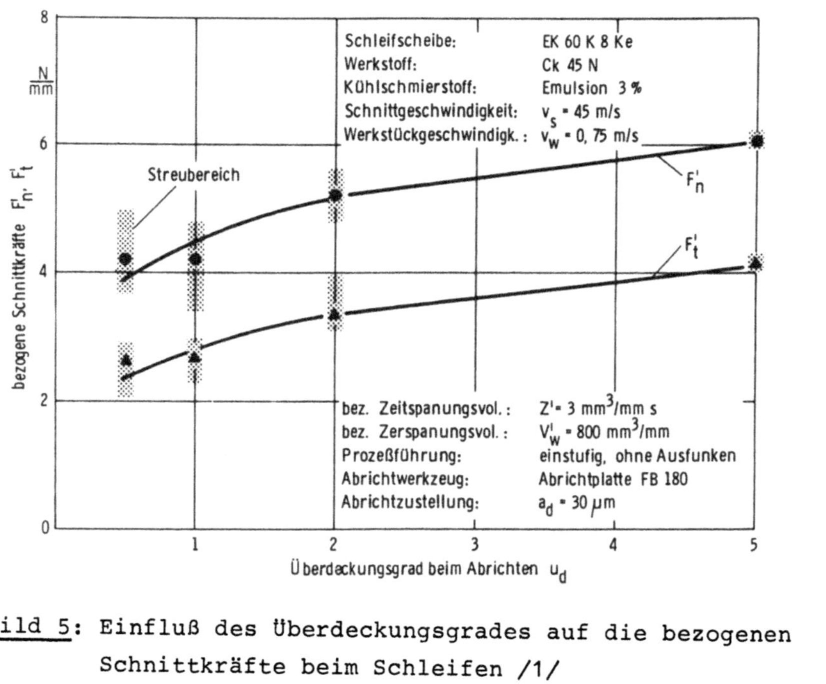


Bild 5: Einfluß des Überdeckungsgrades auf die bezogenen Schnittkräfte beim Schleifen /1/

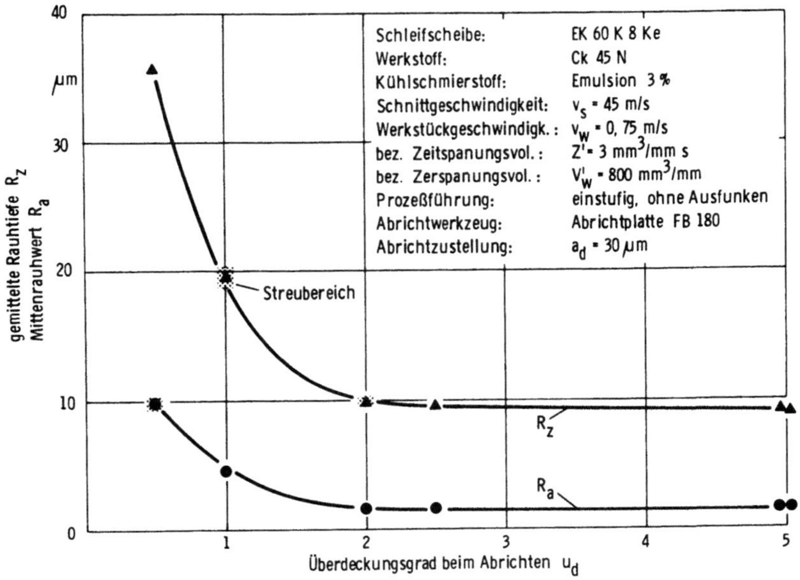


Bild 6: Einfluß des Überdeckungsgrades auf die Werktückoberflächenqualität /1/

Zur Vermeidung von Schwankungen der Werkstückqualität ist es daher erforderlich, den Überdeckungsgrad $u_d$ dadurch konstant zu halten, daß der Abrichtvorschub $s_d$ der Wirkbreitenveränderung entsprechend korrigiert wird. Da die Bestimmung der aktuellen Wirkbreite in der Praxis einen nicht zu unterschätzenden Zusatzaufwand mit sich bringt, sollte die Anzahl der $b_d$-Kontrollen auf ein Minimum reduziert werden. Eine optimale Kühlschmierung kann hierzu beitragen, indem aufgrund des gesenkten Verschleißes die Meßintervalle größer sein können.

## Thermische Ausdehnung

Neben der Abnutzung ist die thermische Ausdehnung der Werkzeuge ein weiterer wichtiger, von der Kühlung abhängiger Effekt, der die Qualität der geschliffenen Werkstücke beeinträchtigen kann. Bild 7 zeigt im oberen Bildteil ein Abrichtwerkzeug, das sich infolge der im Abrichtprozeß entstehenden Wärme um den Betrag $\Delta l$ ausdehnt, so daß die reale Abrichtzustellung entspre-

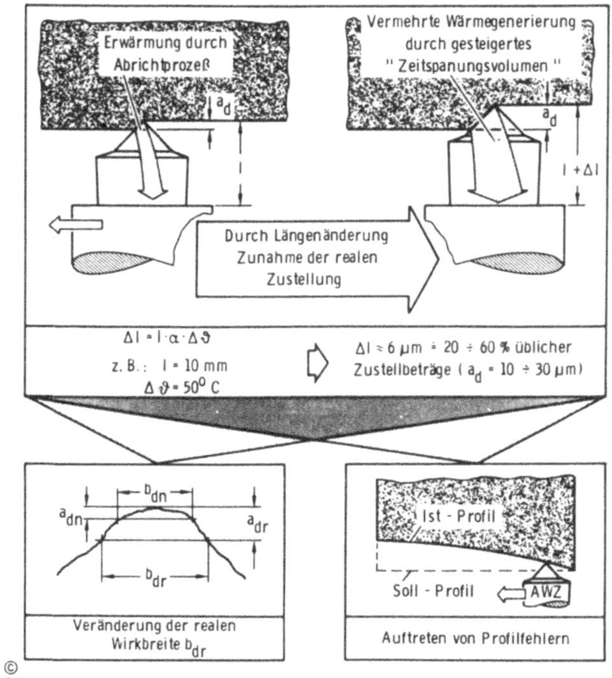


Bild 7: Auswirkung der thermisch bedingten Abrichtwerkzeugausdehnung

chend zunimmt. Das nun gesteigerte Abrichtzeitspanungsvolumen führt zu einer vermehrten Wärmegenerierung, die den Diamanten möglicherweise thermisch zerstört (Graphitisierung bei ca. 900°C /6/).

Das in der Bildmitte aufgeführte Beispiel vermittelt eine Vorstellung von der Größenordnung der thermischen Ausdehnung. Erwärmt sich z.B. der Werkzeugschaft im Bereich von 10 mm Länge auf durchschnittlich 50°C, so ergibt sich mit $\alpha = 11{,}5 \cdot 10^{-6}\ {}^{\circ}C^{-1}$ (Wärmeausdehnungskoeffizient für Baustahl) für $\Delta l$ ein Wert von 6 μm. Dieser Wert verändert die nominale Zustellung, die üblicherweise zwischen 10 ÷ 30 μm liegt, um 20 bis 60 %.

Die Folgen dieser Ausdehnung sind im unteren Bildteil dargestellt. Neben einer Wirkbreitenzunahme von $b_{dn}$ auf $b_{dr}$, deren

Auswirkungen bereits ausführlich diskutiert wurden, ergibt sich ein (je nach Schleifscheibenprofil u.U. nicht korrigierbarer) Profilfehler.

## 2. Erkenntnisstand und Zielsetzung

Aus den bisherigen Ausführungen geht die Bedeutung der Kühlschmierung beim Abrichten für den Verschleiß, die Kräfte und die Temperatur am Abrichtwerkzeug und somit den Schleifprozeß und das Schleifergebnis hervor. Dennoch liegen zu dieser Thematik bisher nur wenige Ergebnisse vor /2-4,7,17,18/. Neben der nicht näher quantifizierten Forderung, die Werkzeuge ausreichend zu kühlen, existiert der Hinweis, daß der Verschleiß in erster Linie durch die Wärmeeinwirkung verursacht wird /2,3/. Völler /4/ untersuchte den Einfluß der Abrichtbedingungen (Zustellung $a_d$, Vorschub $s_d$) sowie des zugeführten Kühlschmierstoffvolumenstroms auf die im Werkzeug entstehenden Temperaturen (Bild 8). Die Meßstelle befand sich dabei einige Millimeter von der Kontaktzone entfernt. Bei einer weitreichenden Variation von Zustellung ($a_d$ = 10 - 50 µm) und Vorschubgeschwindig-

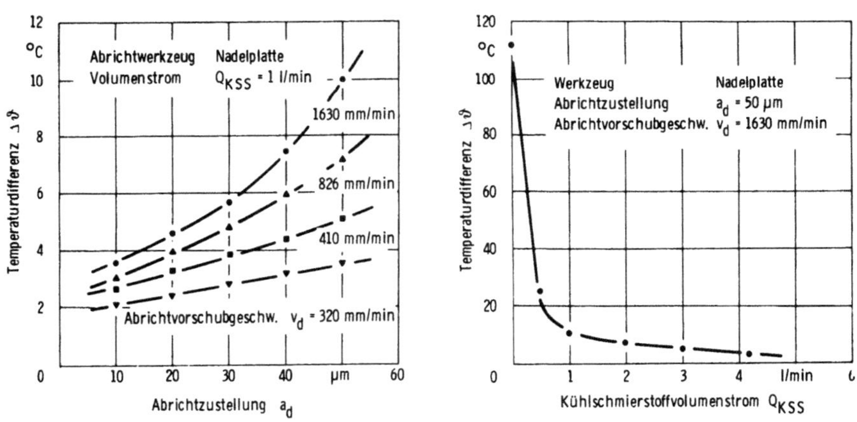


Bild 8: Erwärmung des Abrichtwerkzeugs in Abhängigkeit von den Abrichtbedingungen und dem Kühlschmierstoffvolumenstrom /4/

keit ($v_d$ = 320 - 1630 mm/min) und einer Volumenstromreduzierung von 4,2 auf 1 l/min ergab sich eine nur unwesentliche Temperaturerhöhung von 10°C. Erst eine weitere Verringerung des Kühlschmierstoffangebots bis zum Trockenabrichten erbrachte einen deutlichen Anstieg der Temperaturen um 100°C.

Die Ergebnisse der Temperaturmessungen führten zu der abschließenden Erkenntnis, daß die in der Pinole vorhandenen Zuleitungskanäle groß genug (Mindestquerschnitt 60 $mm^2$) und so gerichtet sein müssen, daß selbst unter schlechten Bedingungen eine ausreichende Versorgung der Kontaktzone Werkzeug-Schleifscheibe sichergestellt ist /4/.

Diesem Ziel kommt die in Bild 9 gezeigte, von der Fa. Winter realisierte Zuführung entgegen. Dieses System gewährleistet eine positionsunabhängige gleichbleibende intensive Versorgung der Kontaktzone sowie eine optimale Wärmeableitung dadurch, daß die Flüssigkeit zwischen den Flanken des Doppelabrichtwerkzeugs zugeführt wird /7/.

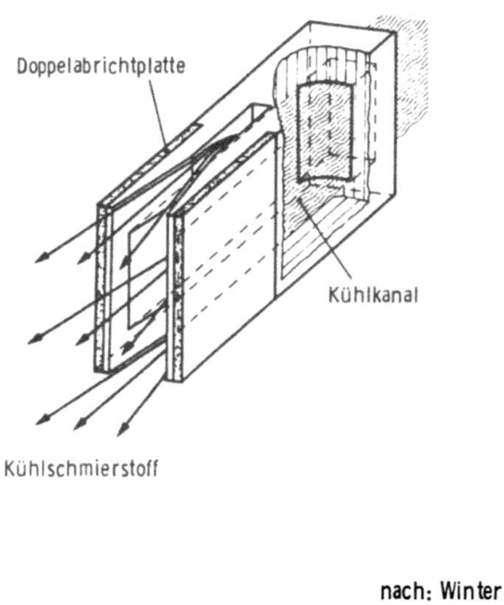


Bild 9: Abrichtwerkzeugkühlung durch integrierten Kühlkanal

Völler /4/ verwendete bei seinen Untersuchungen /4/ auch unterschiedliche Kühlschmierstoffe (Emulsion und Öl). Da er aber gleichzeitig die Kühlschmierstoffart und die Schnittgeschwindigkeit änderte, bleibt unklar, auf welche Einflußgröße die gemessenen Verschleißunterschiede zurückzuführen sind.

Ott /18/ empfiehlt für stehende Abrichtwerkzeuge Volumenströme von 20 - 25 l/min, wozu Drücke von 1 - 1,5 bar erforderlich sind. Soll die Schleifscheibe gleichzeitig von anhaftenden Abrichtpartikeln gereinigt werden, so sind Drücke zwischen 1,5 und 3 bar anzustreben.

Es läßt sich also sagen, daß die Thematik der Kühlschmierung beim Abrichten kaum untersucht ist. Dagegen ist der Zusammenhang zwischen den Abrichtbedingungen - Vorschub und Zustellung - und der Ausbildung der Schleifscheibenoberfläche, die als Eingangsgröße des Schleifvorganges die Schnittkräfte und -temperaturen sowie die Werkstückqualität beeinflussen, weitgehend erforscht (s. Kap. 1) /1,4,8-16/.

Es ergeben sich also folgende Teilziele

- Untersuchung des Einflusses der Kühlschmierstoffeigenschaften (Wärmekapazität, Wärmeleitfähigkeit, Viskosität, Schmierfähigkeit) auf den Verschleiß, die Kräfte und die Temperatur am Abrichtwerkzeug. Neben Emulsionen mit unterschiedlichem Ölgehalt sollen deshalb auch hoch- und niedrigviskose Öle Verwendung finden. Es ist zu prüfen, inwieweit die gefundenen Zusammenhänge evtl. von der Schnittgeschwindigkeit und der Werkzeugart abhängen.

- Ermittlung der Auswirkung des Kühlschmierstoffzuflusses auf Verschleiß, Kräfte und Temperatur beim Abrichten. Diese Versuche sollen für Öl und Emulsion, bei verschiedenen Schnittgeschwindigkeiten und mit unterschiedlichen Werkzeugen durchgeführt werden.

- ▶ Intensivierung der Kontaktzonenkühlung durch Optimierung des Zuführsystems.

## 3. Versuchsbedingungen

### Maschinelle Ausrüstung

Zur Durchführung der Abrichtversuche stand eine Außenrund-Schleifmaschine Fortuna FM 35-S zur Verfügung, die mit einem hydraulischen Abrichtgerät ausgerüstet ist. Der Einfachheit halber wurde ein gerades Abrichtprofil gewählt; die Zustellung des Abrichtdiamanten erfolgte stets in der rechten Endlage der Abrichtvorrichtung und zwar bei nicht eingreifendem Werkzeug. Die Maschine und das Abrichtgerät erlauben eine weitreichende Variation der Abrichtstellgrößen

- $a_d$ : Abrichtzustellung (in Schritten von 0,01 mm)
- $v_d$ : Abrichtvorschubgeschwindigkeit (kontinuierlich)
- $v_c$ : Schnittgeschwindigkeit beim Abrichten (kontinuierlich)
- $i_d$ : Anzahl der Abrichthübe (mittels Dekadenschalter vorwählbar)

Die Kühlschmierstoffversorgung der Schnittstelle erfolgte mittels einer Kreiselpumpe ($Q_{KSS\ max}$ = 50 l/min). Der Kühlschmierstoffvolumenstrom, der durch Auslitern ermittelt wurde, ließ sich leicht über ein Drosselventil einstellen. Die Flüssigkeit wurde in einem Unterdruckbandfilter SUF 2 der Fa. Sack gefiltert. Aufgrund der großen Flüssigkeitsmenge von ca. 1000 l erwärmte sich der Kühlschmierstoff kaum; auf eine zusätzliche Kühlung konnte deshalb verzichtet werden.

## Kühlschmierstoff-Zuführdüsen

Bei den meisten Abrichtversuchen kam die in Bild 10 dargestellte Freistrahldüse zum Einsatz. Ihr Mündungsquerschnitt $A_D$ beträgt ca. 80 $mm^2$, womit die von Völler gestellte Forderung $A_D \geq 60\ mm^2$ /4/ erfüllt ist.

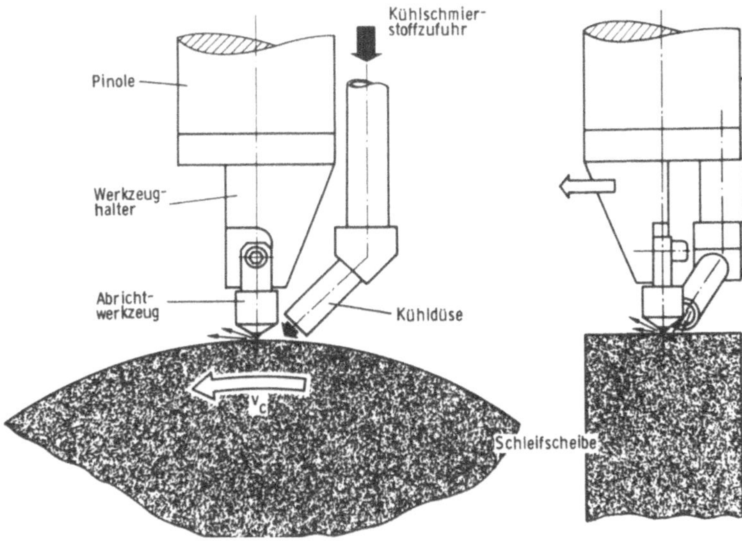


©

Bild 10: Freistrahlzuführung

Der Flüssigkeitsstrahl trifft - unterstützt durch die Drehrichtung der Schleifscheibe - die Kontaktzone unter einem Winkel von ca. 45° (gemessen zur im Berührpunkt an die Scheibe angelegten Tangente). Ähnlich wie beim Drehprozeß behindern die entstehenden Abtragspartikel den Zutritt der Flüssigkeit zur Kontaktzone. Außerdem besteht die Gefahr, daß das mit der Schleifscheibe umlaufende Luftpolster den Kühlschmierstoffstrahl ablenkt und dieser lediglich den Werkzeugschaft und nicht den Diamanten kühlt. Tritt dieser Fall ein, so geht die temperatursenkende Wirkung der Schmierung (Verminderung der Wärmegenerierung) verloren. Die Werkzeugtemperatur wird dann nur durch die Wärmeabfuhr, also durch die wärmephysikalischen Werte des Kühlschmierstoffs, bestimmt.

Um die Kühlschmierverhältnisse in der Kontaktzone zu verbessern, wurde die in Bild 11 gezeigte Ringdüse entwickelt, die den Schaft und die Spitze des Abrichtwerkzeuges umschließt und somit für eine allseitige, optimale Kühlung sorgt. Da die Vorderkante der Ringdüse mit der Diamantspitze stets auf gleicher Höhe liegt (nach dem anfänglichen Einschleifen verschleißt diese zusammen mit dem Abrichtdiamanten), wirkt die Ringdüse wie ein Luftablenkblech /18,19/ und ermöglicht so selbst bei geringen zugeführten Volumenströmen eine ausreichende Kontaktzonenkühlung.

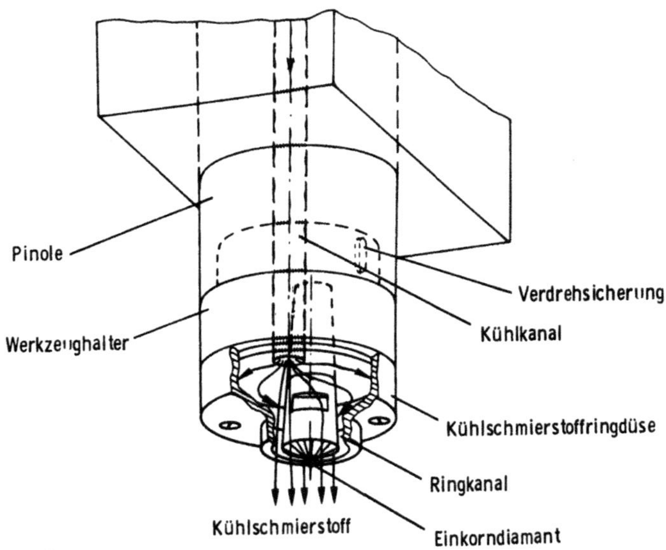


Bild 11: Abrichtwerkzeugkühlung durch Ringdüse

Kühlschmierstoffe

Folgende Kühlschmierstoffe kamen zum Einsatz:

| | | |
|---|---|---|
| Emulsion | 3 % | Castrol-Syntilo R |
| Emulsion | 6 % | |

Mineralöl, unlegiert, Viskosität $\nu_{40} = 30\ mm^2/s$
Mineralöl, unlegiert, Viskosität $\nu_{40} = 18\ mm^2/s$
Mineralöl, 9 % Rüböl, 6 % Cl-Paraffine,
Viskosität $\nu_{40} = 18\ mm^2/s$

Abrichtbedingungen

Die Abrichtzustellung blieb bei allen Versuchen konstant. Sie betrug

$$a_d = 0{,}03\ mm.$$

Der Abrichtvorschub $s_d$ bzw. die Abrichtvorschubgeschwindigkeit $v_d$ wurde so gewählt, daß das bezogene Zeitspanungsvolumen beim Abrichten unverändert blieb. Dies ist deshalb erforderlich, um die aus der Höhe der "bezogenen Zerspanleistung" $Q'_{sd}$ resultierende Wärmemenge konstant zu halten. Die Einhaltung dieser Bedingung hatte in diesem Fall Vorrang vor der Realisierung eines gleichbleibenden Überdeckungsgrades, der eine Anpassung des Abrichtvorschubs an die aktuelle Wirkbreite unabhängig von der jeweiligen Schnittgeschwindigkeit erfordert hätte. Denn es gilt:

$$Q'_{sd} = \frac{V'_{sd}}{t_c}$$

$$= \frac{\pi \cdot d_s \cdot a_d \cdot b_s}{b_s \cdot t_c}$$

Mit $v_d = b_s/t_c$

und $v_d = s_d \cdot n$

sowie $d_s = v_c/\pi \cdot n$

folgt $Q'_{sd} = \frac{a_d}{b_s} \cdot v_c \cdot s_d$

Da Zustellung $a_d$ und Scheibenbreite $b_s$ konstant sind, gilt

$$Q'_{sd} \sim v_c \cdot s_d$$
$$\sim d_s \cdot v_d$$

D.h., der Vorschub muß in dem Maße verkleinert/vergrößert werden, in dem die Schnittgeschwindigkeit verändert wird, bzw. bei kleiner werdender Schleifscheibe ist die Abrichtvorschubgeschwindigkeit entsprechend zu erhöhen.

## Abrichtwerkzeuge

Aus der Gruppe der stehenden Abrichtwerkzeuge (Bild 12) kamen zum Einsatz

- Einkorndiamant, Fa. Winter, Qualität Basram, 1 ct, Bild 12 oben links
- Kornplatte, Fa. Winter, FBS 115 W, Bild 12 2. Zeile Mitte
- Nadelplatte, Fa. Winter, FB 180, Bild 12 2. Zeile rechts
- PKD-Platte, Fa. Winter, ähnlich Bild 12 unten Mitte, PKD-Querschnitt = 1,5 x 1,5 $mm^2$

## Meßgrößen und -methoden

- Abrichtwerkzeugverschleiß

Hier ist zwischen dem Einkorndiamanten und Abrichtplatten zu unterscheiden.

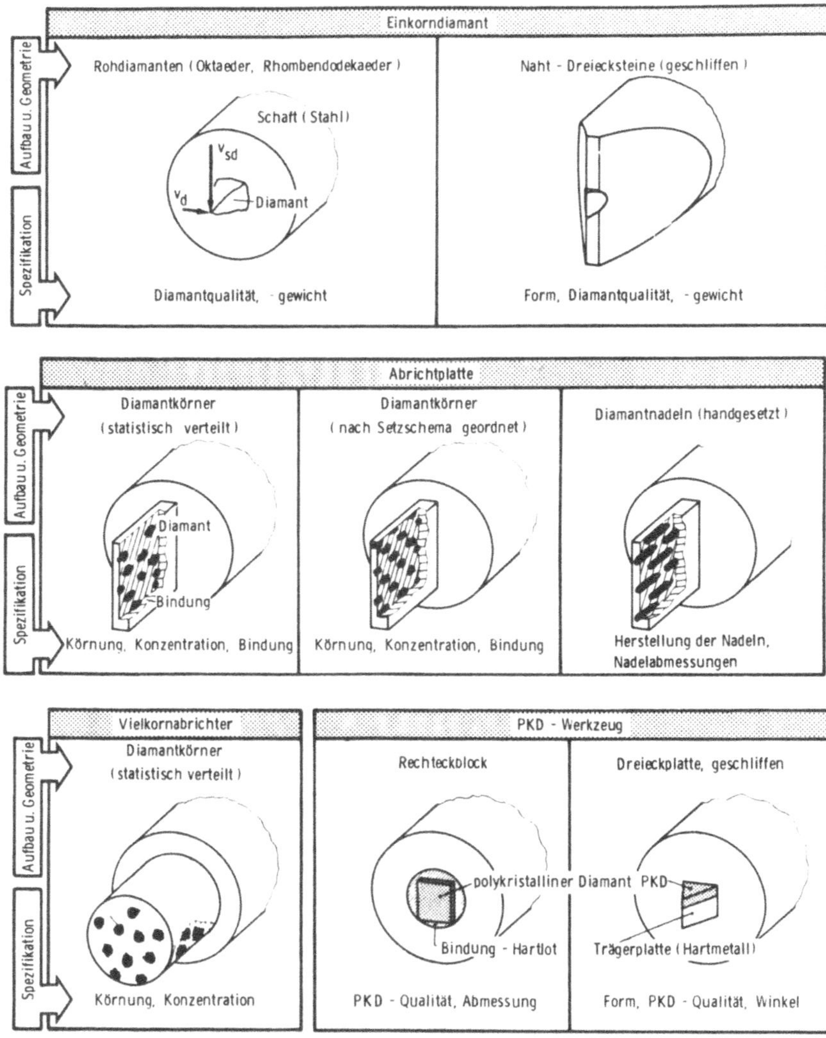


Bild 12: Varianten stehender Abrichtwerkzeuge /1/

Beim Einkorndiamanten ist es aus Gründen der Diamantgeometrie üblich, die Wirkbreite $b_d$ als Verschleißgröße heranzuziehen. Sie wird mit Hilfe der Abbildmethode /20/ (Bild 13) bestimmt. Nach Einstechen des Abrichtwerkzeugs in die Schleifscheibe wird das Profil der entstandenen Rille auf ein dünnes Metallplättchen übertragen. Durch Abtasten dieses Abbildblechs erhält man das im rechten Bildteil dargestellte Wirkprofil, an dem sich die Wirkbreite $b_d$ in Abhängigkeit von der Abrichtzustellung $a_d$ ablesen läßt.

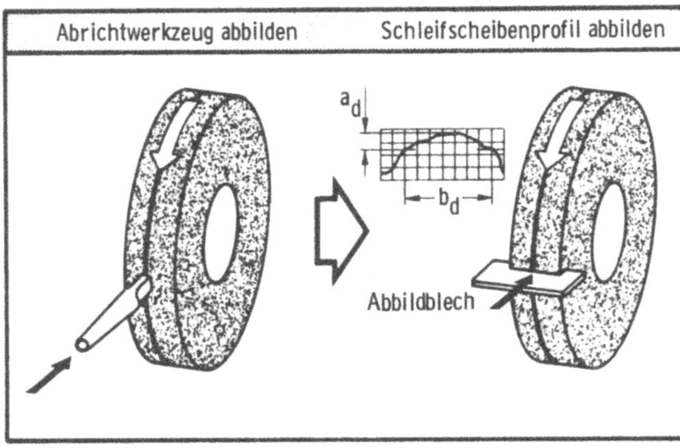


Bild 13: Wirkbreitenbestimmung nach der Abbildmethode

Bei den Abrichtplatten und PKD-Abrichtern bietet sich der Höhenverlust $\Delta h$ als einfach zu messende Verschleißgröße an (Bild 14). Er kann - sofern $\Delta h$ im Zehntel-Millimeter-Bereich liegt - mit ausreichender Genauigkeit mit Hilfe einer Bügelmeßschraube bestimmt werden. Es ist zu beachten, daß vielschneidige Abrichtwerkzeuge erst nach dem Einschleifen, d.h. wenn das Werkzeug mit seiner ganzen Länge eingreift, brauchbare Meßwerte liefern. Bei den angegebenen Verschleißbeträgen $\Delta h$ handelt es sich um die aus den jeweils größten (über die Spitzen des Werkzeugs gemessenen) und kleinsten ( in der Werkzeugmitte gemessenen) Meßwerten gebildeten Mittelwerte.

## Abrichtkräfte

Die Abrichtkräfte in normaler und tangentialer Richtung $F_{nd}$, $F_{td}$ ließen sich mittels der in Bild 15 gezeigten Vorrichtung unter Zuhilfenahme der mit Dehnmeßstreifen bestückten Kraftmeßspitzen bestimmen. Eine nähere Beschreibung der Meßeinrichtung findet sich in /21/. Anhand der Abrichtkräfte kann eine Aussage

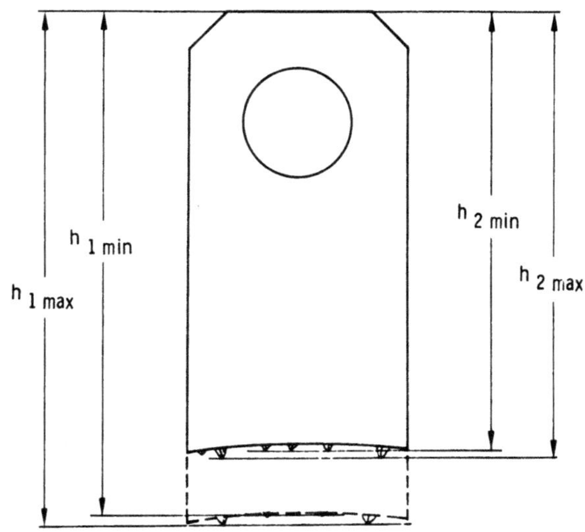


$$\Delta h = \frac{h_{1\,max} + h_{1\,min}}{2} - \frac{h_{2\,max} + h_{2\,min}}{2}$$

Bild 14: Verschleißbestimmung an Abrichtplatten

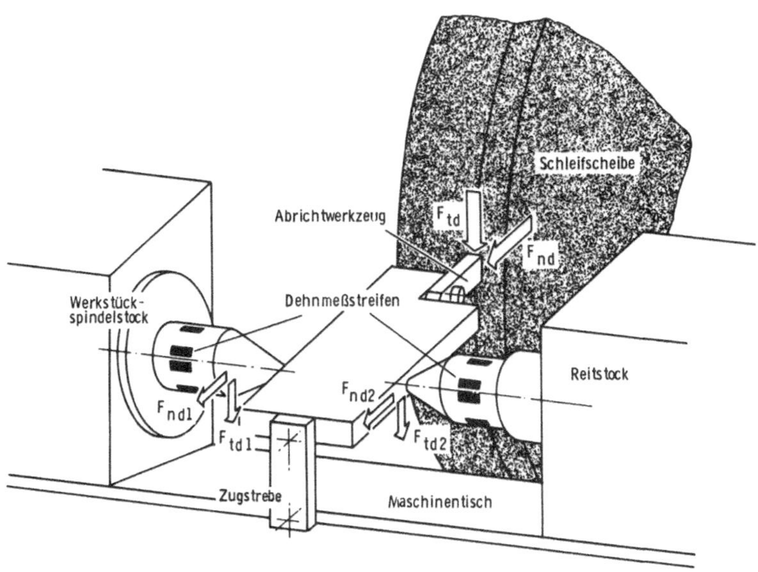


©

Bild 15: Messung der Abrichtkräfte mit Hilfe der Zentrierspitzen

darüber gemacht werden, ob der Kühlschmierstoff in die Kontaktzone gelangt oder nicht. Ist dies nicht der Fall, so müssen die Kräfte auf dem hohen Niveau der trockenen Reibung liegen. Bei Wirksamwerden der Schmierung dagegen ist ein Abfall der Abrichtkräfte zu erwarten, da die Reibung auf ihre Höhe erheblichen Einfluß nehmen dürfte.

Abrichtwerkzeugtemperatur

Die Temperaturmessung erfolgte mit Hilfe von Thermoelementen, die in einer gewissen Entfernung von der Schnittstelle in der metallischen Einfassung des Diamanten angeordnet werden mußten. Da sich die Temperatur an der Meßstelle mit fortschreitendem Werkzeugverschleiß verändert und da der Abstand der Thermoelemente von der Wärmeentstehungsstelle von Werkzeug zu Werkzeug schwankt und außerdem die Wärmeeinbringung bei den verschiedenen Werkzeugtypen unterschiedlich ist (Anzahl und Verteilung der Kontaktstellen), sind vergleichende Temperaturmessungen über längere Einsatzzeiten und an verschiedenen Abrichtwerkzeugen nicht möglich.

## 4. Versuchsergebnisse

### 4.1 Einfluß der Kühlschmierstoffart auf den Abrichtwerkzeugverschleiß

Wie aus Bild 16 hervorgeht, nimmt der Verschleiß von Abrichtplatten sowohl für Emulsion als auch für Öl linear mit dem abgerichteten Schleifscheibenvolumen $V_{sd}$ zu. Abweichungen der Meßpunkte vom idealen linearen Verlauf, die besonders bei der Kornplatte zu beobachten sind, werden auf eine inhomogene Diamantverteilung über der Werkzeughöhe zurückgeführt. Die hier vorliegenden Abweichungen sind aber - verglichen mit den von Völler /4/ und Widmann /22/ an qualitativ schlechteren Werkzeugen gemessenen Schwankungen - als sehr gering anzusehen.

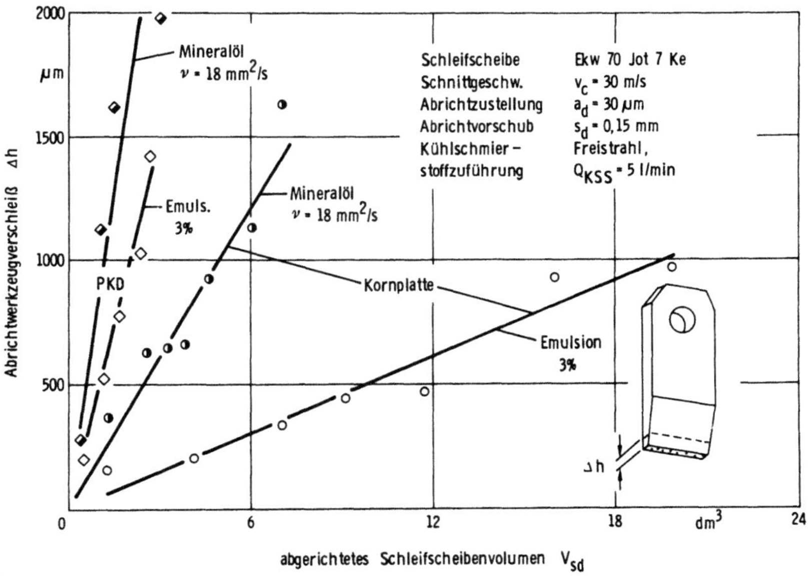


©

Bild 16: Verschleißentwicklung an Abrichtplatten bei Verwendung verschiedener Kühlschmierstoffarten

Der gravierende Verschleißunterschied zwischen Öl und Emulsion kann mehrere Ursachen haben. Zum einen ist es denkbar, daß die Werkzeuge bei Öl deshalb schneller verschleißen, weil es aufgrund seiner höheren Viskosität nicht oder nur unzureichend in die Kontaktzone gelangt und dort quasi trocken abgerichtet wird. In diesem Falle könnte der Verschleiß mechanische (Abrasion) und thermisch-chemische (Korrosion bei ca. 900°C) Ursachen haben. Ob die Kühlschmierflüssigkeit im Abrichtprozeß wirksam wird oder nicht, kann anhand der Abrichtkräfte bei Variation des Kühlschmierstoffzuflusses entschieden werden (s. Kap. 4.2). Denn mit zunehmender Reibung müssen die Kräfte $F_{nd}$ und $F_{td}$ steigen.

Zum anderen kann der hohe Verschleiß beim Abrichten mit Öl auf die ungünstigeren wärmephysikalischen Werte zurückzuführen sein, Tabelle 1. Inwieweit durch die schlechte Wärmeabfuhr des Öls eine höhere Schnittemperatur und somit eine intensivere Korrosion entsteht, läßt sich anhand der Temperaturmessungen, deren Resultate weiter unten dargestellt werden, abschätzen.

| | | Mineralöl | Wasser |
|---|---|---|---|
| spezifische Wärmekapazität | $c_p$ [J/g·K] | 1,9 | 4,2 |
| Wärmeleitfähigkeit | $\lambda$ [W/m·K] | 0,13 | 0,6 |
| Verdampfungswärme | r [J/g] | 210 | 2260 |

Tabelle 1: Wärmephysikalische Werte von Öl und Wasser (Emulsion)

Wie Bild 16 weiterhin zu entnehmen ist, nutzt die PKD-Platte um ein Vielfaches schneller ab als die Korn- und Nadelplatte. Dies ist zum einen auf die materialspezifisch geringere Verschleißfestigkeit (früher einsetzende Umwandlung in die Graphitform /6/) polykristalliner Diamanten zurückzuführen. Zum anderen konzentriert sich die erzeugte Wärme auf eine einzige Stelle, während bei den vielschneidigen Werkzeugen eine Schnittaufteilung und somit auch eine bessere Verteilung der Wärme auf das Volumen bzw. die Oberfläche des Werkzeugschafts stattfindet.

Weitere Versuche mit einer 6 %-igen Emulsion sowie mit unterschiedlichen Mineralölen (s. Kap. 3) ließen bei der Kornplatte und dem hier vorliegenden Volumenstrom von 5 l/min aufgrund der Streuung der Meßpunkte (inhomogene Diamantverteilung) keine tendenziellen Veränderungen von den in Bild 16 gezeigten Verläufen erkennen. Die mit Emulsion gekühlte PKD-Platte zeigte jedoch bei einer Verdoppelung des Konzentratanteils von 3 auf 6 % eine geringfügige Verschleißreduzierung von ca. 8 %.

Bei den Ölen erbrachte eine Viskositätssteigerung von 18 auf 30 $mm^2/s$ einen leichten Verschleißzuwachs, was auf die mit der Viskosität zunehmenden Zuführprobleme hinweist (gleiche kalorische Werte für $\lambda$ und $c_p$). Darauf wird im Zusammenhang mit den weiter unten vorgestellten Kraftmeßergebnissen noch detaillierter eingegangen. Eine Additivierung des Öls mit 9 % Rüböl und 6 % Cl-Paraffinen war dagegen ohne Einfluß auf die Höhe des Verschleißes. Dieses Ergebnis erklärt sich dadurch, daß diese Additive nur in Verbindung mit Metallen, nicht aber mit Korund oder Diamant, reibungsmindernde Schmierfilme bilden.

Die Auswirkung der Schnittgeschwindigkeit auf den Verschleiß $\Delta h$, die Temperatur der Kornplatte $\vartheta$ sowie die Abrichtnormalkraft $F_{nd}$ geht aus Bild 17 hervor. Der mit einer Geschwindigkeitsverdoppelung einhergehende Verschleißanstieg hat thermische Ursachen, wie aus den gestiegenen Temperaturen geschlossen werden muß. Mechanische Verschleißursachen scheiden aus, weil die Schnittkräfte mit steigendem $v_c$ abnehmen, was eine Folge verminderter Spanungsquerschnitte ist (bei konst. bez. Abrichtzeitspanungsvolumen, s. Kap. 3). Ob der im Vergleich zur Emulsion in jedem Fall höhere Verschleiß beim Öl auf dessen schlechteres Eindringen in die Kontaktzone oder dessen ungünstigere $\lambda$- und $c_p$-Werte zurückgeführt werden muß, kann an dieser Stelle noch nicht beantwortet werden.

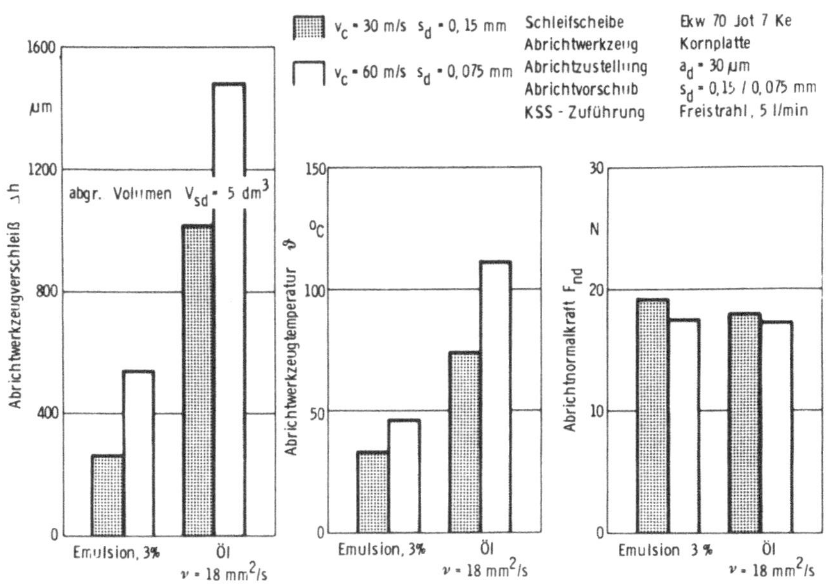


Bild 17: Werkzeugverschleiß und -temperatur sowie Abrichtkräfte in Abhängigkeit von Kühlschmierstoffart und Schnittgeschwindigkeit

Grundsätzlich gleiche Ergebnisse wie die Korn- bzw. PKD-Platte liefert der Einkorndiamant (Bild 18). In allen Fällen, d.h. sowohl bei Emulsion als auch Öl sowie bei erhöhter Schnittgeschwindigkeit, nimmt die Wirkbreite $b_d$ über dem abgerichteten Schleifscheibenvolumen degressiv zu, was auf die pyramidenförmige Diamantgeometrie zurückzuführen ist. Auch hier tritt beim Abrichten mit Öl und gesteigerter Schnittgeschwindigkeit der insgesamt höchste Verschleiß auf.

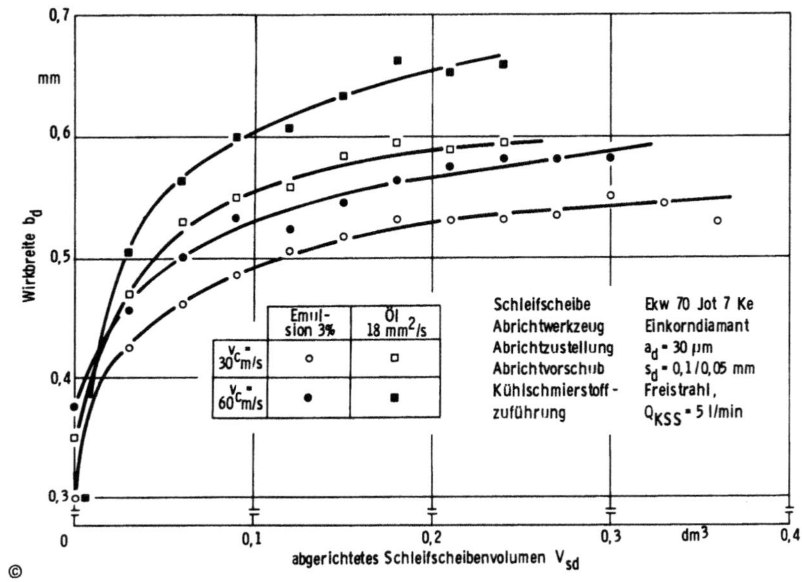


Bild 18: Wirkbreitenänderung des Einkorndiamanten beim Abrichten mit verschiedenen Kühlschmierstoffen und Schnittgeschwindigkeiten

## 4.2 Auswirkung des Kühlschmierstoffvolumenstroms auf Verschleiß, Kräfte und Temperaturen beim Abrichten

Die bisherigen Ergebnisse haben gezeigt, daß auf eine Variation der Kühlschmierstoffeigenschaften innerhalb der Emulsions- bzw. Ölgruppe aus Gründen nur geringer Unterschiede weitgehend verzichtet werden kann. Weiterhin ließ sich erkennen, daß die Abrichtwerkzeugart die Ergebnisse in der Tendenz nicht beeinflußt. In den folgenden Darstellungen wird deshalb nur der Unterschied zwischen den beiden Kühlschmierstoffarten bei meist nur einem Abrichtwerkzeug, nämlich der Kornplatte, dargestellt.

Die Abhängigkeit des Höhenverschleißes $\Delta h$ vom zugeführten Kühlschmierstoffvolumenstrom $Q_{KSS}$ zeigt Bild 19. Beginnend mit dem trockenen Abrichten, das einen Verschleiß von mehr als 2000 µm (bei $V_{sd}$ = 5 $dm^3$) erbrachte, sinkt der Verschleiß mit zunehmendem Volumenstrom besonders schnell bei Emulsionskühlung. Bereits ab $Q_{KSS} \geq 5$ l/min ist die Kühlung optimal, so daß keine weitere Verbesserung mehr erzielbar ist. Beim Abrichten mit Öl dagegen fällt die Kurve in einem wesentlich größeren $Q_{KSS}$-Intervall. Erst bei $Q_{KSS} \geq 10$ l/min wird ein näherungsweise konstanter Endwert erreicht, der mit $\Delta h \approx 800$ µm um den Faktor 4 über dem der Emulsion ( $\Delta h \approx 200$ µm) liegt.

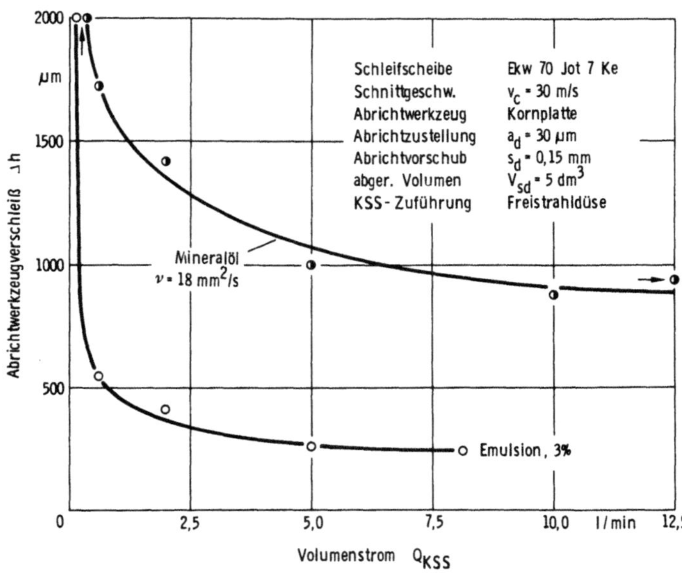


©

Bild 19: Werkzeugverschleiß in Abhängigkeit vom Öl- bzw. Emulsionsangebot

Zur Klärung der Frage, inwieweit der beim Abrichten mit Öl im Vergleich zu Emulsion sehr hohe Verschleiß auf das schlechtere Eindringen des Öls in die Kontaktzone zurückzuführen ist oder ob die Ursache in der geringeren Wärmeleitfähigkeit und Wärmekapazität liegt, wurden Kraft- und Temperaturmessungen durchgeführt. Diese Untersuchungen erbrachten folgende Resultate.

Während die Kräfte bei Emulsionskühlung nur wenig mit steigendem Kühlschmierstoffangebot fallen, ist beim Abrichten mit Öl eine stärkere Abhängigkeit zu beobachten (Bild 20). Dabei ergeben sich im Bereich geringer Volumenströme mit Öl höhere Abrichtkräfte als mit Emulsion. Mit wachsendem $Q_{KSS}$ verringern sich die Unterschiede; ab einem bestimmten, werkzeugabhängigen Volumenstrom kehren sich die Verhältnisse um, so daß Öl die niedrigeren Kräfte hervorruft. Die ebenfalls gemessene Abrichttangentialkraft führte zu den gleichen Resultaten, weshalb auf ihre Darstellung verzichtet werden kann. Eine überschlägige Berechnung ist anhand der in Bild 20 ebenfalls angegebenen Abrichtkraftverhältnisse $\mu$ möglich.

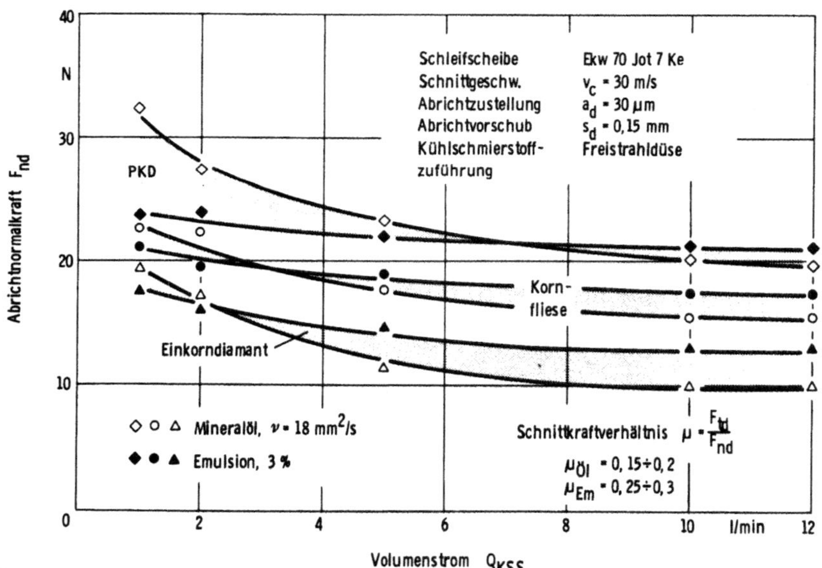


©

Bild 20: Einfluß der Kühlschmierstoffart auf die Abrichtnormalkräfte bei verschiedenen Abrichtwerkzeugen

Sowohl der steilere Verlauf der Öl-Kurven als auch die im unteren $Q_{KSS}$-Gebiet höheren Kräfte legen den Schluß nahe, daß das zähflüssigere Öl hier unzureichend in die Kontaktzone eindringt. Erst bei entsprechend gesteigertem Ölangebot kommt seine reibungsmindernde Wirkung zum Tragen. Diese Aussage stützt sich auch auf die Tatsache, daß sich die Kurvenschnittpunkte - wie zusätzliche Versuche ergeben haben - bei Anwendung des zäheren Öls ($\nu = 30\ mm^2/s$ anstelle $18\ mm^2/s$) nach rechts verschieben.

Der Abszissenwert der Schnittpunkte ist aber auch von der Werkzeugart abhängig. Je mehr die Flüssigkeit durch den Werkzeugschaft daran gehindert wird, an die Schnittstelle (bzw. die Schnittstellen) vorzudringen, um so höher muß das zur Kraftsenkung erforderliche Ölangebot sein. Die in Bild 21 gezeigten REM*-Aufnahmen von Abrichtwerkzeugen machen deutlich, daß die ungünstigsten Bedingungen beim PKD vorliegen. Bei der Kornplatte reichen die seitlich der Diamantkörner vorhandenen Auswaschungen über die Werkzeugflanken hinaus, so daß der Kühlschmierstoff auch von dort Zutritt zur Kontaktzone hat. Optimale Verhältnisse liegen beim Einkörner vor, demzufolge hier Öl schon ab $Q_{KSS} \geq 2$ l/min geringere Kräfte erbringt als Emulsion. Diese Ausführungen werden auch durch die Ergebnisse eines zusätzlich durchgeführten Versuchs untermauert, bei dem der metallische Werkzeugschaft der PKD-Platte so weggeschliffen wurde, daß sich ähnliche geometrische Verhältnisse wie beim Einkorndiamanten ergeben. In der Tat verschob sich der Schnittpunkt der Öl- und Emulsionskurve nach links als Folge einer flacher verlaufenden Öl-Kurve.

An dieser Stelle läßt sich zusammenfassend also folgendes sagen. Bei kleinen Volumenströmen und/oder ungünstiger Gestaltung der Abrichtwerkzeuge gelangt offensichtlich nur wenig Flüssigkeit in die Kontaktzone, was insbesondere bei hochviskosen Ölen zu hohen Kräften führt. Bei reichlichem Kühlschmierstoffangebot kann aber auch bei diesen Ölen eine optimale Ver-

*REM = Raster Elektronen Mikroskop

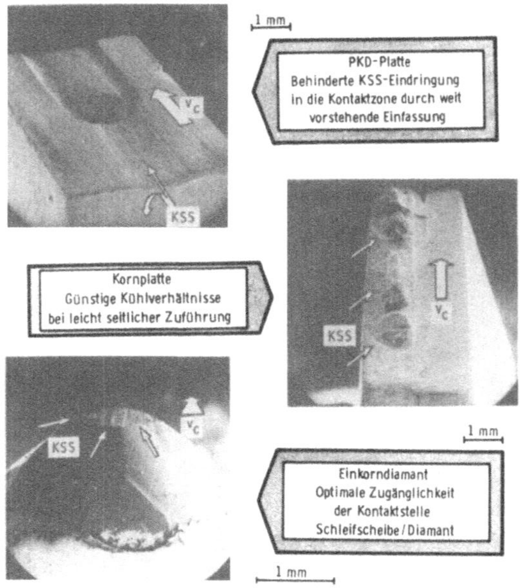


Bild 21: Unterschiedliche Zugänglichkeit an Kontaktzone Schleifscheibe - Diamant bei verschiedenen Abrichtwerkzeugen

sorgung der Schnittzone sichergestellt werden, erkennbar an niedrigeren, sich über dem Volumenstrom nicht mehr ändernden Kräften und einem konstanten Verschleiß. Somit muß der selbst im Bereich sehr großer $Q_{KSS}$-Werte höhere Verschleiß beim Abrichten mit Öl (s. Bild 19) thermische Ursachen haben, die aus der schlechten Wärmeleitfähigkeit und Wärmekapazität der Öle resultieren.

Eine schlechte Wärmeabfuhr bringt aber auch - wie bereits anhand von Bild 7 grundsätzlich diskutiert wurde - Probleme bezüglich der thermischen Werkzeugausdehnung und somit der Genauigkeit des erzeugten Profils mit sich. Wie anhand der in Bild 22 dargestellten Kraftverläufe geschlossen werden kann, schwankt die reale Zustellung zum Teil erheblich. Die $F_d$- bzw. $a_d$-Schwankungen hängen sowohl von der Höhe des Kühlschmier-

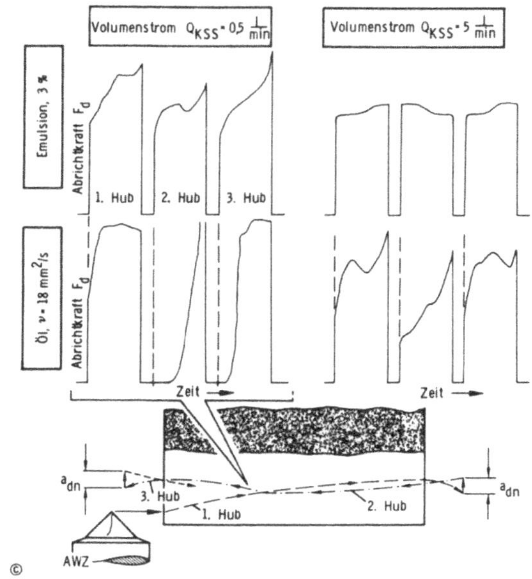


Bild 22: Einfluß des Kühlschmierstoffvolumenstroms und der Kühlschmierstoffart auf den Abrichtkraftverlauf und das Schleifscheibenprofil

stoffangebots als auch der Kühlschmierstoffart ab. Besonders ausgeprägt sind sie beim Abrichten mit Öl und kleinen Volumenströmen. Hier kommt der Abrichtdiamant zum Teil sogar außer Eingriff (s. Kraftverläufe des 2. und 3. Hubes bei 0,5 l/min Ölzufuhr). Die zugehörigen Bahnen der Werkzeugspitze sind im unteren Bildteil skizziert. Anzumerken ist, daß bei den Kraftmessungen (anders als bei den zur Verschleißmessung durchgeführten Dauerabrichtversuchen) bedingt durch die Maschinensteuerung eine beidseitige Zustellung des Diamanten erfolgen mußte. Außerdem sei darauf hingewiesen, daß die aus der Scheibenhärte resultierenden Kraftschwankungen (s. 5 l/min Emulsionszufuhr, höhere Härte der rechten Scheibenseite) wesentlich geringer als die auf die Kühlschmierung zurückzuführenden Schwankungen sind.

Auch die im Bild 23 dargestellten Resultate aus Temperaturmessungen sprechen dafür, daß der Verschleiß hauptsächlich durch hohe Temperaturen verursacht wird. Denn zum einen sind die Kurvenverläufe $\vartheta = f(Q_{KSS})$ qualitativ identisch mit den in Bild 19 gezeigten Abhängigkeiten ($\Delta h = f(Q_{KSS})$). Zum anderen führt die Verwendung von Öl durchweg, besonders aber im Bereich kleiner $Q_{KSS}$-Werte zu wesentlich höheren Temperaturen als Emulsion.

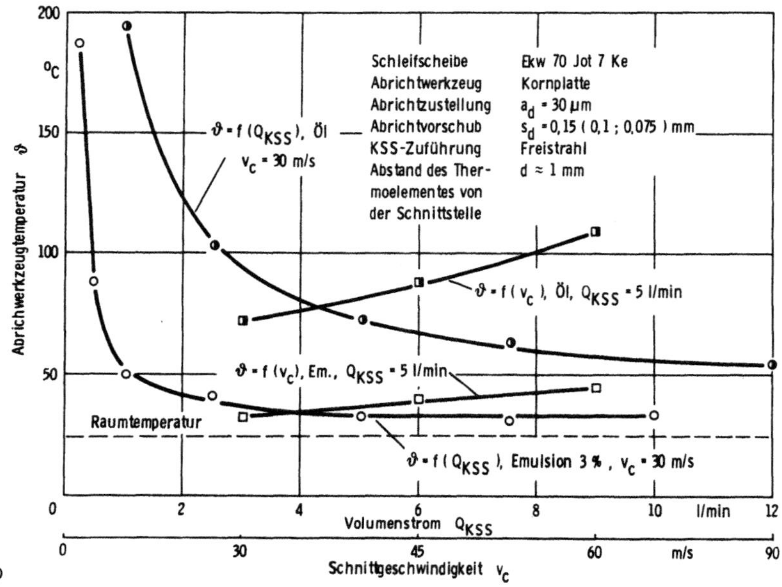


Bild 23: Auswirkung des Kühlschmierstoffangebots und der Schnittgeschwindigkeit auf die Abrichtwerkzeugtemperatur

Während bei wassergemischten Kühlschmierstoffen im stationären Gebiet, also ab $Q_{KSS} \geq 5$ l/min, die Werkzeugtemperatur nur ca. 7°C über Raumtemperatur (RT ≈ 25°C) liegt, bleibt der Temperaturanstieg beim Abrichten mit Öl erst ab $Q_{KSS} \geq 10$ l/min konstant. Dort ist er mit 35°C um den Faktor 5 höher als bei wassergemischten Kühlschmierflüssigkeiten. Je kleiner der Volumenstrom ausfällt, umso schlechter schneiden Öle ab. Bei 2 l/min z.B. beläuft sich die Temperaturdifferenz zwischen den beiden Kühlschmierstoffarten auf ca. 80°C; die Aufheizungen unterscheiden sich um den Faktor 7.

Die Werkzeugerwärmung steigt außerdem mit der Schnittgeschwindigkeit an, und zwar bei Öl deutlicher als bei Emulsion (s. Kurven $\vartheta = f(v_c)$.

Zur Erhärtung der bisherigen Aussagen bezüglich der Verschleißursachen wurden von den Verschleißflächen der Diamanten REM-Aufnahmen angefertigt (Bild 24). Die in der oberen Bildhälfte ge-

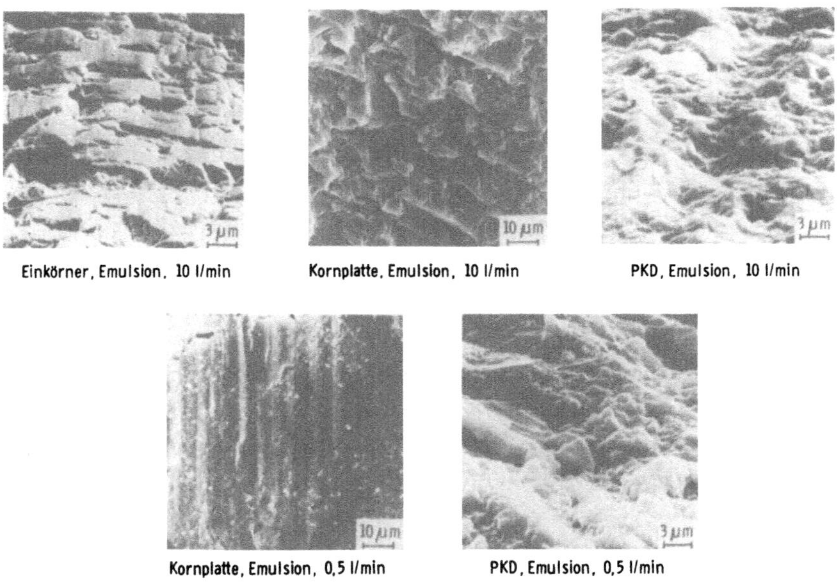


Bild 24: Verschleißflächen von Abrichtdiamanten

zeigten Verschleißflächen gut gekühlter Diamanten lassen nur mechanischen Verschleiß erkennen. Die Abnutzung des Einkorndiamanten beruht offensichtlich auf Abrasion und Mikroausbrüchen. An der Kornfliese ließen sich häufig schuppige Oberflächen beobachten, die auf eine ungünstige Orientierung des jeweiligen Diamantkorns zur Belastungsrichtung hinweisen /12/: Der Diamant blättert im Mikrobereich in Richtung seiner leichtesten Spaltbarkeit ab. Andere Körner der Kornplatte dagegen zeigen das beim Einkörner häufig beobachtete Aussehen oder sie besitzen eine dem PKD ähnliche Topographie, die auf Zerrüttung (Überlastung im Mikrobereich) hinweist. Die Untersuchungen ergaben, daß bei dieser Kühlschmierstoffmenge

(10 l/min) die Oberflächenstrukturen unabhängig von dem jeweils verwendeten Kühlschmierstoff waren.

Mit abnehmendem Flüssigkeitsangebot lassen die Verschleißflächen immer mehr die Wirkung hoher Temperaturen erkennen. Die untere Bildhälfte zeigt thermisch überlastete, bei $Q_{KSS}$ = 0,5 l/min entstandene Diamantoberflächen. Die glatte diamantuntypische Topographie bei der Kornplatte ist auf Graphitisierung des Diamantkorns zurückzuführen. Wie eine zusätzlich durchgeführte energiedispersive Röntgenanalyse ergab, enthält die Oberfläche kein anderes Element als Kohlenstoff (aus dem KSS stammender Kohlenstoff ist aufgrund intensiver Reinigung auszuschließen), so daß diamantfremde Schichten, wie etwa im geschmolzenen Zustand übertragenes und wiedererstarrtes Bindungsmetall oder Schleifscheibenmaterial als Schichtbildner auszuschließen sind.

Die bei zu geringer Kühlung entstandene PKD-Verschleißfläche (Bild 24 unten rechts) weist in großer Zahl kugelförmige Teilchen auf, bei denen es sich um ausgeschmolzenes und wiedererstarrtes, im PKD bei der Synthese eingeschlossenes Katalyse-Metall /6/ handeln könnte. Das Zutreffen dieser Annahme, deren Richtigkeit mittels einer energiedispersiven Röntgenanalyse noch zu überprüfen ist, würde auf eine weitere Ursache für den hohen Verschleiß des PKD, nämlich eine reduzierte mechanische Festigkeit, hindeuten.

Eine eindeutige Abhängigkeit der Verschleißflächenstruktur von der Kühlschmierstoffart konnte auch bei kleinen Volumenströmen nicht festgestellt werden.

### 4.3 Abhängigkeit des Abrichtwerkzeugverschleißes vom Zuführsystem

Die bisherigen Ergebnisse haben gezeigt, daß hoher Abrichtwerkzeugverschleiß hauptsächlich thermisch bedingt ist. Insbesondere beim Abrichten mit geringen Ölzuflüssen und hohen Schnittgeschwindigkeiten gelangt die Flüssigkeit offensichtlich nicht in ausreichendem Maße in die Kontaktzone (Ursachen: Luftpolster, unzureichendes Eindringen in den Porenraum der Schleifscheibe, Abrichtpartikel behindern KSS-Zutritt) bzw. sie führt die Wärme über den Werkzeugschaft nur schlecht ab (Ursachen: wärmephysikalische Werte, geringe benetzte Fläche).

Ähnliche Verhältnisse liegen vor, wenn bei zwar ausreichendem Kühlschmierstoffangebot (Emulsion: 5 l/min, Öl: 10 l/min) die Düsen ungenau positioniert sind. Hierin ist neben zu geringen Volumenströmen eine weitere in der Praxis anzutreffende Fehlerquelle zu sehen. Diese Erkenntnisse führten zur Entwicklung der in Kap. 3 (Bild 11) bereits vorgestellten Ringdüse. Sie ermöglicht selbst bei kleinen Durchflüssen eine allseitige Benetzung der Werkzeugoberfläche und eine Konzentration der Flüssigkeit auf die Schnittzone.

Die Ringdüse erbringt im Vergleich zur Freistrahlkühlung die in Bild 25 gezeigten Vorteile. Erwartungsgemäß bewirkt sie bei

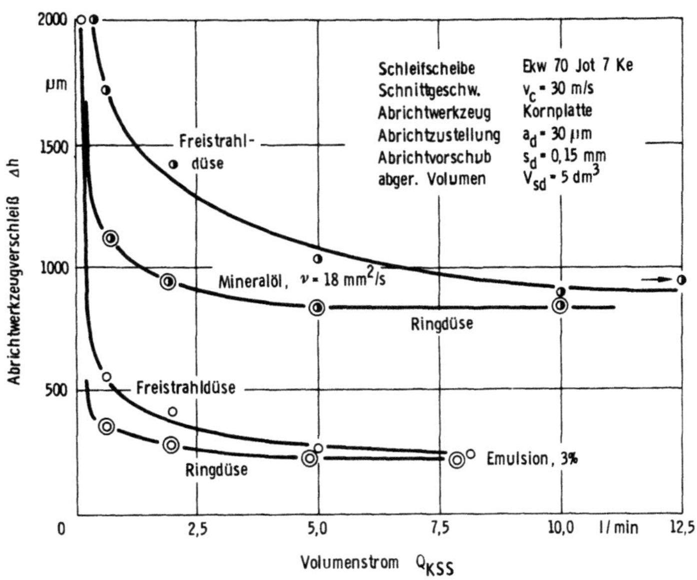


Bild 25: Auswirkung der Kühlschmierstoffzuführung auf den Abrichtwerkzeugverschleiß

kleinen $Q_{KSS}$-Werten und Öl die deutlichste Verschleißsenkung. Mit zunehmendem Kühlschmierstoffangebot dagegen lohnt sich der Einsatz der Ringdüse immer weniger, da hier auch die mit der Freistrahldüse erzielte Kühlung sehr gut ist. Letzteres gilt natürlich nur für eine optimal positionierte Freistrahldüse. Ist dies nicht der Fall, so bietet die Ringdüse auch bei gesteigerten Flüssigkeitsmengen nutzbare Reserven.

Da Volumenströme von 10 l/min auch in der Praxis problemlos zu realisieren sein dürften, ist der Hauptvorteil der Ringdüse in der zwangsweisen, vom Verschleißzustand des Abrichtwerkzeugs unabhängigen Kühlung von Schnittzone und Werkzeugschaft zu sehen. Dies kommt einem minimalen Verschleiß und einer geringstmöglichen thermischen Längenausdehnung zu Gute. Leider beschränkt sich der Einsatz der Ringdüse auf einfache Scheibenprofile, wie sie z.B. beim spitzenlosen Durchlaufschleifen vorliegen. Gegebenenfalls läßt sich durch in die Werkzeuge integrierte Kühlkanäle eine ähnliche Wirkung wie mit der Ringdüse erzielen, so daß die Vorteile auch für komplizierte Profile genutzt werden können. Die Entwicklung solcher Werkzeuge obliegt den Abrichtwerkzeugherstellern.

## 5. Zusammenfassung

Die Kühlschmierung beim Abrichten hat erheblichen Einfluß auf Verschleiß und thermische Ausdehnung der Abrichtwerkzeuge, also die erzeugte Topographie und Profilgenauigkeit der Schleifscheibe. Auf diesem Wege wirkt sich die Abrichtkühlschmierung auf Kosten und Qualität geschliffener Werkstücke aus.

Verschleißbestimmend ist weniger die mechanische sondern vor allem die von Kühlschmierstoffart und -zuführung abhängige thermische Belastung des Werkzeugs.

Diese ist bei Öl aus folgenden Gründen höher als bei wassergemischten Flüssigkeiten. Zum einen gelangt Öl wegen seiner höheren Viskosität bei kleinen Volumenströmen schlechter in die

Kontaktzone, was durch Kraftmessungen belegt ist. Zum anderen treten selbst bei ausreichendem Kühlschmierstoffangebot höhere Temperaturen auf, die ihre Ursache in ungünstigeren wärmephysikalischen Werten ($c_p$,$\lambda$), also einer schlechten Wärmeabfuhr, haben. Eine Additivierung der Kühlschmierstoffe mit EP-Zusätzen erbringt keine, eine Konzentrationserhöhung der Emulsionen eine geringfügige Verschleißsenkung.

Zum Präzisionsschleifen verwendete Schleifscheiben sollten daher unter Anwendung von Emulsionen oder Lösungen abgerichtet werden. Diese Empfehlung steht im Einklang mit den aus dem Schleifprozeß resultierenden Forderungen an die Kühlschmierflüssigkeit. Kommt dagegen beim Schleifen zur Erzielung hoher "Zerspanleistungen" Öl zum Einsatz, so muß ein höherer Diamantverschleiß und eine geringere Profilgenauigkeit in Kauf genommen werden, was aber beim Schruppschleifen toleriert werden kann.

Für die Kühlschmierstoffvolumenströme lassen sich folgende Richtwerte angeben. Bei Emulsionskühlung sollten mindestens 5 l/min zugeführt werden; bei Ölen ist das Flüssigkeitsangebot zu verdoppeln. Dabei ist eine sorgfältige, in bestimmten Zeitintervallen kontrollierte Düsenpositionierung zur Kontaktstelle eine Grundvoraussetzung für ein optimales Abricht- und Schleifergebnis.

Sofern es das Schleifscheibenprofil erlaubt, sollten Ringdüsen verwendet werden, die auch bei kleinen Volumenströmen eine konstant gute und allseitige Kühlung der Schnittstelle und des Werkzeugschaftes garantieren.

## 6. Schrifttum


/1/ Messer, J. — Abrichten konventioneller Schleifscheiben mit stehenden Werkzeugen
Diss. TH Aachen, 1983

/2/ Gauger, R. — Diamantwerkzeuge zum Abrichten von Schleifscheiben
IDR 1(1967)3,S.144-151

/3/ Gauger, R. — Das Abrichten von Schleifscheiben mit Diamant-Abrichtwerkzeugen
TZ f. prakt. Metallbearb.
59 (1965) 5, S. 328/32

/4/ Völler, R. — Abnutzung von Abrichtwerkzeugen
Jahrbuch Schleifen, Honen, Läppen und Polieren, 50. Ausg.
Vulkan Verlag, Essen 1981,
S. 249/66

/5/ König, W.
Saljé, E.
Föllinger, H.
Mackenson, G.v. — Einfluß von Abrichtwerkzeugen und Abrichtvorrichtungen auf den Abricht- und Schleifprozeß
VDW-Bericht A4471, 1981

/6/ Colleselli, K.
Arming, H. — Die Schleifmittel
Firmenschrift der Fa. Tyrolit Schleifmittelwerke Swarovski KG, Schwaz, Österreich

/7/ N.N. — Stand und Entwicklungstendenzen in den Produktionstechnologien
17. Aachener Werkzeugmaschinen-Kolloquium, 1981

/8/ Lütgens, J. — Ausgewählte Untersuchungen beim Außenrundschleifen unter Berücksichtigung der Schnittkräfte
Diss. TH Braunschweig, 1961

/9/ Schwartz, K.E. — Zerspanablauf und Schleifergebnis beim Außenrundschleifen
Diss. TH Aachen, 1959

/10/ Appun, J. — Einfluß des Abrichtvorgangs und der Kühlverfahren auf Verschleiß und Oberflächengüte beim Rundschleifen
Diss. TH Braunschweig, 1953

/11/ Thöing, W. — Untersuchungen über das Abrichten von Schleifscheiben mit Diamantwerkzeugen
Diss. TH Braunschweig, 1963

/12/ Frank, H. — Das Abrichten von Schleifscheiben mit Diamanten und der Einfluß auf das Schleifergebnis beim Außenrundeinstechschleifen
Diss. TH Aachen, 1963

/13/ Weinert, K. — Die zeitliche Änderung des Schleifscheibenzustandes beim Außenrundeinstechschleifen
Diss. TU Braunschweig, 1976

/14/ Völler, R. — Die Berechnung optimaler Schleifbedingungen und die Bestimmung von Schleifmaschinengrößen beim Längs- und Einstechschleifen
Jahrbuch der Schleif-, Hon-, Läpp- und Poliertechnik, 47. Ausgabe, Vulkan-Verlag, Essen, 1975, S. 77/92

/15/ Verkerk, J. — Wheelwear Controll in Grinding
Diss. TH Delft, 1976

/16/ Pattison, E.J.
Lyon, J. — The Collection of Data for the Assessment of a Grinding Wheel-Dressing Treatment
The 15th MTDR-Conf. Birmingham 1974, Paper No. 78, S. 1-7

/17/ Furuichi, R.
Nakayama, M.
Doi, T. — Influence of Dressing Conditions of Grinding Wheel on Grinding Fluid Performance in Free Infeed Plunge Grinding
Bull. of the JSME 10 (1967) 38, S. 411/17

/18/ Ott, H.W. — Kühlschmieren - Voraussetzung für kostengünstiges Schleifen und Abrichten
Vortrag im Rahmen des VDI-Seminars "Schleifen als qualitätsbestimmende Endbearbeitung" 8./9. Febr. 1982, Stuttgart

/19/ Trmal, G.
Kaliszer, H. — Delivery of Cutting Fluid in Grinding
Chartered Mechanical Engineering 23 (1976) 8, S. 95/100

/20/ Saljé, E. — Wirtschaftliche Zerspanbedingungen beim Schleifen
Werkstattstechnik und Maschinenbau 1954, Heft 10

/21/ König, W.
Vits, R.
Entwicklung eines Prüfverfahrens zur prozeßbezogenen Beurteilung von Kühlschmierstoffen für die Schleifbearbeitung
Dokumentation zum F. u. E.-Programm des BMFT, Reibung-Verschleiß-Schmierung
Bd. 4, S. 423/49, Springer Verlag

/22/ Widmann, H.
Qualitäts- und Leistungsprüfung von Diamantnadelabrichtwerkzeugen
ZwF, 71 (1976) 10, S. 437/40

A U T O R E N V E R Z E I C H N I S

Broszeit, E.; Dr.-Ing.
Institut für Werkstoffkunde, TH Darmstadt

Bodschwinna, Horst; Dr.-Ing.
Institut für Meßtechnik im Maschinenbau, Universität Hannover

Engl, Albert; Dipl.-Ing.
MAN-München

Heinz, Rudolf; Dr.-Ing.
Robert Bosch GmbH, Stuttgart

Hock, Fromund; Prof. Dr.-Ing.
Institut für Meßtechnik im Maschinenbau, Universität Hannover

Kleinlein, Erich; Dr.-Ing.
FAG Kugelfischer Georg Schäfer KGaA, Schweinfurt

Kloos, K. H.; Prof. Dr.-Ing.
Institut für Werkstoffkunde, TH Darmstadt

Kuss, Eduard; Prof. Dr. rer. nat.
Institut für Verfahrenstechnik der Universität Hannover

König, Wilfried; Prof. Dr.-Ing. Dr.h.c.
Laboratorium für Werkzeugmaschinen und Betriebslehre der RWTH Aachen

Lechner, Gisbert; Prof. Dr.-Ing.
Institut für Maschinenelemente und Gestaltungslehre, Universität Stuttgart

Paland, Ernst-Günter; Prof. Dr.-Ing.
Institut für Maschinenelemente und Konstruktionstechnik, Uni Hannover

Peeken, H.; Prof. Dr.-Ing.
Institut für Maschinenelemente, RWTH Aachen

Perger, Klaus; Dipl.-Ing.
MAN-München

Plank, Manfred; Dipl.-Ing.
Institut für Maschinenelemente und Gestaltungslehre, Universität Stuttgart

Schlar, Max; Ing.
Helmut Elges GmbH, Bielefeld

Schmidt, Uwe; Dipl.-Ing.
Institut für Maschinenelemente und Konstruktionstechnik, Uni Hannover

Schneider, Uwe; Dipl.-Ing.
Institut für Meßtechnik im Maschinenbau, Universität Hannover

Stöckl, Herbert; Dipl.-Ing.
MAN-ROLAND Augsburg

Vits, R.; Dipl.-Ing.
Laboratorium für Werkzeugmaschinen und Betriebslehre der RWTH Aachen

## DESKRIPTORENLISTE FÜR DIE BÄNDE 1-11

(Beispiel: 2(4,5) bedeutet Band 2, Bericht 4 und Bericht 5; siehe Faltblatt hinten


0 **TECHNISCHE FUNKTION DES TRIBOSYSTEMS**

01 Bewegungsübertragung, Führung 1(5,7) 2(1,2,3,4,5,6,7,8) 3(1,2,3,4,5,6,9) 4(1,3,6) 5(1,2,3,4,5,6) 6(2,3,4,5,6,7,9,10,11) 7(1,3) 8(3,4,5,6,7) 9(2,3,7) 10(2,3,4,6) 11(2,4,7,8)
02 Bewegungshemmung 1(5) 2(7) 5(3,8)
03 Kraft-, Energieübertragung 1(1,5,6,7) 2(1,2,3,5,6,7,8) 3(2,4,5,6,7) 4(5,9) 5(1,2,5,7,9) 6(1,2,4,5,7,8,9,10,11) 7(1) 8(2,3,4,5,7) 9(1,2,3) 10(1,2,4,7) 11(1,2,7)
04 Informationsübertragung 4(9)
05 Materialtransport 1(1) 2(7) 4(1,2,4,6,7) 5(3,8) 9(8,9)
06 Abdichtung 2(8) 3(8,9) 4(11) 5(9) 6(1,2,12) 8(7) 10(5)
07 Materialbearbeitung 1(3,4) 2(9) 4(4,9,12) 7(1,6) 9(4,5,6) 11(9,10)
08 Materialumformung 1(8,9,10,11) 4(2,4,9,13) 7(1,4,5,7,8,9)
09 Materialzerkleinerung 9(8)

1 **ANWENDUNGSGEBIETE**

11 **System, Maschine, Gerät, Bauteil, Produkt**

111 *Antriebstechnik*

111.1 Lagerungen, Führungen 1(1,5,7) 2(1,4,9) 3(2,3,4,5,6,7) 4(5,9,10) 6(4,5,9) 7(1,3) 8(4,6) 9(7) 10(3,4) 11(1,7)
111.11 Gleitlager 1(1,7) 2(2,9) 3(1,2,3,4,5,6,7) 5(2) 6(2,3,4,5,6,7,9) 7(1,3) 8(4) 9(7) 10(2,3,4,7) 11(7)
111.12 Wälzlager 2(1,4,5,6) 5(2) 7(3) 8(4,6) 9(7) 11(1,4,6)
111.13 Spitzenlager 5(2)
111.14 Magnetlager
111.15 Sonstige Lager 4(10) 6(2) 7(1)
111.2 Getriebe 2(5,6) 5(1) 6(1,5) 7(1) 8(2,4) 9(1,2)
111.21 Zahnradgetriebe 2(5,6) 5(1) 6(5,10,11) 7(1) 8(2,3,4,5) 9(1,2,4) 11(1)
111.22 Reibgetriebe 2(5,6) 6(10,11) 7(1) 8(4,5)
111.23 Kurvengetriebe 2(2,3,6) 4(10) 5(1) 7(1) 8(4) 11(2)
111.24 Sonstige Getriebe 4(10) 6(1) 7(1)
111.3 Kupplungen 6(8) 7(1)
111.4 Bremsen 7(1)
111.5 Dichtungen 3(8,9) 4(10) 6(1,12) 8(7) 10(5)
111.6 Dämpfungselemente 7(1)
111.7 Drahtseile 5(5)

112 *Kraft- und Arbeitsmaschinen*

112.1 Kolbenmotoren 2(2,7,8,9) 3(2,4,5) 4(3,11) 5(1,8) 6(1,2,4,5) 7(1) 8(4) 10(1,6,7)
112.2 Pumpen, Verdichter 2(7) 3(1,2,3,4,9) 4(10) 5(9) 6(2,4,5) 7(1) 8(7) 10(1,5) 11(2)
112.3 Strömungsmaschinen 1(6) 3(1,2,3,4,9) 4(5) 6(4,5) 7(1) 10(2)
112.4 Hydraulik, Pneumatik 3(4) 5(7,9) 6(5,9) 7(1) 8(7) 11(7)

112.5 Werkzeugmaschinen 3(2,3,4) 6(4,5,9) 7(1) 11(10)
112.6 Textilmaschinen 3(2,4) 4(6) 6(4,5,9) 7(1) 11(7)
112.7 Papiermaschinen 3(2,4) 6(4,5,9) 7(1) 11(2,7)
112.8 Druckmaschinen 3(2,4) 6(4,5,9,10,11) 7(1) 11(8)

113 *Feinwerktechnik*

113.1 Meßgeräte, Meßinstrumente 1(7) 4(9) 5(2) 7(1) 11(1)
113.2 Optische Geräte 5(2)
113.3 Phono-und fernsehtechnische Geräte 1(7) 5(2) 7(1,3)
113.4 Büromaschinen 1(7) 4(9) 7(1)
113.5 Datenverarbeitungsmaschinen 4(9) 7(1)
113.6 Sonstige
113.61 Uhren 1(7) 5(2)

114 *Fahrzeuge, Verkehr*

114.1 Straßenverkehr 2(3,7,9,) 3(2,4,11) 5(1,2) 6(4,5,9) 7(1) 10(7) 11(2,7)
114.2 Spurgebundener Verkehr 5(4,5) 6(5) 7(1) 11(7)
114.3 Schiffahrt 3(2,4) 4(5) 6(4,5) 7(1) 11(7)
114.4 Luftfahrt 1(6) 3(2,4) 4(5) 5(1,2) 6(4,9) 7(1) 8(7) 11(7)
114.5 Raumfahrt, Raketentechnik 3(2) 5(2) 6(4,9) 11(7)

115 *Elektrotechnik*

115.1 Elektromotoren, Generatoren 3(2,3,8) 5(2) 6(5) 10(2)
115.2 Elektrische Kontakte, Schalter 7(1,3)
115.3 Elektroden

116 *Grundstoffindustrien, Nahrungsmittel, Energie*

116.1 Aufbereitungstechnik 1(2) 3(3) 4(1,2,4,7) 6(5,9) 7(1) 9(8,9)
116.2 Bergbau, Tiefbohren 1(1,2) 6(5,9) 7(1) 8(7) 9(8,9) 11(7)
116.3 Bau, Steine, Erden 1(1,2) 6(5,9) 7(1) 8(7) 9(8,9) 11(7)
116.4 Land- und Forsttechnik 1(2) 4(3) 6(9) 7(1) 8(7) 11(7)
116.5 Meerestechnik 1(2) 6(9) 7(1)
116.6 Hüttenwesen 1(1,2,8) 3(3) 4(1) 5(3,5) 6(5,7,8,9) 7(1,9) 8(7)
116.7 Fördertechnik, Lagertechnik 1(1,2) 3(3) 4(6) 5(4,5) 6(5,9) 7(1) 11(7) 8(7) 9(9)
116.8 Gas- und Wasserversorgung 4(6) 6(5,9)
116.9 Kraftwerkstechnik 1(2) 3(3,8,9) 6(5,9) 10(2) 11(7)

117 *Kunststofftechnik* 4(2)

## 12 Fertigungsverfahren, Werkzeuge

121 *Urformen*

121.1 Gießen 1(2)
121.2 Extrudieren 1(2) 4(2,4) 6(5) 7(1)
121.3 Pulvermetallurgie, Sintern

122 *Umformen*

122.1 Schmieden, Stauchen, Pressen 1(9,11) 4(13) 7(1,5,7)
122.2 Walzen 1(2) 5(3) 6(5,7,8) 7(4)

2

122.3 Ziehen 1(8,9) 4(10) 7(1,5,8,9) 9(6)
122.4 Tiefziehen 1(4,10) 7(1)
122.5 Biegen, Drücken 7(1)

123 *Fügen, Beschichten*

123.1 Schrauben, Nieten
123.2 Klemmen, Einpressen 1(6)
123.3 Schweißen 1(2) 9(3)
123.4 Beschichten 1(2,4) 4(5,9,11) 7(2) 9(3,4,5)

124 *Trennen*

124.1 Schneiden, Sägen 7(1,6)
124.2 Drehen, Fräsen, Feilen 1(3,4) 4(10) 7(1) 9(4,6)
124.3 Schleifen, Läppen, Polieren 4(12) 11(9,10)
124.4 Flüssigkeitsstrahlschneiden

125 *Oberflächenbearbeitung*

(Strahlen, Bürsten, Glattwalzen) 4(5,9) 9(5)

## 2 BEANSPRUCHUNGSFALL

### 21 Kontakt-, Bewegungsart

211 *Kontaktform*

211.1 Konformer Kontakt 1(1,5,6,10,11) 2(5,8,9) 3(1,2,3,4,5,7) 4(5,10,12) 5(1,3,5,7) 6(4,6,7,8,9,12) 7(1,4,6,9) 8(1) 9(3) 11(6,7)
211.2 Kontraformer Kontakt 1(1,7) 2(1,3,4,6,9) 4(1,10) 5(1,3) 6(2) 7(1) 8(1,2,3,4,5) 9(1,3,8,9) 11(1,2,9)

212 *Bewegungsart*

212.1 Normal-, Haftkontakt 1(1,6) 3(9) 4(11,13) 5(5) 6(2,10,11) 8(2)
212.2 Gleiten 1(1,2,4,5,6,7,8,11) 2(2,4,5,6,7,8,9) 3(1,2,3,4,5,7,9) 4(2,3,4,7,10,12,13) 5(1,2,3,5,7,9) 6(1,2,3,4,5,6,7,8,9,11,12) 7(1,2,3,5,6,7,8,9) 8(1,2,4,5,7) 9(1,3,6,7,8,9) 10(1,2,3,4,5,6,7) 11(1,7,8,9,10)
212.3 Wälzen 2(1,2,3,4,5,6) 5(1,3,4,6) 6(10,11) 7(1,3,4) 8(1,2,3,4,5,6) 9(1,2,4,8,9) 11(1,2,4,6,8)
212.4 Stoßen, Prallen 1(1,2,5) 4(1,10) 6(2) 8(4) 9(3,8) 11(7)
212.5 Strömen 2(7) 3(8,9) 4(2) 5(8) 6(3) 7(9) 8(7) 9(3,9) 10(2)
212.6 Strahlen

### 22 Betriebsparameter

221 *Bewegungsablauf*

221.1 kontinuierlich 1(2,4,7,8) 2(1,4,6,7,9) 3(1,2,3,4,7,9) 4(3,10,12,13) 5(1,4,6,9) 6(2,3,4,6,9) 7(3,8) 8(1,2,4,5,6) 9(3,5,6,8) 10(2,3,5) 11(1,2,6,10)
221.2 intermittierend, repetierend 1(1,2) 2(2,8,9) 3(5) 4(1,7) 5(3,5,9) 6(9) 7(6) 8(4) 9(2,4,5,6,8,9) 10(7) 11(7,9)

221.3 oszillierend, schwingend 1(5,6,7) 2(7,9) 3(6,9) 4(1,5,9) 5(2,7,9) 6(2,5,7,8,9,10,12) 7(3) 8(7) 9(7,9) 10(1,4,7) 11(7,8)
222 Normalkraft 9(2,7,8,9)
223 Flächenpressung 9(2,3,8,9) 10(2,3)
224 Geschwindigkeit 9(2,3,5,8,9) 10(2,3)
225 Temperatur 9(2,3,5,6,7,9) 10(3,4) 11(3)
226 Beanspruchungsdauer 9(2,5,8) 10(3,4)
227 Sonstige 9(7,8)

# 3 SYSTEMSTRUKTUR

## 31 Stoffliche Eigenschaften und Stoffparameter

### 311 *Stoffpaarung Grund-/Gegenkörper*

311.01 fest/fest 1(1,4,6,11) 2(1,2,4,9) 3(9) 4(1,2,6) 5(1,3,5,7,9) 6(1,8) 7(3,4) 9(2,3,8,9) 10(6) 11(1)
311.11 Metall/...
311.111 Metall/Metall 1(1,3,5,6,8,9,10,11) 2(1,2,3,4,5,6,8,9) 3(3,5) 4(2,3,5,6,10,11,13) 5(1,2,3,4,5,6,7) 6(2,6,7,8,9,10,11) 7(1,2,4,5,6,7,8,9) 8(1,2,3,4,5,6) 9(1,2,4,5,7,8) 10(1,3) 11(1,4,6,7)
311.112 Metall/Mineral 1(1,2,9) 4(2,4,5,6,10,12) 7(2) 8(1) 9(5,8) 11(9)
311.113 Metall/Polymer 1(5,7) 3(9) 4(2,4,6) 5(2,9) 6(7,9,11,12) 8(7)
311.114 Metall/Verbundwerkstoff 1(3,4,5) 3(1,7) 4(2,4,6) 5(9) 6(1,9) 7(8) 9(3,5,6)
311.12 Mineral/...
311.121 Mineral/Mineral 11(10)
311.122 Mineral/Polymer 5(9)
311.123 Mineral/Verbundwerkstoff 4(7) 9(3,8)
311.13 Polymer/...
311.131 Polymer/Polymer 1(7) 5(2)
311.132 Polymer/Verbundwerkstoff
311.14 Verbundwerkstoff/... 10(7)
311.141 Verbundwerkstoff/Verbundwerkstoff 9(3)
311.2 fest/fluid 2(7,9) 3(2,4,9) 4(2,6) 6(2,3,4,9,12) 8(7) 10(2,5,7)

### 312 *Stoffart von Grundkörper, Gegenkörper, Zwischenstoff, Umgebungsmedium*

312.1 Metalle und Halbmetalle 2(7)
312.11 Stahl, Eisen (vgl. 312.42) 1(1,2,3,4,5,7,8,9,10,11) 2(1,2,3,4,5,6,7,8,9) 3(1,2,3,4,5,7,8,9) 4(1,2,3,4,6,7,9,10,11,12,13) 5(1,2,3,4,5,6,7,8,9) 6(2,4,7,8,9,10,11) 7(1,2,3,4,5,6,7,8,9) 8(1,3,4,5,6,7) 9(1,2,4,5,7,8,9) 10(1,2,3,6,7) 11(1,2,6,7,8,9)
312.12 Leichtmetalle 2(9) 3(2,4,7) 6(2,4,6) 7(4)
312.121 Aluminium + Legierungen 2(8,9) 3(2,4,7) 5(2,9) 6(2,4,6) 9(5) 10(1,4,7)
312.122 Titan + Legierungen 1(6) 4(5) 9(5)
312.13 Schwermetalle 2(9) 3(7) 6(6) 7(4) 10(6)
312.131 Blei/Zinn + Legierungen 2(9) 3(2,3,4,6,7,8) 6(4,5,6) 10(2,3,4,7)
312.132 Kupfer + Legierungen 2(9) 3(3,7) 5(2,9) 6(6,7,8,9) 10(7) 11(6)
312.133 Nickel + Legierungen 1(6) 4(5) 5(2,9)
312.134 Kobalt + Legierungen 1(2,6) 4(3,11)
312.135 Edelmetalle 2(8) 5(2)

4

| | |
|---|---|
| 312.2 | Minerale, keramische Stoffe |
| 312.21 | Minerale 1(1,2) 4(1,2,4,5,7,12) 8(1) 9(3,8,9) 11(9,10) |
| 312.22 | Glas 4(2) |
| 312.23 | Keramische Stoffe 1(6,9) 3(9) 4(2,10,12) 5(9) 7(3) 9(5) 10(5) 11(9,10) |
| 312.24 | Gestein 1(1) 9(8) |
| 312.25 | Beton |
| 312.26 | Schlacke, Asche 9(9) |
| 312.3 | Organische Stoffe, Polymere |
| 312.31 | Einfache organische Stoffe 1(11) |
| 312.32 | Polymere 1(1,5,7) 4(4) 5(2,9) 6(7,9,12) 8(7) |
| 312.321 | Kunststoffe, Gummi 3(9) 4(2,4) 5(2,5,9) 6(7,11,12) 8(7) |
| 312.322 | Pharmazeutische Stoffe, Kosmetika |
| 312.323 | Biologische Stoffe |
| 312.324 | Papier, Pappe 6(11) |
| 312.325 | Holz (vgl. 312.45) |
| 312.326 | Leder |
| 312.4 | Verbundwerkstoffe 3(1) |
| 312.41 | Verstärkte Kunststoffe 1(5) 3(9) 4(2,4) 5(2,9) 6(9) 11(6) |
| 312.42 | Verstärkte Metalle 1(1) 4(6) 6(1) 8(7) |
| 312.43 | Cermets, Hartmetalle 1(1,3,4) 3(9) 4(2,11) 6(1) 7(8) 9(3,5,6,7,8) |
| 312.44 | Schichtwerkstoffe 1(3,6) 3(7) 4(2,9,11) 5(9) 7(3) 9(3,4,5,6) |
| 312.45 | Holzwerkstoffe |
| 312.5 | Faser-und Textilstoffe 4(6) |
| 312.6 | Körnige und stückige Stoffe 4(2,4,7) 9(8) |
| 312.7 | Flüssigkeiten, Fette, flüssige Mehrphasensysteme 1(10) 2(2,4,5) 4(12) 5(1,5) 6(1,7,9) 7(1) 8(4,6) 10(5) 11(7,9) |
| 312.71 | Anorganische Flüssigkeiten 4(12) 10(5) |
| 312.711 | Wasser, Elektrolyt 1(11) 3(1,9) 4(7,12) 5(3,9) 6(9,11) 10(5) 11(9) |
| 312.712 | Metallschmelze |
| 312.713 | Salzschmelze |
| 312.714 | Flüssiggas 10(5) |
| 312.715 | Silikonöl 5(2) 10(5) |
| 312.72 | Organische Flüssigkeiten 1(5) 2(5,6,9) 4(12) 5(2) 6(1) 7(1) 8(4) 10(5) 11(9) |
| 312.721 | Organische Lösungsmittel 1(5) 6(9) 10(5) |
| 312.722 | Mineralöle 1(9,11) 2(1,2,3,4,7,8,9) 3(3,7,8) 4(12) 5(1,2,5,7,8,9) 6(1,2,6,7,8,9,12) 7(1,4,8) 8(1,2,3,4,5,6,7) 10(1,2,3,5,6,7) 11(1,2,6,9, 10) |
| 312.723 | Synthetische Öle 1(9) 2(5,6,7) 4(12) 5(2,9) 6(9,12) 7(4,5) 8(3,5) 10(5) 11(4) |
| 312.724 | Tierische und pflanzliche Öle 4(12) 7(4,8) 10(5) 11(9) |
| 312.725 | Polymerschmelzen 4(2) |
| 312.726 | Polymerlösungen 1(9) 2(7) 7(5) 10(5) |
| 312.73 | Additive 1(11) 2(3,4,8,9) 4(2,3,12) 5(2) 6(2,6,7,8,9) 7(5,8) 8(7) 10(5,6,7) 11(6,9,10) |
| 312.74 | Suspension 1(11) 4(13) 6(9) 7(7) 10(5) 11(7) |
| 312.75 | Emulsionen 4(12) 6(9) 7(4,8) 10(5) 11(4,9,10) |
| 312.76 | Fette 1(5) 2(4) 5(2,5) 6(7,8,9) 10(5) 11(6,7) |
| 312.77 | Seifen 1(8) 2(4) 5(2) 6(9) 7(7,8,9) 10(5) 11(9) |

312.78 Pasten, Kolloide 4(13) 5(2) 6(9) 10(5)
312.79 Sonstige
312.791 Öl Aerosol 2(2)
312.792 Festschmierstoffe 7(5,7)

312.8 Gase
312.81 Luft 1(1,2,3,5,6,7,9,11) 2(3,4,5) 3(3,7,8) 4(1,2,4,5,6,9,12) 5(1,3,9) 6(9,11) 7(3,5,7) 8(1,5) 9(3,5,7,8) 10(3,6) 11(1,6,7,9,10)
312.82 Wasserdampf 1(1) 5(3,9) 6(9) 7(3) 11(9)
312.83 Sauerstoff 1(1) 4(6)
312.84 Inertgas 4(6) 6(1) 7(3) 10(6)
312.85 Vakuum 5(9) 7(3) 8(1) 9(5)
312.86 Weltraumatmosphäre
312.87 Sonstige
312.871 CO, CO(2), N(2), CHs 1(1)
312.872 Wasserstoff 3(8)

312.9 Verunreinigungen/Schmutz 2(8,9) 3(9) 5(3,5,6,9) 6(7,8,9,11) 10(5,6,7) 11(9)

313 *Stoffparameter*

313.1 Werkstoffabhängige Einflüsse
313.11 Zusammensetzung 1(1,2,3,4,5,6,10) 2(4) 3(7) 4(1,2,3,4,5,9,10,11,12,13) 5(1,3,5) 6(5,6,7,8,10) 7(1,2,3,4,6,8,9) 9(3,4,5,6,7,8,9) 10(5.6) 11(9)
313.12 Gefüge, Struktur 1(1,2,3,4,7,9) 2(6) 4(1,3,5,9,10,11,12,13) 5(1,3,5) 6(10) 7(1) 8(1,7) 9(1,2,3,4,5,6,7,8) 10(4,5,6) 11(9,10)
313.13 Physikalische Stoffdaten 1(1,2,3,4,5,8) 2(3,4) 3(3,6,7) 4(1,2,3,13) 5(4) 6(7,10) 7(6) 8(5) 9(3,5) 10(4,5) 11(3,6,9)
313.14 Festigkeitsdaten/Härte 1(1,2,3,4,9) 4(1,3,4,5,9,10,11,12,13) 5(1,2,3,4,5,7) 6(5,7,8,9,10) 7(1,2,3,4,5,6,8) 8(1,5,7) 9(1,2,3,5,6,7,8,9) 10(4,5,6) 11(9)
313.15 Eigenspannungen 1(4,6) 4(9) 5(2) 6(2) 9(2,3,6) 10(6) 11(2)
313.16 Verträglichkeit 1(6) 4(5,10,11) 5(2) 8(7) 10(6)
313.17 Haftung: Beschichtung/Konzentrat 9(3)

313.2 Oberflächenabhängige Einflüsse
313.21 Oberflächenenergie 5(2) 10(6)
313.22 Mechanische Oberflächenbearbeitung 1(6) 2(1) 4(5) 6(2,8,10) 7(1,6) 8(1,2,3,5,7) 9(4,5) 10(5,6) 11(1)
313.23 Wärmebehandlung/Härten 1(2) 3(9) 4(3,4,10,12) 5(6,7) 6(9,10) 7(1) 8(1,7) 9(1,2,5,8,9) 10(6) 11(1,9)
313.24 Elektropolieren
313.25 Oberflächenreinigung 7(4) 8(1) 9(4) 10(6)
313.26 Sonstige
313.261 Verfestigen durch Strahlen 1(6) 4(5)
313.262 Verarbeitungsbedingungen/Härte 1(7)

313.3 Adsorbierte Schichten 2(8) 5(2) 7(3) 11(9)

313.4 Oberflächenüberzüge
313.41 Anorganische überzüge 1(3) 8(5)
313.411 Galvanische überzüge, stromlose Abscheidungen 1(6) 3(9) 4(8,9,10) 5(9)
313.412 Schmelztauchüberzüge

313.413 Gasphasenabscheidung, PVD, CVD 1(1,3,4,6) 4(8,9,10) 7(3) 8(2,5) 9(4,5,6)
313.414 Schweiß-, Guß-, Spritz- und Sinterüberzüge 1(1,2) 3(9) 4(1,5,11) 5(3,9) 9(3)
313.415 Walzüberzüge (Plattierung)
313.416 Glasuren, Emails
313.417 Thermochemische Schichten 1(6) 4(2,4,5,6,7,8,9,10) 5(9) 7(1,2)
313.418 Chemische überzüge (Oxid-, Phosphatschichten) 6(9) 11(7,9)
313.42 Organische überzüge 5(2)
313.421 Farben, Anstriche
313.422 Gleitlacke 5(9) 6(9) 11(7)
313.5 Implantation 9(7)

## 32 Formparameter

*321 Konstruktive Gestaltung*

321.1 Geometrie (Maßstab, Eingriff, Toleranzen) 1(5,7,11) 3(1,2,3,4,8,9) 4(3,9,11,12) 5(1,5,7,9) 6(1,2,3,4,10,12) 7(5,6) 8(1,4,7) 10(5,6) 11(7,8)
321.2 Konstruktion 1(11) 2(7,9) 3(2,3,4,8) 5(3,5,8,9) 6(2,3,4,8,9,10) 8(4,7) 10(1,5,6)
321.3 Einbau-, Montagefehler 3(2,4) 6(4,8,10)
321.4 Thermische Ausdehnung 3(4,8) 6(3,7,8) 10(5)

322 *Oberflächenrauheit, Welligkeit* 10(5,6) 1(7,10) 2(1) 3(1,7,9) 4(5,10) 6(3,7,8,9,10,12) 7(1) 8(1,5,7) 9(4,6) 11(1,7)

# 4 TRIBOLOGISCHE PROBLEMSTELLUNG

## 41 Oberflächen und Kontakte

*411 Oberflächenzustand*

411.1 Oberflächenmorphologie 1(4,11) 2(1) 3(7) 4(4,5,11) 5(7,9) 6(1) 7(1,4) 8(1) 9(4,6,8) 10(4) 11(1)
411.2 Oberflächenstruktur, Randgefüge, Kontaktzone 1(1,4,6,7,10) 2(1) 4(4,9,11,12,13) 5(1,3) 6(3,10) 7(1) 8(5,7) 9(2,5,8) 10(4,6) 11(10)
411.3 Oberflächenzusammensetzung 1(2,4) 3(9) 4(4,11) 6(2) 7(1) 9(3,5,7)
411.4 Grenzflächenreaktion 2(8) 4(11,12) 5(1,2,3) 6(6,10) 7(1,4) 9(5,6) 11(6)

*412 Kontaktbildung*

412.1 Kontaktmechanik, -elastizität 1(6) 3(1,4,5,7) 5(1,7,9) 6(10,11,12) 7(4) 8(4) 11(1,8)
412.2 Wärmeübergang 1(9) 2(8) 3(4) 4(13) 6(3) 7(4,5) 8(3,4)
412.3 Bindungscharakter, Adhäsion 1(9,10) 4(11) 6(9) 9(4,5)

*413 Meßgrößen*

413.1 Grenzflächenspannung, -energie 1(4) 5(2)
413.2 Rauheit 1(6,7,10) 2(1,2,9) 3(1,9) 4(4,5,10,11,12,13) 5(7) 6(7,8) 7(1) 8(1,3,7) 9(4,8) 10(5,6) 11(1,2,7,8)

413.3 Kontaktfläche 4(5,13) 8(2,7)
413.4 Kontaktkräfte, -spannungen 1(6,9,11) 2(3) 3(7) 4(5,12,13) 5(9) 6(2,12) 7(4,5) 8(2,4) 9(8) 11(10)
413.5 Kontaktpotential, elektrischer Kontaktwiderstand 5(1) 7(3) 10(1)

## 42 Reibung und Energieverlust

421 *Reibungsarten* (vgl. 441)

421.1 Ruhereibung 3(9) 6(2) 8(6) 11(7)
421.2 Gleitreibung 1(1,4,7,8,9,10) 2(2,4,6,7,8,9) 3(1,2,3,4,5,7,9) 4(3,7,10,11,13) 5(1,2,5,7,9) 6(2,3,4,6,7,8,9,11,12) 7(1,3,4,5,8,9) 8(2,4,7) 9(3,6,7,8) 10(1,2,5,6,7) 11(1,7,9)
421.3 Wälz- und Rollreibung, Traktion 1(1) 2(1,4,5,6) 4(13) 5(1,4,6) 6(10,11) 7(1,4) 8(2,3,4,5,6) 9(1,4,8) 11(1,6,8)
421.4 Bohrreibung 9(8)
421.5 Reibschwingungen 1(6) 4(5) 5(2) 6(9,10,11) 11(8)

422 *Reibungs- und Energieverlustmechanismen*

422.1 Mechanische, akustische Prozesse 1(1,7,9) 3(7) 4(3,5) 5(1,5,7,9) 6(2,12) 7(1,4,5,9) 8(4) 9(4,8) 10(1) 11(9)
422.2 Thermische Prozesse 1(1) 2(8) 3(3,9) 5(1,2) 6(9) 7(1,9) 8(5) 9(5)
422.3 Elektrische und optische Prozesse

423 *Meßgrößen*

423.1 Bewegungsablauf 1(1,6) 2(1,2) 3(3) 4(3,5,13) 5(5,9) 6(2,7,8,10,12) 8(4,7) 11(1,4)
423.2 Reibungskraft, -energie u.ä. 1(1,5,6,7,8,9,10,11) 2(1,2,4,5,6) 3(3,7,8,9) 4(5,10,13) 5(1,2,7,9) 6(2,6,7,8,9,10,12) 7(1,3,4,5,8,9) 8(2,3,4,5,6,7) 9(3,7,8) 10(1,5) 11(1,4,6,7,9,10)
423.3 Stick-Slip-Größen 3(9) 5(2) 6(10,11) 7(3) 8(7)
423.4 Temperatur 1(1,9,11) 2(1,4,7,8) 3(3,7,8) 4(3,13) 5(1,2,5,7,8,9) 6(2,6,8,9,12) 7(1,5,9) 8(2,3,4,5,6,7) 10(2,5) 11(1,4,6,7,9,10)
423.5 Temperaturstrahlung
423.6 Schmierfilmhöhe 2(1)
423.7 Verschleiß 9(3)
423.8 Konzentration der Verschleißpartikel 5(1)

## 43 Verschleiß- und Materialabtrag

431 *Verschleiß- und Materialabtragungsarten*

431.1 Gleitverschleiß 1(1,2,4,7,9,10,11) 2(2,4,8,9) 3(7,9) 4(2,3,4,7,10,11,12,13) 5(1,2,5,7,9) 6(1,6,7,8,9,12) 7(1,3,4,5,6,7) 8(1,5,7) 9(1,2,3,4,5,6,7,9) 10(5,6,7) 11(1,6,7,9)
431.2 Rollverschleiß 1(1,2) 2(4) 4(13) 5(1,3,4,6) 6(10,11) 7(1,4) 8(1,6) 9(1) 11(1,2,6,8)
431.31 Prallverschleiß 1(1,2) 9(8)
431.32 Stoßverschleiß 1(1,2) 4(1,10,12) 5(9) 6(9,11) 9(1,3,8) 11(9)
431.4 Schwingungsverschleiß 1(5,6) 4(5,12) 6(9,10,11) 10(4) 11(8)
431.51 Furchungsverschleiß 1(1,2,11) 4(2,4,10,11,13) 5(3,9) 6(9) 7(1) 8(1) 9(3,4,5,8) 10(6)
431.52 Korngleitverschleiß 1(1,2) 2(9) 4(2,4,12) 5(5) 6(7,8,9) 9(3,8,9) 10(7)
431.53 Kornwälzverschleiß 1(2) 9(3,8)

431.6 Strömungsverschleiß 3(6) 4(2) 6(12) 8(7) 9(3,9)

431.7 Strahlverschleiß

431.81 Kavitationserosion, Tropfenschlag 6(12)

431.82 Elektroerosion 3(9)

431.9 Ablation

432 *Verschleiß- und Abtragungsmechanismen*

432.1 Oberflächenverformung 1(2,4,11) 4(3,13) 5(1,3) 6(7,10,11) 7(4,7,8) 8(7) 9(3,8,9)

432.2 Abrasion 1(1,2,3,6,11) 2(4,9) 3(7) 4(1,2,3,4,5,6,10,11,12,13) 5(1,3,4,5,7,9) 6(1,7,8,9,10) 7(1,2,4,6,7) 8(1) 9(3,4,5,6,8,9) 10(1,6,7) 11(6,8,9,10)

432.3 Oberflächenzerrüttung 1(1,9,11) 3(9) 4(3,10,11,13) 5(1,9) 6(7,9,11) 7(1) 8(1,5) 9(3,8) 11(10)

432.4 Adhäsion 1(6,7,9,11) 2(9) 3(7) 4(2,3,6,10,11,13) 5(1,9) 6(7,8,9,10) 7(1,2,3,5) 8(1) 9(3,5,7,9) 10(7) 11(6)

432.5 Tribochemische Reaktion 1(6,11) 2(4,8) 4(1,4,5,6,11,13) 5(1,2,3) 6(6,8,9,10,11) 8(1) 9(3,5) 10(6,7) 11(6)

433 *Verschleißerscheinungsformen*
2(9) 4(5) 5(3,9) 7(6) 9(3,8)

434 *Einlaufvorgänge*
1(7) 2(1,2,9) 4(3,11) 5(1,3) 6(2,7,8,9,10,12) 7(1) 8(1,3,7) 9(8) 10(6) 11(1,6)

435 *Meßgrößen*

435.1 Formänderung, Ritzwiderstand 3(6) 6(2,11,12) 7(3,4,7,8) 9(5,8) 10(1,4) 11(9)

435.2 Materialabtrag 1(1,3,4,7) 2(2,4,9) 3(9) 4(1,2,3,4,10,11,12,13) 5(1,2,3,4,5,7,9) 6(6,7,8,9,10,11) 7(1,2,6,7) 8(1,6,7) 9(2,3,4,5,6,8,9) 10(1,6,7) 11(1,6,7,9)

435.3 Lebensdauer, Tragfähigkeit 1(1,6,11) 2(9) 3(1,6,7,9) 4(1,3,9,11) 5(2,3,5,9) 6(8,10,11) 7(3) 8(1,3,5,6,7) 9(1,2,4,8) 10(4) 11(3,6,7,9)

435.4 Reaktionsschichtbildung 1(6) 2(4) 4(3,11) 5(1,2,3) 6(6,9,10) 7(1)

435.5 Verschleißpartikel 1(2,6) 2(9) 4(3,5,11) 5(1,2) 6(1,7,8,9) 7(1) 8(7)

## 44 Schmierung und Schmierstoffeigenschaften

441 *Schmierungszustände*

441.1 Festkörperreibung 1(4,5,7,11) 3(9) 4(5,10,12) 5(9) 6(1,10,11,12) 7(6) 8(1,6) 9(3,4,5,7,8) 10(6) 11(7,8,9,10)

441.2 Grenzreibung 1(6,9,10,11) 2(4) 3(1) 4(3,13) 5(1,2,7) 6(1,2,10) 7(5,6,9) 8(1) 11(6,7,9)

441.3 Mischreibung 1(5,8,9) 2(2,3,4,8,9) 3(1,7) 4(3,10,11) 5(1,2,5,7,9) 6(1,2,6,7,8,9,10,12) 7(1,4,5,6,8,9) 8(1,5) 10(1,6,7) 11(1,6,7,9,10)

441.4 Vollschmierung hydrodynamisch 2(2,7,8,9) 3(1,2,3,4,5,8,9) 4(11) 6(1,2,4,12) 7(1) 8(4) 10(1,2,3,5,6,7) 11(1,3,6)

441.5 Vollschmierung EHD 2(1,2,3,4,6) 3(1,5,8) 6(1,3) 8(2,3,4,5) 10(5) 11(1,3,4,6)

441.6 Vollschmierung hydrostatisch 3(8,9) 10(3)
441.7 Vollschmierung Gasschmierung
441.8 Mangelschmierung 11(4)
441.9 Sonstige
441.81 Aerosol-Schmierung 2(2)

442 *Schmierungsarten*

442.1 Ölschmierung 1(9,10) 2(1,2,3,4,6,7,8,9) 3(2,3,4,5,8) 4(3,10,11) 5(1,2,5,7,8,9) 6(1,2,3,4,6,7,8,12) 7(1,4,5,6,7) 8(1,2,3,4,5,7) 9(1,4) 10(1,2,3,6,7) 11(1,4,6,9,10)
442.2 Fettschmierung 2(4) 5(2,5) 6(7,8,9) 11(4,6,7)
442.3 Feststoffschmierung 1(4,8,9,11,13) 5(9) 6(9) 7(5,6,7,9) 11(7,9)

443 *Schmierungstechnik*

443.1 Schmierverfahren 2(7,9) 6(1) 8(3,4) 10(1) 11(7)
443.11 Umlaufschmierung 2(1,4,6,7,8,9) 3(3,8) 5(1,7,8) 6(1,12) 7(1,4) 8(2,5) 10(2,3,6,7) 11(1,6,9,10)
443.12 Verlustschmierung 1(10) 2(1,7) 4(3) 5(5,9) 6(7,8,9) 7(9) 8(4,6) 10(1,6) 11(7)
443.13 Dauerschmierung 2(4,7) 4(10) 6(6) 8(7) 9(1)
443.2 Schmiersystem-Vorrichtung 10(1)
443.3 Schmierstoffverbrauch 2(9) 3(8) 4(3) 6(1,8,9) 8(7) 10(7)
443.4 Schmierstoffpflege 2(9) 7(4) 8(7) 10(7)
443.5 Sonstige
443.51 Werkzeugbesprühung 1(11)

444 *Schmierstoffeigenschaften*

444.1 Physikalische Eigenschaften 2(4,8,9) 4(13) 5(2) 6(7,8) 7(4,8) 8(2,3,4,7) 10(7) 11(3,10)
444.2 Mechanische Eigenschaften (E-Modul, Schermodul, Kompressibilität) 2(6,7) 7(5) 8(2,3)
444.3 Rheologische Eigenschaften (Viskosität, Pumpfähigkeit, Konsistenz) 1(8,10) 2(2,4,5,7,8,9) 4(3,12) 5(1,2,7,8) 6(7,8,12) 7(4,5,8,9) 8(2,3,4,5,6,7) 10(7) 11(3,4,6,10)
444.4 Grenzflächen-Eigenschaften 2(4) 4(3,12) 5(2) 7(8) 11(6)
444.5 Thermische Eigenschaften 4(12) 5(2) 7(5,8) 8(4)
444.6 Physikalisch-chemische Eigenschaften (Struktur, Löslichkeit, Wasserabscheidevermögen, Emulgierbarkeit, Schaumneigung u.ä.) 2(8,9) 4(12) 5(2) 6(8) 7(4,8)
444.7 Chemische Eigenschaften (Flammpunkt, Oxidationsstabilität, Scherstabilität, Korrosionseigenschaften, chemische Zusammensetzung u.ä.) 1(10) 2(5,7,8,9) 4(3) 5(2) 6(6,8,9) 7(8) 9(5) 10(7)
444.8 Elektrische und optische Eigenschaften
444.9 Anwendungsbezogene Eigenschaften (Geruch, Toxizität, bakteriologische Stabilität, Schmiereigenschaften, Verschleißschutzverhalten) 1(9) 2(4,8,9) 4(3,12,13) 5(2,5) 6(7,8) 7(4,5,7,8) 8(5) 9(5) 11(7,9)

## 5 UNTERSUCHUNGSVERFAHREN

### 51 Charakter der Untersuchung

511 *Tribologische Untersuchung*

511.1 Modellprüfung 1(2,5,6,7,8,9) 2(1,4,5,6,7) 3(7) 4(3,4,6,10) 5(1,2,3,9) 6(2,3,6,7,10,11) 7(1,2,5,6,9) 8(1,2,3,4,5) 9(1,2,3,4,5,7,8) 10(2,5) 11(1,6,8)

511.2 Praxisnahe Laborprüfung 1(1,2,3,8,10,11) 2(1,2,3,4,6,7,8,9) 3(1,3,7,8,9) 4(2,3,4,5,9,12,13) 5(1,2,4,5,6,7,8,9) 6(2,9,11,12) 7(1,3,4,6,7,8,9) 8(3,4,6,7) 9(1,2,4,5,6,8,9) 10(1,3,5) 11(1,3,4,7,9)

511.3 Feldversuch, praktischer Einsatz 1(1,2,3) 2(8,9) 3(9) 4(1,2,3,7,11,12) 5(1,3,5,6) 6(1,8,11) 7(4) 8(7) 9(4,6) 10(5,6,7) 11(8,9,10)

512 *Nicht-tribologische Werkstoff- und Schmierstoffuntersuchung* 1(3,4) 3(6) 4(2,9) 5(5) 6(5,8) 7(8) 10(4,6)

## 52 Art des Untersuchungsverfahrens

521 Mechanisch-physikalische Prüfung (Rheometrie, Teilchenmessung, Schwingungsmessung) 1(1,4,6,7,8,9) 2(1,2,4,6,7,9) 3(1,3,6,7) 4(1,2,4,5,6,9,10,13) 5(1,5,9) 6(1,5,7,8,9,10,11,12) 7(4,5,6,7,9) 9(1,8) 10(3,4,6,7) 11(1,8,9)

522 Physikalisch-chemische Prüfung 1(1,2) 2(8,9) 4(3,11) 5(5) 6(8) 7(4) 8(5,7) 10(7) 11(6)

523 Chemische Analyse (einschließlich spektroskopischer Verfahren, Mikroanalyse) 1(1,2,3,4,11) 2(9) 3(6) 4(1,3,8,11) 5(1,2,5) 6(6,8) 8(7) 9(3,5,6) 10(7)

524 Akustische Verfahren 1(6) 4(9) 5(1)

525 Thermische Verfahren 2(8) 8(7)

526 Elektrische und magnetische Verfahren 5(1,7) 7(1,3) 8(3,4,5) 10(1,3)

527 Optische Verfahren (visuelle Prüfung, photographische, mikroskopische und holographische Verfahren, Ellipsometrie) 1(3,4,6,7,10,11) 3(6) 4(1,2,3,4,6,7) 5(1,2,3,6,7,9) 6(7,8) 7(1,3) 8(1,7) 9(2,3,4,5,6,8) 10(2,6) 11(7)

528 Durchstrahlungsverfahren (Röntgen-, Gamma-, Neutronen-, Radiographie) 1(3,4) 4(9) 6(7) 9(2,5,6)

529 Radioisotopverfahren 4(2) 5(1) 6(1) 7(1) 8(6) 10(6)

530 Gravimetrische Verschleißbestimmung 9(3)

# 6 INTERESSENHINTERGRUND

## 61 Entwicklungsgeschichte

611 Historische Entwicklung 5(5) 8(6)

612 Stand der Forschung 1(10) 2(1,3,7,8) 3(1,5) 4(3,6) 5(5,8) 6(2,5,6,8,9,11) 7(6) 8(2,4,6) 10(1) 11(1)

613 Neuentwicklungen 1(1,2,3,4,6,11) 2(3,6,7,8,9) 3(2,4,9) 4(4,6,7,9,11,12) 5(2,9) 6(4,9) 7(1,4) 8(2,7) 9(1,3,4,5,6,8) 10(1,5,6) 11(1)

614 Forschungsstelle, Forscher 1(8,11) 2(5,7) 3(1,3) 4(1,4,9,10,12) 5(3,7) 6(2,5) 7(4) 9(5)

## 62 Terminologie, Dokumentation, Normung

6(9) 8(7)

## 63 Ausbildung, Lehre

6(2)

## 64 Systemgrundlage

641 Werkstoffe 1(1,2,3,4,5,7,9,11) 3(6,7) 4(1,2,3,4,9,10,11) 5(1,3,5,7,9) 6(5,6,7,8,9,11) 7(2,3,5,6,7) 8(1,7) 9(1,2,3,5,6,7,8,9) 10(4,5,6)
642 Schmierstoffe 1(5,9,10) 2(2,4,5,6,7,8,9) 4(3) 5(1,2,5,8) 6(2,6,7,8,9) 7(3,4,5,6,7,8,9) 8(2,3,5,7) 10(7) 11(3,6,7)
643 Berechnung 1(1) 2(1,2,3,7) 3(1,2,3,4,5,8,9) 4(1) 5(5,9) 6(2,4,9) 7(6) 8(2,3,4,7) 10(1,2,3,5) 11(1,3,6,7,8)
644 Konstruktion 1(1) 2(1,2) 3(2,3,4,5,9) 4(1,2,3) 5(3,7,9) 6(2,3,4,5,8,10,11,12) 7(1,6) 8(3,4,7) 9(8) 10(1,3,5,6) 11(1)
645 Fabrikation 2(8) 5(9) 7(1) 9(4) 10(6)
646 Qualitätskontrolle 5(1) 6(8) 7(4) 9(9) 11(1)
647 Auswahl 1(2) 2(8) 3(7) 4(1,2,3,4,8,10,12) 5(3,5) 6(2,5,6,7,8) 7(1,8) 8(1) 9(9) 11(9)
648 Vergleich 1(9) 2(4,7,8) 3(1,7) 4(1,2,3,4,8,9,12) 5(1,3,5,9) 6(2,5,7,8) 7(1,5,7) 8(7) 9(1,5,8,9) 10(1,3) 11(9)
649 Toleranz 5(7) 6(11) 7(4) 10(5)

## 65 Einbau, Montage

2(9) 3(2,4) 6(4,11) 10(7)

## 66 Betrieb

661 Funktion 1(1) 2(1,7,9) 3(8,9) 4(1,5) 6(10,11) 8(3) 10(1,5)
662 Kinematik 4(3) 6(10) 8(4)
663 Einlauf, allgemeine Betriebseigenschaften 1(7,10) 2(1,7,8,9) 3(3,6,8) 4(1,2) 5(1,3,7,8,9) 6(1,2,8,11) 7(3) 8(1,3,5,6,7) 9(9) 10(2,4,7) 11(1,6,7,8)
664 Stabilität 1(1) 2(7) 3(3,6) 4(2) 10(3,4)
665 Zuverlässigkeit, Sicherheit 1(1,5,6) 2(3,7,8,9) 3(1,2,3,4,8,9) 4(1,5,7,9,10) 5(1,3,5,9) 6(3,4,5,7,8,9,11) 7(4) 8(1,3,7) 9(2,4,8,9) 10(1,2,3,5,6) 11(1)

## 67 Instandhaltung, Überwachung

1(1) 2(9) 4(1,2) 5(1,3,4,5,6) 6(7,8,9,10,11) 7(4) 8(7) 9(9) 10(7)

## 68 Organisation

2(9) 10(7)

## 69 Ergebnisanalyse

691 Schadensanalyse 2(4,9) 3(6,7,9) 4(1,13) 5(1,2,3,5,9) 6(6,8,10,11) 7(7) 8(1,5,7) 9(1) 10(4,7) 11(8)
692 übertragbarkeit 1(1,9,10) 2(4,8) 3(1,2,3,4,7,9) 4(1,2,3,10,12) 5(1,3,5,9) 6(2,4,6,7,8,9,11) 7(5,7) 8(2,3,4,7) 9(1,2,4) 10(3,7) 11(6,7)
693 Wirtschaftlichkeit, Kosten 1(1,4,11) 2(1,6,7,9) 3(2,4,5) 4(1,2,3,4,12) 5(1,3,4,5,7) 6(1,4,8,10,11) 7(4,6) 8(3,7) 9(2,4,5,8) 10(1,3,6,7) 11(1,7,9)
694 Volkswirtschaftliche Bedeutung 1(1,4,6) 2(1,6,7,9) 3(1,2,4) 4(1,2,3) 5(3,8,9) 6(1,2,4,9,11) 8(7) 9(2) 10(3,6,7) 11(1)

12

## DESKRIPTORENLISTE alphabetisch

(Beispiel: 2(4,5) bedeutet Band 2, Bericht 4 und Bericht 5; siehe Faltblatt hinten


| | |
|---|---|
| 6 | Abdichtung 2(8) 3(8,9) 4(11) 5(9) 6(1,2,12) 8(7) 10(5) |
| 432.2 | Abrasion 1(1,2,3,6,11) 2(4,9) 3(7) 4(1,2,3,4,5,6,10,11,12,13) 5(1,3,4,5,7,9) 6(1,7,8,9,10) 7(1,2,4,6,7) 8(1) 9(3,4,5,6,8,9) 10(1,6,7) 11(6,8,9,10) |
| 312.73 | Additive 1(11) 2(3,4,8,9) 4(2,3,12) 5(2) 6(2,6,7,8,9) 7(5,8) 8(1,7) 10(5,6,7) 11(6,9,10) |
| 432.4 | Adhäsion 1(6,7,9,11) 2(9) 3(7) 4(2,3,6,10,11,13) 5(1,9) 6(7,8,9,10) 7(1,2,3,5) 9(3,5,7,9) 10(7) 11(6) |
| 313.3 | Adsorbierte Schichten 2(8) 5(2) 7(3) 11(9) |
| 441.81 | Aerosol-Schmierung 2(2) |
| 312.121 | Aluminium+Legierungen 2(8,9) 3(2,4,7) 5(2,9) 6(2,4,6) 9(5) 10(1,4,7) |
| 312.71 | Anorganische Flüssigkeiten 4(12) 10(5) 11(9) |
| 313.41 | Anorganische überzüge 1(3) 8(5) 11(9) |
| 444.9 | Anwendungsbezogene Eigenschaften (Geruch, Toxizität, bakteriolog. Stabilität, Verschleißschutzverhalten, Schmiereigensch. 9(5) |
| 524 | Akustische Verfahren 1(6) 4(9) 5(1) |
| 116.1 | Aufbereitungstechnik 1(2) 3(3) 4(1,2,4,7) 6(5,9) 7(1) 9(8,9) |
| 116.3 | Bau, Steine, Erden 1(1,2) 6(5,9) 7(1) 8(7) 9(8,9) 11(7) |
| 226 | Beanspruchungsdauer 9(5) 10(3,4) 11(6,7,8,9,10) |
| 643 | Berechnung 1(1) 2(1,2,3,7) 3(1,2,3,4,5,8,9) 4(1) 5(5,9) 6(2,4,9) 7(6) 8(2,3,4,7) 10(1,2,3,5) 11(1,2,3,6,7,8) |
| 116.2 | Bergbau, Tiefbohren 1(1,2) 6(5,9) 7(1) 8(7) 9(8,9) 11(7) |
| 123.4 | Beschichten 1(2,4) 4(5,9,11) 7(2) 9(3,4,5) |
| 423.1 | Bewegungsablauf 1(1,6) 2(1,2) 3(3) 4(3,5,13) 5(5,9) 6(2,7,8,10,12) 8(4,7) 11(1,2,4,6,7,8,9,10) |
| 02 | Bewegungshemmung 1(5) 2(7) 5(3,8) |
| 01 | Bewegungsübertragung, Führung 1(5,7) 2(1,2,3,4,5,6,7,8) 3(1,2,3,4,5,6,9) 4(1,3,6) 5(1,2,3,4,5,6) 6(2,3,4,5,6,7,9,10,11) 7(1,3) 8(3,4,5,6,7) 9(2,3,7,9) 10(2,3,4,6) 11(2,4,6,7,8) |
| 122.5 | Biegen, Drücken 7(1) |
| 412.3 | Bindungscharakter, Adhäsion 1(9,10) 4(11) 6(9) 9(4,5) |
| 312.131 | Blei/Zinn+Legierungen 2(9) 3(2,3,4,6,7,8) 6(4,5,6) 10(2,3,4,7) |
| 421.4 | Bohrreibung 9(8) 11(6) |
| 111.4 | Bremsen 7(1) |
| 113.4 | Büromaschinen 1(7) 4(9) 7(1) |
| 312.43 | Cermets, Hartmetalle 9(3,5,6,7,8) |
| 523 | Chemische Analysen (einschließlich spektroskopischer Verfahren, Mikroanalyse) 1(1,2,3,4,11) 2(9) 3(6) 4(1,3,8,11) 5(1,2,5) 6(6,8) 8(7) 9(3,5,6) 10(7) |
| 444.7 | Chemische Eigenschaften (Flammpunkt, Oxidationsstabilität, Scherstabilität, Korrosionseigenschaften, chemische Zusammensetzung u.ä.) 1(10) 2(5,7,8,9) 4(3) 5(2) 6(6,8,9) 7(8) 9(5) 10(7) |
| 313.418 | Chemische Überzüge (Oxid-, Phosphatschichten) 6(9) 11(7,9) |
| 312.871 | CO, CO(2), N(2), CHs 1(1) |
| 111.6 | Dämpfungselemente 7(1) |

113.5 Datenverarbeitungsmaschinen 4(9) 7(1)
443.13 Dauerschmierung 2(4,7) 4(10) 6(6) 8(7) 9(1)
111.5 Dichtungen 3(8,9) 4(10) 6(1,12) 8(7) 10(5)
111.7 Drahtseile 5(5)
124.2 Drehen, Fräsen, Feilen 1(3,4) 4(10) 7(1) 9(4,6)
112.8 Druckmaschinen 3(2,4) 6(4,5,9,10,11) 7(1) 11(7,8)
528 Durchstrahlungsverfahren (Röntgen-, Gamma-, Neutronen-Radiographie) 1(3,4) 4(9) 6(7) 9(5,6)

312.135 Edelmetalle 2(8) 5(2)
313.15 Eigenspannungen 1(4,6) 4(9) 5(2) 6(2) 9(2,3,6) 10(6)
65 Einbau, Montage 2(9) 3(2,4) 6(4,11) 10(7)
321.3 Einbau, -Montagefehler 3(2,4) 6(4,8,10)
663 Einlauf, allgemeine Betriebseigenschaften 1(7,10) 2(1,7,8,9) 3(3,6,8) 4(1,2) 5(1,3,7,8,9) 6(1,2,8,11) 7(3) 8(1,3,5,6,7) 10(2,4,7) 11(4)
434 Einlaufvorgänge 1(7) 2(1,2,9) 4(3,11) 5(1,3) 6(2,7,8,9,10,12) 7(1) 8(1,3,7) 9(8) 10(6) 11(1,4,6)
115.2 Elektrische Kontakte, Schalter 7(1,3)
526 Elektrische und magnetische Verfahren 5(1,7) 7(1,3) 8(3,5) 10(1,3)
431.82 Elektroerosion 3(9)
115.1 Elektromotoren, Generatoren 3(2,3,8) 5(2) 6(5) 10(2)
312.75 Emulsionen 4(12) 6(9) 7(4,8) 10(5) 11(9,10)
121.2 Extrudieren 1(2) 4(2,4) 6(5) 7(1)

645 Fabrikation 9(4) 10(6)
312.5 Faser- und Textilstoffe 4(6)
511.3 Feldversuch, praktischer Einsatz 1(1,2,3) 2(8,9) 3(9) 4(1,2,3,7,11,12) 5(1,3,5,6) 6(1,8,11) 7(4) 8(7) 9(4,6) 10(5,6,7) 11(8,9,10)
313.14 Festigkeitsdaten/Härte 1(1,2,3,4,9) 4(1,3,4,5,9,10,11,12,13) 5(1,2,3,4,5,7) 6(5,7,8,9,10) 7(1,2,3,4,5,6,8) 8(1,5,7) 9(1,2,3,5,6,7,8,9) 10(4,5,6) 11(9)
441.1 Festkörperreibung 1(4,5,7,11) 3(9) 4(5,10,12) 5(9) 6(1,10,11,12) 7(6) 8(1,6) 9(3,4,5,7,8,9) 10(6)
442.3 Feststoffschmierung 1(4,8,9,11) 4(13) 5(9) 6(9) 7(5,6,7,9) 11(7,8,9,10)
312.76 Fette 1(5) 2(4) 5(2,5) 6(7,8,9) 10(5) 11(4,6,7)
442.2 Fettschmierung 2(4) 5(2,5) 6(7,8,9) 11(4,6,7)
223 Flächenpressung 10(2,3) 11(2,6,7,8,9)
312.7 Flüssigkeiten, Fette, flüssige Mehrphasensysteme 1(10) 2(2,4,5) 4(12) 5(1,5) 6(1,7,9) 7(1) 8(4,6) 10(5) 11(7,9)
116.7 Fördertechnik, Lagertechnik 1(1,2) 3(3) 4(6) 5(4,5) 6(5,9) 7(1) 8(6) 9(9) 11(7)
435.1 Formänderung, Ritzwiderstand 3(6) 6(2,11,12) 7(3,4,7,8) 9(5,8) 10(1,4) 11(9,10)
431.51 Furchungsverschleiß 1(1,2,11) 4(2,4,10,11,13) 5(3,9) 6(9) 7(1) 8(1) 9(3,4,5,8) 10(6)

313.411 Galvanische Überzüge, stromlose Abscheidungen 1(6) 3(9) 4(8,9,10) 5(9)
313.413 Gasphasenabscheidung, PVD, CVD 1(1,3,4,6) 4(8,9,10) 7(3) 8(2,5) 9(4,5,6)
116.8 Gas- und Wasserversorgung 4(6) 6(5,9)
313.12 Gefüge, Struktur 1(1,2,3,4,7,9) 2(6) 4(1,3,5,9,10,11,12,13) 5(1,3,5) 6(10) 7(1) 8(1,7) 9(1,2,3,4,5,7,8) 10(4,5,6) 11(9,10)

321.1 Geometrie (Maßstab, Eingriff, Toleranzen) 1(5,7,11) 3(1,2,3,4,8,9) 4(3,9,11,12) 5(1,5,7,9) 6(1,2,3,4,10,12) 7(5,6) 8(1,4,7) 10(5,6) 11(7,8)
224 Geschwindigkeit 9(3,5,9) 10(2,3) 11(6,7,8,9,10)
312.24 Gestein 1(1) 9(8)
111.2 Getriebe 2(5,6) 5(1) 6(1,5) 7(1) 8(2,4) 9(1,2)
111.24 Getriebe, sonstige 4(10) 6(1) 7(1)
121.1 Gießen 1(2)
312.22 Glas 4(2)
212.2 Gleiten 1(1,2,4,5,6,7,8,11) 2(2,4,5,6,7,8,9) 3(1,2,3,4,5,7,9) 4(2,3,4,7,10,12,13) 5(1,2,3,5,7,9) 6(1,2,3,4,5,6,7,8,9,11,12) 7(1,2,3,5,6,7,8,9) 8(1,2,4,5,7) 9(1,3,6,7,8,9) 10(1,2,4,7,8) 10(1,2,3,4,5,6,7) 11(1,7,8,9,10)
313.422 Gleitlacke 5(9) 6(9) 11(7)
111.11 Gleitlager 1(1,7) 2(2,9) 3(1,2,3,4,5,6,7) 5(2) 6(2,3,4,5,6,7,9) 7(1,3) 8(4) 9(7) 10(2,3,4,7) 11(7)
421.2 Gleitreibung 1(1,4,7,8,9,10) 2(2,4,6,7,8,9) 3(1,2,3,4,5,7,9) 4(3,7,10,11,13) 5(1,2,5,7,9) 6(2,3,4,6,7,8,9,11,12) 7(1,3,4,5,8,9) 8(2,4,7) 9(3,6,7,8,9) 10(1,2,5,6,7) 11(1,7,9)
431.1 Gleitverschleiß 1(1,2,4,7,9,10,11) 2(2,4,8,9) 3(7,9) 4(2,3,4,7,10,11,12,13) 5(1,2,5,7,9) 6(1,6,7,8,9,12) 7(1,3,4,5,6,7) 8(1,5,7) 9(1,2,3,4,5,6,7,9) 10(5,6,7) 11(1,6,7,9)
530 Gravimetrische Verschleißbestimmung 9(3)
444.4 Grenzflächen-Eigenschaften 2(4) 4(3,12) 5(2) 7(8)
411.4 Grenzflächenreaktion 2(8) 4(11,12) 5(1,2,3) 6(6,10) 7(1,4) 9(5,6) 11(6)
413.1 Grenzflächenspannung, -energie 1(4) 5(2)
441.2 Grenzreibung 1(6,9,10,11) 2(4) 3(1) 4(3,13) 5(1,2,7) 6(1,2,10) 7(5,6,9) 8(1) 11(6,7,9)
313.17 Haftung Beschichtung/Substrat 9(3)

312.43 Hartmetalle, Cermets 1(1,3,4) 3(9) 4(2,11) 6(1) 7(8) 9(3)
611 Historische Entwicklung 5(5) 8(6)
116.6 Hüttenwesen 1(1,2,8) 3(3) 4(1) 5(3,5) 6(5,7,8,9) 7(1,9) 8(7) 9(9) 11(7)
112.4 Hydraulik, Pneumatik 3(4) 5(7,9) 6(5,9) 7(1) 8(7) 11(7)

313.5 Implantation 9(7)
312.84 Inertgas 4(6) 6(1) 7(3) 10(6)
04 Informationsübertragung 4(9)
67 Instandhaltung, Überwachung 1(1) 2(9) 4(1,2) 5(1,3,4,5,6) 6(7,8,9,10,11) 7(4) 8(7) 9(9) 10(7)

431.81 Kavitationserosion, Tropfenschlag 6(12)
312.23 Keramische Stoffe 1(6,9) 3(9) 4(2,10,12) 5(9) 7(3) 9(5) 10(5) 11(9,10)
662 Kinematik 4(3) 6(10) 8(4)
312.134 Kobalt+Legierungen 1(2,6) 4(3,11)
312.6 Körnige und stückige Stoffe 4(2,4,7) 9(8)
112.1 Kolbenmotoren 2(2,7,8,9) 3(2,4,5) 4(3,11) 5(1,8) 6(1,2,4,5) 7(1) 8(4) 10(1,6,7)
211.1 Konformer Kontakt 1(1,5,6,10,11) 2(5,8,9) 3(1,2,3,4,5,7) 4(5,10,12) 5(1,3,5,7) 6(4,6,7,8,9,12) 7(1,4,6,9) 8(1) 9(3) 10(2,3,7) 11(6,7)
321.2 Konstruktion 1(11) 2(7,9) 3(2,3,4,8) 5(3,5,8,9) 6(2,3,4,8,9,10) 8(4,7) 10(1,5,6)

644 Konstruktion 1(1) 2(1,2) 3(2,3,4,5,9) 4(1,2,3) 5(3,7,9) 6(2,3,4,5,8,10,11,12) 7(1,6) 8(3,4,7) 9(8) 10(1,3,5,6)
413.3 Kontaktfläche 4(5,13) 8(2,7) 11(8)
413.4 Kontaktkräfte, -spannungen 1(6,9,11) 2(3) 3(7) 4(5,12,13) 5(9) 6(2,12) 7(4,5) 8(2,4) 9(8) 11(10)
412.1 Kontaktmechanik, -elastizität 1(6) 3(1,4,5,7) 5(1,7,9) 6(10,11,12) 7(4) 8(4) 11(1,8)
413.5
211.2 Kontraformer Kontakt 1(1,7) 2(1,3,4,6,9) 4(1,10) 5(1,3) 6(2) 7(1) 8(1,2,3,4,5) 9(1,3,8,9) 11(1,2,9)
423.7 Konzentration der Verschleißpartikel 5(1)
431.52 Korngleitverschleiß 1(1,2) 2(9) 4(2,4,12) 5(5) 6(7,8,9) 9(3,8,9) 10(7)
431.53 Kornwälzverschleiß 1(2) 9(3,8)
03 Kraft-, Energieübertragung 1(1,5,6,7) 2(1,2,3,5,6,7,8) 3(2,4,5,6,7) 4(5,9) 5(1,2,5,7,9) 6(1,2,4,5,7,8,9,10,11) 7(1) 8(2,3,4,5,7) 9(1,2,3) 10(1,2,4,7) 11(1,2,7)
116.9 Kraftwerkstechnik 1(2) 3(3,8,9) 6(5,9) 10(2) 11(7)
312.321 Kunststoffe, Gummi 3(9) 4(2,4) 5(2,5,9) 6(7,11,12) 8(7)
312.41 Kunststoffe, verstärkte 1(5) 3(9) 4(2,4) 5(2,9) 6(9) 11(6)
117 Kunststofftechnik 4(2)
312.132 Kupfer+Legierungen 2(9) 3(3,7) 5(2,9) 6(6,7,8,9) 10(7) 11(6)
111.3 Kupplungen 6(8) 7(1)
111.23 Kurvengetriebe 2(2,3,6) 4(10) 5(1) 7(1) 8(4) 11(1)

111.15 Lager, sonstige 4(10) 6(2) 7(1)
111.1 Lagerungen, Führungen 1(1,5,7) 2(1,4,9) 3(2,3,4,5,6,7) 4(5,9,10) 6(4,5,9) 7(1,3) 8(4,6) 9(7) 10(3,4) 11(1,7)
116.4 Land- und Forsttechnik 1(2) 4(3) 6(9) 7(1) 8(7) 11(7)
435.3 Lebensdauer, Tragfähigkeit 1(1,6,11) 2(9) 3(1,6,7,9) 4(1,3,9,11) 5(2,3,5,9) 6(8,10,11) 7(3) 8(1,3,5,6,7) 9(1,2,4,8) 10(4) 11(3,6,7,9)
312.12 Leichtmetalle 2(9) 3(2,4,7) 6(2,4,6) 7(4)
312.81 Luft 1(1,2,3,5,6,7,9,11) 2(3,4,5) 3(3,7,8) 4(1,2,4,5,6,9,12) 5(1,3,9) 6(9,11) 7(3,5,7) 8(1,5) 9(3,5,7,8) 10(3,6) 11(6,7,9,10)
114.4 Luftfahrt 1(6) 3(2,4) 4(5) 5(1,2) 6(4,9) 7(1) 8(7) 11(7)

441.8 Mangelschmierung 11(4)
435.2 Materialabtrag 1(1,3,4,7) 2(2,4,9) 3(9) 4(1,2,3,4,10,11,12,13) 5(1,2,3,4,5,7,9) 6(6,7,8,9,10,11) 7(1,2,6,7) 8(1,6,7) 9(2,3,4,5,6,8,9) 10(1,6,7) 11(1,6,7,9,10)
07 Materialbearbeitung 1(3,4) 2(9) 4(4,9,12) 7(1,6) 9(4,5,6)
05 Materialtransport 1(1) 2(7) 4(1,2,4,6,7) 5(3,8) 9(3)
08 Materialumformung 1(8,9,10,11) 4(2,4,9,13) 7(1,4,5,7,8,9)
09 Materialzerkleinerung 9(8))
422.1 Mechanische, akustische Prozesse 1(1,7,9) 3(7) 4(3,5) 5(1,5,7,9) 6(2,12) 7(1,4,5,9) 8(4) 9(4,8) 10(1) 11(9)
444.2 Mechanische Eigenschaften (E-Modul, Schermodul, Kompressibilität) 2(6,7) 7(5) 8(2)
313.22 Mechanische Oberflächenbearbeitung 1(6) 2(1) 4(5) 6(2,8,10) 7(1,6) 8(1,2,3,5,7) 9(4,5) 10(5,6)
521 Mechanisch-physikalische Prüfung (Rheometrie, Teilchenmessung, Schwingungsmessung) 1(1,4,6,7,8,9) 2(1,2,4,7,9) 3(1,3,6,7) 4(1,2,4,5,6,9,10,13) 5(1,5,9) 6(1,5,7,8,9,10,11,12) 7(4,5,6,7,9) 8(5,7) 9(1,8) 10(3,4,6,7)
116.5 Meerestechnik 1(2) 6(9) 7(1)
113.1 Meßgeräte, Meßinstrumente 1(7) 4(9) 5(2) 7(1)

311.111 Metall/Metall 1(1,3,5,6,8,9,10,11) 2(1,2,3,4,5,6,8,9) 3(3,5) 4(2,3,5,6,10,11,13) 5(1,2,3,4,5,6,7) 6(2,6,7,8,9,10,11) 7(1,2,4,5,6,7,8,9) 8(1,2,3,4,5,6) 9(1,2,4,5,7,8) 10(1,3) 11(1,2,4,6,7)
311.112 Metall/Mineral 1(1,2,9) 4(2,4,5,6,10,12) 7(2) 8(1) 9(5,8) 11(9)
311.113 Metall/Polymer 1(5,7) 3(9) 4(2,4,6) 5(2,9) 6(7,9,11,12) 8(7)
311.114 Metall/Verbundwerkstoff 1(3,4,5) 3(1,7) 4(2,4,6) 5(9) 6(1,9) 7(8) 9(3,5,6)
312.1 Metalle und Halbmetalle 2(7)
312.42 Metalle, verstärkte 1(1) 4(6) 6(1) 8(7)
312.21 Minerale 1(1,2) 4(1,2,4,5,7,12) 8(1) 9(3,8,9) 11(9,10)
312.722 Mineralöle 1(9,11) 2(1,2,3,4,7,8,9) 3(3,7,8) 4(12) 5(1,2,5,7,8,9) 6(1,2,6,7,8,9,12) 7(1,4,8) 8(1,2,3,4,5,6,7) 10(1,2,3,5,6,7) 11(4,6,9,10)
mineral/mineral 11(10)
311.122 Mineral/Polymer 5(9)
311.23 Mineral/Verbundwerkstoff 9(3,8)
441.3 Mischreibung 1(5,8,9) 2(2,3,4,8,9) 3(1,7) 4(3,10,11) 5(1,2,5,7,9) 6(1,2,6,7,8,9,10,12) 7(1,4,5,6,8,9) 8(1,5) 10(1,6,7) 11(1,6,7,9,10)
511.1 Modellprüfung 1(2,5,6,7,8,9) 2(1,4,5,6,7) 3(7) 4(3,4,6,10) 5(1,2,3,9) 6(2,3,6,7,10,11) 7(1,2,5,6,9) 8(1,2,3,4,5) 9(1,2,3,4,7,8) 10(2,5) 11(1,6,8)
65 Montage, Einbau 2(9) 3(2,4) 6(4,11)

613 Neuentwicklungen 9(1,4,6,8) 10(1,5,6)
312.133 Nickel+Legierungen 1(6) 4(5) 5(2,9)
212.1 Normal-, Haftkontakt 1(1,6) 3(9) 4(5,11,13) 5(5) 6(2,10,11) 8(2) 11(8)
222 Normalkraft 9(7,9) 11(7,9)

125 Oberflächenbearbeitung 4(5,9) 9(5)
313.21 Oberflächenenergie 5(2) 10(6)
411.1 Oberflächenmorphologie 1(4,11) 2(1) 3(7) 4(4,5,11) 5(7,9) 6(1) 7(1,4) 8(1) 9(4,6,8) 10(4) 11(1)
322 Oberflächenrauheit, Welligkeit 1(7,10) 2(1) 3(1,7,9) 4(5,10) 6(3,7,8,9,10,12) 7(1) 8(1,7) 9(6) 10(5,6) 11(7)
313.25 Oberflächenreinigung 7(4) 8(1) 9(4) 10(6)
411.2 Oberflächenstruktur, Randgefüge, Kontaktzone 1(1,4,6,7,10) 2(1) 4(4,9,11,12,13) 5(1,3) 6(3,10) 7(1) 8(5,7) 9(2,5,8) 10(4,6) 11(10)
432.1 Oberflächenverformung 1(2,4,11) 4(3,13) 5(1,3) 6(7,10,11) 7(4,7,8) 8(7) 9(8,9) 11(1,9)
432.3 Oberflächenzerrüttung 1(1,9,11) 3(9) 4(3,10,11,13) 5(1,9) 6(7,9,11) 7(1) 8(1,5) 9(3,8) 11(10)
411.3 Oberflächenzusammensetzung 1(2,4) 3(9) 4(4,11) 6(2) 7(1) 9(3,5,7)
312.791 Öl-Aerosol 2(2)
442.1 Ölschmierung 1(9,10) 2(1,2,3,4,6,7,8,9) 3(2,3,4,5,8) 4(3,10,11) 5(1,2,5,7,8,9) 6(1,2,3,4,6,7,8,12) 7(1,4,5,6,7) 8(1,2,3,4,5,6,7) 9(1,4) 10(1,2,3,6,7) 11(1,4,6,9,10)
527 Optische Verfahren (visuelle Prüfung, photographische, mikroskopische und holographische Verfahren, Ellipsometrie) 1(3,4,6,7,10,11) 3(6) 4(1,2,3,4,6,7) 5(1,2,3,6,7,9) 6(7,8) 7(1,3) 8(1,7) 9(3,4,5,6,8) 10(2,6)
312.72 Organische Flüssigkeiten 1(5) 2(5,6,9) 4(12) 5(2) 6(1) 7(1) 8(4) 10(5) 11(9)

312.721 Organische Lösungsmittel 1(5) 6(9) 10(5)
312.31 Organische Stoffe, einfache 1(11)
313.42 Organische Überzüge 5(2)

112.7 Papiermaschinen 3(2,4) 6(4,5,9) 7(1)
312.324 Papier, Pappe 6(11)
312.78 Pasten, Kolloide 4(13) 5(2) 6(9) 10(5)
113.3 Phono- und fernsehtechnische Geräte 1(7) 5(2) 7(1,3)
444.6 Physikalisch-chemische Eigenschaften (Struktur, Löslichkeit, Wasserabscheidevermögen, Emulgierbarkeit, Schaumneigung u.ä.) 2(8,9) 4(12) 5(2) 6(8) 7(4,8)
522 Physikalisch-chemische Prüfung 1(1,2) 2(8,9) 4(3,11) 5(5) 6(8) 7(4) 10(7)
444.1 Physikalische Eigenschaften 2(4,8,9) 4(13) 5(2) 6(7,8) 7(4,8) 8(2,3,4,7) 10(7)
313.13 Physikalische Stoffdaten 1(1,2,3,4,5,8) 2(3,4) 3(3,6,7) 4(1,2,3,13) 5(4) 6(7,10) 7(6) 8(5) 9(3,5) 10(4,5) 11(3,6,9)
312.32 Polymere 1(1,5,7) 4(4) 5(2,9) 6(7,9,12) 8(7)
312.726 Polymerlösung 1(9) 2(7) 7(5) 10(5)
311.131 Polymer/Polymer 1(7) 5(2)
312.725 Polymerschmelzen 4(2)
431.31 Prallverschleiß 1(1,2) 9(8)
511.2 Praxisnahe Laborprüfung 1(1,2,3,8,10,11) 2(1,2,3,4,6,7,8,9) 3(1,3,7,8,9) 4(2,3,4,5,9,12,13) 5(1,2,4,5,6,7,8,9) 6(2,9,11,12) 7(1,3,4,6,7,8,9) 8(3,4,6,7) 9(1,2,4,6,8,9) 10(1,3,5) 11(1,3,4,7,9)
112.2 Pumpen, Verdichter 2(7) 3(1,2,3,4,9) 4(10) 5(9) 6(2,4,5) 7(1) 8(7) 10(1,5) 11(2)

646 Qualitätskontrolle 9(9)

529 Radioisotopverfahren 4(2) 5(1) 6(1) 7(1) 8(6) 10(6)
413.2 Rauheit 1(6,7,10) 2(1,2,9) 3(1,9) 4(4,5,10,11,12,13) 5(7) 6(7,8) 7(1) 8(1,3,7) 9(4,8) 10(5,6) 11(1,4,7,8)
114.5 Raumfahrt, Raketentechnik 3(2) 5(2) 6(4,9) 11(7)
435.4 Reaktionsschichtbildung 1(6) 2(4) 4(3,11) 5(1,2,3) 6(6,9,10) 7(1)
111.22 Reibgetriebe 2(5,6) 6(10,11) 7(1) 8(4,5)
421.5 Reibschwingungen 1(6) 4(5) 5(2) 6(9,10,11) 11(8)
423.2 Reibungskraft, -energie u.ä. 1(1,5,6,7,8,9,10,11) 2(1,2,4,5,6) 3(3,7,8,9) 4(5,10,13) 5(1,2,7,9) 6(2,6,7,8,9,10,12) 7(1,3,4,5,8,9) 8(2,3,4,5,6,7) 9(3,7,8) 10(1,5) 11(1,4,6,7,9,10)
444.3 Rheologische Eigenschaften (Viskosität, Pumpfähigkeit, Konsistenz) 1(8,10) 2(2,4,5,7,9) 4(3,12) 5(1,2,7,8) 6(7,8,12) 7(4,5,8,9) 8(2,3,4,5,6,7) 10(7) 11(4)
431.2 Rollverschleiß 1(1,2) 2(4) 4(13) 5(1,3,4,6) 6(10,11) 7(1,4) 8(1,6) 9(1) 11(1,4,6,8)
421.1 Ruhereibung 3(9) 6(2) 8(6) 11(1,7)

312.83 Sauerstoff 1(1) 4(6)
691 Schadensanalyse 2(4,9) 3(6,7,9) 4(1,13) 5(1,2,3,5,9) 6(6,8,10,11) 7(7) 8(1,5,7) 9(1) 10(4,7)
312.44 Schichtwerkstoffe 1(3,6) 3(7) 4(2,9,11) 5(9) 7(3) 9(3,4,5,6)
114.3 Schiffahrt 3(2,4) 4(5) 6(4,5) 7(1) 11(7)
312.26 Schlacke, Asche 9(9)
124.3 Schleifen, Läppen, Polieren 4(12) 11(9,10)
122.1 Schmieden, Stauchen, Pressen 1(9,11) 4(13) 7(1,5,7)

423.6 Schmierfilmhöhe 2(1)
642 Schmierstoffe 1(5,9,10) 2(2,4,5,6,7,8,9) 4(3) 5(1,2,5,8) 6(2,6,7,8,9) 7(3,4,5,6,7,8,9) 8(2,3,5,7) 10(7) 11(3,6,7)
444 Schmierstoffeigenschaften
443.4 Schmierstoffpflege 2(9) 7(4) 8(7) 10(7)
443.3 Schmierstoffverbrauch 2(9) 3(8) 4(3) 6(1,8,9) 8(7) 10(7)
443.1 Schmierverfahren 2(7,9) 6(1) 8(3,4) 10(1) 11(7)
124.1 Schneiden, Sägen 7(1,6)
313.414 Schweiß-, Guß,- Spritz- und Sinterüberzüge 1(1,2) 3(9) 4(1,5,11) 5(3,9) 9(3)
123.3 Schweißen 1(2) 9(3)
312.13 Schwermetalle 2(9) 3(7) 6(6) 7(4) 10(6)
431.4 Schwingungsverschleiß 1(5,6) 4(5,12) 6(9,10,11) 10(4) 11(8)
312.77 Seifen 1(8) 2(4) 5(2) 6(9) 7(7,8,9) 10(5) 11(9)
312.715 Silikonöl 5(2) 10(5)
111.13 Spitzenlager 5(2)
114.2 Spurgebundener Verkehr 5(4,5) 6(5) 7(1) 11(7)
664 Stabilität 1(1) 2(7) 3(3,6) 4(2) 10(3,4)
312.11 Stahl, Eisen (vgl. 312.42) 1(1,2,3,4,5,7,8,9,10,11) 2(1,2,3,4,5,6,7,8,9) 3(1,2,3,4,5,7,8,9) 4(1,2,3,4,6,7,9,10,11,12,13) 5(1,2,3,4,5,6,7,8,9) 6(2,4,7,8,9,10,11) 7(1,2,3,4,5,6,7,8,9) 8(1,3,4,5,6,7) 9(1,2,3,4,5,7,8) 10(1,2,3,6,7) 11(1,2,6,7,8,9)
423.3 Stick-slip-Größen 3(9) 5(2) 6(10,11) 7(3) 8(7)
212.4 Stoßen, Prallen 1(1,2,5) 4(1,10) 6(2) 8(4) 9(3,8) 11(7)
431.32 Stoßverschleiß 1(1,2) 4(1,10,12) 5(9) 6(9,11) 9(1,3,8) 11(9)
114.1 Straßenverkehr 2(3,7,9) 3(2,4) 4(11) 5(1,2) 6(4,5,9) 7(1) 8(7) 10(7) 11(2,7)
212.5 Strömen 2(7) 3(8,9) 4(2) 5(8) 6(3) 7(9) 8(7) 9(3,9) 10(2)
112.3 Strömungsmaschinen 1(6) 3(1,2,3,4,9) 4(5) 6(4,5) 7(1) 10(2)
431.6 Strömungsverschleiß 3(6) 4(2) 6(12) 8(7) 9(3,9)
312.74 Suspension 1(11) 4(13) 6(9) 7(7) 10(5) 11(7)
312.723 Synthetische öle 1(9) 2(5,6,7) 4(12) 5(2,9) 6(9,12) 7(4,5) 8(3,5) 10(5)

423.4 Temperatur 1(1,9,11) 2(1,4,7,8) 3(3,7,8) 4(3,13) 5(1,2,5,7,8,9) 6(6,8,9,12) 7(1,5,9) 8(2,3,4,5,6,7) 10(2,5) 11(1,4,6,7,9,10)
225 Temperatur 9(5,6,7,9) 10(3,4)
62 Terminologie, Dokumentation, Normung 6(9) 8(7)
112.6 Textilmaschinen 3(2,4) 4(6) 6(4,5,9) 7(1) 11(4,7)
313.417 Thermochemische Schichten 1(6) 4(2,4,5,6,7,8,9,10) 5(9) 7(1,2)
321.4 Thermische Ausdehnung 3(4,8) 6(3,7,8) 10(5)
444.5 Thermische Eigenschaften 4(12) 5(2) 7(5,8) 8(4)
422.2 Thermische Prozesse 1(1) 2(8) 3(3,9) 5(1,2) 6(9) 7(1,9) 8(5) 9(5)
525 Thermische Verfahren 2(8) 8(7)
122.4 Tiefziehen 1(4,10) 7(1)
312.724 Tierische und pflanzliche öle 4(12) 7(4,8) 10(5)
312.122 Titan + Legierungen 1(6) 4(5) 9(5)
432.5 Tribochemische Reaktion 1(6,11) 2(4,8) 4(1,4,5,6,11,13) 5(1,2,3) 6(6,8,9,10,11) 8(1) 9(3,5) 10(6,7) 11(6)

692 Übertragbarkeit 1(1,9,10) 2(4,8) 3(1,2,3,4,7,9) 4(1,2,3,10,12) 5(1,3,5,9) 6(2,4,6,7,8,9,11) 7(5,7) 8(2,3,4,7) 9(1,2,4) 10(3,7) 11(6,7)
113.61 Uhren 1(7) 5(2)
443.11 Umlaufschmierung 2(1,4,6,7,8,9) 3(3,8) 5(1,7,8) 6(1,12) 7(1,4) 8(2,5) 10(2,3,6,7) 11(1,6,9,10)

312.85 Vakuum 5(9) 7(3) 8(1) 9(5)
312.4 Verbundwerkstoffe 3(1) 9(3) 10(7)
313.261 Verfestigen durch Strahlen 1(6) 4(5)
648 Vergleich 9(1,8) 10(1,3)
443.12 Verlustschmierung 1(10) 2(1,7) 4(3) 5(5,9) 6(7,8,9) 7(9) 8(4,6) 10(1,6) 11(7)
433 Verschleißerscheinungsformen 2(9) 4(5) 5(3,9) 7(6) 9(3,8)
435.5 Verschleißpartikel 1(2,6) 2(9) 4(3,5,11) 5(1,2) 6(1,7,8,9) 7(1) 8(7)
313.16 Verträglichkeit 1(6) 4(5,10,11) 5(2) 10(6)
312.9 Verunreinigungen/Schmutz 2(8,9) 3(9) 5(3,5,6,9) 6(7,8,9,11) 10(5,6,7) 11(9)
694 Volkswirtschaftliche Bedeutung 1(1,4,6) 2(1,6,7,9) 3(1,2,4) 4(1,2,3) 5(3,8,9) 6(1,2,4,9,11) 8(7) 9(2) 10(3,6,7)
441.5 Vollschmierung EHD 2(1,2,3,4,6) 3(1,5,8) 6(1,3) 8(2,3,4,5) 10(5) 11(1,3,6)
441.4 Vollschmierung hydrodynamisch 2(2,7,8,9) 3(1,2,3,4,5,8,9) 4(11) 6(1,2,4,12) 7(1) 8(4) 10(1,2,3,5,6,7)
441.6 Vollschmierung hydrostatisch 3(8,9) 10(3)

212.3 Wälzen 2(1,2,3,4,5,6) 5(1,3,4,6) 6(10,11) 7(1,3,4) 8(2,3,4,5,6) 9(1,2,3,4,8) 11(2,6,8)
111.12 Wälzlager 2(1,4,5,6) 5(2) 7(3) 8(4,6) 9(7)
421.3 Wälz- und Rollreibung, Traktion 1(1) 2(1,4,5,6) 4(13) 5(1,4,6) 6(10,11) 7(1,4) 8(2,3,4,5,6) 9(1,4,8)
313.23 Wärmebehandlung/Härten 1(2) 3(9) 4(3,4,10,12) 5(6,7) 6(9,10) 7(1) 8(1,7) 9(1,2,5,8,9) 10(6)
412.2 Wärmeübergang 1(9) 2(8) 3(4) 4(13) 6(3) 7(4,5) 8(3,4)
122.2 Walzen 1(2) 5(3) 6(5,7,8) 7(4) 8(1)
312.711 Wasser, Elektrolyt 1(11) 3(1,9) 4(7,12) 5(3,9) 6(9,11) 10(5)
312.82 Wasserdampf 1(1) 5(3,9) 6(9) 7(3)
312.872 Wasserstoff 3(8) 9(3)
641 Werkstoffe 9(1,2,6,7,8,9) 10(4,5,6)
443.51 Werkzeugbesprühung 1(11)
112.5 Werkzeugmaschinen 3(2,3,4) 6(4,5,9) 7(1)
693 Wirtschaftlichkeit, Kosten 1(1,4,11) 2(1,6,7,9) 3(2,4,5) 4(1,2,3,4,12) 5(1,3,4,5,7) 6(1,4,8,10,11) 7(4,6) 8(3) 9(2,4,5,8) 10(1,3,6,7)

111.21 Zahnradgetriebe 2(5,6) 5(1) 6(5,10,11) 7(1) 8(2,3,4,5,7) 9(1,2,4)
122.3 Ziehen 1(8,9) 4(10) 7(1,5,8,9) 9(6)
313.11 Zusammensetzung 9(4,5,7,8) 10(5,6)
665 Zuverlässigkeit, Sicherheit 1(1,5,6) 2(3,7,8,9) 3(1,2,3,4,8,9) 4(1,5,7,9,10) 5(1,3,5,9) 6(3,4,5,7,8,9,11) 7(4) 8(1,3,7) 9(2,4,8,9) 10(1,2,3,5,6)

## ÜBERSICHT ÜBER DIE VERÖFFENTLICHTEN BERICHTE

### 1. Band


1 - 1 H. Grewe, H.-F. Wilms, Krupp Forschungsinstitut, Essen: Untersuchungen zur Minderung der im wesentlichen durch Abrasiv-Beanspruchung bedingten Verschleißschäden im Großanlagenbau 63

1- 2 I. Kretschmer, H. Wahl, W. Wahl, Verschleißtechnik, Stgt.: Prüfung und Optimierung von Hartauftragsschweißungen mit Fülldrahtelektroden bei vorwiegend abrasiver Beanspruchung 161

1 - 3 U. König, H. Grewe, Krupp Forschungsinstitut, Essen: Untersuchungen über Herstellung und Eigenschaften von Hartstoffschichten, die durch reaktives Aufdampfen abgeschieden werden 197

1 - 4 L. Paterok, Bernex, Langenfeld: Hartstoffbeschichtung durch thermochemische Abscheidung aus der Gasphase 251

1 - 5 R. Heinz, G. Heinke, Bosch, Stuttgart: Vorgänge beim Schwingungsverschleiß in Abhängigkeit von Beanspruchung und Werkstoff 329

1 - 6 P. Adam, MTU München; E. Broszeit, K.H. Kloos, TH Darmstadt: Schwingungsverschleiß an Turbinenwerkstoffen 409

1 - 7 F. Dürr, Forschungsinstitut der Forschungsstelle für Uhren- und Feingerätetechnik, Stuttgart: Reibung und Verschleiß der thermoplastischen Außenschicht bei feinmechanischen Kunststoffbauteilen 443

1 - 8 O. Pawelski, W. Rasp, T. Hirouchi, MPI für Eisenforschung: Rheologische Eigenschaften von Ziehseife für das Drahtziehen 479

1 - 9 K. Lange, T. Gräbner, Universität Stuttgart: Untersuchung der Möglichkeiten für eine technologische Schmierstoffprüfung für Verfahren der Kaltmassivumformung 505

1 - 10 E. Doege, K.-P. Witthüser, R. Grahnert, Univers. Hannover: Untersuchung der Reibungsverhältnisse beim Tiefziehen 551

1 - 11 F. Dausinger, R. Conrad, Bosch, Stuttgart: Schmiermittelprüfung für die Halbwarmumformung 577

## 2. Band

2-1 H. Bodschwinna, R. Hellwig, F. Hock, E.-G. Paland, U. Schmidt, W.-D. Winter, Universität Hannover: Ermittlung des Einflusses der Mikrogeometrie in Wälzkontakten mit elastohydrodynamischer Schmierung bei voller Filmtrennung und im Mischreibungsgebiet (MIKRO-EHD) 21

2-2 W. Fuhrmann, MAN, Nürnberg: Instationäre EHD, Praxisuntersuchungen 87

2-3 R. Heinz, Bosch, Stuttgart: Druckmessungen am System Nocken-Rolle bei elastohydrodynamischer Schmierfilmbildung 161

2-4 E. Broszeit, H.M. Gabriel, K.H. Kloos, TH Darmstadt; E. KLeinlein, FAG Kugelfischer, Schweinfurt: Übertragbarkeit von Laborprüfergebnissen von Schmierstoffen auf Anwendungen in der Praxis 189

2-5 R. Dhein, K.H. Hentschel, Bayer, Krefeld: Neue synthetische Schmieröle (Einflüsse der chemischen Strukturen schmierwirksamer Flüssigkeiten auf deren Reibungszahlen) 243

2-6 H. Vojacek, H. Winter, TU München: Einfluß der Molekularstruktur auf das Reibungsverhalten von Schmierfluiden 279

2-7 W.J. Bartz, Technische Akademie Esslingen; H. Holdack-Janssen, H. Kruse, Universität Hannover; H. Mewes, BAM, Berlin: Kaltstartverhalten und Pumpfähigkeit von Motorenschmierölen bei tiefen Temperaturen 315

2-8 W.J. Bartz, Technische Akademie Esslingen; K. Müller, Ciba-Geigy, Basel; E. Wedepohl, Institut für Erdölforschung, Hannover: Untersuchung der Gebrauchseigenschaften von Motorenölen aus Reraffinaten 415

2-9 H. Krause, H. Tiede, RWTH Aachen; M. Schmitz, ASEAG, Aachen: Langzeitölwechselintervalle bei Nutzfahrzeug-Dieselmotoren 453

## 3. Band


3-1 F.X. Kalvoda, KSB, Frankenthal: 9
Kohlegleitlager mit axialer Durchströmung im Mischreibungsgebiet

3-2 K.E. Hafner, KHD, Köln; G. Knoll, H. Peeken, RWTH Aachen: 39
Berechnung statisch unbestimmter Mehrfachgleitlagerungen unter stationärer Belastung

3-3 J. Glienicke, D.-C. Han, M. Schwer, Universität Karlsruhe: 125
Einfluß der Taschen und der Ölzuführung auf die statischen und dynamischen Kenngrößen von Turbinenlagern

3-4 G. Knoll, H. Peeken, J. Widyanata, RWTH Aachen: 163
Lagerumformung

3-5 R. Datta, R. Haller, Universität Karlsruhe: 201
Gleitlager-Ermüdung, Teilvorhaben: Erstellung eines Berechnungsverfahrens für die Spannungen

3-6 R. Löhr, E. Macherauch, Universität Karlsruhe; 241
P. Mayr, Institut für Härterei-Technik, Bremen:
Das Verformungsverhalten der Gleitlagerlegierung SnSb 8 Cu 4 Cd unter Zug- und Druck-Beanspruchung sowie mittelspannungsfreier Schwingbeanspruchung im Temperaturbereich $20^{o}C \leq T \leq 1500^{o}C$

3-7 E. Schopf, M. Steeg, Glyco-Metall-Werke, Wiesbaden: 271
Untersuchung des Verhaltens von Gleitlagerwerkstoffen bei Störung des hydrodynamischen Betriebs

3-8 D. Schüler, W. Schulte, H. Seifert, Ruhr-Universität Bochum: 319
Theoretische Untersuchungen an berührungslosen radialen Gleitringdichtungen mit Öl als Sperrmedium

3-9 R. Dechow, F. Etzold, H.-D. Sturm, KSB, Frankenthal: 359
Wellenabdichtungen für Kraftwerkspumpen hoher Leistung

## 4. Band

| | | |
|---|---|---|
| 4-1 | O. Deutscher, M. Laude, R. Stelzer, BFI des VDEh, Düsseldorf: Untersuchung an Heißsintersieben zur Verbesserung der Standzeit der Siebbeläge | 9 |
| 4-2 | H.-D. Dannöhl, BMW, München; J. Föhl, H.-J. Groß, M.-A. Khosrawi, MPA, Stuttgart; A. Grimminger, Werner & Pfleiderer, Stuttgart: Radioaktive Verschleißmessung an zweiwelligen Mischern | 35 |
| 4-3 | B. Lindemann, W. Noll, A. Stihl, Waiblingen: Simulation der tribologischen Beanspruchung an Motorsägenschneidgarnituren | 83 |
| 4-4 | G. Mennig, M. Reinhard, P. Volz, DKI, Darmstadt: Untersuchungen zum Verschleiß in der Feststoffzone von Kunststoffverarbeitungsmaschinen | 119 |
| 4-5 | P. Adam, M. Paripović, M. Thoma, MTU, München: Schutzschichten gegen Schwingungsverschleiß im Triebwerksbau (Teil II) | 157 |
| 4-6 | R. Chatterjee-Fischer, Institut für Härterei-Technik, Bremen: Verbesserung des Verschleiß- und Korrosionswiderstandes durch Mehrkomponentenborieren | 179 |
| 4-7 | F. Riedl, Krauss-Maffai, München: Verschleißschutz verzugsempfindlicher Teile durch Borieren | 223 |
| 4 | J. Demny, K.-H. Habig, H.-P. Kehrer, G. Wahl, J. Ziese: Eigenschaften von Werkstoffen mit Verschleiß-Schutzschichten - Übersicht | 277 |
| 4-8 | J. Demny, G. Wahl, BBC, Heidelberg: Eigenschaften von Werkstoffen mit Verschleiß-Schutzschichten - Untersuchungen mit der Mikrosonde | 287 |
| 4-9 | H.-P. Kehrer, Siemens, München; J. Ziese, BMW, München: Eigenschaften von Werkstoffen mit Verschleiß-Schutzschichten - Mechanische Eigenschaften | 321 |
| 4-10 | K.-H. Habig, Yan Li, BAM, Berlin: Eigenschaften von Werkstoffen mit Verschleiß-Schutzschichten - Ergebnisse von Rauheits- und Verschleißprüfungen | 357 |
| 4-11 | R. Becker, G. Sepold, BIAS, Bremen; U. Buran, H.J. Neuhäuser, Goetze, Burscheid: Mikrokristalline und/oder amorphe Schichten zum Erhöhen der Verschleißlebensdauer von Bauteilen | 395 |
| 4-12 | W. König, R. Vits, RWTH Aachen: Entwicklung eines Prüfverfahrens zur prozeßbezogenen Beurteilung von Kühlschmierstoffen für die Schleifbearbeitung | 423 |
| 4-13 | E. Doege, R. Melching, R. Schneider, Forschungsstelle Gesenkschmieden, Hannover: Untersuchung der Wirkungsweise von Schmierstoffen beim Gesenkschmieden von Stahl mittels technologischer Prüfverfahren | 471 |

## 5. Band


5 - 1 C. Düll, Daimler-Benz AG, Stuttgart; K. Sommer, Staatliche Materialprüfungsanstalt, Universität Stuttgart: Bestimmung des Verschleißzustandes und mögliche Schadensfrüherkennung aufgrund der Untersuchung von Abriebpartikeln mit dem Ferrographen 9

5 - 2 W. Dresel, W. Stehr, M. Tillwich, Dr. Tillwich GmbH, Etsyntha-Chemie, Horb-Ahldorf: Prüfgerät für Langzeitversuche zur Bestimmung tribologischer Werkstoff-Schmierstoff-Kenndaten in Kunststofflagern, sowie Überprüfung ausgesuchter Reibsysteme auf tribochemische Reaktionen 125

5 - 3 M. Foth, R. Stelzer, Betriebsforschungsinstitut des VDEh, Düsseldorf: Untersuchungen zur Verschleißminderung an Rollgängen und Haspeln bei Warmbreitbandstraßen 187

5 - 4 W. Hesse, E. O. Schneidersmann, Ruhr-Universität Bochum: Parameterspezifisches Verschleißverhalten des Laufrad-Schiene-Systems fördertechnischer Anlagen 227

5 - 5 H. Haas, Hoesch Hüttenwerke AG, Dortmund; H. Krause, P. Neumann, RWTH Aachen: Untersuchung der Betriebseinflüsse auf die Standzeit von Drahtseilen in Hüttenwerkskrananlagen 277

5 - 6 F. Riedl, Kraus-Maffai AG; München: Senkung des Verschleißes an Laufrädern 315

5 - 7 O. Koehler, H. J. Matthies, TU Braunschweig: Grenzen der hydrostatischen- hydrodynamischen Tragfähigkeit von Bauelementen der Ölhydraulik 355

5 - 8 H. Holdack-Janssen, H. Kruse, Universität Hannover: Kaltstartverhalten und Pumpfähigkeit von Motorenschmierölen im gefeuerten Anlaßbetrieb bei tiefen Temperaturen 373

5 - 9 H. G. Feller, H. Hölz, U. Schriever, TU Berlin: Wartungsfreier Betrieb von Rotationsverdichtern und Druckluft-Lamellenmotoren 395

5 -10 J. Hansen, DFVLR, Köln: Kleine illustrierte Geschichte der Tribologie und ihrer BMFT-Förderung 533

**6. Band**

6 - 1 H. W. Buhl, S. Sailer, Daimler-Benz, Stuttgart: 9
Tribologie - Kolben-Ring-Zylinder - Optimierung der hydrodynamischen Traganteile durch geeignete Formgebung und Oberflächen und praktische Erprobung

6 - 2 K. Groth, H.-H. Krause, H. Kruse, U. Todsen, Universität Hannover: 49
Reibung, Schmierung und Verschleiß an Kolben-Kolbenring-Zylindersystemen

6 - 3 J. Effertz, Ruhr-Universität Bochum: 85
Einfluß thermischer und elastischer Effekte auf die Druckentwicklung von Kippsegmenten

6 - 4 G. Knoll, H. Peeken, RWTH Aachen: 117
Rückwirkung elastischer Lagerverformungen auf das Tragverhalten von stationär und instationär belasteten Radialgleitlagern

6 - 5 W. Hilger, Th. Goldschmidt, Essen: 147
Gleitlagerermüdung: Bestimmung der dynamischen Festigkeit von Gleitlagerwerkstoffen auf Blei-, Zinn- und Cadmiumgrundlage

6 - 6 K.-H. Habig, N. Kelling, BAM, Berlin: 165
Untersuchung der Verträglichkeit von Schmierölen mit metallischen Gleitlagerwerkstoffen bei tribologischer Beanspruchung

6 - 7 C. Hammel, H. Krause, RWTH Aachen: 207
Verschleißminderung an hochbelasteten Gelenkverbindungen

6 - 8 E. Gülker, H. Haas, D. Hegebarth, Hoesch Hüttenwerke, Dortmund: 263
Verschleißminderung an hochbelasteten Gelenkverbindungen

6 - 9 M. A. Khosrawi, O. Riedling, Artur Seyfert Kugellagerfabrik, Korntal: 297
Konstruktive Optimierung an Gelenklagern und Gelenkköpfen bezüglich der Verschleißminderung - Berechnungsgrundlagen der Gebrauchsdauer

6 -10 H. Bugarcic, P. Kasten, G. Krämer, L.-M. Schmidt, TU Berlin: 347
Schwachstellenerfassung und Laborversuche zum Verschleißverhalten von Druckwalzen-Laufringen

6 -11 A. Engl, L. Mauer, P. Meinke, H. Steinbarn, H. Stöckl, MAN, München: 391
Verschleißverhalten von Laufringen

6 -12 H. K. Müller, G. Ott, Universität Stuttgart: 443
Dichtwirkung von Radial-Wellendichtringen

**7. Band**


7 - 1 H. Kunst, Degussa, Hanau; D. Liedtke, Bosch, Stuttgart: Badnitrieren von Eisenwerkstoffen - Untersuchungen an Nitridschichten ... 39

7 - 2 R. Chatterjee-Fischer, Institut für Härterei-Technik, Bremen: Verbesserung des Verschleiß- und Korrosionswiderstandes durch Eindiffusion von Bor und zwei Metallen ... 111

7 - 3 H. Dimigen, K. Enke, H. Hübsch, U. Schaal, Philips, Hamburg: Reibungsarme und verschleißfeste Schichten ... 135

7 - 4 W. Behrens, H. Jung, Metallgesellschaft, Frankfurt; A. Stradmann, Rheinzink, Datteln: Anlage zur Prüfung von Walzemulsionen als Beispiel für die automatische on-line-Bestimmung der Gebrauchseigenschaften wäßriger Kühlschmierstoffe ... 207

7 - 5 Th. Gräbener, SÜKO-SIM, Schrozberg; K. Lange, Universität Stuttgart: Neue Verfahren zur Schmierstoffprüfung ... 235

7 - 6 E. Doege, B. Fugger, Universität Hannover: Untersuchung der Verschleißmechanismen beim Scherschneiden ... 273

7 - 7 K. Lange, M. Weiergräber, Universität Stuttgart: Entwicklung eines Verschleißsimulationsversuchs für Verfahren der Massivumformung ... 311

7 - 8 P. Funke, M. Uyar, TU Clausthal: Untersuchung von Drahtziehschmierstoffen unter Berücksichtigung der Kennwerte der verwendeten Schmierstoffe ... 349

7 - 9 R. Gottschalk, O. Pawelski, W. Rasp, MPI für Eisenforschung, Düsseldorf: Einfluß der Zusammensetzung von Ziehseifen für das Drahtziehen auf ihre rheologischen Eigenschaften ... 388

## 8. Band

8 - 1 H. Czichos, Bundesanstalt für Materialprüfung, Berlin: Systematik tribologischer Prüfungen 9

8 - 2 W. J. Bartz, N. Haddad, Institut für Erdölforschung, Hannover: Dynamische Änderung der Viskosität 95

8 - 3 J. Holland, M. Wallinger, TU Clausthal: Berechnung von Schmierfilmdicke und Reibung in Verzahnungen mittels der Elastohydrodynamischen Theorie 149

8 - 4 H. Baumann, W. Burger, D. Frey, R. Haller, Universität Karlsruhe: Druck-, Temperatur- und Reibungsmessungen am Zweischeiben- und Nocken-Flachstößel-Prüfstand 267

8 - 5 K. Michaelis, M. Simon, H. Winter, TU München: Schadensentwicklung in EHD-Kontakten 321

8 - 6 P. Brüser, M. Jeske, TU Braunschweig: Minimalschmierung von Wälzlagern 365

8 - 7 W. Backe, D. Winner, RWTH Aachen: Untersuchung von Pumpen und Dichtungen bei Einwirken von Feststoffverschmutzung 403

## 9. Band


W. Rembges; Klöckner Ionon GmbH, Leverkusen-Opladen 11
Untersuchungen zur Verbesserung von Festigkeits- und Verschleißverhalten an Zahnrädern aus Eisen- und Stahlwerkstoffen durch das Ionitrieren

K. Schlötermann, M. Weck; RWTH Aachen 39
Systematische Untersuchungen zur Verbesserung der Tragfähigkeit und des Verschleißverhaltens von Zahnrädern aus Eisen- und Stahlwerkstoffen durch Ionitrieren (Plasmanitrieren)

H.G. Mayer, G. Haufler; IKE, Stuttgart 77
J. Föhl, I. Weissenberg; MPA, Stuttgart
G. Gnädig, D. Röckle; Werner & Pfleiderer, Stuttgart
B. Krismer, J.E. Alberts; H. C. Starck Berlin, Goslar
Herstellung von Verschleißschutzschichten durch Diffusionsschweißen und Elektronenstrahlumschmelzen und deren Eigenschaften

R. Kauven, W. König; RWTH Aachen 157
Einsatz TiN- und TiC-beschichteter HSS-Werkzeuge bei der Zylinderradherstellung

W. Bosch, O. Knotek, T. Leyendecker; RWTH Aachen 229
Verschleißmindernde Hartstoffschichten auf der Basis Ti-Al-C-N-O mittels Kathodenzerstäubung

U. König; Krupp Widia GmbH, Essen 275
Untersuchung von kathodenzerstäubten binären und ternären Hartstoffschichten zur Verschleißminderung von Hartmetallen

W. Benecke, H.G. Feller; Institut für Metallforschung der TU Berlin 335
H. Dimigen, K. Kobs; Philips Forschungslaboratorium Hamburg
P. Eichinger, U. Jahns, R. Leutenecker, H. Ryssel, H.-P. Spöhrle, K.H. Feller; Fraunhofer-Institut für Festkörpertechnologie, München
Tribologisches Verhalten Stickstoff-implantierter Stähle

J. Liese, A. Nölker; Krupp Forschungsinstitut, Essen 367
Untersuchung der Verschleißvorgänge bei der Zerkleinerung von Gestein in Mühlen und beim Gesteinsbohren

J. Föhl, K. Sommer; MPA Universität Stuttgart 413
Untersuchung des Dreikörper-Abrasivverschleißes im Gelenk von Rundstahl- und Rundstahl-Bolzen-Ketten

**10. Band**

10-1 K. Groth, H.-H. Krause; Universität Hannover — 11
Reibung, Schmierung und Verschleiß an Kolben-Kolbenring-Zylinder-Systemen

10-2 U. Reidegeld, D. Schüler, H. Seifert; Ruhr-Universität Bochum — 179
Schmiertaschen von Turbinenlagern
- Thermischer Tascheneinfluß -

10-3 D. Schüler, H. Seifert; Ruhr-Universität Bochum — 221
Untersuchungen zur Verminderung der Reibleistung großer Turbinenlager

10-4 D. Eifler, R. Löhr, E. Macherauch; Universität Karlsruhe (TH) — 265
Verformungsmerkmal- und Anrissbildung an schwingbeanspruchten Proben des Gleitlagerwerkstoffes SnSb8Cu4Cd bei erhöhter Temperatur

10-5 J. Huber, H. Schelter; Hoechst CeramTec AG — 315
H.W. Laarmann, K.H. Victor; Pacific Wietz GmbH + Co KG
R. Dedeken, H. Peeken; RWTH Aachen
Verbesserung der Elastohydrodynamik von Gleitringdichtungen durch direkte Temperaturregelung und definierte Oberflächenbeeinflussung

10-6 W. Lausch; M.A.N.-B & W Diesel GmbH — 429
Werkstoffliche und schmierungstechnische Optimierung des Reibsystems Kolbenring-Zylinderbuchse von Großdieselmotoren einschließlich Zylinderbuchsen-Rekonditinierung

10-7 H. Krause, H. Tiede; RWTH Aachen — 487
M. Schmitz; Aachener Straßenbahn- und Energieversorgungs-AG
Einfluß der Ölfilterung auf das Betriebsverhalten von Nutzfahrzeug-Dieselmotoren (Langzeitölwechselintervalle)

Band 11


11-1 H. Bodschwinna, F. Hock, E.-G. Paland, U. Schmidt U. Schneider; Universität Hannover 11
Ermittlung des Einflusses der Mikrogeometrie in Wälzkontakten mit elastohydrodynamischer Schmierung bei voller Filmtrennung und im Mischreibungsgebiet (Mikro EHD)

11-2 R. Heinz; Robert Bosch GmbH, Stuttgart 97
EHD-Schmierfilmbildung am System Nocken-Rollenstößel unter Berücksichtigung von Kraftstoff als Schmierstoff

11-3 E. Kuss; Universität Hannover 133
Das Viskositäts-Durckverhalten im EHD-Kontakt

11-4 G. Lechner, M. Plank; Universität Stuttgart 189
Betriebsverhalten von Wälzlagern im Drehzahlbereich bis 100.000/min bei EHD-Mangelschmierung

11-5 K. Bauer, P. Hermann, K. Koltzenburg, K.-H. Korten; Rheinisch-Westfälischer Technischer Überwachungsverein e. V., Essen 239
Wechselwirkung von schwerentflammbaren Hydraulikflüssigkeiten in Wälzlagern

11-6 E. Broszeit, K.H. Kloos; TH Darmstadt 279
E. Kleinlein; FAG Kugelfischer Georg Schäfer KGaA, Schweinfurt
H. Peeken, H.-G. Stüber; RWTH Aachen
Übertragbarkeit von Laborergebnissen von Schmierstoffen auf Anwendungen in der Praxis

11-7 M. Schlar; Helmut Elges GmbH, Bielefeld 347
Tribologsiche Untersuchungen an wartungspflichtigen Gelenklagern der Gleitpaarung Stahl/Stahl

11-8 A. Engl, K. Perger; M.A.N - Neue Technologie 403
M. Stöckl; M.A.N. - Roland
Verschleißverhalten von Laufringen und Gummitüchern

11-9 W. König, R. Vits; RWTH Aachen 455
Einfluß der Kühlschmierung auf Prozessverlauf und Arbeitsergebnis beim Schleifen

11-10 W. König, R. Vits; RWTH Aachen 559
Einfluß der Kühlschmierung auf den Verschleiß stehender Abrichtwerkzeuge

# TRIBOLOGIE

## Reibung · Verschleiß · Schmierung

Dokumentation
zu dem Forschungs- und Entwicklungsprogramm „Tribologie"
des Bundesministeriums für Forschung und Technologie (BMFT)

Herausgeber:
Projektleitung Material- und Rohstofforschung des BMFT bei der KFA, Jülich
Wissenschaftliche Leitung und Redaktion: R. GUENTHER, H. HAAG
(bis Bd. 10: W. BUNK, H. HAAG, J. HANSEN, M. GEYER bei der DFVLR, Köln)

---

**Band 1** **Abrasivverschleiß – Schwingungsverschleiß – Oberflächenbehandlung – Bearbeitungsverfahren**
Erscheinungsdatum September 1981, 641 Seiten, 148,00 DM
ISBN 3-540-10800-9 ISBN 0-387-10800-9

**Band 2** **Elastohydrodynamik – Meß- und Prüfverfahren – Eigenschaften von Motorenölen**
Erscheinungsdatum März 1982, 505 Seiten, 128,00 DM
ISBN 3-540-11298-7 ISBN 0-387-11298-7

**Band 3** **Gleitlager – Wellendichtungen**
Erscheinungsdatum Mai 1982, 420 Seiten, 118,00 DM
ISBN 3-540-11299-5 ISBN 0-387-11299-5

**Band 4** **Abrasivverschleiß – Schwingungsverschleiß – Oberflächenbehandlung – Bearbeitungsverfahren**
Erscheinungsdatum September 1982, 542 Seiten, 128,00 DM
ISBN 3-540-11815-2 ISBN 0-387-11815-2

**Band 5** **Meß- und Prüfverfahren – Betriebsverhalten von Reibungssystemen – Eigenschaften von Motorenoelen**
Erscheinungsdatum Januar 1983, 572 Seiten, 138,00 DM
ISBN 3-540-12052-1 ISBN 0-387-12052-1

**Band 6** **Gleitlager – Mischreibung – Konstruktive Gestaltung**
Erscheinungsdatum Oktober 1983, 518 Seiten, 138,00 DM
ISBN 3-540-12447-0 ISBN 0-387-12447-0

**Band 7** **Oberflächenbearbeitung – Bearbeitungsverfahren**
Erscheinungsdatum Oktober 1983, 476 Seiten, 138,00 DM
ISBN 3-540-12448-9 ISBN 0-387-12448-9

**Band 8** **Elastohydrodynamik – Meß- und Prüfverfahren – Betriebsverhalten von Reibungssystemen**
Erscheinungsdatum Juni 1984, 472 Seiten, 138,00 DM
ISBN 3-540-13431-X ISBN 0-387-13431-X

**Band 9** **Oberflächenbehandlung – Abrasivverschleiß**
Erscheinungsdatum Juli 1985, 489 Seiten, 138,00 DM
ISBN 3-540-15556-2 ISBN 0-387-15556-2

**Band 10** **Gleitlager, Konstruktive Gestaltung, Betriebsverhalten von Reibungssystemen, Dieselmotoren (Lebensdauerhöhung)**
Erscheinungsdatum November 1985, 610 Seiten, 138,00 DM
ISBN 3-540-15557-0 ISBN 0-387-15557-0

---

Springer-Verlag
Berlin Heidelberg New York London Paris Tokyo 1986

GPSR Compliance

*The European Union's (EU) General Product Safety Regulation (GPSR) is a set of rules that requires consumer products to be safe and our obligations to ensure this.*

*If you have any concerns about our products, you can contact us on ProductSafety@springernature.com*

In case Publisher is established outside the EU, the EU authorized representative is:

Springer Nature Customer Service Center GmbH
Europaplatz 3
69115 Heidelberg, Germany

**Batch number: 10682269**

Printed by Printforce, the Netherlands